图1 3037t 加氢反应器

图2 138m 丙烷脱氢塔

图3 98MPa 储氢高压容器

图4 3000m³/h 碱性制氢电解槽

图 5 屈曲失效

图 6 韧性断裂失效

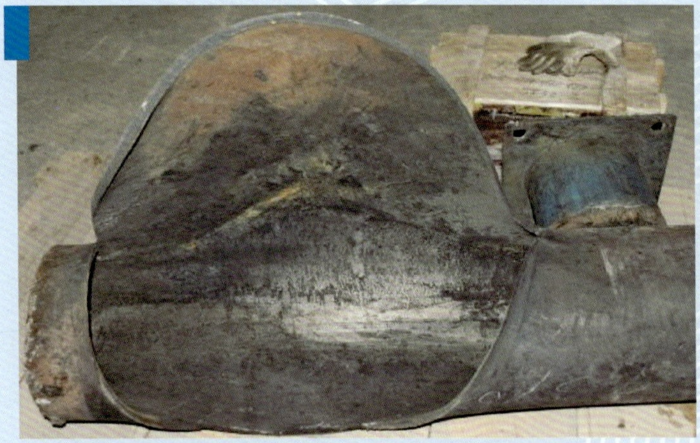

图 7 脆性断裂失效

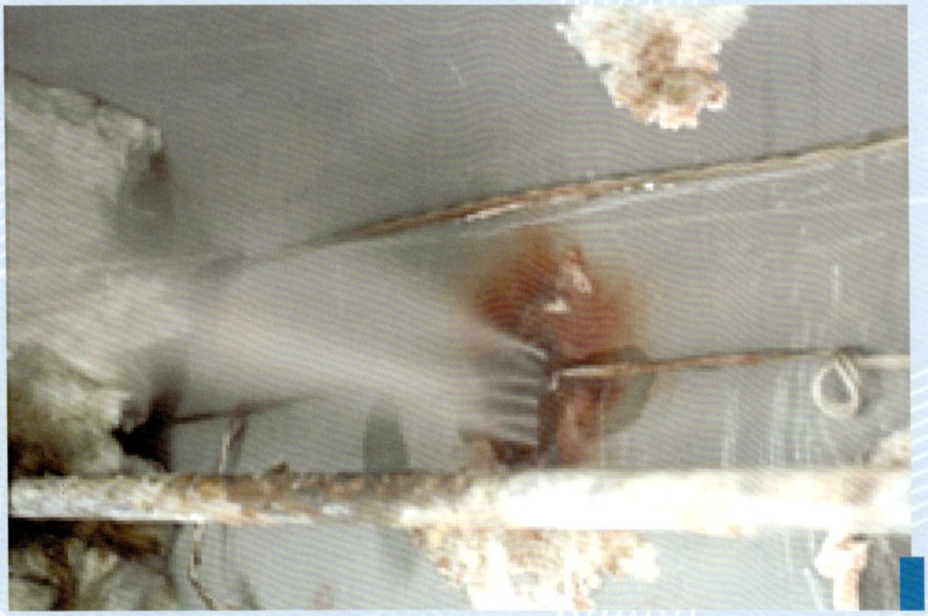

图 8 泄漏失效

名师名著

教育中国·院士精品系列

一流

国家级一流本科课程建设成果教材

"十二五"普通高等教育本科国家级规划教材

PROCESS EQUIPMENT DESIGN
PRESSURE VESSELS

过程设备设计 压力容器

第六版

郑津洋　桑芝富　主编　　陈学东　主审

化学工业出版社

·北京·

内容简介

本书第二版至第四版分别入选普通高等教育"十五""十一五"和"十二五"国家级本科规划教材，第五版获评浙江省"十四五"普通高等教育本科规划教材和浙江大学优秀教材特等奖。本次修订，在延续前五版由浅入深、内容翔实、强调基础理论和工程设计思维特色的基础上，重点优化了介质危害性、壳体屈曲分析、超压泄放装置等章节内容，并新增数字化设计、电解水制氢装置、氢燃料电池等前沿知识。

全书分三部分，分别介绍：压力容器的应用和特点、基本要求和设计内涵；压力容器设计基础，涵盖结构解析、应力分析、材料及其性能影响因素、设计理论（设计准则及规则设计、分析设计和数字化设计方法）；承压类过程设备则深入探讨储运设备、换热设备、塔设备和反应设备的结构特点、设计方法和发展趋势。内容编排兼顾理论深度与实践导向，助力读者构建完整的专业知识体系与创新设计能力。

本书主要面向过程装备与控制工程专业核心课程教学，也适用于相关专业选修课程及工程技术人员阅读参考。

图书在版编目（CIP）数据

过程设备设计：压力容器 / 郑津洋，桑芝富主编.
6版. --北京：化学工业出版社，2025. 6. --（"十二五"普通高等教育本科国家级规划教材）. -- ISBN 978
-7-122-48126-9

Ⅰ. TQ051.02

中国国家版本馆CIP数据核字第20256WZ362号

责任编辑：赵玉清　贾　娜
责任校对：宋　玮
装帧设计：张　辉

出版发行：化学工业出版社
　　　　　（北京市东城区青年湖南街 13 号　邮政编码 100011）
印　　装：河北京平诚乾印刷有限公司
880mm×1230mm　1/16　印张 23¼　彩插 1　字数 700 千字
2025 年 6 月北京第 6 版第 1 次印刷

购书咨询：010-64518888
售后服务：010-64518899
网　　址：http://www.cip.com.cn
凡购买本书，如有缺损质量问题，本社销售中心负责调换。

过程装备与控制工程专业
智能时代的机遇、挑战和思考

压力容器、压力管道、压缩机、泵、鼓风机等过程装备是物质反应、储存、换热、分离、输送等过程必不可少的装备，应用广泛，在石油、化工、能源等国民经济支柱领域，高端装备制造、储能、光伏等战略性新兴产业，核能、氢能、低空经济等未来产业，以及科学探索、国防军工等领域发挥着不可替代的关键作用，关系到国家安全和国民经济命脉。

$-253℃$ 的液氢储箱、直径超 1.2m 的天然气长输管道、20MW 电驱压缩机、CAP1400 核主泵、重量超 3000t 的加氢反应器、高达 138m 的丙烷脱氢装置等国之重器，是载人航天工程、西气东输工程、华龙一号工程、南水北调工程等大国工程的核心设备，已成为"国家名片"。

深空、深海、深地等未来空间技术以及氢能、储能的发展，大大拓展了过程装备的应用范围，带来了难得的发展机遇，如超高压（140MPa）储氢容器、超高温（~1000℃）熔盐储热罐、大温差（$-127~173℃$）月球储能装置、90MPa 氢气隔膜压缩机等。

过程装备与控制工程专业（以下简称过控专业）源于 20 世纪 50 年代初期的化工设备与机械专业。该专业是在新中国成立初期向苏联学习，在我国几所高校设立后发展起来的，主要面向化工产业中压缩机、泵、鼓风机等动设备和压力容器、压力管道等静设备的设计、制造和维修。1998 年，教育部将专业名称更改为"过程装备与控制工程"，拓展专业范畴，引入控制及自动化技术，以培养学生的素质、知识与能力为目标，以发展先进制造技术作为专业改革发展的出发点，重组课程体系。2001 年，化学工业出版社出版系列核心课程教材，即《过程设备设计》《过程装备控制技术及应用》《过程流体机械》《工程流体力学》《工程热力学》《工程材料》。

过控专业涉及机械、力学、化工、材料、控制等学科，交叉性和综合性强，特色鲜明，产业有重大需求，就业前景广阔。以过程装备中的承压设备为例，根据国家市场监管总局发布的"全国特种设备安全状况的通告"，我国是全球承压设备生产和使用大国，截至 2023 年底，全国有压力容器 533.92 万台、气瓶 2.88 亿只、压力管道 99.13 万公里，相关从业人数过千万。其保有量与国内生产总值成显著正相关，成为国民经济发展水平的标志，凸显了过控专业的不可替代性。

在产业深刻变革、新技术不断涌现、数智化发展加快、学科深度交叉融合、工程教育转型的新形势下，过控专业发展面临新的挑战。

（1）产业正在发生深刻变革　传统产业改造升级加快，正迈向高端化、智能化、绿色化和融合化；高端装备、新能源、储能、海洋装备等战略性新兴产业不断发展壮大；氢能、深海、深地、智能制造、智能控制等未来产业的培育发展已成为国家战略。

过控专业需要与时俱进，对接产业变革对人才的新需求。

（2）新技术新材料不断涌现　人工智能、大数据、物联网、机器视觉、数字孪生、机器学习、元宇宙等新技术，碳纤维复合材料、先进轻合金材料、高品质特殊钢、先进钢铁材料等新材料，绿色制造、低碳制造、高质量发展等新理念，深刻影响过程装备的材料、设计、制造和运维。

（3）过程装备智能化加快　通过云计算、大数据、物联网、人工智能等前沿数字技术，构建出全感知、全场景、全智能的数字世界，实现装备数字化。融合材料基因组、增材制造、现代信息、自愈技术等，使过程装备能够模拟人类的思维和行为，具备自主决策和执行的能力，实现智能化。

（4）学科呈现交叉融合趋势　随着知识生产模式的不断变革，学科逐渐从分化走向交叉与融合已成为现代科学和工程技术发展的重大趋势。为应对人类面临的能源、健康、环境等危机，越来越多的复杂问题已经超越单一学科范畴，学科交叉与融合成为解决这些重大问题的重要手段。

（5）工程教育转向问题导向　AI自动创作生成内容（AIGC）、AI大语言模型，如DeepSeek、ChatGPT、Sora等的出现，知识的多少不再是学习和教育的关键。未来，处理和解决工程问题所需要的知识可能会由在特定领域应用的智能工具得到。工程教育迫切需要从"知识导向"向"问题导向"转变。

经过70多年的发展，过控专业为我国国民经济建设、社会发展、高层次人才培养做出了巨大贡献。然而，近20多年来，专业课程体系和核心课程教材变革有限，难以适应智能化时代产业快速发展，迫切需要按照《教育强国建设规划纲要（2024—2035年）》和《普通高等教育学科专业设置调整优化改革方案》的要求，对专业进行全要素改造升级，将专业发展前沿成果、最新要求融入专业培养方案和教学过程。

2018年，浙江大学过控专业启动数智化专业改革，在回顾专业发展历史、总结经验教训的基础上，重新思考专业定位，在专业特色凝练、培养方案重构、课程体系更新、教学内容优化、教育新技术应用等方面，进行不断的探索和实践，提出并践行"厚智能基础、强压力特色、重工程思维、求融合创新"的发展思路。

（1）强化特色，增强适应性　随着压力容器、泵和压缩机等设备在能源、深空、深海、深地等领域的应用不断拓展，过控专业需要突出优势特色，聚焦研究流体压力产生、维持及应用的技术和装备，以及装备集成和智能控制。同时，人工智能、大数据、物联网、智能制造、数字孪生和云计算等数智化技术对传统产业、战略性新兴产业和未来产业都产生了深刻的影响，厚智能基础，增强适应性，服务产业高质量发展，是过控专业与时俱进的必然选择。

（2）重构培养方案和课程体系　将智能化和压力特色融入培养方案和课程体系。将原有的"过程设备设计""过程流体机械"两门核心课程改造为"过程设备设计——

压力容器"和"流体增压机械",新设"过程设备设计案例教程""纤维缠绕增强承压设备""过程装备流体力学"课程,突出"面向流体压力产生、维持及应用的技术和装备"的专业特色。同时,开设"过程装备智能制造技术""过程装备智能检测与控制技术""过程装备数字化实训教程"等课程,并引入"工业数智化软件""虚拟现实技术开发及应用""人工智能及其工程应用""机器视觉与图像处理""人工智能与物联网""人工智能与机器学习""机器视觉"等跨专业、跨学科选修课程,充分利用专业融合、学科交叉的优势,拓展专业知识域,厚智能基础,实现教学与产业技术发展的同频共振。

（3）对接未来优化教学内容　面向传统产业迭代升级及战略性新兴产业和未来产业的需要,通过"加减法"更新课程内容,即删减过时的内容,引入新的知识点,与产业需求保持同步。以"过程设备设计"课程为例,第三版教材中增加微反应器相关知识点,以适应反应器微型化发展的需要;第四版教材中增加长管拖车、钢材常用本构模型等相关知识点;第五版教材中增加椭圆形封头弹塑性设计方法相关知识点,以适应弹塑性设计方法应用增加的趋势;第六版将增加电化学反应器（电解槽和燃料电池）、压力容器设计数字化等内容,以适应氢能等产业发展需求。

（4）自主开发数智化教学资源　利用人工智能、虚拟现实、增强现实、大数据、云计算等数智化技术,研发了工业元宇宙研创平台和新媒体教学管理云平台,有效地克服了图文、视频等传统多媒体教学资源形式单一、缺乏互动的缺点,使教学资源实现从二维到三维、从视听到交互的升级,有效解决了传统多媒体教学中普遍存在的学生"学不进、记不住",老师"难感知、难评价"的"两不两难"问题,为进一步探索基于微交互的闭环教学、翻转课堂、创中学等新型教学模式创造了良好的条件。

百年大计,教育为本。教育大计,教材为基。教材是学校教育教学的基本依据,是解决"培养什么人""怎样培养人""为谁培养人"这一根本问题的重要载体,是贯彻党的教育方针、实现教育目标不可替代的重要抓手。以"立德树人"为目标,以"厚智能基础、强压力特色"为主线,以"优化教材内容、丰富教学资源、深化产教融合、强化价值引领"为举措,面向 AI 时代,组织编写《过程设备设计　压力容器》《流体增压机械》《过程设备设计案例教程》《纤维缠绕增强承压设备》《过程装备流体力学》《过程装备智能制造技术》《过程装备智能检测与控制技术》《过程装备数字化实训教程》等 8 本迫切需要的新形态教材,是国家一流本科专业——浙江大学过控专业建设的重要内容。新教材的编写实行主编负责制和院士专家审定制。在浙江大学特种装备研究所和相关教师、专家的共同努力下,在化学工业出版社的支持下,在 Domex-E 教材基金的资助下,新教材将陆续与广大师生和工程科技界读者见面。在此向所有为这些教材问世付出辛勤劳动的人们表示衷心的感谢。

限于教学改革研究深度和认识水平,虽经努力,这套书中不妥甚至错误之处在所难免,恳请广大读者批评指正。

浙江大学特种装备研究所
2025 年 1 月于杭州

第一版序　　　　按照国际标准化组织的认定（ISO/DIS 9000：2000），社会经济过程中的全部产品通常分为四类，即硬件产品（hardware）、软件产品（software）、流程性材料产品（processed material）和服务型产品（service）。在新世纪初，世界上各主要发达国家和我国都已把"先进制造技术"列为优先发展的战略性高技术之一。先进制造技术主要是指硬件产品的先进制造技术和流程性材料产品的先进制造技术。所谓"流程性材料"是指以流体（气、液、粉粒体等）形态为主的材料。

　　过程工业是加工制造流程性材料产品的现代国民经济的支柱产业之一。成套过程装置则是组成过程工业的工作母机群，它通常是由一系列的过程机器和过程设备，按一定的流程方式，用管道、阀门等连接起来的一个独立的密闭连续系统，再配以必要的控制仪表和设备，即能平稳连续地让以流体为主的各种流程性材料在装置内部经历必要的物理化学过程，制造出人们需要的新的流程性材料产品。单元过程设备（如塔、换热器、反应器与储罐等）与单元过程机器（如压缩机、泵与分离机等）二者统称为过程装备。为此，有关涉及流程性材料产品先进制造技术的主要研究发展领域应该包括以下几个方面：①过程原理与技术的创新；②成套装置流程技术的创新；③过程设备与过程机器——过程装备技术的创新；④过程控制技术的创新。于是把过程工业需要实现的最佳技术经济指标：高效、节能、清洁和安全不断推向新的技术水平，确保该产业在国际上的竞争力。

　　过程装备技术的创新，其关键首先应着重于装备内件技术的创新，而其内件技术的创新又与过程原理和技术的创新以及成套装置工艺流程技术的创新密不可分，它们互为依托，相辅相成。这一切也是流程性产品先进制造技术与一般硬件产品的先进制造技术的重大区别所在。另外，这两类不同的先进制造技术的理论基础也有着重大的区别，前者的理论基础主要是化学、固体力学、流体力学、热力学、机械学、化学工程与工艺学、电工电子学和信息技术科学等，而后者则主要侧重于固体力学、材料与加工学、机械机构学、电工电子学和信息技术科学等。

　　"过程装备与控制工程"本科专业在新世纪的根本任务是为国民经济培养大批优秀的能够掌握流程性材料产品先进制造技术的高级专业人才。

　　四年多来，教学指导委员会以邓小平同志提出的"教育要面向现代化，面向世界，面向未来"的思想为指针，在广泛调查研讨的基础上，分析了国内外化工类与机械类高等教育的现状、存在的问题和未来的发展，向教育部提出了把原"化工设备与机械"本科专业改造建设为"过程装备与控制工程"本科专业的总体设想和专业发展规划建议书，于1998年3月获得教育部的正式批准，设立了"过程装备与控制工程"本科专业。以此为契机，教学指导委员会制订了"高等教育面向21世纪'过程装备与控制工程'本科专业建设与人才培养的总体思路"，要求各院校从转变传统教育思想出发，拓宽专业范围，以培养学生的素质、知识与能力为目标，以发展先进制造技术作为本专业改革发展的出发点，重组课程体系，在加强通用基础理论与实践环节教学的同时，强化专业技术基础理论的教学，削减专业课程的分量，淡化专业技术教学，从而较大幅度地减少总的授课时数，以拓展学生自学、自由探讨和发展的空间，有利于逐步树立本科学生勇于思考与创新的精神。

高质量的教材是培养高素质人才的重要基础，因此组织编写面向 21 世纪的 6 种迫切需要的核心课程教材，是专业建设的重要内容。同时，还编写了 6 种选修课程教材。教学指导委员会明确要求教材作者以"教改"精神为指导，力求新教材从认知规律出发，阐明本课程的基本理论与应用及其现代进展，做到新体系、厚基础、重实践、易自学、引思考。新教材的编写实施主编负责制，主编都经过了投标竞聘，专家择优选定的过程，核心课程教材在完成主审程序后，还增设了审定制度。为确保教材编写质量，在开始编写时，主编、教学指导委员会和化学工业出版社三方面签订了正式出版合同，明确了各自的责、权、利。

"过程装备与控制工程"本科专业的建设将是一项长期的任务，以上所列工作只是一个开端。尽管我们在这套教材中，力求在内容和体系上能够体现创新，注重拓宽基础，强调能力培养，但是由于我们目前对教学改革的研究深度和认识水平所限，必然会有许多不妥之处。为此，恳请广大读者予以批评和指正。

全国高等学校化工类及相关专业教学指导委员会
副主任委员兼化工装备教学指导组组长
大连理工大学　博士生导师
丁信伟　教授
2001 年 3 月于大连

过程装备与控制工程学科的研究方向、趋势和前沿

人类的主要特点是能制造工具，富兰克林曾把人定义为制造工具的动物。通过制造和使用工具，人把自然物变成他的活动器官，从而延伸了他的肢体和感官。人们制造和使用工具，有目的、有计划地改造自然、变革自然，才有了名副其实的生产劳动。

现代人越来越依赖高度机械化、自动化和智能化的产业来创造财富，因此必然要创造出现代化的工业装备和控制系统来满足生产的需要。流程工业是加工制造流程性材料产品的现代国民经济支柱产业之一，必然要求越来越高度机械化、自动化和智能化的过程装备与控制工程。如果说制造工具是原始人与动物区别的最主要标志，那么就可以说，现代过程装备与控制系统是现代人类文明的最主要标志。

工程是人类将现有状态改造成所需状态的实践活动，而工程科学是关于工程实践的科学基础。现代工程科学是自然科学和工程技术的桥梁。工程科学具有宽广的研究领域和学科分支，如机械工程科学、化学工程科学、材料工程科学、信息工程科学、控制工程科学、能源工程科学、冶金工程科学、建筑与土木工程科学、水利工程科学、采矿工程科学和电子／电气工程科学等。

现代过程装备与控制工程是工程科学的一个分支，严格地讲它并不能完全归属于上述任何一个研究领域或学科。它是机械、化学、电、能源、信息、材料工程乃至医学、系统学等学科的交叉学科，是在多个大学科发展的基础上交叉、融合而出现的新兴学科分支，也是生产需求牵引、工程科技发展的必然产物。显而易见，过程装备与控制工程学科具有强大的生命力和广阔的发展前景。

学科交叉、融合和用信息化改造传统的"化工设备与机械"学科产生了过程装备与控制工程学科。化工设备与机械专业是在新中国成立初期向苏联学习，在我国几所高校首先设立后发展起来的，半个世纪以来，毕业生几乎一直供不应求，为我国社会主义建设输送了大批优秀工程科技人才。1998 年 3 月教育部应上届教学指导委员会建议正式批准建立了"过程装备与控制工程"学科。这一学科在美欧等国家本科和研究生专业目录上是没有的，在我国已有 60 多所高校开设这一专业，是适合我国国情，具有中国特色的一门新兴交叉学科。其主要特点如下。

（1）过程装备　与生产工艺即加工流程性材料紧密结合，有其独特的过程单元设备和工程技术，如混合工程、反应工程、分离工程及其设备等，与一般机械设备完全不同，有其独特之处。

（2）控制工程　对过程装备及其系统的状态和工况进行监测、控制，以确保生产

工艺有序稳定运行，提高过程装备的可靠度和功能可利用度。

（3）过程装备与控制工程　是指机、电、仪一体化连续的复杂系统，它需要长周期稳定运行；并且系统中的各组成部分（机泵、过程单元设备、管道、阀、监测仪表、计算机系统等）均互相关联、互相作用和互相制约，任何一点发生故障都会影响整个系统；又由于加工的过程材料有些易燃易爆、有毒或是加工要在高温、高压下进行，系统的安全可靠性十分重要。

过程装备与控制工程的上述特点就决定了其学科研究的领域十分宽广，一是要以机电工程为主干与工艺过程密切结合，创新单元工艺装备；二是与信息技术和知识工程密切结合，实现智能监控和机电一体化；三是不仅研究单一的设备和机器，而且更主要的是要研究与过程生产融为一体的机、电、仪连续复杂系统，在工程上就是要设计建造过程工业大型成套装备。因此，要密切关注其他学科的新的发展动向，博采众长、集成创新，把诸多学科最新研究成果之他山之石为我所用；同时要以现代系统论（Systemics）和耗散结构理论为指导，研究本学科过程装备与控制工程复杂系统独特的工程理论，不断创新和发展过程装备与控制工程学科是我们的重要研究方向。

我国科技部和国家自然科学基金委员会在 21 世纪初发表了《中国基础学科发展报告》，其中分析了世界工程科学研究的发展趋势和前沿，这也为过程装备与控制工程学科的发展指明了方向，值得借鉴和参考。

（1）全生命周期的设计/制造正成为研究的重要发展趋势。由过去单纯考虑正常使用的设计，前后延伸到考虑建造、生产、使用、维修、废弃、回收和再利用在内的全生命周期的综合决策。

过程装备的监测与诊断工程、绿色再制造工程和装备的全寿命周期费用分析、安全和风险评估等正在流程工业开始得到应用。工程科技界已开始移植和借鉴现代医学与疾病作斗争的理论和方法，去研究过程装备故障自愈调控（Fault Self-recovering Regulation），探讨装备医工程（Plant Medical Engineering）理论。

（2）工程科学的研究尺度向两极延伸。过程装备的大型化是多年发展方向，近年来又有向小型化集成化发展的趋势。

（3）广泛的学科交叉、融合，推动了工程科学不断深入、不断精细化，同时也提出了更高的前沿科学问题，尤其是计算机科学和信息技术的发展冲击着每个工程科学领域，影响着学科的基础格局。过程装备与控制工程学科的发展也必须依靠学科交叉和信息化，改变传统的生产观念和生产模式，过程装备复杂系统的监控一体化和数字化是发展的必然趋势。

（4）产品的个性化、多样化和标准化已经成为工程领域竞争力的标志，要求产品更精细、灵巧并满足特殊的功能要求。产品创新和功能扩展／强化是工程科学研究的首要目标，柔性制造和快速重组技术在大流程工业中也得到了重视。

（5）先进工艺技术得到前所未有的广泛重视，如精密、高效、短流程、敏捷制造、虚拟制造等先进制造技术对机械、冶金、化工、石油等制造工业产生了重要影响。

（6）可持续发展的战略思想渗透到工程科学的多个方面，表现了人类社会与自然相协调的发展趋势。制造工业和大型工程建设都面临着资源有限和环境破坏等迫切需要解决的难题，从源头控制污染的绿色设计和制造系统为今后发展的主要趋势之一。

众所周知，过程工业是国民经济的支柱产业；是发展经济提高我国国际竞争力的不可缺少的基础；过程工业是提高人民生活水平的基础；过程工业是保障国家安全、打赢现代战争的重要支撑，没有过程工业就没有强大的国防；过程工业是实现经济、社会发展与自然相协调从而实现可持续发展的重要基础和手段。因而，过程装备与控制工程在发展国民经济中的重要地位是显而易见的。

新中国成立以来，特别是改革开放以来，中国的制造业得到蓬勃发展。中国的制造业和装备制造业的工业增加值已居世界第四位，仅次于美国、日本和德国。但中国制造业的劳动生产率远低于发达国家，约为美国的 5.76％、日本的 5.35％、德国的 7.32％。其中最主要原因是技术创新能力十分薄弱，基本上停留在仿制，实现国产化的低层次阶段。从 20 世纪 70 年代末，中国大规模、全方位地引进国外技术和进口国外设备，但没做好引进技术装备的消化、吸收和创新，没有同时加快装备制造业的发展，因此，步入引进—落后—再引进的怪圈。以石油化工设备为例，20 年来，化肥生产企业先后共引进 31 套合成氨装置、26 套尿素装置、47 套磷复肥装置，总计耗资 48 亿美元；乙烯生产企业先后引进 18 套乙烯装置，总计耗资 200 亿美元。因此，要振兴我国的装备制造业，必须变"国际引进型"为"自主集成创新型"，这是历史赋予我们过程装备与控制工程教育和科技工作者的历史重任。过程装备与控制工程学科的发展不仅仅要发表 EI、SCI 文章，而且要十分重视发明专利和标准，也要重视工程实践，实现产、学、研相结合。这样才能为结束我国过程装备"出不去，挡不住"的局面做出应有的贡献。

过程装备与控制工程是应用科学和工程技术，这一学科的发展会立竿见影，直接促进国民经济的发展。过程装备的现代化也会促进机械工程、材料工程、热能动力工程、化学工程、电子／电气工程、信息工程等工程技术的发展。我们不能只看到过程装备与控制工程是一个新兴的学科，是博采诸多自然科学学科的成果而综合集成的一项工程科学技术，而忽略了反过来的一面，一个反馈作用，也就是过程装备与控制工程学科也应对自然科学的发展做出应有的贡献。

实际上，早在 18 世纪末期，自然科学的研究就超出了自然界，从而包括了整个世界，即自然界和人工自然物。过程装备与控制工程属人工自然物，它也理所当然是自然科学研究的对象之一。工程科学能把过程装备与控制工程在工程实践中的宝贵经验和初步理论精练成具有普遍意义的规律，这些工程科学的规律就可能含有自然科学里现在没有的东西。所以对工程科学研究的成果即工程理论加以分析，再加以提高就可能成为自然科学的一部分。钱学森先生曾提出："工程控制论的内容就是完全从实际自动控制技术总结出来的，没有设计和运用控制系统的经验，绝不会有工程控制论。也可以说工程控制论在自然科学中是没有它的祖先的。"因此，对现代过程装备与工程的研究也有可能创造出新的工程理论，为自然科学的发展做出贡献。

过程装备与控制工程学科的发展历史性地落在我们这一代人的肩上，任重道远。我们深信，经过一代又一代人的努力奋斗，过程装备与控制工程这一新兴学科一定会兴旺发达，不但会为国民经济的发展建功立业，而且会为自然科学的发展做出应有的贡献。

高质量的精品教材是培养高素质人才的重要基础，因此编写面向 21 世纪的迫切需要的过程装备与控制工程"十五"规划教材，是学科建设的重要内容。遵照教育部《关于"十五"期间普通高等教育教材建设与改革的意见》，以邓小平理论为指导，全面贯彻国家的教育方针和科教兴国战略，面向现代化、面向世界、面向未来，充分发挥高等学校在教材建设中的主体作用，在有关教师和教学指导委员会委员的共同努力下，过程装备与控制工程的"十五"规划教材陆续与广大师生和工程科技界读者见面了。这套教材力求反映近年来教学改革成果，适应多样化的教学需要；在选择教材内容和编写体系时注意体现素质教育和创新能力和实践能力的培养，为学生知识、能力、素质协调发展创造条件。在此向所有为这些教材问世付出辛勤劳动的人们表示诚挚的敬意。

教材的建设往往滞后于教学改革的实践，教材的内容很难包含最新的科研成果，这套教材还要在教学和教改实践中不断丰富和完善；由于对教学改革研究深度和认识水平都有限，在这套书中不妥之处在所难免。为此，恳请广大读者予以批评指正。

教育部高等学校机械学科教学指导委员会副主任委员
过程装备与控制工程专业教学指导分委员会主任委员
北京化工大学教授
中国工程院院士

高金吉

2003 年 5 月于北京

前言

本书第一版、第二版、第四版和第五版分别荣获"第六届全国石油和化学工业优秀教材一等奖""第八届全国石油和化学工业优秀教材一等奖""2016 年中国石油和化学工业优秀出版物（教材奖）一等奖"和"2023 年浙江大学首届优秀教材奖特等奖"，第二版、第三版、第四版分别为普通高等教育"十五""十一五"和"十二五"普通高等教育本科国家级规划教材。本书对应课程曾获浙江省教育成果奖一等奖，亦为首批线下国家级一流本科课程。本版是浙江省"十四五"普通高等教育本科规划教材，得到浙江省高等教育"十四五"教学改革项目"教研创一体化的过程装备与控制工程专业数智化改革与实践"、浙江大学本科教材建设重点资助项目"过程设备设计——压力容器"和浙江大学过程装备与控制工程专业教材建设 Domex-E 基金的支持。

党的二十大对能源发展做出了新部署，提出了新要求，强调深入推进能源革命，加快规划建设新型能源体系。在"双碳"目标的加速实施下，氢能利用、储能技术等新质生产力蓬勃发展，储氢压力容器、电解水制氢装置、氢燃料电池等高端装备的需求与日俱增，与之相关的高质量人才的缺口不断扩大。作为多学科交叉的过程装备与控制工程专业，必然要顺应国家重大战略发展需求，对教学内容作出与时俱进的调整。

在标准规范领域，2024 年，我国全面修订了压力容器基础核心标准 GB/T 150《压力容器》，发布了 GB/T 4732《压力容器分析设计》、GB/T 44457《加氢站用储氢压力容器》等一系列新标准，引入了轴压圆筒屈曲、内压椭圆／碟形封头弹塑性设计等新方法，以及最高设计温度、最低设计温度、超压泄放装置积聚压力等新概念。国际上，美国在 2023 年更新了 ASME BPVC Ⅷ-1《压力容器建造规则》等锅炉和压力容器规范；欧盟在 2024 年颁布了 EN13445-11《钛和钛合金压力容器附加要求》。这些标准的更新迭代，充分体现了行业技术的飞速发展，也为本书的修订提供了必要性与紧迫性。

基于以上背景，对本书第五版进行修订势在必行。考虑到前五版已在广泛的教学实践中得到应用，本次修订仍遵循保持编排结构相对稳定、融入压力容器设计最新成果、展现学科发展前沿的原则。

相较于第五版，主要变化体现在：

（1）优化教材内容　紧密对接未来产业，补充未来制造、未来能源、未来材料、未来空间等亟需内容，如数字化设计、电解水制氢装置、氢燃料电池等；增加最新研究成果，如轴压圆筒临界应力计算、内压椭圆／碟形封头设计等新方法；改写绪论、介质危害性、壳体屈曲分析、压力容器材料形为、超压泄放装置、焊接结构设计、压力容器分析设计、传热强化技术、微反应器等。

（2）丰富教学资源　配套编写出版《纤维缠绕增强承压设备》和石油化工行业"十四五"规划教材《过程设备设计案例教程》；优化浙江大学和化学工业出版社联合开发的"高等院校'过程设备设计'在线数字资源"，新增 10 台典型压力容器虚拟仿真素材，进一步完善多媒体课件、三维动画资源、授课视频和微课资源、习题题库和试卷库、在线课程教学设计方案等。

（3）产教深度融合　充分发挥国家重点学科和承担国家重大项目优势，及时将科研成果转化为鲜活的教材内容。同时，邀请中国机械工业集团首席专家、国家万人计划科技创新领军人才陈永东研究员，大连化学物理所燃料电池研究部部长邵志刚研究员，以及中国特种设备检测研究院正高级工程师、重点新材料研发及应用国家科技重大专项产品首席专家邓贵德博士等行业专家参与教材编写，将行业最新技术和市场需求融入教学，使教材内容更加贴近实际需求。

本书由浙江大学郑津洋院士主持修订和统稿工作，中国机械工业集团有限公司陈学东院士主审。参加修订的有浙江大学郑津洋院士［绪论、第1章、第2章（除2.5节）、第3章、第4章4.1节和4.2节、第8章（除8.3节和8.4节）、参考文献，以及附录A、B]、陈志平教授（第2章2.5节、第4章4.3节、第5章）、陈东教授（第8章8.3节）、李洋博士（第8章8.4.1节）；合肥通用机械研究院有限公司陈永东研究员和郑州大学王珂教授、刘敏珊教授（第6章）；南京工业大学桑芝富教授、董金善教授、王海峰副教授（第7章）；中国特种设备检测研究员邓贵德（第4章4.5节）；中国科学院大连化学物理所邵志刚研究员（第8章8.4.2节）；北京化工大学钱才富教授（第4章4.4节）。浙江大学焦鹏博士参加第2章2.5节改写、李克明博士参加第4章4.3.3.1节修订。浙江大学刘宝庆教授、郑津洋院士负责新形态素材建设。全国锅炉压力容器标准化技术委员会陈志伟正高级工程师、合肥通用机械研究院有限公司崔军研究员、中国石化工程建设有限公司元少昀正高级工程师、中国石化工程建设有限公司郭雪华正高级工程师、中国寰球工程有限公司北京分公司蒋小文高级工程师、浙江大学氢能研究院陈禹博研究员、武汉理工大学潘牧教授分别审阅了第1章、第3章、第4章、第5章、第7章、第8章8.4.1节和8.4.2节。

借此机会，向对本书提出过建设性修改意见的陈学东院士、苏义脑院士、王玉明院士、高金吉院士、涂善东院士、李银生院士、朱国辉、李培宁、陈钢、宋继红、寿比南、高继轩、贾国栋、王晓雷、李军、张建荣、郝刚、黄强华、徐峰、陆明万、程光旭、李志义、王冰、巩建鸣、刘应华、向志海、陈旭、薛明德、孙国有、高增梁、轩福贞、范志超、王威强、常彦衍、杜顺学、郭伟灿等，以及参加过本书前五版编写工作的董其伍、林兴华、魏新利、卓震、徐思浩、秦叔经、王非等老师，深表谢意。浙江大学徐平博士、全国锅炉压力容器标准化技术委员会陈志伟正高级工程师、中国第一重型机械股份公司监事张皓、中船双瑞（洛阳）特种装备股份有限公司总工程师邓欣、四川科新机电股份有限公司专家委员会主任强凯、山东恒通膨胀节制造有限公司董事长王焕庆、原合肥通用机械研究院副总经理徐双庆、成都格瑞特高压容器有限责任公司总工程师范俊明、西安隆基氢能科技有限公司总裁马军、北京泽华化学工程有限公司总裁助理国洪超等提供了宝贵资料，浙江大学博士研究生姜昕怡在本书校对、新形态素材建设方面付出了辛勤劳动，特此致谢。

限于编者水平，虽经努力，修改后的教材恐仍有不妥之处，敬请读者批评指正。

编　者

2025.3

目录

3 压力容器材料行为 075

4 压力容器设计 099

绪 论

学习意义

　　压力容器广泛应用于工业生产、人民生活、科学探索和国防军工，在石化、医药、食品、核能、氢能、航天、深海等重要领域发挥着关键作用，关系到国家安全和国民经济命脉。学习压力容器的应用、基本特点、基本要求及设计步骤，有助于理解其在国民经济和社会发展中的地位，掌握压力容器设计的特殊性和复杂性。

学习目标

○ 了解压力容器在国民经济和社会发展中的地位与作用；

○ 掌握压力容器的基本特点、基本要求和设计步骤；

○ 树立统筹安全与经济的工程观，了解压力容器设计的特殊性和复杂性。

　　工艺过程是指通过一系列物理、化学或生物操作，将原材料转化为产品或中间产品的系统化生产流程。流体储存、换热、分离、反应等操作是在特定压力下完成的，需借助过程设备实现。例如，流体储存需压力容器、压力管道等过程设备。过程设备必须满足工艺过程要求，其材料、设计、制造及运维都随工艺过程的进步而发展。若无适配过程设备，工艺过程则无法实现。

　　过程设备设计需基于设备全生命周期内的功能需求和市场竞争要素（性能、质量、成本等），统筹环境约束和资源利用率，融合机械、工艺、控制、力学、材料及美学、经济学等多学科知识，通过创新设计活动形成可用于制造的技术文件。

　　过程设备由外壳和内构件组成，内构件因设备功能不同而有差异，但外壳一般均为能承受载荷的压力容器。本课程主要介绍压力容器设计基础，以及流体储运、换热、分离、反应等四类典型压力容器的设计方法，是一门涉及多门学科、综合性和交叉性很强的课程。

　　（1）压力容器的应用

　　压力容器是指用于承受流体压力的密闭设备，应用广泛，在石油、化工、能源等国民经济支柱产业，储能、光伏等战略性新兴产业，核能、氢能、低空经济等未来产业，以及国防军工、科学探索等领域，发挥着不可替代的作用，关系到国家安全和国民经济命脉。典型例子如下：

① 氨合成塔　合成氨的发明是人类科学技术发展史上的一项重大成就，在很大程度上解决了因粮食不足而导致的全球饥饿问题。1909年，哈伯（Fritz Haber）发现，在500～600℃、17.5～20.0MPa和锇为催化剂的条件下，氢气和氮气反应后氨的含量可达到6%以上。1913年，博施（Carl Bosch）改进了哈伯发明的高压合成氨催化方法，在巴斯夫（BASF）建成国际首套工业规模合成氨生产装置，实现了氨的工业化生产。氨合成塔是合成氨生产的关键核心设备。在传统高压合成工艺中，氨合成塔的设计压力高达32MPa。随着催化剂性能的提升和工艺优化，低压合成技术发展很快，一些新型氨合成塔的设计压力已降至11MPa。

② 加氢反应器　在一定压力、温度及催化剂的作用下，原料和氢气发生杂原子脱除、大分子裂化、不饱和分子饱和等反应的设备，称为加氢反应器。加氢反应器是石油加氢精制和加氢裂化、煤加氢液化/气化等装置的核心设备，在化石能源清洁高效利用中发挥着关键作用。石油加氢裂化反应器的设计温度高达454℃，设计压力为15～21MPa；煤加氢液化反应器的设计温度高达482℃，设计压力约20MPa。

③ 储氢压力容器　氢能来源丰富、绿色低碳、应用广泛，是用能终端实现绿色低碳转型的重要载体，是未来产业的重要发展方向。氢能储存和运输均离不开压力容器。液氢-液氧火箭发动机推力测试用液氢高压容器，设计压力达40MPa，设计温度为-253℃；加氢站用储氢压力容器的最高工作压力达90MPa。

④ 超高压食品杀菌釜　为避免加热而破坏食品的风味和营养，保持食品的色、香、味，出现了一种新的食品杀菌技术——超高压食品杀菌。其大致过程是先将食品充填到柔软的塑料容器之中，再放到工作压力为150～700MPa的超高压容器中，在常温下保压一段时间，然后卸压取出食品，以达到灭菌、延长保存期的目的。

⑤ 核反应堆　核能发电是利用原子核裂变反应释放的能量来发电的，其大致过程为：在反应堆工作时放出的热量，由冷却剂带到蒸发器，加热流过蒸发器内的水，产生的饱和蒸汽带动汽轮机发电。反应堆是核电站的核心设备。压水堆和沸水堆都利用水作冷却剂，是广泛使用的反应堆堆型。为使水加热到300～330℃的高温也不沸腾，压水堆需要在12.2～16.2MPa高压下工作。沸水堆允许产生蒸汽，工作压力较低，一般在7.2MPa左右。

⑥ 二氧化碳储能装置　二氧化碳储能的基本原理是：在用电低谷期，利用余电将常温常压的二氧化碳气体压缩为液体，并将压缩过程中产生的热能储存起来；在用电高峰期，存储的热能加热液态二氧化碳至气态，驱动透平发电。二氧化碳的临界温度为31.1℃、临界压力为7.3MPa。无论是低压液态二氧化碳储能、超临界二氧化碳储能，还是二氧化碳气液相变储能，均离不开压力容器。

此外，许多深海装备也是承受压力的容器。例如，日本于1988年研制成功的潜深为6000m的深海潜艇，其耐压舱为壁厚70mm的钛合金制球形壳体；我国于2020年研制成功的"奋斗者"号万米载人深潜器，承受的水压超过110MPa。

（2）压力容器的基本特点

① 应用广泛、数量庞大　压力容器应用广泛，在国民经济建设和社会发展中发挥着支撑性作用。我国作为全球最大的压力容器产销国，截至2023年，保有量已达到533.92万台。其数量与国内生产总值成显著正相关，是衡量经济发展水平的重要指标。

② 基本载荷为流体压力　压力容器的核心功能是为工艺过程提供承压空间。流体压力是其设计的基本载荷。此外，必要时还需考虑风载、地震载荷、冲击载荷等，以确保压力容器在长期运行中的安全性和可靠性。

③ 机械工艺控制融合　压力容器的设计参数（压力、温度、容积等）需根据工艺要求确定，运行中需实时监控运行参数及安全状况。其高性能设计与制造依赖于机械工程、工艺过程与智能化控制技术的深度融合。

④ 面向用户需求定制　压力容器的用途、介质特性、操作条件、安装场地和生产能力千差万

拓展知识0-1
弗里茨·哈伯
简介

拓展知识0-2
中国氨合成塔
发展历程

拓展知识0-3
中国加氢反应
器发展历程

别。基于用户需求（功能、使用寿命、可持续性等），压力容器需进行差异化的设计制造，对材料、结构、制造、运维等提出特殊要求。例如，根据容积大小及安装场地，储存压力容器可设计成卧式储罐、立式储罐或球形储罐。

⑤ 潜在泄漏爆炸危险　压力容器常在高温、高压、腐蚀等极端工况下工作。例如，加氢反应器承受高温高压作用，尿素合成塔则在高压强腐蚀条件下工作。由于选材不当、材料误用、材料缺陷、材质劣化、介质腐蚀、设计失误、缺陷漏检、操作不当、意外操作条件、难以控制的环境等原因，国内外每年都有压力容器泄漏和爆炸事故发生，造成人员伤亡、企业停产、财产损坏和环境污染，后果极为严重。因此，压力容器设计、制造、使用、检验、检测等必须遵循特种设备法规与标准。

随着科学技术的发展，压力容器正朝着高端化、绿色化、智能化、多功能化和成套化的方向发展。

（3）压力容器的基本要求

压力容器设计要求主要体现在安全性、功能性、经济性、可靠性、合规性和可持续性等方面。

① 安全性　指避免容器对人身安全、健康，环境及容器自身造成危害的能力。影响压力容器安全的因素主要有：材料的强度、韧性及其与介质的相容性；容器的强度、刚度、抗屈曲能力和密封性能。

ⅰ.材料强度高。材料强度是指在载荷作用下材料抵抗永久变形和断裂的能力。屈服强度和抗拉强度是钢材常用的强度指标。压力容器是由各种材料制造而成的，其安全性与材料强度紧密相关。在相同设计条件下，提高材料强度可以增大许用应力，减薄压力容器的壁厚，减轻重量，简化制造、安装和运输，从而降低成本，提高综合经济性。对于大型压力容器，采用高强度材料的效果尤为显著。

ⅱ.材料韧性优良。韧性是指材料断裂前吸收变形能量的能力。由于原材料、制造（特别是焊接）和使用（如疲劳、应力腐蚀）等方面的原因，压力容器常带有各种各样的缺陷，如裂纹、气孔、夹渣等。研究表明，并不是所有缺陷都会危及压力容器的安全运行，只有当缺陷尺寸达到某一临界尺寸时，才会发生快速扩展而导致压力容器破坏。临界尺寸与缺陷所在处的应力水平、材料韧性以及缺陷形状和方位等因素有关，它随着材料韧性的提高而增大。材料韧性越好，临界尺寸越大，压力容器对缺陷就越不敏感；反之，在载荷作用下，很小的缺陷也有可能快速扩展而导致压力容器破坏。因此，韧性是衡量压力容器材料性能的一个重要指标。

材料韧性一般随着材料强度的提高而降低。在选择材料时，应特别注意材料强度和韧性的合理匹配。在满足强度要求的前提下，尽可能选用高韧性材料。过分追求强度而忽略韧性是非常危险的。国内外曾发生多起因韧性不足而引发的压力容器爆炸事故。

除强度外，环境也会影响材料韧性。例如，低温和受中子辐照都会降低材料韧性，使材料脆化。掌握材料性能随环境的变化规律，防止材料脆化或将其限制在许可范围内，是提高压力容器可靠性的有效措施之一。

ⅲ.材料与介质相容。压力容器内的介质种类繁多。不同的介质对材料的腐蚀性差异显著。例如，湿硫化氢会导致钢材发生氢致开裂；海水中的氯离子则会破坏金属表面的钝化膜，导致点蚀和缝隙腐蚀。

材料被腐蚀后，不仅会导致壁厚减薄，而且可能改变其组织、劣化性能，降低结构强度。因此，压力容器的材料必须与介质相容。在设计时，需要综合考虑操作条件（如温度、压力等）以及材料与介质相容性。

ⅳ.容器强度高。除材料强度外，压力容器强度还与结构、制造质量等因素有关。压力容器各零部件的强度并不相同，整体强度往往取决于强度最弱的零部件的强度。为使压力容器各零部件的强度相同，通常采用等强度设计方法，以充分利用材料的强度，节省材料，减轻重量。

ⅴ.容器刚度充足。刚度是压力容器在载荷作用下保持原有形状的能力。刚度不足会导致压力容器过度变形，甚至引发密封失效。例如，在螺栓、法兰和垫片组成的连接结构中，若法兰刚度不足而发生过度变形，将直接导致密封失效，进而引发泄漏。

ⅵ. 容器抗屈曲性能强。屈曲是压力容器常见的失效形式之一。例如，当压力容器的壳体厚度不足或承受的外压过大时，极易引发屈曲失效。因此，压力容器应有足够的抗屈曲能力。设计时需通过合理选择材料、优化结构或增加壁厚等方式，增强容器的抗屈曲性能。

ⅶ. 密封性能优良。密封性是指压力容器防止介质或空气泄漏的能力。压力容器的泄漏可分为内泄漏和外泄漏。内泄漏是指压力容器内部各腔体间的泄漏，如管壳式换热器中，管程介质通过管板泄漏至壳程。这种泄漏轻者会引起产品污染，重者会引起爆炸事故。外泄漏是指介质通过可拆接头或穿透性缺陷泄漏到周围环境中，或空气漏入压力容器内的泄漏。压力容器内的介质往往具有危害性。外泄漏可能引起中毒、燃烧、爆炸等事故并污染环境。因此，密封是压力容器安全操作的必要条件。

有害物质的泄漏是压力容器污染环境的主要因素之一。例如，埋地储罐内有害物质的泄漏会污染地下水；化工厂地面设备的跑、冒、滴、漏会污染空气和水。泄漏检测是发现泄漏源、控制有害物质浓度和保护环境的有效措施。许多国家已颁布强制性规范标准，要求一些压力容器必须设置在线泄漏检测装置。

ⅷ. 具有安全连锁功能。压力容器的操作应简洁直观，同时具备安全连锁功能。当发生误操作时，容器应能发出报警信号，并通过安全连锁装置防止潜在危险的发生。例如，对于需要频繁开关盖的压力容器，误操作（如在未完全卸压时打开，或在端盖未完全闭合前升压）是酿成事故的主要原因。通过设置安全连锁装置，可确保在端盖未完全闭合前容器内无法升压，且在压力未完全泄放前端盖无法打开，可有效避免因误操作引发的事故。

② 功能性　指容器满足传热、储存、反应、分离等功能和寿命要求的能力。

ⅰ. 功能要求。压力容器都有一定的功能要求，以满足生产的需要，如储罐储存量、换热器换热量和压力降、反应器反应速率等。功能要求得不到满足，会影响整个工艺过程的生产效率，造成经济损失。

ⅱ. 寿命要求。压力容器还有寿命要求。例如，在石油化工行业中，一般要求高压容器的使用年限不少于20年，塔设备和反应设备不少于15年。腐蚀、疲劳、蠕变是影响压力容器寿命的主要因素。设计时应综合考虑温度和压力的高低及波动情况、介质的腐蚀性、环境对材料性能的影响、流体与结构的相互作用，采取有效措施，确保压力容器在设计寿命内安全可靠地运行。

③ 经济性　指容器在市场上实现稳定盈利的能力。经济性是衡量压力容器市场竞争力的关键指标之一，常用经济性指标有成本效益比、投资回报率、投资回收期等。如果经济性差，压力容器就缺乏市场竞争力，最终将被淘汰。提高生产效率、降低消耗、简化制造、降低操作和维修费用等都是提高经济性的有效路径。

ⅰ. 生产效率高、消耗低。压力容器常用单位时间内单位容积（或面积）处理物料或所得产品的数量来衡量其生产效率。如换热器在单位时间、单位容积内的换热量，反应器在单位时间、单位容积内的产品数量等。低消耗包括两层含义：一是指降低压力容器制造过程中的资源消耗，如原材料、能耗等；二是指降低压力容器使用过程中生产单位质量或体积产品所需的资源消耗。

工艺流程和结构形式都对压力容器经济性有显著影响。由于工艺流程或催化剂等反应条件的不同，反应设备的生产效率和能耗相差很大。相同工艺流程、相同外壳结构的塔设备，若采用不同的内件，如塔板、液体分布器、填料等，其传质效率相差很大。从工艺、结构两方面综合考虑，可以提高压力容器的生产效率，降低消耗。

ⅱ. 结构合理、制造简便。压力容器的设计应注重结构的合理性和制造的便利性。结构应紧凑，充分利用材料的性能，避免采用复杂或质量难以保证的制造方法。通过优化设计，实现自动化或智能化生产，不仅能减轻劳动强度，还能减少占地面积，缩短制造周期，从而有效降低制造成本。

ⅲ. 易于运输和安装。压力容器往往先在车间内制造，再运至使用单位安装。对于中、小型压力容器，运输和安装较为方便。然而，对于大型设备，尺寸和质量都很大，有的单台设备质量超过3000t，必须考虑运输的可能性与安装的方便性，如轮船、火车、汽车等运输工具的运载能力和空间大小、码头的深度、桥梁和路面的承载能力、隧道的尺寸、吊装设备的吨位和吊装方法等。

为解决因设备大型化带来的运输困难，一些高、大、重的压力容器，往往先在车间内加工好部分或全部零部件再到现场组装和检验。例如，大型球罐制造时，一般先在车间内压制球瓣，再到现场将球瓣拼焊成球罐。

ⅳ.可维护性和可修理性优良。压力容器的可维护性和可修理性是确保其长期稳定运行的关键因素。容器通常需要定期检验安全状态、更换易损零部件以及清洗易结垢表面。因此，在结构设计阶段，应充分考虑这些维护需求，确保容器便于清洗、装拆和检修。例如，设计可拆卸的内件，不仅能快速更换，还便于对容器内部进行清洗和检查，从而提高维护效率。

④ 可靠性　指压力容器在规定的服役环境和寿命内安全完成规定功能的能力，是衡量容器性能和安全性的重要指标。可靠性可以通过多个关键指标来衡量，包括可靠度、故障率等。可靠度是指容器在规定条件和时间内正常运行的概率，反映了容器的稳定性；故障率则表示单位时间内容器发生故障的概率，故障率越低，容器的可靠性越高。这些指标不仅用于评估容器的性能，还为设计优化和维护策略提供了重要依据。

通过加速寿命试验、气体腐蚀试验等方法，可以模拟实际工况，快速评估压力容器的可靠性，从而确保其在复杂服役环境下的安全性和耐久性。

对于石油、化工等连续生产的过程工业，企业停工一天所造成的损失就可能远大于单台设备的成本。因此，提高容器在全寿命周期内的可靠性，减少停产损失，本身就是最大的经济。

对于失效危害特别严重或特别重要的压力容器，应设置在线监控系统，实时监测设备的安全状态，如利用红外技术实时监测设备温度变化情况、声发射技术实时监控裂纹类缺陷的扩展动态等。一旦检测到异常情况，如超温、超压或异常振动，系统将立即触发多级报警机制，通过短信、邮件或 APP 推送等方式通知相关人员，并自动调整运行参数或采取紧急措施，确保容器安全。

⑤ 合规性　指压力容器设计应当遵守容器安装或使用地的相关法律法规及标准。在我国，压力容器作为特种设备，受到《中华人民共和国特种设备安全法》和《特种设备安全监察条例》的严格监管；技术规范 TSG 21《固定式压力容器安全技术监察规程》，以及 GB/T 150《压力容器》、GB/T 4732《压力容器分析设计》、GB/T 34019《超高压容器》、GB/T 44457《加氢站用储氢压力容器》等技术标准，对压力容器材料、设计、制造、使用、检验和修理改造提出了具体要求。

⑥ 可持续性　指压力容器在其全生命周期（包括设计、制造、使用、修理和废弃）中，对环境的影响能够控制在可接受范围内，同时满足当前需求而不损害后代满足其需求的能力。随着社会的发展和环保意识的增强，可持续性已成为压力容器行业的重要考量因素。

在传统观念中，压力容器的失效主要指危及安全和功能失效，如爆炸、泄漏或生产效率降低等。然而，随着环保要求的提高和国际竞争的加剧，失效的内涵已扩展到环境失效。这包括生产过程中的碳排放、使用阶段的能源效率、噪声污染，以及容器退役后的处理。例如，退役后的压力容器可能含有有害物质，需要进行清除、翻新或循环利用，以减少对环境的影响。因此，在设计阶段，就需要综合考虑这些因素，以提高压力容器的可持续性，确保其在整个生命周期内对环境的影响最小化。

上述要求很难全部满足，设计时应针对具体情况具体分析，满足主要要求，兼顾次要要求。

（4）压力容器设计概述

设计是压力容器研制的第一道工序，设计工作的质量和水平，对产品的质量、性能、研制周期和经济效益往往起着决定性的作用。

① 设计步骤　压力容器设计一般要经历以下几个阶段：需求分析、目标界定、总体结构设计、零部件结构设计、参数设计和设计实施等，是一个不断决策的过程。在总体结构设计、零部件结构设计和参数设计中都要反复应用图 0-1 所示的决策过程。显然，可供评估的方案越多、评估体系越完善，最终确定的设计方案就越理想。

ⅰ.需求分析和目标界定。设计的第一步就是认识需求，并由此决定是否要设计一种压力容器来满足它。认识需求有时是一种有很高创造性的活动。明确需求后，就要确定压力容器开发的目的和范围，明确用户对产品质量、供货时间、价格的要求，限定满足需求的一些特殊的技术要求和特性。

ⅱ.总体结构设计。总体结构设计的任务是确定压力容器的工作原理、总体布局和零部件之间的相互关系，它对压力容器的效率、安全性、可靠性、可制造性等有显著的影响。

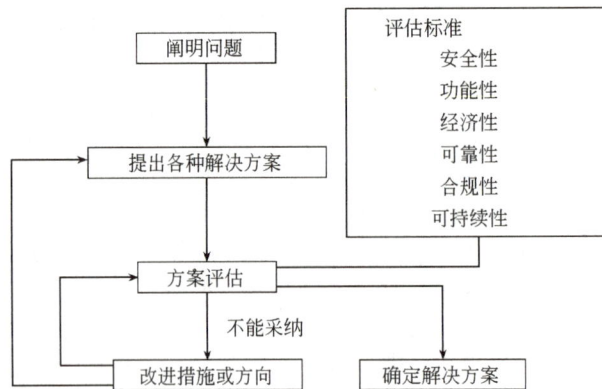

图 0-1　设计常用的决策过程

　　总体结构设计时，常常根据设计要求，将压力容器功能逐步分解，直至零部件。在功能分解过程中，可以得到子结构的各种设计方案。设计师应对这些设计方案进行认真评估，直至找到满意的方案。

　　ⅲ. 零部件结构设计。压力容器是由零部件组成的。零部件结构设计时，先要确认其必要性，检查其作用能否由其他零部件来代替，以尽可能减少零部件数量，选择材料类别，再根据其作用确定结构形式，并画出草图。

　　材料可分为金属、塑料、橡胶、陶瓷、玻璃和复合材料等六大类。在零部件结构设计阶段，通常仅确定材料类别，而不涉及具体材料规格。这是因为不同类别的材料在制造方法和连接方式上存在显著差异，需在后续详细设计阶段根据具体需求进一步明确。

　　零部件结构的评估，应综合考虑材料利用率、制造难易程度、是否超出现有设备的制造能力、使用时最有可能的失效方式、最有可能导致故障的原因和可分析性。可分析性是指应力、振动、传热等分析的难易程度，如果难度很大，则有可能影响设计进度。

　　ⅳ. 参数设计。确定零部件的材料、结构尺寸和精度。参数大致可分为四类：确定参数、设计参数、状态参数和性能参数。确定参数是指那些由工艺计算确定且在设计中不允许改变的参数，如工作压力、工作温度、容积等。设计参数是指那些可以在一定范围内变化的参数，由设计计算确定，如压力容器壁厚、搅拌轴直径、换热管长度等。根据确定参数、设计参数和工作条件，按计算模型或经验公式（包括图表等）计算得到，需按强度、刚度、稳定性等要求控制的量称为状态参数，如应力、应变、位移、固有频率等。性能参数是指描述压力容器性能的参数，如重量、成本、生产效率、寿命等，是设计时所追求的目标。状态参数和性能参数都与设计参数有关，一般随设计参数的改变而改变。参数设计的目的是合理确定设计参数，提高压力容器的性能。

　　② 影响参数设计的因素　影响设计参数、状态参数和性能参数的因素主要有以下几点。

　　ⅰ. 设计准则。压力容器设计时，一般应先确定最有可能的失效模式，选择合适的失效判据，再将应力或与应力有关的状态参数限制在许用值以内，这种限制条件称为设计准则。例如，为防止搅拌轴扭断，通常把切应力控制在许用值以内。设计准则是确定设计参数的基础。合理的设计准则可以提高零部件的材料利用率，充分挖掘材料的潜力。正确计算压力容器在各种载荷作用下的响应（包括动态和静态）特性，揭示失效机理、掌握材料特性及其在载荷和环境作用下的变化规律，是建立合理设计准则的基础。

　　随着经验的积累、测试手段的改进、计算技术的提高和研究的深入，设计准则不断丰富和发展。例如，早期的压力容器强度设计，一般都采用弹性失效设计准则，容器总体部位的应力等于或超过材料屈服强度就认为是失效，把应力控制在材料屈服强度以内。基于弹性失效设计准则的压力容器设计方法，虽能满足大多数压力容器强度设计的需要，但也遇到一些难以克服的困难。事实上，应力对压力容器失效的影响与诸多因素有关，如应力产生的原因、沿壁厚的分布规律、作用范围、变化幅度等，所有应力采用相同的许用应力并不合理。20世纪60年代初，出现了新的应力限制准则，即根据应力产生的原因、沿壁厚分布规律和作用范围，将应力进行分类，对不同类型的应力及其组合采用不同的应力限制值。

ⅱ. 材料。影响压力容器参数设计的材料性能主要有：屈服强度、抗拉强度、断后伸长率、断面收缩率、弹性模量、泊松比、应力 - 应变关系、持久强度、夏比 V 型缺口冲击功、断裂韧度、裂纹扩展速率、热膨胀系数等。

ⅲ. 规范标准。压力容器设计需要满足相关规范标准的要求。熟悉和使用相应的规范标准是设计师的基本功。随着基础研究的深入，材料、制造和检验水平的提高，规范标准是不断丰富和发展的。在使用规范标准时，一要采用最新的规范标准，二要全面正确地使用规范标准，不要套用或混用。

压力容器的更新换代有三个途径：一是改变工作原理；二是改进制造工艺、结构和材料以提高综合技术性能；三是加强辅助功能使其更适应使用者。设计时应从实际出发，调查研究，综合运用多学科知识，跟踪学科的发展，特别是新材料、先进制造技术、新设计方法和人工智能技术，在设计、制造、安装、调试和使用中及时发现问题，反复修改，以取得最佳效果，并从中积累设计经验。

（5）本书内容简介

以防止压力容器失效、确保其安全经济可靠运行为主线，前 4 章介绍压力容器设计基础，涵盖压力容器分类、总体结构、应力分析、材料选择、失效模式、设计准则、常规设计、分析设计、数字化设计等，培养学生在设计阶段分析和解决压力容器全寿命周期内安全问题的能力；后 4 章介绍承压类过程设备，包括储运设备、换热设备、塔设备和反应设备，突出功能要求、结构特点与容器设计间的内在联系。

第 1 章在介绍压力容器总体结构的基础上，结合介质的危害程度、操作条件和生产中的作用，较为全面地阐述了压力容器分类概念，再给出中国常用压力容器规范标准的适用范围和选用注意事项，并简要介绍了美国和欧盟压力容器规范标准。

第 2 章以载荷分析、力学模型建立和应力特性为重点，较为全面地介绍了薄壁回转壳体、厚壁圆筒和平板的应力分析方法，圆筒、锥壳和球壳临界压力计算方法，以及局部应力的求解思路和降低局部应力的技术措施。应力分析是压力容器设计的基础。

第 3 章介绍了压力容器常用材料、制造工艺和时间环境对钢材行为的影响、选材原则。

第 4 章主要介绍压力容器设计方法，先介绍设计要求、设计文件、设计准则、设计技术参数的概念和确定方法，再介绍规则设计、分析设计和数字化设计。规则设计包括圆柱形筒体、封头、密封装置、开孔和开孔补强、支座和检查孔、超压泄放装置的设计和选用。设计准则是连接力学分析结果和材料性能的桥梁，也是压力容器各种设计方法的基础，正确理解设计准则，结合力学分析结果，就可以方便地导出筒体、封头、法兰等零部件的厚度计算公式。在介绍压力容器设计方法时，十分重视基于失效模式设计思想的阐述，即采用哪些技术措施来预防失效。

第 5 章重点介绍卧式储罐的结构和设计方法，以及球形容器和移动容器的结构。

第 6 章介绍了换热设备的分类和选型原则，管壳式换热器的结构、管板和膨胀节设计思想、防止管束振动的措施，以及传热强化技术。

第 7 章介绍塔设备的设计。塔设备的长径比较大，强度设计时往往要考虑风载荷和地震载荷。内件的结构形式、放置方式和位置等对塔设备的性能有显著的影响。第 7 章先介绍塔设备的总体结构和选型原则，内件对塔设备性能的影响，再阐述了塔设备的强度设计方法。

第 8 章在简要介绍各种反应设备类型和特点的基础上，重点介绍了机械搅拌釜式反应设备的基本结构和设计方法，以及微反应器、电化学反应器的基础知识。

附录给出了专业术语索引和数字资源索引。

1 压力容器导言

○○ —— ○○ ○ ○○ ——

🌿 学习意义

　　压力容器是盛装气体或者液体，承受一定压力的密闭设备，包括固定式压力容器、移动式压力容器、气瓶和氧舱等。压力容器具有潜在的泄漏和爆炸危险，为确保使用安全，世界各工业国家制定了一系列压力容器规范标准。设计压力容器，必须掌握压力容器基本结构及其分类方法，了解国内外主要的压力容器规范标准。

👁 学习目标

○ 掌握压力容器的基本组成及各组成部分的功能；
○ 掌握常见的压力容器分类方法，能对压力容器进行正确分类；
○ 熟悉美国、欧盟和中国主要压力容器规范标准的适用条件和基本内容，能够根据设计条件正确地选择和应用压力容器规范标准。

1.1 压力容器总体结构

1.1.1 压力容器基本组成

　　压力容器通常由筒体、封头、密封装置、支座、开孔接管、安全附件等六部分组成。筒体和封头的作用是提供所需的承压空间；密封装置的作用是防止设备内介质的泄漏或空气漏入设备；支座用于支承压力容器；开孔接管主要用于物料进出、提供检查和控制件接口，便于内件的装拆和检修以及容器内表面的检测；安全附件的主要作用是防止压力容器因超压、超温、泄漏等异常情况引发事故。密封装置又可分解为密封件和承力件，密封件的作用是通过变形堵塞泄漏通道；承力件主要用于提供初始密封所需的预紧力，承受压力、温度等载荷产生的作用力。图 1-1 为一台卧式压力容器的总体结构图，下面结合该图对压力容器的基本组成作简单介绍。

（1）筒体

筒体是压力容器最主要的受压元件之一，其内直径和容积往往需由工艺计算确定。圆柱形筒体（即圆筒）是工程中最常用的筒体结构。

筒体直径较小（一般小于 1000mm）时，圆筒可用无缝钢管制作，此时筒体上没有纵焊缝；直径较大时，可用钢板在卷板机上卷成圆筒或用钢板在水压机上压制成两个半圆筒，再用焊缝将两者焊接在一起，形成整圆筒。由于该焊缝的方向和圆筒的纵向（即轴向）平行，因此称为纵向焊缝，简称纵焊缝。若容器的直径不是很大，一般只有一条纵焊缝；随着容器直径的增大，由于钢板幅面尺寸的限制，可能有两条或两条以上的纵焊缝。另外，长度较短的容器可直接在一个圆筒的两端连接封头，构成一个封闭的压力空间，也就制成了一台压力容器外壳。但当容器较长时，由于钢板幅面尺寸的限制，就需要先用钢板卷成若干段筒体（某一段筒体称为一个筒节），再由两个或两个以上筒节组焊成所需长度的筒体。筒节与筒节之间、筒体与端部封头之间的连接焊缝，由于其方向与筒体轴向垂直，因此称为环向焊缝，简称环焊缝。

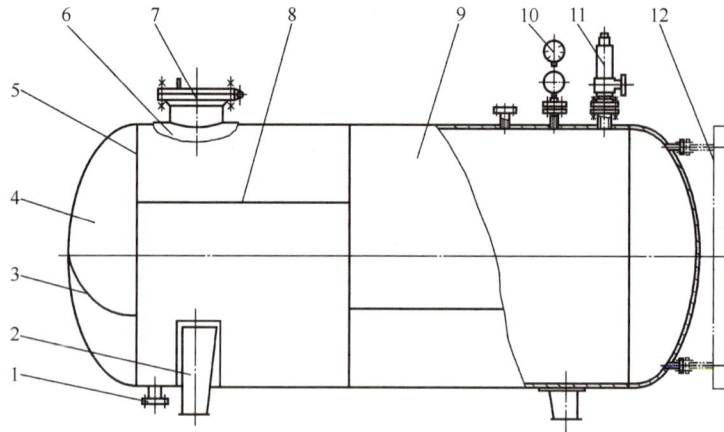

图 1-1　卧式压力容器的总体结构图

1—法兰；2—支座；3—封头拼接焊缝；4—封头；5—环焊缝；6—补强圈；
7—人孔；8—纵焊缝；9—筒体；10—压力表；11—超压释放装置；12—液位计

圆筒按其结构可分为单层式和组合式两大类。

① 单层式筒体　筒体的器壁在厚度方向是由一整体材料所构成，也就是器壁只有一层（为防止内部介质腐蚀，衬上的防腐层不包括在内）。单层筒体按制造方式又可分为单层卷焊式、整体锻造式、锻焊式、旋压无缝式、3D 打印等几种。其中单层卷焊式结构是目前制造和使用最多的一种筒体形式，钢板在大型卷板机上卷成圆筒，经焊接纵焊缝成为筒节，然后与封头或端部法兰组装焊接成容器，图 1-1 所示筒体即为单层卷焊式结构。而整体锻造式结构是最早采用的筒体形式，制造时筒体与法兰可整锻为一体或用螺纹连接，整个筒身没有焊缝。焊接技术发展后出现了分段锻造，然后焊接拼合成整体的锻焊式筒体。旋压无缝式筒体主要有两种制造方法：一种是由优质无缝钢管通过两端热旋压收口制成；另一种是钢锭冲压后再经过热旋压收口。通常，整体锻造式和锻焊式筒体主要用于高压和超高压容器中，而旋压无缝式筒体常用于制造高压气体储存用压力容器。

整体锻造式筒体的材料金相组织致密，强度高，因而质量较好，特别适合于焊接性能较差的高强度钢所制造的超高压容器。但制造时需要非常大的冶炼、锻压和机加工设备，材料消耗量大，钢材利用率低，机械加工量大，故一般只用于内径 $\phi300 \sim 1500mm$、长度不超过 12m 的超高压容器，如聚乙烯反应釜、人造水晶釜等。

近年来，增材制造技术（又称 3D 打印技术）开始用于制造压力容器，该技术特别适用于制造内部介质流道复杂的压力容器。

② 组合式筒体　筒体的器壁在厚度方向上由两层或两层以上互不连续的材料构成。组合式筒体按结构和制造方式又可分为多层式和缠绕式两大类。具体结构将在本书第4章中介绍。

（2）封头

根据几何形状的不同，封头可以分为球形、椭圆形、碟形、球冠形、锥壳和平盖等几种，其中球形、椭圆形、碟形和球冠形封头又统称为凸形封头。

当容器组装后不需要开启时（一般是容器中无内件或虽有内件但无需更换、检修的情况），封头可直接与筒体焊在一起，从而有效地保证密封、节省材料和减少加工制造的工作量。对于因检修或更换内件的原因而需要多次开启的容器，封头和筒体的连接应采用可拆式的，此时在封头和筒体之间就必须要有一个密封装置。

（3）密封装置

压力容器上需要有许多密封装置，如封头和筒体间的可拆式连接，容器接管与外管道间的可拆连接以及人孔、手孔盖的连接等，压力容器能否正常、安全地运行，在很大程度上取决于密封装置的可靠性。

螺栓法兰连接（简称法兰连接）是一种应用最广的密封装置，它的作用是通过螺栓连接，并通过拧紧螺栓使密封元件压紧而保证密封。法兰按其所连接的部件分为容器法兰和管法兰。用于容器封头（或顶盖）与筒体间，以及两筒体间连接的法兰叫容器法兰；用于管道连接的法兰叫管法兰。在高压容器中，用于顶盖和筒体连接并与筒体焊在一起的容器法兰，又称为筒体端部。

（4）开孔与接管

由于工艺要求和检修的需要，常在压力容器的筒体或封头上开设各种大小的孔或安装接管，如人孔、手孔、视镜孔、物料进出口接管，以及安装压力表、液位计、安全阀、测温仪表等接管开孔。

手孔和人孔是用来检查、装拆和洗涤容器内部的装置。手孔内径要使操作人员的手能自由地通过。因此，手孔的直径一般不应小于150mm。考虑到人的手臂长约650～700mm，所以直径大于1000mm的容器就不宜再设手孔，而应改设人孔。常见的人孔形状有圆形和椭圆形两种，为使操作人员能够自由出入，圆形人孔的直径至少应为400mm，椭圆形人孔的尺寸一般为350mm×450mm。

筒体或封头上开孔后，开孔部位的强度被削弱，并使该处的应力增大。这种削弱程度随开孔直径的增大而加大，因而容器上应尽量减少开孔的数量，尤其要避免开大孔。对容器上已开设的孔，还应进行开孔补强设计，以确保所需的强度。

（5）支座

压力容器靠支座支承并固定在基础上。圆筒形容器和球形容器的支座各不相同。随安装位置不同，圆筒形容器支座分立式容器支座和卧式容器支座两类，其中立式容器支座又有腿式支座、支承式支座、耳式支座和裙式支座四种；球形容器多采用柱式或裙式支座。

（6）安全附件

由于压力容器的使用特点及其内部介质的化学工艺特性，往往需要在容器上设置一些安全装置和测量、控制仪表来监控工作介质的参数，以保证压力容器的使用安全和工艺过程的正常进行。

压力容器的安全附件是指直接安装在压力容器上，用于保障其安全运行的附属装置和仪表，如安全阀、爆破片装置、易熔塞、紧急切断阀、安全连锁装置、压力表、液位计、测温仪表等。

上述六大部件（筒体、封头、密封装置、开孔接管、支座及安全附件）即构成了一台压力容器的外壳。对于储存用的容器，这一外壳即为容器本身；对于用于化学反应、换热、分离等工艺过程的容器，则须在外壳内装入工艺所要求的内件，才能构成一个完整的产品。

1.1.2　压力容器零部件间的焊接

上面介绍了压力容器外壳的六大组成部件，而各部件间的连接大多需要经过焊接，因而对焊接

拓展知识1-1
3D打印压力容器

进行质量控制是整个容器质量体系中极为重要的一环。虽然焊接质量控制还涉及许多焊接工艺过程问题，但设计环节的主要任务是焊接结构设计和确定无损检测方法、比例及要求。

焊接结构设计涉及接头的形式（如对接、搭接、角接）、接头的坡口形式、几何尺寸等。由于压力容器的特殊性，可以说它对焊接质量的要求是所有焊接设备中最高的。因此，压力容器设计工程师必须懂得容器中的焊接结构设计的特点及对焊接质量进行检验的基本要求。具体的焊接结构设计问题将在本书第4章中进行讨论。

1.2　压力容器分类

压力容器的使用范围广、数量多、工作条件复杂，发生事故所造成的危害程度各不相同。危害程度与多种因素有关，如设计压力、设计温度、介质危害性、材料力学性能、使用场合和安装方式等。危害程度愈高，压力容器材料、设计、制造、检验、使用和管理的要求也愈高。因此，需要对压力容器进行合理分类。

1.2.1　介质危害性

介质是指以流体或流体形态在压力容器中出现的化学物质。压力容器服役过程中，介质物理、化学变化有可能造成设备设施损害，泄漏有可能导致介质与人体接触造成中毒、窒息、冻伤、烫伤等伤害，也有可能引起火灾、爆炸和环境危害。影响压力容器危险性的介质危害性主要为毒性、燃爆性和相容性。

（1）毒性

毒性是指接触毒物后导致人体健康受损和对健康产生不良影响的能力。毒性介质是指物质经呼吸道、皮肤或口进入人体而对人体健康产生危害的介质。

压力容器使用或储存的介质毒性危害分类主要依据介质急性毒性估计值（acute toxicity estimate，ATE），即半数致死剂量（经口、皮肤）或半数致死浓度（吸入）。半数致死剂量是指在规定时间内，通过指定途径，一次使用物质，造成一组试验动物半数死亡所需的最小剂量；半数致死浓度是物质在空气中或水中造成一组试验动物半数死亡的浓度。联合国《全球化学品统一分类和标签制度（全球统一制度）》（Globally Harmonized System of Classification and Labeling of Chemicals，GHS）给出了急性毒性危害分类，详见表1-1。介质毒性危害程度分为四级，即极度危害（Ⅰ级）、高度危害（Ⅱ级）、中度危害（Ⅲ级）和轻度危害（Ⅳ级）。急性毒性危害类别和介质毒性危害程度的对应关系见表1-2。应分别确定经口、经皮肤和吸入急性毒性危害类别，以最严重的危害类别作为压力容器介质毒性危害类别。

表1-1　急性毒性危害分类

接触途径	单位	类别 1	类别 2	类别 3	类别 4	类别 5
经口	mg/kg（按体重）	ATE≤5	5＜ATE≤50	50＜ATE≤300	300＜ATE≤2000	2000＜ATE≤5000，具体标准见 GHS
经皮肤	mg/kg（按体重）	ATE≤50	50＜ATE≤200	200＜ATE≤1000	1000＜ATE≤2000	
气体	ppmV	ATE≤100	100＜ATE≤500	500＜ATE≤2500	2500＜ATE≤20000	具体标准见 GHS
蒸气	mg/L	ATE≤0.5	0.5＜ATE≤2.0	2.0＜ATE≤10.0	10.0＜ATE≤20.0	
粉尘和烟雾	mg/L	ATE≤0.05	0.05＜ATE≤0.5	0.5＜ATE≤1.0	1.0＜ATE≤5.0	

注：气体浓度以体积百万分率表示（ppmV）。

表1-2 介质毒性危害程度等级和急性毒性危害类别的对应关系

毒性危害程度等级	急性毒性危害类别	毒性危害程度等级	急性毒性危害类别
极度危害（Ⅰ级）	类别1	中度危害（Ⅲ级）	类别3
高度危害（Ⅱ级）	类别2	轻度危害（Ⅳ级）	类别4、类别5

介质毒性程度愈高，压力容器爆炸或泄漏所造成的危害愈严重，对材料、制造、检验和管理的要求愈高。如Q235B钢板不得用于制造毒性程度为极度或高度危害介质的压力容器；盛装毒性程度为极度或高度危害介质的容器制造时，非合金钢和低合金钢板应逐张进行超声检测，整体必须进行焊后热处理，容器上的A、B类焊接接头还应进行100%射线或超声检测，且液压试验合格后还须进行气密性试验。而介质毒性程度为中度或轻度的容器，其要求要低得多。毒性程度对法兰的选用影响也甚大，主要体现在法兰的公称压力等级上，如内部介质为中度毒性危害，选用的管法兰的公称压力应不小于1.0MPa；内部介质为高度或极度毒性危害，选用的管法兰的公称压力应不小于1.6MPa，且还应尽量选用带颈对焊法兰等。

（2）燃爆性

燃爆性即燃烧、爆炸特性。燃烧是一种放热发光的氧化反应，通常伴有火焰、发光和发烟的现象。可燃物、助燃物和着火源是燃烧必须具备的三个条件，缺一不可。爆炸是物质发生迅速的物理变化或化学反应，通过气体的急剧膨胀对周围做机械功的现象，常伴有强烈放热、发光、声响等效应。

可燃气体或蒸汽与空气、氧气或其他助燃物组成的混合物，并不是在任何比例下都可以燃烧或爆炸的，而是有严格的浓度比例，且随压力、温度等条件的变化而改变。当混合物中可燃气体浓度满足完全燃烧条件时，燃烧最剧烈。若其浓度减少或者增加，燃烧速度就会降低。当浓度低于或者高于某一限度时，就不会燃烧或爆炸。

易燃气体是指在20℃和标准大气压101.3kPa下，与空气混合有一定易燃范围的气体。

气体或者液体的蒸气、薄雾与空气或氧气形成的混合物遇着火源发生爆炸，能使火焰蔓延的最低浓度，称作爆炸下限；能使火焰蔓延的最高浓度，称作爆炸上限。爆炸下限小于10%，或者爆炸上限和爆炸下限的差值大于或者等于20%的气体，称为易爆气体，如甲烷、乙烷、乙烯、氢气、丙烷、丁烷等。

对于易爆介质的压力容器，选材、设计、制造和管理等均有严格要求。例如，容器应当设置可靠的导静电接地装置，焊接接头应采用全熔透结构，在安全阀或者爆破片的排出口应当装设导管，将排放介质引至安全地点。

（3）相容性

介质和材料的相容性直接影响压力容器选材、设计和安全。在一定的温度、压力、介质流速、应力水平等条件下，在介质和材料之间，有可能发生燃烧、氧化等化学反应，以及冲刷、磨损等物理效应，影响金属或非金属材料抵抗介质引起腐蚀、环境开裂、性能劣化、机械损伤等的能力，导致压力容器性能劣化，危及安全。

如果介质和材料能够长期共同存在，相互作用不会劣化它们各自的性能，或者劣化程度在工程可接受的范围内，那么它们是相容的。判断介质和材料是否相容，需要综合考虑介质特性和含量、材料特性、工作条件，以及容器的性能要求、已有经验、成本等因素，有的还需要进行各种试验。例如，液氧沸点为-183℃，具有强氧化性，航天用液氧储存压力容器中与液氧接触的材料，要求耐低温、耐液氧环境机械冲击、耐疲劳，需要通过常压液氧和加压气氧/液氧环境冲击试验、低温力学性能试验等进行相容性评估；为判断塑料与高压氢气的相容性，往往需要进行氢渗透试验、物理性能试验、拉伸性能试验、氢循环试验、氢老化试验等。

压力容器的选材应当考虑介质的相容性，选用相容性好的材料，或者对材料化学成分、微观组织、力学性能等提出特殊要求。例如，设计压力超过41MPa的储氢压力容器，临氢奥氏体型不锈钢S31603镍含量和镍当量应分别不低于12%和28.5%。

1.2.2 压力容器分类

世界各国规范对压力容器分类的方法各不相同，本节着重介绍中国 TSG 21《固定式压力容器安全技术监察规程》中的分类方法。

（1）按压力等级分类

按承压方式分类，压力容器可分为内压容器与外压容器。内压容器又可按设计压力（p）大小分为四个压力等级，具体划分如下：

低压（代号 L）容器　0.1MPa≤p<1.6MPa；
中压（代号 M）容器　1.6MPa≤p<10.0MPa；
高压（代号 H）容器　10MPa≤p<100MPa；
超高压（代号 U）容器　p≥100MPa。

外压容器中，当容器的内压力小于一个绝对大气压（约 0.1MPa）时又称为真空容器。

（2）按容器在生产中的作用分类

根据压力容器在生产工艺过程中的作用，可分为反应压力容器、换热压力容器、分离压力容器、储存压力容器 4 种。具体划分如下。

① 反应压力容器（代号 R）　主要是用于完成介质的物理、化学反应的压力容器，如反应器、反应釜、聚合釜、高压釜、合成塔、蒸压釜、煤气发生炉等。

② 换热压力容器（代号 E）　主要是用于完成介质热量交换的压力容器。如管壳式余热锅炉、热交换器、冷却器、冷凝器、蒸发器、加热器等。

③ 分离压力容器（代号 S）　主要是用于完成介质流体压力平衡缓冲和气体净化分离的压力容器。如分离器、过滤器、集油器、缓冲器、干燥塔等。

④ 储存压力容器（代号 C，其中球罐代号 B）　主要是用于储存、盛装气体、液体、液化气体等介质的压力容器。如液氨储罐、液化石油气储罐等。

在一种压力容器中，如同时具备两个以上的工艺作用原理时，应按工艺过程中的主要作用来划分品种。

（3）按安装方式分类

根据安装方式可分为固定式压力容器和移动式压力容器。

① 固定式压力容器　指有固定安装和使用地点，工艺条件和操作人员也较固定的压力容器。如生产车间内的卧式储罐、球罐、塔器、反应釜等。

② 移动式压力容器　指由罐体或者大容积气瓶与行走装置或者框架采用永久性连接组成的运输设备，包括铁路罐车、汽车罐车、长管拖车、罐式集装箱和管束式集装箱等。移动式压力容器需要考虑运输时的惯性力、液体的晃动，因而在结构、使用和安全方面均有其特殊的要求。

具有装卸介质功能，仅在装置或者场区内移动使用，不参与铁路、公路或者水路运输的压力容器不属于移动式压力容器。

（4）按安全技术管理分类

上面所述的几种分类方法仅仅考虑了压力容器的某个设计参数或使用状况，还不能综合反映压力容器面临的整体危害水平。例如储存易燃或毒性程度中度及以上危害介质的压力容器，其危害性要比相同几何尺寸、储存毒性程度轻度或非易燃介质的压力容器大得多。压力容器的危害性还与其设计压力 p 和全容积 V 的乘积有关，pV 值愈大，则容器破裂时爆炸能量愈大，危害性也愈大，对容器的设计、制造、检验、使用和管理的要求愈高。为此，综合考虑设计压力、容积、介质危害程度、容器在生产中的作用、材料强度、容器结构等因素，《压力容器安全技术监察规程》将所适用范围内的压力容器分为三类，即第一类压力容器、第二类压力容器和第三类压力容器。使用过程中发现，该分类方法重点不突出，对于多功能压力容器，由于难以界定哪个功能在生产中起主要作用，易造成类别划分时意见不统一。同时，随着材料科学、制造技术的进步，材料强度、容器结构等已不再是影响容器危险程度高低的主要因素。针对上述问题，为使分类简单唯一，中国 TSG 21 根据介质、设计压力和容积等三个因素进行压力容器分类，将所适用范围内的压力容器分为第Ⅰ类压力容器、第Ⅱ类压力容器和第Ⅲ类压力容器，现介绍其分类方法。

① 介质分组　压力容器的介质为气体、液化气体、介质最高工作温度高于或者等于其标准沸点的液体，按其毒性危害程度和爆炸危险程度分为两组。

ⅰ.第一组介质：毒性危害程度为极度危害、高度危害的化学介质，易爆介质，液化气体。

ⅱ.第二组介质：除第一组介质以外的介质。

介质毒性危害分类按 GB/T 42594《承压设备介质危害分类导则》确定。

② 压力容器分类　压力容器分类应当先按照介质特性，选择相应的分类图，再根据设计压力 p（单位 MPa）和容积 V（单位 m³），标出坐标点，确定容器类别。

ⅰ.对于第一组介质，压力容器的分类见图 1-2。

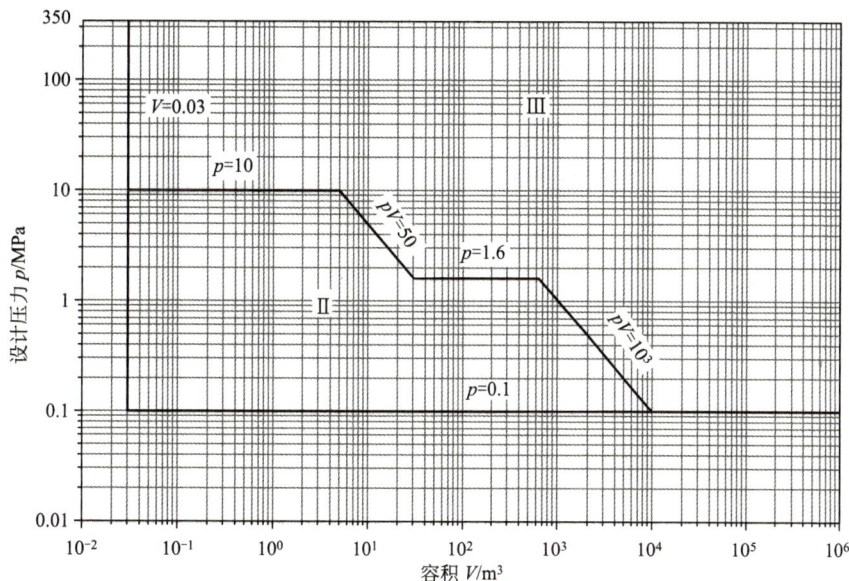

图 1-2　压力容器分类图——第一组介质

ⅱ.对于第二组介质，压力容器的分类见图 1-3。

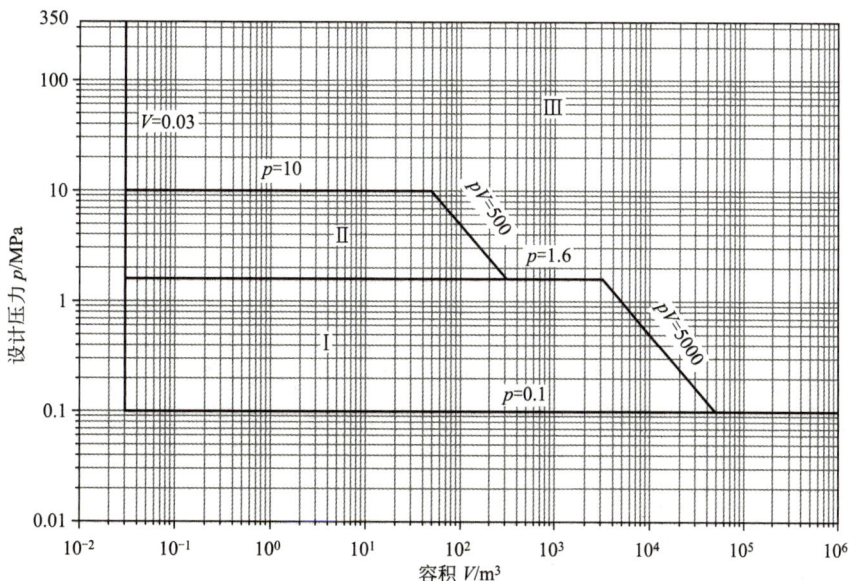

图 1-3　压力容器分类图——第二组介质

对于多腔压力容器（如换热器的管程和壳程、夹套容器等），按照类别高的压力腔类别作为该容器的类别并且按该类别进行使用管理。但应当按照每个压力腔各自的类别分别提出设计、制造技术要求。对各压力腔进行类别划分时，设计压力取本压力腔的设计压力，容积取本压力腔的几何容积。

一个压力腔内有多种介质时，按组别高的介质分类。当某一危害性物质在介质中含量极小时，应当按其危害程度及其含量综合考虑，由压力容器设计单位决定介质组别。

坐标点位于图 1-2 或者图 1-3 的分类线上时，按较高的类别划分；容积小于 30L 或者内直径（对非圆形截面，指宽度、高度或者对角线，如矩形为对角线、椭圆为长轴）小于 150mm 的小容积压力容器，不列入监察范围；GB/T 42594 中没有规定的介质，应当按其化学性质、危害程度和含量综合考虑，由压力容器设计单位决定介质组别。

由于各国的经济政策、技术政策、工业基础和管理体系的差异，压力容器的分类方法也互不相同。采用国际标准或国外先进标准设计压力容器时，应采用相应的分类方法。例如，欧盟 2014/68/EU《承压设备指令》，根据允许工作压力、最大允许工作温度下的蒸气压力、介质危害性、几何容积或公称尺寸、用途等因素，综合确定承压设备的危害程度，将承压设备分为 Ⅰ、Ⅱ、Ⅲ、Ⅳ 四类，并给出相应的材料、设计、制造和检验要求。又如 1993 年颁布的日本 JIS B8270《压力容器（基础标准）》，依据设计压力和介质危害性将压力容器分成 3 个等级：第三类压力容器的等级最低，适用范围为设计温度不低于 0℃，设计压力小于 1MPa；第二类压力容器的设计压力小于 30MPa；而第一类压力容器的设计压力一般应小于 100MPa。但是，如果对材料、制造、检验等提出特殊要求，设计压力高于 100MPa 的压力容器也可归入第一类容器。

1.3　压力容器规范标准

为了确保压力容器在设计寿命内安全可靠地运行，世界各工业国家都制定了一系列压力容器规范标准，给出材料、设计、制造、检验、合格评估等方面的基本要求。压力容器的设计必须满足这些要求，否则就要承担相应的后果。然而规范不可能包罗万象，提供压力容器设计的各种细节。设计师需要创造性地使用规范标准，根据具体设计要求，在满足规范标准基本要求的前提下，做出最佳的设计方案。

随着科学技术的不断进步，国际贸易的不断增加，各国压力容器规范标准的内容和形式不断更新，以适应新形势的需要。新版本实施后，老版本便自动作废。因此，设计师应及时了解规范变动情况，采用最新规范标准。

1.3.1　国外主要规范标准简介

微课1-1
ASME规范

（1）ASME 规范

美国是世界上最早制定压力容器规范的国家。19 世纪末到 20 世纪初，锅炉和压力容器事故发生频繁，造成了严重的人员伤亡和财产损失。1911 年，美国机械工程师学会（ASME）成立锅炉和压力容器委员会，负责制定和解释锅炉和压力容器设计、制造、检验规范。1915 年春出现了世界上第一部压力容器规范，即《固定式锅炉建造和许用工作压力规则》[1]。这是 ASME 锅炉和压力容器规范（以下简称 ASME 规范）各篇的开始，后来成为 ASME 规范第 Ⅰ 篇《动力锅炉》。目前 ASME 规范共有十三篇，包括锅炉、压力容器、核动力装置、焊接、材料、无损检测、超压保护等内容，篇幅庞大，内容丰富，且修订更新及时，全面包括了锅炉和压力容器质量保证的要求。ASME 规范每三年出版一个新的版本（2013 年后改为每两年），每年有两次增补。在形式上，ASME 规范分为 4 个层次，即规范（Code）、规范案例（Code Case）、条款解释（Interpretation）及规范增补

---

[1] 《Rules for the Construction of Stationary Boilers and for the Allowable Working Pressure》

（Addenda）。

ASME 规范中与压力容器设计有关的主要是第Ⅱ篇《材料》、第Ⅲ篇《核电厂部件建造规则》、第Ⅴ篇《无损检测》、第Ⅷ篇《压力容器建造规范》、第Ⅹ篇《玻璃纤维增强塑料压力容器》、第Ⅺ篇《核电厂部件在用检验规则》、第Ⅻ篇《移动式容器建造和连续使用规则》和第ⅩⅢ篇《超压保护规则》。第Ⅲ篇包括核 1 级部件、核 2 级部件、核 3 级部件、混凝土安全壳、乏燃料和高放射性废料储运用容器等。第Ⅷ篇又分为三册：第 1 册《压力容器建造规则》，第 2 册《压力容器建造另一规则》和第 3 册《高压容器建造另一规则》，以下分别简称为 ASME Ⅷ-1、ASME Ⅷ-2 和 ASME Ⅷ-3。1925 年首次颁布的 ASME Ⅷ-1 为常规设计标准，适用压力小于等于 20MPa；它以弹性失效设计准则为依据，根据经验确定材料的许用应力，并对零部件尺寸做出一些具体规定。由于它具有较强的经验性，故许用应力较低。ASME Ⅷ-1 不包括疲劳设计，但包括静载下进入高温蠕变范围的容器设计。ASME Ⅷ-2 为分析设计标准，于 1968 年首次颁布，它要求对压力容器各区域的应力进行详细分析，并根据应力对容器失效的危害程度进行应力分类，再按不同的安全准则分别予以限制。与 ASME Ⅷ-1 相比，ASME Ⅷ-2 对结构的规定更细，对材料、设计、制造、检验和验收的要求更高，对于许用应力由抗拉强度控制的压力容器用钢，允许采用较高的许用应力，所设计出的容器壁厚较薄。现行 ASME Ⅷ-2 是基于失效模式的标准，包括了疲劳设计，但设计温度限制在蠕变温度以内。为解决高温压力容器的分析设计，在 1974 年后又补充了一份《规范案例 N—47》。1997 年首次颁布的 ASME Ⅷ-3 主要适用于设计压力不小于 70MPa 的高压容器，它不仅要求对容器各零部件做详细的应力分析和分类评定，而且要做疲劳分析或断裂力学评估，是到目前为止要求最高的压力容器规范。第Ⅹ篇《玻璃纤维增强塑料压力容器》是现有 ASME 规范中唯一的非金属材料篇。该篇对玻璃纤维增强塑料压力容器的材料、设计、检验等提出了要求。第Ⅻ篇《移动式容器建造和连续使用规则》于 2004 年首次颁布，适用于便携式容器、汽车槽车和铁路槽车。

（2）欧盟压力容器规范标准

欧盟将压力容器、压力管道、安全附件、承压附件等以流体压力为基本载荷的设备统称为承压设备。随着欧洲统一市场的建立和欧元的面市，为促进承压设备在欧盟成员国内的自由贸易，尽可能在最广泛的工业领域内实施统一的技术法规，欧盟颁布了许多与承压设备有关的 EEC/EU 指令（DIRECTIVE）和协调标准（HARMONIZED STANDARDS）。

微课1-2
欧盟压力容器
规范标准

EEC/EU 指令侧重于安全管理方面的要求，只涉及产品安全、工业安全、人体健康、消费者权益保护的基本要求，是欧盟各成员国制定相关法律的指南。指令生效后，欧盟各个成员国必须把指令转化为本国监察规程或国家法律，并在指令规定的期限内强制执行。与压力容器有关的 EEC/EU 指令主要有：76/767/EEC《压力容器一般指令》、2014/29/EU《简单压力容器指令》和 2014/68/EU《承压设备指令》。76/767/EEC 为压力容器及其检验的一般规定。2014/29/EU 仅适用于介质为空气或氮气、压力（表压）超过 0.05MPa 的简单压力容器。2014/68/EU 适用于工作压力大于 0.05MPa 的承压设备的设计、制造和合格评估。

欧洲协调标准一般由欧洲标准化委员会（CEN）、欧洲电工标准化委员会（CENELEC）等技术组织制定。协调标准是非强制的，但企业若采用协调标准，就意味着满足了相应指令的基本要求。EN 13445《非火焰接触压力容器》是与 2014/68/EU 相对应的欧洲协调标准，其主要内容有：总则、材料、设计、制造、检验和试验、球墨铸铁压力容器及其受压元件，以及铝和铝合金、镍和镍合金、钛和钛合金压力容器。目前，欧盟正在起草铜和铜合金压力容器、增材制造承压设备及受压元件附加要求标准。按 EN 13445 规定设计、制造的压力容器，被自动认为满足 2014/68/EU 的要求。

一旦欧洲协调标准被正式通过，所有的 CEN 成员国都应制定与欧洲协调标准等同的国家标准，并废止本国现行标准中与欧洲协调标准规定相冲突的内容。例如，英国废止了原来的 BS 5500《非火焰接触压力容器》标准，将其改为不再具有"国家标准"地位的 PD 5500《非火焰接触压力容器》。但是，在欧盟各成员国的国家标准中，不是由成员国标准化委员会制定的承压设备标准无需废止。

1.3.2 国内主要规范标准介绍

特种设备是对人身和财产安全有较大危险性的设备的总称，包括锅炉、压力容器、压力管道、电梯、起重机械、客运索道、大型游乐设施、场（厂）内机动车辆八类设备。锅炉、压力容器、压力管道统称为承压类特种设备；电梯、起重机械、客运索道、大型游乐设施、场（厂）内机动车辆统称为机电类特种设备。承压类特种设备具有潜在的泄漏和爆炸危险，是流程工业中广泛使用的设备。

（1）锅炉

锅炉是指利用各种燃料、电或者其他能源，将盛装的液体加热到一定的参数，通过对外输出介质的形式提供热能的设备，包括承压蒸汽锅炉、承压热水锅炉和有机载热体锅炉等。

（2）压力容器

压力容器是指盛装气体或者液体，承载一定压力的密闭设备，包括固定式压力容器、移动式压力容器、气瓶和氧舱等。气瓶是一种比较特殊的移动式压力容器，包括无缝气瓶、焊接气瓶、缠绕气瓶、绝热气瓶和内装填料气瓶。氧舱是指承受内压或者外压，以空气或者氧气为主要加压介质，用于医疗、潜水和科学试验等活动的载人压力容器，主要包括潜水钟、再压舱、高压氧舱、医用氧舱、高海拔试验舱等。

（3）压力管道

压力管道是指利用一定的压力，用于输送气体或者液体的管状设备，包括公用管道、长输管道和工业管道等。长输管道分为输油管道和输气管道；公用管道包括燃气管道和热力管道；工业管道包括工艺管道、动力管道和制冷管道。

为防止和减少事故，保障人民群众生命和财产安全，促进经济发展，中国对特种设备实施全过程安全监察，形成了"法律—行政法规—部门规章—安全技术规范—引用标准"五个层次的法规体系结构。

1.3.2.1 法律

2013年6月，中华人民共和国主席令第4号公布了《中华人民共和国特种设备安全法》（以下简称《特种设备法》）。这是中国历史上第一部对特种设备安全管理做统一、全面规范的法律。该法已于2014年1月1日起施行，对特种设备的生产、经营、使用实施分类的、全过程的安全监督管理。

分类监管是指按照特种设备本身的特性和使用风险不同，采取不同的监管制度和措施。全过程包括特种设备的生产（含设计、制造、安装、改造、维修）、使用、检验检测及监督检查等环节。实施全过程安全监督是保证特种设备安全的行之有效的手段。特种设备安全问题涉及的因素是多方面的，各环节之间相互联系，互相影响。如设计、制造时，不但要考虑设备本身的安全要求，而且要考虑安装、使用、检验等环节的要求。对事故正确的分析，又能促进各个环节工作的改进。

《特种设备法》授权国务院对特种设备采用目录管理方式，决定将哪些设备和设施纳入特种设备范围，并且规定由国务院负责特种设备安全监督管理的部门（国家质量监督检验检疫总局特种设备安全监察局）统一发布国家特种设备目录，以目录的形式进一步明确实施监督管理的特种设备具体种类、品种范围。

1.3.2.2 行政法规

1982年2月，国务院颁布了《锅炉压力容器安全监察暂行条例》（以下简称为《暂行条例》）。《暂行条例》的实施，对规范锅炉压力容器安全监察工作，减少当时高发的锅炉压力容器安全事故，起到了很好的作用。

为适应市场经济体制、国际形势和WTO规则的要求，2003年3月，中华人民共和国国务院令373号公布了《特种设备安全监察条例》，《暂行条例》同时废止。2009年1月，国务院公布了《国务院关于修订〈特种设备安全监察条例〉的决定》（国务院令549号）。

《特种设备安全监察条例》授权国务院特种设备安全监督管理部门负责全国特种设备的安全监察和高能耗特种设备节能监管工作。

特种设备设计、制造、安装、改造、维修、充装活动的主体，通过行政许可实行严格的市场准入制度。特种设备的使用必须经特种设备安全监督管理部门登记；特种设备作业人员必须经特种设备安全监督管理部门考核合格，取得资格证书；检验检测机构应当经国务院特种设备安全监督管理部门核准。

检验检测大致可分为监督检验、定期检验、型式试验和设计文件鉴定等四类。监督检验是指由检验检测机构经核准授权并按照安全技术规范要求对特种设备制造、安装、改造、重大修理过程实施的监督检验性验证；定期检验是指经核准的检验检测机构接到使用单位提出的定期检验要求后，按照安全技术规范对在用特种设备进行的检验；型式试验是指按照安全技术规范要求的内容和方法对特种设备整机或者部件进行全面的技术审查、检验检测和性能试验；设计文件鉴定是指对设计文件的审查和必要的设计验证活动。

1.3.2.3　部门规章

特种设备部门规章是将《特种设备安全监察条例》的各项规定、要求，从行政管理的操作层面具体化，以国家市场监督管理总局令的形式发布。例如，《特种设备事故报告和调查处理规定》《高能耗特种设备节能监督管理办法》《特种设备生产单位落实质量安全主体责任监督管理规定》和《特种设备使用单位落实使用安全主体责任监督管理规定》等。

1.3.2.4　安全技术规范

安全技术规范（TSG）是政府对特种设备安全性能和相应的设计、制造、安装、修理、改造、使用和检验检测等环节所提出的一系列安全基本要求，以及许可、考核条件、程序的一系列具有行政强制力的规范性文件，其作用是把行政法规和部门规章的原则规定具体化，由国家市场监督管理总局颁布。目前，与压力容器设计有关的基本安全技术规范为TSG 21《固定式压力容器安全技术监察规程》和TSG R0005《移动式压力容器安全技术监察规程》。

（1）TSG 21《固定式压力容器安全技术监察规程》

1981年原国家劳动总局颁布了《压力容器安全监察规程》。1990年原劳动部在总结执行经验的基础上，修订了1981版的规程，改名为《压力容器安全技术监察规程》，并于1991年1月正式执行。1999年原国家质量技术监督局又对《压力容器安全技术监察规程》进行了修订，颁布了1999版《压力容器安全技术监察规程》。

考虑到移动式压力容器安全的影响因素比固定式压力容器多，以及罐式集装箱的国际流动性，同时为更好地与国际接轨，中国将固定式和移动式压力容器分开，分别制定安全技术监察规程，并于2009年8月颁布TSG R0004《固定式压力容器安全技术监察规程》，于2011年11月颁布TSG R0005《移动式压力容器安全技术监察规程》。

2016年，以TSG R0001《非金属压力容器安全技术监察规程》、TSG R0002《超高压容器安全技术监察规程》、TSG R0003《简单压力容器安全技术监察规程》、TSG R0004《固定式压力容器安全技术监察规程》、TSG R7001《压力容器定期检验规则》、TSG R5002《压力容器使用规则》、TSG R7004《压力容器监督检验规则》等七个规范为基础，整合形成了综合规范（大规范）TSG 21《固定式压力容器安全技术监察规程》。该规程对固定式压力容器的材料、设计、制造、安装、改造、修理、监督检验、使用管理、在用检验等环节提出了基本安全要求。

TSG 21《固定式压力容器安全技术监察规程》适用于同时具备下列条件的固定式压力容器：

ⅰ.工作压力大于或者等于0.1MPa；

ⅱ.容积大于等于0.03m³且内直径（非圆形截面指截面内边界最大几何尺寸）大于等于

150mm；

ⅲ.盛装介质为气体、液化气体以及介质最高工作温度高于或者等于其标准沸点的液体。

（2）TSG R0005《移动式压力容器安全技术监察规程》

TSG R0005《移动式压力容器安全技术监察规程》对移动式压力容器罐体材料、设计、制造、使用管理、充装与卸载、改造与维修、定期检验、安全附件和装卸附件等提出了基本安全要求，适用于同时满足下列条件的移动式压力容器：

ⅰ.具有充装与卸载介质功能，并且参与铁路、公路或者水路运输；

ⅱ.罐体工作压力大于或者等于 0.1MPa，气瓶公称工作压力大于或者等于 0.2MPa；

ⅲ.罐体容积大于或者等于 450L，气瓶容积大于或者等于 150L 且气瓶容积之和不小于 3000L；

ⅳ.充装介质为气体以及最高工作温度高于或者等于其标准沸点的液体。

1.3.2.5　引用标准

拓展知识1-2
压力容器设计
常用标准

因涉及人身和财产安全，压力容器产品设计、制造（含组焊）应符合相应国家标准、行业标准、团体标准或企业标准的要求。国家标准和行业标准由标准化委员会组织制定，政府代表参与。标准是法规标准体系的技术基础，是法规得以实施的重要保证。无相应标准的，不得进行压力容器产品的设计和制造。

1960 年原化学工业部等颁布了适用于中低压容器的《石油化工设备零部件标准》。1967 年，中国完成了《钢制石油化工压力容器设计规定》（草案），后经修订于 1977 年开始颁发实施，随后又修订过两次，即 82 版和 85 版。该设计规定是由原机械工业部、化学工业部和中国石油化工总公司（83 年以前由原石油部负责）组织编制的，属部级标准。

为加强中国压力容器标准修制订工作，1984 年 7 月成立了"全国压力容器标准化技术委员会"。以《钢制石油化工压力容器设计规定》为基础，经充实、完善和提高，于 1989 年颁布了第 1 版压力容器国家标准，即 GB 150—89《钢制压力容器》。1998 年颁布了第一次全面修订后的新版 GB 150—1998《钢制压力容器》。

根据锅炉、压力容器标准化工作的需要，2002 年，中国国家标准化管理委员会决定成立"全国锅炉压力容器标准化技术委员会"，同时撤销"全国压力容器标准化技术委员会"和"全国锅炉标准化技术委员会"。全国锅炉压力容器标准化技术委员会负责全国锅炉和压力容器国家标准的修制订工作。

为使 GB 150 符合《固定式压力容器安全技术监察规程》的规定，结合近些年有色金属压力容器的进展，2011 年颁布了 GB 150《压力容器》。2017 年 GB 150 由强制性国家标准转化为推荐性国家标准。GB/T 150 由四部分构成，GB/T 150.1《压力容器　第 1 部分：通用要求》规定了压力容器建造的基本要求；GB/T 150.2《压力容器　第 2 部分：材料》给出了压力容器选材的基本要求和设计制造过程中用到的材料数据；GB/T 150.3《压力容器　第 3 部分：设计》给出了压力容器的设计方法和设计技术要求；GB/T 150.4《压力容器　第 4 部分：制造、检验和验收》规定了压力容器制造、检验和验收要求。

经过几十年的不懈努力，中国构建了以 GB/T 150《压力容器》为核心的中国压力容器建造标准体系，颁布并实施了 GB/T 150《压力容器》、GB/T 4732《压力容器分析设计》、GB/T 34019《超高压容器》等一系列压力容器基础标准、产品标准和零部件标准。

（1）GB/T 150《压力容器》

GB/T 150《压力容器》是第一部中国压力容器国家标准，也是 TSG 21《固定式压力容器安全技术监察规程》的协调标准，在中国具有法律效用。其基本思路与 ASME Ⅷ-1 相同，属规则设计标准。该标准规定了压力容器的建造要求，其适用的设计压力不大于 35MPa，适用的设计温度范围为 −269～900℃。

GB/T 150《压力容器》不适用于以下 8 种压力容器：直接火焰加热的压力容器；核能装置中存在中子辐射损伤风险的压力容器；旋转或往复运动的机械设备中自成整体或作为部件的受压器室；《移动式压力容器安全技术监察规程》管辖的容器；设计压力低于 0.1MPa 或者真空度低于 0.02MPa 的容器；内直径小于 150mm 的压力容器；搪玻璃容器；制冷空调行业中另有国家标准或者行业标准的容器。

GB/T 150《压力容器》界定的范围除壳体本体外，还包括容器与外部管道焊接连接的第一道环向接头坡口端面、螺纹连接的第一个螺纹接头端面、法兰连接的第一个法兰密封面，以及专用连接件或管件连接的第一个密封面。其他如接管、人孔、手孔等承压封头，平盖及其紧固件，非受压元件与受压元件的焊接接头，以及直接连在容器上的超压泄放装置均应符合 GB/T 150《压力容器》的有关规定。

（2）GB/T 4732《压力容器分析设计》

GB/T 4732《压力容器分析设计》是我国第一部压力容器分析设计国家标准，由六部分构成，GB/T 4732.1《压力容器分析设计　第 1 部分：通用要求》规定了通用要求；GB/T 4732.2《压力容器分析设计　第 2 部分：材料》给出了钢材技术要求及性能数据；GB/T 4732.3《压力容器分析设计　第 3 部分：公式法》给出了典型受压元件及结构设计要求；GB/T 4732.4《压力容器分析设计　第 4 部分：应力分类方法》规定了采用应力分类法进行设计的相关规定；GB/T 4732.5《压力容器分析设计　第 5 部分：弹塑性分析方法》给出了采用弹塑性分析方法进行设计的相关规定；GB/T 4732.6《压力容器分析设计　第 6 部分：制造、检验和验收》规定了压力容器制造、检验和验收要求。该标准与 GB/T 150《压力容器》同时实施，在满足各自要求的前提下，设计者可选择其中之一使用，但不得混用。

与 GB/T 150 相比，GB/T 4732 允许采用较高的许用应力。这意味着，在相同设计条件下，容器的厚度可以减薄，重量可以减轻。但是由于设计计算工作量大，材料、制造、检验及验收等方面的要求较严，有时综合经济效益不一定高，一般推荐用于重量大、结构复杂、操作参数较高和超出 GB/T 150 适用范围的压力容器设计。

（3）GB/T 34019《超高压容器》

该标准是我国首部全面采用基于失效模式设计的压力容器国家标准，其基本思路与 ASME Ⅷ-3 相同，适用于设计温度 -40～400℃、设计压力大于等于 100MPa 的非焊接单层超高压容器。

随着全球经济一体化形势的发展，压力容器标准国际化的趋势已经越来越明显。2007 年，国际标准化组织颁布了国际锅炉压力容器标准 ISO 16528。该标准分两部分，即 ISO 16528-1 锅炉压力容器性能要求（Boilers and Pressure Vessels- Part 1：Performance Requirements）和 ISO 16528-2 证明锅炉压力容器标准满足 ISO 16528-1 要求的程序（Boilers and Pressure Vessels- Part 2：Procedures for fulfilling the Requirements of ISO 16528-1）。ISO 16528-1 的主要内容为：适用范围、术语和定义、失效模式、技术要求（包括材料、设计、制造、检验和检测、标记等）和符合性评估。

思考题

1. 压力容器主要由哪几部分组成？分别起什么作用？
2. 介质的毒性程度、燃爆性和相容性对压力容器的设计、制造、使用和管理有何影响？
3.《固定式压力容器安全技术监察规程》在确定压力容器类别时，为什么不仅要根据压力高低，还要视容积、介质组别进行分类？

2　压力容器应力分析

○○ —— · —— ○○ ○ ○○ —— ○

🌿 学习意义

　　在运输安装、压力试验、正常操作、开车停车过程中，压力容器往往受到内压、外压、自重、风载荷、地震载荷等的作用。确定压力容器所受的载荷，建立力学模型，分析压力容器在压力等载荷作用下的应力，是压力容器设计计算、结构优化、安全评估和失效分析的重要理论基础。

👁 学习目标

○ 掌握压力容器承受载荷的种类和特点、回转薄壳无力矩理论、厚壁圆筒应力分析及其承载能力计算方法、小挠度圆形薄板应力分析方法及应力分布特点，能正确分析容器受到的载荷、在压力作用下的典型回转薄壳应力；
○ 熟悉回转薄壳的不连续分析方法、壳体屈曲分析方法，理解边缘应力特点和降低局部应力的措施；
○ 能够根据应力产生的原因、作用范围和分布特点，对压力容器结构设计的合理性进行评估。

2.1　载荷分析

　　载荷是指能够在压力容器上产生应力、应变的因素，如介质压力、风载荷、地震载荷等。下面介绍压力容器全寿命周期内可能遇到的主要载荷。

2.1.1　载荷

（1）压力

压力是压力容器承受的基本载荷。压力可用绝对压力或表压来表示。绝对压力是以绝对真空为基准测得的压力，通常用于过程工艺计算。表压是以大气压为基准测得的压力。压力容器机械设计中，一般采用表压。

作用在容器上的压力，可能是内压、外压或两者均有。压力容器中的压力主要来源于三种情况：一是流体经泵或压缩机，通过与容器相连接的管道，输入容器内而产生压力，如氨合成塔、尿素合成塔、氢气储罐等；二是加热盛装液体的密闭容器，液体膨胀或汽化后使容器内压力升高，如人造水晶釜；三是盛装液化气体的容器，如液氨储罐、液化天然气储罐等，其压力为液体的饱和蒸气压。

装有液体的容器，液体重量将产生压力，即液体静压力。其大小与液柱高度及液体密度成正比。例如，密度为 $1000kg/m^3$ 的 10m 水柱产生的压力为 0.0981MPa（工程上常取为 0.1MPa）。

（2）非压力载荷

非压力载荷可分为整体载荷和局部载荷。整体载荷是作用于整台容器上的载荷，如重力、风、地震、运输等引起的载荷。局部载荷是作用于容器局部区域上的载荷，如管系载荷、支座反力和吊装力等。

① 重力载荷　是指由容器及其附件、内件和物料的重量引起的载荷。计算重力载荷时，除容器自身的重量外，应根据不同的工况考虑隔热层、内件、物料、平台、梯子、管系和由容器支承的附属设备等的重量。

② 风载荷　是根据作用在容器及其附件迎风面上的有效风压来计算的载荷。它是由高度湍流的空气扫过地表时形成的非稳定流动引起的。风的流动方向通常为水平的，但它通过障碍物表面时，可能有垂直分量。

风载荷作用下，除使容器产生应力和变形外，还可能使容器产生顺风向的振动和垂直于风向的诱导振动。

③ 地震载荷　是指作用在容器上的地震力，它产生于支承容器的地面的突然振动和容器对振动的反应。地震时，作用在容器上的力十分复杂。为简化设计计算，通常采用地震影响系数，把地震力简化为当量剪力和弯矩。

地震影响系数与容器所在地的场地土类别、震区类型和地震烈度等因素有关，具体取值可参阅有关建筑抗震设计规范。

④ 运输载荷　是指运输过程中由不同方向的加速度引起的力。容器经陆路或海路运送到安装地点，由于运输车辆或船舶的运动，容器将承受不同方向上的加速度。

运输载荷可用水平方向和垂直方向加速度给出，也可用加速度除以标准重力加速度所得到的系数表示。

⑤ 波浪载荷　是指固置在船上的容器，由于波浪运动而产生的加速度引起的载荷。波浪载荷的表示方法与运输载荷相同。晃动载荷是交变的，应考虑疲劳的要求，有关设计数据，可参考船舶分类的规范标准。

⑥ 管系载荷　是指管系作用在容器接管上的载荷。当管系与容器接管相连接时，由于管路及管内物料重量，管系的热膨胀和风载荷、地震或其他载荷的作用，在接管处产生的载荷就是管系载荷。

在设计容器时，管路的总体布置通常还没有最后确定，因此不可能通过管路应力分析来确定接管处的载荷。正是因为这个原因，往往要求压力容器设计委托方提供管系载荷。容器设计者必须保证接管能经受得住这些载荷，确保不会在容器或接管处产生过大的应力。管线布置最终确定后，管路设计者要确保由接管应力分析得到的载荷不会超过指定的管系载荷。

（3）交变载荷

上述载荷中，有的是大小和/或方向随时间变化的交变载荷，有的是大小和方向基本上不随时间变化的静载荷。压力容器交变载荷的典型实例有：

ⅰ.间歇生产的压力容器的重复加压、卸压；

ⅱ.由往复式压缩机或泵引起的压力波动；

ⅲ.生产过程中，因温度变化导致管系热膨胀或收缩，从而引起接管上的载荷变化；

ⅳ.容器各零部件之间温度差的变化；

ⅴ.装料、卸料引起的容器支座上的载荷变化；

ⅵ.液体波动引起的载荷变化；

ⅶ.振动（例如风诱导振动）引起的载荷变化。

设计者应详细了解容器在全寿命期间内，每个载荷的变化范围（即最大和最小值）和循环次数，以确定容器是否需要进行疲劳设计。交变载荷是容器设计中的一个重要控制因素，小载荷改变量大循环次数与大载荷改变量小循环次数，同样都要认真考虑。

压力容器设计时，并不是每台容器都要考虑以上载荷。设计者应根据全寿命周期内容器所受的载荷，结合规范标准的要求，确定设计载荷。

2.1.2　载荷工况

在制造安装、正常操作、开停工和压力试验等过程中，容器处于不同的载荷工况，所承受的载荷也不相同。设计压力容器时，应根据不同的载荷工况分别计算载荷。通常需要考虑的载荷工况有以下几方面。

① 正常操作工况　容器正常操作时的载荷包括：设计压力、液体静压力、重力载荷（包括隔热材料、衬里、内件、物料、平台、梯子、管系及支承在容器上的其他设备重量）、风载荷和地震载荷及其他操作时容器所承受的载荷。

② 特殊载荷工况　包括压力试验、开停工及检修等工况。

ⅰ.压力试验。制造完工的容器在制造厂进行压力试验时，载荷一般包括试验压力、容器自身的重量。通常，在制造厂车间内进行压力试验时，容器一般处于水平位置。对于立式容器，用卧式试验替代立式试验，当考虑液柱静压力时，容器顶部承受的压力大于立式试验时所承受的压力，有可能导致原设计壁厚不足，试验前应对其做强度校核。液压试验时还应考虑试验液体静压力和试验液体的重量。在压力试验工况下，一般不考虑地震载荷。

因定期检验或其他原因，容器需在安装处的现场进行压力试验，其载荷主要包括试验压力、试验液体静压力和试验时的重力载荷（一般情况下隔热材料已拆除）。

ⅱ.开停工及检修。开停工及检修时的载荷主要包括风载荷，地震载荷，容器自身重量以及内件、平台、梯子、管系及支承在容器上的其他设备重量。

③ 意外载荷工况　紧急状态下容器的快速启动或突然停车、容器内发生化学爆炸、容器周围的设备发生燃烧或爆炸等意外情况下，容器会受到爆炸载荷、热冲击等意外载荷的作用。

2.2　回转薄壳应力分析

如导言所述，压力容器通常是由板、壳等组合而成的焊接结构。常用的壳体分别是圆柱壳、球壳、椭球壳、锥形壳和由它们构成的组合壳。这些壳体多属于回转薄壳。

壳体是一种以两个曲面为界，且曲面之间的距离远比其他方向尺寸小得多的构件，两曲面之间的距离即是壳体的厚度，用 t 表示。与壳体两个曲面等距离的点所组成的曲面称为壳体的中面。按照厚度 t 与其中面曲率半径 R 的比值大小，壳体又可分为薄壳和厚壳。工程上一般把 $(t/R)_{\max} \leqslant 1/10$ 的壳体归为薄壳，反之为厚壳。本节讨论薄壳的应力分析。

对于圆柱壳体（又称圆筒），若外直径与内直径的比值 $(D_o/D_i)_{\max} \leqslant 1.1\sim 1.2$，则称为薄壁圆柱壳或薄壁圆筒；反之，则称为厚壁圆柱壳或厚壁圆筒。

不同形状的壳体，受载后的应力分布规律也各不相同。按照"先从特殊到一般，再从一般到特殊"的原则，首先分析薄壁圆筒，然后分析一般形状的回转壳体，最后再应用所得到的结论，去解决球壳、椭球壳以及锥形壳等其他各种形状薄壁壳体的应力分析问题。

在薄壳应力分析中，假设壳体材料连续、均匀、各向同性；受载后的变形是弹性小变形；壳壁各层纤维在变形后互不挤压。

2.2.1 薄壁圆筒的应力

化工、炼油和核电等行业中储存、换热、反应、分离设备以及锅炉汽包均由两端的封头和作为主体的薄壁圆筒组成，如图 2-1 所示。

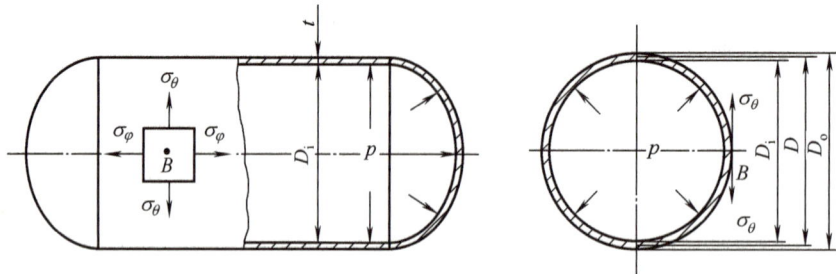

图 2-1　薄壁圆筒在内压作用下的应力

根据材料力学的分析方法，薄壁圆筒在均匀内压 p 作用下，圆筒壁上任一点 B 将产生两个方向的应力：一是由于内压作用于封头上而产生的轴向拉应力，称为"经向应力"或"轴向应力"，用 σ_φ 表示；二是由于内压作用使圆筒均匀向外膨胀，在圆周的切线方向产生的拉应力，称为"周向应力"或"环向应力"，用 σ_θ 表示。除上述两个应力分量外，器壁中沿壁厚方向还存在着径向应力 σ_r，但它相对 σ_φ、σ_θ 要小得多，所以在薄壁圆筒中不予考虑。于是，可以认为圆筒上任意一点处于二向应力状态，如图 2-1 中之 B 点所示。

求解 σ_φ 和 σ_θ，可采用"材料力学"中的"截面法"。作一垂直圆筒轴线的横截面，将圆筒分成两部分，保留右边部分，如图 2-2（a）所示。根据平衡条件，其轴向外力 $\frac{\pi}{4}D_i^2 p$ 必与轴向内力 $\pi D t \sigma_\varphi$ 相等。对于薄壁壳体，可近似认为内直径 D_i 等于壳体的中面直径 D。

$$\frac{\pi}{4}D^2 p = \pi D t \sigma_\varphi$$

由此得
$$\sigma_\varphi = \frac{pD}{4t} \tag{2-1}$$

从圆筒中取出一单位长度圆环，并通过 y 轴作垂直于 x 轴的平面将圆环截成两半。取其右半部分，如图 2-2（b）所示，根据平衡条件，半圆环上其 x 方向外力为 $2\int_0^{\frac{\pi}{2}} pR_i\sin\alpha\mathrm{d}\alpha$ 必与作用在 y 截面上 x 方向内力 $2\sigma_\theta t$ 相等，得

$$2\int_0^{\frac{\pi}{2}} pR_i\sin\alpha\mathrm{d}\alpha = 2t\sigma_\theta$$

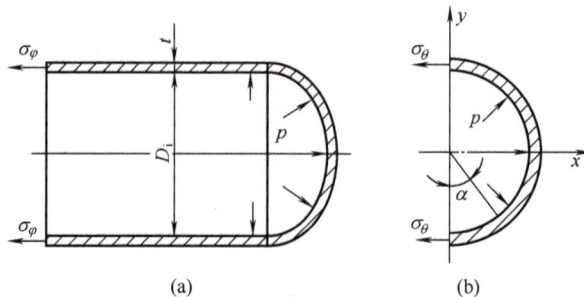

(a)　　　　　　　　　(b)

图 2-2　薄壁圆筒在压力作用下的力平衡

考虑到 $D \approx 2R_i$，由上式得

$$\sigma_\theta = \frac{pD}{2t} \qquad (2\text{-}2)$$

上述受均匀内压的薄壁圆筒，用截面法就能计算出它的应力。但并不是所有的问题都能这样求解，例如椭球壳、受液体压力的薄壁圆筒等。对于这类问题：壳体上各点的曲率半径或承受液体静压会发生变化，就要从壳体上取一微元体，并分析微元体的受力、变形和位移等才能解决。

2.2.2 回转薄壳的无力矩理论

（1）回转薄壳的几何要素

中面由一条平面曲线或直线绕同平面内的轴线回转 360° 而成的薄壳称为回转薄壳。绕轴线回转形成中面的平面曲线或直线称为母线。如图 2-3（a）所示，回转壳体的中面上，OA 为母线，OO' 为回转轴，中面与回转轴 OO' 的交点称为极点。通过回转轴的平面为经线平面，经线平面与中面的交线，称为经线，如 OA'。垂直于回转轴的平面与中面的交线称为平行圆。过中面上的点且垂直于中面的直线称为中面在该点的法线。法线必与回转轴相交。

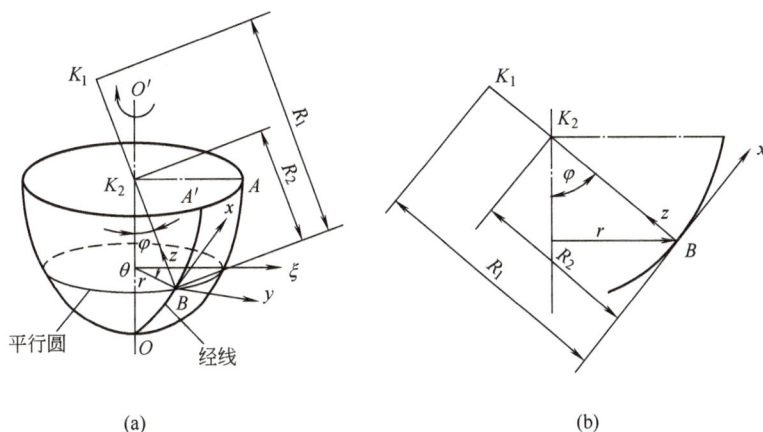

图 2-3 回转薄壳的几何要素

从图 2-3 可以看出：θ 和 φ 角是确定中面上任意一点 B 的两个坐标。θ 是 r 与任意定义的直线 ξ 间的夹角；φ 是壳体回转轴与中面在所考察点 B 处法线间的夹角。图中 R_1、R_2 和 r 为关于回转壳的曲率半径：R_1 是经线（OA'）在考察点 B 的曲率半径（K_1B），亦即曲面的第一曲率半径；R_2 为壳体中面上所考察点 B 到该点法线与回转轴交点 K_2 之间长度（K_2B），亦即曲面的第二曲率半径；r 为平行圆的半径。同一点的第一与第二曲率半径都在该点的法线上。曲率半径的符号判别：曲率半径指向回转轴时，其值为正，反之为负。如图 2-3 中 B 点的 R_1、R_2 都指向回转轴，所以取正值。

r 与 R_1、R_2 不是完全独立的，从图 2-3（b）中可以得到

$$r = R_2 \sin\varphi$$

（2）无力矩理论与有力矩理论

像所有承载的弹性体一样，在承载壳体内部，由于变形，其内部各点均会发生相对位移，因而产生相互作用力，即内力。

如图 2-4 所示，在一般情形下，壳体中面上存在以下十个内力分量：N_φ、N_θ 为法向力，$N_{\varphi\theta}$、$N_{\theta\varphi}$ 为剪力，这四个内力是因中面的拉伸、压缩和剪切变形而产生的，称为薄膜内力（或薄膜力）；Q_φ、Q_θ 为横向剪力；M_φ、M_θ 和 $M_{\varphi\theta}$、$M_{\theta\varphi}$ 分别为弯矩与扭矩，这六个内力是因中面的曲率、扭率改变而产生的，称为弯曲内力。

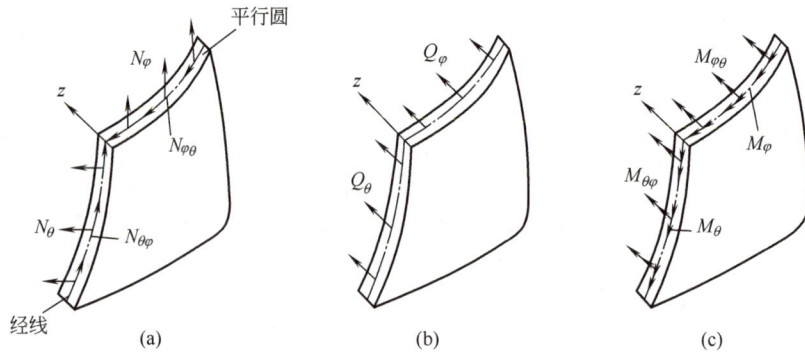

图 2-4　壳中的内力分量

一般情况下，薄壳内薄膜内力和弯曲内力同时存在。在壳体理论中，若同时考虑薄膜内力和弯曲内力，这种理论称为有力矩理论或弯曲理论。当薄壳的抗弯刚度非常小，或者中面的曲率、扭率改变非常小时，弯曲内力很小。这样，在考察薄壳平衡时，就可省略弯曲内力对平衡的影响，于是得到无矩应力状态。省略弯曲内力的壳体理论，称为无力矩理论或薄膜理论。无力矩理论所讨论的问题都是围绕着中面进行的。因壳壁很薄，沿厚度方向的应力与其他应力相比很小，其他应力不随厚度而变，因此中面上的应力和变形可以代表薄壳的应力和变形。

对于承受轴对称载荷的回转薄壳，都有一定的抗弯刚度，可以抵抗弯曲、扭曲变形。但在特定的条件下，壳体的应力状态仅由法向力 N_φ、N_θ 确定，处于无矩应力状态。可见，无矩应力状态只是其可能的应力状态之一。无矩应力状态时，应力沿厚度均匀分布，壳体材料强度可以合理利用，是最理想的应力状态。壳体无力矩理论在工程壳体结构分析中占有重要的地位。

2.2.3　无力矩理论的基本方程

（1）壳体微元及其内力分量

在受压壳体上任一点取一微元体 $abdc$。它由下列三对截面构成：一是壳体内外壁表面；二是两个相邻的经线截面；三是两个相邻的与经线垂直、同壳体正交的圆锥面，如图 2-5 所示。该微元体的经线弧长 $\overset{\frown}{ab}$ 为

$$\mathrm{d}l_1 = R_1 \mathrm{d}\varphi$$

与壳体正交的圆锥面截线 $\overset{\frown}{bd}$ 长为

$$\mathrm{d}l_2 = r\mathrm{d}\theta$$

微元体 $abdc$ 的面积为

$$\mathrm{d}A = R_1 r \mathrm{d}\varphi \mathrm{d}\theta$$

壳体承受轴对称载荷，与壳体表面垂直的压力为

$$p = p\,(\varphi)$$

据回转薄壳无力矩理论，微元截面上仅产生经向和周向内力 N_φ、N_θ。因为轴对称，N_φ、N_θ 不随 θ 变化，在截面 ab 和 cd 上的 N_θ 值相等。由于 N_φ 随角度 φ 变化，若在 bd 截面上的经向内力为 N_φ，在对应截面 ac 上，因 φ 增加了微量，经向内力变为 $N_\varphi + \mathrm{d}N_\varphi$。

（2）微元平衡方程

作用在壳体微元上的内力分量和外载荷组成一平衡力系，根据平衡条件可得各内力分量与外载荷的关系式。

由图 2-5（c）知，经向内力 N_φ 和 $N_\varphi + \mathrm{d}N_\varphi$ 在法线上的分量为

$$N_\varphi \sin\frac{\mathrm{d}\varphi}{2} + (N_\varphi + \mathrm{d}N_\varphi)\sin\frac{\mathrm{d}\varphi}{2} = \sigma_\varphi t r \mathrm{d}\theta \sin\frac{\mathrm{d}\varphi}{2} + (\sigma_\varphi + \mathrm{d}\sigma_\varphi)t(r+\mathrm{d}r)\mathrm{d}\theta\sin\frac{\mathrm{d}\varphi}{2}$$

将 $\sin\dfrac{\mathrm{d}\varphi}{2}\approx\dfrac{\mathrm{d}\varphi}{2}$，$r=R_2\sin\varphi$ 代入上式，并略去高阶微量，得

$$\sigma_\varphi t R_2\sin\varphi\mathrm{d}\varphi\mathrm{d}\theta$$

由图 2-5（d）中 ac 截面知，周向内力在平行圆方向的分量为

$$2N_\theta\sin\dfrac{\mathrm{d}\theta}{2}=2\sigma_\theta t R_1\mathrm{d}\varphi\sin\dfrac{\mathrm{d}\theta}{2}$$

再将该分量投影至法线方向，见图 2-5（e）中 ab 截面，并考虑 $\sin\dfrac{\mathrm{d}\theta}{2}\approx\dfrac{\mathrm{d}\theta}{2}$，得

$$\sigma_\theta t R_1\mathrm{d}\varphi\mathrm{d}\theta\sin\varphi$$

由微元体法线方向的力平衡，得

$$\sigma_\varphi t R_2\sin\varphi\mathrm{d}\varphi\mathrm{d}\theta+\sigma_\theta t R_1\mathrm{d}\varphi\mathrm{d}\theta\sin\varphi=pR_1R_2\sin\varphi\mathrm{d}\varphi\mathrm{d}\theta$$

等式两边同除以 $tR_1R_2\sin\varphi\mathrm{d}\varphi\mathrm{d}\theta$，得

$$\dfrac{\sigma_\varphi}{R_1}+\dfrac{\sigma_\theta}{R_2}=\dfrac{p}{t} \qquad(2\text{-}3)$$

这个联系薄膜应力 σ_φ、σ_θ 和压力 p 的方程，称为微元平衡方程。此式由拉普拉斯（Laplace）首先导出，故又称拉普拉斯方程。

拓展知识2-1
拉普拉斯简介

（3）区域平衡方程

微元平衡方程式（2-3）中有两个未知量 σ_φ 和 σ_θ。必须再找一个补充方程，此方程可从部分容器的静力平衡条件中求得。

在图 2-5（a）中，过 mm' 作一与壳体正交的圆锥面 mDm'，并取截面以下部分容器作为分离体，如图 2-6 所示。

在容器 mOm' 区域上，任作两个相邻且都与壳体正交的圆锥面。在这两个圆锥面之间，壳体中面是宽度为 $\mathrm{d}l$ 的环带 nn'。设在环带处流体内压力为 p，则环带上所受压力沿 OO' 轴的分量为

$$\mathrm{d}V=2\pi rp\mathrm{d}l\cos\varphi$$

由图 2-6 可知

$$\cos\varphi=\dfrac{\mathrm{d}r}{\mathrm{d}l}$$

所以，压力在 OO' 轴方向产生的合力 V 为

$$V=2\pi\int_0^{r_m}pr\mathrm{d}r$$

式中　r_m——mm' 处的平行圆半径。

作用在截面 mm' 上内力的轴向分量 V'

$$V'=2\pi r_m\sigma_\varphi t\cos\alpha$$

式中　α——截面 mm' 处的经线切向与回转轴 OO' 的夹角。

容器 mOm' 区域上，外载荷轴向分量 V，应与 mm' 截面上的内力轴向分量 V' 相平衡，所以

$$V=V'=2\pi r_m\sigma_\varphi t\cos\alpha \qquad(2\text{-}4)$$

此式称为壳体的区域平衡方程式。通过式（2-4）可求得 σ_φ，代入式（2-3）可解出 σ_θ。

微元平衡方程与区域平衡方程是无力矩理论的两个基本方程。

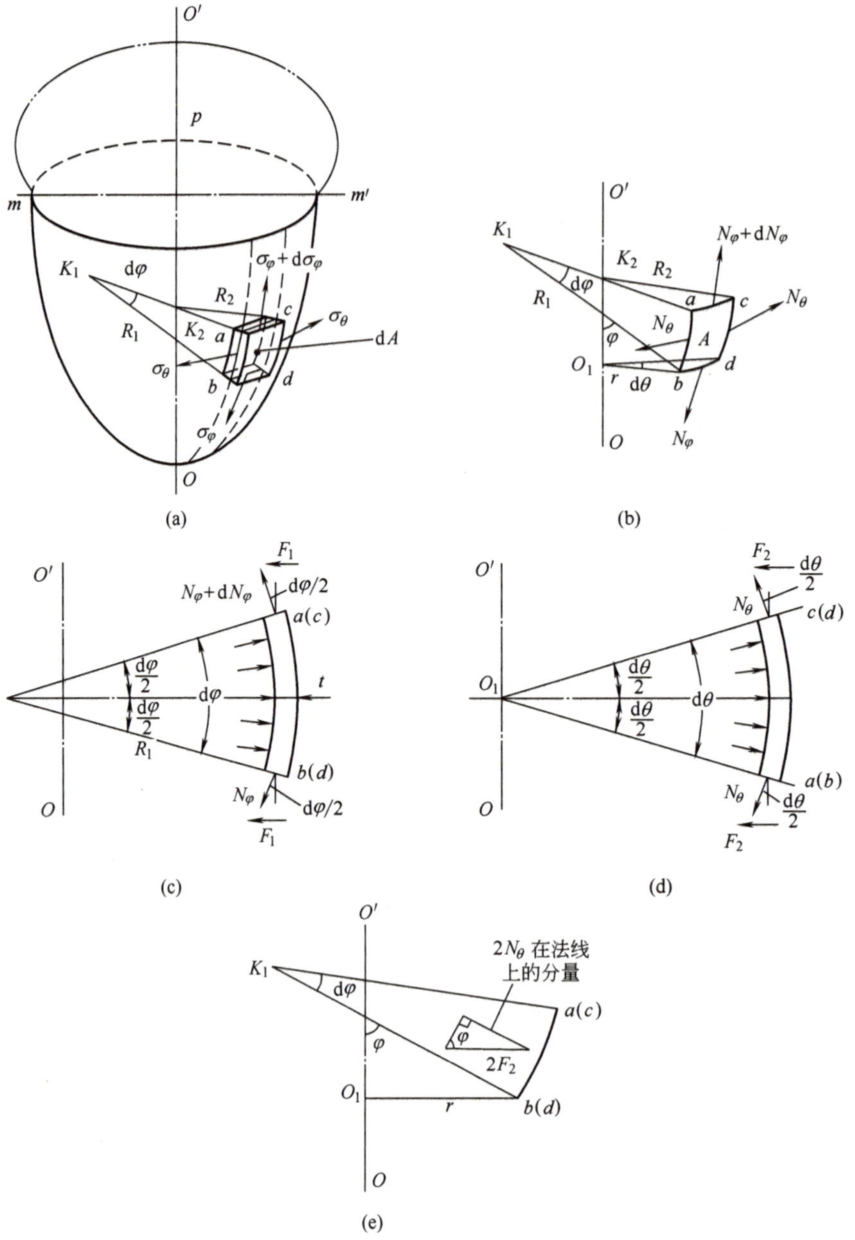

(a)   (b)

(c)   (d)

(e)

图 2-5 微元体的力平衡

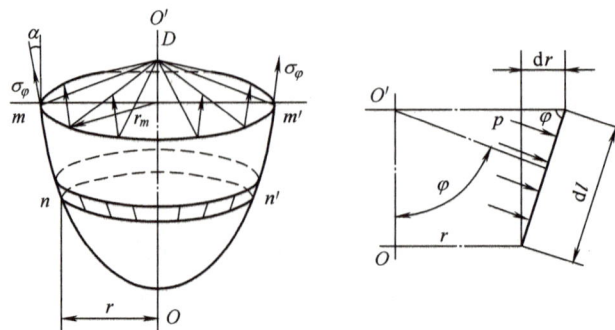

图 2-6 部分容器静力平衡

2.2.4 无力矩理论的应用

下面应用无力矩理论，分析几种工程中典型回转薄壳的薄膜应力，并讨论无力矩理论的应用条件。

（1）承受气体内压的回转薄壳

回转薄壳仅受气体内压作用时，各处的压力相等，压力产生的轴向力 V 为

$$V = 2\pi \int_0^{r_m} pr \mathrm{d}r = \pi r_m^2 p$$

由式（2-4）得

$$\sigma_\varphi = \frac{V}{2\pi r_m t \cos\alpha} = \frac{p r_m}{2t\cos\alpha} = \frac{pR_2}{2t} \tag{2-5}$$

将式（2-5）代入式（2-3）得

$$\sigma_\theta = \sigma_\varphi \left(2 - \frac{R_2}{R_1} \right) \tag{2-6}$$

① 球形壳体　球形壳体上各点的第一曲率半径与第二曲率半径相等，即 $R_1 = R_2 = R$。将曲率半径代入式（2-5）和式（2-6）得

$$\sigma_\varphi = \sigma_\theta = \sigma = \frac{pR}{2t} \tag{2-7}$$

② 薄壁圆筒　薄壁圆筒中各点的第一曲率半径和第二曲率半径分别为 $R_1 = \infty$，$R_2 = R$。将 R_1、R_2 代入式（2-5）和式（2-6）得

$$\sigma_\theta = \frac{pR}{t}$$

$$\sigma_\varphi = \frac{pR}{2t} \tag{2-8}$$

显然，式（2-8）与前截面法求得的结果相同。薄壁圆筒中，周向应力是轴向应力的 2 倍。

③ 锥形壳体　单独的锥形壳体作为容器在工程上并不常用，一般都是用以作为收缩或扩大壳体的截面积，以逐渐改变气体或液体的速度，或者便于固体或黏性物料的卸出。承受压力 p 的锥形壳体几何尺寸见图 2-7。现求解锥壳上任一点 A 的应力。

锥形壳体的母线为直线，所以 $R_1 = \infty$。壳体上任一点 A 的第二曲率半径 R_2 为 $R_2 = x\tan\alpha$。将 R_1 和 R_2 代入式（2-5）和式（2-6），得

$$\sigma_\theta = \frac{pR_2}{t} = \frac{px\tan\alpha}{t} = \frac{pr}{t\cos\alpha}$$

$$\sigma_\varphi = \frac{px\tan\alpha}{2t} = \frac{pr}{2t\cos\alpha} \tag{2-9}$$

由式（2-9）可知：ⅰ周向应力和经向应力与 x 呈线性关系，锥顶处应力为零，离锥顶越远应力越大，且周向应力是经向应力的两倍；ⅱ锥壳的半锥角 α 是确定壳体应力的一个重要参量，当 α 趋于零时，锥壳的应力趋于圆筒的壳体应力；当 α 趋于 90° 时，锥体变成平板，其应力就接近无限大。

④ 椭球形壳体　椭球形壳体由四分之一椭圆曲线作为母线绕一固定轴回转而成。它的应力同样可以用式（2-5）和式（2-6）计算。主要问题是如何确定第一和第二曲率半径 R_1 和 R_2，它们都是沿着椭球壳的经线连续变化的。

承受内压 p 的椭球壳的几何尺寸见图 2-8。已知椭圆曲线方程为

$$\frac{x^2}{a^2} + \frac{y^2}{b^2} = 1$$

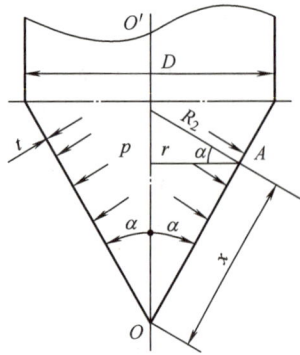

图 2-7 锥形壳体的几何尺寸　　　　图 2-8 椭球壳体的几何尺寸

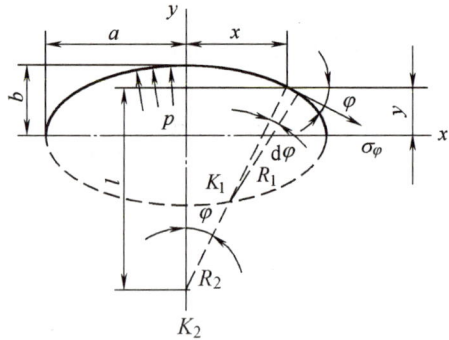

即

$$y = \pm \frac{b}{a}\sqrt{a^2 - x^2}$$

其一阶导数和两阶导数为

$$y' = \frac{-bx}{a\sqrt{a^2 - x^2}} = -\frac{b^2 x}{a^2 y}$$

和

$$y'' = -\frac{b^4}{a^2 y^3}$$

椭球壳经线曲率半径为

$$R_1 = \frac{[1 + (y')^2]^{3/2}}{|y''|}$$

代入 y' 和 y'' 值可得

$$R_1 = \frac{[a^4 - x^2(a^2 - b^2)]^{3/2}}{a^4 b}$$

第二曲率半径 R_2 为椭圆至回转轴的法线长度。椭圆切线的斜率（在 x-y 坐标中）为

$$\tan\varphi = y' = -\frac{bx}{a\sqrt{a^2 - x^2}}$$

从图 2-8 可知 $\tan\varphi = \dfrac{x}{l}$ 和 $R_2 = \sqrt{l^2 + x^2}$，从这三式中可计算得

$$R_2 = \frac{[a^4 - x^2(a^2 - b^2)]^{1/2}}{b}$$

将 R_1 和 R_2 代入式（2-5）和式（2-6）得

$$\sigma_\varphi = \frac{pR_2}{2t} = \frac{p}{2t}\frac{[a^4 - x^2(a^2 - b^2)]^{1/2}}{b}$$

$$\sigma_\theta = \frac{p}{2t}\frac{[a^4 - x^2(a^2 - b^2)]^{1/2}}{b}\left[2 - \frac{a^4}{a^4 - x^2(a^2 - b^2)}\right]$$

（2-10）

　　这个用以计算椭球壳薄膜应力的方程式，是由胡金伯格（Huggenberger）在 1925 年首先导出的，故又称胡金伯格方程。

从式（2-10）可以看出：

ⅰ. 椭球壳上各点的应力是不等的，它与各点的坐标有关，在壳体顶点处（$x=0$，$y=b$），$R_1=R_2=\dfrac{a^2}{b}$，$\sigma_\varphi=\sigma_\theta=\dfrac{pa^2}{2bt}$；在壳体赤道上（$x=a$，$y=0$），$R_1=\dfrac{b^2}{a}$，$R_2=a$，$\sigma_\varphi=\dfrac{pa}{2t}$，$\sigma_\theta=\dfrac{pa}{t}\left(1-\dfrac{a^2}{2b^2}\right)$。

ⅱ. 椭球壳应力的大小除与内压 p、壁厚 t 有关外，还与长轴与短轴之比 a/b 有很大关系，当 $a=b$ 时，椭球壳变成球壳，这时最大应力为圆筒壳中的 σ_θ 的一半，随着 a/b 值的增大，椭球壳中应力增大，如图 2-9 所示。

☁ 视频2-1
内压椭圆形封头失效全过程

ⅲ. 椭球壳承受均匀内压时，在任何 a/b 值下，σ_φ 恒为正值，即拉伸应力，且由顶点处最大值向赤道逐渐递减至最小值，当 $a/b>\sqrt{2}$ 时，应力 σ_θ 将变号，即从拉应力变为压应力；随着周向压应力增大，在大直径薄壁椭圆形封头过渡环壳处会出现屈曲；这种曲屈具有局部性、渐进性和自限性，可采用整体或局部增加厚度、局部采用环状加强构件等措施加以预防。

ⅳ. 工程上常用标准椭圆形封头，其 $a/b=2$；此时 σ_θ 的数值在顶点处和赤道处大小相等但符号相反，即顶点处为 pa/t，赤道上为 $-pa/t$，而 σ_φ 恒是拉伸应力，在顶点处达最大值为 pa/t。

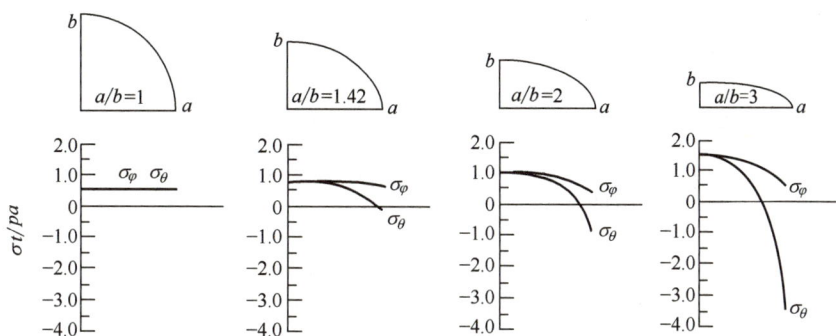

图 2-9　椭球壳中的应力随长轴与短轴之比的变化规律

（2）储存液体的回转薄壳

与承受气体内压回转薄壳不同，壳壁上的液柱静压力随液层的深度而变化。

① 圆筒形壳体　如图 2-10 所示底部支承的圆筒，液体表面压力为 p_0，液体密度为 ρ，筒壁上任一点 A 承受的压力为

$$p=p_0+\rho gx$$

由式（2-3）得

$$\sigma_\theta=\frac{(p_0+\rho gx)R}{t} \qquad (2\text{-}11\text{a})$$

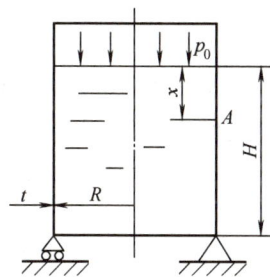

图 2-10　储存液体的圆筒形

作垂直于回转轴的任一横截面，由上部壳体的轴向力平衡可得

$$2\pi Rt\sigma_\varphi=\pi R^2 p_0$$

即

$$\sigma_\varphi=\frac{p_0 R}{2t} \qquad (2\text{-}11\text{b})$$

若支座位置不在底部，应分别计算支座上下的轴向应力。读者可以根据轴向力平衡方程导出轴向应力计算公式。

② 球形壳体　图 2-11 为充满液体的球壳，由沿对应于 φ_0 的平行圆 A—A 裙座支承。液体密度为 ρ，气体压力 $p_0=0$，则作用在壳体上任一点 M 处的液体静压力为

$$p=\rho gR（1-\cos\varphi）$$

当 $\varphi<\varphi_0$，即在裙座 A—A 以上时，该压力作用在 M 点以上部分球壳上的总轴向力为

$$V = 2\pi\int_0^{r_m} pr\mathrm{d}r$$

代入 $r=R\sin\varphi$ 和 $\mathrm{d}r=R\cos\varphi\mathrm{d}\varphi$ 可得

$$V = 2\pi R^3\rho g\left[\frac{1}{6} - \frac{1}{2}\cos^2\varphi\left(1-\frac{2}{3}\cos\varphi\right)\right]$$

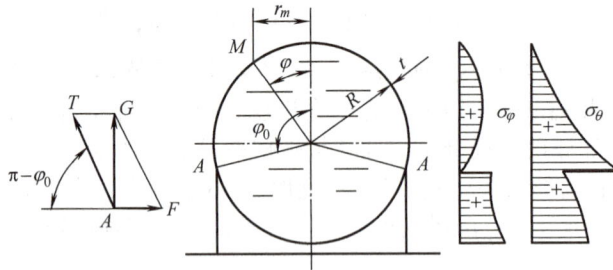

图 2-11　储存液体的圆球壳

将上式代入式（2-4），得

$$2\pi R^3\rho g\left[\frac{1}{6} - \frac{1}{2}\cos^2\varphi\left(1-\frac{2}{3}\cos\varphi\right)\right] = 2\pi Rt\sigma_\varphi\sin^2\varphi$$

由此得

$$\sigma_\varphi = \frac{\rho gR^2}{6t}\left(1-\frac{2\cos^2\varphi}{1+\cos\varphi}\right) \tag{2-12a}$$

将上式代入式（2-3），得

$$\sigma_\theta = \frac{\rho gR^2}{6t}\left(5-6\cos\varphi+\frac{2\cos^2\varphi}{1+\cos\varphi}\right) \tag{2-12b}$$

对于裙座 A—A 以下（$\varphi>\varphi_0$）所截取的部分球壳，在轴向，除液体静压力引起的轴向力外，还受到支座 A—A 的反力 G。如忽略壳体自重，支座反力等于球壳内的液体总重量，即 $G = 4\pi R^3\rho g/3$。

此时，区域平衡方程式为

$$2\pi\rho gR^3\left[\frac{1}{6} - \frac{1}{2}\cos^2\varphi\left(1-\frac{2}{3}\cos\varphi\right)\right] + \frac{4}{3}\pi R^3\rho g = 2\pi Rt\sigma_\varphi\sin^2\varphi$$

由此得

$$\sigma_\varphi = \frac{\rho gR^2}{6t}\left(5+\frac{2\cos^2\varphi}{1-\cos\varphi}\right) \tag{2-13a}$$

将上式代入式（2-3），得

$$\sigma_\theta = \frac{\rho gR^2}{6t}\left(1-6\cos\varphi-\frac{2\cos^2\varphi}{1-\cos\varphi}\right) \tag{2-13b}$$

比较式（2-12）和式（2-13），不难发现在支座处（$\varphi=\varphi_0$）σ_φ 和 σ_θ 不连续，突变量为 $\pm\dfrac{2\rho gR^2}{3t\sin^2\varphi_0}$。这个突变量，是由支座反力 G 引起的。在支座附近的球壳发生局部弯曲，以保持球壳体应力与位移

的连续性。因此，支座处应力的计算，必须用有力矩理论进行分析，而上述用无力矩理论计算得到的壳体薄膜应力，只有远离支座处才与实际相符。

（3）无力矩理论应用条件

需要指出的是，考虑到液体受热会膨胀，在工程实际中，不能将液体充满球壳，必须留出足够的气相空间。

为保证回转薄壳处于薄膜状态，壳体形状、加载方式及支承一般应满足如下条件。

ⅰ.壳体的厚度、中面曲率和载荷连续，没有突变，且构成壳体的材料的物理性能相同。因为上述因素之中，无论哪一个有突然变化，如按无力矩理论计算，则在这些突然变化处，中面的变形将是不连续的。而实际薄壳在这些部位必然产生边缘力和边缘弯矩，以保持中面的连续，这自然就破坏了无力矩状态。

ⅱ.壳体的边界处不受横向剪力、弯矩和扭矩作用。

ⅲ.壳体的边界处的约束沿经线的切线方向，不得限制边界处的转角与挠度。

显然，同时满足上述条件非常困难，理想的无矩状态并不容易实现，一般情况下，边界附近往往同时存在弯曲应力和薄膜应力。在很多实际问题中，一方面按无力矩理论求出问题的解，另一方面对弯矩较大的区域再用有力矩理论进行修正。联合使用有力矩理论和无力矩理论，解决了大量的薄壳问题。

2.2.5　回转薄壳的不连续分析

（1）不连续效应与不连续分析的基本方法

① 不连续效应　工程实际中的壳体结构，绝大部分都是由几种简单的壳体组合而成，即由球壳、圆柱壳、锥壳及圆板等连接组成。例如图 2-12 所示的工程实际组合壳结构，包含了球壳、圆柱壳、锥壳和椭球壳等基本壳体。它也可看作是一根曲线绕回转轴旋转而得的回转壳，但其母线不是简单曲线而是由几种形状规则的曲线段，诸如圆弧、椭圆曲线和直线等线段组合而成。此外，在工程的实际壳体中，沿壳体轴线方向的厚度、载荷、温度和材料的物理性能也可能出现突变。这些因素引起了壳体结构中薄膜应力的不连续。

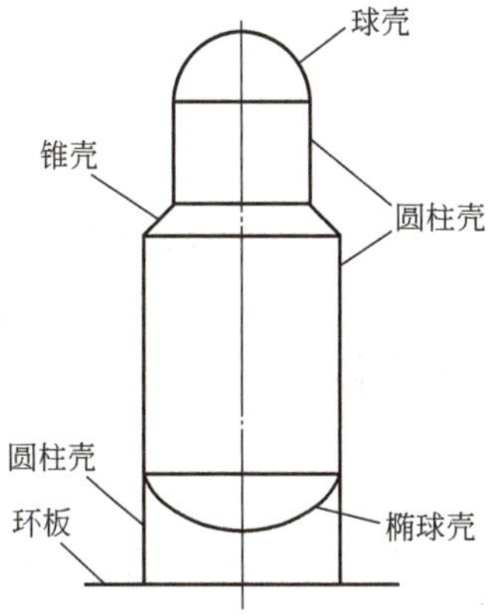

在两壳体连接处，若把两壳体作为自由体，即在内压作用下自由变形，在连接处的薄膜位移和转角一般不相等，而实际上这两个壳体是连接在一起的，即两壳体在连接处的位移和转角必须相等。这样在两个壳体连接处附近形成一种约束，迫使连接处壳

图 2-12　组合壳

体发生局部的弯曲变形，在连接边缘产生了附加的边缘力和边缘力矩及抵抗这种变形的局部应力，使这一区域的总应力增大。

由于这种总体结构不连续，组合壳在连接处附近的局部区域出现衰减很快的应力增大现象，称为"不连续效应"或"边缘效应"。由此引起的局部应力称为"不连续应力"或"边缘应力"。分析组合壳不连续应力的方法，在工程上称为"不连续分析"。

② 不连续分析的基本方法　组合壳的不连续应力可以根据一般壳体理论计算，但较复杂。工程上常采用简便的解法，把壳体应力的解分解为两个部分：一是薄膜解或称主要解，即壳体的无力矩理论的解，求得的薄膜应力与相应的载荷同时存在，这类应力称为一次应力，它是由于外载荷所产生而且必须满足内部和外部的力和力矩的平衡关系的应力，随外载荷的增大而增大，因此，当它超过材料屈服强度时，就能导致材料的破坏或大面积变形；二是有矩解或称次要解，即在两壳体连接边缘处切开后，自由边界上受到边缘力和边缘力矩作用时的有力矩理论的解，求得的应力称为二次应力，它是由于相邻部分材料的约束或结构自身约束所产生的应力，有自限性，因此，它超过材料屈服强度时就产生局部屈服或较小的变形，连接边缘处壳体不同的变形就可协调，从而得到一个

较有利的应力分布结果。将上述两种解叠加后就可以得到保持组合壳总体结构连续的最终解，而总应力由上述一次薄膜应力和二次应力叠加而成。现以图 2-13 所示的半球壳与圆柱壳连接的组合壳为例说明连接边缘的变形。

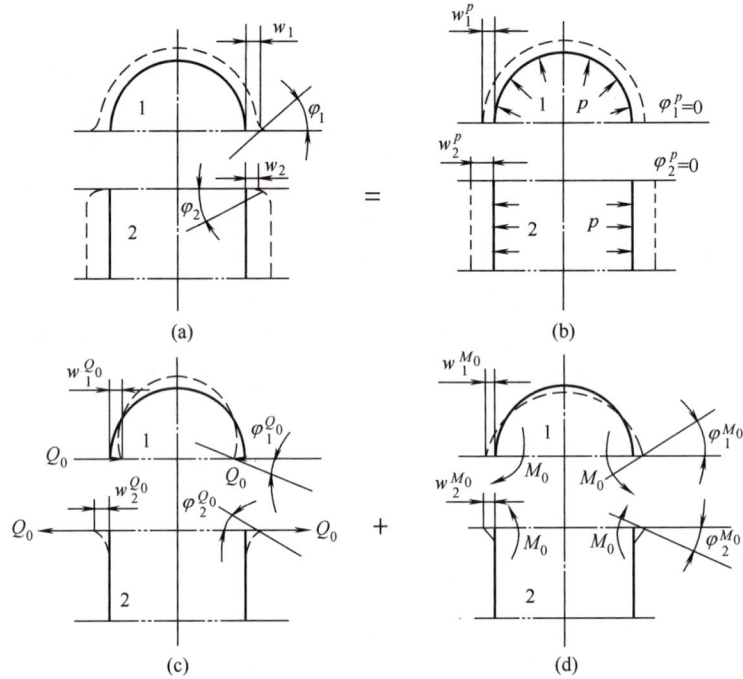

图 2-13　连接边缘的变形

将内压作用下的半球壳和圆柱壳连接边缘处沿平行圆切开，两壳体各自的薄膜变形如图 2-13（b）所示。显然，两壳体平行圆径向位移不相等，$w_1^p \neq w_2^p$，但两壳体实际是连成一体的连续结构，因此两壳体的连接处将产生边缘力 Q_0 和边缘力矩 M_0，并引起弯曲变形，见图 2-13（c）、（d）。根据变形连续性条件

$$w_1 = w_2, \quad \varphi_1 = \varphi_2 \tag{2-14}$$

即弯曲变形与薄膜变形叠加后，两壳体在连接处的总变形量一定相等，可写出边缘变形的连续性方程（又称变形协调方程），为

$$w_1^p + w_1^{Q_0} + w_1^{M_0} = w_2^p + w_2^{Q_0} + w_2^{M_0}$$
$$\varphi_1^p + \varphi_1^{Q_0} + \varphi_1^{M_0} = \varphi_2^p + \varphi_2^{Q_0} + \varphi_2^{M_0} \tag{2-15}$$

式中，w^p、w^{Q_0}、w^{M_0} 及 φ^p、φ^{Q_0}、φ^{M_0} 分别表示 p、Q_0 和 M_0 在壳体连接处产生的平行圆径向位移和经线转角；下标 1 表示半球壳；下标 2 表示圆柱壳。其中，p、Q_0、M_0 和位移、转角关系分别用无力矩和有力矩理论求得。以图 2-13（c）和（d）所示左半部分圆筒为对象，径向位移 w 以向外为负，转角 φ 以逆时针为正。

将 p、Q_0、M_0 和变形（位移和转角）的关系式代入以上两个方程，可求出 Q_0、M_0 两个未知边缘载荷，于是可求出边缘弯曲解，它与薄膜解叠加，即得问题的全解。

（2）圆柱壳受边缘力和边缘力矩作用的弯曲解

如图 2-13 所示，圆柱壳的边缘上，受到沿圆周均匀分布的边缘力 Q_0 和边缘力矩 M_0 的作用。轴对称加载的圆柱壳有力矩理论基本微分方程为

$$\frac{\mathrm{d}^4 w}{\mathrm{d}x^4} + 4\beta^4 w = \frac{p}{D'} + \frac{\mu}{RD'} N_x \tag{2-16}$$

式中　D'——壳体的抗弯刚度，$D' = \dfrac{Et^3}{12(1-\mu^2)}$；

　　　w——径向位移；

　　　N_x——单位圆周长度上的轴向薄膜内力，可直接由圆柱壳轴向力平衡关系求得；

　　　x——所考虑点离圆柱壳边缘的距离；

　　　β——因次为［长度］$^{-1}$的系数，$\beta = \sqrt[4]{\dfrac{3(1-\mu^2)}{R^2 t^2}}$。

由圆柱壳有力矩理论，解出 w 后可得内力为

$$N_\theta = -Et\frac{w}{R} + \mu N_x$$

$$M_x = -D'\frac{\mathrm{d}^2 w}{\mathrm{d}x^2}$$

$$M_\theta = -\mu D'\frac{\mathrm{d}^2 w}{\mathrm{d}x^2} \tag{2-17}$$

$$Q_x = \frac{\mathrm{d}M_x}{\mathrm{d}x} = -D'\frac{\mathrm{d}^3 w}{\mathrm{d}x^3}$$

式中　N_θ——单位长度上的周向薄膜内力；

　　　Q_x——单位圆周长度上横向剪力；

　　　M_x——单位圆周长度上的轴向弯矩；

　　　M_θ——单位长度上的周向弯矩。

上述各内力求解后，就可按材料力学方法计算各应力分量。圆柱壳弯曲问题中的应力由两部分组成：一部分是薄膜内力引起的薄膜应力，它相当于矩形截面的梁（高为 t，宽为单位长度）承受轴向载荷所引起的正应力，这一应力沿厚度均匀分布；另一部分是弯曲应力，包括弯曲内力在同一矩形截面上引起的沿厚度呈线性分布的正应力和抛物线分布的横向切应力。因此，圆柱壳轴对称弯曲应力计算公式为

$$\sigma_x = \frac{N_x}{t} \pm \frac{12M_x}{t^3}z$$

$$\sigma_\theta = \frac{N_\theta}{t} \pm \frac{12M_\theta}{t^3}z$$

$$\sigma_z = 0$$

$$\tau_x = \frac{6Q_x}{t^3}\left(\frac{t^2}{4} - z^2\right)$$

式中　z——离壳体中面的距离。

显然，正应力的最大值在壳体的表面上 $\left(z = \mp\dfrac{t}{2}\right)$，横向切应力的最大值发生在中面上（$z = 0$），即

$$\sigma_{x\max} = \frac{N_x}{t} \mp \frac{6M_x}{t^2}$$

$$\sigma_{\theta\max} = \frac{N_\theta}{t} \mp \frac{6M_\theta}{t^2} \tag{2-18}$$

$$\tau_{x\max} = \frac{3Q_x}{2t}$$

横向切应力与正应力相比数值较小，故一般不予计算。

现由上述方程求解圆柱壳中的各内力。若圆柱壳无表面载荷 p 存在，且 $N_x=0$，于是式（2-16）可写为

$$\frac{\mathrm{d}^4 w}{\mathrm{d}x^4} + 4\beta^4 w = 0 \tag{2-19}$$

此齐次方程通解为

$$w = \mathrm{e}^{\beta x}(C_1 \cos\beta x + C_2 \sin\beta x) + \mathrm{e}^{-\beta x}(C_3 \cos\beta x + C_4 \sin\beta x) \tag{2-20}$$

式中，C_1、C_2、C_3 和 C_4 为积分常数，由圆柱壳两端边界条件确定。

当圆柱壳足够长时，随着 x 的增加，弯曲变形逐渐衰减以至消失，因此式（2-20）中含有 $\mathrm{e}^{\beta x}$ 的项为零，亦即要求 $C_1=C_2=0$，于是式（2-20）可写成

$$w = \mathrm{e}^{-\beta x}(C_3 \cos\beta x + C_4 \sin\beta x) \tag{2-21}$$

圆柱壳的边界条件为

$$(M_x)_{x=0} = -D'\left(\frac{\mathrm{d}^2 w}{\mathrm{d}x^2}\right)_{x=0} = M_0$$

$$(Q_x)_{x=0} = -D'\left(\frac{\mathrm{d}^3 w}{\mathrm{d}x^3}\right)_{x=0} = Q_0$$

利用边界条件，可得 w 表达式为

$$w = \frac{\mathrm{e}^{-\beta x}}{2\beta^3 D'}[\beta M_0(\sin\beta x - \cos\beta x) - Q_0 \cos\beta x] \tag{2-22}$$

最大挠度和转角发生在 $x=0$ 的边缘上

$$
\begin{aligned}
(w)_{x=0} &= -\frac{1}{2\beta^2 D'}M_0 - \frac{1}{2\beta^3 D'}Q_0 \\
(\varphi)_{x=0} &= \left(\frac{\mathrm{d}w}{\mathrm{d}x}\right)_{x=0} = \frac{1}{\beta D'}M_0 + \frac{1}{2\beta^2 D'}Q_0
\end{aligned}
\tag{2-23}
$$

式（2-23）中，w 和 φ 即为 M_0 和 Q_0 在连接处引起的平行圆径向位移和经线转角，并可改写为

$$w^{M_0} = -\frac{1}{2\beta^2 D'}M_0$$

$$w^{Q_0} = -\frac{1}{2\beta^3 D'}Q_0$$

$$\varphi^{M_0} = \frac{1}{\beta D'}M_0$$

$$\varphi^{Q_0} = \frac{1}{2\beta^2 D'}Q_0$$

将式（2-22）及其各阶导数代入式（2-17），可得圆柱壳中各内力计算式

$$N_x = 0$$

$$N_\theta = 2\beta R \mathrm{e}^{-\beta x}[\beta M_0(\cos\beta x - \sin\beta x) + Q_0 \cos\beta x]$$

$$M_x = \frac{e^{-\beta x}}{\beta}\left[\beta M_0(\cos\beta x + \sin\beta x) + Q_0\sin\beta x\right]$$

$$M_\theta = \mu M_x$$

$$Q_x = -e^{-\beta x}\left[2\beta M_0\sin\beta x - Q_0(\cos\beta x - \sin\beta x)\right] \tag{2-24}$$

将式（2-24）代入式（2-18），可求得圆柱壳体连接边缘处的应力。

一般回转壳受边缘力和边缘力矩作用，引起的内力和变形的求解，需要应用一般回转壳理论。

（3）组合壳不连续应力的计算举例

现以圆平板与圆柱壳连接时的边缘应力计算为例，说明边缘应力计算方法。

如图 2-14 所示，圆平板与圆柱壳连接处受到边缘力 Q_0 和边缘力矩 M_0 的作用。圆平板的变形有两种情况：一种情况是圆平板很厚，它抵抗变形能力远大于圆筒，可假设连接处没有位移和转角，即

$$w_1^p = w_1^{Q_0} = w_1^{M_0} = 0$$

$$\varphi_1^p = \varphi_1^{Q_0} = \varphi_1^{M_0} = 0$$

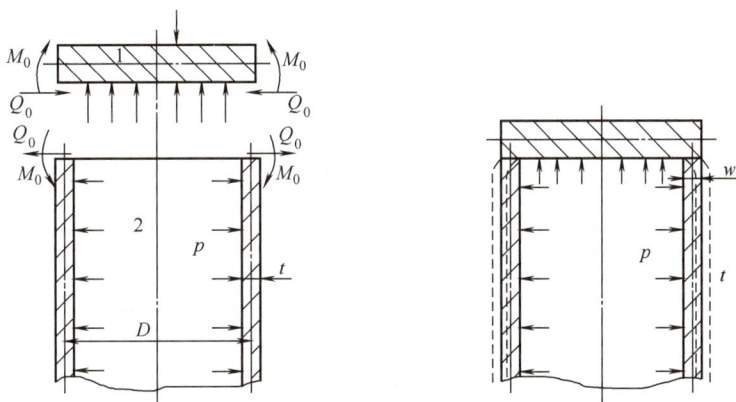

图 2-14 圆平板与圆柱壳的连接

另一种情况是圆平板较薄，刚度有限，在连接边缘处有位移和转角产生，其大小可由平板理论求得。在此仅介绍第一种较简单的情况。第二种情况参见文献［9］第 59～62 页。

在内压 p 作用下，薄壁圆柱壳中的应力可按式（2-8）计算。根据广义胡克定律和应变与位移关系式，得内压引起的周向应变 ε_θ^p 为

$$\varepsilon_\theta^p = \frac{2\pi(R - w_2^p) - 2\pi R}{2\pi R} = \frac{1}{E}\left(\frac{pR}{t} - \mu\frac{pR}{2t}\right)$$

故

$$w_2^p = -\frac{pR^2}{2Et}(2 - \mu)$$

内压引起的转角为零，即 $\varphi_2^p = 0$。

在圆柱壳和圆平板连接处，圆柱壳中由边缘力 Q_0 和边缘力矩 M_0 引起的变形可按式（2-23）计算。

根据变形协调条件，即式（2-15）得

$$w_2^p + w_2^{Q_0} + w_2^{M_0} = 0$$

$$\varphi_2^p + \varphi_2^{Q_0} + \varphi_2^{M_0} = 0$$

将位移和转角代入上式，得

$$-\frac{pR^2}{2Et}(2-\mu)-\frac{1}{2\beta^2 D'}M_0-\frac{1}{2\beta^3 D'}Q_0=0$$

$$\frac{1}{\beta D'}M_0+\frac{1}{2\beta^2 D'}Q_0=0$$

解得

$$M_0=\beta^2 D'\frac{pR^2}{Et}(2-\mu)$$

$$Q_0=-2\beta^3 D'\frac{pR^2}{Et}(2-\mu)$$

式中负号表示 Q_0 的实际方向与图示方向相反。利用式（2-8）、式（2-18）和式（2-24），可求出圆柱壳中最大经向应力和周向应力为

$$(\textstyle\sum\sigma_x)_{max}=2.05\frac{pR}{t}\qquad\text{（在 }\beta x=0\text{ 处，内表面）}$$

$$(\textstyle\sum\sigma_\theta)_{max}=0.62\frac{pR}{t}\qquad\text{（在 }\beta x=0\text{ 处，内表面）}$$

可见，与厚平板连接的圆柱壳边缘处的最大应力为壳体内表面的经向应力，远大于远离结构不连续处圆柱壳中的薄膜应力。

（4）不连续应力的特性

不同结构组合壳，在连接边缘处，有不同的边缘应力，有的边缘效应显著，其应力可达到很大的数值，但它们都有一个共同特性，即影响范围很小，这些应力只存在于连接处附近的局部区域。例如，受边缘力和力矩作用的圆柱壳，由式（2-24）知，随着离边缘距离 x 的增加，各内力呈指数函数迅速衰减直至消失，这种性质称为不连续应力的局部性。当 $x=\pi/\beta$ 时，圆柱壳中产生的纵向弯矩的绝对值为

$$\left|(M_x)_{x=\frac{\pi}{\beta}}\right|=e^{-\pi}M_0=0.043M_0$$

可见，在离开边缘 π/β 处，其纵向弯矩已衰减掉95.7%；若离边缘的距离大于 π/β，则可忽略边缘力和边缘弯矩的作用。对于一般钢材 $\mu=0.3$，则

$$x=\frac{\pi}{\beta}=\frac{\pi\sqrt{Rt}}{\sqrt[4]{3(1-\mu^2)}}=2.5\sqrt{Rt}$$

在多数情况下，$2.5\sqrt{Rt}$ 与壳体半径 R 相比是一个很小的数字，这说明边缘应力具有很大的局部性。

不连续应力的另一个特性是自限性。不连续应力是由于毗邻壳体在连接处的薄膜变形不相等，两壳体连接边缘的变形受到弹性约束所致，因此对于用塑性材料制造的壳体，当连接边缘的局部区产生塑性变形，这种弹性约束就开始缓解，变形不会连续发展，不连续应力也自动限制，这种性质称为不连续应力的自限性。

由于不连续应力具有局部性和自限性两种特性，对于受静载荷作用的塑性材料壳体，在设计中一般不作具体计算，仅采取结构上作局部处理的办法，以限制其应力水平。但对于脆性材料制造的壳体、经受疲劳载荷或低温的壳体等，因对过高的不连续应力十分敏感，可能导致壳体的疲劳失效或脆性破坏，因而在设计中应按有关规定计算并限制不连续应力。

2.3 厚壁圆筒应力分析

在化学工程和反应堆工程等工程实际中，由于承受高温高压，某些设备器壁厚度较大。例如，合成氨、合成甲醇、合成尿素、油类加氢及压水反应堆等工程中使用的容器，圆筒的外直径与内直径之比常大于1.1，属于厚壁圆筒。

与薄壁圆筒相比，承受压力和温度载荷作用时，厚壁圆筒所产生的应力不仅有经向应力和周向应力，还应考虑径向应力，是三向应力状态，应采用三向应力分析；周向应力和径向应力沿壁厚不是均匀分布，而出现应力梯度。这种应力状态和应力分布的改变，可解释为厚壁圆筒是由许多同心的薄壁圆筒组成，在承受压力和温度载荷时不像独立的薄壁圆筒，变形是自由的，组成厚壁圆筒的每个薄圆筒，它的变形既受到内层圆筒的约束，又受到外层圆筒的限制，变形不再是自由的了。由于各层圆筒的变形受到的约束和限制不一样，因此每个薄圆筒所受内外侧压力也是不相同的，造成应力沿壁厚的分布不均匀。此外，随着壁厚增加，内外壁间的温差加大，由此产生的热应力相应增大，因此应考虑器壁中的热应力。

厚壁圆筒与薄壁圆筒的应力分析方法也不相同。薄壁筒体中，由于壳壁很薄，应力沿厚度均匀分布，可根据微元平衡方程和区域平衡方程，求得壳体中的应力。厚壁圆筒中的三个应力分量，其中周向应力及径向应力沿厚度非均匀分布，其应力值仅取微元平衡不能求解，必须从平衡、几何、物理三个方面分析，才能确定厚壁筒中各点的应力大小。

厚壁圆筒有单层式和组合式两大类。本节将分析单层厚壁圆筒的弹性应力、弹塑性应力、屈服压力和爆破压力。组合式厚壁圆筒的应力分析，需要考虑层间间隙和预应力的影响，已超出本书的范围。有兴趣的读者可参阅文献［11］第46～150页。

2.3.1 弹性应力

有一两端封闭的厚壁圆筒（图2-15），受到内压p_i和外压p_o的作用，圆筒的内半径和外半径分别为R_i、R_o，任意点的半径为r。以轴线为z轴建立圆柱坐标，现求解其远离两端处筒壁中的三向应力。

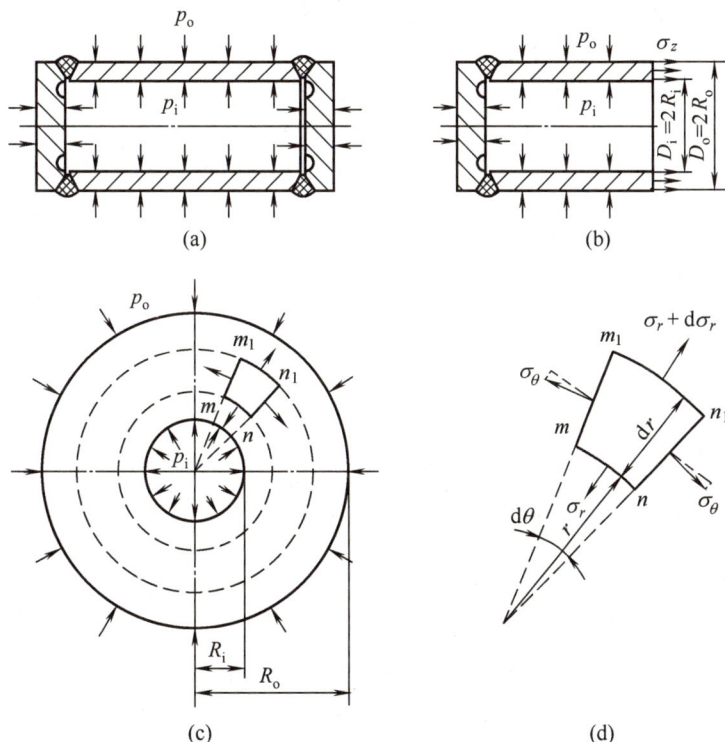

图2-15 厚壁圆筒中的应力

（1）压力载荷引起的弹性应力

① 轴向（经向）应力　对两端封闭的圆筒，作一垂直于轴线的横截面，并保留圆筒的左部，见图 2-15（a）、（b）。由变形观察可知，圆筒上的横截面在变形后仍保持平面。所以，假设轴向应力 σ_z 沿厚度方向均匀分布，得 σ_z 为

$$\sigma_z = \frac{\pi R_i^2 p_i - \pi R_o^2 p_o}{\pi(R_o^2 - R_i^2)} = \frac{p_i R_i^2 - p_o R_o^2}{R_o^2 - R_i^2} \tag{2-25}$$

② 周向应力与径向应力　由于轴对称性，在圆柱坐标中，周向应力 σ_θ 和径向应力 σ_r 只是径向坐标 r 的函数。应力分析就是要确定 σ_θ 和 σ_r 与 r 之间的关系。

由于应力分布的不均匀性，进行应力分析时，必须从微元体着手，分析其应力和变形及它们之间的相互关系。

微元体　如图 2-15（c）、（d）所示，mn 面和 m_1n_1 面分别为半径 r 和半径 $r+dr$ 的两个圆柱面；mm_1 面和 nn_1 面为两相邻的通过轴线的纵截面，其夹角为 $d\theta$；微元在轴线方向的长度为 1 个单位长度。微元体各个面上的应力如下：在 mm_1 和 nn_1 面上的环向应力均为 σ_θ；在半径为 r 的 mn 面上，长度径向应力为 σ_r；在半径为 $r+dr$ 的 m_1n_1 面上，径向应力为 $\sigma_r+d\sigma_r$。

此外，在轴线方向上相距为 1 个单位长度的两个横截面上还有轴向应力 σ_z 的作用，这个应力对微元体的平衡无影响，图中没标出。

平衡方程　如图 2-15（d）所示，由微元体在半径 r 方向上的力平衡关系，得

$$(\sigma_r + d\sigma_r)(r+dr)d\theta - \sigma_r rd\theta - 2\sigma_\theta dr\sin\frac{d\theta}{2} = 0$$

因 $d\theta$ 极小，故 $\sin\dfrac{d\theta}{2} \approx \dfrac{d\theta}{2}$，再略去高阶微量 $d\sigma_r dr$，上式可简化为

$$\sigma_\theta - \sigma_r = r\frac{d\sigma_r}{dr} \tag{2-26}$$

这就是微元体的平衡方程。式中有两个未知数，只靠这一个方程是无法求解的，还必须建立补充方程。这就得借助于几何和物理方程。

几何方程　几何方程就是微元体的位移与其应变之间的关系。

由于结构和受力的对称性，横截面上各点只是在原来所在的半径上发生径向位移。于是，微元体各面位移如图 2-16 所示。其中 mm_1n_1n 为变形前的位置，$m'm'_1n'_1n'$ 为变形后的位置。若半径为 r 的 mn 面之径向位移为 w，则半径为 $r+dr$ 的 m_1n_1 面之径向位移为 $w+dw$。根据应变的定义，可导出应变的表达式

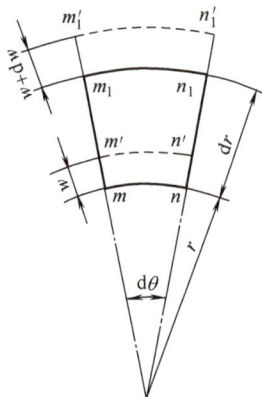

径向应变

$$\varepsilon_r = \frac{(w+dw)-w}{dr} = \frac{dw}{dr}$$

周向应变

$$\varepsilon_\theta = \frac{(r+w)d\theta - rd\theta}{rd\theta} = \frac{w}{r} \tag{2-27}$$

式（2-27）就是微元体的几何方程。它表明 ε_r、ε_θ 都是径向位移 w 的函数，因而二者是相互联系的。对第二式求导并变换可得

$$\frac{d\varepsilon_\theta}{dr} = \frac{1}{r}(\varepsilon_r - \varepsilon_\theta) \tag{2-28}$$

此方程称为变形协调方程。它表明微元体的应变不能是任意的，而是相互联系着的，即必须满足上述变形协调方程。

图 2-16　厚壁圆筒中微元体的位移

物理方程　按广义胡克定律，在弹性范围内，微元体的应力

与应变关系必须满足下列关系

$$\varepsilon_r = \frac{1}{E}\left[\sigma_r - \mu(\sigma_\theta + \sigma_z)\right]$$

$$\varepsilon_\theta = \frac{1}{E}\left[\sigma_\theta - \mu(\sigma_r + \sigma_z)\right]$$

（2-29）

这就是物理方程。

平衡、几何和物理方程综合——求解应力的微分方程　由式（2-29）可得

$$\varepsilon_r - \varepsilon_\theta = \frac{1+\mu}{E}(\sigma_r - \sigma_\theta)$$

（2-30）

同时对式（2-29）的第二式求导，可得（σ_z 为沿 r 均匀分布的常量）

$$\frac{\mathrm{d}\varepsilon_\theta}{\mathrm{d}r} = \frac{1}{E}\left(\frac{\mathrm{d}\sigma_\theta}{\mathrm{d}r} - \mu\frac{\mathrm{d}\sigma_r}{\mathrm{d}r}\right)$$

另将式（2-30）代入式（2-28）得

$$\frac{\mathrm{d}\varepsilon_\theta}{\mathrm{d}r} = \frac{1+\mu}{rE}(\sigma_r - \sigma_\theta)$$

由这两个 $\dfrac{\mathrm{d}\varepsilon_\theta}{\mathrm{d}r}$ 的表达式，得

$$\frac{\mathrm{d}\sigma_\theta}{\mathrm{d}r} - \mu\frac{\mathrm{d}\sigma_r}{\mathrm{d}r} = \frac{1+\mu}{r}(\sigma_r - \sigma_\theta)$$

（2-31）

由式（2-26）求出 σ_θ，再代入式（2-31），整理得

$$r\frac{\mathrm{d}^2\sigma_r}{\mathrm{d}r^2} + 3\frac{\mathrm{d}\sigma_r}{\mathrm{d}r} = 0$$

解该微分方程，可得 σ_r 的通解。将 σ_r 再代入式（2-26）得 σ_θ

$$\sigma_r = A - \frac{B}{r^2}, \qquad \sigma_\theta = A + \frac{B}{r^2}$$

（2-32）

边界条件为：当 $r=R_i$ 时，$\sigma_r=-p_i$；当 $r=R_o$ 时，$\sigma_r=-p_o$。将边界条件代入式（2-32），解得积分常数 A 和 B 为

$$A = \frac{p_i R_i^2 - p_o R_o^2}{R_o^2 - R_i^2}, \qquad B = \frac{(p_i - p_o)R_i^2 R_o^2}{R_o^2 - R_i^2}$$

（2-33）

将 A 与 B 代入式（2-32）便可得到 σ_r 和 σ_θ 的表达式，见式（2-34）。

现将已得到的在内外压力作用下厚壁圆筒的三向应力表达式汇总如下：

周向应力

$$\sigma_\theta = \frac{p_i R_i^2 - p_o R_o^2}{R_o^2 - R_i^2} + \frac{(p_i - p_o)R_i^2 R_o^2}{R_o^2 - R_i^2}\frac{1}{r^2}$$

径向应力

$$\sigma_r = \frac{p_i R_i^2 - p_o R_o^2}{R_o^2 - R_i^2} - \frac{(p_i - p_o)R_i^2 R_o^2}{R_o^2 - R_i^2}\frac{1}{r^2}$$

（2-34）

轴向应力

$$\sigma_z = \frac{p_i R_i^2 - p_o R_o^2}{R_o^2 - R_i^2}$$

式（2-34）即为 1833 年拉美（Lamè）首次对厚壁圆筒进行应力分析，提出的应力计算式，称

拓展知识2-2
拉美简介

为 Lamè 公式。当仅有内压或外压作用时，上式可以简化，厚壁圆筒中应力值和应力分布分别如表 2-1 和图 2-17 所示。表中各式采用了径比 $K = R_o / R_i$，K 值可表示厚壁圆筒的厚度特征。

表2-1　厚壁圆筒的筒壁应力值

应力分析 受力情况 位置	仅受内压 $(p_o=0)$			仅受外压 $(p_i=0)$		
	任意半径 r 处	内壁处 $r=R_i$	外壁处 $r=R_o$	任意半径 r 处	内壁处 $r=R_i$	外壁处 $r=R_o$
σ_r	$\dfrac{p_i}{K^2-1}\left(1-\dfrac{R_o^2}{r^2}\right)$	$-p_i$	0	$\dfrac{-p_o K^2}{K^2-1}\left(1-\dfrac{R_i^2}{r^2}\right)$	0	$-p_o$
σ_θ	$\dfrac{p_i}{K^2-1}\left(1+\dfrac{R_o^2}{r^2}\right)$	$p_i\left(\dfrac{K^2+1}{K^2-1}\right)$	$p_i\left(\dfrac{2}{K^2-1}\right)$	$\dfrac{-p_o K^2}{K^2-1}\left(1+\dfrac{R_i^2}{r^2}\right)$	$-p_o\left(\dfrac{2K^2}{K^2-1}\right)$	$-p_o\left(\dfrac{K^2+1}{K^2-1}\right)$
σ_z	$p_i\left(\dfrac{1}{K^2-1}\right)$			$-p_o\left(\dfrac{K^2}{K^2-1}\right)$		

从图 2-17 中可见，仅在内压作用下，筒壁中的应力分布规律可归纳为以下几点。

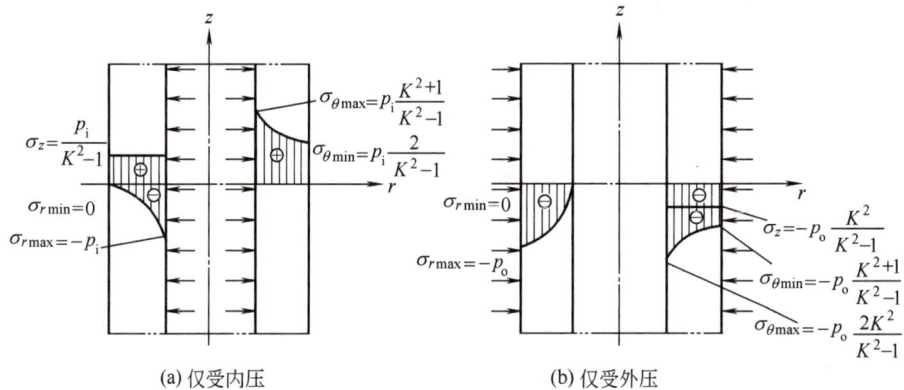

图 2-17　厚壁圆筒中各应力分量分布

（a）仅受内压　　　（b）仅受外压

ⅰ. 周向应力 σ_θ 及轴向应力 σ_z 均为拉应力（正值），径向应力 σ_r 为压应力（负值）。在数值上有如下规律：内壁周向应力 σ_θ 有最大值，其值为 $\sigma_{\theta\max} = p_i \dfrac{K^2+1}{K^2-1}$，而在外壁处减至最小，其值为 $\sigma_{\theta\min} = p_i \dfrac{2}{K^2-1}$，内外壁 σ_θ 之差为 p_i；径向应力内壁处为 $-p_i$，随着 r 增加，径向应力绝对值逐渐减小，在外壁处 $\sigma_r=0$。

ⅱ. 轴向应力为一常量，沿壁厚均匀分布，且为周向应力与径向应力和的一半，即 $\sigma_z = \dfrac{1}{2}(\sigma_\theta + \sigma_r)$。

ⅲ. 除 σ_z 外，其他应力沿厚度的不均匀程度与径比 K 值有关。以 σ_θ 为例，外壁与内壁处的周向应力 σ_θ 之比为 $\dfrac{(\sigma_\theta)_{r=R_o}}{(\sigma_\theta)_{r=R_i}} = \dfrac{2}{K^2+1}$，$K$ 值愈大，不均匀程度愈严重，当内壁材料开始出现屈服时，外壁材料尚未达到屈服，因此筒体材料强度不能得到充分的利用。当 K 值趋近于 1 时，该容器为薄壁容器，其应力沿厚度接近于均布。$K=1.1$ 时，内外壁应力只相差 10%，而当 $K=1.3$ 时，内外壁应力差则达 35%。由此可见，在 $K=1.1$ 时，采用薄壁应力公式进行计算，其结果与精确值相差不会很大。当 $K=1.3$ 时，若仍用薄壁应力公式计算，误差就比较大，所以工程上一般规定 $K=1.1\sim1.2$，作为区别厚壁与薄壁容器的界限。

（2）温度变化引起的弹性热应力

① 热应力　因温度变化引起的自由膨胀或收缩受到约束，在弹性体内所引起的应力，称为热应力。

任何构件都可以看成由无穷多个微元体构成。如图 2-18（a）所示，边长为单位长度的微元体，从初始温度 t_1 均匀加热到另一个温度 t_2 时，如果不存在热变形约束，各向的热应变都相同，即 $\varepsilon_x^t = \varepsilon_y^t = \varepsilon_z^t = \alpha(t_2-t_1) = \alpha\Delta t$（$\alpha$ 为材料的线膨胀系数），不产生热应力。但是，若微元体在 y 方向的膨胀受到刚性约束，见图 2-18（b），此时，应变由两部分组成：热应变和 y 方向热应力 σ_y^t 所引起的弹性应变，两者之和为零

$$\frac{\sigma_y^t}{E} + \alpha\Delta t = 0$$

即
$$\sigma_y^t = -\alpha E\Delta t \tag{2-35}$$

若微元体在 x 方向也受到刚性约束，见图 2-18（c），则

$$\frac{1}{E}(\sigma_y^t - \mu\sigma_x^t) + \alpha\Delta t = 0$$

$$\frac{1}{E}(\sigma_x^t - \mu\sigma_y^t) + \alpha\Delta t = 0$$

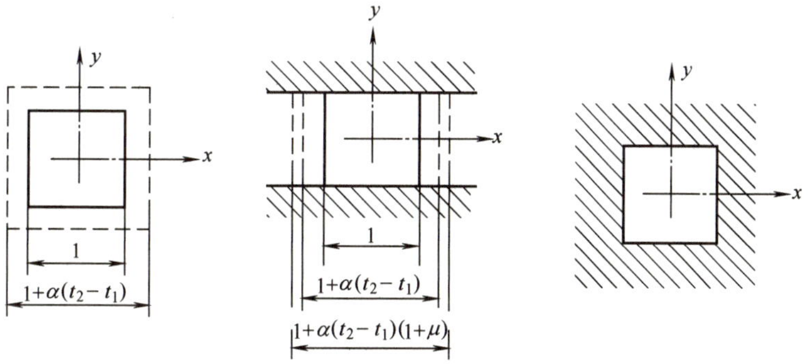

(a) 自由膨胀　　　(b) 单向约束　　　(c) 双向约束

图 2-18　热应变

解得
$$\sigma_x^t = \sigma_y^t = -\frac{\alpha E\Delta t}{1-\mu} \tag{2-36}$$

同理，可求得三向都受到刚性约束时的热应力

$$\sigma_x^t = \sigma_y^t = \sigma_z^t = -\frac{\alpha E\Delta t}{1-2\mu} \tag{2-37}$$

由于实际结构常受到弹性约束，因而式（2-35）～式（2-37）中的热应力，分别为一维、二维和三维约束下的最大热应力。

在上述分析中，假设温度在微元体内均匀分布，且受到外部约束。除此之外，构件内部温度分布不均匀或构件之间热变形的相互约束，也会产生热应力。前者，例如沿径向存在温度梯度的厚壁圆筒，若内壁面温度高于外壁面，内层材料的自由热膨胀变形大于外层，但内层变形受到外层材料的限制，因而内层材料出现了压缩热应力，外层材料出现拉伸应力（径向应力除外）。后者，例如

固定管板式换热器，管束与外壳都固定在管板上，若管束温度大于外壳，由于管束与外壳的热变形相互牵制，管束出现压缩热应力，外壳出现拉伸热应力。

在一维、二维和三维约束时，根据式（2-35）～式（2-37），图2-19给出了碳素钢在不同初始温度下，温度增加1℃（即$\Delta t=1℃$）时的热应力值。由于$\mu\approx0.3$，三维、二维和一维刚性约束时，热应力的比值约为2.50：1.43：1.00。

② 厚壁圆筒的热应力　为求厚壁圆筒中的热应力，须先确定筒壁中的温度分布，再根据平衡方程、几何方程和物理方程，结合边界条件求解。平衡方程和几何方程与拉美公式推导时所用的方程相同，但物理方程有所不同。因为在温度变化情况下，应变由两部分叠加而成：一是热应变；二是热变形时由于相互约束引起的应变，它与热应力之间满足胡克定律。

当厚壁圆筒处于对称于中心轴且沿轴向不变的温度场时，稳态传热状态下，三向热应力的表达式为：

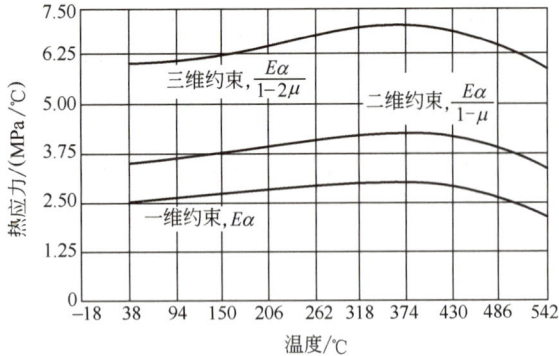

图2-19　碳素钢的热应力值

周向热应力
$$\sigma_\theta^t = \frac{E\alpha\Delta t}{2(1-\mu)}\left(\frac{1-\ln K_r}{\ln K} - \frac{K_r^2+1}{K^2-1}\right)$$

径向热应力
$$\sigma_r^t = \frac{E\alpha\Delta t}{2(1-\mu)}\left(-\frac{\ln K_r}{\ln K} + \frac{K_r^2-1}{K^2-1}\right)$$

（2-38）

轴向热应力
$$\sigma_z^t = \frac{E\alpha\Delta t}{2(1-\mu)}\left(\frac{1-2\ln K_r}{\ln K} - \frac{2}{K^2-1}\right)$$

式中　Δt——筒体内外壁的温差，$\Delta t=t_i-t_o$；

t_i——内壁面温度；

t_o——外壁面温度；

K——筒体的外半径与内半径之比，$K=\dfrac{R_o}{R_i}$；

K_r——筒体的外半径与任意半径之比，$K_r=\dfrac{R_o}{r}$。

厚壁圆筒各处的热应力见表2-2，表中$p_t=\dfrac{E\alpha\Delta t}{2(1-\mu)}$；分布如图2-20所示。可见，厚壁圆筒中热应力及其分布的规律如下。

表2-2　厚壁圆筒中的热应力

热应力	任意半径 r 处	圆筒内壁 $K_r=K$ 处	圆筒外壁 $K_r=1$ 处
σ_r^t	$p_t\left(-\dfrac{\ln K_r}{\ln K} + \dfrac{K_r^2-1}{K^2-1}\right)$	0	0
σ_θ^t	$p_t\left(\dfrac{1-\ln K_r}{\ln K} - \dfrac{K_r^2+1}{K^2-1}\right)$	$p_t\left(\dfrac{1}{\ln K} - \dfrac{2K^2}{K^2-1}\right)$	$p_t\left(\dfrac{1}{\ln K} - \dfrac{2}{K^2-1}\right)$
σ_z^t	$p_t\left(\dfrac{1-2\ln K_r}{\ln K} - \dfrac{2}{K^2-1}\right)$	$p_t\left(\dfrac{1}{\ln K} - \dfrac{2K^2}{K^2-1}\right)$	$p_t\left(\dfrac{1}{\ln K} - \dfrac{2}{K^2-1}\right)$

ⅰ.热应力大小与内外壁温差 Δt 成正比。Δt 取决于厚度，径比 K 值愈大，Δt 值也愈大，表2-2中的 p_t 值也愈大。

ⅱ.热应力沿厚度方向是变化的。径向热应力 σ_r^t 在内外壁面处均为零，在任意半径处的数值均很小，且内加热时，均为压应力（负值），外加热时均为拉应力（正值）。周向热应力 σ_θ^t 和轴向热应力 σ_z^t，在内加热时，外壁面处拉伸应力有最大值，在内壁处为压应力。反之，在外加热时，内壁面处拉伸应力有最大值，在外壁处为压应力。同时，内壁面的 σ_θ^t 与 σ_z^t 相等，外壁面处的 σ_θ^t 和 σ_z^t 也相等。

ⅲ.内压与温差同时作用引起的弹性应力。在厚壁圆筒中，如果由内压引起的应力与温差所引起的热应力同时存在，在弹性变形前提下筒壁的总应力为两种应力的叠加，即

$$\sum \sigma_r = \sigma_r + \sigma_r^t, \ \sum \sigma_\theta = \sigma_\theta + \sigma_\theta^t, \ \sum \sigma_z = \sigma_z + \sigma_z^t \tag{2-39}$$

具体计算公式见表2-3，分布情况见图2-21。由图可见，内加热情况下内壁应力叠加后得到改善，而外壁应力有所恶化。外加热时则相反，内壁应力恶化，而外壁应力得到很大改善。

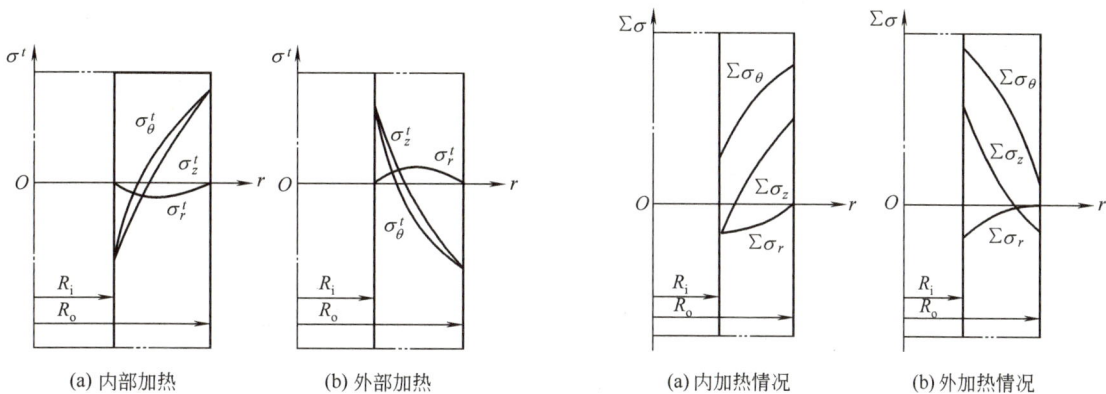

图 2-20　厚壁圆筒中的热应力分布
(a) 内部加热　(b) 外部加热

图 2-21　厚壁圆筒内的应力分布
(a) 内加热情况　(b) 外加热情况

表2-3　厚壁圆筒在内压与温差作用下的总应力

总应力	筒体内壁处（$r=R_i$）	筒体外壁处（$r=R_o$）
$\sum \sigma_r$	$-p$	0
$\sum \sigma_\theta$	$(p-p_t)\dfrac{K^2+1}{K^2-1} + p_t\dfrac{1-\ln K}{\ln K}$	$(p-p_t)\dfrac{2}{K^2-1} + p_t\dfrac{1}{\ln K}$
$\sum \sigma_z$	$(p-2p_t)\dfrac{1}{K^2-1} + p_t\dfrac{1-2\ln K}{\ln K}$	$(p-2p_t)\dfrac{1}{K^2-1} + p_t\dfrac{1}{\ln K}$

③ 热应力的特点　主要有以下几点。

ⅰ.热应力随约束程度的增大而增大。由于材料的线膨胀系数、弹性模量与泊松比随温度变化而变化，热应力不仅与温度变化量有关，而且受初始温度的影响。

ⅱ.热应力与零外载相平衡，是由热变形受约束引起的自平衡应力（self-balancing stress），在温度高处发生压缩，温度低处发生拉伸变形。由于温度场不同，热应力既有可能在整台容器中出现，也有可能只是在局部区域产生。

ⅲ.热应力具有自限性，屈服流动或高温蠕变可使热应力降低。对于塑性材料，热应力不会导致构件断裂，但交变热应力有可能导致构件发生疲劳失效或塑性变形累积。

需要指出的是：热壁设备在开车、停车或变动工况时，温度分布随时间而改变，即处于非稳态温度场，此时的热应力往往要比稳态温度场时大得多，这在温度急剧变化时尤为显著。因此，应严

格控制热壁设备的加热、冷却速度。除此之外，为减少热应力，工程上应尽量采取以下措施：避免外部对热变形的约束、设置膨胀节（或柔性元件）、采用良好的保温层等。

2.3.2　弹塑性应力

（1）弹塑性应力

对于承受内压的厚壁圆筒，随着内压的增大，内壁材料先开始屈服，内壁面呈塑性状态。若内压力继续增加，则屈服层向外扩展，从而在近内壁处形成塑性区，塑性区之外仍为弹性区，塑性区与弹性区的交界面为一个与厚壁圆筒同心的圆柱面。

为分析塑性区与弹性区内的应力分布，从厚壁圆筒远离边缘处的筒体中取一筒节。筒节由塑性区与弹性区组成，如图 2-22 所示。设两区分界面的半径为 R_c，界面上的压力为 p_c（即相互间的径向应力），则塑性区所受外压为 p_c，内压为 p_i；而弹性区所受外压为零，内压为 p_c。

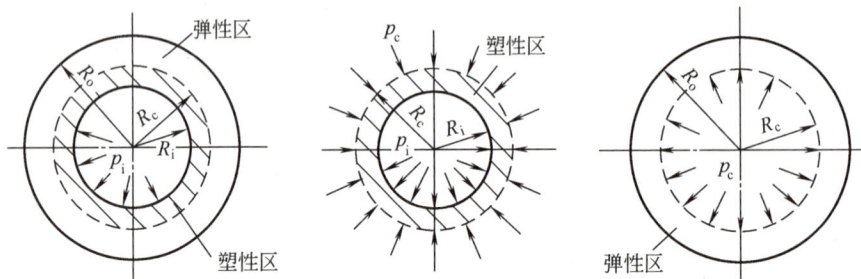

图 2-22　处于弹塑性状态的厚壁圆筒

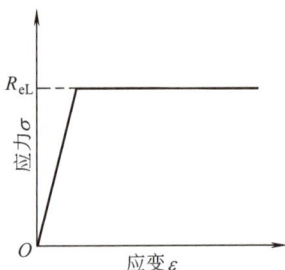

图 2-23　理想弹塑性材料的应力 - 应变关系

拓展知识2-3
Mises简介

为了简化分析，假定材料在屈服阶段的塑性变形过程中，并不发生应变硬化，即材料为理想弹塑性材料，其应力 - 应变关系如图 2-23 所示。

① 塑性区应力　塑性区筒体材料处于塑性状态，式（2-26）的微元平衡方程仍可适用。

$$\sigma_\theta - \sigma_r = r\frac{\mathrm{d}\sigma_r}{\mathrm{d}r}$$

由于圆筒为理想弹塑性材料，且 $\sigma_z = \frac{1}{2}(\sigma_r + \sigma_\theta)$，按 Mises 屈服失效判据得

$$\sigma_\theta - \sigma_r = \frac{2}{\sqrt{3}}R_{eL} \tag{2-40}$$

式中　R_{eL}——材料的屈服强度。

由式（2-26）和式（2-40），得

$$\mathrm{d}\sigma_r = \frac{2}{\sqrt{3}}R_{eL}\frac{\mathrm{d}r}{r}$$

积分上式得

$$\sigma_r = \frac{2}{\sqrt{3}}R_{eL}\ln r + A \tag{2-41}$$

式中，A 为积分常数，由边界条件确定。在内壁面，即 $r=R_i$ 处，$\sigma_r=-p_i$；在弹塑性交界面，即 $r=R_c$ 处，$\sigma_r=-p_c$。将内壁面边界条件代入式（2-41），求出积分常数 A，再代回式（2-41），得 σ_r 的表达式

$$\sigma_r = \frac{2}{\sqrt{3}}R_{eL}\ln\frac{r}{R_i} - p_i \tag{2-42}$$

将式（2-42）代入式（2-40），得 σ_θ 的表达式

$$\sigma_\theta = \frac{2}{\sqrt{3}} R_{eL}\left(1 + \ln\frac{r}{R_i}\right) - p_i \tag{2-43}$$

由于 $\sigma_z = \frac{1}{2}(\sigma_r + \sigma_\theta)$，可得塑性区内轴向应力 σ_z 的表达式

$$\sigma_z = \frac{R_{eL}}{\sqrt{3}}\left(1 + 2\ln\frac{r}{R_i}\right) - p_i \tag{2-44}$$

利用弹塑性交界面边界条件和式（2-42），可得弹塑性两区交界面上的压力 p_c 为

$$p_c = -\frac{2}{\sqrt{3}} R_{eL}\ln\frac{R_c}{R_i} + p_i \tag{2-45}$$

② 弹性区应力　弹性区相当于承受 p_c 内压的弹性厚壁圆筒，设 $K_c = \frac{R_o}{R_c}$。由表 2-1 得到弹性区内壁 $r=R_c$ 处的应力表达式

$$(\sigma_r)_{r=R_c} = -p_c$$

$$(\sigma_\theta)_{r=R_c} = p_c\left(\frac{K_c^2 + 1}{K_c^2 - 1}\right)$$

因弹性区内壁处于屈服状态，应符合式（2-40），即

$$(\sigma_\theta)_{r=R_c} - (\sigma_r)_{r=R_c} = \frac{2}{\sqrt{3}} R_{eL}$$

将各式代入并经简化后得

$$p_c = \frac{R_{eL}}{\sqrt{3}} \frac{R_o^2 - R_c^2}{R_o^2} \tag{2-46}$$

考虑到弹性区与塑性区是同一连续体内的两个部分，界面上的 p_c 应为同一数值，令式（2-45）与式（2-46）相等，则可导出内压 p_i 与所对应塑性区圆柱面半径 R_c 间的关系式

$$p_i = \frac{R_{eL}}{\sqrt{3}}\left(1 - \frac{R_c^2}{R_o^2} + 2\ln\frac{R_c}{R_i}\right) \tag{2-47}$$

由式（2-34），导出弹性区内半径 r 处，以 R_c 表示的各应力表达式为

$$\sigma_r = \frac{R_{eL}}{\sqrt{3}} \frac{R_c^2}{R_o^2}\left(1 - \frac{R_o^2}{r^2}\right)$$

$$\sigma_\theta = \frac{R_{eL}}{\sqrt{3}} \frac{R_c^2}{R_o^2}\left(1 + \frac{R_o^2}{r^2}\right) \tag{2-48}$$

$$\sigma_z = \frac{R_{eL}}{\sqrt{3}} \frac{R_c^2}{R_o^2}$$

若按 Tresca 屈服失效判据，也可导出类似的表达式。现将弹塑性分析中所导出的各种应力表达式列于表 2-4 中。

表2-4 厚壁圆筒弹塑性区的应力（$p_o=0$时）

屈服失效判据	应力	塑性区 （$R_i \leqslant r \leqslant R_c$）	弹性区 （$R_c \leqslant r \leqslant R_o$）
Mises	径向应力 σ_r	$\dfrac{2}{\sqrt{3}} R_{eL} \ln \dfrac{r}{R_i} - p_i$	$\dfrac{R_{eL}}{\sqrt{3}} \dfrac{R_c^2}{R_o^2} \left(1 - \dfrac{R_o^2}{r^2}\right)$
	周向应力 σ_θ	$\dfrac{2}{\sqrt{3}} R_{eL} \left(1 + \ln \dfrac{r}{R_i}\right) - p_i$	$\dfrac{R_{eL}}{\sqrt{3}} \dfrac{R_c^2}{R_o^2} \left(1 + \dfrac{R_o^2}{r^2}\right)$
	轴向应力 σ_z	$\dfrac{R_{eL}}{\sqrt{3}} \left(1 + 2\ln \dfrac{r}{R_i}\right) - p_i$	$\dfrac{R_{eL}}{\sqrt{3}} \dfrac{R_c^2}{R_o^2}$
	p_i 与 R_c 的关系	\multicolumn{2}{c}{$p_i = \dfrac{R_{eL}}{\sqrt{3}} \left(1 - \dfrac{R_c^2}{R_o^2} + 2\ln \dfrac{R_c}{R_i}\right)$}
Tresca	径向应力 σ_r	$R_{eL} \ln \dfrac{r}{R_i} - p_i$	$\dfrac{R_{eL}}{2} \dfrac{R_c^2}{R_o^2} \left(1 - \dfrac{R_o^2}{r^2}\right)$
	周向应力 σ_θ	$R_{eL} \left(1 + \ln \dfrac{r}{R_i}\right) - p_i$	$\dfrac{R_{eL}}{2} \dfrac{R_c^2}{R_o^2} \left(1 + \dfrac{R_o^2}{r^2}\right)$
	轴向应力 σ_z	$R_{eL} \left(0.5 + \ln \dfrac{r}{R_i}\right) - p_i$	$\dfrac{R_{eL}}{2} \dfrac{R_c^2}{R_o^2}$
	p_i 与 R_c 的关系	\multicolumn{2}{c}{$p_i = R_{eL} \left(0.5 - \dfrac{R_c^2}{2R_o^2} + \ln \dfrac{R_c}{R_i}\right)$}

（2）残余应力

当厚壁圆筒进入弹塑性状态后，若将内压力 p_i 全部卸除，塑性区因存在残余变形不能恢复原来尺寸，而弹性区由于本身弹性收缩，力图恢复原来的形状，但受到塑性区残余变形的阻挡，从而在塑性区中出现压缩应力，在弹性区内产生拉伸应力，这种自平衡的应力就是残余应力。把这种卸载后保留下来的变形称为残余变形。

残余应力的计算，需根据卸载定理进行。卸载定理是：以载荷的改变量为假想载荷，按弹性理论计算该载荷所引起的应力和应变，此应力和应变实际是应力和应变的改变量。用卸载前的应力和应变减去这些改变量就得到卸载后的应力和应变。

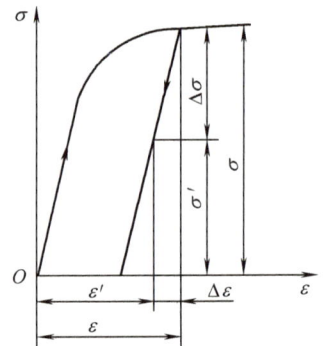

图2-24 卸载过程的应力和应变

如图 2-24 所示，在载荷作用下应力连续增长到 σ，继而卸载应力下降到 σ'，此应力即为卸载后构件中的残余应力。应力改变量为 $\Delta\sigma = \sigma - \sigma'$，应变的改变量为 $\Delta\varepsilon = \varepsilon - \varepsilon'$，$\Delta\sigma$ 与 $\Delta\varepsilon$ 之间存在着弹性关系 $\Delta\varepsilon = \Delta\sigma/E$。因此，厚壁圆筒残余应力 σ'，为卸载前的应力 σ 与在卸载压力 $\Delta p = p_i - 0 = p_i$ 情况下产生的弹性应力 $\Delta\sigma$ 之差。

内压 p_i 引起的弹性应力可利用式（2-34）确定。将表 2-4 中基于 Mises 屈服失效判据的塑性区和弹性区中的应力分别减去内压引起的弹性应力，得塑性区（$R_i \leqslant r \leqslant R_c$）中的残余应力为

$$\sigma'_\theta = \frac{R_{eL}}{\sqrt{3}} \left\{ 1 + \left(\frac{R_c}{R_o}\right)^2 + 2\ln \frac{r}{R_c} - \frac{R_i^2}{R_o^2 - R_i^2} \left[1 + \left(\frac{R_o}{r}\right)^2\right] \left[1 - \left(\frac{R_c}{R_o}\right)^2 + 2\ln \frac{R_c}{R_i}\right] \right\}$$

$$\sigma'_r = \frac{R_{eL}}{\sqrt{3}} \left\{ \left(\frac{R_c}{R_o}\right)^2 - 1 + 2\ln \frac{r}{R_c} - \frac{R_i^2}{R_o^2 - R_i^2} \left[1 - \left(\frac{R_o}{r}\right)^2\right] \left[1 - \left(\frac{R_c}{R_o}\right)^2 + 2\ln \frac{R_c}{R_i}\right] \right\} \tag{2-49}$$

$$\sigma_z' = \frac{R_{eL}}{\sqrt{3}}\left\{\left(\frac{R_c}{R_o}\right)^2 + 2\ln\frac{r}{R_c} - \frac{R_i^2}{R_o^2 - R_i^2}\left[1 - \left(\frac{R_c}{R_o}\right)^2 + 2\ln\frac{R_c}{R_i}\right]\right\}$$

弹性区（$R_c \leqslant r \leqslant R_o$）中的残余应力为

$$\sigma_\theta' = \frac{R_{eL}}{\sqrt{3}}\left[1 + \left(\frac{R_o}{r}\right)^2\right]\left\{\left(\frac{R_c}{R_o}\right)^2 - \frac{R_i^2}{R_o^2 - R_i^2}\left[1 - \left(\frac{R_c}{R_o}\right)^2 + 2\ln\frac{R_c}{R_i}\right]\right\}$$

$$\sigma_r' = \frac{R_{eL}}{\sqrt{3}}\left[1 - \left(\frac{R_o}{r}\right)^2\right]\left\{\left(\frac{R_c}{R_o}\right)^2 - \frac{R_i^2}{R_o^2 - R_i^2}\left[1 - \left(\frac{R_c}{R_o}\right)^2 + 2\ln\frac{R_c}{R_i}\right]\right\} \qquad （2\text{-}50）$$

$$\sigma_z' = \frac{R_{eL}}{\sqrt{3}}\left\{\left(\frac{R_c}{R_o}\right)^2 - \frac{R_i^2}{R_o^2 - R_i^2}\left[1 - \left(\frac{R_c}{R_o}\right)^2 + 2\ln\frac{R_c}{R_i}\right]\right\}$$

如图 2-25 所示，在内压作用下，弹塑性区的应力和卸除内压后所产生的残余应力在分布上有明显的不同。不难发现，残余应力与以下因素有关：ⅰ应力 - 应变关系简化模型；ⅱ屈服失效判据；ⅲ弹塑性交界面的半径。

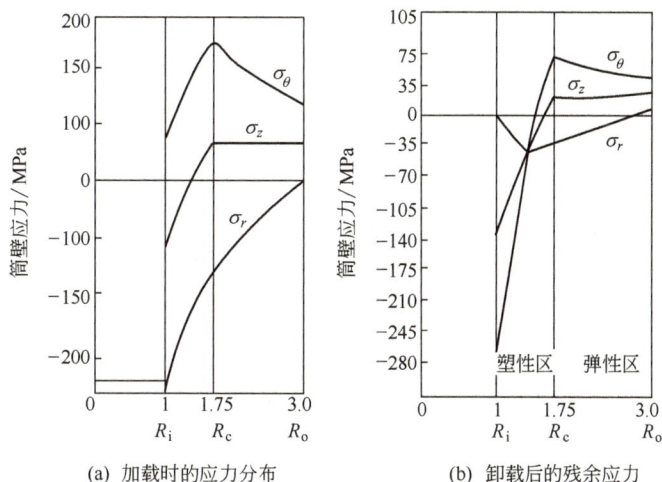

图 2-25　弹塑性区的应力分布

2.3.3　屈服压力和爆破压力

（1）爆破过程

对于塑性材料制造的压力容器，压力与容积变化量的关系曲线如图 2-26 所示。在弹性变形阶段（OA 线段），器壁应力较小，产生弹性变形，内压与容积变化量成正比，到 A 点时容器内表面开始屈服，与 A 点对应的压力为初始屈服压力 p_s。在弹塑性变形阶段（AC 线段），随着内压的继续提高，材料从内壁向外壁屈服，此时，一方面塑性变形使材料强化导致承压能力提高；另一方面厚度不断减小使承压能力下降，但材料强化作用大于厚度减小作用，到 C 点时两种作用已接近，C 点对应的压力是容器所能承受的最大压力，称为塑性垮塌压力（plastic collapse pressure）。在爆破阶段（CD 线段），容积突然急剧增大，使容

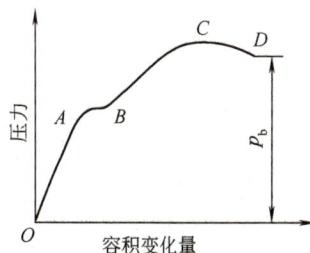

图 2-26　厚壁圆筒中压力与容积变化量的关系

器继续膨胀所需要的压力也相应减小，压力降落到 D 点，容器爆炸，D 点所对应的压力为爆破压力 p_b（bursting pressure）。

对于内压容器，爆破过程中内压和容积变化量的关系与材料塑性、加压速率、温度、容器容积和厚度等因素有关。对于脆性材料，不会出现弹塑性变形阶段。虽然塑性垮塌压力大于爆破压力，但工程上往往把塑性垮塌压力视为爆破压力。

（2）屈服压力

① 初始屈服压力　受内压作用的厚壁圆筒，将表 2-1 中圆筒内表面的应力表达式代入式（2-40），并使 $p_i=p_s$，得到基于 Mises 屈服失效判据的圆筒初始屈服压力 p_s

$$p_s = \frac{R_{eL}}{\sqrt{3}} \frac{K^2-1}{K^2}$$

② 全屈服压力　假设材料为理想弹塑性，承受内压的厚壁圆筒，当筒壁达到整体屈服状态时所承受的压力，称为圆筒全屈服压力或极限压力（limit pressure），用 p_{so} 表示。

筒壁整体屈服时，弹塑性界面的半径等于外半径。按 Mises 屈服失效判据，只要在式（2-47）中令 $R_c=R_o$，便可导出全屈服压力 p_{so} 表达式

$$p_{so} = \frac{2}{\sqrt{3}} R_{eL} \ln K \tag{2-51}$$

式（2-51）又称为 Nadai 式。若采用 Tresca 屈服失效判据，利用表 2-1 和表 2-4 中的公式，可以导出相应的初始屈服压力和全屈服压力表达式。基于 Tresca 屈服失效判据的全屈服压力计算公式，称为 Turner 公式。

不要把全屈服压力和塑性垮塌压力等同起来。前者假设材料为理想弹塑性，后者利用材料的实际应力 - 应变关系。

（3）爆破压力

厚壁圆筒爆破压力的计算公式较多，但真正在工程设计中应用的并不多，最有代表性的是 Faupel 公式和基于流变应力的爆破压力计算公式。

Faupel 曾对碳素钢、低合金钢、不锈钢及铝青铜等材料制成的厚壁圆筒做过爆破试验，材料的抗拉强度范围为 $R_m=460\sim1320$MPa，断后伸长率范围 $A=12\%\sim80\%$。在整理数据时，他发现爆破压力的上限值为

$$p_{bmax} = \frac{2}{\sqrt{3}} R_m \ln K$$

下限值为

$$p_{bmin} = \frac{2}{\sqrt{3}} R_{eL} \ln K$$

且爆破压力随材料的屈强比 R_{eL}/R_m 呈线性规律变化。于是，Faupel 将爆破压力 p_b 归纳为

$$p_b = p_{bmin} + \frac{R_{eL}}{R_m}(p_{bmax} - p_{bmin})$$

即

$$p_b = \frac{2}{\sqrt{3}} R_{eL} \left(2 - \frac{R_{eL}}{R_m}\right) \ln K \tag{2-52}$$

Faupel 公式形式简单，计算方便。其缺点是计算值与实测值之间的相对误差较大，最大误差达 $\pm15\%$。为提高厚壁圆筒爆破压力计算精度，研究者提出了许多爆破压力计算公式。

用材料流变应力代替式（2-51）中的屈服强度，得到基于流变应力的厚壁圆筒爆破压力计算公式。其计算精度高于 Faupel 公式，中国、美国等国把它作为厚壁圆筒强度设计的基本方程。

$$p_b = \frac{1}{\sqrt{3}} (R_m + R_{eL}) \ln K \tag{2-53}$$

2.3.4　提高屈服承载能力的措施

由单层厚壁圆筒的应力分析可知，在内压力作用下，筒壁内应力分布是不均匀的，内壁处应力最大，外壁处应力最小，随着厚度或径比 K 值的增大，应力沿厚度方向非均匀分布更为突出，内外壁应力差值也增大。如按内壁最大应力作为强度设计的控制条件，那么除内壁外，其他点处，特别是外层材料，均处于远低于控制条件允许的应力水平，致使大部分筒壁材料没有充分发挥它的承受压力载荷的能力。同时，从表 2-1 可见，随着厚度的增加，K 值亦相应增加，但应力计算式 $p_i \dfrac{K^2+1}{K^2-1}$ 中，分子和分母值都要增加，因此，当径比大到一定程度后，用增加厚度的方法降低壁中应力的效果不明显。

为此，对于压力很高的容器，工程上通常对圆筒施加外压或进行自增强处理，使内层材料受到压缩预应力作用，而外层材料处于拉伸状态。当厚壁圆筒承受工作压力时，筒壁内的应力分布由按 Lamè 公式 [式（2-34）] 确定的弹性应力和残余应力叠加而成。内壁处的总应力有所下降，外壁处的总应力有所上升，均化沿筒壁厚度方向的应力分布。从而提高圆筒的初始屈服压力，更好地利用材料。

对圆筒施加外压的方法有多种，最常用的是采用多层圆筒结构。在内筒外，采用钢板、型带、钢丝等作外层材料，用过盈套合、包扎、缠绕等方法，将内圆筒与外层材料组合成一整体。在施加外层过程中，内筒受到外压作用，处于压缩状态。

需要指出：实际的多层厚壁圆筒，由于层间间隙存在且不均匀，特别是经过水压试验后，层间又有不同程度的间隙改变，应力分布十分复杂。因此，目前在大多数情况下，多层厚壁圆筒不以得到满意的预应力为主要目的，而是为了得到较大的厚度，在设计中不考虑预应力存在的有利影响（除超高压容器），而只是作为强度储备。

在使用之前，对厚壁圆筒进行加压处理，使其内压力超过初始屈服压力。如前所述，当压力卸除后，塑性区中形成残余压缩应力，弹性区中形成残余拉伸应力。这种通过超工作压力处理，由筒壁自身外层材料的弹性收缩引起残余应力的方法，称为自增强。

2.4　平板应力分析

2.4.1　概述

过程设备的平封头、储槽底板、换热器管板、板式塔塔盘及反应器催化剂床支承板等均为平板结构。

当一块平板（如圆筒平封头）受到垂直于其表面的载荷作用时，载荷和挠度的关系如图 2-27 所示。从 O 到 A，其挠度是与载荷成正比的，且其挠度只由弯曲变形引起。在 A 到 B 的区域中，整个板厚已发生屈服，如同薄壳或薄壁容器中那样，大部分载荷直接由拉伸变形所承受。板的纯弹性强度与总强度相比较小，对挠度控制要求高的平板构件，就必须有足够的厚度来承载，否则须采用加强筋或拉杆。

（1）平板的几何特征及平板分类

平板与壳体相似之处是也有"中面"，不过它的中面是一平面。平板沿垂直于其中面方向的尺寸，亦即两表面之间的垂直距离，称为板的"厚度"。按照板的厚度与其他方向的尺寸之比，以及板的挠度与其厚度之比，平板可以分为以下几类：厚板与薄板；大挠度板与小挠度板。厚板与薄板、大挠度板与小挠度板均无明确界限，在通常计算精度要求下，平板厚度 t 与中面的最小边长 b（图 2-28）之比，即 $t/b \leqslant 1/5$ 时，平板挠度 w 与厚度 t 之比，即 $w/t \leqslant 1/5$ 时，认为可按小挠度薄板计算。

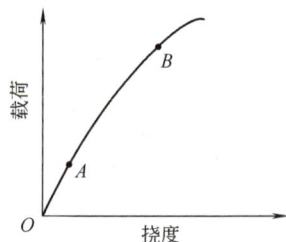

图 2-27　平板载荷和挠度关系曲线

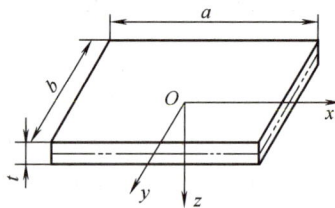

图 2-28　薄板

（2）载荷与内力

板承受载荷有以下三种情况：一是作用于板中面内的载荷；二是垂直于板中面的横向载荷；三是以上两种载荷同时作用。在上述外力作用下，板内将产生薄膜力和弯曲内力。前者是指中面内的拉力、压力和面内剪力，并产生面内变形；后者是指弯矩、扭矩和横向剪力，且产生弯扭变形。但是，当变形很大时，面内载荷也会产生弯曲内力，同时由于板弯曲后的中面已不再是不可展曲面，中面也要变形，因而横向载荷也会产生这种面内力。因此，大挠度的理论分析要比小挠度的理论分析复杂得多。

过程设备中常用的平板，多属受轴对称载荷的小挠度圆形薄板构件，本书仅限于讨论弹性薄板的小挠度理论。这是一种近似理论，它建立在以下基本假设基础上：

ⅰ.板弯曲时其中面保持中性，即板中面内各点无伸缩和剪切变形，只有沿中面法线的挠度 w；

ⅱ.变形前位于中面法线上的各点，变形后仍位于弹性曲面的同一法线上，且法线上各点间的距离不变；

ⅲ.平行于中面的各层材料互不挤压，即板内垂直于板面的正应力较小，可忽略不计。

上述假设统称为克希霍夫（Korchhoff）假设。第一个假设在横向载荷和面内载荷同时作用时是不能成立的，它在仅存在横向载荷时才是正确的。两种载荷同时存在情形下，需考虑面内力对板弯曲的影响。第二个假设即所谓直法线假设，它与梁弯曲理论中的平面假设相似。至于第三个假设，与梁弯曲理论中的纵向纤维之间不存在挤压的假设相似。

2.4.2　圆平板对称弯曲微分方程

半径为 R、厚度为 t、承受轴对称横向载荷 p_z 的圆平板，除满足以上假设外，还具有轴对称性。在 r、θ、z 圆柱坐标系中，圆平板内仅存在 M_r、M_θ、Q_r 三个内力分量（图 2-29），挠度 w 只是 r 的函数，而与 θ 无关。

下面通过平衡、几何和物理三个方程，建立圆平板的挠度微分方程，解得圆平板中的应力。

（1）平衡方程

用半径为 r 和 $r+dr$ 的两个圆柱面以及夹角为 $d\theta$ 的两个径向截面，从圆板中截出一微元体，见图 2-29（a）、（b）。

微元体上半径为 r 和 $r+dr$ 的两个圆柱面上的径向弯矩分别为 M_r 和 $M_r + \left(\dfrac{dM_r}{dr}\right) dr$；横向剪力分别为 Q_r 和 $Q_r + \left(\dfrac{dQ_r}{dr}\right) dr$；两径向截面上所作用的周向弯矩均为 M_θ；横向载荷 p_z 作用在微元体上表面的外力为 P，其值为 $p_z r d\theta dr$，如图 2-29（c）、（d）所示。M_r、M_θ 为单位长度上的力矩，Q_r 是单位长度上的剪力，p_z 为单位面积上的外力。

根据微元体力矩平衡条件，所有内力与外力对圆柱面切线 T 的力矩代数和应为零，即

$$\left(M_r + \frac{dM_r}{dr}dr\right)(r+dr)d\theta - M_r r d\theta - 2M_\theta dr\sin\frac{d\theta}{2} + Q_r r d\theta dr + p_z r d\theta dr \frac{dr}{2} = 0$$

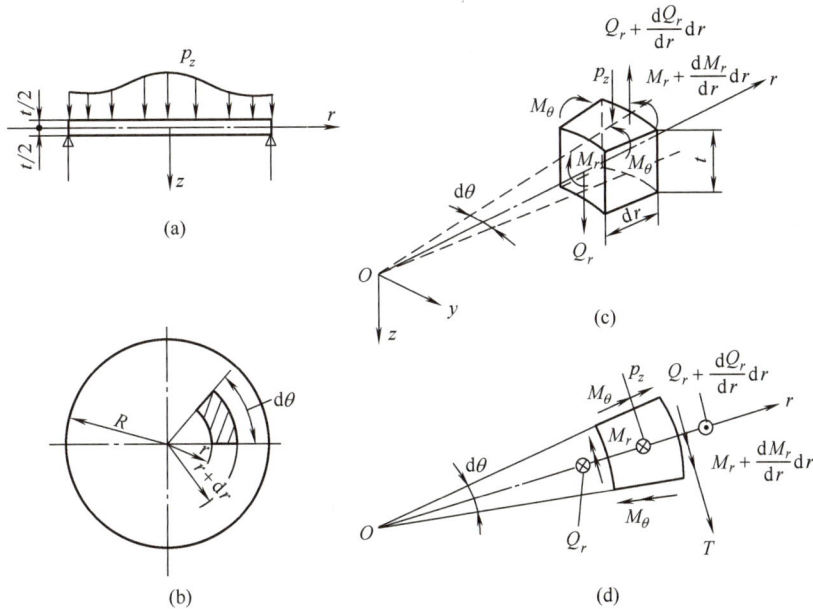

图2-29 圆平板对称弯曲时的内力分量及微元体受力

其中第一、第二、第三项分别为径向弯矩矢量和周向弯矩矢量在切线T上的投影；第四、第五项为剪力和外力对T轴的力矩。

将上述方程展开，取$\sin\dfrac{\mathrm{d}\theta}{2}\approx\dfrac{\mathrm{d}\theta}{2}$，略去高阶量，得

$$M_r + \frac{\mathrm{d}M_r}{\mathrm{d}r}r - M_\theta + Q_r r = 0 \tag{2-54}$$

这就是圆平板在轴对称横向载荷作用下的平衡方程，它包含着M_r、M_θ和Q_r三个未知量。下面需要利用几何和物理方程将M_r和M_θ用w来表达，进而得到只含一个未知量w的微分方程。

（2）几何方程

受轴对称载荷的圆平板，板中面弯曲变形后的挠曲面也有轴对称性，即挠度w仅取决于坐标r，与θ无关。因此，只需研究任一径向截面的变形情况即可建立应变与挠度之间的几何关系。

图2-30中，$\overline{AB}$是一径向截面上与中面相距为z，半径为r与$r+\mathrm{d}r$的两点A与B构成的微段，$\overline{AB}=\mathrm{d}r$。$mn$和$m_1n_1$分别为过$A$点和$B$点并与中面垂直的直线。在板变形后，$A$点和$B$点分别移至$A'$和$B'$位置，根据第二个假设，过$A'$点和$B'$点的直线$m'n'$和$m_1'n_1'$仍垂直于变形后的中曲面，但它们分别转过了角$\varphi$和$\varphi+\mathrm{d}\varphi$，故微段$\overline{AB}$的径向应变为

$$\varepsilon_r = \frac{z(\varphi+\mathrm{d}\varphi)-z\varphi}{\mathrm{d}r} = z\frac{\mathrm{d}\varphi}{\mathrm{d}r}$$

按第一个假设，中面在圆平板弯曲过程中无应变。但中面以上或以下各层弯曲后其周长都要发生相应的变化。距中面为z的那一层，其半径

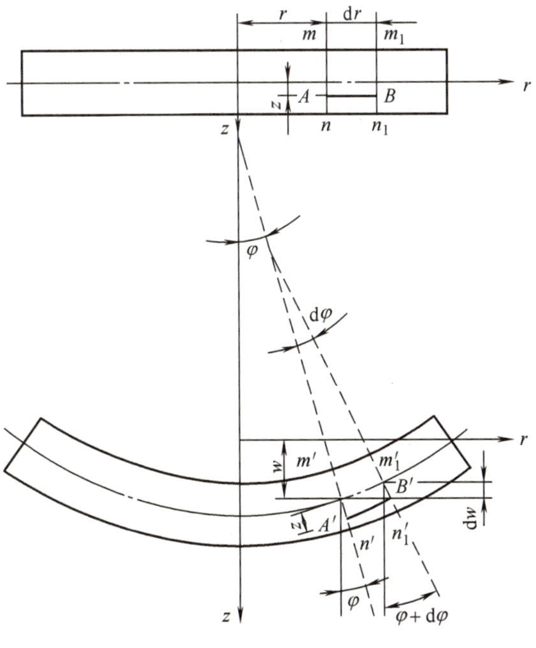

图2-30 圆平板对称弯曲的变形关系

由弯曲前的 r 变为 $r+z\varphi$，因此，过 A 点的周向应变为

$$\varepsilon_\theta = \frac{2\pi(r+z\varphi) - 2\pi r}{2\pi r} = z\frac{\varphi}{r}$$

作为小挠度 $\varphi = -\dfrac{\mathrm{d}w}{\mathrm{d}r}$（式中负号表示随着半径 r 的增长，w 却减小），代入上述 ε_r 和 ε_θ 表达式，可得表示应变与挠度关系的几何方程

$$\begin{aligned}
\varepsilon_r &= -z\frac{\mathrm{d}^2 w}{\mathrm{d}r^2} \\
\varepsilon_\theta &= -\frac{z}{r}\frac{\mathrm{d}w}{\mathrm{d}r}
\end{aligned} \tag{2-55}$$

（3）物理方程

根据第三个假设，圆平板弯曲后，其上任意一点均处于两向应力状态。由广义胡克定律可得圆平板物理方程为

$$\begin{aligned}
\sigma_r &= \frac{E}{1-\mu^2}(\varepsilon_r + \mu\varepsilon_\theta) \\
\sigma_\theta &= \frac{E}{1-\mu^2}(\varepsilon_\theta + \mu\varepsilon_r)
\end{aligned} \tag{2-56}$$

（4）圆平板轴对称弯曲的小挠度微分方程

将式（2-55）代入式（2-56），得

$$\begin{aligned}
\sigma_r &= -\frac{Ez}{1-\mu^2}\left(\frac{\mathrm{d}^2 w}{\mathrm{d}r^2} + \frac{\mu}{r}\frac{\mathrm{d}w}{\mathrm{d}r}\right) \\
\sigma_\theta &= -\frac{Ez}{1-\mu^2}\left(\frac{1}{r}\frac{\mathrm{d}w}{\mathrm{d}r} + \mu\frac{\mathrm{d}^2 w}{\mathrm{d}r^2}\right)
\end{aligned} \tag{2-57}$$

现通过圆平板截面上弯矩与应力的关系，将弯矩 M_r 和 M_θ 表示成 w 的形式。由式（2-57）可见，σ_r 和 σ_θ 沿厚度（即 z 方向）均为线性分布，图 2-31 中所示为径向应力 σ_r 的分布图。

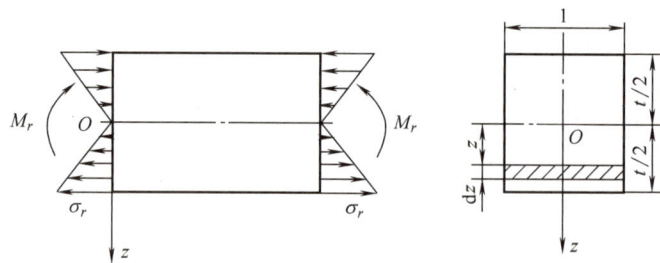

图 2-31　圆平板内的径向应力 σ_r 的分布图

σ_r、σ_θ 的线性分布力系便组成弯矩 M_r、M_θ。单位长度上的径向弯矩为

$$M_r = \int_{-\frac{t}{2}}^{\frac{t}{2}} \sigma_r z\,\mathrm{d}z = -\int_{-\frac{t}{2}}^{\frac{t}{2}} \frac{E}{1-\mu^2}\left(\frac{\mathrm{d}^2 w}{\mathrm{d}r^2} + \frac{\mu}{r}\frac{\mathrm{d}w}{\mathrm{d}r}\right)z^2\,\mathrm{d}z$$

其中 $\dfrac{\mathrm{d}w}{\mathrm{d}r}$ 和 $\dfrac{\mathrm{d}^2 w}{\mathrm{d}r^2}$ 均为 r 的函数，而与积分变量 z 无关，于是上式积分可得

$$M_r = -D\left(\frac{\mathrm{d}^2 w}{\mathrm{d}r^2} + \frac{\mu}{r}\frac{\mathrm{d}w}{\mathrm{d}r}\right) \tag{2-58a}$$

同理可得周向弯矩表达式为

$$M_\theta = -D'\left(\frac{1}{r}\frac{\mathrm{d}w}{\mathrm{d}r} + \mu\frac{\mathrm{d}^2w}{\mathrm{d}r^2}\right) \tag{2-58b}$$

式中，$D' = \dfrac{Et^3}{12(1-\mu^2)}$，它与圆平板的几何尺寸及材料性能有关，称为圆平板的"抗弯刚度"。

弯矩和应力的关系式为

$$\begin{aligned} \sigma_r &= \frac{12M_r}{t^3}z \\ \sigma_\theta &= \frac{12M_\theta}{t^3}z \end{aligned} \tag{2-59}$$

将式（2-58）代入平衡方程式（2-54），得

$$\frac{\mathrm{d}^3w}{\mathrm{d}r^3} + \frac{1}{r}\frac{\mathrm{d}^2w}{\mathrm{d}r^2} - \frac{1}{r^2}\frac{\mathrm{d}w}{\mathrm{d}r} = \frac{Q_r}{D'}$$

上式可改写为

$$\frac{\mathrm{d}}{\mathrm{d}r}\left[\frac{1}{r}\frac{\mathrm{d}}{\mathrm{d}r}\left(r\frac{\mathrm{d}w}{\mathrm{d}r}\right)\right] = \frac{Q_r}{D'} \tag{2-60}$$

式（2-60）即为受轴对称横向载荷圆形薄板小挠度弯曲微分方程式，Q_r值可根据不同载荷情况用静力法求得。

2.4.3　圆平板中的应力

（1）承受均布载荷时圆平板中的应力

过程设备中，圆平板通常受到均布压力的作用，即 $p_z=p$ 为一常量。据图 2-32，可确定作用在半径为 r 的圆柱截面上的剪力，即

$$Q_r = \frac{\pi r^2 p}{2\pi r} = \frac{pr}{2}$$

将 Q_r 值代入式（2-60），得均布载荷作用下圆平板弯曲微分方程

$$\frac{\mathrm{d}}{\mathrm{d}r}\left[\frac{1}{r}\frac{\mathrm{d}}{\mathrm{d}r}\left(r\frac{\mathrm{d}w}{\mathrm{d}r}\right)\right] = \frac{pr}{2D'}$$

图 2-32　均布载荷作用时圆平板内 Q_r 的确定

将上述方程连续对 r 积分两次得到挠曲面在半径方向的斜率

$$\frac{\mathrm{d}w}{\mathrm{d}r} = \frac{pr^3}{16D'} + \frac{C_1 r}{2} + \frac{C_2}{r} \tag{2-61}$$

再积分一次，得到中面弯曲后的挠度

$$w = \frac{pr^4}{64D'} + \frac{C_1 r^2}{4} + C_2\ln r + C_3 \tag{2-62}$$

式中的 C_1、C_2、C_3 均为积分常数。对于圆平板，板中心处（$r=0$）挠曲面的斜率与挠度均为有限值，因而要求积分常数 $C_2=0$，于是上述方程改写为

$$\begin{aligned} \frac{\mathrm{d}w}{\mathrm{d}r} &= \frac{pr^3}{16D'} + \frac{C_1 r}{2} \\ w &= \frac{pr^4}{64D'} + \frac{C_1 r^2}{4} + C_3 \end{aligned} \tag{2-63}$$

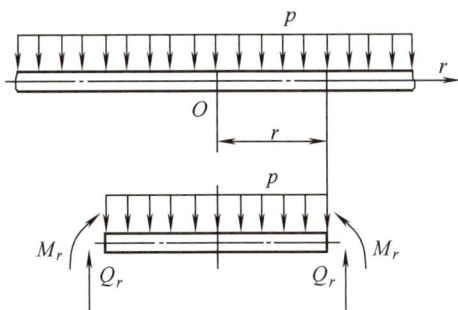

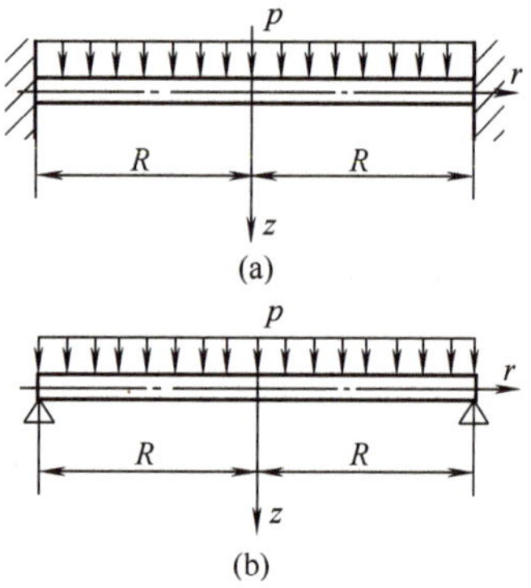

图2-33 承受均布横向载荷的圆平板

式中，C_1、C_3 由边界条件确定。

下面讨论两种典型支承情况。

① 周边固支圆平板 图 2-33（a）所示，周边固支的圆板，在支承处不允许有挠度和转角，其边界条件为

$$r=R, \quad \frac{\mathrm{d}w}{\mathrm{d}r}=0$$

$$r=R, \quad w=0$$

将上述边界条件代入式（2-63），解得积分常数

$$C_1=-\frac{pR^2}{8D'}, \quad C_3=\frac{pR^4}{64D'}$$

将 C_1、C_3 代入式（2-63），得周边固支平板的斜率和挠度方程

$$\frac{\mathrm{d}w}{\mathrm{d}r}=-\frac{pr}{16D'}(R^2-r^2)$$

$$w=\frac{p}{64D'}(R^2-r^2)^2$$

（2-64）

将挠度 w 对 r 的一阶导数和二阶导数代入式（2-58），便得固支条件下的弯矩表达式

$$M_r=\frac{p}{16}[R^2(1+\mu)-r^2(3+\mu)]$$

$$M_\theta=\frac{p}{16}[R^2(1+\mu)-r^2(1+3\mu)]$$

（2-65）

由此可得 r 处上、下板面的应力表达式

$$\sigma_r=\mp\frac{M_r}{t^2/6}=\mp\frac{3}{8}\frac{p}{t^2}[R^2(1+\mu)-r^2(3+\mu)]$$

$$\sigma_\theta=\mp\frac{M_\theta}{t^2/6}=\mp\frac{3}{8}\frac{p}{t^2}[R^2(1+\mu)-r^2(1+3\mu)]$$

（2-66）

根据式（2-66）可画出周边固支圆平板下表面的应力分布，如图 2-34（a）所示。最大应力在板边缘上下表面，即 $\sigma_{r\max}=\mp\frac{3pR^2}{4t^2}$。

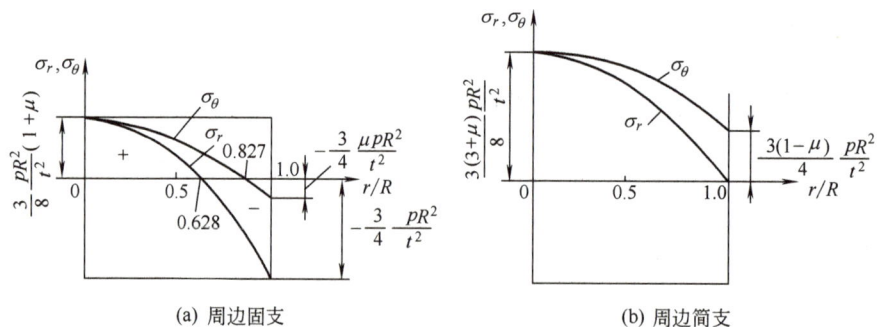

(a) 周边固支 (b) 周边简支

图2-34 圆平板的弯曲应力分布（板下表面）

② 周边简支圆平板 如图 2-33（b）所示，周边简支的圆平板的支承特点是只限制挠度而不限制转角，因而不存在径向弯矩，此时边界条件为

$$r=R, \quad w=0$$

$$r=R, \quad M_r=0$$

利用上述边界条件，得周边简支时圆平板在均布载荷作用下的挠度方程

$$w = \frac{p}{64D'}\left[(R^2 - r^2)^2 + \frac{4R^2(R^2 - r^2)}{1 + \mu}\right] \tag{2-67}$$

弯矩表达式

$$M_r = \frac{p}{16}(3 + \mu)(R^2 - r^2)$$
$$M_\theta = \frac{p}{16}[R^2(3 + \mu) - r^2(1 + 3\mu)] \tag{2-68}$$

应力表达式

$$\sigma_r = \mp\frac{3}{8}\frac{p}{t^2}(3 + \mu)(R^2 - r^2)$$
$$\sigma_\theta = \mp\frac{3}{8}\frac{p}{t^2}[R^2(3 + \mu) - r^2(1 + 3\mu)] \tag{2-69}$$

不难发现，最大弯矩和相应的最大应力均在板中心 $r=0$ 处，$M_{r\max} = M_{\theta\max} = \frac{pR^2}{16}(3 + \mu)$，

$\sigma_{r\max} = \sigma_{\theta\max} = \frac{3(3 + \mu)}{8}\frac{pR^2}{t^2}$。周边简支板下表面的应力分布曲线见图2-34（b）。

③ 支承对平板刚度和强度的影响　通过周边简支和周边固支圆平板的挠度与应力的讨论，分析支承对板刚度与强度的影响。

挠度　由式（2-64）式（2-67）知，周边固支和周边简支圆平板的最大挠度都在板中心。周边固支时，最大挠度为

$$w_{\max}^f = \frac{pR^4}{64D'} \tag{2-70}$$

周边简支时，最大挠度为

$$w_{\max}^s = \frac{5 + \mu}{1 + \mu}\frac{pR^4}{64D'} \tag{2-71}$$

二者之比为

$$\frac{w_{\max}^s}{w_{\max}^f} = \frac{5 + \mu}{1 + \mu}$$

对于钢材，将 $\mu=0.3$ 代入上式得

$$\frac{w_{\max}^s}{w_{\max}^f} = \frac{5 + 0.3}{1 + 0.3} = 4.08$$

这表明，周边简支板的最大挠度远大于周边固支板的挠度。

应力　周边固支圆平板中的最大正应力为支承处的径向应力，其值为

$$(\sigma_r)_{\max}^f = \frac{3pR^2}{4t^2} \tag{2-72}$$

周边简支圆平板中的最大正应力为板中心处的径向应力，其值为

$$(\sigma_r)_{\max}^s = \frac{3(3 + \mu)}{8}\frac{pR^2}{t^2} \tag{2-73}$$

二者的比值为

$$\frac{(\sigma_r)_{\max}^s}{(\sigma_r)_{\max}^f} = \frac{3 + \mu}{2}$$

对于钢材，将 $\mu \approx 0.3$ 代入上式得

$$\frac{(\sigma_r)^s_{max}}{(\sigma_r)^f_{max}} = \frac{3.3}{2} = 1.65$$

这表明周边简支板的最大正应力大于周边固支板的应力。

圆平板受载后，除产生正应力外，还存在由内力 Q_r 引起的切应力。在均布载荷 p 作用下，圆平板柱面上的最大剪力 $Q_{r\max} = \dfrac{pR}{2}$（$r = R$ 处）。近似采用矩形截面梁中最大切应力公式，得到

$$\tau_{max} = \frac{3}{2}\frac{Q_{r\max}}{1 \times t} = \frac{3}{4}\frac{pR}{t}$$

将其与最大正应力公式对比，最大正应力与 $(R/t)^2$ 同一量级；而最大切应力则与 R/t 同一量级。因而对于 $R \gg t$ 的薄板，板内的正应力远比切应力大。

通过对最大挠度和最大应力的比较，可以看出周边固支的圆平板在刚度和强度两方面均优于周边简支圆平板。

通常最大挠度和最大应力与圆平板的材料（E、μ）、半径、厚度有关。因此，若构成板的材料和载荷已确定，则减小半径或增加厚度都可减小挠度和降低最大正应力。当圆平板的几何尺寸和载荷一定时，则选用 E、μ 较大的材料，可以减小最大挠度。然而，在工程实际中，由于材料的 E、μ 变化范围较小，故采用此法不能获得需要的挠度和应力状态。较多的是采用改变其周边支承结构，使它更趋近于固支条件；增加圆平板厚度或用正交栅格、圆环肋加固平板等方法来提高圆平板的强度与刚度。

④ 薄圆平板应力特点　综合前面分析可见，受轴对称均布载荷薄圆平板的应力有以下特点：

ⅰ. 板内为二向应力 σ_r、σ_θ，平行于中面各层相互之间的正应力 σ_z 及剪力 Q_r 引起的切应力 τ 均可忽略；

ⅱ. 正应力 σ_r、σ_θ 沿板厚度呈直线分布，在板的上下表面有最大值，是纯弯曲应力；

ⅲ. 应力沿半径的分布与周边支承方式有关，工程实际中的圆平板周边支承是介于固支和简支两者之间的形式；

ⅳ. 薄板结构的最大弯曲应力 σ_{max} 与 $(R/t)^2$ 成正比，而薄壳的最大拉（压）应力 σ_{max} 与 R/t 成正比，故在相同 R/t 条件下，薄板所需厚度比薄壳大。

（2）承受集中载荷时圆平板中的应力

微课2-1
提高平板承载
能力的措施

圆平板轴对称弯曲中的一个特例是板中心作用一横向集中载荷 F。挠度微分方程式（2-60）中，剪力 Q_r 可由图 2-35 中的平衡条件确定，即 $Q_r = F/2\pi r$。采用与求解均布载荷圆平板应力相同的方法，可求得周边固支与周边简支圆平板的挠度和弯矩方程及计算其应力值，读者可自行导出公式。

2.4.4　承受轴对称载荷时环板中的应力

环板是圆平板的特例，中心开有圆形孔的圆平板称为"环板"，图 2-36 为孔边受均布力矩 M_1 和均布力 f 的圆平板。通常的环板仍主要受弯曲，仍可利用上述圆平板的基本方程求解环板的应力、应变，只是在内孔边缘上增加了一个边界条件。

需要指出，当环板内半径和外半径比较接近时，环板可简化为圆环。圆环在沿其中心线（通过形心）均布力矩 M 作用下，矩形截面只产生微小的转角 ϕ 而无其他变形，从而在圆环上产生周向应力。这类问题虽然为轴对称问题，但不能应用上述圆平板的基本方程求解。

设圆环的内半径为 R_i、外半径为 R_o、形心处的半径为 R_x、厚度 t，沿其中心线（通过形心）均布力矩 M 的作用，如图 2-37 所示。文献 [32] 给出了导出圆环绕其形心的转角 ϕ 和最大应力 $\sigma_{\theta\max}$（在圆环内侧两表面）

$$\phi = \frac{12MR_x}{Et^3 \ln\dfrac{R_o}{R_i}}$$

$$\sigma_{\theta\,\max} = \frac{6MR_x}{t^2 R_i \ln\dfrac{R_o}{R_i}}$$

$$(2\text{-}74)$$

图 2-35　圆平板中心承受集中
载荷时板中的剪力 Q_r

图 2-36　外周边简支内周边
承受均布载荷的圆环板

图 2-37　圆环转角和应力分析

2.5　壳体屈曲分析

2.5.1　概述

（1）屈曲失效

本章前文讨论了内压回转薄壳和厚壁圆筒的应力分析与强度问题。内压作用时，壳体将产生弹性应力和变形，若内压继续增大，将导致壳体产生塑性变形，直至发生塑性垮塌失效。除承受内压壳体外，还常遇见承受外压的壳体，如深海耐压壳、减压精馏塔、真空容器、夹套容器的内容器、管壳式换热器的换热管等。在承受外压时，这些壳体上同样会产生应力和变形，但除了可能出现与承受内压壳体类似的破坏现象之外，还可能出现另一种破坏，即当外压载荷增大到某一值时，壳体会突然或者逐渐失去原有的形状，出现被压扁或波折等现象。这种在压应力作用下，处在弹性或者弹塑性状态的构件失去原有规则几何形状而导致的失效，称为屈曲。屈曲也是压力容器常见的失效模式之一。

除整体受到外压的壳体外，在较大区域内存在压缩应力的壳体也有可能产生屈曲。例如，塔设备受到风载荷时，在迎风侧产生拉应力，在背风侧产生压应力，当压应力足够大时，塔设备就会发生屈曲失效。

屈曲的形式是多种多样的，它与构件本身的结构尺寸、材料性能、载荷条件、边界条件等因素有关。图 2-38 列举了圆筒在周向受压、轴向受压、

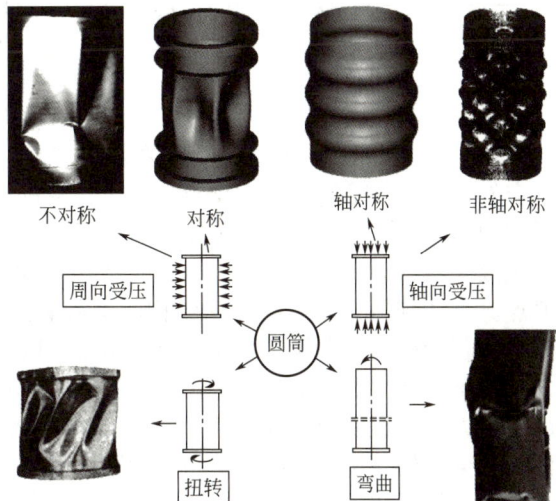

图 2-38　圆筒屈曲后的形状

扭转和弯曲时屈曲后的形状。

（2）屈曲分类

通常，壳体屈曲有以下几种分类方法。

① 按照外部载荷类型分类　屈曲分为静力屈曲和动力屈曲。静力屈曲是指壳体在静力载荷作用下发生的屈曲；动力屈曲则指壳体在冲击载荷、爆炸载荷等动态载荷作用下发生的屈曲。

② 按屈曲时壳体几何变形特征分类　屈曲分为全局屈曲和局部屈曲。全局屈曲涉及整个结构的弯曲，这种屈曲模式影响整个结构的稳定性；局部屈曲发生在结构的局部区域，虽然整体结构的稳定性可能未受影响，但受影响区域的承载能力显著降低。

③ 按屈曲时壳体应力状态分类　屈曲分为弹性屈曲、塑性屈曲和弹塑性屈曲。弹性屈曲时壳体内部应力小于材料屈服强度，壳体始终处于弹性状态；塑性屈曲时壳体应力大于屈服强度，壳体进入塑性状态；弹塑性屈曲则属于一种介于以上两者之间的屈曲形式，此时壳体一部分已进入塑性状态，另一部分仍处于弹性状态。

④ 按壳体载荷-位移（或应变）关系曲线特征分类　屈曲通常分为分叉屈曲、极值屈曲和跳跃屈曲。

ⅰ.分叉屈曲。结构从一种平衡状态向另一种新的平衡状态转变，结构位形突然发生很大的改变。现以轴向受压圆筒为例说明。圆筒在轴压作用下，可能出现的轴向载荷-端部位移关系曲线如图2-39所示，这些曲线也称为壳体的加载路径。曲线OHI和OCD分别对应几何形状理想的弹性和弹塑性圆筒。由于两条曲线分别在H点和C点处出现了分叉路径（即曲线斜率突变），H点和C点称为分叉点。分叉点对应的载荷称作屈曲载荷，也叫临界载荷。分叉前的阶段OH和OC称为前屈曲，分叉后的阶段HI和CD称为后屈曲。在数学上，分叉屈曲的本质是一个特征值问题，特征值对应壳体各阶屈曲载荷，相应的特征向量对应各阶屈曲模态。从屈曲模态来看，分叉屈曲时，圆筒的轴对称变形和非轴对称变形均可能发生。

ⅱ.极值屈曲。在载荷-位移（或应变）曲线最高点（极值点）处发生的垮塌。极值屈曲是弹塑性的、几何非线性的屈曲，其平衡状态无质变，无新变形形式，但变形迅速增大。对于几何形状理想的圆筒，除了上文提到的曲线在C点出现分叉路径外，还可能沿CAB路径变形，如图2-39中曲线$OCAB$所示，曲线上的最高点A便是极值屈曲点，此时结构屈曲载荷也叫作极限载荷，即极值屈曲的临界载荷。然而，实际工程中，圆筒的几何形状不可能理想，往往存在各种各样的缺陷。含缺陷圆筒的加载路径通常为曲线OEF，此时曲线上的最高点（E点）为圆筒的极限载荷，也是圆筒轴向实际承载的最大载荷，相应的屈曲模态为非轴对称变形。

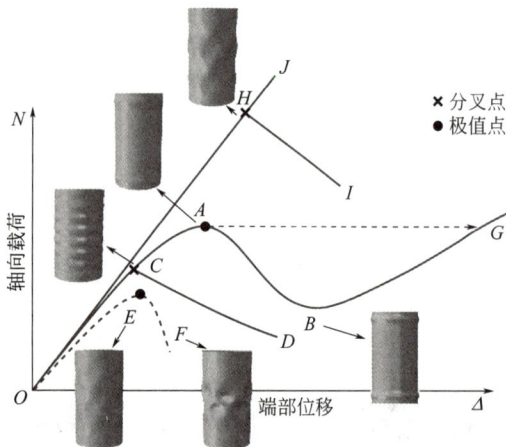

图2-39　轴向受压圆筒载荷与位移关系曲线

ⅲ.跳跃屈曲。在载荷-位移关系曲线上壳体平衡状态发生一明显的跳跃，即从某一平衡状态点突然过渡到非临近的另一个具有较大位移的平衡状态点，并伴随着结构发生较大的突变变形。跳跃屈曲是弹性、几何非线性的屈曲。对于图2-39中的曲线$OCAB$，若壳体在发生极值屈曲后因几何强化效应具有后继的承载能力，此时结构将发生跳跃而不会垮塌。加载路径出现最大、最小两个极值点。当达到最大极值点A时结构的承载能力下降，而达到最小极值点B后又出现几何强化效应。于是，若加载到最大极值载荷后保持不变，则加载路径将从A点直接跳跃到G点而处于平衡状态，并继续承受更大的载荷。举例说明，生活中我们常见的易拉罐，其底部结构为拱顶壳体，若易拉罐内部压力升高致使施加在拱顶上的压力足够大时，拱顶壳便有可能发生向下的突然翻转，此时该壳体呈下突结构并还能继续承受一定的压力载荷，这种现象便是跳跃屈曲。

（3）临界载荷

图2-39中，A点、C点、E点和H点所对应的载荷均可视为某一类型屈曲的临界载荷，但它

们的意义是不同的。A 点为理想弹塑性结构的极限载荷，是极值屈曲的临界载荷；C 对应的载荷为理想弹塑性结构分叉屈曲时的临界载荷；E 点为非理想弹塑性结构发生屈曲时的临界载荷；H 点则为理想弹性结构分叉屈曲时的临界载荷。在分析壳体屈曲时，若无特别说明，临界载荷通常指上述临界载荷中的最小值。就壳体而言，若给定的载荷为压力载荷时，则通常采用"临界压力"来代替"临界载荷"，以 p_{cr} 表示，对应的应力为临界应力，以 σ_{cr} 表示。

目前，壳体临界载荷的计算主要有以下三种方法：

ⅰ. 特征值屈曲分析（又称线弹性屈曲分析），是一种基于弹性应力分析且不考虑壳体形状缺陷、几何非线性或预应力的方法。

ⅱ. 几何与材料非线性分析（GMNA），是一种基于弹塑性应力分析的方法，考虑了几何和材料的非线性，但不考虑壳体形状缺陷。

ⅲ. 考虑缺陷的几何与材料非线性分析（GMNIA），是同时考虑了几何非线性、材料非线性、形状缺陷的弹塑性分析方法。对于实际结构来说，采用 GMNIA 能够计算得到更加接近结构真实临界载荷的结果。

由于受到各种因素的影响，实际工程中壳体的临界载荷通常不等于理论计算值，需要对计算值进行适当的修正，才能得出实际情况下的临界载荷。例如，实际壳体往往存在初始缺陷，如初始几何缺陷（也称形状缺陷）、材料缺陷、壳体厚度分布不均匀、边界缺陷以及受载不均等。初始几何缺陷是对薄壁壳体临界载荷影响最大也是最常见的一种缺陷形式，这种缺陷是壳体真实形状与理想形状之间存在的偏差，它在壳体加工制作、运输和服役等过程中出现且不可避免，常见表现形式包括整体不圆、局部区域褶皱、鼓胀或凹陷等。一般情况下，形状缺陷将导致临界压力下降，如图 2-39 中曲线 OEF 所示，其影响程度与结构及其受力情况有关。对于仅受轴压的薄壁圆筒和受外压的薄壁球壳，缺陷处会产生附加的弯矩，这将使形状缺陷进一步增大，同时产生更大的附加应力，对临界压力影响非常大。相较而言，形状缺陷对周向受外压的圆筒临界压力影响则小一些。在工程设计中，考虑到壳体屈曲行为与形状缺陷密切相关，往往需要在对临界应力按形状缺陷修正系数进行修正的同时，对其形状缺陷也进行严格的限制。然而，对于受内压作用的圆筒，内压的存在使得筒体不圆等缺陷有消除的趋势，故形状缺陷对内压圆筒强度的影响往往不大。

另外，典型壳体临界载荷理论计算公式大多是基于线弹性假设得出的，也就是说，这些公式只有在壳体应力水平小于材料比例极限时才适用。当应力水平超过材料比例极限后，则必须考虑材料的非线性行为。在目前的工程计算中，通常的做法是采用材料的切线模量 E_t 来代替公式中的弹性模量 E，进而计算相关的临界载荷。

工程中，尽管影响壳体临界载荷的因素较多，但确定许用临界载荷的流程通常为：先由壳体结构尺寸、材料性能、载荷类型（载荷组合工况）和边界条件等，求得其弹性／弹塑性屈曲载荷、塑性极限载荷的理论值；然后，引入修正系数（如形状缺陷修正系数）进行修正；再考虑一定的设计系数后，确定壳体的许用临界载荷。

2.5.2　周向受外压圆筒的临界压力

微课2-2
外压壳体临界
载荷的影响因
素

（1）周向受均布外压的长圆筒

周向受均布外压的无限长圆筒屈曲时出现两个波纹。Bresse 在 1866 年导出其临界压力计算公式

$$p_{cr} = \frac{2E}{1-\mu^2}\left(\frac{t}{D}\right)^3 \qquad (2\text{-}75)$$

式中　D——圆筒的直径，mm；

　　　E——材料的杨氏弹性模量，MPa；

　　　t——圆筒的壁厚，mm；

　　　μ——材料的泊松比。

对于单位轴向长度的圆环，若假设屈曲后，圆环呈 n 波，则其分叉屈曲临界压力计算式

$$p_{cr} = \frac{(n^2-1)EI}{R^3} \tag{2-76}$$

式中　I——圆环经线截面的惯性矩，$I = t^3/12$，mm^3。

（2）周向受均布外压的短圆筒

对于两端简支，仅周向受均布外压短圆筒，Mises 在 1914 年按线性小挠度理论导出的临界压力计算公式为

$$p_{cr} = \frac{Et}{R(n^2-1)\left[1+\left(\dfrac{nL}{\pi R}\right)^2\right]^2} + \frac{E}{12(1-\mu^2)}\left(\frac{t}{R}\right)^3\left[(n^2-1)+\frac{2n^2-1-\mu}{1+\left(\dfrac{nL}{\pi R}\right)^2}\right] \tag{2-77}$$

式中　L——圆筒的长度，mm；

　　　n——屈曲后的波数。

求出式（2-77）的最小值，即得周向均布受压短圆筒的临界压力。

对于同时受周向和轴向外压的圆筒，在屈曲前，同时存在周向压缩应力 $\sigma_\theta = -pR/t$ 和轴向压缩应力 $\sigma_z = -pR/2t$，其临界压力计算公式为

$$p_{cr} = \frac{Et}{R\left[n^2-1+\dfrac{1}{2}\left(\dfrac{\pi R}{L}\right)^2\right]}\left\{\frac{\left(\dfrac{\pi R}{L}\right)^2}{n^2+\left(\dfrac{\pi R}{L}\right)^2} + \frac{t^2}{12R^2(1-\mu^2)}\left[n^2-1+\left(\frac{\pi R}{L}\right)^2\right]^2\right\} \tag{2-78}$$

由式（2-77）和式（2-78）计算所得的结果相差很小，且计算结果与实验值吻合较好。

由于式（2-77）和式（2-78）较复杂，工程中常采用其近似公式。例如，假设 $n^2 \gg \left(\dfrac{\pi R}{L}\right)^2$，故

$1+\dfrac{n^2L^2}{\pi^2R^2} \approx \dfrac{n^2L^2}{\pi^2R^2}$，略去式（2-77）第二项方括号中的第二项，得

$$p_{cr} = \frac{Et}{R}\left[\frac{(\pi R/nL)^4}{n^2-1} + \frac{t^2}{12(1-\mu^2)R^2}(n^2-1)\right] \tag{2-79}$$

式（2-79）是由 R.V.Southwell 提出的短圆筒临界压力计算公式。

若将式（2-79）中的 n 看成实数，令 $\dfrac{\mathrm{d}p_{cr}}{\mathrm{d}n}=0$，并取 $n^2-1 \approx n^2$，$\mu = 0.3$，可得与最小临界压力相应的波数

$$n = \sqrt[4]{\frac{7.06}{\left(\dfrac{L}{D}\right)^2\left(\dfrac{t}{D}\right)}} \tag{2-80}$$

将式（2-80）代入式（2-79），仍取 $n^2-1 \approx n^2$，即得短圆筒的最小临界压力近似计算式

$$p_{cr} = \frac{2.6Et^2}{LD\sqrt{D/t}} \tag{2-81}$$

式（2-81）亦称为拉姆（B.M.Pamm）公式，其计算结果比 Mises 公式约低 12%，故偏于安全。

与长圆筒临界应力的计算公式一样，它仅适用于弹性屈曲。

需要说明的是，以上公式均是基于薄壳理论导出的，并以圆筒中面的直径 D 作为特征尺寸，外压受力面在中面。而对于实际圆筒，外压受力面则是在圆筒外径 D_o 上。工程上，考虑到外压圆筒壁厚通常较薄，可直接用外径 D_o 代替以上公式中的 D。

在计算外压短圆筒临界压力时，还可采用经试验修正的美国海军水槽公式，即

$$p_{cr} = 2.6E \frac{\left(\dfrac{t}{D_o}\right)^{2.5}}{\dfrac{L}{D_o} - 0.45\left(\dfrac{t}{D_o}\right)^{0.5}} \tag{2-82}$$

（3）临界长度

为便于工程计算，通常采用简单的 Bresse 公式［式（2-75）］与 Pamm 公式［式（2-81）］组合方法进行设计计算。由于 Bresse 公式仅适用于长圆筒，而 Pamm 公式只适用于短圆筒，故提出临界长度概念加以区分。

对于给定 D_o 和 t 的圆筒，有一特征长度为区分 $n=2$ 的长圆筒和 $n>2$ 的短圆筒的界限，此特征长度称为临界长度，以 L_{cr} 表示。当圆筒的计算长度 $L>L_{cr}$ 时属长圆筒；$L<L_{cr}$ 时属短圆筒。当圆筒的计算长度 $L=L_{cr}$ 时，式（2-75）与式（2-79）相等，求解后即得到临界长度计算公式

$$L_{cr} = 1.17 D_o \sqrt{\frac{D_o}{t}} \tag{2-83}$$

2.5.3　均布轴压圆筒的临界应力

1911 年，Timoshenko 按弹性小挠度理论，求解得到了轴对称分叉屈曲时薄壁圆筒的临界应力 σ_{cr} 计算公式

拓展知识2-4 Timoshenko 简介

$$\sigma_{cr} = \frac{1}{\sqrt{3(1-\mu^2)}} \frac{Et}{R} \tag{2-84}$$

式中　R——圆筒的半径，mm。

对于钢材，取 $\mu = 0.3$，式（2-84）简化为

$$\sigma_{cr} = 0.605 \frac{Et}{R} \tag{2-85}$$

然而，式（2-84）是基于理想圆筒假设给出的计算公式。对于实际承受均布轴压载荷的圆筒，该公式无法准确预测其临界应力。通常，由实验测得的真实轴压圆筒的临界应力仅为该公式求得的 20%～50%，且分散性很大。研究表明，均布轴压圆筒对初始缺陷的高度敏感性是造成这一现象的根本原因。初始缺陷敏感性是指圆筒的屈曲行为受初始缺陷影响的敏感程度。由于真实圆筒结构存在的各种初始缺陷随机分布，而初始缺陷敏感性的本质又是非线性动力分叉问题，很难被精准量化。长期以来，轴压圆筒初始缺陷敏感性问题一直困扰着相关研究学者和工程技术人员。

浙江大学陈志平团队提出了基于弹塑性的轴压圆筒屈曲载荷预测新方法。新方法从经典的小挠度线弹性屈曲载荷计算公式［式（2-84）］出发，考虑了材料弹塑性和结构特征尺寸对圆筒临界载荷的影响，并将不同屈曲失效模式（弹性屈曲、塑性屈曲以及弹塑性屈曲）下形状缺陷对临界载荷的影响考虑在内，同时引入一定的设计系数，求得了圆筒许用轴向压缩应力。有兴趣的读者可参阅文献［2］。区别于美国 ASME Ⅷ-2 方法和我国 GB/T 150.1—2011 中的方法，新方法避免了材料切线模量的计算和基于线算图的插值计算，使用更加便捷，同时具有物理意义清晰、计算精

度高等优点，在确保安全的前提下可有效减轻圆筒重量，充分体现了安全与资源节约并重的设计理念。

2.5.4 其他回转壳体的临界压力

（1）球壳

按小挠度弹性屈曲理论，对于受均布外压的理想球壳，其临界压力计算公式为

$$P_{cr} = \frac{2E}{\sqrt{3(1-\mu^2)}} \left(\frac{t}{R}\right)^2 \tag{2-86}$$

考虑到这一基于小挠度理论得出的公式计算所得的临界压力远高于实际值，在工程计算中，需引入修正系数进行修正，具体可见相关的规范标准。

（2）碟形壳和椭球壳

在均布外压载荷作用下，碟形壳的过渡区受拉应力，而中央球壳部分受压应力，因此壳体同样可能发生屈曲。对于碟形壳，可用外压球壳临界压力计算式来计算其临界压力，只是其中 R 用碟形壳中央球壳部分的外半径 R_o 代替。对于椭球壳，与碟形壳相类似，用当量半径 $R = K_1 D_o$ 代替，K_1 的取值见第 4 章。

（3）圆锥壳

圆锥壳受均布外压时，其临界压力理论求解较复杂。Seide 在比较圆锥壳与圆筒的临界压力后，发现圆锥壳屈曲与等效圆筒屈曲相类似。工程中，通常采用这一等效思路进行计算。该等效圆筒的长度与圆锥壳的母线长度相等，厚度等于圆锥壳的厚度，半径等于圆锥壳两端的第二曲率半径的平均值 $[R = (D_1+D_2)/(4\cos\alpha)$，$D_1$ 为小端直径，D_2 为大端直径$]$。圆锥壳的临界压力可以表示成等效圆筒的临界压力乘以一个关联系数，即 $P_{cr} = \overline{p}\rho$。这里，$\overline{p}$ 是等效圆筒的临界压力，ρ 是关联系数。值得说明的是，以上等效方法仅适用于锥顶角小于等于 60° 的圆锥壳，如锥顶角大于 60°，则按圆平板考虑。

2.6 典型局部应力

2.6.1 概述

除受到介质压力作用外，过程设备还承受通过接管或其他附件传递来的局部载荷，如设备的自重、物料的重量、管道及附件的重量、支座的约束反力、温度变化引起的载荷等。这些载荷通常仅对附件与设备相连的局部区域产生影响。此外，在压力作用下，压力容器材料或结构不连续处，如截面尺寸、几何形状突变的区域、两种不同材料的连接处等，也会在局部区域产生附加应力。上述两种情况下产生的应力，均称为局部应力。

局部应力的危害性与材料的韧性和载荷形式密切相关。对于韧性好的材料，当局部应力达到屈服强度时，该处材料的变形可以继续增加，而应力却不再加大，载荷继续增加，增加的力就由其他尚未屈服的材料来承担，这种应力再分配可使局部高应力缓解，或通过几次载荷循环使结构趋于安定，故在一定条件下局部高应力是允许的。但是，过大的局部应力会使结构处于不安定状态；在变动载荷（包括冲击载荷）作用下，局部应力处易形成裂纹，有可能导致疲劳失效。因此，清楚了解局部应力产生的原因，掌握一些简便的计算方法和测试手段，懂得如何采取相应的措施来降低局部应力是十分必要的。

局部应力不仅与载荷大小有关，而且与载荷作用处的局部结构形状和尺寸密切相关，很难甚至

无法对其进行精确的理论分析。在大多数情况下，必须依靠有限元、边界元等数值计算方法和实验应力测试方法，以数值解或（和）实测值为基础，整理、归纳出经验公式和图表，供设计计算时使用。

下面以受内压壳体与接管连接处局部应力的分析为例，介绍局部应力求解的常用方法、基本思路，以及降低局部应力的措施。

2.6.2　受内压壳体与接管连接处的局部应力

由于几何形状及尺寸的突变，受内压壳体与接管连接处附近的局部范围内会产生较高的不连续应力。对这类应力的求解相当复杂。工程上常采用应力集中系数法、数值解法、实验测试法和经验公式计算局部应力。

（1）应力集中系数法

在计算壳体与接管连接处的最大应力时，常采用应力集中系数法。受内压壳体与接管连接处的最大弹性应力 σ_{max} 与该壳体不开孔时的环向薄膜应力 σ_θ 之比称为应力集中系数 K_t，即

$$K_t = \frac{\sigma_{max}}{\sigma_\theta}$$

① 应力集中系数曲线　为了方便设计，通过理论计算，往往将不同直径、不同厚度的壳体，带有不同直径与厚度的接管的应力集中系数综合成一系列曲线，即应力集中系数曲线。利用这种曲线可以方便地计算出最大应力。图 2-40～图 2-42 分别为在内压作用下，球壳带平齐式接管、球壳带内伸式接管和圆柱壳开孔接管的应力集中系数曲线图。

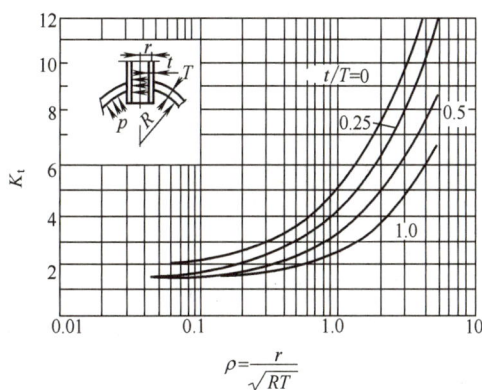

图 2-40　球壳带平齐式接管的应力集中系数曲线

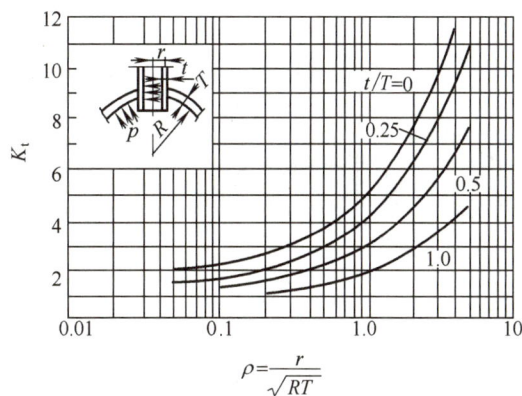

图 2-41　球壳带内伸式接管的应力集中系数曲线

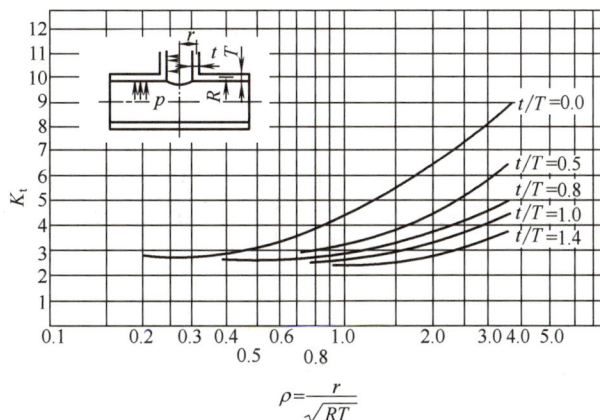

图 2-42　圆柱壳开孔接管的应力集中系数曲线

这些图中，采用了两个与应力集中系数相关的无因次几何参数，即开孔系数 ρ 和接管厚度 t 与壳体厚度 T 之比 t/T。开孔系数 ρ 与壳体平均半径 R、厚度及接管平均半径 r 有关，其表达式为

$$\rho = \frac{r}{\sqrt{RT}}$$

$\sqrt{RT}$ 为边缘效应的衰减长度，故开孔系数表示开孔大小和壳体局部应力衰减长度的比值。从图中可以看出，应力集中系数 K_t 随着开孔系数 ρ 的增大而增大，随厚度比 t/T 的增大而减小。内伸式接管的应力集中系数较小。也就是说，增大接管和壳体的厚度，减小接管半径，有利于降低应力集中系数。

值得注意，当开孔太大或太小，或厚度太大或太小时，应力集中系数并非只是开孔系数的单一函数，应力集中系数曲线都有一定的适用范围。例如，球壳带接管的应力集中系数曲线，对开孔大小和壳体厚度的限制范围为

$$0.01 \leqslant \frac{r}{R} \leqslant 0.4$$

$$30 \leqslant \frac{R}{T} \leqslant 150$$

椭圆形封头上接管连接处的局部应力，只要将椭圆曲率半径折算成球的半径，就可采用球壳上接管连接处局部应力的计算方法。

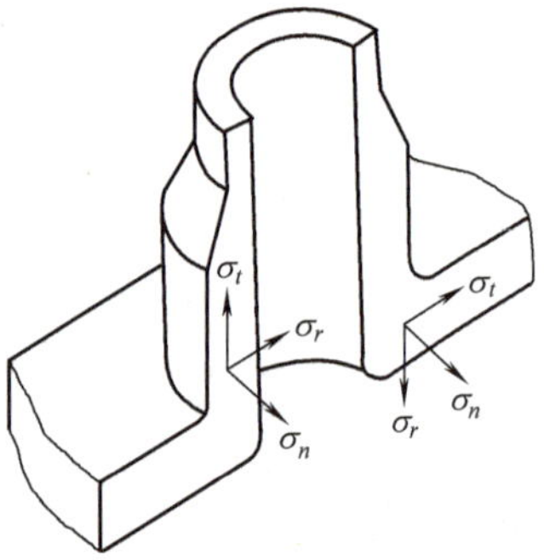

图 2-43 接管连接处的各向应力分量

② 应力指数法 对于内压壳体（球壳和圆柱壳）与接管连接处的最大应力，美国压力容器研究委员会以大量实验分析为基础，提出了一种简易的计算方法，称为应力指数法。与应力集中系数曲线不同的是，该方法考虑了连接处的三个应力：经向应力、径向应力和法向应力（图 2-43）。应力指数是所考虑的各应力分量与壳体在无开孔接管时的环向应力之比。应力指数法已列入中国、美国、日本等国家压力容器分析设计标准。

（2）经验公式

大量的试验研究、数值计算和理论分析表明，受内压壳体与接管连接处的应力集中系数 K_t 一般可表示为三个无因次参量的函数。这三个无因次参数是：接管中面直径 d 与壳体中面直径 D 之比 d/D，接管厚度 t 与壳体厚度 T 之比 t/T 和壳体中面直径 D 与其厚度 T 之比 D/T。到目前为止，已提出了许多应力集中系数经验公式。对圆柱壳上的径向接管，常用的经验公式有以下几个。

Rodabaugh 公式

$$K_1 = 2.8 \left(\frac{D}{T}\right)^{0.182} \left(\frac{d}{D}\right)^{0.367} \left(\frac{t}{T}\right)^{-0.382} \left(\frac{r_o}{t}\right)^{-0.148} \tag{2-87}$$

该式考虑了接管与圆柱壳过渡处外圆角半径 r_o 的影响，已被 ASME 规范第Ⅲ篇 NB-3683.8 所采用，适用范围为 $D/T<100$，$0.09 \leqslant t/T \leqslant 4.3$，$0.5<r_o/t<12.5$，对 d/D 无要求。

Decock 公式

$$K_t = \frac{2 + 2\frac{d}{D}\sqrt{\frac{d}{D}\frac{t}{T}} + 1.25\frac{d}{D}\sqrt{\frac{D}{T}}}{1 + \frac{t}{T}\sqrt{\frac{d}{D}\frac{t}{T}}} \tag{2-88}$$

Decock 公式的适用范围为 $1.4 \leqslant D/T \leqslant 240$，$0.04 \leqslant d/D \leqslant 1.0$，$0.048 \leqslant t/T \leqslant 2.8$。

（3）数值计算

应力数值计算的方法比较多，如差分法、变分法、有限单元法和边界元法等。但目前使用最广泛的是有限单元法。

有限单元法的基本思路是将连续体离散为有限个单元的组合体，以单元结点的参量为基本未知量，单元内的相应参量用单元结点上的数值插值，将一个连续体的无限自由度问题变成有限自由度的问题，再利用整体分析求出未知量。显然，随着单元数量的增加，解的近似程度将不断改进，如单元满足收敛要求，近似解也最终收敛于精确解。

进入 20 世纪 90 年代以来，有限元法程序的开发得到了迅速的发展，涌现出一批大型通用有限元软件，如：ANSYS，ABAQUS，NASTRAN，COSMOS 等，软件的前后处理功能和人机交互性能也有了很大的改进，使得有限元法不仅可以解决一般结构的弹性问题，而且可以解决弹塑性、断裂力学、动力学、传质和传热等问题。

（4）应力测试

理论计算或数值计算模型都经过一定的简化，用实验应力分析方法直接测量计算部位的应力，是验证计算结果可靠性的有效方法。实验应力分析的方法很多，但最常用的两种方法是电测法和光弹性法。

① 电测法　金属电阻丝承受拉伸或压缩变形时，电阻也将发生改变。将电阻丝往复绕成特殊形状（如栅状），就可做成电阻应变片。测量前，将电阻应变片用特殊的胶合剂粘贴在欲测应变的部位，当壳体受到载荷作用发生变形时，电阻应变片中的电阻丝随之一起变形，导致电阻丝长度及截面积的改变，从而引起其电阻值的变化。可见，电阻的变化与应变有一定的对应关系。通过电阻应变仪，就可测得相应的应变。利用胡克定律或其他理论公式，就可求得应力值。

电测时，应尽量消除产生各种测量误差的因素。例如，应变片位置的偏差，应变片与壳壁接触的紧密程度，应变片与导线的焊接质量，环境、温度的变化等。

② 光弹性法　是一种光学的应力测量方法。采用一种具有双折射性能的透明塑料，如环氧树脂和聚碳酸酯，制成与被测试结构几何形状相似的模型，模拟实际零件的受载情况，将受载后的塑料模型置于偏振光场中，即可获得干涉条纹图。根据光弹性原理，算出模型中各点的应力大小及其方向，而实际被测试结构上的应力可根据模型相似理论换算得到。

光弹性法的特点是直观性强，可直接看到应力集中的部位，从而能迅速求出应力集中系数。利用光弹性法，不仅能解决二维问题，而且能有效地解决三维问题；不仅能得到边界上的应力分布，而且能得到内部截面的应力分布。而电测法只能获得构件表面的应力分布。

2.6.3　降低局部应力的措施

降低局部应力可以从以下几个方面进行考虑。

（1）合理的结构设计

① 减少两连接件的刚度差　两连接件变形不协调会引起边缘应力。壳体的刚度与材料的弹性模量、曲率半径、厚度等因素有关。设法减少两连接件的刚度差，是降低边缘应力的有效措施之一。例如，直径和材料都相同的两圆筒连接在一起，若两者的厚度不同，在内压作用下，连接处附近会产生较大的边缘应力。将厚圆筒在一定范围内做成削薄过渡，并尽可能使两圆筒的中面重合，可以降低边缘应力，且便于焊接。厚度差较小时，可采用图 2-44（a）所示的单面削薄过渡。此时，两圆筒中面的径向距离为 $0.5(\delta_1 - \delta_2)$，会产生附加的弯矩和弯曲应力，所以，当厚度差较大时，宜采用图 2-44（b）所示的双面削薄，使两圆筒中面尽可能重合。

② 尽量采用圆弧过渡　几何形状或尺寸的突然改变是产生应力集中的主要原因之一。在结构不连续处应尽可能采用圆弧或经形状优化的特殊曲线过渡。例如，在平盖内表面，其最大应力点位

于内侧拐角处，即图 2-45 所示的 A 点附近。因而，在 A 点应尽可能做成光滑圆弧过渡，圆弧半径一般应不小于 $0.5\delta_p$ 和 $D_c/6$。

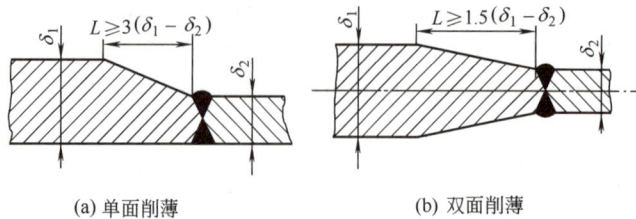

图 2-44 不同厚度筒体的连接

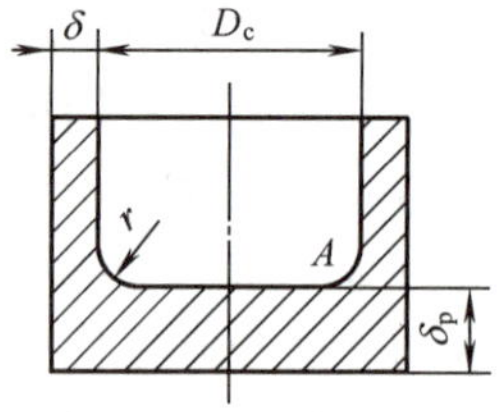

(a) 单面削薄　　　(b) 双面削薄

图 2-45 平盖内表面的圆弧过渡

③ 局部区域补强　在有局部载荷作用的壳体处，例如，壳体与吊耳的连接处、卧式容器与鞍式支座连接处，在壳体与附件之间加一块垫板，适当给以补强，可以有效地降低局部应力。

④ 选择合适的开孔方位　根据载荷的情况，选择适当的开孔位置、方向和形状，如椭圆孔的长轴应与开孔处的最大应力方向平行，孔尽量开在原来应力水平比较低的部位，可以降低局部应力。

（2）减少附件传递的局部载荷

如果对与壳体相连的附件采取一定的措施，就可以减少附件所传递的局部载荷对壳体的影响，从而降低局部应力。例如，对管道、阀门等设备附件设置支承或支架，可降低这些附件的重量对壳体的影响；对接管等附件加设热补偿元件可降低因热胀冷缩所产生的热载荷。

（3）尽量减少结构中的缺陷

在压力容器制造过程中，由于制造工艺和操作等原因，可能在容器中留下气孔、夹渣、未焊透等缺陷，这些缺陷会造成较高的局部应力，应尽量避免。

思考题

1. 一壳体成为回转薄壳轴对称问题的条件是什么？

2. 推导无力矩理论的基本方程时，在微元截取时，能否采用两个相邻的垂直于轴线的横截面代替教材中与经线垂直、同壳体正交的圆锥面？为什么？

3. 试分析标准椭圆形封头采用长短轴之比 $a/b=2$ 的原因。

4. 何谓回转壳的不连续效应？不连续应力有哪些重要特征，其中 β 与 $\sqrt{Rt}$ 两个参量的物理意义是什么？

5. 单层厚壁圆筒承受内压时，其应力分布有哪些特征？当承受的内压很高时，能否仅用增加壁厚来提高承载能力，为什么？

6. 单层厚壁圆筒同时承受内压 p_i 与外压 p_o 作用时，能否用压差 $\Delta p = p_i - p_o$ 代入仅受内压或仅受外压的厚壁圆筒筒壁应力计算式来计算筒壁应力？为什么？

7. 单层厚壁圆筒在内压与温差同时作用时，其综合应力沿壁厚如何分布？筒壁屈服发生在何处？为什么？

8. 为什么厚壁圆筒微元体的平衡方程 $\sigma_\theta - \sigma_r = r\dfrac{d\sigma_r}{dr}$，在弹塑性应力分析中同样适用？

9. 一厚壁圆筒，两端封闭且能可靠地承受轴向力，试问轴向、环向、径向三应力之关系式

$\sigma_z = \dfrac{\sigma_\theta + \sigma_r}{2}$，对于理想弹塑性材料，在弹性、塑性阶段是否都成立，为什么？

10. 有两个厚壁圆筒，一个是单层，另一个是多层圆筒，二者径比 K 和材料相同，试问这两个厚壁圆筒的爆破压力是否相同？为什么？

11. 预应力法提高厚壁圆筒屈服承载能力的基本原理是什么？

12. 承受横向均布载荷的圆形薄板，其力学特征是什么？其承载能力低于薄壁壳体的承载能力的原因是什么？

13. 试比较承受横向均布载荷作用的圆形薄板，在周边简支和固支情况下的最大弯曲应力和挠度的大小和位置。

14. 试述承受均布外压的回转壳破坏的形式，并与承受均布内压的回转壳相比有何异同？

15. 试述有哪些因素影响承受均布外压圆柱壳的临界压力。提高圆柱壳弹性失稳的临界压力，采用高强度材料是否正确，为什么？

16. 求解内压壳体与接管连接处的局部应力有哪几种方法？

17. 圆柱壳除受到介质压力作用外，还有哪些从附件传递来的外加载荷？

18. 组合载荷作用下，壳体上局部应力的求解的基本思路是什么？试举例说明。

习　题

1. 试应用无力矩理论的基本方程，求解圆柱壳中的应力（壳体承受气体内压 p，壳体中面半径为 R，壳体厚度为 t）。若壳体材料由 Q245R（$R_m=400\text{MPa}$，$R_{eL}=245\text{MPa}$）改为 Q345R（$R_m=510\text{MPa}$，$R_{eL}=345\text{MPa}$）时，圆柱壳中的应力如何变化？为什么？

2. 对一标准椭圆形封头（如图 2-46 所示）进行应力测试。该封头中面处的长轴 $D=1000\text{mm}$，厚度 $t=10\text{mm}$，测得 E 点（$x=0$）处的周向应力为 50MPa。此时，压力表 A 的指示数为 1MPa，压力表 B 的指示数为 2MPa，试问哪一个压力表已失灵，为什么？

3. 有一球罐（如图 2-47 所示），其内径为 20m（可视为中面直径），厚度为 20mm。内储有液氨，球罐上部尚有 3m 的气态氨。设气态氨的压力 $p=0.4\text{MPa}$，液氨密度为 640kg/m³，球罐沿平行圆 A—A 支承，其对应中心角为 120°，试确定该球壳中的薄膜应力。

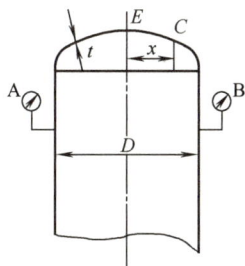

图 2-46　习题 2 附图　　　　　**图 2-47**　习题 3 附图

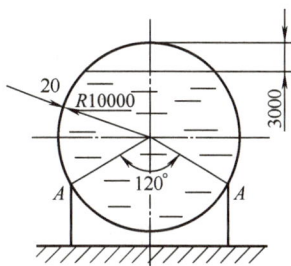

4. 有一锥形底的圆筒形密闭容器，如图 2-48 所示，试用无力矩理论求出锥形壳中的最大薄膜应力 σ_θ 与 σ_φ 的值及相应位置。已知圆筒形容器中面半径 R，厚度 t；锥形底的半锥角 α，厚度 t，内装有密度为 ρ 的液体，液面高度为 H，液面上承受气体压力 p_c。

5. 试用圆柱壳有力矩理论，求解列管式换热器管子与管板连接边缘处（如图 2-49 所示）管子的不连续应力表达式（管板刚度很大，管子两端是开口的，不承受轴向拉力）。设管内压力为 p，管外压力为零，管子中面半径为 r，厚度为 t。

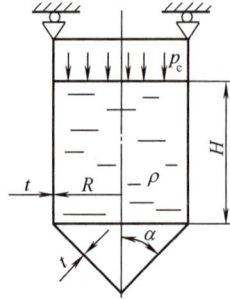

图 2-48　习题 4 附图　　　　　　图 2-49　习题 5 附图

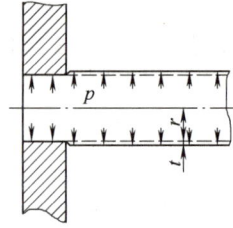

6. 两根几何尺寸相同，材料不同的钢管对接焊如图 2-50 所示。管道的操作压力为 p，操作温度为 t_0，环境温度为 t_c，而材料的弹性模量 E 相等，线膨胀系数分别为 α_1 和 α_2，管道半径为 r，厚度为 t，试求焊接处的不连续应力（不计焊缝余高）。

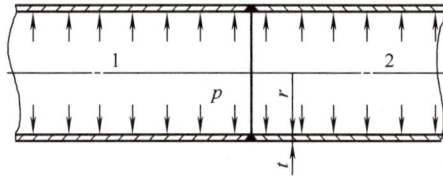

图 2-50　习题 6 附图

7. 一单层厚壁圆筒，承受内压力 $p_i=36\text{MPa}$ 时，测得（用千分表）筒壁外表面的径向位移 $w_o=0.365\text{mm}$，圆筒外直径 $D_o=980\text{mm}$，$E=2\times10^5\text{MPa}$，$\mu=0.3$。试求圆筒内外壁面应力值。

8. 有一超高压管道，其外直径为 78mm，内直径为 34mm，承受内压力 300MPa，操作温度下材料的 $R_m=1000\text{MPa}$，$R_{eL}=900\text{MPa}$。此管道经自增强处理，试求出最佳自增强处理压力。

9. 承受横向均布载荷作用的圆平板，当其厚度为一定时，试证明板承受的总载荷为一与半径无关的定值。

10. 有一周边固支的圆板，半径 $R=500\text{mm}$，板厚 $t=38\text{mm}$，板面上承受横向均布载荷 $p=3\text{MPa}$，试求板的最大挠度和应力（取板材的 $E=2\times10^5\text{MPa}$，$\mu=0.3$）。

11. 上题中的圆平板周边改为简支，试计算其最大挠度和应力，并将计算结果与上题作一分析比较。

12. 一穿流式泡沫塔其内径为 1500mm，塔板上最大液层为 800mm（液体密度为 $\rho=1.5\times10^3\text{kg/m}^3$），塔板厚度为 16mm，材料为低碳钢（$E=2\times10^5\text{MPa}$，$\mu=0.3$）。周边支承可视为简支，试求塔板中心处的挠度；若挠度必须控制在 1mm 以下，试问塔板的厚度应增加多少？

13. 三个几何尺寸相同的承受周向外压的短圆筒，其材料分别为碳素钢（$R_{eL}=220\text{MPa}$，$E=2\times10^5\text{MPa}$，$\mu=0.3$）、铝合金（$R_{eL}=110\text{MPa}$，$E=0.7\times10^5\text{MPa}$，$\mu=0.3$）和铜（$R_{eL}=100\text{MPa}$，$E=1.1\times10^5\text{MPa}$，$\mu=0.31$），试问哪一个圆筒的临界压力最大，为什么？

14. 两个直径、厚度和材质相同的圆筒，承受相同的周向均布外压，其中一个为长圆筒，另一个为短圆筒，试问它们的临界压力是否相同，为什么？在失稳前，圆筒中周向压应力是否相同，为什么？随着所承受的周向均布外压力不断增加，两个圆筒先后失稳时，圆筒中的周向压应力是否相同，为什么？

15. 承受均布周向外压力的圆筒，只要设置加强圈均可提高其临界压力。对否，为什么？且采用的加强圈愈多，壳壁所需厚度就愈薄，故经济上愈合理。对否，为什么？

16. 有一圆筒，其内径为 1000mm，厚度为 10mm，长度为 20m，材料为 Q245R（R_m=400MPa，R_{eL}=245MPa，E=2×10^{5}MPa，μ=0.3）。①在承受周向外压力时，求其临界压力 p_{cr}；②在承受内压力时，求其爆破压力 p_b，并比较其结果。

17. 题 16 中的圆筒，其长度改为 2m，再进行上题中的①、②的计算，并与上题结果进行综合比较。

3 压力容器材料行为

○○ —— ○○ ○ ○○

🌸 学习意义

  压力容器长期处于高温、高压、腐蚀等复杂服役环境中，母材和焊接接头性能的退化或突变可能引发灾难性事故。因此，要实现科学选材或对材料提出特殊技术要求，需要综合考虑材料性能、制造工艺、服役环境及全生命周期成本等多种因素，在安全性、适用性、经济性和可加工性之间寻求平衡。

👁 学习目标

○ 掌握压力容器材料的类型和特点；
○ 理解化学成分、制造工艺、服役环境对材料行为的影响机制和规律；
○ 能根据压力容器设计条件，进行科学选材或对材料提出特殊技术要求。

3.1 材料性能与行为

3.1.1 材料性能

  材料性能是材料在特定条件下表现出的本质特性，是材料的固有属性，可通过标准实验测量。这些性能决定了材料在工程应用中的适用范围，是压力容器设计的核心依据。

  （1）力学性能

  力学性能是材料在外力作用下表现出的响应特性，主要包括强度、韧性、塑性、硬度等。压力容器材料强度通常用屈服强度和抗拉强度来衡量；韧性表征材料断裂前吸收能量的能力，反映材料在低温、硫化氢、氢气等致脆环境或冲击载荷下对缺口的敏感性，常用指标为冲击吸收能量、断裂韧度等；塑性的主要指标为断后伸长率、断面收缩率及屈强比等；硬度反映材料抵抗局部压入变形的能力，常用布氏硬度（HB）、洛氏硬度（HR）等指标表示。硬度较高的材料通常具有更好的耐磨性和抗变形能力。

通常，压力容器材料的力学性能数值可从 GB/T 150、GB/T 4732 等标准中查到。但这些数据仅为规定的必需保证值，实际使用的材料是否满足要求，除要查看材料质量证明书外，有时还要对材料进行复验，包括按炉号复验化学成分、按热处理批号复验力学性能；必要时，还应模拟制造工艺和服役环境进行材料力学性能评估。

（2）物理性能

物理性能是指材料在非力学因素作用下表现出的特性，如导热性、热膨胀性、比热容等。压力容器材料的物理性能对其热力学行为、结构稳定性及服役性能具有重要影响。

① 导热性　材料传导热量的能力，由导热系数衡量，直接影响容器的温度分布。良好的导热性能够确保容器在加热或冷却过程中快速传递热量，避免局部过热或过冷导致的热应力集中，从而延长容器使用寿命。例如，液化天然气（LNG）储罐常采用 9% 镍钢，其较低的导热系数与优异的低温韧性协同保障了储罐在超低温工况下的安全运行。

② 热膨胀性　材料在温度变化时尺寸变化的特性，用线膨胀系数表示。若容器连接件的线膨胀系数差异显著，则有可能引发热应力集中，影响容器安全性。以锆与碳素钢连接结构为例，两者线膨胀系数差异可达 50%，设计时需引入膨胀节或其他柔性连接结构以补偿热变形。

③ 比热容　反映材料储存热量的能力。比热容较大的材料在温度变化时能够吸收或释放更多的热量，有助于稳定容器内的温度环境。例如，核压力容器材料需兼顾高比热容与低中子吸收截面，通常选用 SA-508 Grade 3 钢锻件，以平衡热缓冲与辐射防护需求。

④ 熔点　钢从固态转变为液态的温度。钢的熔点并不是一个固定值，而会因钢的成分、杂质含量以及合金元素的种类和含量而变化。一般来说，碳素钢的熔点在 1350～1530℃之间，不锈钢的熔点约为 1370～1400℃。焊接过程中需要考虑母材和焊材的熔点，以避免过热或未熔合等问题。热处理工艺中的加热温度通常低于钢的熔点，以避免材料过热导致性能下降。

⑤ 泊松比　材料在受力变形时，横向应变与纵向应变的比值。泊松比反映了材料在受力时的横向变形能力。钢材的泊松比通常在 0.25～0.33 之间，这一特性使得钢材在许多工程应用中表现出良好的韧性和稳定性。泊松比在结构设计、材料选择和有限元分析中具有重要的应用价值。

（3）化学性能

化学性能是指材料在化学反应或与化学介质相互作用时表现出的特性，包括抗氧化性、耐腐蚀性等。

① 抗氧化性　材料在高温环境下抵抗氧化的能力。氧化是材料表面与氧气发生化学反应的过程，可导致材料表面形成氧化层，进而影响材料性能。

② 耐腐蚀性　材料抵抗化学介质侵蚀的能力。压力容器内部可能接触各种介质（如酸、碱、盐等），因此材料需要具备良好的耐腐蚀性，以防止材料因腐蚀而失效。

（4）加工性能

加工性能是指材料在加工过程中（如焊接、成形等）表现出的特性，如可焊性、成形性等。

① 可焊性　在一定焊接工艺条件下，获得优质焊接接头的难易程度，主要取决于钢材的化学成分，其中含碳量影响最大。含碳量越低，裂纹产生的可能性越小，可焊性越好。合金元素对可焊性亦有影响，通常是用碳当量 C_{eq} 来衡量。国际焊接学会推荐的碳当量估算公式为

$$C_{eq} = C + \frac{Mn}{6} + \frac{Ni+Cu}{15} + \frac{Cr+Mo+V}{5}$$

式中，元素符号表示该元素在钢中的百分含量。一般认为，C_{eq} 小于 0.4% 时，可焊性优良；C_{eq} 大于 0.6% 时，可焊性差。

② 成形性能　材料通过弯曲、拉伸、冲压等工艺制成所需形状的能力，是衡量钢材加工难易程度和最终产品质量的关键指标。成形性能主要体现在两个方面：一是材料承受塑性变形的能力，

主要指标是材料的断后伸长率；二是材料成形后的弹性恢复能力，即回弹能力，其主要指标是屈弹比，也就是屈服强度（或规定非比例延伸强度）与弹性模量的比值。例如，回弹会导致冲压件的形状和尺寸与模具表面的形状和尺寸不一致，进而影响产品的尺寸精度和形状精度。

3.1.2　材料行为

材料行为是材料在外部条件（温度、环境、载荷等）作用下的动态表现，是材料性能与外界因素共同作用的结果。以下介绍材料的力学行为、物理行为和化学行为。

（1）力学行为

力学行为是材料在外力作用下的变形与破坏过程，涵盖弹性变形、塑性变形、断裂及疲劳等。

① 弹性与塑性变形

弹性变形　材料在弹性范围内受力时，会发生可逆的变形，当外力去除后能够恢复原状。如果材料的弹性模量高（如钢材），容器壁变形较小，整体结构稳定；但如果弹性模量较低，容器壁可能会发生较大变形，甚至导致密封失效。

塑性变形　当外力超过材料的屈服强度时，材料会发生不可逆的变形。塑性变形虽然会导致材料的永久变形，但在一定程度上可以缓解应力集中，防止材料的脆性断裂。

在弹性阶段，应力与应变呈线性关系，进入塑性阶段后，应力与应变的关系变为非线性。常见的应力 - 应变关系模型有以下几种。

ⅰ. 双线性模型：以杨氏弹性模量与塑性切线模量分段模拟弹塑性行为，见图 3-1（a），其应力 - 应变关系为

$$\sigma = \begin{cases} E\varepsilon, & \varepsilon < \dfrac{R_{eL}}{E} \\ R_{eL} + \left(\varepsilon - \dfrac{R_{eL}}{E}\right)E_{T}, & \varepsilon \geqslant \dfrac{R_{eL}}{E} \end{cases}$$

式中　E——杨氏弹性模量，MPa；

　　　E_{T}——塑性切线模量，MPa；

　　　σ——应力，MPa；

　　　ε——应变。

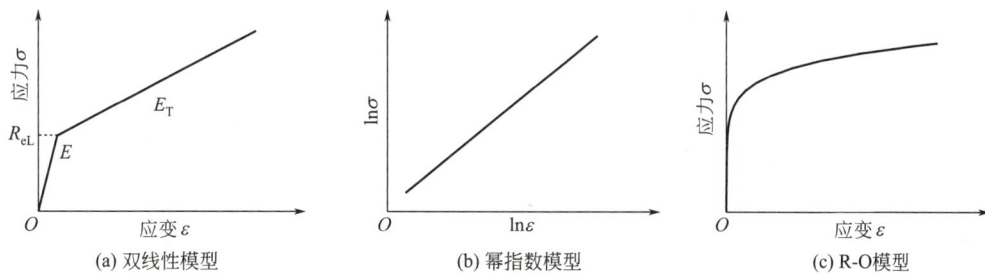

图 3-1　压力容器用钢常用的本构模型

当塑性段的切线模量为零时，双线性模型就变成理想弹塑性模型，如图 2-23 所示。

ⅱ. 幂指数模型：材料性能参数为强度因子与硬化指数，见图 3-1（b），其应力 - 应变关系为

$$\sigma = k\varepsilon^{m}$$

式中　k——强度因子，MPa；

　　　m——硬化指数。

ⅲ. Ramberg-Osgood 模型：简称为 R-O 模型，材料性能参数为硬化指数与规定塑性延伸率为0.2% 时的应力，常用于表征奥氏体不锈钢等材料的加工硬化特性，见图 3-1（c），其应力 - 应变关

系为

$$\varepsilon = \frac{\sigma}{E} + 0.002 \left(\frac{\sigma}{R_{p0.2}} \right)^n$$

式中　　n——硬化指数；

　　　　$R_{p0.2}$——规定塑性延伸率为 0.2% 时的应力，MPa。

② 断裂　当载荷或局部应力集中过大时，材料会发生断裂，包括韧性断裂与脆性断裂。断裂行为是压力容器材料研究的重点之一，因为断裂可能导致容器的失效甚至爆炸，造成严重损失。材料的韧性、裂纹扩展速率等参数对断裂行为有重要影响。

③ 疲劳　循环载荷下材料萌生裂纹并逐渐扩展的过程。对于压力容器，疲劳行为尤为重要，因为容器在运行过程中可能会受到压力波动、温度变化等循环载荷的作用。即使材料的应力水平低于其屈服强度，长期的循环载荷也可能导致疲劳裂纹的萌生和扩展，最终导致容器失效。

（2）物理行为

物理行为是指材料在物理因素（如温度、电磁场等）作用下的变化规律。压力容器在运行过程中可能会经历复杂的物理环境，材料需要具备良好的物理行为以适应这些条件。

① 热胀冷缩　材料因温度变化而产生的体积变化行为。线膨胀系数对材料的热物理行为有重要影响。例如，线膨胀系数过高的材料在温度变化时会产生较大的尺寸变化，导致零部件尺寸精度难以控制。

② 相变　材料在外界条件（如温度等）变化时，从一种相态转变为另一种相态的过程。相变通常伴随着材料微观组织、物理性能和化学性能的显著变化。以奥氏体型不锈钢 S30408 为例，冷成形引起的塑性变形会诱导奥氏体向马氏体转变，导致强度和硬度提高，韧性降低。

（3）化学行为

化学行为是指材料在化学介质作用下的稳定性。压力容器内部可能接触各种化学介质，材料需要具备良好的化学稳定性，以防止腐蚀、氧化等化学反应导致的失效。

① 腐蚀　腐蚀是压力容器失效的重要原因之一。耐腐蚀性好的材料能够在酸、碱、盐等介质中保持性能不变，防止因腐蚀而产生穿孔、裂纹等缺陷。腐蚀现象在压力容器中极为常见，其类型包括均匀腐蚀、点蚀、晶间腐蚀和应力腐蚀等。

② 氧化　材料在高温环境下的稳定性。抗氧化性好的材料能够在高温条件下抵抗氧化反应，防止材料表面氧化层的形成和剥落，延长材料的使用寿命。例如，碳素钢在高温下会迅速氧化，形成疏松的氧化铁层，导致材料厚度减薄；而不锈钢表面会形成致密的氧化铬层，具有较好的抗氧化性。

材料性能是材料固有的特性，是选择材料时的重要依据；而材料行为则是材料在实际使用中的表现，受到材料性能、制造工艺、服役环境等多种因素的综合影响。在压力容器设计中，了解材料的力学行为、物理行为及化学行为，能够帮助我们更好地预测材料在实际工况下的表现，从而确保压力容器的安全性和可靠性。

拓展知识3-1
压力容器材料

3.2　压力容器常用材料

3.2.1　金属材料

3.2.1.1　钢材

钢是以铁为主要成分，含碳量通常在 2% 以下的材料。除铁和碳之外，钢中可能含有 Mn、Cr、Ni 等其他元素。钢材是钢经过加工（冶炼、铸造、轧制、锻造等）制成的具有特定形状、尺寸和性能的材料。

（1）钢材形态

钢材的形态包括板材、管材、棒材、线材、锻件、铸件等。压力容器本体主要采用钢板、钢管和钢锻件，其紧固件则采用棒材。

① 钢板　钢板是压力容器最常用的材料，如圆筒一般由钢板卷焊而成，封头一般由钢板通过冲压或旋压制成。在制造过程中，钢板要经过各种冷热加工，如下料、卷板、焊接、热处理等，因此，钢板应具有良好的加工性能。

② 钢管　压力容器的接管、换热管等常用无缝钢管制造。当压力容器直径较小时，可采用无缝钢管作为容器的筒体。

③ 钢锻件　高压容器的平盖、端部法兰、中（低）压设备法兰、接管法兰等常用锻件制造。根据锻件检验项目和数量的不同，中国压力容器锻件标准将锻件分为Ⅰ、Ⅱ、Ⅲ、Ⅳ四个级别。例如，Ⅰ级锻件只需逐件检验硬度，而Ⅳ级锻件却要逐件进行超声检测，并进行拉伸和冲击试验。由于检验项目的不同，同一材料锻件的价格随级别的提高而升高。钢材及锻件的本质质量并不因检验项目的增加而改变。

（2）钢材分类

按化学成分，钢分为非合金钢和合金钢。在压力容器领域，非合金钢主要是指碳素钢，合金钢主要是指低合金钢和高合金钢。

① 碳素钢　又称碳钢，是含碳量0.02%～2.11%（一般低于1.35%）的铁碳合金。其中，采用焊接方法制造的压力容器所用碳素钢的碳含量不大于0.25%。压力容器用碳素钢主要有三类：第一类是碳素结构钢，如Q235B和Q235C钢板；第二类是优质碳素结构钢，如GB/T 8163中的10、20钢钢管，GB/T 699中的20、35钢棒材；第三类是压力容器专用钢，如Q245R（R读音为容，表示压力容器专用钢板）、NB/T 47019.2中的20钢钢管、NB/T 47008中的35钢锻件和美国ASME规范中的SA-508 Grade 3钢锻件等。Q245R是在20钢基础上发展起来的，对硫、磷等有害元素的控制更加严格，对钢材的表面质量和内部缺陷控制的要求也较高。碳素钢强度较低，塑性和可焊性较好，价格低廉，故常用于常压或中、低压容器的制造，也用作支座、垫板等零部件的材料。

② 低合金钢　低合金钢是在碳素钢基础上加入少量合金元素的合金钢。合金元素的加入使其在热轧或热处理状态下除具有高的强度外，还具有优良的韧性、焊接性能、成形性能和耐腐蚀性能。采用低合金钢，不仅可以减小容器的厚度，减轻重量，节约钢材，而且能解决大型压力容器在制造、检验、运输、安装过程中因厚度太大所带来的各种困难。

压力容器常用的低合金钢，包括专用钢板Q345R、Q460R、15CrMoR、16MnDR、15MnNiNbDR、09MnNiDR；钢管12CrMo、09MnD；锻件16Mn、20MnMo、16MnD、09MnNiD、12Cr2Mo1（2.25Cr-1Mo）等。符号D表示低温用钢。

ⅰ. Q345R是屈服强度为340MPa级的压力容器专用钢板，也是中国压力容器行业使用量最大的钢板，它具有良好的综合力学性能和制造工艺性能，主要用于制造中、低压压力容器和多层高压容器。

ⅱ. 16MnDR、15MnNiNbDR和09MnNiDR三种钢板是设计温度低于-20℃的压力容器专用钢板。16MnDR是制造-40℃级压力容器的经济而成熟的钢板，可用于制造液氨储罐等设备。在16MnDR的基础上，降低碳含量并加镍和微量钒而研制成功的15MnNiNbDR，提高了低温韧性，是一种-50℃级低温压力容器用钢，常用于制造-40℃级低温球形容器。09MnNiDR是一种-70℃级低温压力容器用钢，常用于制造液丙烯储罐（-47.7℃）、液硫化氢储罐（-61℃）等设备。

ⅲ. 15CrMoR属低合金珠光体热强钢，是中温抗氢钢板，使用温度上限为550℃，常用于设计温度不超过475℃的压力容器。

ⅳ. 20MnMo锻件有良好的热加工和焊接工艺性能，使用温度范围为-20～500℃，常用于设计温度不超过425℃的压力容器。09MnNiD锻件有优良的低温韧性，常用于设计温度为-70～-40℃的低温容器。

微课3-1
碳钢的分类、
牌号及命名

ⅴ. 12Cr2Mo1 锻件及其加钒改进的 12Cr2Mo1V（2.25Cr-1Mo-0.25V）和 12Cr3Mo1V（3Cr-1Mo-0.25V）锻件具有高的热强性、抗氧化性和良好的焊接性能，常用于制造高温（350～480℃）、高压（8.4～25MPa）加氢反应器和煤液化装置。2020 年，中国已将 2.25Cr-1Mo-0.25V 锻件用于制造超大内直径（5616mm）、超大壁厚（320mm）的渣油加氢反应器，单台设备重达 3025t，创世界纪录。

ⅵ. SA508 Grade 3 钢是一种 Mn-Ni-Mo 锻制钢，具有较高的高温强度、抗疲劳强度和良好的低温性能，中子辐照引起的脆化倾向小，可在高温、高压流体冲刷和腐蚀，以及强烈的中子辐照等恶劣条件下使用，常用于制造核压力容器筒体、法兰和封头。

③ 高合金钢　压力容器中采用的低碳或超低碳高合金钢大多是耐腐蚀、耐热钢，主要有铬钢、铬镍钢和铬镍钼钢。除铬钢外，高合金钢具有良好的低温性能。

铬钢 S11306（06Cr13）是常用的铁素体型不锈钢，有较高的强度、塑性、韧性和良好的切削加工性能，在室温的稀硝酸以及弱有机酸中有一定的耐腐蚀性，但不耐硫酸、盐酸、热磷酸等介质的腐蚀。

S30408（06Cr19Ni10）、S30403（022Cr19Ni10）、S31608（06Cr17Ni12Mo2）、S31603（022Cr17Ni12Mo2）、S32168（06Cr18Ni11Ti）这五种钢均属于奥氏体型不锈钢，适用温度范围为 -269～700℃。S30408 和 S31608 在固溶态下具有良好的塑性、韧性和冷加工性，在氧化性酸和大气、水、蒸汽等介质中表现出优异的耐腐蚀性。然而，它们在长期处于高温水或蒸汽环境时，存在晶间腐蚀倾向，并且在氯化物溶液中易发生应力腐蚀开裂。S30403、S31603 为超低碳不锈钢，具有更好的耐蚀性和低温性能。S31603 和 S31608 含有 2.0%～3.0% 的钼，这是它们与 S30408 和 S30403 的主要区别，钼的添加使它们的耐腐蚀性更强，成本也更高。S32168 则因添加了钛，具有较高的抗晶间腐蚀能力。

S21953（022Cr19Ni5Mo3Si2N）是奥氏体 - 铁素体型不锈钢，兼有铁素体型不锈钢的强度与耐氯化物应力腐蚀能力和奥氏体型不锈钢的韧性与焊接性。

（3）钢材的纯净化

为获得性能更为优良的钢材，控制钢材中硫、磷含量和有害气体元素氮、氢、氧的含量是一条有效的途径。其中，硫和磷是钢中最主要的有害元素。硫能促进非金属夹杂物的形成，使塑性和韧性降低。磷能提高钢的强度，但会增加钢的脆性，特别是低温脆性。将硫和磷等有害元素含量控制在低水平，即大大提高钢材的纯净度，可提高钢材的韧性、抗中子辐照脆化能力，改善抗应变时效性能、抗回火脆化性能和耐腐蚀性能。因此，与一般结构钢相比，压力容器用钢对硫、磷、氢等有害杂质元素含量的控制更加严格。例如，中国压力容器专用碳素钢和低合金钢的硫和磷含量分别应低于 0.020% 和 0.030%。随着冶炼水平的提高，目前已可将硫的含量控制在 0.002% 以内。

3.2.1.2　有色金属

有色金属在退火状态下塑性好，综合指标均衡且性能稳定，所以一般都在退火状态下使用，选用时应注意选择同类有色金属中的合适牌号。中国 TSG 21《固定式压力容器安全技术监察规程》中的有色金属主要有以下几种。

① 铜和铜合金　用于制造压力容器的铜和铜合金有纯铜、黄铜和白铜。其中，纯铜和黄铜制压力容器的设计温度不高于 200℃。纯铜的导热率是压力容器用有色金属材料中最高的。在没有氧存在的情况下，铜在许多非氧化性酸中都是比较耐腐蚀的。但铜最有价值的性能是在低温下保持较高的塑性及冲击韧性，是制造深冷设备的良好材料。

② 铝和铝合金　含镁量大于或者等于 3% 的铝合金（如 5083、5086），其设计温度范围为 -269～65℃；其他牌号的铝和铝合金，其设计温度范围为 -269～200℃。设计压力应不大于 16MPa。铝很轻（密度约为钢的 1/3），耐浓硝酸、乙酸、碳酸、氢铵、尿素等，不耐碱，在低温下具有良好的塑性和韧性，有良好的成型和焊接性能，可用来制作压力较低的储罐、塔、热交换器，

防止铁污染产品的设备及深冷设备。

③ 镍和镍合金　设计温度范围为 $-269\sim900℃$，包括工业纯镍、耐腐蚀镍合金和耐高温镍合金。工业纯镍、耐腐蚀镍合金在强腐蚀介质中比不锈钢有更好的耐腐蚀性，如镍铜合金（Monel 合金）、镍钼合金（B 合金）、镍铬钼合金（C 合金）等。耐高温镍合金比耐热钢有更好的抗高温强度，如镍铬铁合金（Inconel 合金）、镍铁铬合金（Incoloy 合金）等。

④ 钛和钛合金　设计温度不高于 315℃。对中性、氧化性、弱还原性介质耐腐蚀，如湿氯气、氯化钠和次氯酸盐等氯化物溶液。具有密度小（$4510kg/m^3$）、强度高（相当于 Q245R）、低温性能好、黏附力小等优点。在介质腐蚀性强、寿命长的设备中应用，可获得较好的综合经济效果。

⑤ 锆和锆合金　设计温度不高于 375℃。在室温下，锆能和空气中的氧反应，在表面生成致密的钝化膜，对有机酸、无机酸、强碱、熔融盐等介质，具有比不锈钢、钛、镍更优异的耐腐蚀性能。此外，锆的热中子吸收截面小、熔点高（1852℃）、延展性好。锆和锆合金在核电、化工等领域有重要应用。

3.2.1.3　金属复合材料

为降低设备投资，腐蚀介质环境中常使用复合板压力容器或带堆焊层压力容器，但这两类容器的制造工艺均比单层焊接压力容器复杂。这些容器的覆层或堆焊层与介质直接接触，主要起抵御介质腐蚀作用，通常为不锈钢、有色金属等材料，其厚度一般不小于 3mm。容器的基层与介质不接触，主要起承载作用，通常为碳素钢和低合金钢。

复合板压力容器或带堆焊层压力容器的使用温度范围应同时满足标准对基层材料、覆层和堆焊层材料使用温度范围的规定。对复合板的质量技术指标要求为未结合率和复合界面的剪切强度，一般要求未结合率不超过 2%，剪切强度达到 $100\sim210MPa$；对堆焊层需要保证盖面层的化学成分达到所需的要求。

3.2.1.4　金属焊接材料

压力容器零部件间焊接还需要焊条、焊丝、填充丝、焊剂和焊接用保护气体等焊接材料。一般应根据待连接件的化学成分、力学性能、焊接性能，结合压力容器的结构特点和使用条件综合考虑选用焊接材料，必要时还应通过试验确定。压力容器用钢的焊接材料可参阅有关标准。

3.2.2　非金属材料

非金属具有耐蚀性、密度小、成本低等优点，在压力容器上也有着广阔的应用前景。它既可单独用作结构材料，又可用作金属材料保护衬里或涂层，还可用作容器的密封材料、保温材料和耐火材料。

非金属材料的主要缺点是：强度低（普遍低于金属材料）、耐热性较差、对环境（湿度、温度等）敏感。

压力容器中常用的非金属材料有以下几种。

① 涂料　是一种有机高分子胶体的混合物，将其均匀地涂在容器表面上能形成完整而坚韧的薄膜，起到防腐、隔热、耐磨及安全标志等作用。例如，储存酸性介质的容器内壁涂覆环氧树脂或氟碳涂料，可以防止酸液侵蚀金属基材。

② 工程塑料　聚乙烯、聚丙烯、聚碳酸酯、聚醚醚酮、聚酰亚胺等工程塑料，具有轻质、易加工、耐腐蚀等优点，密度仅为金属的 $1/4\sim1/2$，可显著降低容器重量，特别适用于稀硫酸等特殊介质储存以及具有轻量化需求的场景。

③ 石墨　具有优异的耐腐蚀性、导电性和导热性，能够抵抗大多数强酸、强碱和有机溶液的腐蚀，在化工、制药等行业，主要用于制造能够承受强腐蚀的换热器、反应器。

④ 陶瓷　具有良好的耐腐蚀、耐高温、耐磨性能，且有一定的强度，被用来制造塔、储槽、

反应器和管件。

⑤ 搪瓷　搪瓷压力容器是由含硅量高的瓷釉通过900℃左右的高温煅烧，使瓷釉密着于金属胎表面而制成的，广泛应用于化工、制药、食品、石油、环保等多个领域。其优点在于搪瓷内衬的耐腐蚀性、耐高温性和强度，能够有效抵御强酸、强碱等腐蚀性介质的侵蚀。

需要指出的是，纤维增强复合材料具有轻质、高强、耐腐蚀等优点，正在航空航天、氢能储运等对轻量化要求高的场景中逐步替代传统金属材料。例如，碳纤维复合材料的比强度（强度与密度之比）是钢材的5~8倍，而密度仅为钢的1/4，这使得碳纤维复合材料容器在相同承压能力下壁厚更薄、重量更轻。玻璃纤维复合材料已用于制造压力管道、液化石油瓶等产品，碳纤维复合材料已用于制造储氢高压容器、火箭液氧贮箱、深海探测设备等产品。

3.3　制造工艺对材料行为的影响

压力容器制造中，通常需要先对钢板进行冷/热成形加工，使它变成所要求的零件形状，再通过焊接等将各零部件连接在一起。必要时还需进行焊后热处理以优化性能。同一容器中，主要零部件的制造工艺存在差异，对材料行为的影响程度也不相同。因此，必须深入理解成形、焊接、热处理等关键工艺及其复合作用对材料力学行为的影响机制和规律。

3.3.1　成形工艺

（1）冷成形、温成形和热成形

金属材料成形可分为冷成形、温成形和热成形。冷、热成形的分界线是金属的再结晶温度。在工件材料再结晶温度以上进行的塑性变形加工为热成形或热加工，在工件材料再结晶温度以下进行的塑性变形加工为冷成形或冷加工。为避免冷或热塑性变形导致的材料性能下降，同时减少冷成形所需的力，降低制造过程能耗，出现了在工件材料再结晶温度以下，但高于常温的条件下进行的塑性变形加工，即温成形。对于奥氏体型不锈钢封头，推荐的温成形温度范围为120~250℃。

钢板冲压成各种封头后，由于塑性变形，厚度会发生变化。例如，钢板冲压成半球形封头后，底部变薄，边缘增厚。在压力容器设计时，应注意这种厚度的变化。

（2）加工硬化和各向异性

① 加工硬化　指钢发生塑性变形后，随着变形增大，塑性变形抗力不断增加的现象，又称应变硬化或应变强化。奥氏体型不锈钢的屈强比小（约0.45），其许用应力由屈服强度决定。对奥氏体型不锈钢制受压元件，当设计温度低于蠕变温度且允许有微量永久塑性变形时，可以利用加工硬化来提高许用应力。

热成形时，加工硬化和再结晶现象同时出现，但加工硬化很快被再结晶软化所抵消，变形后具有再结晶组织，因而无加工硬化现象。冷成形中不存在再结晶，因而有加工硬化现象。冷成形时的加工硬化使材料塑性降低，每次的冷变形程度不宜过大。如冷加工工件的变形率过大，成形后应进行退火或固溶处理，以恢复材料性能。采用整板冷成形的封头与先拼板后冷成形的封头，即使变形率相同，对材料行为的影响也不同。前者仅影响母材，而后者同时影响母材、热影响区和焊缝。

② 各向异性　金属发生塑性变形时，不仅外形发生变化，内部的晶粒也相应地被沿着变形方向拉长或压扁，很大的变形量使晶粒被拉长成纤维状，晶界变得模糊不清。通常沿着纤维方向的强度及塑性大于垂直方向的强度及塑性。当金属塑性变形达到一定程度（70%以上）时，晶粒沿着变形方向发生转动，使各晶粒的位向与外力方向趋于一致，这种现象称为形变织构或择优取向，形变织构也会使金属性能产生各向异性。

压力容器设计、制造时，应尽可能使零件在工作时产生的最大正应力与纤维方向重合，最大切应力方向与纤维方向垂直。

3.3.2 焊接工艺

焊接是通过加热或加压，或两者并用，使工件达到结合的一种方法。根据焊接原理的不同，焊接方法一般可分为熔焊、压焊和钎焊。在压力容器制造中应用最广的是熔焊，包括电弧焊、埋弧焊、气体保护焊、等离子弧焊、电子束焊等。

熔焊时采用局部加热的方法，将焊接接头部位加热至熔化状态，熔化的母材金属和填充金属共同构成熔池，熔池经冷却结晶后，形成牢固的原子间结合，使待连接件成为一体。

（1）焊接接头的组织和性能

焊接接头是指用焊接方法连接的接头。焊接接头包括焊缝、熔合区和热影响区，各区有不同的组织和性能。

① 焊缝　由熔池的液态金属凝固结晶而成，是铸态组织，且通常由填充金属和部分母材金属组成。因结晶是从熔池边缘的半熔化区开始的，低熔点的硫磷杂质和氧化铁等易偏析集中在焊缝中心区，影响焊缝的力学性能。

对于带堆焊层压力容器，常在碳素钢或低合金钢基层上堆焊高合金钢或镍及镍合金。若母材金属过多地进入焊缝，会稀释堆焊层的合金成分，从而影响焊缝的耐腐蚀性能和力学性能。

② 熔合区　焊接接头中，焊缝向热影响区过渡的区域。熔合区的加热温度在合金的固相和液相线之间，其化学成分和组织性能有很大的不均匀性，因而塑性、韧性差，硬度高，脆性大，易产生焊接裂纹，是焊接接头中最薄弱的环节之一。

③ 热影响区　是焊缝两侧母材因焊接热作用（但未熔化）而发生金相组织和力学性能变化的区域。在热影响区内，各处离开焊缝金属距离不同，材料被加热和冷却速度也不同，从而形成了多种金相组织区，其力学性能各不相同。

焊接过程中，焊缝金属经历了一次特殊的冶炼和铸造（凝固）过程，而热影响区则相当于经历了一次特殊的热处理过程。这些区域的特点是温度高、温差大，容易导致偏析严重、组织差异显著。虽然焊接接头区域不可避免地会产生各种缺陷，但可以采取有效措施将缺陷控制在最低限度。通常，消除焊接缺陷、减少焊接残余应力和变形的主要方法包括：制定合理的焊接工艺、选择合适的焊接方法和焊接材料、进行焊前预热和焊后热处理等。

（2）焊接应力与变形

焊接过程的局部加热导致焊接件产生较大的温度梯度，除引起焊接接头组织和性能不均匀外，还会产生焊接应力和变形。焊接应力是焊接构件因焊接而产生的内应力。焊接变形是焊件因焊接而产生的变形。焊接残余应力是焊后残留在焊件内的焊接应力。焊接残余应力与外载荷产生的应力相叠加，会造成局部区域应力过高，使结构承载能力下降，引起裂纹，甚至导致结构失效。焊接变形使焊件形状和尺寸发生变化，需要进行矫形。变形过大会因无法矫形而报废。

平板对接焊缝焊接残余应力分布如图 3-2 所示。高温区对应拉应力，低温区对应压应力。焊接时，焊缝和近焊缝区的金属处于高温状态；焊接后，金属冷却沿焊缝纵向收缩时，受到焊件低温部分的阻碍，因此，焊缝和近焊缝区纵向受拉应力，远离焊缝区受压应力，整个工件纵向和横向尺寸

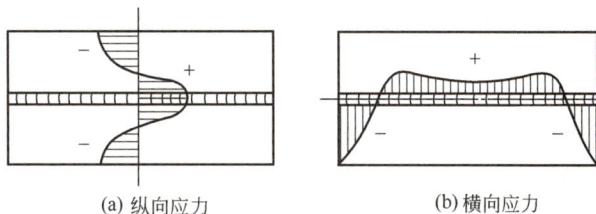

(a) 纵向应力　　　　　　　　(b) 横向应力

图 3-2　平板对接焊缝焊接残余应力分布

有一定量的缩短。由于焊缝和近焊缝区的热变形受到约束，会产生焊接残余变形。如果在焊接过程中，焊件能较自由伸缩，则焊后的变形较大而焊接应力小；反之，变形小，焊接应力大。

此外，焊接前压力容器成形不符合要求或强行组装，例如筒体的不圆度、棱角度、对口错边量也会产生焊接装配应力，使局部区域应力升高。

为减少焊接应力和变形，应从结构设计和焊接工艺两个方面采取措施，如尽量减少焊接接头数量，相邻焊缝间应保持足够的间距，焊缝不要布置在高应力区，避免出现十字焊缝，焊前预热等。当焊接造成的残余应力影响结构安全运行时，还需设法消除焊接残余应力。

（3）焊接接头常见缺陷

焊接会使压力容器产生各种缺陷，较为常见的有裂纹、夹渣、未熔透、未熔合、焊瘤、气孔和咬边，如图3-3所示。

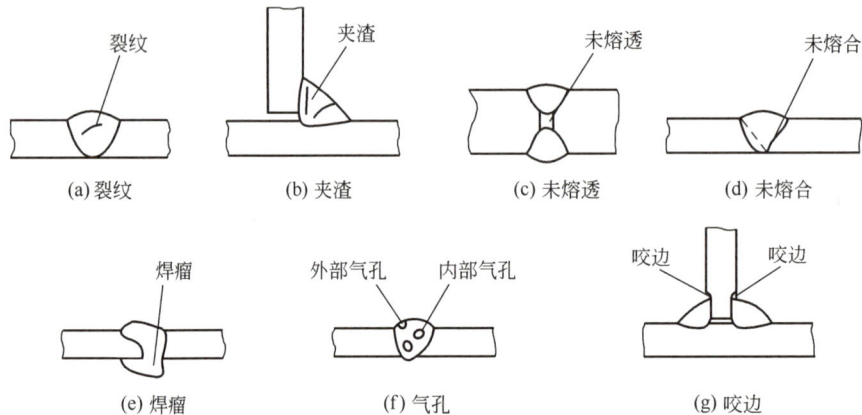

(a) 裂纹　　(b) 夹渣　　(c) 未熔透　　(d) 未熔合

(e) 焊瘤　　(f) 气孔　　(g) 咬边

图 3-3 常见焊接缺陷

① 裂纹　在焊接应力及其他致脆因素共同作用下，焊接接头中局部区域的金属原子结合力遭到破坏而形成的缝隙，它具有尖锐的缺口和大的长宽比。裂纹多数发生在焊缝中，也有的产生在热影响区。裂纹是焊接接头中最危险的缺陷，压力容器的破坏事故多数是由裂纹引起的。

根据裂纹的形成条件、时间和温度的不同，焊接裂纹一般可分为热裂纹、冷裂纹、再热裂纹、层状撕裂四类。

② 夹渣　残留在焊缝金属中的熔渣称为夹渣。因夹渣的几何形状不规则，存在棱角或尖角，易造成应力集中，它往往是裂纹的起源，过长和密集的夹渣是不允许存在的。

③ 未熔透　焊接接头根部未完全熔透而留下空隙的现象称为未熔透。它减少了焊缝的有效承载面积，在根部处产生应力集中，容易引起裂纹，导致结构破坏。

④ 未熔合　焊道与母材之间，或焊道与焊道之间，未能完全熔化结合的部分称为未熔合。它类似于裂纹，易产生应力集中，是危险缺陷。

⑤ 焊瘤　是焊接过程中，熔化金属流到焊缝以外未熔化的母材上所形成的金属堆积。焊瘤的危害在于它易造成应力集中，并伴随着未熔合、未熔透等缺陷。

⑥ 气孔　气孔是焊接过程中，熔池金属中的气体在金属凝固时未能逸出而残留下来所形成的孔穴。它在一定程度上减少了焊缝的承载面积，但由于没有尖锐的边缘，危害性相对较小。

⑦ 咬边　沿着焊趾的母材部位产生的凹陷或沟槽，称为咬边。它不仅会减少母材的承载面积，还会产生应力集中，危害较为严重，较深时应予以消除。

（4）焊接接头检验

焊接接头的检验方法有破坏性检验和非破坏性检验两类。

① 破坏性检验　从焊件或焊接试板上切取试样，或以产品的整体破坏做试验，以检验焊缝金属的化学成分及金相组织、焊接接头的力学性能。

② 非破坏性检验　利用不同的物理方法，在不破坏焊接结构使用性能的前提下，检测焊接结

构的内部或表面缺陷，并判断其位置、大小、形状和类型。压力容器中常用的非破坏性检验方法主要有外观检查、泄漏试验和无损检测。

外观检查　包括直观检验和量具检验，其目的是检查压力容器的结构是否合理；有无禁用的焊接接头形式；焊缝两侧的错边量、棱角度是否超标；焊缝有无未熔合、咬边等。

泄漏试验　通常采用液体或气体来检查焊缝区有无漏水、漏气和渗油、漏油等现象的试验，如气密性试验、氦检漏试验、氨检漏试验等。

无损检测　常用的无损检测方法有射线检测、超声检测、表面检测（包括磁粉检测、渗透检测和涡流检测等）。前两种方法主要用于探测被检物的内部缺陷；表面检测用于探测被检物的表面和近表面缺陷；详见有关压力容器无损检测标准。

ⅰ. 射线检测：利用射线在穿透一定厚度物体时有衰减的特性，用强度均匀的 X 射线、γ 射线和中子射线等照射焊接接头，使透过的射线在工业胶片上感光，感光后的胶片经过显影、定影、水洗、干燥等过程后，得到与被检物体内部结构和缺陷相对应的、灰度不同的图像，即射线底片，被检物完好部位的黑度小，缺陷部位的黑度较大，从而检查内部缺陷的种类、大小和分布状况。

ⅱ. 超声检测：超声波在被检工件中传播时，若遇到夹渣、气孔、裂纹等缺陷，则有一部分超声波在缺陷处被反射。根据反射波探测内部缺陷位置和相对尺寸的无损检测方法称为超声检测。超声检测主要包括 A 型脉冲反射法超声检测（UT）、相控阵超声检测（PAUT）、衍射时差法超声检测（TOFD）等方法。

A 型脉冲反射法超声检测（即常规超声检测）的原理是利用超声波在材料中传播时遇到不同介质界面产生的反射现象，当超声波脉冲由探头发出并传入被检测材料时，如果遇到材料内部的缺陷或材料的另一界面，部分声波会被反射回来并被探头接收，探头接收到的反射波的时间和强度信息可以转换成电信号在显示器上以 A 扫描显示方式呈现，即显示器横坐标表示超声波在被检测材料中的传播时间或者传播距离，纵坐标表示超声波反射波的幅值。相控阵超声检测的原理是根据设定的延迟法则激发阵列探头各独立压电晶片（阵元），合成声束并实现声束移动、偏转和聚焦等功能，再按一定的延迟法则对接收到的超声信号进行处理并以图像的方式显示被检对象内部状态。衍射时差法超声检测的原理是当超声波遇到裂纹等缺陷时，将在缺陷尖端产生叠加到正常反射波的衍射波，探头探测到衍射波，可以判断缺陷的大小和深度。

ⅲ. 磁粉检测：利用强磁场中铁磁性材料表面缺陷产生的漏磁场吸引磁粉的现象的无损检测方法。通过磁场使焊接接头磁化，在工件表面均匀撒上磁粉，有缺陷的位置会出现磁粉聚集现象，从而找到缺陷的位置。

ⅳ. 渗透检测：利用带有荧光染料（荧光法）或红色染料（着色法）的渗透剂的渗透作用，经过渗透、清洗、显示处理后，用目视法观察，对表面缺陷的性质和尺寸作出适当的判断，这种方法称为渗透检测。一般探测出的缺陷深度约 0.02mm，宽度约 0.001mm。

ⅴ. 涡流检测：原理是电磁感应。当工件接近一个带有交变磁场的测量线圈时，这个磁场在工件中产生涡流状的感应电流，工件中缺陷的存在会影响涡流磁场的变化，因而通过测试涡流磁场的变化量可检测工件中存在的缺陷。

压力容器焊接接头的无损检测结果通常根据相关标准的要求进行判定。然而，对于泄漏为主要失效模式的压力容器，还应防控焊接接头中存在的贯穿或接近贯穿的缺陷。

3.3.3　热处理工艺

按热处理目的，压力容器及其受压元件的热处理大致可分为焊后热处理、恢复性能热处理、改善性能热处理和其他热处理。按热处理对象，热处理可分为原材料热处理、零部件热处理、产品（整体）热处理。

（1）焊后热处理

在焊接完成后，利用金属在高温下屈服强度的降低，使内应力高的区域产生塑性变形，从而达到消除或者降低焊接残余应力目的。对非合金钢和低合金钢制压力容器是先将产品缓慢加热到设计文件规定的热处理温度，一般为 600～775℃，再保温一段时间，然后按规定冷却。

焊后热处理的作用是：消除或者降低焊接残余应力，提高焊接接头抗脆性断裂能力；改善焊接接头性能，提高焊接接头的塑性和韧性，增强抗应力腐蚀能力；避免或者减少在焊后机加工和使用过程中的变形，稳定焊接构件形状和尺寸；促使焊缝中的氢向外扩散，减少氢致裂纹的风险。

焊后热处理应包括受压元件间、受压元件与非受压元件间的焊接接头。通常，压力容器及其受压元件符合下列条件之一者应进行焊后热处理：焊后热处理厚度超过标准规定时；设计文件注明有应力腐蚀的压力容器；用于盛装毒性为极度危害介质的非合金钢、低合金钢制压力容器。

（2）恢复性能热处理

① 成形受压元件的恢复性能热处理　当冷成形受压元件变形率较大时，会产生加工硬化，使钢材的塑性、韧性降低，同时还会产生较大的内应力。为恢复钢材的性能，消除或降低残余应力，当冷成形受压元件变形率超过标准规定允许值时，应于成形后进行恢复性能热处理。对于碳素钢和低合金钢制受压元件，这种热处理相当于去应力退火或再结晶退火。必要时，可将恢复性能热处理与焊后热处理合并进行。

② 破坏材料供货热处理状态后的恢复性能热处理　热加工可能改变钢材供货状态。当材料的供货热处理状态与使用的热处理状态一致时，若制造过程中除成形外的其他工艺过程破坏了材料供货热处理状态，应按供货热处理工艺参数对材料进行恢复性能热处理。

热轧状态使用的钢材在热加工后一般无须重新进行热处理；正火状态使用的钢材，热加工后需重新进行正火处理；正火加回火使用状态的钢材，热加工后需重新进行正火加回火处理；调质状态使用的钢材，热加工后应重新进行调质处理；电渣焊缝组织应进行正火处理，以恢复力学性能并消除应力。

③ 固溶处理　固溶处理是将奥氏体不锈钢加热到 1010～1120℃，经适当保温，使碳化物尽量溶入奥氏体基体中，然后快速冷却至室温，使碳化物来不及析出，从而以过饱和状态固溶在基体中，最终获得单相奥氏体组织的一种热处理。奥氏体不锈钢的正常交货状态通常是固溶状态。

压力容器固溶处理可以起到以下作用：对于非超低碳奥氏体型不锈钢，增强抗晶间腐蚀能力；对于经热成形的受压元件，固溶处理可恢复其原有性能；对于冷成形或因使用工况改变了其奥氏体组织的元件，可以根据实际情况通过固溶处理恢复其原有性能。

（3）改善性能热处理

改善性能热处理是指通过热处理优化材料的力学性能、耐腐蚀性能或加工性能。压力容器及其受压元件制造单位进行的改善性能热处理应有工艺试验支持并据此制定热处理工艺。

调质处理（淬火加高温回火）能够显著提升低合金钢的综合力学性能。例如，用于高压容器的紧固件，通常选用 40MnB、35CrMoA 等合金钢。为便于后续机加工，制造单位一般采购处于退火状态的棒材或锻件。在加工完成后，需进行调质处理，以确保材料达到所需的力学性能要求。

（4）其他热处理

① 消氢处理　焊后立即将焊件加热到较高温度，提高氢在钢中的扩散系数，使焊缝金属中过饱和状态的氢原子加速扩散逸出，以降低容器产生延迟裂纹可能性。通常加热温度为 200～350℃，保温时间一般不少于 0.5h。需要消氢处理的容器，如焊后随即进行焊后消除应力热处理，可免做焊后消氢处理，但保温时间要控制在 16～24h 以内。并不是所有金属材料焊接时都会产生延迟裂纹。延迟裂纹的产生与材料的强度级别和化学成分有关，只有强度级别较高的低合金钢才可能发生这一现象。一般需要进行消氢处理的压力容器需要进行焊后热处理，而需要焊后热处理的设备不一定都需要消氢处理。

② 中间退火　是工序间退火，其目的是消除工件的应变强化效应、改善塑性，以便顺利实施后续工序，或消除有害的残余应力。例如，在非应力腐蚀环境下，当换热管与管板采用强度胀接连接时，可以采用管端局部退火方式降低换热管的硬度，以满足换热管材料硬度低于管板材料硬度的胀接工艺要求。再如套合面不经机加工的套合筒体热套合后，为消除不良套合应力而进行的退火处理；为保证大尺寸双锥环尺寸和形位公差，在机加工过程为释放应力而进行的退火处理。

3.4 服役环境对材料行为的影响

服役环境对压力容器材料行为也有着显著的影响。环境的影响因素很多，主要有温度效应、介质腐蚀、辐照损伤、氢脆、载荷条件等。这些影响因素往往不是单独存在，而是同时存在、相互影响的。

3.4.1 温度效应

有的压力容器长期在高温下工作，如热壁加氢反应器等；有的在低温下工作，如液氢、液氧、液氮储罐。钢材在高温和低温下的行为与常温下并不相同，且高温下往往与作用时间有关。

3.4.1.1 低温对钢材力学行为的影响

当温度低于 0℃时，随着温度的降低，碳素钢、低合金钢、高合金钢等钢材的强度会提高，但韧性会降低。当设计温度低于 20℃时，通常采用钢材在 20℃的许用应力进行压力容器设计计算，即采用钢材常温力学性能设计低温容器。然而，随着温度降低，奥氏体型不锈钢在强度提高的同时，仍能保持良好的塑性。如图 3-4（a）所示，当温度从 20℃下降到 -196℃时，S30408 的标准抗拉强度从 720MPa 提高到 1721MPa，同时断后伸长率仍不小于 30%，这表明其具有明显的深冷强化现象。储存液化天然气、液氧、液氮、液氢、液氨等冷冻液化气体的深冷压力容器，其设计温度均低于 -150℃，在这种情况下，S30408 的抗拉强度超过 20℃时的 2 倍，利用设计温度下的材料深冷力学性能进行强度设计，即设计理念从"基于材料常温性能"转变为"基于材料深冷性能"，可以显著减薄深冷压力容器的壁厚，从而实现轻量化。

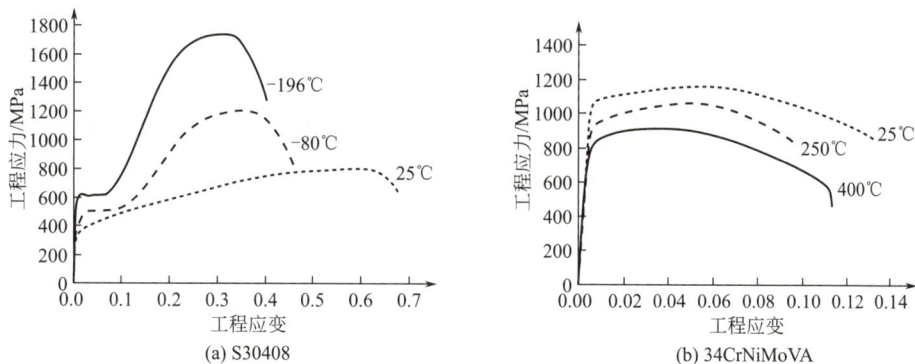

图 3-4　温度对钢材力学性能的影响

碳素钢和低合金钢的冲击吸收能量随温度下降的变化曲线通常呈 S 形，包含下平台区、韧脆转变区和上平台区。当温度低于某一值时，冲击吸收能量开始大幅度地下降，材料由韧性转变为脆性。图 3-5 为 Q345R 钢的冲击吸收能量随温度变化的曲线。该曲线的形状和试验结果的离散程度取决于材料特性、试样形状和冲击速度等因素。

从韧性转变为脆性不是在一个特定的温度，而是在特定温度范围内发生的，因此，确定材料的韧脆转变温度，就有不同的方法和手段。一般需要在不同温度下进行系列冲击试验，通过拟合试验结果得到冲击吸收能量和温度的关系曲线、断口形貌中各区所占面积和温度的关系曲线、侧向膨胀量和温度的关系曲线，再按相关产品标准确定韧脆转变温度。

需要注意的是，并不是所有金属都会产生明显的低温变脆现象。一般说来，具有体心立方晶格的金属，如碳素钢和低合金钢，都会产生明显的低温变脆现象；而具有面心立方晶格的金属，如铜、铝和奥氏体不锈钢，冲击吸收能量随温度的变化很小，在很低的温度下仍具有较高的韧性。

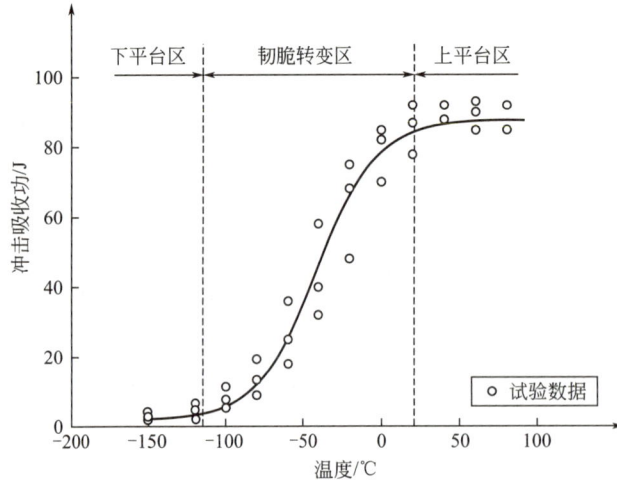

图3-5　Q345R 冲击吸收能量和温度的关系曲线

3.4.1.2　高温对钢材力学行为的影响

（1）高温对钢材强度的影响

① 短期高温强度　在短时高温条件下，钢材的强度通常会随着温度的升高而降低。这是因为高温会加速原子的扩散和晶界滑动，使得材料的抗变形能力减弱。图 3-4（b）为超高压容器用钢 34CrNi3MoVA 在不同温度下的应力 - 应变关系曲线。从图中可以看出，随着温度升高，该钢的抗拉强度和屈服强度均下降，而断后伸长率先降低后又有所提高。这表明在高温环境下，材料的塑性变形能力增强，但整体强度降低。因此，在高温工况下，仅依据常温下的抗拉强度和屈服强度进行强度设计是不充分的，还应考虑设计温度下材料屈服强度的变化及其对结构安全的影响。

② 长期高温强度　在室温下，持续载荷对钢材力学行为的影响通常不显著。然而，在高温环境下，钢材的强度等性能不仅会随温度升高而发生变化，还与作用时间有密切相关。金属材料在高温和恒载荷的长期作用下，会缓慢地发生塑性变形，这种现象称为蠕变。蠕变并非在所有温度下都会出现，只有当温度达到一定阈值时才会显著表现出来。例如，碳素钢的温度超过 300～350℃、低合金钢超过 400℃、铬钼低合金钢超过 450℃、高合金钢超过 550℃时，蠕变现象才会变得明显。蠕变会导致压力容器材料出现蠕变脆化、应力松弛、蠕变变形以及蠕变断裂等问题。因此，在设计高温压力容器时，必须采取相应措施防止蠕变破坏的发生。

蠕变曲线　温度 T 和应力 σ 给定时，金属材料应变与时间之间的关系可用图 3-6 所示的蠕变曲线来表示。典型的蠕变曲线一般可分为三个阶段：减速蠕变、恒速蠕变和加速蠕变。图中，Oa 线段是试样加载后的瞬时应变，从 a 点开始随时间增加而产生的应变才属于蠕变。蠕变曲线上任一点的斜率表示该点的蠕变速率。

图 3-6 中，ab 为蠕变的第一阶段，即蠕变的不稳定阶段，蠕变速率随时间的增加而逐渐降低，因此也称为减速蠕变阶段；bc 为蠕变的第二阶段，在此阶段，材料以接近恒定蠕变速率进行变形，故也称为恒速蠕变阶段；cd 为蠕变第三阶段，在这一阶段，蠕变速率不断增加，直至断裂，故称为加速蠕变阶段。

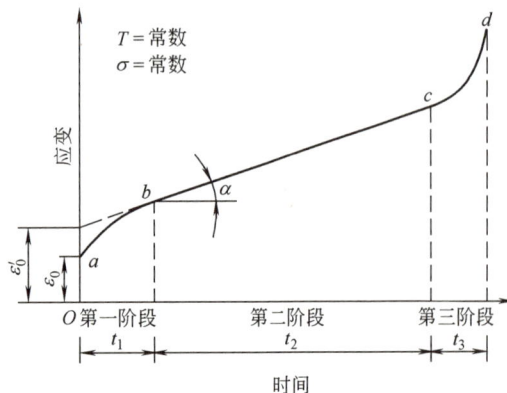

图3-6　蠕变应变与时间的关系

同一材料在给定温度不同应力或给定应力不同

温度下的蠕变曲线形状并不相同。当应力较小或温度很低时，第二阶段的持续时间长，甚至无第三阶段；相反，当应力较大或温度较高时，第二阶段持续时间短，甚至完全消失。

蠕变极限与持久强度　蠕变极限是高温长期载荷作用下，材料对变形的抗力。一般采用在给定温度和规定时间内，使试样产生一定量的蠕变总伸长率的应力值表达。蠕变极限常用 R_n^t 表示，指设计温度下经 10 万小时工作或试验后产生 1% 变形时的应力平均值。

持久强度是在给定温度下，使材料经过规定时间发生断裂的应力值，是材料在高温长期负荷作用下抵抗断裂的能力。持久强度常用 R 表示，指设计温度下经过 10 万小时工作或试验后不发生断裂的最大应力平均值。在常温下工作的零件，在发生弹性变形后，如果变形总量保持不变，则零件内的应力将保持不变。但在高温和拉应力联合作用下，随着时间的增长，如果变形总量保持不变，因蠕变而逐渐增加的塑性变形将逐步代替原来的弹性变形，从而使零件内的应力逐渐降低，这种构件在高温长期应力作用下，总变形不变，应力随时间增加而自发地逐渐降低的现象称为应力松弛。材料抵抗应力松弛的性能为松弛稳定性。如高温压力容器中的连接螺栓，可能因应力松弛而引起容器泄漏。

材料的室温和短时高温性能好并不意味着长时持久性能好，短时持久性能好也不代表长时持久性能好。在外推高温长时性能指标时，外推时间一般不大于试验时间的 3 倍。例如，可用 3.5 万小时（约 4 年）以上的试验数据外推 10 万小时性能指标。

（2）高温对钢材微观组织的影响

① 晶粒长大　在高温条件下，晶粒的尺寸逐渐增大的现象。晶粒长大会导致材料的强度和韧性降低，因为晶粒越大，晶界数量越少，晶界对裂纹的阻碍作用越弱。例如，在高温热处理过程中，如果温度过高或保温时间过长，钢材的晶粒会长大，从而降低材料的力学性能。

② 珠光体球化　压力容器用碳素钢和低合金钢，在常温下的组织一般为铁素体加珠光体。正常的珠光体组织是片状渗碳体，均匀地分布在铁素体基体上。当温度较高时，片状渗碳体会逐渐聚集成球状，使材料的屈服强度、抗拉强度、冲击韧性、蠕变极限和持久强度下降，这种现象称为珠光体球化。例如，中度球化会使碳素钢常温强度下降 10%～15%；严重球化时下降 20%～30%。已发生球化的钢材可采用热处理的方法使之恢复原来的组织。

③ 石墨化　钢在高温长期作用下，珠光体内渗碳体自行分解出石墨的现象，$Fe_3C \longrightarrow 3Fe+C$（石墨），称为石墨化或析墨现象。石墨化的第一步是珠光体球化，石墨化是钢中碳化物在高温长期作用下分解的最终后果。石墨化会导致材料的强度和韧性显著降低。石墨的存在会在材料中形成脆性相，降低材料的抗裂能力。碳素钢和碳锰钢在高于 425℃ 下长期使用时，应考虑钢中碳化物相的石墨化倾向。设计中可以采取的措施有：改变材质，如选择适合于中温条件下使用的压力容器用 Cr-Mo 钢；降低容器的设计使用寿命；适当提高容器的壳体厚度和降低受压元件应力水平等。

④ 碳化物的溶解与析出　高温下钢材中的碳化物会发生溶解和析出。碳化物的溶解和析出会影响材料的硬度和强度。例如，在高温下，碳化物相会溶解，导致材料的硬度降低；而在冷却过程中，碳化物会重新析出，可能会在晶界处形成连续的碳化物网，从而降低材料的韧性。

⑤ 回火脆化　淬火后的钢材在某些特定温度范围内回火或从回火温度缓慢冷却通过该温度区间时，冲击韧性显著下降的现象。根据回火温度范围的不同，回火脆化可分为低温回火脆性和高温回火脆性。例如，Cr-Mo 钢的低温回火脆化和高温回火脆性的温度范围分别为 250～400℃、450～650℃。回火脆化是高温对钢材微观组织影响的直接结果。高温下钢材的微观组织变化，如晶粒长大、碳化物析出、杂质元素和合金元素的偏聚等，都会导致材料的冲击韧性显著下降。

3.4.2　介质腐蚀

压力容器经常与酸、碱、盐等各类介质接触，如液氨储罐中的液氨、煤加氢液化装置中的硫化氢和氢气、人造水晶釜中的氢氧化钠等。这些介质有可能引起材料腐蚀及组织性能的改变，进而导致压力容器破坏。

3.4.2.1　腐蚀概述

金属腐蚀是指金属与其周围介质发生化学或电化学作用而产生的破坏现象。

（1）按作用机理分类

① 电化学腐蚀　金属与电解质溶液发生电化学作用而引起的破坏现象。特点是腐蚀过程中同时存在着两个相对独立的反应过程，即阳极反应和阴极反应。腐蚀时，电子从阳极流向阴极，产生电流。例如，金属在大气、海水、工业用水、酸、碱、盐溶液中的腐蚀都属于电化学腐蚀。在该过程中，电极电位较低的金属失去电子发生阳极反应（氧化反应），金属被腐蚀；电极电位较高的金属得到电子发生阴极反应（还原反应），金属被保护。

② 化学腐蚀　金属与非电解质介质直接发生化学反应而引起的破坏现象。腐蚀介质直接与金属表面的原子相互作用形成腐蚀产物，电子的传递是在金属与腐蚀介质之间直接进行的，无电流产生，这是其与电化学腐蚀的重要区别。例如，金属在高温气体中发生氧化时刚形成膜的阶段。

（2）按腐蚀形态分类

按照金属腐蚀形态又可以分成全面腐蚀和局部腐蚀两大类。

① 全面腐蚀　发生在整个金属表面上的腐蚀。若金属表面几乎以相同腐蚀速率腐蚀，称为均匀腐蚀。碳素钢和低合金钢在酸、碱、盐及水中的腐蚀一般呈全面腐蚀。在压力容器设计中，可通过设置腐蚀裕量、选用耐蚀材料、采用耐蚀衬里、在接触介质侧堆焊耐腐蚀材料等措施控制均匀腐蚀的发展。

② 局部腐蚀　只发生在金属表面特定区域的腐蚀。常见的局部腐蚀有晶间腐蚀、小孔腐蚀、缝隙腐蚀等。

晶间腐蚀　沿着金属的晶粒边界及其邻近区域发生或扩展的局部腐蚀形态。奥氏体型不锈钢、铝合金、镁合金、铜合金等材料对晶间腐蚀敏感。为防止不锈钢晶间腐蚀，可以采取在奥氏体型不锈钢中加入稳定化元素钛或铌，采用超低碳不锈钢（如 S30403）等措施。

奥氏体型不锈钢产生晶间腐蚀需满足两个条件：一是经历敏化温度范围（通常为 450～850℃）的热过程；二是存在腐蚀性介质，如含 Cl^-（海水、盐雾等）、H^+（酸性环境）或高温水蒸气的介质。具有晶间腐蚀敏感性的不锈钢在没有晶间腐蚀能力的介质中使用也不会产生晶间腐蚀。

小孔腐蚀　又称孔蚀或点蚀，是产生于金属表面的局部区域并向内部扩展的孔穴状局部腐蚀形态。大多数小孔腐蚀与卤素离子有关，其中氯化物、溴化物和次氯酸盐的影响最大。小孔腐蚀常发生在静滞的液体中，提高流速可减轻小孔腐蚀。此外，在不锈钢中增加钼的含量、降低介质中的氯离子和碘离子含量，均可有效减少小孔腐蚀。

为描述不锈钢中主要合金元素铬、钼、氮含量对不锈钢耐点蚀能力的综合影响，建立了耐点蚀当量数 PRE，计算公式为

$$PRE = [Cr\%] + 3.3[Mo\%] + 16[N\%]$$

耐点蚀当量数等于或大于 40 的奥氏体型不锈钢、奥氏体-铁素体型不锈钢分别称为超级奥氏体型不锈钢和超级奥氏体-铁素体型不锈钢。

缝隙腐蚀　金属与其他金属或非金属表面形成缝隙，在缝隙内或近旁发生的局部腐蚀形态。例如，换热管与管板连接处、法兰的连接面等部位易发生缝隙腐蚀。为避免缝隙腐蚀，在压力容器结构设计中，常采取避免或减少缝隙形成、避免介质流动死角或死区、采用胀焊并用等措施。

3.4.2.2　应力腐蚀开裂

（1）产生条件

金属材料在拉伸应力和特定腐蚀介质的共同作用下，裂纹萌生、扩展并最终导致滞后断裂的现象，称为应力腐蚀开裂（stress corrosion cracking，SCC），常见于金属材料。其产生需同时满足以下三个条件：

① 敏感材料　材料本身必须对特定的腐蚀介质具有敏感性。例如，面心立方晶格的奥氏体型

不锈钢在含氯离子介质中易发生 SCC，而体心立方晶格的铁素体型不锈钢在相同介质中则表现出良好的抗 SCC 性能。

② 特定腐蚀环境　必须存在与敏感材料相匹配的腐蚀性介质，且环境参数（如温度、浓度、pH 值等）需达到临界范围。

③ 拉伸应力　材料需承受持续的拉应力。这种应力可以是外加载荷引起的应力、冷 / 热加工引起的残余应力，以及腐蚀产物膨胀产生的应力。需注意的是，应力水平显著影响裂纹扩展速率，且存在临界应力阈值，只有当应力超过该阈值时，才会诱发 SCC。而压缩应力则对 SCC 具有抑制作用。

只有当上述三个条件同时存在并持续作用时，SCC 才会发生。若消除其中任一条件（如更换材料、改善环境或降低应力），就可以有效避免 SCC 的风险。

（2）基本特征

① 宏观特征　SCC 裂纹通常呈隐蔽性发展，表面可能无明显的腐蚀痕迹，或者仅存在轻微的局部腐蚀，这使得早期检测非常困难。裂纹的形态通常表现为树枝状、网状或龟裂状，且沿着垂直于主拉应力的方向扩展。宏观断口通常比较平整，没有明显的塑性变形。

② 微观特征　裂纹的扩展路径与材料的微观结构密切相关，可能表现为沿晶界扩展、穿晶扩展或混合模式。断口的微观形貌呈现出脆性特征，通常被腐蚀产物（如氧化物、硫化物）覆盖，局部可能观察到二次裂纹或分叉现象。

③ 滞后断裂　裂纹的萌生和扩展是一个渐进的过程。SCC 具有隐蔽性强、危险性高的特点。即使在远低于材料屈服强度的应力下，SCC 也可能发生，而且裂纹扩展至临界尺寸之前几乎没有任何征兆，很容易造成灾难性的破坏。

此外，SCC 对材料、环境和应力的高度依赖性使其具有显著的选择性，同一材料在不同介质中，或者同一介质中不同应力状态下，可能会表现出完全不同的开裂行为。

（3）典型案例

① 碱溶液（碱脆）　碳素钢及铬镍钼钢在高浓度 NaOH 溶液中易发生应力腐蚀失效。例如，某人造水晶釜（材料 PCrNi3MoVA）在使用过程中突然爆炸，其原因是内壁高应力区的氢氧化钠浓度大幅度增加，在较高轴向拉伸应力和高温高浓度碱液作用下引发 SCC。

② 湿硫化氢（硫裂）　在以原油、天然气或煤为原料的压力容器中，湿硫化氢应力腐蚀是一个较普遍的现象。硫化氢浓度越高、溶液 pH 值越低、钢的强度和硬度越高，就越容易产生硫化氢应力腐蚀开裂。其开裂形式包括氢致开裂、硫化物应力开裂、氢鼓泡和应力导向氢致开裂等。

③ 液氨（氨脆）　用于液氨储存和运输的压力容器，若在充装、排料及检修过程中，如果无水液氨受到空气污染，溶入氧和二氧化碳，就会引发应力腐蚀开裂。钢的强度越高，发生应力腐蚀开裂的倾向就越大。

④ 氯化物溶液（氯脆）　氯离子对奥氏体型不锈钢具有双重破坏作用：低浓度时可引发小孔腐蚀，当浓度超过 50ppm❶ 时，SCC 的风险显著增加。值得注意的是，当温度超过 60℃时，氯离子扩散速率呈指数增长，这会导致 SCC 临界应力值大幅降低。

（4）预防措施

① 材料优化与选择　采用渗氮、喷丸强化等表面处理技术，提高表层的抗腐蚀及抗疲劳性能；根据服役环境选择对应的耐蚀合金。

② 应力控制与消除　通过退火、热时效等热处理工艺，消除焊接或冷加工产生的残余应力；采用圆角过渡、减少连接件的刚度差等措施，减少局部应力；限制服役应力，确保实际工作应力低于材料的 SCC 临界应力阈值。

③ 腐蚀环境管理　降低腐蚀性离子浓度（如去除氯离子、硫化氢），调节 pH 值至非敏感范围；在介质中注入缓蚀剂（如磷酸盐、钼酸盐），形成保护膜，阻断腐蚀反应。

④ 防护技术应用　使用环氧树脂、聚氨酯涂层或金属镀层（如镀锌、镀镍）进行表面涂层与隔离，隔离材料与腐蚀介质；实施阴极保护（如外加电流法或牺牲阳极法），使材料电位降至 SCC 敏感区以下；采用衬里（如橡胶、陶瓷衬里）或密封措施隔绝腐蚀介质。

---

❶　50ppm=50mg/L。

3.4.2.3　流动腐蚀

（1）基本特征

流动腐蚀是一种局部腐蚀，易在多相流变工况过程中形成，具有时空演变特点，防控困难。易发生流动腐蚀的设备为传热设备（反应炉、加热炉、空冷器、水冷器、重沸器、冷凝器等）、阀门（特别是调节阀）和管件（弯头、三通、变径管）。介质的腐蚀性是基础，多相流的相变是关键，流动不但会促进失效，还会影响流动腐蚀机理。通常流速越快，腐蚀越快，但也有流动腐蚀是流速慢造成的。研究表明：不同的流动腐蚀机理都存在临界特征值，流动腐蚀存在安全运行区域，介质的腐蚀性越强，其允许的流速范围越小，即安全运行区域越窄。

（2）分类

流动腐蚀可分为流致腐蚀和过程腐蚀。流致腐蚀一般分为多相流冲蚀、多相流磨损、汽蚀三种类型；过程腐蚀可分为露点腐蚀、结晶沉积垢下腐蚀、结焦或结渣堵塞等。

① 多相流冲蚀　是腐蚀性流体冲刷金属表面时发生的化学（电化学）腐蚀现象。通常化学（电化学）反应后，会在金属表面形成一层腐蚀产物保护膜。致密的保护膜会有效阻碍腐蚀的进一步发生，降低腐蚀速率。当流体流动较快时，局部区域的切应力使腐蚀产物保护膜发生破损或剥落，金属基体再次裸露于腐蚀环境中，进一步发生电化学（化学）腐蚀。此外，流体的快速流动也会增强内外层间腐蚀性介质与腐蚀产物的传输过程，而局部区域的腐蚀减薄会加剧壁面边界层流场分布的不均匀性，形成一种自催化加速腐蚀体系，进一步加剧局部区域腐蚀，直至穿孔或爆裂。

② 多相流磨损　主要指含固体颗粒的流体与设备或管道内壁面存在相对运动时发生的金属壁面材质的磨损。一方面固体颗粒会击穿紧贴金属表面近乎静态的边界，直接与塑性壁面摩擦切削，加速磨损；另一方面，若颗粒硬度较高，流动速度足够大时，会直接撞击脆性金属本体，形成断裂、开裂、剥落，加剧磨损。磨损通常发生在含固体颗粒输送的多相流管道、阀门（特别是调节阀门）等局部位置。

③ 汽蚀　又称空蚀，在多相流动过程中，若工艺过程中环境压力低于液体的饱和蒸气压，便会产生空化，空化形成的气泡流动到高压区便会发生溃灭，溃灭过程会形成高速射流和冲击波，对金属壁面造成严重的机械破坏作用。同时，大量微小气泡的反复形成和破裂也会影响流体的正常流动，甚至产生噪声和振动。若其发生在过程设备或管道的壁面处，会发生严重的汽蚀。汽蚀通常发生在调节阀、节流装置及换热设备中，其明显特征为材料表面形成蜂窝状或鱼鳞状凹坑。

④ 露点腐蚀　露点腐蚀常发生在腐蚀性介质的冷却过程中，在水的露点温度附近，会析出少量液态水。通常，气相中的腐蚀性介质会大量溶于液态水，形成高浓度、强酸性的腐蚀性水滴。带有腐蚀性介质的液滴一旦与壁面接触，设备或管道局部壁面将产生强烈的化学或电化学腐蚀。

⑤ 结晶沉积垢下腐蚀　腐蚀性多相流在冷却、相变等关联过程中，会形成铵盐颗粒的结晶，在设备或管道壁面发生黏附和沉积，在腐蚀环境的协同作用下，将产生严重的局部腐蚀现象。例如，加氢反应流出物空冷器系统和常减压塔塔顶回流系统中的铵盐（NH_4Cl 和 NH_4HS）易结晶、流动沉积并吸湿，导致严重的高浓度垢下腐蚀。

⑥ 结焦或结渣堵塞　主要发生在加热炉的运行过程中。炉管内多相流中烯烃类等介质在高温下易聚合结焦堵塞炉管。烟气中灰渣颗粒附着在壁面上，形成疏松灰尘，随着温度升高，灰渣颗粒处于熔融或半熔融状态时，具有较强的黏结力，使得结焦结渣层不断发展，形成局部堵塞。不仅会降低堵塞区域传热效率，还会造成局部超温，非堵塞区域可能会引发严重的流动磨损，从而加速过程设备的失效。

（3）防控措施

防控流动腐蚀需要综合考虑工艺过程、运行工况、流动状态及相变等复杂过程的关联作用，主要措施如下。

① 基于流动腐蚀预测进行设计制造　基于流动腐蚀预测，确定高风险局部区域，进行结构优化、局部材料升级（表面强化、复合材料等）处理，提高整个系统耐流动腐蚀的本质可靠性。同时，

预设检测传感器，实现运行过程的流动腐蚀状态智能传感，为智能防控提供依据。

② 基于临界特性模型检测的精准工艺防护　开展流动腐蚀耦合建模，形成流动腐蚀特性参数群的预测模型，基于流动腐蚀状态的模型监测，实现科学精准的工艺防护，主动避免流动腐蚀的发生，切实提高高风险系统的运行安全。

3.4.3　辐照损伤

核压力容器在运行过程中，受到高能中子、离子等粒子的辐照作用，导致材料内部微观结构发生变化，进而引起宏观性能退化的一种损伤形式。核压力容器长期处于高温、高压和强辐射的苛刻环境中，辐照损伤是影响其安全性和寿命的关键因素之一。辐照损伤的主要危害有：

① 材料脆化　辐照损伤会使压力容器用钢的韧脆转变温度升高，导致材料在运行温度下更容易发生脆性断裂。

② 力学性能下降　辐照引起的微观结构缺陷会阻碍位错的移动，使材料的屈服强度提高，塑性和韧性显著降低。

③ 尺寸变化　辐照损伤可能导致材料的体积膨胀（辐照肿胀），进而引起核压力容器的尺寸变化，影响其密封性能和结构完整性。

影响辐照损伤的因素有辐照剂量、辐照温度、应力状态、材料成分、辐照粒子类型和能量。通过优化材料成分、控制微观结构以及合理设计辐照条件，可以在一定程度上减轻辐照损伤的影响，从而延长核压力容器的使用寿命，保障核电站的安全运行。

3.4.4　氢脆

（1）氢脆概念

根据来源不同，金属材料中的氢可分为"内部氢"和"外部氢"。内部氢是在冶炼或制造过程（如焊接、酸洗等）中进入材料的氢，这些氢在容器服役前就已经存在了。而外部氢则是在容器服役过程中，从外部环境（如硫化氢、氢气等）吸收的氢，其特点是氢是在容器的使用过程中才侵入的。

氢在金属中主要以原子氢和第二相（氢气、甲烷、金属氢化物等）的形式存在。当氢进入金属材料后，会通过物理或化学作用，降低材料的力学性能，或者导致材料在一段时间后发生断裂，这种现象称为氢脆（hydrogen embrittlement，HE）。氢脆是工程中常见的材料失效方式。

（2）氢脆分类

根据氢的来源和作用机制，氢脆大致可以分为：内部氢脆、环境氢脆和反应氢脆。

① 内部氢脆　又称内部可逆氢脆，金属材料在冶炼或制造过程（如焊接、酸洗等）中进入金属的氢，在应力作用下，扩散并聚集到裂纹尖端等应力集中区域，最终导致材料塑性损减或滞后断裂。这种滞后的原因氢扩散和聚集到临界浓度需要时间。例如，高强度钢螺栓电镀后未充分烘烤除氢，氢就会在晶界处富集，导致安装时提前断裂。

通过优化制造工艺、选择合适的材料、采用表面处理技术以及进行热处理，可以有效降低内部氢脆的风险。

② 环境氢脆　又称氢环境氢脆，金属材料在使用过程中接触含氢介质（如氢气、硫化氢等），氢通过表面吸附和渗透侵入材料内部，导致材料塑性损减或滞后断裂。材料强度越高，工作压力越高，就越容易发生环境氢脆。例如，图 3-7 展示的是奥氏体型不锈钢 S30408 在 87.5MPa 高压氢气和氩气中的拉伸试样断口形貌。在高压氢气环境下，原本韧性很好的 S30408 材料表现出了明显的脆性特征。环境氢脆的特点是：氢通过吸附、侵入、扩散，在裂纹尖端等应力集中区域聚集；金属材料表层吸氢是环境氢脆的主导因素。

对于高压氢气环境下使用的压力容器（如氢分压超过 41MPa 的非焊接压力容器和氢分压超过 17MPa 的焊接压力容器），提高其抗环境氢脆能力的方法主要有以下三种：①选择与高压氢气相容

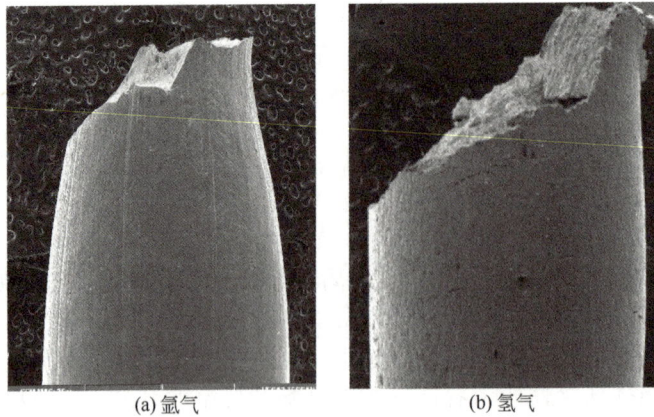

(a)氩气   (b)氢气

图 3-7　高压（87.5MPa）气体环境中 S30408 拉伸试样的断口形貌

性好的材料，如镍当量不小于 28.5% 且镍含量大于 12% 的奥氏体型不锈钢 S31603；⑪对已有材料提出特殊技术要求，例如，对于加氢站用储氢压力容器，在不低于容器设计压力的氢气环境中，铬钼钢的平面应变断裂韧度应不低于 $50MPa \cdot m^{1/2}$；⑫根据高压氢气环境下原位测量获得的材料力学性能数据，进行基于失效模式的设计。

③ 反应氢脆　是指溶解在金属晶格中的原子氢，自己结合成氢分子（H_2），或和金属中的其他化学元素（如碳等）发生化学反应生成氢化物，从而导致材料不可逆的损伤。

例如，在高压高温氢气环境下使用较长时间后，氢会渗透到钢内部，和钢中的碳（来源于 Fe_3C 或其他碳化物）反应生成甲烷。生成的甲烷分子聚集在晶界或夹杂界面的缝隙中，形成高压气泡，导致钢材脱碳和微裂纹的产生。这种通过形成甲烷引起的反应氢脆也被称为氢腐蚀。

影响氢腐蚀的主要因素包括温度、氢分压、时间、合金成分和应力等。一般来说，非合金钢只有在 220℃ 以上的高压氢气环境中才会发生氢腐蚀。在钢中加入铬、钼、钒、钛、钨、铌等能形成稳定碳化物的元素，可以提高钢的抗氢腐蚀能力。奥氏体不锈钢因为没有碳化物，所以不会发生氢腐蚀。

在石油加氢炼制、煤加氢制清洁能源等高压高温容器的设计、制造和使用过程中，通常会采取措施预防氢腐蚀。在设计时，一般会根据 Nelson 曲线选择钢材。根据该曲线，碳素钢在氢分压小于 3.45MPa 时，允许的使用温度约为 250℃；1.25Cr-0.5Mo 钢在氢分压小于 6.9MPa 时，允许的使用温度大约为 520℃。允许使用温度至少应比压力容器的设计温度高出 20℃。在制造时，通过采用低氢型焊材、焊后热处理等措施来控制"内部氢"含量。因为氢的溶解度会随着温度降低而降低，所以在容器停车时，应该先降压，然后在 200℃ 以上保温消氢，再降至常温，千万不能先降温后降压。

（3）氢脆理论

氢脆的机制非常复杂，它受到材料（化学成分、力学性能、微观组织等）、使用条件（压力、温度、氢气纯度等）、应力水平（最大值、波动范围等）以及制造工艺等多种因素的综合影响。到目前为止，还没有一种理论能够解释所有的氢脆现象。比较有影响力的理论是氢致键合力降低理论和氢致局部塑性变形理论。

氢致键合力降低理论认为，氢进入金属后会降低原子键之间的结合力，从而促进裂纹的形成和扩展。裂纹尖端附近的氢含量、氢压力以及氢陷阱等都会影响裂纹的扩展过程。

氢致局部塑性变形理论则认为，氢会促进位错的发射和运动，导致局部塑性变形，从而在低应力下引发氢致开裂。

材料的脆化很难通过外观检查和无损检测发现，因此由氢脆引起的事故往往具有突发性。在设计阶段，预测材料性能是否会因使用而劣化，并采取有效的防范措施，对于提高压力容器的安全性具有非常重要的意义。

3.4.5　载荷条件

在实际工程应用中，材料往往面临复杂的载荷条件，其中加载速率和加载频率是两个关键因素，它们对材料的行为和性能有着显著的影响。

（1）加载速率

加载速率指施加载荷的速度，一般用应力速率（Pa/s）或应变速率（s^{-1}）来表示。通常，应变速率在 $10^{-4} \sim 10^{-1} s^{-1}$ 范围内，金属材料的力学性能没有明显变化。但当应变速率在 $10^{-1} s^{-1}$ 以上时，它对钢材力学性能有显著的影响。因为加载速率较高时，材料没有充分的时间产生正常的滑移变形，从而使材料继续处于一种弹性状态，使屈服强度随应变速率的增大而增大，但塑性及韧性下降，即脆性断裂的倾向增加。如果材料中有缺口或裂纹等缺陷，还会加速脆性断裂的发生。

加载速率对钢的韧性影响还与钢的强度水平有关。通常，在一定的加载速率范围内，随着钢材强度水平的提高，韧性的降低减弱。也就是说，在一定的加载速率范围内，加载速率的大小对某些高强度钢和超高强度钢的韧性影响是很小的，但对中、低强度钢的韧性影响则很明显。

（2）加载频率

加载频率是指材料在单位时间内所承受的载荷循环次数。它对材料的疲劳行为有重要影响。在低频加载条件下，材料有更多的时间进行恢复和再结晶，疲劳寿命通常较长；高频加载会加速材料的疲劳损伤累积，导致疲劳寿命显著下降。这是因为高频加载下材料的热效应和微观结构损伤难以及时恢复。

高频加载还会产生显著的热效应，可能导致材料的局部软化或再结晶，从而影响其整体性能。

对于承受冲击或动态载荷的结构，应选择高强度、高韧性的材料，并优化结构设计以减少应力集中；对于承受循环载荷的部件，应根据加载频率选择合适的材料，并进行疲劳寿命评估。

3.5　压力容器选材策略

3.5.1　选材的基本原则

压力容器的选材是设计过程中的关键环节，需要在安全性、适用性、经济性与可加工性之间寻求平衡。以下为选材的四大核心原则：

① 安全性原则　压力容器在运行过程中通常承受较高的压力，并可能受到温度变化、介质腐蚀等多种因素的综合作用。因此，选材时必须首先确保材料强度、韧性、耐腐蚀性等性能能够满足标准和设备的安全性要求。例如，在高温高压环境下工作的压力容器，其材料需要具备足够的高温强度和抗氧化性能，以防止设备在运行过程中发生破裂、泄漏等危险情况。

② 适用性原则　不同的压力容器在使用过程中会面临不同的使用条件，如温度范围、介质种类、压力大小等。因此，选材时必须根据具体的使用条件选择合适的材料。例如，储存酸性介质的压力容器应选择具有优良耐酸腐蚀性能的材料（如不锈钢或耐酸合金）；而在低温环境下工作的压力容器则需要选择具有良好低温韧性的材料，以防止脆性断裂。

③ 经济性原则　材料成本要受冶炼要求（如化学成分、检验项目要求）、尺寸要求（如厚度及其偏差）、可获得性等因素影响。一般来说，相同规格的钢材，价格从低到高的顺序为：碳素钢、低合金钢、不锈钢、有色金属。

选材时需综合考虑材料成本、加工难度和使用寿命。例如，镍基合金虽具有优异的耐腐蚀性和高温性能，但由于成本高且加工难度大，通常仅用于高温、强腐蚀等极端工况。相比之下，碳素钢和低合金钢在成本和加工性能上更具优势，但在耐腐蚀性和高温性能上稍逊一筹。在满足设计要求的前提下，优先选用国产材料，以降低采购成本和缩短采购周期。

采用境外牌号材料时，应选用境外压力容器现行标准规范允许使用且已有成功使用经验的材料，其使用范围应符合材料境外相应产品标准的规定，且其技术要求不得低于境内相近牌号材料的技术要求。

在工程实践中，通过合理选择壳体结构可以有效降低材料成本。例如，对于在腐蚀介质或高温环境中工作的压力容器，采用复合板、衬里或带堆焊层的壳体结构，能够减少高价值材料的使用量。

④可加工性原则　在压力容器制造过程中，材料需经成形、焊接等加工，故选材时应充分考虑材料的可加工性。若材料加工性能欠佳，易在加工过程中出现裂纹、变形等缺陷，进而影响容器的整体质量和使用安全。

合理选用壳体结构能够有效规避或缓解因材料加工性能不足引发的问题。例如，对于厚壁压力容器，可采用套合、多层包扎、钢带错绕等结构形式，化厚为薄，既保证安全又大幅降低制造难度。

3.5.2　选材的步骤与方法

① 明确使用条件　在进行选材之前，必须首先明确压力容器的使用条件，包括工作压力、工作温度、介质种类、操作方式（如间歇操作或连续操作）、寿命要求等。这些条件是选材的基础依据，只有准确掌握了这些信息，才能选择出合适的材料。例如，用于储存液化石油气的压力容器，其工作压力较高，介质具有腐蚀性，且操作方式为间歇操作，因此在选材时就需要综合考虑这些因素，选择强度高、耐腐蚀性能好且能够承受间歇操作应力的材料。

② 确定材料性能　根据压力容器的使用条件，确定材料应具备的性能要求，包括力学性能（如强度、韧性、硬度等）、物理性能（如热导率、膨胀系数等）和化学性能（如耐腐蚀性、抗氧化性等）。例如，在高温环境下工作的压力容器，其材料需要具备较高的高温强度和抗氧化性能；而在低温环境下工作的压力容器，则需要选择具有良好低温韧性的材料。同时，对于接触腐蚀性介质的压力容器，材料的耐腐蚀性能尤为重要。

③ 初选候选材料　根据确定的材料性能要求，从现有的压力容器常用材料中筛选出符合条件的材料。在筛选过程中，可以参考相关标准和规范，以及材料性能数据手册等资料。例如，需要高强度和良好韧性的材料时，可以考虑碳素钢、低合金钢等；而在需要耐腐蚀性能优良的材料时，则可选择不锈钢、镍基合金等。同时，还需要考虑材料的加工性能，确保材料能够满足制造工艺的要求。

对于在复杂服役环境中运行的压力容器，可以采用现场挂片的方法确定初选候选材料或对初选候选材料进一步筛选。

④ 综合评价与决策　在筛选出符合条件的材料后，需要对这些材料进行综合评价和决策。综合评价应考虑材料的安全性、适用性、经济性和可加工性，通过对比分析选择出最适合的材料。对于有特殊要求的材料，还需要进行力学性能验证、腐蚀评估、制造工艺可行性验证。例如，对于两种符合性能要求的材料，加工费用和使用寿命相当，如果其中一种材料的价格较低，则应优先选择价格较低的材料。在综合评价过程中，可以采用加权评分法等方法，对各个因素进行量化分析，从而更加科学地做出选材决策。

压力容器选材是一个融合科学理论与工程经验的决策过程，需以系统思维统筹性能、工艺与经济性要求。随着新材料与数字化技术的进步，选材策略将从经验驱动向数据驱动转型。

✎ 思考题

1. 压力容器用钢有哪些基本要求？
2. 影响压力容器钢材行为的环境因素主要有哪些？

3. 为什么要控制压力容器用钢中的硫、磷含量？

4. 压力容器选材应考虑哪些因素？

5. 为什么说材料形为劣化引起的失效往往具有突发性？工程上可采取哪些措施来预防这种失效？

6. 为什么奥氏体型不锈钢一般不用于含氯离子介质环境？

7. 如何通过热处理改善焊接接头的力学性能？

8. 压力容器制造过程中，影响材料性能的制造工艺主要有哪些？影响机理各是什么？

9. 如何理解材料行为的动态表现？

4 压力容器设计

○○ ——————— ○○ ○ ○○ ——————————

学习意义

　　设计是一种富有创造性的劳动。压力容器产品的性能与成本约 70% 是由设计决定的，把好设计关非常重要。压力容器设计的目的是经济地保障压力容器在全寿命周期内安全可靠地运行。为确保压力容器安全运行，保证人民生命财产的安全，必须十分重视压力容器的设计。根据设计条件，确定压力容器基本结构，辨识容器在全寿命周期内有可能出现的所有失效模式，并据此正确选择规范标准进行设计，提出防止失效的措施，是压力容器设计的核心。

学习目标

○ 掌握压力容器常见的失效模式和特点、失效判据与设计准则间的关系；
○ 能够根据压力容器结构与受载条件，正确地辨识其可能出现的失效模式；
○ 能够根据给定的设计条件，依据相关规范标准正确进行压力容器的设计；
○ 理解压力容器的规则设计与分析设计方法的基本思想及异同；
○ 了解压力容器设计技术最新进展。

4.1 概述

4.1.1 设计条件

　　压力容器应根据设计委托方以正式书面形式提供的设计条件进行设计。设计委托方可以是压力容器的使用单位（用户）、制造单位、工程公司或者设计单位自身的工艺室等。设计条件至少包含以下内容：

ⅰ.操作参数（包括工作压力、工作温度范围、液位高度、接管载荷等）；

ⅱ.压力容器使用地及其自然条件（包括环境温度、抗震设防烈度、风载荷和雪载荷等）；

ⅲ.介质组分和特性（介质学名或分子式、密度和危害性等）；

ⅳ.预期使用年限（设计委托方提出预期使用年限，设计者应当与委托方进行协商，根据压力容器使用工况、选材、安全性和经济性合理确定压力容器的设计寿命），对于承受交变载荷的容器，还应注明预期使用年限内载荷波动范围及次数；

ⅴ.几何参数和管口方位（常用容器结构简图表示，示意性地画出容器本体与几何尺寸、主要内件形状、接管方位、支座形式等）；

ⅵ.设计需要的其他必要条件（包括选材要求、防腐蚀要求、表面、特殊试验、安装运输要求等）。

为便于填写和表达，设计条件图又分为容器基本条件图、换热器条件图、塔器条件图和搅拌容器条件图四种。表4-1给出容器的基本设计条件。其他类的容器设计条件除应包括容器的基本要求外，还应注明各自的特殊要求。如换热器应注明换热管规格、管长及根数、排列形式、换热面积与程数等；塔器应注明塔型（板式塔或填料塔）、塔板数量及间距、基本风压、地震设防烈度和场地土类别等；搅拌容器应注明搅拌器形式、转速及转向、轴功率等。

表4-1 压力容器的基本设计参数及要求

工作介质		容器内	夹套（盘管）内	催化剂容积		m³
	名称			催化剂密度		kg/m³
	组分			传热面积		m²
	密度			盘管规格/级别		kg/m³
	特性			基本风压		N/m²
	爆炸危险程度和毒性危害程度			地震设防烈度		
				环境温度		℃
	黏度			场地类别		
				操作方式		
	工作压力	MPa	MPa	保温材料	名称	
	设计压力	MPa	MPa		厚度	mm
	壁温	℃	℃		容重	kg/m³
	工作温度	℃	℃	密封要求		
	设计温度	℃	℃	液位计		
超压泄放装置	位置			紧急切断		
	类型			防静电		
	规格			热处理		
	数量			安装检修要求		
	安全阀整定压力	MPa	MPa	预期使用年限		年
	爆破片设计爆破压力	MPa	MPa	设计规范		
				设计标准		
推荐材料	筒体			其他要求		
	内件					
	衬里					
腐蚀速率		mm/a	mm/a	说明		
腐蚀裕量		mm	mm			
全容积		m³	m³			
操作容积		m³	m³			

4.1.2　设计文件

压力容器的设计文件，包括设计计算书、设计图样、制造技术条件、风险评估报告（适用于第Ⅲ类压力容器或设计委托方要求时）等，必要时，还应当包括安装及使用维护保养说明。

设计计算书至少应包括：设计条件、依据的主要规范和产品标准、容器结构、材料及其性能、腐蚀裕量、计算厚度、名义厚度、计算结果等，必要时，还应包括应力分析报告。装设超压泄放装置的压力容器，设计计算书还应包括压力容器安全泄放量、安全阀排量或爆破片泄放面积。

设计图样包括总图和零部件图。压力容器总图上，至少应注明下列内容：压力容器名称、分类，设计、制造所依据的主要规范和产品标准；工作条件，包括工作压力、工作温度、介质特性；设计条件，包括设计温度、设计载荷、介质（组分）、腐蚀裕量、焊接接头系数、自然条件等；主要受压元件材料牌号及标准；主要特性参数（如容积、换热器换热面积与程数等）；压力容器设计寿命（又称压力容器设计使用年限，疲劳容器标明循环次数）；特殊制造要求；热处理要求；无损检测要求；耐压试验和泄漏试验要求；预防腐蚀要求；安全附件及仪表的规格和订购特殊要求；压力容器铭牌的位置；包装、运输、现场组焊和安装要求；以及其他特殊要求。

对第Ⅲ类压力容器或设计委托方有风险评估要求的容器，设计时应出具包括主要失效模式、失效可能性及风险控制等内容的风险评估报告。在设计阶段进行风险评估，是压力容器基于失效模式设计理念的产物，其目的是：识别压力容器在全寿命周期中可能出现的失效模式，在设计制造阶段提出预防失效的方法和措施，提高容器的本质安全性；告诉用户，容器可能出现的失效模式，在设计、制造阶段已经采取的措施，使用中应注意的事项，以及当发生失效时应该采取的措施，便于制定合适的应急预案。

拓展知识4-1
压力容器设计
图样的表达特
点和设计实例

4.2　设计准则

4.2.1　压力容器失效

在外部载荷、服役环境、制造残余影响等因素单独或者共同作用下，往往会造成压力容器损伤。例如，腐蚀引起的壁厚减薄、结构不连续；服役环境作用下材料的微观组织变化（如珠光体球化、石墨化、脱碳等）导致的性能劣化；循环载荷引起的微裂纹。当损伤积累到一定程度，就会危及压力容器安全和功能，导致压力容器失效。

压力容器在规定的服役环境和寿命内，因尺寸、形状或者材料性能变化而危及安全或者丧失规定功能的现象，称为压力容器失效。虽然压力容器失效的原因多种多样，但是失效的最终表现形式主要为过度变形、断裂和泄漏。

防止失效是压力容器设计的重要任务。学习压力容器常见的失效模式及其原因，对于正确理解、使用和制定压力容器规范标准，分析和预防失效，都具有十分重要的意义。

4.2.1.1　压力容器失效模式

压力容器失效模式是指容器失效后可观察和测量的宏观特征，它有多种分类方法。根据失效时间，压力容器失效可分为突发型失效和退化型失效。突发型失效又称短期失效，是指容器在失效之前保持或基本保持所需功能，但由于某种原因在某个时刻突然失效，如塑性垮塌、脆性断裂、接头泄漏、局部过度应变等；退化型失效是指随着服役时间的增加，容器性能逐渐下降，直至达到某一临界值而导致的功能丧失，如腐蚀、蠕变、疲劳等。退化型失效又可以分为两类：一类是由非循环载荷长期作用引起的，如蠕变、腐蚀、氢致滞后开裂等；另一类是由循环载荷引起的，如疲劳、棘轮等。按照失效原因，压力容器失效大致又分为强度失效、刚度失效、屈曲失效和泄漏失效等四类。

（1）强度失效

因材料屈服或者断裂引起的压力容器失效，称为强度失效，包括塑性垮塌、局部过度应变、脆性断裂、疲劳、棘轮、蠕变、腐蚀等。

① 塑性垮塌　是指在单调加载条件下压力容器因过量总体塑性变形而不能继续承载导致的破坏。其特征是：破坏后有肉眼可见的宏观变形，如整体鼓胀，周长伸长率可达 10%～50%，破口处壁厚显著减薄；没有碎片，或者偶尔有少量碎片。在这种情况下，按实测厚度计算的爆破压力与实际爆破压力相当接近。

壁厚过薄和超压是引起压力容器塑性垮塌的主要原因。导致壁厚过薄的情况大致有两种：厚度未经正确的设计计算，以及厚度因腐蚀、冲蚀等原因而减薄。而操作失误、液体受热膨胀、化学反应失控等均可引起超压。例如，压力较高的气体进入设计压力较小的容器空间、容器内产生的气体无法及时排出等。

严格按照标准进行设计、制造，并配备相应的超压泄放装置，同时遵循有关规定进行运输、安装、使用、检验和检测，可以避免压力容器在设计寿命内发生塑性垮塌。

② 局部过度应变　是指在局部多向拉应力状态下，压力容器因材料延性耗尽而导致裂纹产生或者撕裂。在多向拉应力作用下，材料韧性（断裂应变）会下降。在压力容器结构不连续区，如螺纹根部，有可能在容器没有塑性垮塌前，就因材料延性耗尽产生裂纹而失效。

③ 脆性断裂　是指压力容器未经明显的塑性变形而发生的断裂。这种断裂是在较低应力水平下发生的，断裂时的应力远低于材料强度极限，故又称为低应力脆断。其特征是：断裂时容器没有明显的鼓胀；断口齐平、并与最大主应力方向垂直；断裂速度极快，易形成碎片。由于脆性断裂时容器往往没有超压，爆破片、安全阀等超压泄放装置不会动作，其危险性要比塑性垮塌大得多。

材料脆性和缺陷两种原因都会引起压力容器脆性断裂。除材料选用不当、焊接与热处理工艺不合理导致材料脆化外，低温、高压氢环境、中子辐照等也会使材料脆化。压力容器用钢一般韧性较好，但若存在严重的原始缺陷（如原材料的夹渣、分层、折叠等）、制造缺陷（如焊接引起的未熔透、裂纹等）或者使用中产生的缺陷，也会导致脆性断裂发生。

④ 疲劳　是指在交变载荷作用下，容器在应力集中部位产生局部的损伤累积，并在一定载荷循环次数后形成裂纹或者裂纹进一步扩展至断裂。其特征是：每次载荷循环的前半周和后半周在容器的同一部位相继产生方向相反的应变。

交变载荷（又称循环载荷）是指大小和/或方向随时间周期性（或无规则）变化的载荷，它包括运行时的压力波动、开车和停车、加热或冷却时温度变化引起的热应力变化、振动引起的应力变化、容器接管引起的附加载荷的交变而形成的交变载荷等。

压力容器疲劳一般有裂纹萌生、扩展和最后断裂三个阶段，因而其断口一般由疲劳源区、裂纹扩展区和最终断裂区组成。疲劳源区通常位于接管根部、焊接接头等高应力区或者有缺陷的部位，面积较小，色泽光亮。裂纹扩展区是疲劳断口最重要的特征区域，通常比较平整，间隙加载、应力改变较大或者裂纹扩展受阻等过程都会在裂纹扩展前沿形成疲劳弧线或海滩花样。裂纹扩展区的大小和形状主要取决于裂纹处的应力状态、应力变化幅度和结构形状等因素。最终断裂区为裂纹扩展到一定程度时的快速断裂区，它是由于剩余截面不足以承受外载荷造成的。

焊接接头容易产生应力集中、焊接缺陷、残余应力和微裂纹。这些因素的综合作用，使疲劳成为焊接接头的主要失效形式之一。疲劳断裂时容器的总体应力水平较低，断裂往往在容器正常工作条件下发生，没有明显的征兆，是突发性破坏，危险性很大。

⑤ 棘轮　是指压力容器经受一次应力和循环热应力（或循环一次应力）共同作用时，产生逐次渐增非弹性变形的现象。其特征是：每次加载循环的前半周和后半周在容器的不同部位（两个不同部位的范围有部分重叠）轮流产生方向相同的塑性变形。各个循环产生的塑性变形将逐个累积，直

至因产生过量塑性变形而失效。

⑥ 蠕变　是指在保持应力不变的条件下，应变随着时间不可逆缓慢增加的现象。长期在高温下工作，蠕变会导致压力容器壁厚变薄、直径增大（鼓胀），甚至造成断裂。从断裂前的变形来看，蠕变具有韧性断裂的特征；而就断裂时的应力而言，蠕变断裂又具有脆性断裂的特征。

⑦ 腐蚀　是指金属与其周围介质发生化学或者电化学作用而产生的破坏现象。因均匀腐蚀导致的厚度减薄，或局部腐蚀造成的凹坑，所引起的压力容器失效一般有明显的塑性变形，具有韧性断裂特征；晶间腐蚀、应力腐蚀等引起的断裂没有明显的塑性变形，具有脆性断裂特征。

（2）刚度失效

由于压力容器的变形大到足以影响其正常工作而引起的失效，称为刚度失效。例如，露天立置的塔在风载荷作用下，发生过大的弯曲变形，造成塔盘倾斜而影响塔的正常工作。

（3）屈曲失效

在压应力作用下，压力容器失去其原有的规则几何形状而引起的失效称为屈曲失效。容器弹性屈曲的一个重要特征是弹性挠度与载荷不成比例，且临界压力与材料的屈服强度无关，主要取决于容器的尺寸和材料的弹性模量。但当容器中的应力水平超过材料的屈服强度而发生非弹性屈曲时，临界压力与材料的强度有关。

（4）泄漏失效

压力容器本体或者连接件失去密封功能，称为泄漏失效。泄漏不仅有可能引起中毒、燃烧和爆炸等事故，而且会造成环境污染。设计压力容器时，应重视各可拆式接头和不同压力腔之间连接接头（如换热管和管板的连接）的密封性能。

除上述单因素导致的失效模式外，在多种因素共同作用下，压力容器有可能同时发生多种模式的失效。例如，羰基合成乙酸装置中，主反应器内有乙酸、碘甲烷、乙酸甲酯、碘化氢、丙酸等强腐蚀性介质，存在均匀腐蚀、晶间腐蚀和应力腐蚀等三种失效模式。

随着社会的进步，压力容器失效的外延不断扩大。除危及安全、丧失功能外，振动、噪声等对操作和环境有影响的失效模式也越来越受到重视。

4.2.1.2　失效判据与设计准则

（1）失效判据

随着损伤的累积，压力容器将进入极限状态。超过它后，设计规定的功能将不再满足或者将危及安全，即失效。极限状态又可分为终极极限状态和可用极限状态。终极极限状态是指超过它后安全要求就不再满足的结构状态，与安全有关，如塑性垮塌、屈曲、剧毒介质泄漏等。可用极限状态是指超过它后规定功能要求就不再满足的结构状态，与功能有关，如过度变形、无危害介质泄漏等。

描述极限状态的方程，称为失效判据。每一种失效模式都有与其对应的极限状态。例如，当内压等于塑性垮塌压力时，压力容器将发生塑性垮塌；当外压等于临界压力时，压力容器将发生屈曲；当应力强度因子等于临界应力强度因子时，压力容器将发生脆性断裂。随着对失效机理认识的深入，会不断提出新的极限状态。与某一失效模式相对应的极限状态，不一定只有一个。例如，塑性垮塌就有容器总体部位的应力等于材料的屈服强度、内压等于全屈服压力、内压等于塑性垮塌压力等极限状态。

失效判据是否正确，适用于什么场合，必须由实践来检验。适用于某种场合的失效判据并不一定适用于另一场合。一些在极端环境服役的压力容器，环境和制造残余影响对容器失效的影响机制极为复杂，尚无法定量分析其影响程度。这方面工作仍有待于进一步深入。

（2）设计准则

失效判据不能直接用于压力容器的设计计算。这是因为压力容器存在许多不确定因素，包括材料质量不稳定性、强度设计准则和设计计算方法的可靠性、建造技术能力的高低、建造质量管理方式和水平、操作条件的波动、超压泄放装置动作压力的误差、使用场合的重要性、造成事故后的危害性，以及迄今尚未认识的其他因素。为使压力容器在特定失效模式下有足够的安全裕度，工程上在处理上述不确定因素时，较为常用的方法是引入"安全系数"（又称设计系数），得到与失效判据相对应的设计准则。显然，对于不同的设计准则，安全系数的含义并不相同。例如，压力容器塑性垮塌的设计准则为：计算压力与爆破安全系数的乘积小于等于塑性垮塌压力；压力容器屈曲的设计准则为：设计外压与屈曲安全系数的乘积小于等于临界压力。根据设计准则就可以得到相应的设计计算方法。

压力容器设计时，应根据容器设计条件，考虑容器在运输、安装、使用中可能出现的所有失效模式，选择合适的失效判据和相应的设计准则，进行设计计算，并从结构、材料、制造、检验等方面提出建造技术要求。必要时，还应对使用时的检测、诊断、监控和应急提出要求。

压力容器设计准则大致可分为强度失效设计准则、刚度失效设计准则、屈曲失效设计准则和泄漏失效设计准则。

4.2.2 强度失效设计准则

在常温、静载作用下，屈服和断裂是压力容器强度失效的两种主要形式。现介绍几种常用的压力容器强度失效设计准则。

（1）弹性失效设计准则

弹性失效设计准则将容器总体部位的初始屈服视为失效。对于韧性材料，在单向拉伸应力 σ 作用下，屈服失效判据的数学表达式为

$$\sigma = R_{eL} \tag{4-1}$$

式中 R_{eL}——材料的屈服强度，MPa。

用许用应力 $[\sigma]^t$ 代替式（4-1）中的材料屈服强度，得到相应的设计准则

$$\sigma \leqslant [\sigma]^t \tag{4-2}$$

由于历史的原因，压力容器设计中，常用最大拉应力 σ_1 来代替式（4-2）中的应力 σ，建立设计准则，即

$$\sigma_1 \leqslant [\sigma]^t \tag{4-3}$$

在有的科技文献中，称式（4-3）为基于最大拉应力的弹性失效设计准则，简称为最大拉应力准则。

处于任意应力状态的韧性材料，工程上常采用的屈服失效判据主要有：Tresca 屈服失效判据和 Mises 屈服失效判据。

Tresca 屈服失效判据又称为最大切应力屈服失效判据或第三强度理论。这一判据认为：材料屈服的条件是最大切应力达到某个极限值，其数学表达式为

$$\sigma_1 - \sigma_3 = R_{eL}$$

相应的设计准则为

$$\sigma_1 - \sigma_3 \leqslant [\sigma]^t \tag{4-4}$$

式（4-4）为最大切应力屈服失效设计准则，简称为最大切应力准则。

Mises 屈服失效判据又称为形状改变比能屈服失效判据或第四强度理论。这一判据认为引起材料屈服的是与应力偏量有关的形状改变比能，其数学表达式为

$$\sqrt{\frac{1}{2}\left[(\sigma_1 - \sigma_2)^2 + (\sigma_2 - \sigma_3)^2 + (\sigma_3 - \sigma_1)^2\right]} = R_{eL}$$

相应的设计准则为

$$\sqrt{\frac{1}{2}\left[(\sigma_1 - \sigma_2)^2 + (\sigma_2 - \sigma_3)^2 + (\sigma_3 - \sigma_1)^2\right]} \leqslant [\sigma]^t \tag{4-5}$$

式（4-5）为形状改变比能屈服失效设计准则，简称为形状改变比能准则。

工程上，常常将强度设计准则中直接与许用应力 $[\sigma]^t$ 比较的量，称为应力强度或当量应力，用 σ_{eqi} 表示，$i=1,3,4$ 分别表示了最大拉应力、最大切应力和形状改变比能准则的序号。有的文献将许用应力称为设计应力强度。综合式（4-3）～式（4-5），可以把弹性失效设计准则写成统一形式为

$$\sigma_{eqi} \leqslant [\sigma]^t$$

应力强度是由三个主应力按一定形式组合而成的，它本身没有确切的物理含义，只是为了方便而引入的名词和记号。与最大拉应力、最大切应力和形状改变比能准则相对应的应力强度分别为

$$\sigma_{eq1} = \sigma_1$$

$$\sigma_{eq3} = \sigma_1 - \sigma_3$$

$$\sigma_{eq4} = \sqrt{\frac{1}{2}\left[(\sigma_1 - \sigma_2)^2 + (\sigma_2 - \sigma_3)^2 + (\sigma_3 - \sigma_1)^2\right]}$$

（2）塑性失效设计准则

弹性失效设计准则是以危险点的应力强度达到许用应力为依据的。对于各处应力相等的构件，如内压薄壁圆筒，这种设计准则是合理的。但是对于应力分布不均匀的构件，如内压厚壁圆筒，由于材料韧性较好，当危险点（内壁）发生屈服时，其余各点仍处于弹性状态，故不会导致整个截面的屈服，因而构件仍能继续承载。在这种情况下，弹性失效（一点强度）设计准则就显得有些保守。

设材料是理想弹塑性的，以整个危险面屈服作为失效状态的设计准则，称为塑性失效准则。对于内压厚壁圆筒，整个截面屈服时的压力就是全屈服压力 p_{so}，塑性失效判据可表示为

$$p = p_{so} \tag{4-6}$$

式中 p——计算压力。

引入全屈服安全系数 n_{so}，得相应的塑性失效设计准则为

$$p \leqslant \frac{p_{so}}{n_{so}} \tag{4-7}$$

（3）爆破失效设计准则

压力容器用韧性材料一般具有应变硬化现象，爆破压力大于全屈服压力。爆破失效设计准则以容器爆破作为失效状态，相应的设计准则为

$$p \leqslant \frac{p_b}{n_b} \tag{4-8}$$

式中 p_b——爆破压力；

n_b——爆破安全系数。

（4）弹塑性失效设计准则

弹塑性失效设计准则又称为安定性准则，适用于各种载荷不按同一比例递增、载荷大小反复变化的场合。与压力容器内最大应力点进入塑性相对应的载荷称为初始屈服载荷。当容器承受稍大于初始屈服载荷的载荷时，容器内将产生少量的局部塑性变形。因局部塑性区周围的广大区域仍处于弹性状态，会制约塑性变形，当载荷卸除后就形成残余应力场。若容器所受的载荷较小，即载荷引起的应力和残余应力叠加后总是小于屈服强度，则容器在载荷的反复作用下，始终保持弹性行为，不会产生新的塑性变形，处于"安定"状态。随着载荷的继续增大，卸载时的残余应力可能超过屈服强度而导致反向屈服，或者加载时的应力与残余应力之和也可能超过屈服强度，从而导致塑性变形的累积，于是容器就会丧失安定，出现渐增塑性变形。与安定和不安定的临界状态相对应的载荷变化范围称为安定载荷。

弹塑性失效认为只要载荷变化范围达到安定载荷，容器就失效。由于超过安定载荷后容器并不立即破坏，因而危险性较小。工程上一般取安定载荷的安全系数为 1.0，即压力容器承受的最大载

荷变化范围不大于安定载荷。

（5）疲劳失效设计准则

压力容器疲劳一般属于低周疲劳，循环次数一般在 10^5 次以下。低周疲劳时，每次循环中材料都将产生一定的塑性应变。根据试验研究和理论分析结果，可以得到虚拟应力幅与许用循环次数之间的关系曲线，即低周疲劳设计曲线。由容器应力集中部位的最大虚拟应力幅，按低周疲劳设计曲线可以确定许用循环次数，只要该循环次数不小于容器所需的循环次数，容器就不会发生疲劳失效，这就是疲劳失效设计准则。

此外，按照断裂力学理论可以建立另一种带裂纹的压力容器疲劳设计准则，即按照疲劳裂纹扩展与断裂的规律对循环载荷作用下的容器作出安全评定。

（6）蠕变失效设计准则

将应力限制在由蠕变极限和持久强度确定的许用应力以内，便可防止容器在使用寿命内发生蠕变失效，这就是蠕变失效设计准则。

（7）脆性断裂失效设计准则

传统强度设计准则假设材料是无缺陷的均匀连续体，因而难以解释脆性断裂现象。脆性断裂属于断裂力学的研究领域。

断裂力学认为材料中存在缺陷，其目的是研究缺陷在载荷和环境作用下的破坏规律，建立缺陷几何参数、材料韧性和结构承载能力之间的定量关系。在压力容器中，断裂力学的应用主要分两类：一类是指导压力容器的选材和设计；另一类是在役压力容器的安全评定，按合乎使用的原则，判断含缺陷压力容器能否继续使用。

研究表明：压力容器是否发生脆性断裂主要取决于材料韧性、缺陷处的应力水平和缺陷的几何参数。因此，防止压力容器发生脆性破坏也应从这三个方面着手。

在材料方面，通常根据受压元件的厚度、应力水平、最低金属温度、载荷性质、介质对材料韧性的影响等因素，提出材料夏比 V 型缺口冲击吸收能量或断裂韧性验收指标。对于相同材料，薄钢板或钢带的性能（特别是韧性）比厚钢板好，因而采用多层结构可以提高抗脆断性能。

在缺陷方面，一是尽量减少焊接接头；二是提高无损检测技术，使之能发现更小的缺陷，不但使缺陷存在的可能性减少，而且使缺陷的尺寸减小。

在设计方面，根据无损检测水平，假设压力容器高应力区存在裂纹，利用断裂力学方法进行裂纹安全性评估，确保容器不发生低应力脆性破坏。

① 破损安全设计　破损安全设计要求当假设裂纹存在时，结构还能承受工作载荷。这是容器裂纹容限的问题，即可以容忍多长多深的裂纹而不发生危险。ASME Ⅲ 给出了核容器的防脆断设计方法。

② 未爆先漏设计　应力腐蚀、疲劳等失效过程，一般都是裂纹扩展到一定程度后才突然发生快速断裂。因而这种先爆后漏的失效方式具有很大的危险性。但是，如果材料有足够的韧性，在快速断裂发生前，裂纹已穿透器壁，导致泄漏发生，可避免突然发生快速断裂，减少损失。能够满足这种要求的设计，称为未爆先漏设计。ASME Ⅷ-3 给出了压力在 70MPa 以上压力容器的未爆先漏设计方法。

需要指出，采用防脆断设计方法，并不意味着容器在制造时允许存在假设中所说的裂纹，而是指容器万一有裂纹时（漏检或在使用中产生）要确保不发生脆性断裂事故，其实质是要求材料在使用环境下必须有足够的断裂韧性。

4.2.3　刚度失效设计准则

在载荷作用下，要求构件的弹性位移和（或）转角不超过规定的数值。于是，刚度设计准则为

$$\begin{cases} w \leqslant [w] \\ \theta \leqslant [\theta] \end{cases} \tag{4-9}$$

式中　w——载荷作用下产生的位移；

　　$[w]$——许用位移；

　　　θ——载荷作用下产生的转角；

　　$[\theta]$——许用转角。

4.2.4　屈曲失效设计准则

压力容器设计中，应防止屈曲发生。例如，仅受均布外压的圆筒，外压应小于许用外压力；由弯矩或弯矩和压力共同引起的轴向压缩，压应力应小于许用轴向压缩应力。

4.2.5　泄漏失效设计准则

上述提及的强度、刚度和屈曲失效设计准则都是基于压力容器结构完整性范畴内的失效形式而选定的设计准则。而泄漏失效不仅是由于压力容器遭受机械性损伤，也是容器本身或附件连接部件失去密封功能发生的失效形式，它是直接引发设备燃烧、爆炸、中毒和环境污染等事故的必要条件。

对于泄漏，常用紧密性（tightness）这一概念来比较或评价密封的有效性。紧密性用被密封流体在单位时间内通过泄漏通道的体积或质量，即泄漏率来表示。漏与不漏（或零泄漏）是相对于某种泄漏检测仪器的灵敏度范围而言的。不同的测量方法和仪器有不同的灵敏度范围。不漏的含义是指容器泄漏率小于所用泄漏检测仪器可以分辨的最低泄漏率。因此，泄漏只是一个相对的概念。

压力容器泄漏失效设计准则是指容器发生的泄漏率（L）不超过允许泄漏率（$[L]$），即 $L \leqslant [L]$。一般根据容器内介质的价值、对人员和设备的危害性以及环境保护的要求，确定允许泄漏率。介质危害性越大，环保要求越高，要求的紧密性等级越高，密封设计的要求也越严格。为评定密封件质量，美国压力容器研究委员会（PVRC）对螺栓法兰连接接头定义了五个级别的紧密性水平，即经济、标准、紧密、严密和极密，每级相差 10^{-2} 数量级。标准紧密度是指单位垫片直径（外直径150mm）的质量泄漏率为 0.002mg/（s·mm）。

由于泄漏是一个受众多因素，包括安装、设计、制造和检验、运行和维护等影响的复杂问题，现有的设计规范中有关密封装置或连接部件的设计多数没有与泄漏发生定量的关系，而是用强度或（和）刚度失效设计准则替代泄漏失效设计准则，并结合使用经验，以满足设备接头的密封要求，如后面将要介绍的 Waters 的法兰设计方法。欧盟 EN 13445 容器设计规范，其附录 G 提供了一螺栓垫片圆形法兰的计算方法。该方法基于欧盟标准 EN 1591《法兰及其接头——带垫片的圆形法兰连接设计规则》，其由两部分构成，第一部分为计算方法；第二部分为垫片参数。该方法将泄漏失效设计准则作为法兰接头设计准则之一融入了规范，从结构的完整性（强度）和密封性，即从应力分析和密封分析两方面保证法兰组合件的使用和安全要求。

4.3　规则设计

4.3.1　概述

（1）设计思想

压力容器规则设计又称常规设计，采用弹性失效设计准则。其应力分析基于弹性板壳理论或材料力学，通常仅考虑静载荷作用，忽略循环载荷的影响。在应力评定中，规则设计主要关注并限制薄膜应力和弯曲应力，对局部应力则采用简化方法处理。

先按弹性板壳理论或材料力学，计算压力容器各受压元件的应力，再按最大拉应力准则来推导受压元件的强度尺寸计算公式。强度校核时，大部分场合将受压元件的应力强度限制在材料的许用应力以内；对于可能导致失稳的元件，则根据所计算出的临界压力并引入必要的稳定性安全系数，作为其许用外压力。

对结构不连续处的边缘应力，规则设计采用分析设计标准中的有关规定和思想，确定元件结构的某些相关尺寸范围，或借助于大量实践所积累的经验引入各种系数来限制。如在椭圆形封头和碟形封头厚度计算式中引入的形状系数。对于碟形封头，规定其过渡区的内半径应不小于封头内直径的10%，以避免封头和过渡区曲率半径的突然改变而引起过大的边缘应力；对于不等厚的对接焊，当两板厚度之差超过一定值时，规定对厚板须按一定斜度进行削薄过渡处理等。

（2）弹性失效设计准则

压力容器材料的韧性较好，在弹性失效设计准则中，按理应采用式（4-4）或式（4-5）较为合理。但对于压力容器常用的内压薄壁回转壳体，在远离结构不连续处，周向应力、经向应力和径向应力为三个主应力，且与周向应力和经向应力相比，径向应力可以忽略不计，因此采用式（4-3）和式（4-4）所得到的结果相一致。

考虑到式（4-3）的形式简单，在一定条件下不至于引起大的误差，且使用得最早，有成熟的使用经验，所以不少国家的压力容器标准仍将该式作为设计准则。

对于承受内压的薄壁圆筒，由式（2-8）得，经向和周向薄膜应力为

$$\sigma_\varphi = \frac{pD}{4\delta} \text{ ❶}$$

$$\sigma_\theta = \frac{pD}{2\delta}$$

式中　D——圆筒中面直径，mm；

　　　δ——计算厚度，mm。

显然，$\sigma_1 = \sigma_\theta$，由式（4-3）得

$$\sigma_1 = \sigma_\theta = \frac{pD}{2\delta} \leqslant [\sigma]^t$$

将 $D = \frac{K+1}{2} D_i$、$\delta = \frac{K-1}{2} D_i$（$D_i$ 系圆筒内直径）代入上式，经化简得

$$p \frac{K+1}{2(K-1)} \leqslant [\sigma]^t \tag{4-10}$$

取等号得径比 K 为

$$K = \frac{2[\sigma]^t + p}{2[\sigma]^t - p} \tag{4-11}$$

圆筒厚度计算式为

$$\delta = \frac{2pR_i}{2[\sigma]^t - p} \tag{4-12}$$

式（4-12）称为中径公式。

将第2章表2-1中仅受内压作用时，厚壁圆筒内壁面处的三向应力分量计算式代入弹性失效设计准则中的式（4-3）～式（4-5），可求得相应设计准则下的径比和圆筒厚度计算公式，结果汇总于表4-2。当表4-2中的应力强度等于材料屈服强度 R_{eL} 时，所对应的压力为内壁初始屈服压力 p_{si}。

---

❶ 第2章应力分析中的厚度 t 是指实际厚度，与设计中需要确定的厚度并不是同一概念，为此用 δ 代替 t。

p_{si}/R_{eL} 代表圆筒的弹性承载能力，它和径比 K 的关系见图 4-1。

表4-2 按弹性失效设计准则的内压厚壁圆筒强度计算式

设 计 准 则	应力强度 σ_{eqi}	筒体径比 K	筒体计算厚度 δ
最大拉应力准则	$p\dfrac{K^2+1}{K^2-1}$	$\sqrt{\dfrac{[\sigma]^t+p}{[\sigma]^t-p}}$	$R_i\left(\sqrt{\dfrac{[\sigma]^t+p}{[\sigma]^t-p}}-1\right)$
最大切应力准则	$p\dfrac{2K^2}{K^2-1}$	$\sqrt{\dfrac{[\sigma]^t}{[\sigma]^t-2p}}$	$R_i\left(\sqrt{\dfrac{[\sigma]^t}{[\sigma]^t-2p}}-1\right)$
形状改变比能准则	$p\dfrac{\sqrt{3}K^2}{K^2-1}$	$\sqrt{\dfrac{[\sigma]^t}{[\sigma]^t-\sqrt{3}p}}$	$R_i\left(\sqrt{\dfrac{[\sigma]^t}{[\sigma]^t-\sqrt{3}p}}-1\right)$
中径公式	$p\dfrac{K+1}{2(K-1)}$	$\dfrac{2[\sigma]^t+p}{2[\sigma]^t-p}$	$R_i\left(\dfrac{2p}{2[\sigma]^t-p}\right)$

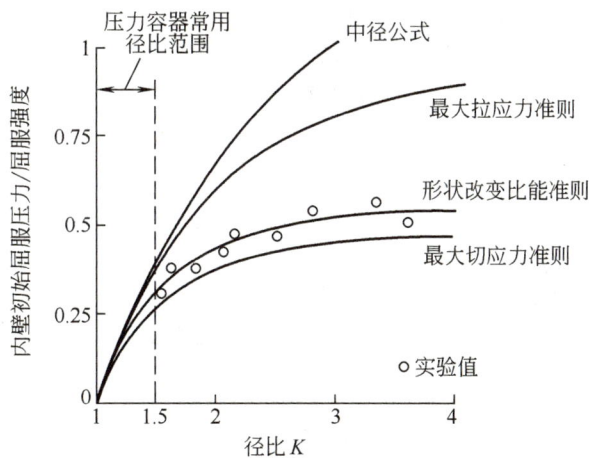

图4-1 各种强度理论的比较

由图 4-1 可见：

ⅰ. 按形状改变比能屈服失效判据计算出的内壁初始屈服压力和实测值最为接近；

ⅱ. 在厚度较薄时即压力较低时，各种设计准则差别不大；

ⅲ. 在同一承载能力下，最大切应力准则计算出的厚度最厚，中径公式算出的厚度最薄。

4.3.2 圆筒设计

4.3.2.1 结构

圆柱形容器是最常见的一种压力容器结构形式，具有结构简单、易于制造、便于在内部装设附件等优点，被广泛用作反应器、换热器、分离器和中小容积储存容器。圆筒形容器的容积主要由圆柱形筒体（以下简称圆筒）提供。

圆筒可分为单层式和组合式两大类。单层式圆筒结构在第 1 章中已经作过介绍，其优点是结构简单。但厚壁单层式圆筒也存在一些问题，主要表现在：

ⅰ. 除整体锻造式厚壁圆筒外，还不能完全避免较薄弱的深环焊缝和纵焊缝，焊接缺陷的检测和消除均较困难，且结构本身缺乏阻止裂纹快速扩展的能力；

ⅱ. 大型锻件及厚钢板的性能不及薄钢板，不同方向力学性能差异较大，韧脆转变温度较高，发生低应力脆性破坏的可能性也较大；

ⅲ. 加工设备要求高。

为此人们相继研制了多种组合式圆筒。常见的有以下几种。

（1）多层包扎式

多层包扎式是在内筒表面逐层包扎层板形成的组合式圆筒，是目前世界上使用最广泛的圆筒制造方式，主要分为多层筒节包扎式和多层整体包扎式两种。

① 多层筒节包扎式   筒节由厚度为 12～25mm 的内筒和厚度为 4～12mm 的多层层板两部分组成，筒节通过深环焊缝组焊成完整的圆筒，如图 4-2（a）所示。为了避免裂纹沿厚度方向扩展，相邻板的纵向焊接接头应错开。筒节的长度取决于钢板的宽度，而层数则根据所需的筒节厚度而定。制造过程中，通过专用装置将层板逐层、同心地包扎在内筒上，并利用纵向焊缝的焊接收缩力，使层板和内筒、层板与层板之间紧密贴合，从而产生一定的预应力。每个筒节上均设有直径6～10mm 的泄压孔。温度升高时，通过泄压孔排出层间空隙中的气体；当内筒出现泄漏时，通过泄压孔排出泄漏介质，起到报警作用。

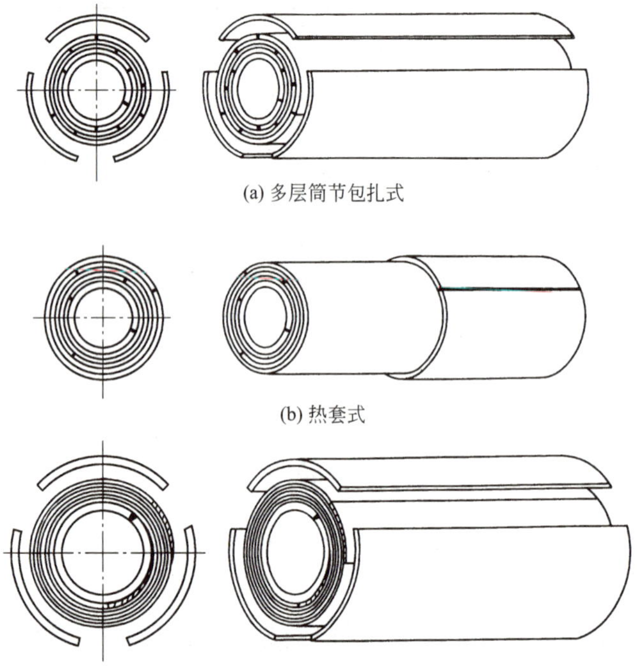

(a) 多层筒节包扎式

(b) 热套式

拓展知识4-2
姜圣阶简介

微课4-1
多层压力容器
的结构形式及
应力特点

(c) 绕板式

图 4-2   多层厚壁容器结构特征

多层筒节包扎式圆筒制造工艺简单，无需大型复杂加工设备。与单层式圆筒相比，其层板间隙能有效阻止缺陷和裂纹向厚度方向扩展，降低脆性破坏的可能性。同时，包扎预应力可改善圆筒的应力分布，从而提高安全可靠性。此外，该圆筒对介质适应性较强，可根据介质特性选择合适的内筒材料。然而，这种筒节制造工序较多、周期较长、效率较低，且钢板材料利用率不高（仅60%左右），尤其是筒节间对接的深环焊缝对容器的制造质量和安全有显著影响，原因如下：

ⅰ. 无损检测难度大，环焊缝的两侧均有层板，超声检测无法实施，只能依赖射线检测；

ⅱ. 焊接接头部位存在较大的焊接残余应力，且焊缝晶粒易变得粗大，导致韧性下降，焊接质量较难保证；

ⅲ. 深环焊接接头的坡口切削工作量大，且焊接工艺复杂。

② 多层整体包扎式　指在整体内筒上逐层包扎层板形成的圆筒。在制造过程中，首先将内筒拼接至所需长度，并在两端焊上法兰或封头。随后，在整个长度上逐层包扎层板，完成一层的包扎并焊接磨平后，再进行下一层包扎，直至所需厚度。采用这种方法包扎时，各层的环向焊接接头可以相互错开，同时每层层板的纵向焊接接头也错开较大角度，使整个圆筒上避免出现深环焊接接头，如图4-3所示。此外，圆筒与封头或法兰间的环向焊接接头改为斜面焊接接头，不仅增大了承载面积，还提高了结构的可靠性。

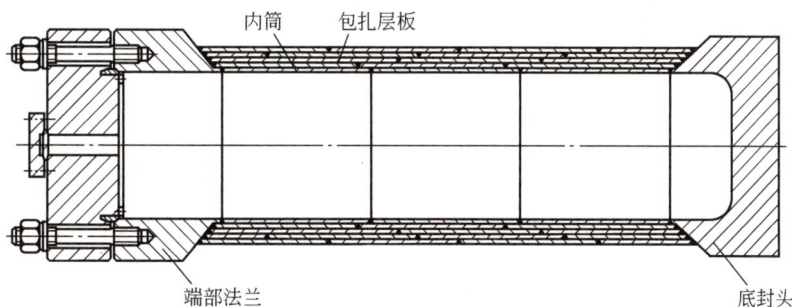

图4-3 多层整体包扎式厚壁容器筒体

（2）热套式

热套式圆筒又称套合式圆筒，是由数层具有一定过盈量的筒节，经加热逐层套合，并通过热处理消除套合预应力后形成的圆筒，如图4-2（b）所示。在制造过程中，通常采用厚钢板（30mm及以上）卷焊成直径不同但可实现过盈配合的筒节，然后将外层筒节加热至计算确定的温度进行套合，冷却收缩后即可得到紧密贴合的厚壁筒节。这种圆筒对过盈量的控制要求很严，对卷筒的制造精度也提出了很高的要求。即便存在过盈量，套合时贴紧程度也难以保证完全均匀。因此，在完成套合或组装成容器后，还需再进行热处理，以消除套合预应力及深环焊接接头的焊接残余应力。热套式圆筒不仅具有包扎式圆筒的多数优点，还具有工序较少，制造周期较短等优点。

（3）绕板式

绕板式圆筒由内筒、绕板层和外筒组成，如图4-2（c）所示。它是在多层筒节包扎式圆筒的基础上发展起来的，两者的内筒相同，区别在于多层绕板式圆筒是在内筒外面连续缠绕多层厚度为3~5mm的薄钢板而构成筒节，绕板层仅有内外两道焊接接头。为了使绕板开始端与终止端与圆筒形成光滑连接，通常需设置过渡段。外筒作为保护层，由两块半圆或三块瓦片形板材制成。绕板式结构机械化程度较高，制造效率显著提升，材料的利用率也相对较高（可达90%以上）。但由于薄卷板往往存在中间厚、两边薄的现象，卷制完成后，筒节两端可能会出现明显的累积间隙，这在一定程度上会影响产品的整体质量。

（4）绕带式

绕带式是一种以钢带缠绕在内筒外面获得所需厚度圆筒的方法，主要有型槽绕带式和钢带错绕式两种结构形式。

① 型槽绕带式　是用特制的型槽钢带螺旋缠绕在特制的内筒上，型槽钢带的端面形状见图4-4（a），内筒外表面上预先加工有与钢带相啮合的螺旋状凹槽。缠绕时，钢带先经电加热，再进行螺旋缠绕，绕制后依次用空气和水进行冷却，使其收缩产生预紧力，可保证每层钢带贴紧；各层钢带之间靠凹槽和凸肩相互啮合［见图4-4（b）］，缠绕层能承受一部分由内压引起的轴向力。这种结构的圆筒具有较高的安全性，机械化程度高，材料损耗少，且由于存在预紧力，在内压作用下，筒壁应力分布较均匀。但钢带需由钢厂专门轧制，尺寸公差要求严，技术要求高；为保证邻层钢带能相互啮合，需采用精度较高的专用缠绕机床。

② 钢带错绕式　这是中国首创的一种新型绕带式圆筒，结构如图4-4（c）所示。内筒厚度约占总厚度的1/10~1/4，采用简单的"预应力冷绕"和"压棍预弯贴紧"技术，以相对于容器环向15°~30°倾角在薄内筒外交错缠绕扁平钢带。钢带宽80~160mm、厚4~8mm，其始末两端分

拓展知识4-3
朱国辉简介

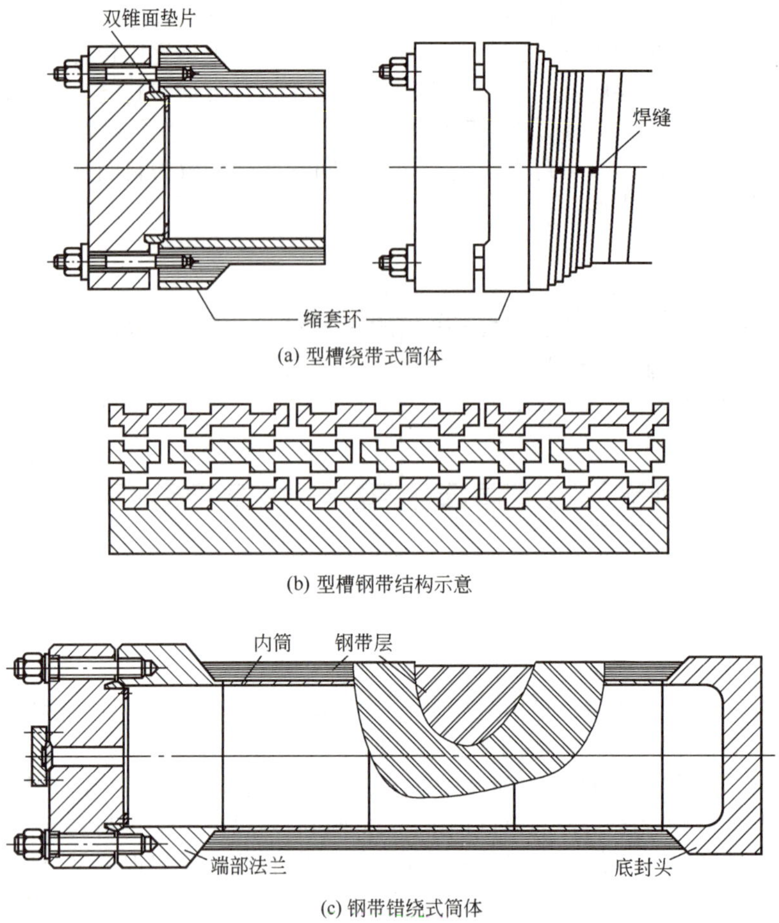

(a) 型槽绕带式筒体

(b) 型槽钢带结构示意

(c) 钢带错绕式筒体

图4-4 多层绕带式厚壁容器结构形式

别与底封头和端部法兰相焊接。大量的试验研究和长期使用实践证明，与其他类型厚壁圆筒相比，钢带错绕式圆筒结构具有设计灵活、制造方便、可靠性高、在线安全监控容易等优点。

在过去的50多年中，中国已制造了大量钢带错绕式氨合成塔、水压机蓄能器、加氢站储氢罐等高压容器，最高设计压力98MPa，取得了重大社会效益和经济效益。

4.3.2.2 内压圆筒的强度设计

（1）单层圆筒

承受内压圆筒计算厚度的计算可直接采用式（4-12），但式中压力 p 应采用计算压力 p_c，考虑焊接可能引起的强度削弱，$[\sigma]^t$ 应乘以焊接接头系数 ϕ，经化简后可得圆筒的厚度计算式

$$\delta = \frac{p_c D_i}{2[\sigma]^t \phi - p_c} \tag{4-13}$$

式中 δ——计算厚度，mm；

p_c——计算压力，MPa；

ϕ——焊接接头系数。

当已知圆筒尺寸 D_i、δ_n 或 δ_e，需对圆筒进行强度校核时，其环向应力强度判别按式（4-14）进行。

$$\sigma_\theta^t = \frac{p_c(D_i + \delta_e)}{2\delta_e} \leqslant [\sigma]^t \phi \tag{4-14}$$

式中　δ_e——有效厚度，$\delta_e = \delta_n - C$，mm；

　　　δ_n——名义厚度，mm；

　　　C——厚度附加量，mm；

　　　σ_θ^t——设计温度下圆筒的环向计算应力，MPa。

因此，圆筒的最大允许工作压力 $[p_w]$ 为

$$[p_w] = \frac{2\delta_e [\sigma]^t \phi}{D_i + \delta_e} \qquad (4\text{-}15)$$

式中　$[p_w]$——圆筒的最大允许工作压力，MPa。

　　　式（4-13）系由圆筒的薄膜应力按最大拉应力准则导出的，因而只能用于一定的厚度范围，如厚度过大，则由于实际应力情况与应力沿厚度均布的假设相差太大而不能使用。按照薄壳理论，它仅能在 $\delta/D \leqslant 0.1$ 即 $K \leqslant 1.2$ 范围内适用。但作为工程设计，由于采用了最大拉应力准则，且在确定许用应力时引入了材料设计系数，故可将其适用的厚度范围略加扩大，即扩大到在最大承压（液压试验）时圆筒内壁的应力强度在材料屈服强度以内。

　　　如前所述，按形状改变比能屈服失效判据计算出的内压厚壁圆筒初始屈服压力与实测值较为吻合，因而与形状改变比能准则相对应的应力强度 σ_{eq4} 能较好地反映厚壁圆筒的实际应力水平。由表4-2 知，σ_{eq4} 为

$$\sigma_{eq4} = \frac{\sqrt{3}K^2}{K^2 - 1} p_c$$

与中径公式相对应的应力强度 σ_{eqm} 为

$$\sigma_{eqm} = \frac{K+1}{2(K-1)} p_c$$

$\sigma_{eq4}/\sigma_{eqm}$ 随径比 K 的增大而增大。当 $K = 1.5$ 时，比值为

$$\sigma_{eq4}/\sigma_{eqm} \approx 1.25$$

这表明内壁实际应力强度是按中径公式计算的应力强度的 1.25 倍。TSG 21《固定式压力容器安全技术监察规程》规定，常规设计方法的 $n_s \geqslant 1.5$、$n_b \geqslant 2.7$。考虑到厚壁压力容器用钢的屈强比大于 0.58，许用应力主要取决于钢材的抗拉强度，相对于屈服强度的安全系数 $n_s \geqslant 0.58 \times 2.7 = 1.57$。在这种情况下，若圆筒径比不超过 1.5，仍可按式（4-13）计算圆筒厚度。因为在液压试验（$p_T = 1.25p$）时，圆筒内表面的实际应力强度最大为许用应力的 $1.25 \times 1.25 = 1.56$ 倍，说明圆筒内表面金属仍未达到屈服强度，处于弹性状态。

　　　当 $K = 1.5$ 时，$\delta = D_i(K-1)/2 = 0.25D_i$，代入式（4-13）得

$$0.25D_i = \frac{p_c D_i}{2[\sigma]^t \phi - p_c}$$

即 $p_c = 0.4[\sigma]^t \phi$。这就是将式（4-13）的适用范围规定为 $K \leqslant 1.5$ 或 $p_c \leqslant 0.4[\sigma]^t \phi$ 的依据所在。

　　　对计算压力大于 $0.4[\sigma]^t\phi$ 的单层厚壁圆筒，常采用塑性失效设计准则或爆破失效设计准则进行设计。

　　　对于内压厚壁圆筒，与 Mises 屈服失效判据相对应的全屈服压力可按式（2-51）计算。将式（2-51）代入式（4-7），得

$$n_{so} p = \frac{2}{\sqrt{3}} R_{eL} \ln K$$

圆筒计算厚度为

$$\delta = R_i(K-1) = R_i(e^{\frac{\sqrt{3}n_{so}}{2R_{eL}}p} - 1) \qquad (4\text{-}16)$$

n_{so} 的取值范围为 2.0～2.2。ASME Ⅷ-3 采用了式（4-16）。

当采用爆破失效设计准则时，常采用基于流变应力的爆破压力 P_b 计算公式

$$P_b = \frac{1}{\sqrt{3}}\left(R_m^t + R_{eL}^t\right)\ln K \qquad (4\text{-}17)$$

式中　R_m^t——设计温度下材料的抗拉强度；

　　　K——容器外径与内径之比。

按式（4-17）设计时，爆破安全系数应大于或等于 2.2。GB/T 34019《超高压容器》采用了该设计方法。

（2）多层厚壁圆筒

多层厚壁圆筒在制造过程中，都施加了一定大小的预应力。在内压作用下，这些预应力将使圆筒内壁应力降低，外壁应力增加，厚度方向应力分布趋向于均匀，从而提高圆筒的弹性承载能力。但由于结构和制造上的原因，要定量地控制预应力的大小是困难的。例如，多层筒节包扎式圆筒的预应力主要是由焊缝冷却收缩所造成的，其大小在制造时不易控制。因为焊缝的宽度、数量、焊接温度、材料等因素都对预应力的大小有影响，层板间摩擦力的存在也会使焊缝收缩所产生的压力不能均匀地分布于整个圆筒表面上。绕带式圆筒的预应力及其应力分布情况，在很大程度上取决于钢带缠绕的工艺过程及缠绕质量。为此设计计算时，往往偏于安全而不考虑预应力的影响，仅作强度储备之用。只有在压力很高时，才考虑预应力的作用。

热套式、多层筒节包扎式、绕板式、钢带错绕式圆筒的厚度计算方法与单层厚壁圆筒基本相同，即在计算压力不超过 $0.4[\sigma]^t\phi$ 时，按式（4-13）计算。不同之处是许用应力用组合许用应力代替。多层圆筒的组合许用应力 $[\sigma]^t\phi$ 为

$$[\sigma]^t\phi = \frac{\delta_i}{\delta_n}[\sigma_i]^t\phi_i + \frac{\delta_o}{\delta_n}[\sigma_o]^t\phi_o \qquad (4\text{-}18)$$

式中　δ_i——多层圆筒内筒的名义厚度，mm；

　　　δ_o——多层圆筒层板或钢带层总厚度，mm；

　　$[\sigma_i]^t$——设计温度下多层圆筒内筒材料的许用应力，MPa；

　　$[\sigma_o]^t$——设计温度下多层圆筒层板或带层材料的许用应力，对钢带错绕式筒体，应乘以同层钢带间隙引起的削弱系数 0.98，MPa；

　　　ϕ_i——多层圆筒内筒的焊接接头系数，一般取 ϕ_i=1.0；

　　　ϕ_o——多层圆筒层板层或带层的焊接接头系数取 ϕ_o=0.95。

圆筒除了承受由压力引起的应力外，当容器在较高温度操作时，还将不可避免地承受较大的热应力，按理在圆筒设计时应考虑热应力的影响。但由于热壁容器大都采取了良好的保温设施，且在使用过程中，一般均严格控制其加热和冷却速度，以降低热应力。因而，热应力一般不会影响圆筒的强度，所以在常规设计中不对圆筒的热应力进行校核计算。

4.3.2.3　设计技术参数的确定

压力容器设计技术参数主要有设计压力、设计温度、厚度及其附加量、焊接接头系数和许用应力等。

（1）设计压力

设计压力系指设定的容器顶部的最高压力，它与相应的设计温度一起作为设计载荷条件，其值不得低于工作压力。而工作压力系指容器在正常工作过程中顶部可能产生的最高压力。设计压力应视内压或外压容器分别取值。

当内压容器上仅装有一个超压泄放装置时，超压泄放装置的动作压力应该高于容器的工作压力且小于等于容器的设计压力。考虑到超压泄放装置的动作压力有一定误差，通常设计压力取最高工作压力的 1.05～1.10 倍；当容器上并联设置分级设定多个超压泄放装置时，第一个动作的超压泄放

装置的动作压力应不超过容器的设计压力，而附加超压泄放装置和辅助超压泄放装置的动作压力可超过设计压力，但设计压力取值同仅装有一个超压泄放装置的压力容器。

对于盛装液化气体的容器，由于容器内介质压力为液化气体的饱和蒸气压，在规定的装量系数范围内，与体积无关，仅取决于温度的变化，故设计压力与周围的大气环境温度密切相关。此外，还要考虑容器外壁是否有保冷设施，可靠的保冷设施能有效地保证容器内温度不受大气环境温度的影响，即设计压力应根据工作条件下可能达到的最高金属温度确定。

计算压力是指在相应设计温度下，用以确定元件厚度的压力，是针对容器内每个特定位置的元件来确定的。对于气液共存的压力容器，位于气相空间的元件，其计算压力通常等于设计压力；位于液相空间的元件，其计算压力等于设计压力加上该元件位置以上液柱产生的静压力。

（2）设计温度

设计温度也为压力容器的设计载荷条件之一，它是指容器在正常工作情况下，设定的元件的金属温度（沿元件金属截面的温度平均值）。元件金属温度可以通过传热计算或实测得到，也可以内部介质的最高（低）温度为基准，增加（或减少）一定数值来确定，对设计温度低于 -20℃的碳素钢和低合金钢制容器，以及设计温度低于 -196℃的铬镍奥氏体型钢材制容器，GB/T 150.3 将其界定为低温容器。

设计温度与设计压力存在对应关系。当压力容器具有不同的操作工况时，应按每种工况最苛刻的压力与温度组合作为该工况的设计条件，而不能按其在不同工况下各自的最苛刻条件确定设计温度和设计压力。

（3）厚度及厚度附加量

式（4-13）所给出的厚度为计算厚度，并未包括厚度附加量。设计时要考虑的厚度附加量 C 由钢材的厚度下偏差 C_1 和腐蚀裕量 C_2 组成，即 $C=C_1+C_2$，不包括加工减薄量 C_3。加工减薄量一般根据具体制造工艺和板材的实际厚度，由制造厂而并非由设计人员确定。因此，出厂时的实际厚度可能和图样厚度不完全一致。

计算厚度（δ）是按有关公式采用计算压力得到的厚度。必要时还应计入其他载荷对厚度的影响。

设计厚度（δ_d）系计算厚度与腐蚀裕量之和。

名义厚度（δ_n）指设计厚度加上钢材厚度下偏差后向上圆整至钢材标准规格的厚度，即标注在图样上的厚度。

有效厚度（δ_e）为名义厚度减去腐蚀裕量和钢材下偏差。

成形后厚度指制造厂考虑加工减薄量并按钢板厚度规格第二次向上圆整得到的坯板厚度，再减去实际加工减薄量后的厚度，也为出厂时容器的实际厚度。一般情况下，只要成形后厚度大于设计厚度就可满足强度要求。

对于压力较低的容器，按强度公式计算出来的厚度很薄，往往会给制造和运输、吊装带来困难，为此对壳体元件规定了不包括腐蚀裕量的最小厚度 δ_{min}。对非合金钢、低合金钢制的容器，δ_{min} 不小于 3mm；对高合金钢制的容器，δ_{min} 不小于 2mm。

各种厚度间的关系见图 4-5。

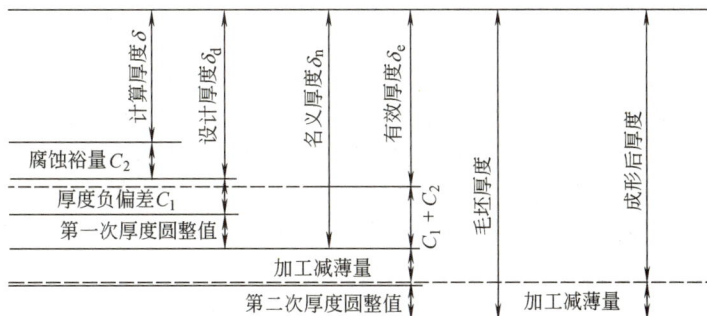

图 4-5　厚度关系示意图

钢板或钢管厚度下偏差 C_1 应按相应钢材标准的规定选取。按 GB/T 709《热轧钢板和钢带的尺寸、外形、重量及允许偏差》的规定，热轧钢板按厚度偏差可分为 N、A、B、C 四个类别，其中 N 类上偏差与下偏差相等；A 类按公称厚度规定下偏差；B 类固定下偏差为 0.3mm；C 类固定下偏差为零，按公称厚度规定上偏差。普通单轧钢板厚度允许偏差应符合 N 类的规定。厚度下偏差不仅与钢板厚度有关，还随着钢板宽度的变化有所不同，如同样是 10mm 的热轧钢板，当钢板宽度为 1500～2500mm 时，允许下偏差为 -0.65mm；当钢板宽度为 2500～4000mm 时，允许下偏差为 -0.80mm；当钢板宽度大于 4000mm 时，允许下偏差达到 -0.90mm。同时，根据需方要求也可以供应厚度偏差类别为 A、B、C 类的单轧钢板。GB/T 713《承压设备用钢板和钢带》中列举的压力容器专用钢板的厚度下偏差按 GB/T 709 中的 B 类要求，即 Q245R、Q345R 和 16MnDR 等压力容器常用钢板的下偏差均为 -0.30mm。

腐蚀裕量主要是防止容器受压元件由于均匀腐蚀、机械磨损而导致厚度削弱减薄。与腐蚀介质直接接触的筒体、封头、接管等受压元件，均应考虑材料的腐蚀裕量。腐蚀裕量一般可根据钢材在介质中的均匀腐蚀速率和容器的设计寿命确定。在无特殊腐蚀情况下，对于非合金钢和低合金钢，C_2 不小于 1mm；对于不锈钢，当介质的腐蚀性极微时，可取 $C_2=0$。

但腐蚀裕量只对防止发生均匀腐蚀破坏有意义；对于应力腐蚀、氢脆和缝隙腐蚀等非均匀腐蚀，用增加腐蚀裕量的办法来防止腐蚀效果不佳，此时应着重于选择耐腐蚀材料或进行适当的防腐蚀处理。

（4）焊接接头系数

通过焊接制成的容器，焊缝中可能存在夹渣、未熔透、裂纹、气孔等焊接缺陷，且在焊缝的热影响区很容易形成粗大晶粒而使母材强度或塑性有所降低，因此焊缝往往成为容器强度比较薄弱的环节。为弥补焊缝对容器整体强度的削弱，在强度计算中需引入焊接接头系数。焊接接头系数表示焊缝金属与母材强度的比值，反映容器强度受削弱的程度。

影响焊接接头系数大小的因素较多，但主要与焊接接头形式和焊缝无损检测的要求及长度比例有关。中国钢制压力容器的焊接接头系数可按表 4-3 选取。

表4-3 钢制压力容器的焊接接头系数 ϕ 值

焊接接头形式	无损检测比例	ϕ 值	焊接接头形式	无损检测比例	ϕ 值
双面焊对接接头和相当于双面焊的全熔透对接接头	100%	1.00	单面焊对接接头（沿焊缝根部全长有紧贴基本金属的垫板）	100%	0.90
	局部	0.85		局部	0.80

（5）许用应力

许用应力是容器壳体、封头等受压元件的材料许用强度，取材料强度失效判据的极限值与相应的安全系数之比。压力容器安全系数是中国一个约定俗成的特有名词。它并不代表压力容器的安全性，只是针对塑性垮塌、蠕变等特定失效模式给出安全裕度，称为"确定材料许用应力的系数或者材料设计系数"更为确切。设计时必须合理地选择材料的许用应力，采用过小的许用应力，会使设计的部件过分笨重而浪费材料，反之则使部件过于单薄而容易破损。

材料强度失效判据的极限值可以用各种不同的方式表示，如屈服强度 R_{eL}（或 $R_{p0.2}$、$R_{p1.0}$）、抗拉强度 R_m、持久强度 R_D、蠕变极限 R_n 等。应根据失效类型来确定极限值。

在蠕变温度以下，通常取材料常温下标准抗拉强度下限值 R_m、常温或设计温度下的标准屈服强度 R_{eL} 或 R_{eL}^t 三者除以各自的安全系数后所得到的最小值，作为压力容器受压元件设计时的许用应力，即按下式取值

$$[\sigma] = \min\left\{\frac{R_m}{n_b}, \frac{R_{eL}}{n_s}, \frac{R_{eL}^t}{n_s}\right\} \tag{4-19}$$

也就是说在设计受压元件时，以抗拉强度和屈服强度同时来控制许用应力。因为对韧性材料制造的容器，按弹性失效设计准则，容器总体部位的最大应力强度应低于材料的屈服强度，故许用应力应以屈服强度为基准。目前在压力容器设计中，不少规范同时用抗拉强度作为计算许用应力的基准，其目的是在一定程度上防止断裂失效。

当非合金钢或低合金钢的设计温度超过 420℃，铬钼合金钢设计温度高于 450℃，奥氏体不锈钢设计温度高于 550℃时，有可能产生蠕变，因而必须同时考虑基于高温蠕变极限 R_n^t 或持久强度 R_D^t 的许用应力，即

$$[\sigma]^t = \frac{R_D^t}{n_D} \quad 或 \quad [\sigma]^t = \frac{R_n^t}{n_n} \tag{4-20}$$

安全系数是一个强度"保险"系数，主要是为了保证受压元件强度有足够的安全储备量，其大小与应力计算的精确性、材料性能的均匀性、载荷的确切程度、制造工艺和使用管理的先进性以及检验水平等因素有着密切关系。安全系数数值的确定，不仅需要一定的理论分析，更需要长期实践经验积累。近年来，随着生产的发展和科学研究的深入，对压力容器设计、制造、检验和使用的认识日益全面、深刻，安全系数也逐步降低。以常规设计为例，20 世纪 50 年代中国取 $n_b \geqslant 4.0$，$n_s \geqslant 3.0$，90 年代为 $n_b \geqslant 3.0$，$n_s \geqslant 1.6$（或 1.5），而现在则降为 $n_b \geqslant 2.7$，$n_s \geqslant 1.5$。

GB/T 150.2 给出了钢板、钢管、锻件以及螺栓材料在设计温度下的许用应力值，同时也列出了确定钢材许用应力的依据，表 4-4 所示为钢材（除螺栓材料外）许用应力的确定依据。如果引用标准允许采用 $R_{p1.0}^t$，则可以用 $R_{p1.0}^t$ 代替 $R_{p0.2}^t$。设计计算时许用应力可直接从许用应力表中查得，也可按表 4-4 规定求得，但须注意钢板许用应力往往随钢板厚度增加或温度升高而降低。螺栓的许用应力应依据材料的不同状态和直径大小而定。为保证螺栓法兰连接结构的密封性，须严格控制螺栓的弹性变形。一般情况下，螺栓材料的许用应力取值比其他受压元件材料低；同时为防止小直径螺栓在安装时断裂，小直径螺栓的许用应力也比大直径的低。

表4-4　钢制压力容器用材料许用应力的取值方法

材料	许用应力（取下列各值中的最小值）/MPa
非合金钢、低合金钢	$\dfrac{R_m}{2.7}$，$\dfrac{R_{eL}}{1.5}$，$\dfrac{R_{eL}^t}{1.5}$，$\dfrac{R_D^t}{1.5}$，$\dfrac{R_n^t}{1.0}$
高合金钢	$\dfrac{R_m}{2.7}$，$\dfrac{R_{eL}(R_{p0.2})}{1.5}$，$\dfrac{R_{eL}^t(R_{p0.2}^t)^{①}}{1.5}$，$\dfrac{R_D^t}{1.5}$，$\dfrac{R_n^t}{1.0}$

① 对奥氏体高合金钢制受压元件，当设计温度低于蠕变范围，且允许有微量的永久变形时，可适当提高许用应力至 $0.9R_{eL}^t(R_{0.2}^t)$，但不得超过 $\dfrac{R_{eL}^t(R_{p0.2})}{1.5}$。此规定不适用于法兰或其他有微量永久变形就产生泄漏或故障的场合。

💬 **例 4-1**

某内压圆柱形筒体，其设计压力 $p=0.4\text{MPa}$，设计温度 $t=70℃$，圆筒内径 $D_i=1000\text{mm}$，总高 3000mm，盛装液体介质，介质密度 $\rho=1000\text{kg/m}^3$，圆筒材料为 Q345R，腐蚀裕量 C_2 取 2mm，焊接接头系数 $\phi=0.85$。已知设计温度下 Q345R 的许用应力，在厚度为 6~16mm 时，$[\sigma]^t=189\text{MPa}$；厚度为 16~36mm 时，$[\sigma]^t=185\text{MPa}$。试求该筒体厚度。

解　（1）根据设计压力和液柱静压力确定计算压力

圆筒底部的液柱静压力为 0.03MPa，其计算压力为 $p_c=p+0.03=0.43\text{MPa}$。

（2）设计厚度

假设材料的许用应力 $[\sigma]^t=189\text{MPa}$（厚度为 6~16mm 时）。筒体计算厚度按式（4-13）计算

$$\delta = \frac{p_c D_i}{2[\sigma]^t \phi - p_c} = \frac{0.43 \times 1000}{2 \times 189 \times 0.85 - 0.43} = 1.34(\text{mm})$$

设计厚度 $\delta_d = \delta + C_2 = 1.34 + 2 = 3.34$（mm）。

对 Q345R，钢板下偏差 $C_1 = 0.3\text{mm}$，因而可取名义厚度 $\delta_n = 4\text{mm}$。但对低合金钢制的容器，规定不包括腐蚀裕量的最小厚度应不小于 3mm，若加上 2mm 的腐蚀裕量，名义厚度至少应取 5mm。由钢材标准规格，名义厚度取为 6mm。

（3）检查

$\delta_n = 6\text{mm}$，$[\sigma]^t$ 没有变化，故取名义厚度 6mm 合适。

4.3.2.4 外压圆筒设计

由壳体稳定性分析可知，为计算筒体的许用外压力，首先必须假设圆筒的名义厚度 δ_n，计算有效厚度 δ_e，求出临界长度 L_{cr}，将圆筒的外压计算长度 L 与 L_{cr} 进行比较，判断圆筒属于长圆筒还是短圆筒；然后根据圆筒类型，选用相应公式计算临界压力 p_{cr}；再选取合适的稳定性安全系数 m，计算许用外压 $[p] = \dfrac{p_{cr}}{m}$，比较设计压力 p 和 $[p]$ 的大小。若 p 小于等于 $[p]$ 且较为接近，则假设的名义厚度 δ_n 符合要求；否则应重新假设 δ_n，重复以上步骤，直到满足要求为止。上述过程即为用解析法求取外压容器许用压力的设计步骤，是一个反复试算的过程，因而比较烦琐。为避免解析法设计的不足，各国设计规范均推荐采用图算法。下面介绍外压圆筒及带加强圈圆筒图算法的原理及工程设计方法。

4.3.2.4.1 图算法的原理

假设圆筒仅受径向均匀外压，而不受轴向外压，与圆环一样处于单向（周向）应力状态。从工程设计角度，将式（2-75）中的中面直径 D、厚度 t 相应改为外径 D_o、有效厚度 δ_e，可得长圆筒临界压力

$$p_{cr} = 2.2E\left(\frac{\delta_e}{D_o}\right)^3$$

而短圆筒临界压力按美国海军水槽公式计算

$$p_{cr} = 2.6E\frac{\left(\dfrac{\delta_e}{D_o}\right)^{2.5}}{\dfrac{L}{D_o} - 0.45\left(\dfrac{\delta_e}{D_o}\right)^{0.5}}$$

圆筒在 p_{cr} 作用下，产生的周向应力为

$$\sigma_{cr} = \frac{p_{cr} D_o}{2\delta_e}$$

为避开材料的弹性模量 E（因其在塑性状态时为变量），采用应变表征失稳时的特征。不论长圆筒或短圆筒，失稳时的周向应变（按单向应力时的胡克定律）为

$$\varepsilon_{cr} = \frac{\sigma_{cr}}{E} = \frac{p_{cr} D_o}{2E\delta_e} \tag{4-21}$$

将长、短圆筒的 p_{cr} 公式分别代入上式中，得

长圆筒
$$\varepsilon_{cr} = \frac{1.1}{\left(\dfrac{D_o}{\delta_e}\right)^2} \tag{4-22}$$

短圆筒

$$\varepsilon_{\mathrm{cr}} = \frac{1.3}{\left[\dfrac{L}{D_{\mathrm{o}}} - 0.45\left(\dfrac{D_{\mathrm{o}}}{\delta_{\mathrm{e}}}\right)^{-0.5}\right]\left(\dfrac{D_{\mathrm{o}}}{\delta_{\mathrm{e}}}\right)^{1.5}} \tag{4-23}$$

由式（4-22）和式（4-23）可见，失稳时周向应变仅与筒体结构特征参数 L/D_{o}、$D_{\mathrm{o}}/\delta_{\mathrm{e}}$ 有关，因而可以用如下函数式表示

$$\varepsilon_{\mathrm{cr}} = f(L/D_{\mathrm{o}},\ D_{\mathrm{o}}/\delta_{\mathrm{e}}) \tag{4-24}$$

对于径向受均匀外压以及径向和轴向受相同外压的圆筒，令外压应变系数 $A=\varepsilon_{\mathrm{cr}}$，并将式（4-22）和式（4-23）以 A 作为横坐标，L/D_{o} 作为纵坐标，$D_{\mathrm{o}}/\delta_{\mathrm{e}}$ 作为参量绘成曲线，如图4-6所示。在图4-6曲线中与纵坐标平行的直线簇表示长圆筒，失稳时外压应变系数 A 与 L/D_{o} 无关；图下方的斜平行线簇表示短圆筒，失稳时外压应变系数 A 与 L/D_{o}、$D_{\mathrm{o}}/\delta_{\mathrm{e}}$ 都有关。因该图与材料的弹性模量 E 无关，所以对任何材料的圆筒都适用。

若已知 L/D_{o} 和 $D_{\mathrm{o}}/\delta_{\mathrm{e}}$ 值，即可用图4-6找出失稳时的外压应变系数 A。对于不同材料的外压圆筒，还需找出 A 与 p_{cr} 的关系，才能判定圆筒在操作外压力下是否安全。

对于临界压力 p_{cr}，引入稳定性安全系数 m 而得许用外压力 $[p]$，故 $p_{\mathrm{cr}}=m[p]$。将此关系代入式（4-21）整理得

$$\varepsilon_{\mathrm{cr}} = \frac{m[p]D_{\mathrm{o}}}{2E\delta_{\mathrm{e}}}$$

即

$$\frac{D_{\mathrm{o}}[p]}{\delta_{\mathrm{e}}} = \frac{2}{m}E\varepsilon_{\mathrm{cr}}$$

令 $B = \dfrac{[p]\,D_{\mathrm{o}}}{\delta_{\mathrm{e}}}$，GB/T 150 和 ASME Ⅷ-1 均取圆筒的稳定性安全系数 $m=3$。将 B 和 m 代入上式可得

$$B = \frac{2}{3}E\varepsilon_{\mathrm{cr}} = \frac{2}{3}\sigma_{\mathrm{cr}} \tag{4-25}$$

B 为外压应力系数（MPa），B 和 A 一起反映了材料应力 - 应变关系。在弹性范围内，钢的弹性模量 E 为常数，将纵坐标应力按 2/3 比例缩小后，就得到 B 与 A 的关系。若圆筒失稳时发生塑性变形，工程上通常采用正切弹性模量，即应力 - 应变曲线上任一点的斜率 $E_{\mathrm{t}}=\mathrm{d}\sigma/\mathrm{d}\varepsilon$，其值随圆筒所处的应力水平而异，此时 B 与 A 关系曲线的绘制步骤参见 GB/T 150。图 4-7～图 4-9 为几种常用钢材的外压应力系数 B 曲线。因为同种材料在不同温度下的应力 - 应变曲线不同，所以图中绘出了不同温度的曲线。显然，不同材料有不同的外压应力系数 B 曲线。

外压应力系数 B 曲线图中的直线部分表示材料处于弹性，属于弹性失稳，此时 B 与 A 成正比，为节省篇幅，图 4-7～图 4-9 曲线中弹性范围仅作出一小部分。由 A 查 B 时，若相应温度下的 B 与 A 关系曲线相交不到，则表明筒体属于弹性失稳，可由 $B=2EA/3$ 求取 B。

4.3.2.4.2　工程设计方法

工程设计中，根据 $D_{\mathrm{o}}/\delta_{\mathrm{e}}$ 值大小，将外压圆筒划分为厚壁圆筒和薄壁圆筒。薄壁圆筒的外压计算仅考虑失稳问题，而厚壁圆筒则要同时考虑失稳和强度失效。关于厚壁圆筒和薄壁圆筒的界限，GB/T 150.3 按 $D_{\mathrm{o}}/\delta_{\mathrm{e}}=20$ 作为界限进行划分，即 $D_{\mathrm{o}}/\delta_{\mathrm{e}}<20$ 时为厚壁圆筒，$D_{\mathrm{o}}/\delta_{\mathrm{e}}\geqslant20$ 时为薄壁圆筒；而 ASME Ⅷ-1 和日本等国家的标准则以 $D_{\mathrm{o}}/\delta_{\mathrm{e}}=10$ 为界限。下面按 GB/T 150.3 的规定介绍外压圆筒的图算法设计步骤。

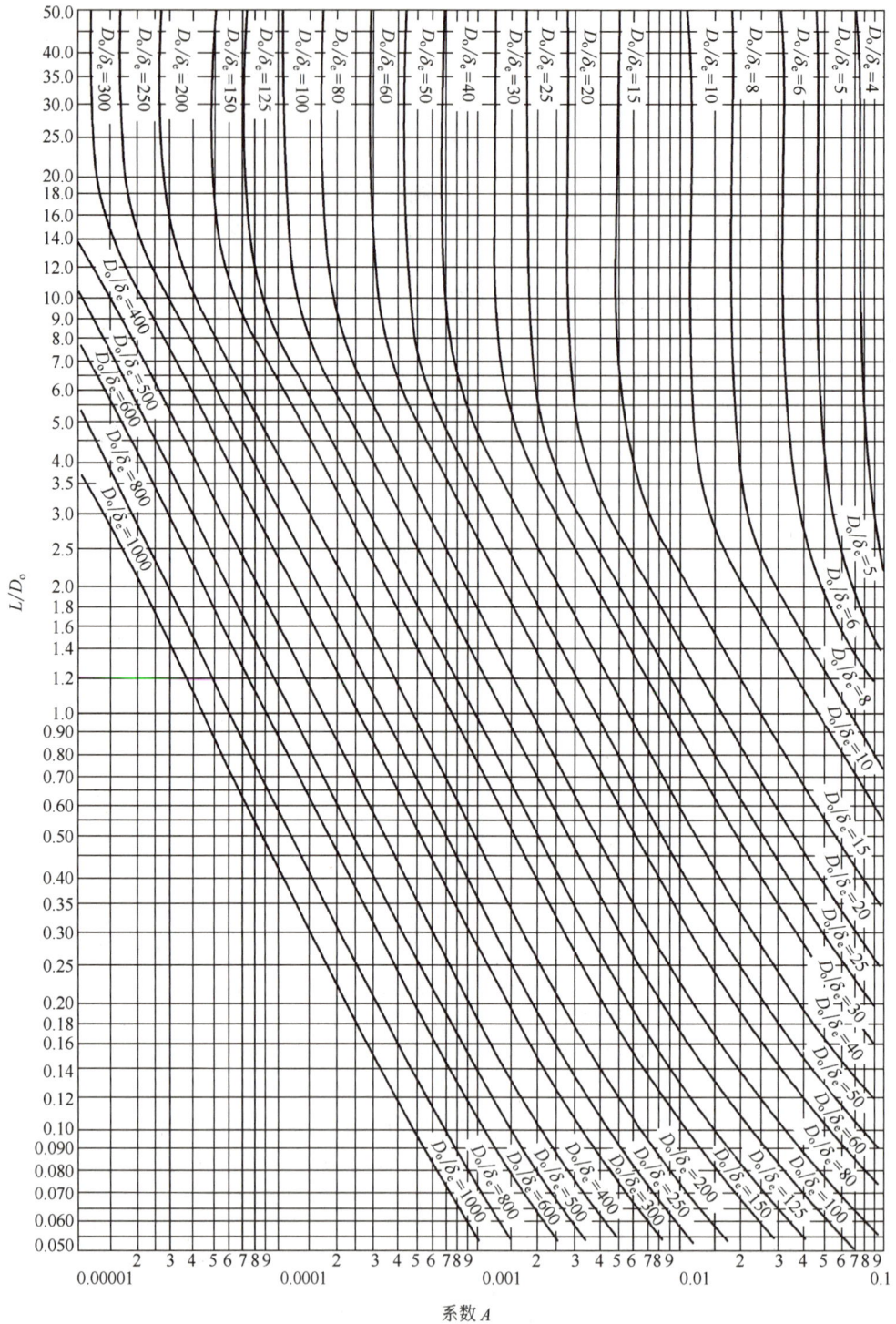

图 4-6 外压应变系数 A 曲线（适用于所有材料）

图 4-7 Q345R 外压应力系数 B 曲线

注：用于 Q345R 钢等屈服强度 $R_{eL} \geqslant 345\text{MPa}$ 的合金钢的钢板。

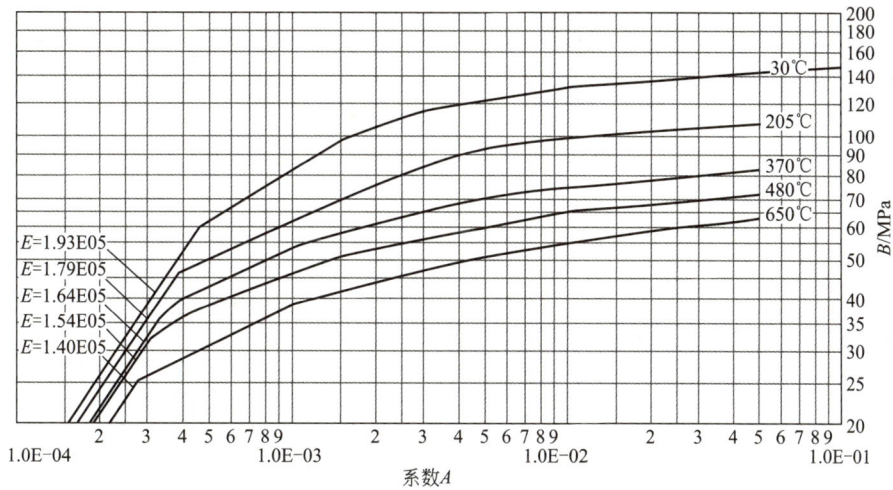

图 4-8 S30408 外压应力系数 B 曲线

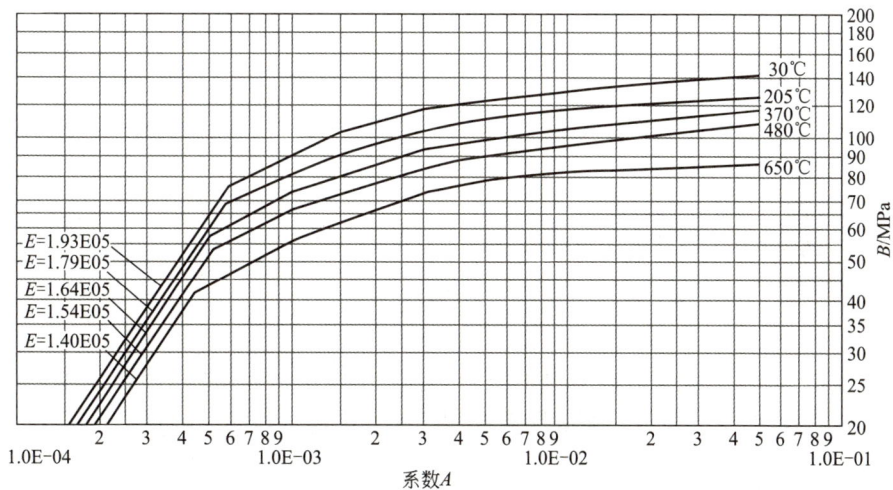

图 4-9 S31608 外压应力系数 B 曲线

（1）薄壁圆筒

对于 $D_o/\delta_e \geq 20$ 的薄壁圆筒，仅需进行稳定性校核。

ⅰ. 假设名义厚度 δ_n，令 $\delta_e = \delta_n - C$，计算出 L/D_o 和 D_o/δ_e。

ⅱ. 以 L/D_o、D_o/δ_e 值由图 4-6 查取 A 值，若 L/D_o 值大于 50，则用 $L/D_o = 50$ 查取 A 值。

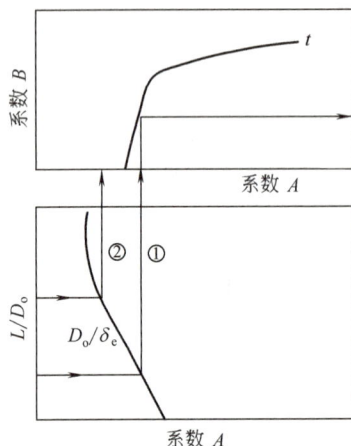

图 4-10　图算法求解过程

ⅲ. 根据圆筒材料选用相应的外压应力系数 B 曲线（图4-7～图4-9），在图的横坐标上找出系数 A 值。在该 A 值和设计温度（遇中间温度用内插法）下求取相应的 B 值，见图4-10中标记①。然后按式（4-26）计算许用外压力 $[p]$

$$[p] = \frac{B}{D_o/\delta_e} \tag{4-26}$$

若所得 A 值落在设计温度下材料线的左方，见图4-10中标记②，则用式（4-27）计算许用外压力 $[p]$

$$[p] = \frac{2AE}{3(D_o/\delta_e)} \tag{4-27}$$

ⅳ. 比较计算外压力 p_c 与许用外压力 $[p]$，若 $p_c \leq [p]$ 且较接近，则假设的名义厚度 δ_n 合理，否则应再假设名义厚度，重复上述步骤直到满足要求为止。

（2）厚壁圆筒

对于 $D_o/\delta_e < 20$ 的厚壁圆筒，求取 B 值的计算步骤同 $D_o/\delta_e \geq 20$ 的薄壁圆筒；但对 $D_o/\delta_e < 4.0$ 的圆筒，应按式（4-28）求 A 值

$$A = \frac{1.1}{(D_o/\delta_e)^2} \tag{4-28}$$

为满足稳定性，厚壁圆筒的许用外压力应不低于式（4-29）的计算值

$$[p] = \left(\frac{2.25}{D_o/\delta_e} - 0.0625 \right) B \tag{4-29}$$

为满足强度，厚壁圆筒的许用外压力应不低于式（4-30）的计算值

$$[p] = \frac{2\sigma_o}{D_o/\delta_e} \left(1 - \frac{1}{D_o/\delta_e} \right) \tag{4-30}$$

式中　σ_o——应力，$\sigma_o = \min\{\sigma_o = 2[\sigma]^t,\ \sigma_o = 0.9R_{eL}^t$ 或 $\sigma_o = 0.9R_{p0.2}^t\}$，MPa。

为防止圆筒的失稳和强度失效，厚壁圆筒的许用外压力必须取式（4-29）和式（4-30）中的较小值。

（3）圆筒许用轴向压缩应力的确定

① 图算法　先假设名义厚度 δ_n，取 $\delta_e = \delta_n - C$，按式（4-31）计算系数 A

$$A = \frac{0.094}{R_i/\delta_e} \tag{4-31}$$

再选用相应材料的外压应力系数曲线查取 B（即圆筒许用轴向压缩应力）。若 A 值落在设计温度下材料外压应力系数曲线的左方，则表明圆筒属于弹性失稳，按式（4-32）计算 B

$$B = \frac{2}{3} EA \tag{4-32}$$

② 解析法　基于弹塑性理论可以得到圆筒许用轴向压缩应力的计算公式，详见文献［2］。

（4）有关设计参数的规定

外压容器的设计参数主要有设计压力、稳定性安全系数和外压计算长度等。

① 设计压力 承受外压的容器设计压力定义与内压容器相同，但取值方法不同。确定外压容器设计压力时，应考虑在正常工作情况下可能出现的最大内外压力差。真空容器的设计压力按承受外压考虑；当装有安全控制装置（如真空泄放阀）时，设计压力取 1.25 倍最大内外压力差或 0.1MPa 两者中的较小值；当无安全控制装置时，取 0.1MPa。对于带夹套的容器应考虑可能出现最大压力差的危险工况，如内容器突然泄压而夹套内仍有压力时所产生的最大压力差。

② 稳定性安全系数 由于长、短圆筒的临界压力计算公式，是按理想的无初始不圆度求得的。实际上，圆筒在经历成形、焊接或焊后热处理后存在各种原始缺陷，如几何形状和尺寸的偏差、材料性能不均匀性等，都会直接影响临界压力计算值的准确性；加上受载可能不完全对称，因而根据线性小挠度理论得到的临界压力与试验结果有一定误差。为此，在计算许用设计外压力时，必须考虑一定的稳定性安全系数 m。按 GB/T 150.3 规定，对圆筒，m 取 3.0；对球壳和成形封头，基于小挠度弹性理论的临界压力 m 取 15，基于非线性大挠度理论的临界压力 m 则取 3。

但在稳定性安全系数 m 取 3 的同时，对外压圆筒的形状偏差还有特殊要求。如 GB/T 150.4 规定，受外压及真空的圆筒在同一断面一定弦长范围内，实际形状与真正圆形之间的上下偏差不得超过一定值，具体规定可参见文献［2］。

③ 外压计算长度 外压圆筒的计算长度系指圆筒上两相邻支撑线之间的距离。通常，封头、法兰及经计算满足惯性矩要求的加强圈等有足够的刚度，其与壳体的连接线可视为支撑线，图 4-11 为外压计算长度取值示意图。对于椭圆形封头、碟形封头等凸形封头，应计入直边段以及封头曲面深度的 1/3。这是由于凸形封头与圆筒对接时，在外压作用下，封头的过渡区产生环向拉应力，因而在过渡区不存在外压屈曲问题，故可将该处视作支撑线。对于带无折边锥壳的容器，则应视锥壳与圆筒连接处的惯性矩大小区别对待：若连接处的组合截面经计算有满足需要的惯性矩，则圆筒与锥壳相连接处可作为支撑线［图 4-11（c）］；否则应取容器的总长度作为外压计算长度［图 4-11（d）］。当圆筒与锥壳连接处组合截面的惯性矩不足时，允许采用圆筒 - 锥壳 - 加强圈组合结构来提高组合截面的惯性矩［图 4-11（f）］。对于带夹套的圆筒，则取承受外压的圆筒长度［图 4-11（g）］；对于圆筒部分有加强圈（或可作为加强的构件）时，则取圆筒第一个加强圈中心线与凸形封头切线间的距离加凸形封头曲面深度的 1/3［图 4-11（h）］。

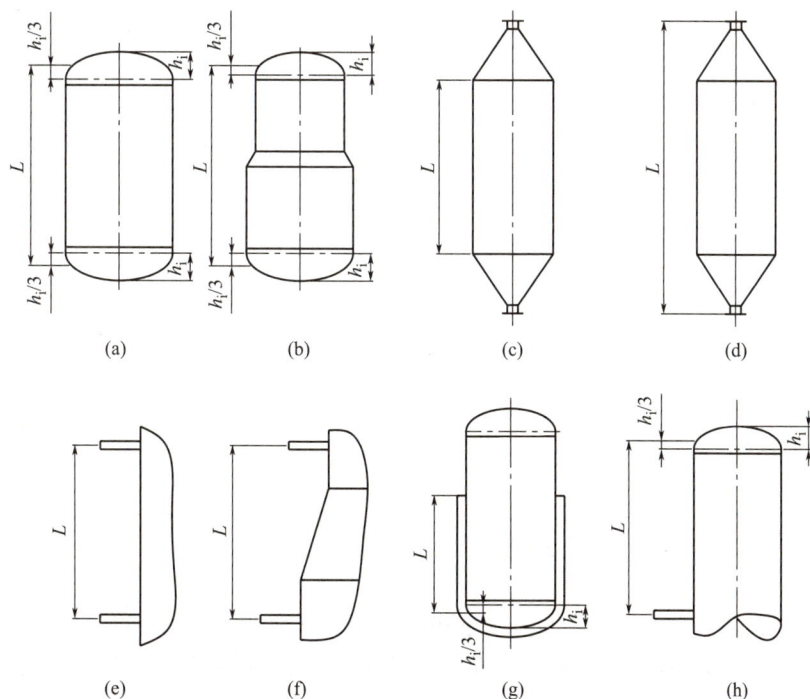

图 4-11 外压圆筒的计算长度

（5）加强圈的设计计算

通过第 2 章分析可知，在外压圆筒上设置加强圈，将长圆筒转化为短圆筒，可以有效地减小圆筒厚度、提高圆筒稳定性。加强圈设计主要是确定加强圈的间距、截面尺寸及结构设计，以保证有足够的稳定性。

① 加强圈的间距　在外压圆筒上设置加强圈，必须使其属于短圆筒才有实际作用。当圆筒的 δ_e/D_o 已知，且计算外压 p_c 值给定时，可由短圆筒许用外压力计算公式（2-81）导出加强圈的最大间距，即

$$L_{max} = \frac{2.6ED_o}{mp_c(D_o/\delta_e)^{2.5}} \tag{4-33}$$

由式（4-33）可知，加强圈数量增多，L_{max} 值减小，则圆筒厚度可减薄；反之，圆筒厚度须增加。

② 加强圈截面尺寸的确定　图 4-12 中，将加强圈当作受压圆环，视每个加强圈承受两侧 $L_s/2$ 范围内的载荷，因而其临界载荷可按圆环失稳公式计算，即

$$\bar{p}_{cr} = \frac{24EI}{D_s^3} \tag{4-34}$$

式中　$\bar{p}_{cr}$——加强圈单位周长上的临界压力，N/mm；

　　　　I——加强圈截面对其中性轴的惯性矩，mm^4；

　　　　D_s——加强圈中性轴的直径，mm。

因加强圈间距为 L_s，假设圆筒本身无刚性，作用在加强圈中心线两侧范围内圆筒上的临界压力 p_{cr}，全部作用在加强圈上，则每个加强圈单位周长所承受的 $\bar{p}_{cr}$ 公式为

$$\bar{p}_{cr} = \frac{p_{cr}L_s\pi D_s}{\pi D_s} = p_{cr}L_s$$

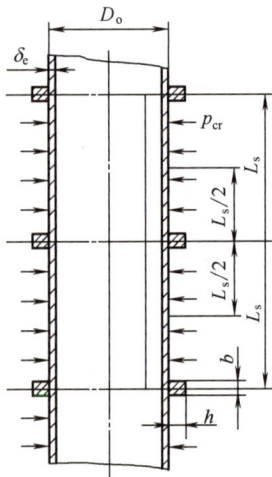

图 4-12　每个加强圈所承受的载荷

将上式代入式（4-34），取 $D_o \approx D_s$，则

$$\bar{p}_{cr} = p_{cr}L_s = \frac{24EI}{D_o^3}$$

或

$$I = \frac{p_{cr}L_sD_o^3}{24E} \tag{4-35}$$

将式（4-35）变换为

$$I = \frac{p_{cr}D_o}{2\delta_e}\frac{\delta_e L_s D_o^2}{12E}$$

并以 $\sigma_{cr} = \dfrac{p_{cr}D_o}{2\delta_e}$ 和 $A = \varepsilon_{cr} = \dfrac{\sigma_{cr}}{E} = \dfrac{p_{cr}D_o}{2\delta_e E}$ 代入上式，得

$$I = \frac{\delta_e L_s D_o^2}{12E}\sigma_{cr} = \frac{\delta_e L_s D_o^2}{12}A \tag{4-36}$$

式（4-36）是假设外压力全部由加强圈承担的情况，实际上加强圈和圆筒共同承受外压力，应计算其组合惯性矩。对图 4-12 等间距设置加强圈的圆筒，可将其视作厚度为 δ_y 的当量圆筒，此当量厚度为

$$\delta_y = \delta_e + \frac{A_s}{L_s} \quad\quad (4\text{-}37)$$

式中　δ_y——当量厚度，mm；

　　　A_s——单个加强圈的截面积，mm^2；

　　　L_s——加强圈的间距，mm。

用 δ_y 代替式（4-36）中 δ_e，并考虑到加强圈和圆筒连接大多采用间断焊，因而增加 10% 的惯性矩以提高稳定性裕度，即将式（4-36）乘以 1.1，得到保持稳定时加强圈和圆筒组合段所需的最小惯性矩

$$I = \frac{D_o^2 L_s (\delta_e + A_s/L_s)}{10.9} A \quad\quad (4\text{-}38)$$

和前面介绍的圆筒稳定性计算相比，求解 A 的过程刚好和假定圆筒厚度求其许用外压力的过程相反。在加强圈设计时，通常是已知加强圈欲承受的外压力 p_c，而求解其所需惯性矩。因此先假设加强圈的个数与间距 L_s（$L_s \leqslant L_{max}$），然后选择加强圈尺寸（可按型钢规格），计算或由手册查得 A_s。并计算加强圈与当量圆筒实际所具有的组合惯性矩 I_s；同时，根据已知的 p_c、D_o 和选择的 δ_e、L_s，按下式计算当量圆筒周向失稳时的 B 值，即

$$B = \frac{p_c D_o}{\delta_y} = \frac{p_c D_o}{\delta_e + A_s/L_s} \quad\quad (4\text{-}39)$$

然后按相应材料的外压应力系数曲线，由 B 值查取 A 值（若查图时无交点，则按 $A = \frac{3B}{2E}$ 计算），再把查得的 A 值代入式（4-38）中，即可求得所需的最小惯性矩 I。比较 I_s 和 I，若 I_s 大于并接近 I，则满足要求，否则应重新选择加强圈尺寸，重复上述计算，直至满足要求为止。

③ 加强圈与圆筒的连接结构　加强圈常用扁钢、角钢、工字钢或其他型钢制成，可以设置在容器的内部或外部，其材料多为非合金钢。当圆筒材料为不锈钢等贵重金属时，在圆筒外部设置非合金钢加强圈，可以节省贵重金属。

加强圈与圆筒连接可采用连续的或间断的焊接，其焊接结构如图 4-13 所示。当加强圈设置在容器外面时，加强圈每侧间断焊接的总长，应不小于圆筒外圆周长的 1/2；当加强圈设置在容器里面时，焊接总长应不小于圆筒内圆周长的 1/3。加强圈两侧的间断焊缝可以错开或并排布置，但焊缝之间的最大间隙对外加强圈为 $8\delta_n$，对内加强圈为 $12\delta_n$（δ_n 为圆筒的名义厚度）。

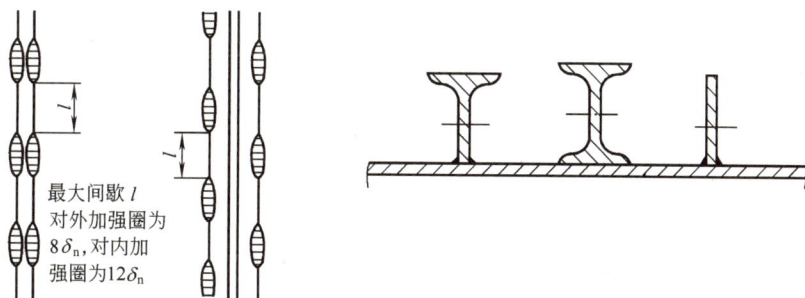

最大间歇 l
对外加强圈为
$8\delta_n$，对内加
强圈为 $12\delta_n$

图 4-13　加强圈与圆筒的连接

为保证圆筒与加强圈的加强作用，加强圈应整圈围绕在圆筒的圆周上，而不许任意削弱或割断。对设置在内部的加强圈，若由于工艺需要开设排液孔、排气孔，使加强圈局部有所削弱或割断，则削弱或割断的弧长不得大于图 4-14 所给定的值。

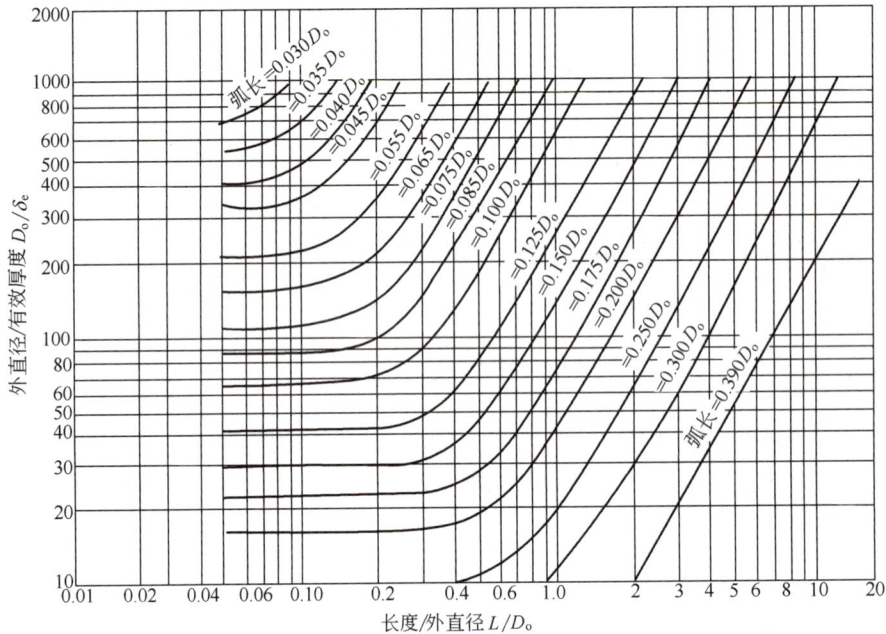

图4-14　圆筒上加强圈允许的间断弧长值

　　带加强圈外压圆筒有三种失效形式，即加强圈与圆筒同时失稳、加强圈两侧的圆筒失稳和加强圈本身失稳。当加强圈两侧的圆筒失稳时，为使加强圈承受外压引起的径向压缩载荷，加强圈与圆筒间的焊接接头应能承受单位长度上的径向载荷 $p_c L_s$；当加强圈本身失稳时，横力弯曲将引起剪力，焊接接头必须能承受剪力 $0.01 p_c L_s D_o$ 引起的切应力。根据上述要求，可确定焊缝的尺寸。

4.3.3　封头设计

　　压力容器封头的种类较多，分为凸形封头、锥壳、变径段、平盖及紧缩口等，其中凸形封头包括半球形封头、椭圆形封头、碟形封头和球冠形封头。采用什么样的封头要根据工艺条件的要求、制造的难易程度和材料的消耗等情况来决定。

　　对受均匀内压封头的强度计算，由于封头和圆筒相连接，因而不仅需要考虑封头本身因内压引起的薄膜应力，还要考虑与圆筒连接处的不连续应力。连接处总应力的大小与封头的几何形状和尺寸，封头与圆筒厚度的比值大小有关。但在导出封头厚度设计公式时，主要利用内压薄膜应力作为依据，而将因不连续效应产生的应力增强影响以应力增强系数的形式引入厚度计算式中。应力增强系数由有力矩理论解析导出，并辅以实验修正。

　　封头设计时，一般应优先选用封头标准中推荐的形式与参数，然后根据受压情况进行强度或稳定性计算，确定合适的厚度。

4.3.3.1　凸形封头

（1）半球形封头

半球形封头为半个球壳，如图4-15（a）所示。

① 受内压的半球形封头　在均匀内压作用下，薄壁球形容器的薄膜应力为相同直径圆筒的一半，故从受力分析来看，球形封头是最理想的结构形式。但缺点是深度大，直径小时，整体冲压困难，大直径采用分瓣冲压其拼焊工作量也较大。半球形封头常用在高压容器上。

式（4-40）为受内压的半球形封头厚度计算公式，其推导过程与圆筒厚度计算公式相类似。

(a) 半球形封头　(b) 椭圆形封头　(c) 碟形封头　(d) 球冠形封头

图 4-15　常见容器凸形封头的形式

$$\delta = \frac{p_c D_i}{4[\sigma]^t \phi - p_c} \qquad (4\text{-}40)$$

式中　D_i——球壳的内直径，mm。

同时，为满足弹性要求，式（4-40）的适用范围为 $K \leqslant 1.35$ 或 $p_c \leqslant 0.6[\sigma]^t \phi$。

② 受外压的半球形封头　同外压圆筒，受外压的半球形封头（或外压球壳）在工程上广泛采用图算法。球壳临界压力计算公式（2-86）是按小挠度弹性屈曲理论得到的，计算值远高于实测值。工程上，常采用基于非线性大挠度理论并修正的球壳临界压力计算公式

$$p_{cr} = 0.25E(\delta_e/R_o)^2$$

引入稳定性安全系数，取 $m=3$，可得球壳的许用外压力为

$$[p] = \frac{p_{cr}}{3} = \frac{0.0833E}{(R_o/\delta_e)^2} \qquad (4\text{-}41)$$

令 $B = \dfrac{[p]R_o}{\delta_e}$，根据 $B = \dfrac{2}{3}EA = \dfrac{[p]R_o}{\delta_e}$，得 $[p] = \dfrac{2EA}{3(R_o/\delta_e)}$。将 $[p]$ 代入式（4-41）得

$$A = \frac{0.125}{R_o/\delta_e} \qquad (4\text{-}42)$$

与外压圆筒一样，系数 B 可直接利用前面介绍的外压应力系数 B 曲线查取。由 B 和 $[p]$ 的关系式得半球形封头的许用外压力为

$$[p] = \frac{B}{R_o/\delta_e} \qquad (4\text{-}43)$$

用图算法设计半球形封头（或外压球壳）时，先假定名义厚度 δ_n，令 $\delta_e = \delta_n - C$，用式（4-42）计算出 A，然后根据所用材料选用外压应力系数曲线，由 A 查取 B，再按式（4-43）计算许用外压力 $[p]$。如所得 A 值落在设计温度下材料线的左方，则直接用式（4-41）计算 $[p]$。若 $[p] \geqslant p_c$ 且较接近，则该封头厚度合理，否则应重新假设 δ_n，重复上述步骤，直到满足要求为止。

（2）椭圆形封头

椭圆形封头是由半个椭球面和短圆筒组成，如图 4-15（b）所示。直边段的作用是避免封头和圆筒的连接焊缝处出现经向曲率半径突变，以改善焊缝的受力状况。由于封头的椭球部分经线曲率变化平滑连续，故应力分布比较均匀，且椭圆形封头深度较半球形封头小得多，易于冲压成型，是目前中、低压容器中应用较多的封头之一。

① 受内压（凹面受压）的椭圆形封头　受内压椭圆形封头中的应力，包括由内压引起的薄膜应力和封头与圆筒连接处不连续应力。研究分析表明，在一定条件下，椭圆形封头中的最大应力和圆筒周向薄膜应力的比值，与椭圆形封头长轴与短轴之比 a/b 的值有关，见图 4-16 中虚线。

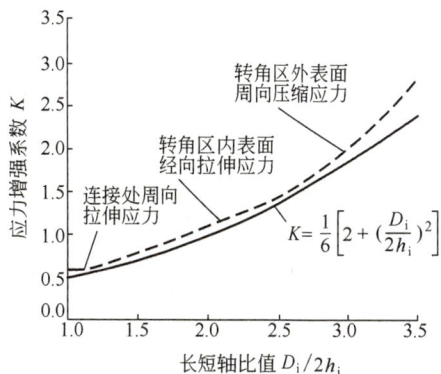

图 4-16　椭圆形封头的应力增强系数

$$K = \frac{1}{6}\left[2 + \left(\frac{D_i}{2h_i}\right)^2\right]$$

由图可知，封头中最大应力的位置和大小均随 a/b 的改变而变化，故在 a/b=1.0~2.6 范围内，工程设计采用以下简化式近似代替该曲线

$$K = \frac{1}{6}\left[2 + \left(\frac{D_i}{2h_i} \right)^2 \right] \qquad (4\text{-}44)$$

K 称为椭圆形封头形状系数或应力增强系数，即 $\dfrac{\text{封头上最大总应力}}{\text{圆筒上周向薄膜应力}} = K$，相当于 $\dfrac{\text{封头上最大总应力}}{\text{球壳上薄膜应力}} = 2K$，因而，对于 $\dfrac{a}{b}=1.0\sim2.6$ 的椭圆形封头，其最大总应力为与椭圆形封头等直径的半球形封头薄膜应力的 $2K$ 倍。故其厚度计算式可以用直径为 D_i 的半球形封头厚度乘以 $2K$ 而得，即

$$\delta = \frac{Kp_c D_i}{2[\sigma]^t\phi - 0.5p_c} \qquad (4\text{-}45)$$

当 $D_i/2h_i$=2 时，为标准椭圆形封头，此时 K=1，厚度计算式为

$$\delta = \frac{p_c D_i}{2[\sigma]^t\phi - 0.5p_c} \qquad (4\text{-}46)$$

椭圆形封头的最大允许工作压力按下式确定

$$[p_w] = \frac{2[\sigma]^t\phi\delta_e}{KD_i + 0.5\delta_e} \qquad (4\text{-}47)$$

按上面的计算式，从强度上避免了封头发生屈服。然而根据应力分析，承受内压的标准椭圆形封头在过渡转角区存在着较高的周向压应力，这样内压椭圆形封头虽然满足强度要求，但仍有可能发生周向皱褶而导致局部屈曲失效。特别是大直径、薄壁椭圆形封头，很容易在弹性范围内因屈曲而破坏。迄今为止，已对这一问题作了深入研究，提出了多种设计方法，包括经验法、解析法和图算法。基于浙江大学郑津洋团队的科研成果，GB/T 150.3 给出了内压椭圆形封头的屈曲判别图（文献［2］图7-4）。设计时，先根据 $D_i/2h_i$ 和 D_i/δ_e 按图判断椭圆形封头是否可能发生屈曲。对于存在屈曲可能的椭圆形封头，可以选择经验法或者解析法计算得到防止内压屈曲所需要的封头计算厚度。根据经验法，$D_i/(2h_i)\leq2$ 的椭圆形封头的有效厚度应不小于封头内直径的 0.15%，$D_i/(2h_i)>2$ 的椭圆形封头的有效厚度应不小于 0.30%。解析法的具体计算方法参阅文献［2］。

② 受外压（凸面受压）的椭圆形封头　其外压稳定性计算公式和图算法步骤同受外压的半球形封头，但公式及算图中的球面外半径 R_o 由椭圆形封头的当量球壳外半径 $R_o=K_1D_o$ 代替，K_1 值是由椭圆长短轴比值 $D_o/(2h_o)(h_o=h_i+\delta_n)$ 决定的系数，其值可由表4-5（遇中间值用内插法求得）查得。

表4-5　系数 K_1

$D_o/2h_o$	2.6	2.4	2.2	2.0	1.8	1.6	1.4	1.2	1.0
K_1	1.18	1.08	0.99	0.90	0.81	0.73	0.65	0.57	0.50

（3）碟形封头

碟形封头是带折边的球面封头，由半径为 R_i 的球面体、半径为 r 的过渡环壳和短圆筒等三部分组成，如图4-15（c）所示。从几何形状看，碟形封头是一不连续曲面，在经线曲率半径突变的两个曲面连接处，由于曲率的较大变化而存在着较大边缘弯曲应力。该边缘弯曲应力与薄膜应力叠加，使该部位的应力远远高于其他部位，故受力状况不佳。但过渡环壳的存在降低了封头的深度，方便了成形加工，且压制碟形封头的钢模加工简单，使碟形封头的应用范围较为广泛。

① 受内压（凹面受压）碟形封头　由于存在较大的边缘应力，严格地讲受内压碟形封头的应

力分析计算应采用有力矩理论，但其求解甚为复杂。对碟形封头的失效研究表明，在内压作用下，过渡环壳包括不连续应力在内的总应力总比中心球面部分的总应力大。过渡环壳的最大总应力和中心球面部分最大总应力之比可用 $\dfrac{r}{R_i}$ 的关系式表示为

$\dfrac{20r/R_i+3}{20r/R_i+1}$，如图 4-17 中虚线所示的曲线。据此，Marker 导出球面部分最大总应力为基础的近似修正系数，可用下式表示

$$M = \frac{1}{4}\left(3 + \sqrt{\frac{R_i}{r}}\right) \tag{4-48}$$

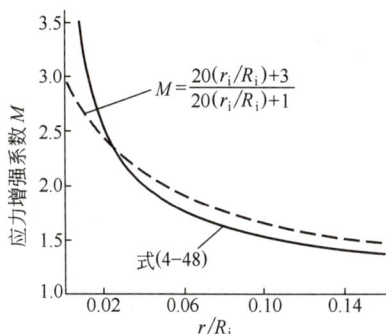

图 4-17 碟形封头的应力增强系数

式中，M 称为碟形封头形状系数或应力增强系数，即碟形封头过渡区总应力为球面部分应力的 M 倍，其值见图 4-17 中的实线。据此，由半球壳厚度计算式乘以 M 可得碟形封头的厚度计算式

$$\delta = \frac{Mp_c R_i}{2[\sigma]^t\phi - 0.5p_c} \tag{4-49}$$

承受内压碟形封头的最大允许工作压力按式（4-50）计算

$$[p_w] = \frac{2[\sigma]^t\phi\delta_e}{MR_i + 0.5\delta_e} \tag{4-50}$$

由图 4-17 可知，碟形封头的强度与过渡区半径 r 有关，r 过小，则封头应力过大。因而，将封头的形状限于 $r \geq 0.1D_i$，$r \geq 3\delta$，且 $R_i \leq D_i$。对于标准碟形封头，$R_i=1.0D_i$，$r=0.10D_i$。

与椭圆形封头相仿，内压作用下的碟形封头过渡区也存在着周向屈曲问题，基于浙江大学郑津洋团队的研究成果，GB/T 150.3 同样给出了内压碟形封头的屈曲判别图（文献［2］图7-5），根据 R_i/r 和 D_i/δ_e 按图判断碟形封头是否可能发生屈曲。对于存在屈曲可能的碟形封头，可以选择解析法或者经验法计算得到防止内压屈曲所需要的封头计算厚度，具体计算方法参阅文献［2］。

② 受外压（凸面受压）碟形封头　在均匀外压作用下，碟形封头的过渡区承受拉应力，而球面部分是压应力，有发生屈曲的潜在危险，此时为防止封头屈曲的厚度计算仍可用半球形封头外压计算公式和图算法步骤，只是其中 R_o 用球面部分外半径代替。

（4）球冠形封头

碟形封头当 $r=0$ 时，即成为球冠形封头，它是部分球面与圆筒直接连接，如图 4-15（d）所示，因而结构简单、制造方便，常用作容器中两独立受压室的中间封头，也可用作端盖。由于球面与圆筒连接处没有转角过渡，所以在连接处附近的封头和圆筒上都存在相当大的不连续应力，其应力分布不甚合理。

承受内、外压的球冠形封头厚度计算方法可参阅文献［2］。

4.3.3.2　锥壳

轴对称锥壳可分为无折边锥壳和折边锥壳，如图 4-18 所示。由于结构不连续，锥壳的应力分布并不理想，但其特殊的结构形式有利于固体颗粒和悬浮或黏稠液体的排放，可作为不同直径圆筒的中间过渡段，因而在中、低压容器中使用较为普遍。

在结构设计时，对于锥壳大端，当锥壳半顶角 $\alpha \leq 30°$ 时，可以采用无折边结构［图 4-18（a）］；当 $30° < \alpha \leq 45°$ 时，有条件地允许采用无折边结构；当 $\alpha > 45°$ 时，必须采用带过渡段的折边结构［图 4-18（b）和（c）］，否则应按应力分析方法进行设计。大端折边锥壳的过渡段转角半径 r 应不小于封头大端内直径 D_{iL} 的10%，且不小于该过渡段厚度的3倍。对于锥壳小端，当锥壳半顶角 $\alpha \leq 45°$ 时，可以采用无折边结构；当 $\alpha > 45°$ 时，应采用带过渡段的折边结构。小端折边锥壳的过渡段转角半径 r_s 应不小于封头小端内直径 D_{is} 的5%，且不小于该过渡段厚度的3倍。

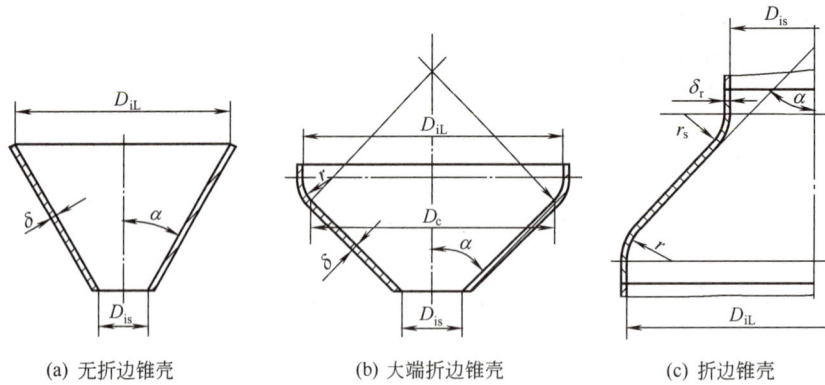

图 4-18 锥壳结构形式

(a) 无折边锥壳　　　(b) 大端折边锥壳　　　(c) 折边锥壳

当锥壳半顶角 $\alpha > 60°$ 时，其厚度应按平盖计算，也可用应力分析方法确定。

锥壳的强度由锥壳部分内压引起的薄膜应力和锥壳两端与圆筒连接处的边缘应力决定。锥壳设计时，应分别计算锥壳厚度、锥壳大端和小端加强段厚度。若考虑只有一种厚度组成时，则取上述各部分厚度中的最大值。

（1）受内压无折边锥壳

① 锥壳厚度　按无力矩理论，最大薄膜应力为锥壳大端的周向应力 σ_θ，即

$$\sigma_\theta = \frac{p_c D}{2\delta_c \cos\alpha}$$

由最大拉应力准则，并取 $D = D_c + \delta_c \cos\alpha$，可得厚度计算式

$$\delta_c = \frac{p_c D_c}{2[\sigma]_c^t \phi - p_c} \frac{1}{\cos\alpha} \tag{4-51}$$

式中　D_c——锥壳计算内直径，mm；

　　　δ_c——锥壳计算厚度，mm；

　　　α——锥壳半顶角，(°)；

　　$[\sigma]_c^t$——设计温度下锥壳所用材料的许用应力，MPa。

当锥壳由同一半顶角的几个不同厚度的锥壳段组成时，式中 D_c 分别为各锥壳段大端内直径。

② 锥壳大端　在锥壳大端与圆筒连接处，曲率半径发生突变，同时两壳体的经向内力不能完全平衡，锥壳将附加给圆柱壳边缘一横向推力。由于连接处的几何不连续和横向推力的存在，使两壳体连接边缘产生显著的边缘应力。因边缘应力具有自限性，可将最大应力限制在 $3[\sigma]_s^t$（$[\sigma]_s^t$ 为设计温度下圆筒所用材料的许用应力，MPa）内。按此条件求得的 $p_c/([\sigma]_s^t \phi)$ 及 α 之间关系见图 4-19。

根据图 4-19，对于同一角度 α，当 $p_c/([\sigma]_s^t \phi)$ 小于某一值时，锥壳大端需要增加厚度；当 $p_c/([\sigma]_s^t \phi)$ 大于该值时，锥壳大端无需加强。这是因为，在 p_c 作用下，锥壳大端在连接处的最大边缘应力是经向弯曲应力，对厚度起控制作用。当 p_c 增大到一定程度后，连接处的几何不连续趋于缓和，经向弯曲应力下降反而不需要加强。若坐标点 $[p_c/([\sigma]_s^t \phi)，\alpha]$ 位于图中曲线上方，则无需加强，厚度仍按式（4-51）计算；若坐标点 $[p_c/([\sigma]_s^t \phi)，\alpha]$ 位于图中曲线下方，则需要增加厚度予以加强，应在锥壳与圆筒之间设置加强段，锥壳加强段与圆筒加强段应具有相同的厚度 δ_r。先按式（4-13）求取与锥壳相连接的圆筒计算厚度 δ，该公式中的 D_i 取锥壳大端内直径 D_{iL}，再按式（4-52）计算。

$$\delta_r = \begin{cases} Q_1 \delta, & \delta/R_L \geqslant 0.001 \\ 0.001 Q_1 R_L, & \delta/R_L < 0.001 \end{cases} \tag{4-52}$$

式中　Q_1——大端应力增值系数，由图4-20查取。当 $\dfrac{\delta}{R_L} < 0.001$ 时，Q_1 按 $\dfrac{p_c}{[\sigma]_s^t \phi} = 0.001$ 查图4-20得到。

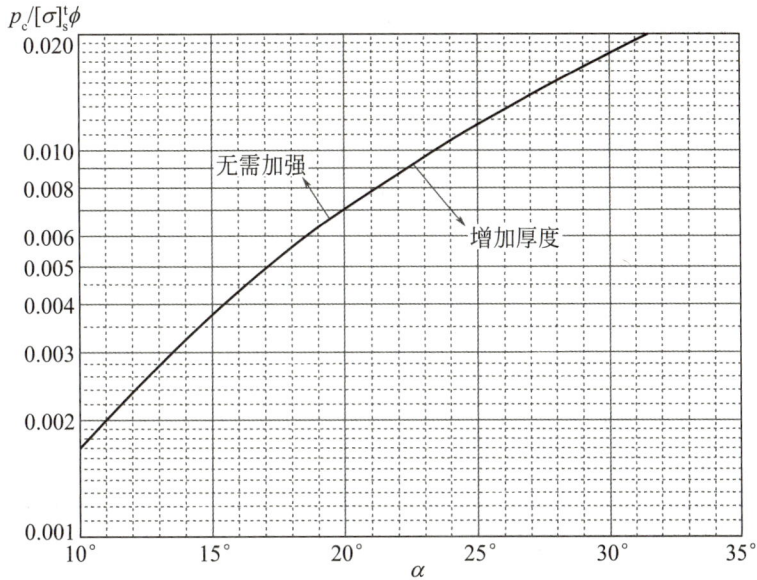

图 4-19 确定锥壳大端连接处的加强图

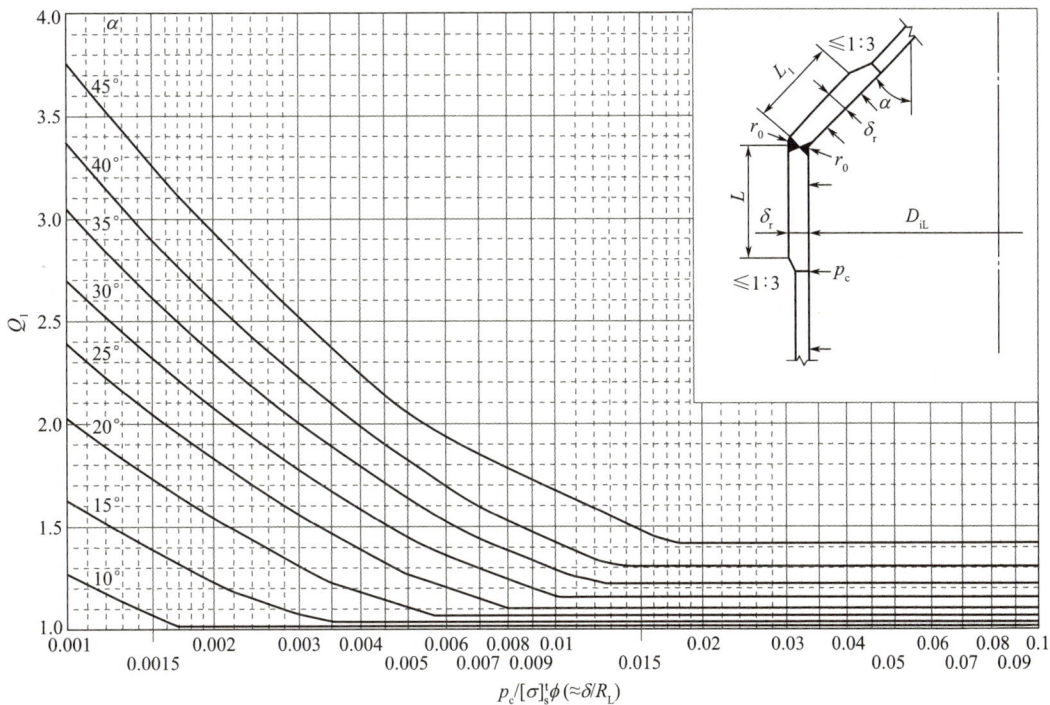

图 4-20 锥壳大端连接处的 Q_1 值图

L_1— 锥壳加强段长度；L— 圆筒加强段长度

锥壳加强段的长度 L_1 应不小于 $\sqrt{2D_{iL}\delta_r/\cos\alpha}$；圆筒加强段的长度 L 应不小于 $\sqrt{2D_{iL}\delta_r}$。

锥壳小端处的厚度计算方法与大端相类似，具体算法参见文献 [2]。

（2）受内压折边锥壳

锥壳厚度仍按式（4-51）计算。

① 锥壳大端　其厚度按式（4-53）、式（4-54）计算，并取较大值。

锥壳大端过渡段的厚度类似椭圆形封头的计算公式，即

$$\delta = \frac{K p_c D_{iL}}{2[\sigma]_c^t \phi - 0.5 p_c} \tag{4-53}$$

式中　K——系数，查表4-6（遇中间值时用内插法）。

与过渡段相接处的锥壳厚度按下式计算

$$\delta = \frac{f p_c D_{iL}}{[\sigma]_c^t \phi - 0.5 p_c} \tag{4-54}$$

式中　f——系数，$f = \dfrac{1 - \dfrac{2r}{D_{iL}}(1-\cos\alpha)}{2\cos\alpha}$，其值列于表4-7（遇中间值时用内插法）；

　　　r——折边锥壳大端过渡段转角半径，mm。

表4-6　系数 K 值

α	r/D_{iL}					
	0.10	0.15	0.20	0.30	0.40	0.50
10°	0.6644	0.6111	0.5789	0.5403	0.5168	0.5000
20°	0.6956	0.6357	0.5986	0.5522	0.5223	0.5000
30°	0.7544	0.6819	0.6357	0.5749	0.5329	0.5000
35°	0.7980	0.7161	0.6629	0.5914	0.5407	0.5000
40°	0.8547	0.7604	0.6981	0.6127	0.5506	0.5000
45°	0.9253	0.8181	0.7440	0.6402	0.5635	0.5000
50°	1.0270	0.8944	0.8045	0.6765	0.5804	0.5000
55°	1.1608	0.9980	0.8859	0.7249	0.6028	0.5000
60°	1.3500	1.1433	1.0000	0.7923	0.6337	0.5000

表4-7　系数 f 值

α	r/D_{iL}					
	0.10	0.15	0.20	0.30	0.40	0.50
10°	0.5062	0.5055	0.5047	0.5032	0.5017	0.5000
20°	0.5257	0.5225	0.5193	0.5128	0.5064	0.5000
30°	0.5619	0.5542	0.5465	0.5310	0.5155	0.5000
35°	0.5883	0.5573	0.5663	0.5442	0.5221	0.5000
40°	0.6222	0.6069	0.5916	0.5611	0.5305	0.5000
45°	0.6657	0.6450	0.6243	0.5828	0.5414	0.5000
50°	0.7223	0.6945	0.6668	0.6112	0.5556	0.5000
55°	0.7973	0.7602	0.7230	0.6486	0.5743	0.5000
60°	0.9000	0.8500	0.8000	0.7000	0.6000	0.5000

② 锥壳小端　应考虑锥壳半顶角 $\alpha \leqslant 45°$ 和 $\alpha > 45°$ 两种情况，计算原理同小端加强段的强度设计计算方法，具体算法参阅文献 [2]。

（3）受外压锥壳

计算锥壳临界外压的理论公式相当复杂，为简化计算，工程上常根据半顶角 α 的大小，将外压锥壳近似为圆筒或平盖进行计算。当 $\alpha \leqslant 60°$ 时，按等效圆筒计算；当 $\alpha > 60°$ 时，则按平盖计算。

① 外压锥壳的计算 首先假设锥壳的名义厚度 δ_{nc}，再计算锥壳的有效厚度 $\delta_{ec}=(\delta_{nc}-C)\cos\alpha$，然后按外压圆筒的图算法进行外压校核计算，并以 L_e/D_L 代替 L/D_o，D_L/δ_{ec} 代替 D_o/δ_e，其中 L_e 为锥壳当量长度，D_L 是外压计算时的锥壳段大端外直径。

② 锥壳与圆筒连接处的外压加强设计 锥壳大端或小端和圆筒连接处存在压缩强度和周向稳定性问题，在必要时应设置加强结构，具体算法参阅文献 [2]。

4.3.3.3 平盖

平盖厚度计算是以圆平板应力分析为基础的。在理论分析时平板的周边支承被视为固支或简支，但实际上平盖与圆筒连接时，真实的支承既不是固支也不是简支，而是介于固支和简支之间。因此工程计算时常采用圆平板理论为基础的经验公式，通过系数 K 来体现平盖周边的支承情况，K 值越小平盖周边越接近固支；反之就越接近于简支。

平盖的几何形状包括圆形、椭圆形、长圆形、矩形及正方形等几种，平盖结构与筒体常见的连接形式见表4-8。这些平盖厚度可按下述方法计算。

表4-8 平盖系数 K 选择表

固定方法	符号	简图	结构特征系数 K	备注
与圆筒一体或对焊	1		0.145	仅适用于圆形平盖 $p_c \leqslant 0.6\text{MPa}$ $L \geqslant 1.1\sqrt{D_c\delta_{ep}}$ $r \geqslant 3\delta_{ep}$
	2		查文献 [2] 图7-23	$\delta_e \leqslant 38\text{mm}$ 时，$r \geqslant 10\text{mm}$；$\delta_e > 38\text{mm}$ 时，$r \geqslant 0.25\delta_e$ 且不超过 20mm
	3			
角焊缝或组合焊缝连接	4		圆形平盖：$0.4m\ (m=\delta/\delta_e)$，且不小于 0.3；非圆形平盖：0.4	$f \geqslant 1.4\delta_e$
	5			$f \geqslant \delta_e$

固定方法	符号	简图	结构特征系数 K	备注
角焊缝或组合焊缝连接	6	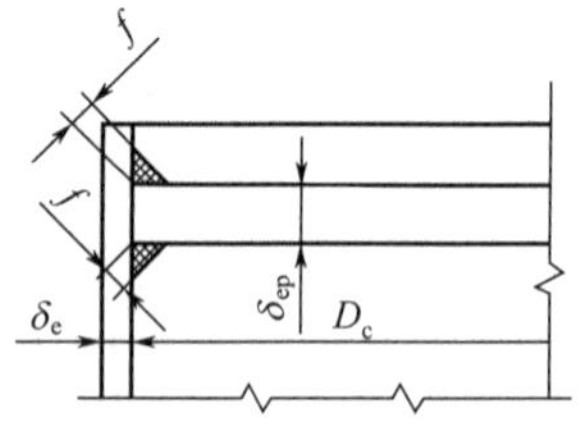	圆形平盖：$0.44m$（$m=\delta/\delta_e$），且不小于 0.3； 非圆形平盖：0.44	$f \geq 0.7\delta_e$
	7	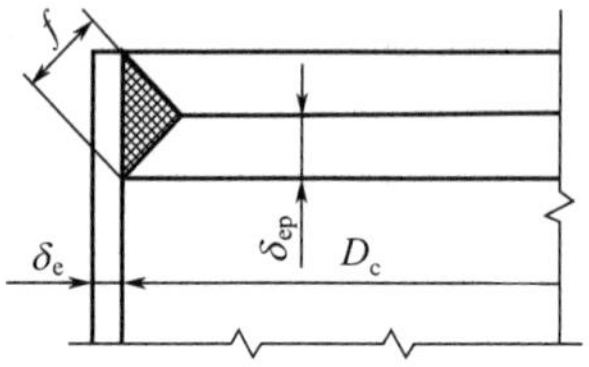		$f \geq 1.4\delta_e$
螺栓连接	8	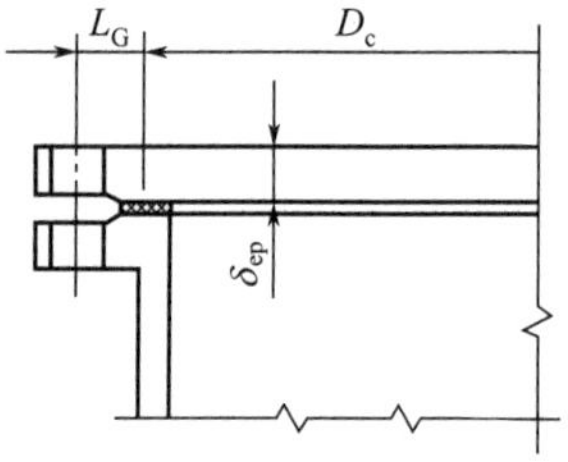	圆形平盖： 操作时，$0.3+\dfrac{1.78WL_G}{p_cD_c^3}$； 预紧时，$\dfrac{1.78WL_G}{p_cD_c^3}$ 非圆形平盖： 操作时，$0.3Z+\dfrac{6WL_G}{p_cL\alpha^2}$； 预紧时，$\dfrac{6WL_G}{p_cL\alpha^2}$	
	9	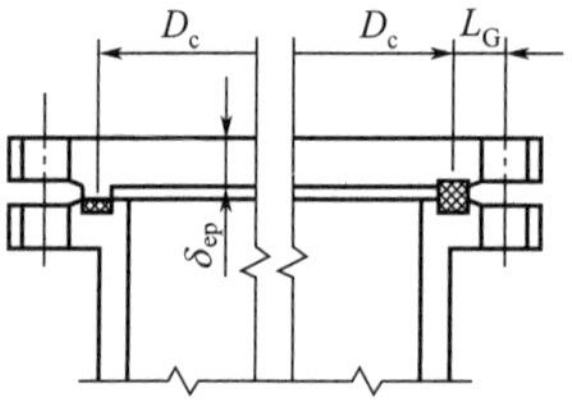		

（1）圆形平盖厚度

因平盖与筒体连接结构形式和筒体的尺寸参数的不同，平盖的最大应力既可能出现在中心部位，也可能在圆筒与平盖的连接部位，但都可表示为

$$\sigma_{max} = \pm Kp\left(\frac{D}{\delta}\right)^2 \qquad (4\text{-}55)$$

考虑到平盖可能由钢板拼焊而成，在许用应力中引入焊接接头系数。由式（4-3）得圆形平盖的厚度计算公式

$$\delta_p = D_c\sqrt{\frac{Kp_c}{[\sigma]^t\phi}} \qquad (4\text{-}56)$$

式中　δ_p——平盖计算厚度，mm；

　　　D_c——平盖计算直径，见表4-8中简图，mm；

　　　K——结构特征系数，查表4-8。

对于表4-8中序号8、9所示平盖，应取其操作状态及预紧状态的 K 值代入式（4-56）分别计算，取较大值。对预紧状态，$[\sigma]^t$ 取常温许用应力。

（2）非圆形平盖厚度

不同连接形式的非圆形平盖应采用不同的计算公式。

ⅰ. 对于表 4-8 中序号 4～7 所示平盖，按式（4-57）计算

$$\delta_{\mathrm{p}} = a\sqrt{\frac{KZp_{\mathrm{c}}}{[\sigma]^{\mathrm{t}}\phi}} \qquad (4\text{-}57)$$

式中　Z——非圆形平盖的形状系数，$Z = 3.4 - 2.4\dfrac{a}{b}$，且 $Z \leqslant 2.5$；

　　a，b——非圆形平盖的短轴长度和长轴长度，mm。

ⅱ. 对于表 4-8 中序号 8、9 所示平盖，按式（4-58）计算（当预紧时 $[\sigma]^{\mathrm{t}}$ 取常温的许用应力）

$$\delta_{\mathrm{p}} = a\sqrt{\frac{Kp_{\mathrm{c}}}{[\sigma]^{\mathrm{t}}\phi}} \qquad (4\text{-}58)$$

4.3.3.4　锻制平封头

锻制平封头结构如图 4-21 所示，主要用于直径较小、压力较高的容器。为了减少边缘应力以及相互之间的影响，平封头的直边高度 L 一般不小于 50mm；过渡区的圆弧半径 $r \geqslant 0.5\delta_{\mathrm{p}}$，且 $r \geqslant \dfrac{1}{6}D_{\mathrm{c}}$；封头与圆筒连接处的厚度不小于与其相对接筒节的厚度。

锻制平封头底部厚度 δ_{p} 可按式（4-59）计算

$$\delta_{\mathrm{p}} = D_{\mathrm{c}}\sqrt{\frac{0.27p_{\mathrm{c}}}{[\sigma]^{\mathrm{t}}\eta}} \qquad (4\text{-}59)$$

式中　η——开孔削弱系数，$\eta = \dfrac{D_{\mathrm{c}} - \sum d_{\mathrm{i}}}{D_{\mathrm{c}}}$；

　　$\sum d_{\mathrm{i}}$——D_{c} 范围内沿直径断面开孔内径总和的最大值，mm。

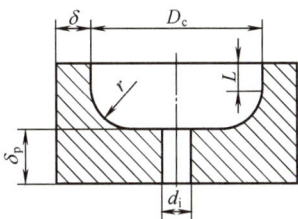

图 4-21　锻制平封头

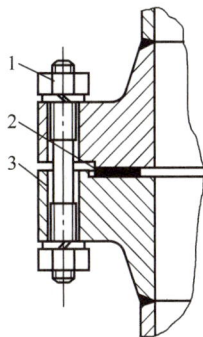

图 4-22　螺栓法兰连接结构

1—螺栓；2—垫片；3—法兰

4.3.4　密封装置设计

压力容器的可拆密封装置形式很多，如中低压容器中的螺纹连接、承插式连接和螺栓法兰连接等，其中以结构简单、装配比较方便的螺栓法兰连接使用最普遍。

螺栓法兰连接主要由法兰、螺栓和垫片组成，如图 4-22 所示。螺栓的作用有两个：一是提供预紧力实现初始密封，并保持操作时的密封；二是使螺栓法兰连接变为可拆连接。垫片装在两个法兰中间，作用是防止容器发生泄漏。法兰上有螺栓孔，以容纳螺栓。螺栓力、垫片反力与作用在筒体中面上的压力载荷不在同一直线上，法兰受到弯矩的作用，会发生弯曲变形。螺栓法兰连接设计的一般目的是：对于已知的垫片特性，确定安全、经济的法兰和螺栓尺寸，使接头的泄漏率在工艺和环境允许范围内，使接头内的应力在材料允许范围内，即确保密封性和结构完整性。

下面主要介绍密封装置的密封原理、影响密封的因素、密封结构的分类及选用原则、密封结构强度计算等内容。

4.3.4.1　密封机理及分类

（1）密封机理

下面以螺栓法兰连接结构为例，说明其密封机理。

流体在密封口泄漏有两条途径：一是"渗透泄漏"，即通过垫片材料本体毛细管的渗透泄漏，除了受介质压力、温度、黏度、分子结构等流体状态性质影响外，主要与垫片的结构与材料性质有关，可通过对渗透性垫片材料添加某些填充剂进行改良，或与不透性材料组合成型来避免"渗透泄漏"；二是"界面泄漏"，即沿着垫片与压紧面之间的泄漏，泄漏量大小主要与界面间隙尺寸有关。压紧面就是指上、下法兰与垫片的接触面。加工时压紧面上凹凸不平的间隙及压紧力不足是造成"界面泄漏"的直接原因。"界面泄漏"是密封失效的主要途径。

防止流体泄漏的基本方法是在密封口增加流体流动的阻力，当介质通过密封口的阻力大于密封口两侧的介质压力差时，介质就被密封。而介质通过密封口的阻力是借施加于压紧面上的比压力来实现的，作用在压紧面上的密封比压力越大，则介质通过密封口的阻力越大，越有利于密封。螺栓法兰连接的整个工作过程可用尚未预紧工况、预紧工况与操作工况来说明。

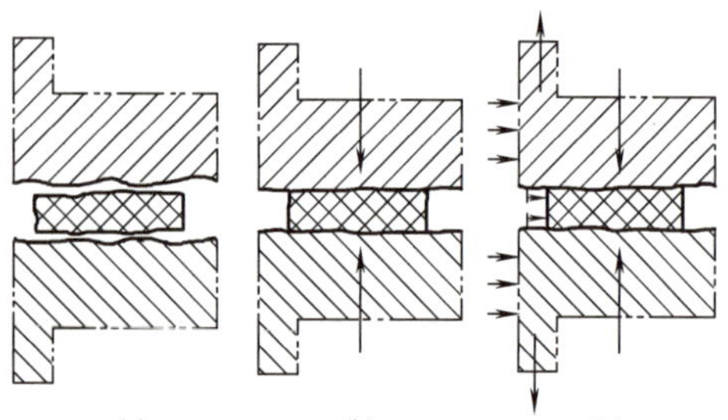

图4-23（a）为尚未预紧的工况。将上、下法兰压紧面和垫片的接触处的微观尺寸放大，可以看到它们的表面是凹凸不平的，这些凹凸不平处就是流体泄漏的通道。图4-23（b）为预紧工况。拧紧螺栓，螺栓力通过法兰压紧面作用到垫片上。由于垫片的材料为非金属、有色金属或软钢，其强度和硬度比钢制的法兰低得多，因而当垫片表面单位面积上所受的压紧力达到一定值时，垫片便产生弹性或屈服变形，填满上、下压紧面处原有的凹凸不平处，堵塞了流体泄漏的通道，形成初始密封条件。形成初始密封条件时垫片单位面积上所受的最小压紧力，称为"垫片比压力"，用 y 表示，单位为 MPa。在预紧工

图4-23　密封机理图

况下，如垫片单位面积上所受的压紧力小于比压力 y，介质即发生泄漏。图4-23（c）为操作工况。此时通入介质，随着介质压力的上升，一方面，介质内压引起的轴向力，将促使上下法兰的压紧面分离，垫片在预紧工况所形成的压缩量随之减少，压紧面上的密封比压力下降；另一方面，垫片预紧时的弹性压缩变形部分产生回弹，其压缩变形的回弹量补偿因螺栓伸长所引起的压紧面分离，使作用在压紧面上的密封比压力仍能维持一定值以保持密封性能。为保证在操作状态时法兰的密封性能而必须施加在垫片上的压应力，称为操作密封比压。操作密封比压往往用介质计算压力的 m 倍表示，这里 m 称为"垫片系数"，无因次。

（2）密封分类

根据获得密封比压力方法的不同，压力容器密封可分为强制式密封和自紧式密封两种。强制式密封完全依靠连接件的作用力（如扳紧连接螺栓的预紧力）强行挤压密封元件达到密封，因而需要较大的预紧力，预紧力约为工作压力产生的轴向力的1.1～1.6倍；而自紧式密封主要依靠容器内部的介质压力压紧密封元件实现密封，介质压力越高，密封越可靠，因而密封所需的预紧力较小，通常在工作压力产生的轴向力的20%以下。自紧式密封根据密封元件的主要变形形式，又可分为轴向自紧式密封和径向自紧式密封，前者的密封性能主要依靠密封元件的轴向刚度小于被连接件的轴向刚度来保证；后者的密封性能则主要依靠密封元件的径向刚度小于被连接件的径向刚度来实现。另外，还有一种半自紧式密封，其密封结构按分类原则属于非自紧式的强制式密封，但又具有一定的自紧性能，如高压容器密封中的双锥密封结构。

按被密封介质的压力大小，压力容器密封又可分为中低压密封和高压密封。中低压密封以螺栓法兰连接结构最为常用，它广泛应用于容器的开孔接管和封头与筒体的连接中，属于强制式密封。

4.3.4.2　影响密封性能的主要因素

影响密封性能的因素与密封结构有关。现以螺栓法兰连接结构为例加以说明。

（1）螺栓预紧力

螺栓预紧力是影响密封的一个重要因素。预紧力必须使垫片压紧以实现初始密封。适当提高螺栓预紧力可以增加垫片的密封能力，因为加大预紧力可使垫片在正常工况下保留较大的接触面比压力。但预紧力不宜过大，否则会使垫片整体屈服而丧失回弹能力，甚至将垫片挤出或压坏。另外预紧力应尽可能均匀地作用到垫片上。通常采取减小螺栓直径、增加螺栓个数等措施来提高密封性能。

（2）垫片性能

垫片是密封结构中的重要元件，其变形能力和回弹能力是形成密封的必要条件。变形能力大的密封垫易填满压紧面上的间隙，并使预紧力不致太大；回弹能力大的密封垫，能适应操作压力和温度的波动。又因为垫片是与介质直接接触的，所以还应具有能适应介质的温度、压力和腐蚀等性能。

几种常用垫片材料的比压力 y 和垫片系数 m 见表4-9。这些数据在1943年由 Rossheim 和 Markl 推荐而沿用至今，大多为经验数据，仅考虑了 m、y 值与垫片材料、结构与厚度的关系。但生产实践和广泛的研究表明，m 和 y 值还与介质性质、压力、温度、压紧面粗糙度等因素有关，而且 m 和 y 之间也存在内在联系。

表4-9　常用垫片特性参数

垫片材料		垫片系数 m	比压力 y/MPa	简图	压紧面形状（见表4-12）	类别
自紧式	O形环及其他有自紧密封形式的垫片	0	0	—	—	—
无织物或含少量矿物纤维的合成橡胶	肖氏硬度＜75	0.50	0		1（a、b、c、d）、4、5	Ⅱ
	肖氏硬度≥75	1.00	1.4			
具有适当加固物的矿物橡胶板	3mm厚	2.00	11			
	1.5mm厚	2.75	26			
	0.75mm厚	3.75	45			
内有棉纤维的橡胶		1.25	2.8			
内有矿物纤维的橡胶，具有金属加强丝或不具有金属加强丝	3层	2.25	15			
	2层	2.50	20			
	1层	2.75	26			
植物纤维		1.75	7.6			
内有矿物纤维或石墨缠绕式金属	非合金钢	2.50	69			
	不锈钢及镍基合金或蒙乃尔	3.00	69			
波纹金属板类壳内包矿物纤维或波纹金属板内包矿物纤维	软铝	2.50	20		1（a、b）	
	软铜或黄铜	2.75	26			
	铁或软钢	3.00	31			
	蒙乃尔或4%～6%铬钢	3.25	38			
	不锈钢及镍基合金	3.50	45			

续表

垫片材料		垫片系数 m	比压力 y/MPa	简图	压紧面形状（见表 4-12）	类别
波纹金属板	软铝	2.75	26		1（a、b、c、d）	
	软铜或黄铜	3.00	31			
	铁或软钢	3.25	38			
	蒙乃尔或 4%～6% 铬钢	3.50	45			
	不锈钢及镍基合金	3.75	52			
平金属板内包矿物纤维	软铝	3.25	38		1（a、b、c、d）、2	Ⅱ
	软铜或黄铜	3.50	45			
	铁或软钢	3.75	52			
	蒙乃尔	3.50	55			
	4%～6% 铬钢	3.75	62			
	不锈钢及镍基合金	3.75	62			
槽形金属	软铝	3.25	38		1（a、b、c、d）、2、3	
	软铜或黄铜	3.50	45			
	铁或软钢	3.75	52			
	蒙乃尔或 4%～6% 铬钢	3.75	62			
	不锈钢及镍基合金	4.25	70			
复合柔性石墨波齿金属板	非合金钢	3.0	50		1（a、b）	
	不锈钢及镍基合金					
金属平板	软铝	4.00	61		1（a、b、c、d）、2、3、4、5	Ⅰ
	软铜或黄铜	4.75	90			
	铁或软钢	5.50	124			
	蒙乃尔或 4%～6% 铬钢	6.00	150			
	不锈钢及镍基合金	6.50	180			
金属环	铁或软钢	5.50	124		6	
	蒙乃尔或 4%～6% 铬钢	6.00	150			
	不锈钢及镍基合金	6.50	180			

注：1. 本表所列各种垫片的 m、y 值及适用的压紧面形状，均属推荐性资料。采用本表推荐的垫片参数（m、y）并按本章规定设计的法兰，在一般使用条件下，通常能得到比较满意的使用效果。但在使用条件特别苛刻的场合，如氰化物介质中使用的垫片，其参数 m、y，应根据成熟的使用经验确定。

2. 对于平金属板内包矿物纤维，若压紧面形状为 1c、1d 或 2，垫片表面的搭接接头不应位于凸台侧。

（3）压紧面的质量

压紧面又称密封面，它直接与垫片接触。压紧面的形状和粗糙度应与垫片相匹配，一般来说，使用金属垫片时其压紧面的质量要求比使用非金属垫片时高。压紧面表面不允许有刀痕和划痕；同时为了均匀地压紧垫片，应保证压紧面的平面度和压紧面与法兰中心轴线的垂直度。

（4）法兰刚度

因法兰刚度不足而产生过大的翘曲变形（如图 4-24 所示），往往是实际生产中造成螺栓法兰连接密封失效的主要原因之一。刚度大的法兰变形小，可将螺栓预紧力均匀地传递给垫片，从而提高法兰的密封性能。

法兰刚度与很多因素有关，其中适当增加法兰环的厚度、缩小螺栓中心圆直径和增大法兰环外径，都能提高法兰刚度，采用带颈法兰或增大锥颈部分尺寸，可显著提高法兰的抗弯能力。但无原则地提高法兰刚度，将使法兰变得笨重，造价提高。

（5）操作条件

主要是指压力、温度及介质的物理化学性质对密封性能的影响。操作条件对密封的影响很复杂，单纯的压力及介质对密封的影响并不显著，但在温度的联合作用下，尤其是波动的高温下，会严重影响密封性能，甚至使密封因疲劳而完全失效。因为在高温下，介质的黏度小，渗透性大，易泄漏；介质对垫片和法兰的腐蚀作用加剧，增加了泄漏的可能性；法兰、螺栓和垫片均会产生较大的高温蠕变与应力松弛，使密封失效；某些非金属垫片还会加速老化、变质，甚至烧毁。

总之，影响螺栓法兰连接密封性能的因素很多，在密封设计时，应根据具体工况综合考虑。

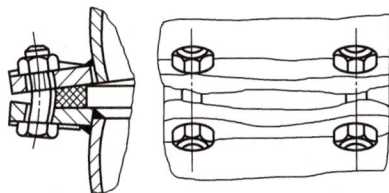

图 4-24　法兰的翘曲变形

4.3.4.3　螺栓法兰连接设计

4.3.4.3.1　法兰结构类型及标准

法兰有多种分类方法，如按法兰接触面宽窄，可分为宽面法兰与窄面法兰。法兰的接触面处在螺栓孔圆周以内的叫"窄面法兰"；法兰的接触面扩展到螺栓中心圆外侧的叫"宽面法兰"。按应用场合又可分为容器法兰和管法兰，与此相对应，法兰标准也有容器法兰和管法兰两大类。

（1）法兰结构类型

法兰的基本结构形式按组成法兰的圆筒、法兰环及锥颈三部分的整体性程度可分为松式法兰、整体法兰和任意式法兰三种，如图 4-25 所示。

① 松式法兰　指法兰不直接固定在壳体上或者虽固定但不能保证与壳体作为一个整体承受螺栓载荷的结构，如活套法兰、螺纹法兰、平焊法兰等，这些法兰可以带颈或者不带颈，见图 4-25（a）～（c）。其中活套法兰是典型的松式法兰，其法兰的力矩完全由法兰环本身来承担，对设备或管道不产生附加弯曲应力。因而适用于有色金属和不锈钢制设备或管道，且法兰环可采用非合金钢制作，以节约贵重金属。但法兰刚度小，厚度较厚，一般只适用于压力较低的场合。

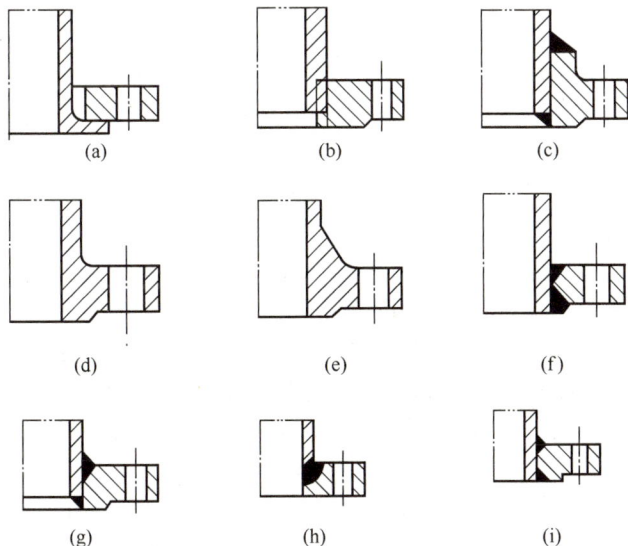

图 4-25　法兰结构类型

②整体法兰　将法兰与壳体锻或铸成一体或经全熔透的平焊法兰，如图4-25（d）～（f）所示。这种结构能保证壳体与法兰同时受力，使法兰厚度适当减薄，但会在壳体上产生较大应力。其中的带颈法兰可以提高法兰与壳体的连接刚度，适用于压力、温度较高的重要场合。

③任意式法兰　从结构来看，这种法兰与壳体连成一体，但刚性介于整体法兰和松式法兰之间，见图4-25（g）～（i）。

（2）法兰标准

为简化计算、降低成本、增加互换性，世界各国都制定了一系列法兰标准。实际使用时，应尽可能选用标准法兰。只有使用大直径、特殊工作参数和结构形式时才需自行设计。法兰标准根据用途分管法兰和容器法兰两套标准。相同公称直径、公称压力的管法兰与容器法兰的连接尺寸各不相同，二者不能相互套用。

选择法兰的主要参数是公称压力和公称直径。

①公称直径　是容器和管道标准化后的尺寸系列，以DN表示。对容器而言是指容器的内径（用管子作筒体的容器除外）；对于管子或管件而言，公称直径仅为名义直径，是与内径相近的某个数值，公称直径相同的钢管，外径一般相同，由于厚度是变化的，所以内径也是变化的，如$DN100$的无缝钢管有$\phi 108 \times 4$、$\phi 108 \times 4.5$、$\phi 108 \times 5$等规格。容器与管道的公称直径应按国家标准规定的系列选用。

②公称压力　是压力容器或管道的标准化压力等级，即按标准化要求将工作压力划分为若干个压力等级。指规定温度下的最大工作压力，也是一种经过标准化后的压力数值。在容器设计选用零部件时，应选取与设计压力相近且又稍高一级的公称压力。

国际通用的公称压力等级有两大系列，即PN系列和Class系列。欧洲等一些国家采用PN系列表示公称压力等级，如$PN2.5$、$PN40$等；美国等一些国家习惯采用Class系列表示公称压力等级，如Class 150、Class 600等。要注意的是PN和Class都是用来表示公称压力等级系列的符号，其本身并无量纲。PN系列的公称压力等级有2.5，6.0，10，16，25，40，63，100，160，250等；Class系列中常用的公称压力等级有Class 150，Class 300，Class 600，Class 900，Class 1500，Class 2500等。PN和Class后面的数字并不代表法兰实际所能承受的工作压力，对于给定的PN或Class法兰的最大允许工作压力要根据法兰材料和工作温度，在相应法兰标准的压力-温度额定值中查取。PN系列与Class系列间的相互对应关系见表4-10。

表4-10　PN系列与Class系列公称压力的对照

PN	20	50	110	150	260	420
Class	150	300	600	900	1500	2500

③容器法兰标准　中国压力容器法兰标准为NB/T 47020～47027《压力容器法兰、垫片、紧固件》。标准中给出了甲型平焊法兰、乙型平焊法兰和长颈对焊法兰等三种法兰的分类、技术条件、结构形式和尺寸，以及相关垫片、螺栓形式等。公称压力范围为0.25～6.4MPa，公称直径为300～3000mm。

④管法兰标准　国际上Class系列的管法兰以ASME/ANSI B16.5《管法兰和附件》、ASME/ANSI B16.47《大直径钢法兰》标准为代表，PN系列的管法兰以EN 1092.1～1092.4为代表。同一系列内，各国的管法兰标准基本上可以互相配套（指连接尺寸和密封面尺寸），但两个系列之间不能互相配合，较明显的区分标志为公称压力等级不同。

目前，中国管法兰标准较多，主要有GB/T 9112～9125《钢制管法兰》，JB/T 74～86.2《管路法兰》以及HG/T 20592～20635《钢制管法兰、垫片、紧固件》（包括PN系列和Class系列）等。考虑到HG/T 20592～20635管法兰标准系列的适用范围广、材料品种齐全，在选用管法兰时建议优先采用该标准。

⑤标准法兰的选用　法兰应根据容器或管道公称直径、公称压力、工作温度、工作介质特性以及法兰材料进行选用。

容器法兰的公称压力是以16Mn或Q345R在200℃时的最高工作压力为依据制定的，因此当法兰材料和工作温度不同时，最大工作压力将降低或升高。

不管是容器法兰标准还是管法兰标准，都会有一个压力 - 温度额定值表。在选用标准法兰时，应首先按法兰的设计温度和材料（或材料类别），在该标准的压力 - 温度额定值表中查得一个法兰的最大允许工作压力，使得该最大允许工作压力大于法兰的设计压力，然后将该最大允许工作压力所对应的公称压力作为所选用的标准法兰的压力等级。例如，*PN*2.5 长颈对焊法兰（NB/T 47023），在设计温度为 −20～200℃时的最大允许工作压力为 2.5MPa，但在设计温度为 400℃时，它的最高允许工作压力将仅为 1.93MPa；若法兰材料改用 20 钢，则在 −20～200℃时的最大允许工作压力就仅为 1.81MPa，而设计温度如升高到 400℃时，最大允许工作压力更将降为 1.26MPa。

4.3.4.3.2 法兰密封面和垫片的选择

螺栓法兰连接设计关键要解决两个问题：一是保证连接处"紧密不漏"；二是法兰应具有足够的强度，不致因受力而破坏。实际应用中，螺栓法兰连接很少因强度不足而破坏，大多因密封性能不良而导致泄漏。因此密封设计是螺栓法兰连接中的重要环节，而密封性能的优劣又与压紧面和垫片有关。下面主要介绍法兰压紧面及垫片的选用。

（1）法兰压紧面的选择

压紧面主要应根据工艺条件、密封口径以及垫片等进行选择。常用的压紧面形式有全平面［图 4-26（a）］、突面［图 4-26（b）］、凹凸面［图 4-26（c）］、榫槽面［图 4-26（d）］及环连接面（或称 T 形槽）［图 4-26（e）］等，其中以突面、凹凸面、榫槽面最为常用。

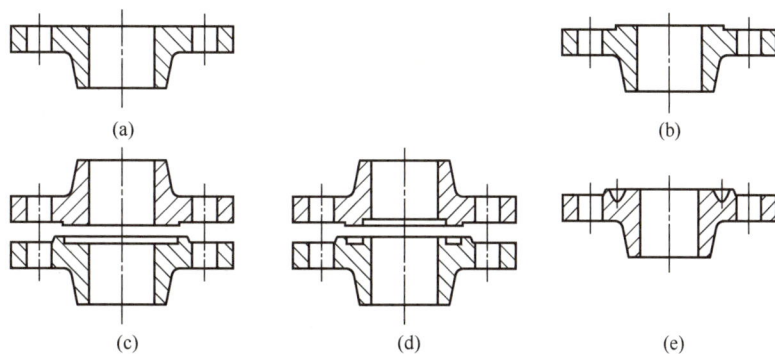

图 4-26 压紧面的形式

突面结构简单，加工方便，装卸容易，且便于进行防腐衬里。压紧面可以做成平滑的，也可以在压紧面上开 2～4 条、宽 × 深为 0.8mm × 0.4mm、截面为三角形的周向沟槽，这种带沟槽的突面能较为有效地防止非金属垫片被挤出压紧面，因而适用场合更广。一般完全平滑的突面仅适用于公称压力≤2.5MPa 场合，带沟槽后容器法兰可用至 6.4MPa，管法兰甚至可用至 25～42MPa，但随着公称压力的提高，适用的公称直径相应减小。

凹凸压紧面安装时易于对中，还能有效地防止垫片被挤出压紧面，适用于公称压力≤6.4MPa 的容器法兰和管法兰。

榫槽压紧面是由一个榫面和一个槽面相配合构成，垫片安放在槽内。由于垫片较窄，并受槽面的阻挡，所以不会被挤出压紧面，且少受介质的冲刷和腐蚀，所需螺栓力相应较小，但结构复杂，更换垫片较难，只适用于易燃、易爆和高度或极度毒性危害介质等重要场合。

（2）垫片的选择

垫片是螺栓法兰连接的核心，密封效果的好坏主要取决于垫片的密封性能。设计时，主要应根据介质特性、压力、温度和压紧面的形状来选择垫片的结构形式、材料和尺寸，同时兼顾价格、制造和更换是否方便等因素。基本要求是制作垫片的材料不污染工作介质、耐腐蚀、具有良好的变形能力和回弹能力，以及在工作温度下不易变质硬化或软化等。对于化工、石油、轻工、食品等生产中常用的介质，可以参阅表 4-11 选用垫片。

4.3.4.3.3 非标法兰设计方法简介

4.3.4.3.3.1 Waters方法

螺栓法兰连接的主要失效模式为强度失效和泄漏失效，其中泄漏失效占比超过80%。然而，由于强度失效问题较早被认识，而泄漏失效预测模型的建立存在诸多困难，长期以来，各国规范和标准主要采用以弹性分析为基础的强度设计方法。

在弹性分析法中，铁木辛柯法（Timoshenko）和沃特斯法（Waters）是两种最常用的强度计算方法。Timoshenko法从将法兰分为松式法兰和整体法兰两大类，并将法兰简化为环形板进行应力计算。这种方法对松式法兰具有较高的计算精度，但对整体法兰，由于忽略了锥颈的弹性约束，导致计算结果偏于保守。相比之下，Waters法则将法兰视作由壳体、环板、锥颈等组成的弹性系统，引入了锥颈的弹性约束，显著提高了应力计算精度，并通过限制法兰转角来控制泄漏。目前，Waters法在实际工程中得到了广泛应用。

表4-11 垫片选用表

介质	法兰公称压力/MPa	工作温度/℃	密封面	垫片 形式	垫片 材料
油品、油气，溶剂（丙烷、丙酮、苯、酚、糠醛、异丙醇），石油化工原料及产品	≤1.6	≤200	突（凹凸）	耐油垫、四氟垫	耐油橡胶石棉板、聚四氟乙烯板
		201～250	突（凹凸）	缠绕垫、金属包垫、柔性石墨复合垫	06Cr13钢带-石棉板石墨-06Cr13等骨架
	2.5	≤200	突（凹凸）	耐油垫、缠绕垫、金属包垫、柔性石墨复合垫	耐油橡胶石棉板、06Cr13钢带-石棉板
		201～450	突（凹凸）	缠绕垫、金属包垫、柔性石墨复合垫	06Cr13钢带-石棉板石墨-06Cr13等骨架
	4.0	≤40	凹凸	缠绕垫、柔性石墨复合垫	06Cr13钢带-石棉板石墨-06Cr13等骨架
		41～450	凹凸	缠绕垫、金属包垫、柔性石墨复合垫	06Cr13钢带-石棉板石墨-06Cr13等骨架
	6.4 10.0	≤450	凹凸	金属齿形垫	10、06Cr13、06Cr19Ni10
		451～530	环连接面	金属环垫	06Cr13、06Cr19Ni10、06Cr17Ni12Mo2
氢气、氢气与油气混合物	4.0	≤250	凹凸	缠绕垫、柔性石墨复合垫	06Cr13钢带-石棉板、石墨-06Cr13等骨架
		251～450	凹凸	缠绕垫、柔性石墨复合垫	0Cr18Ni19钢带-石墨带石墨-0Cr18Ni19等骨架
		451～530	凹凸	缠绕垫、金属齿形垫	0Cr18Ni19钢带-石墨带、06Cr19Ni10、06Cr17Ni12Mo2
氢气、氢气与油气混合物	6.4 10.0	≤250	环连接面	金属环垫	10、06Cr13、06Cr19Ni10
		251～400	环连接面	金属环垫	06Cr13、06Cr19Ni10
		401～530	环连接面	金属环垫	06Cr19Ni10、06Cr17Ni12Mo2
氨	2.5	≤150	凹凸	橡胶垫	中压橡胶石棉板
压缩空气	1.6	≤150	突	橡胶垫	中压橡胶石棉板

续表

介质		法兰公称压力/MPa	工作温度/℃	密封面	垫片	
					形式	材料
蒸汽	0.3MPa	1.0	≤200	突	橡胶垫	中压橡胶石棉板
	1.0MPa	1.6	≤280	突	缠绕垫、柔性石墨复合垫	06Cr13 钢带 - 石棉板、石墨 -06Cr13 等骨架
	2.5MPa	4.0	300		缠绕垫、柔性石墨复合垫、紫铜垫	06Cr13 钢带 - 石棉板、石墨 -06Cr13 等骨架、紫铜板
	3.5MPa	6.4	400	凹凸	紫铜垫	紫铜板
		10.0	450	环连接面	金属环垫	06Cr13、06Cr19Ni10
惰性气体		1.6	≤200	突	橡胶垫	中压橡胶石棉板
		4.0	≤60	凹凸	缠绕垫、柔性石墨复合垫	06Cr13 钢带 - 石棉板、石墨 -06Cr13 等骨架
		6.4	≤60	凹凸	缠绕垫	06Cr13（06Cr19Ni10）钢带 - 石棉板
水		≤1.6	≤300	突	橡胶垫	中压橡胶石棉板
剧毒介质		≥1.6		环连接面	缠绕垫	06Cr13 钢带 - 石墨带
弱酸、弱碱、酸渣、碱渣≥2.5		≤1.6	≤300	突	橡胶垫	中压橡胶石棉板
			≤450	凹凸	缠绕垫、柔性石墨复合垫	06Cr13 钢带 - 石棉板、石墨 -06Cr13 等骨架
液化石油气		1.6	≤50	突	耐油垫	耐油橡胶石棉板
		2.5	≤50	突	缠绕垫、柔性石墨复合垫	06Cr13 钢带 - 石棉板、石墨 -06Cr13 等骨架
环氧乙烷		1.0	260		金属平垫	紫铜
氢氟酸		4.0	170	凹凸	缠绕垫、金属平垫	蒙乃尔合金带 - 石墨带、蒙乃尔合金板
低温油气		4.0	−20～0	突	耐油垫、柔性石墨复合垫	耐油橡胶石棉板、石墨 -06Cr13 等骨架

Waters 法的应力模型是将法兰结构分成壳体、锥颈和法兰环三部分（见图 4-27），壳体、锥颈部分受到压力的作用，法兰环受到压力、垫片反力和螺栓力的作用，根据这三部分在连接处的变形协调方程求得边缘力和边缘力矩，然后，分别计算壳体、锥颈、法兰环在外载荷、边缘力和边缘力矩作用下的应力。Waters 法在推导中作了如下假定：

ⅰ. 法兰环和壳体（或接管）均处在弹性状态，即不发生屈服或蠕变；

ⅱ. 作用于法兰的外力矩，近似地认为由均匀作用于法兰环内外圆周上的力所组成的力偶来代替；

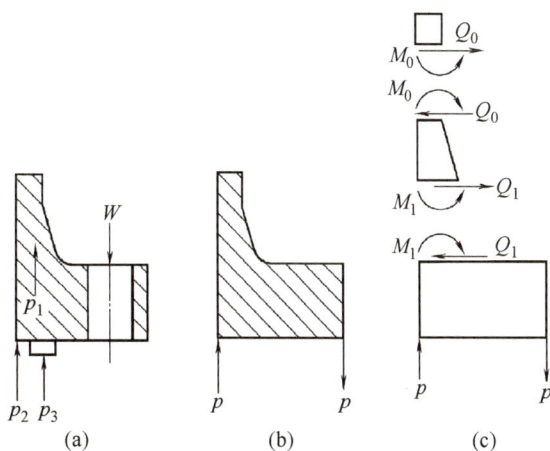

图 4-27　Waters 法应力分析模型

ⅲ. 把法兰环视为一矩形截面的圆环或环板，在外力矩作用下，矩形截面的变形只是使横截面旋转一定的角度 θ，法兰的截面并不发生任何畸变和弯曲；

ⅳ.将螺栓孔的影响略去，把法兰视为实心圆环或环板；

ⅴ.法兰环和壳体都只受螺栓力所引起的力矩作用，忽略介质内压（或外压）对法兰环或壳体直接引起的应力。

使用 Waters 法对法兰结构进行分析时还假定，为了达到密封的目的，在法兰的预紧工况和操作工况下，垫片反力必须达到一定的数值。预紧工况下所需要的单位面积上的垫片反力为 y，而操作工况下所需要的单位面积上的垫片反力以 $2mp$ 表示。

按 Waters 法进行法兰设计应按以下步骤。

（1）选定法兰结构

按工艺操作条件所给出的压力、温度、介质的危害程度等确定法兰形式、密封面的形式、垫片种类和尺寸以及大部分法兰的结构尺寸。

在按操作条件确定了法兰形式以后，法兰的内径和外径、锥颈高度等结构尺寸可参考相近公称直径的标准法兰。

（2）螺栓设计

根据密封所需压紧力大小计算螺栓载荷，选择合适的螺栓材料，计算螺栓直径与个数，按螺纹和螺栓标准确定螺栓尺寸，最后验算螺栓间距。

① 垫片压紧力　已知垫片材料的性能（m，y）及垫片的计算密封宽度，就可计算出一定直径和压力下垫片所需的压紧力。

预紧时需要的压紧力按式（4-60）计算

$$F_a=\pi D_G by \qquad\qquad (4\text{-}60)$$

式中　F_a——预紧状态下，需要的最小垫片压紧力，N；

　　　b——垫片有效密封宽度，mm；

　　D_G——垫片压紧力作用中心圆计算直径，mm；

　　　　　当密封基本宽度 $b_o \leqslant 6.4$mm 时，D_G 等于垫片接触的平均直径；

　　　　　当密封基本宽度 $b_o > 6.4$mm 时，D_G 等于垫片接触的外径减去 $2b$；

　　　y——垫片比压力，由表 4-9 查得，MPa。

操作时需要的压紧力由操作密封比压引起，由于原始定义 m 时是取 2 倍垫片有效接触面积上的压紧载荷等于操作压力的 m 倍，所以计算时操作密封比压应为 $2mp_c$，则

$$F_p=2\pi D_G bmp_c \qquad\qquad (4\text{-}61)$$

式中　F_p——操作状态下，需要的最小垫片压紧力，N；

　　　m——垫片系数，由表 4-9 查得；

　　　p_c——计算压力，MPa。

需要注意的是，式（4-60）和式（4-61）中用以计算接触面积的垫片宽度不是垫片的实际宽度，而是它的一部分，即密封基本宽度 b_o，其大小与压紧面形状有关，见表 4-12。在 b_o 的宽度范围内，比压力 y 视作均匀分布。当垫片较宽时，由于螺栓载荷和内压的作用使法兰发生偏转，因此垫片外侧比内侧压得紧一些，为此实际计算中垫片宽度要比 b_o 更小一些，称为有效密封宽度 b，它与密封基本宽度 b_o 的关系如下：

当 $b_o \leqslant 6.4$mm 时，$b=b_o$；

当 $b_o > 6.4$mm 时，$b = 2.53\sqrt{b_o}$。

② 螺栓载荷计算　预紧状态下，需要的最小螺栓载荷等于保证垫片初始密封所需的压紧力，故可按式（4-62）计算，即

$$W_a=F_a \qquad\qquad (4\text{-}62)$$

式中　W_a——预紧状态下需要的最小螺栓载荷，N。

操作状态下需要的最小螺栓载荷由两部分组成：介质产生的轴向力和保持垫片密封所需的垫片压紧力，即

表4-12 垫片密封基本宽度 b_o。

序号	压紧面形状（简图）	垫片密封基本宽度 b_o	
		I	II
1a		$\dfrac{N}{2}$	$\dfrac{N}{2}$
1b			
1c		$\dfrac{\omega+\delta_g}{2}$ 和 $\dfrac{\omega+N}{4}$ 两者取小值	$\dfrac{\omega+\delta_g}{2}$ 和 $\dfrac{\omega+N}{4}$ 两者取小值
1d			
2		$\dfrac{\omega+N}{4}$	$\dfrac{\omega+3N}{8}$
3		$\dfrac{N}{4}$	$\dfrac{3N}{8}$
4①		$\dfrac{3N}{8}$	$\dfrac{7N}{16}$
5①		$\dfrac{N}{4}$	$\dfrac{3N}{8}$
6		$\dfrac{\omega}{8}$	

① 当锯齿深度不超过0.4mm，齿距不超过0.8mm时，应采用序号1b或1d的压紧面形状。

$$W_p = F + F_p = \frac{\pi}{4} D_G^2 p_c + 2\pi D_G b m p_c \qquad (4\text{-}63)$$

式中　W_p——操作状态下需要的最小螺栓载荷，N。

③ 螺栓设计　通常螺栓与螺母应采用不同材料或同种材料但不同的热处理条件，使其具有不同的硬度，螺栓材料硬度应比螺母高 30HB 以上。

为了保证预紧和操作时都能形成可靠的密封，应分别求出两种工况下螺栓的截面积，择其大者为所需螺栓截面积，从而确定螺栓直径与个数。

预紧状态下，按常温计算，螺栓所需截面积 A_a 为

$$A_a \geqslant \frac{W_a}{[\sigma]_b} \qquad (4\text{-}64)$$

式中　$[\sigma]_b$——常温下螺栓材料的许用应力，MPa。

操作状态下，按螺栓设计温度计算，螺栓所需截面积 A_p

$$A_p = \frac{W_p}{[\sigma]_b^t} \qquad (4\text{-}65)$$

式中　$[\sigma]_b^t$——设计温度下螺栓材料的许用应力，MPa。

需要的螺栓截面积 A_m 取 A_a 与 A_p 中较大值。由 A_m 即可确定螺栓直径与个数

$$d_o = \sqrt{\frac{4A_m}{\pi n}} \qquad (4\text{-}66)$$

式中　d_o——螺纹根径或螺栓最小截面直径，mm；

　　　n——螺栓个数。

设计时，d_o 与 n 是互相关联的未知数，一般先根据经验或参考有关标准假设螺栓个数 n（n 应为偶数，最好为 4 的倍数），算出螺栓根径 d_o，然后根据螺栓标准，将 d_o 圆整为螺纹根径，并使实际螺栓截面积不小于 A_m。小直径螺栓拧紧时容易折断，所以螺栓公称直径一般不应小于 M12。

确定螺栓个数时不仅要考虑螺栓法兰连接的密封性，还要考虑安装的方便。螺栓个数多，垫片受力均匀，密封效果好。但螺栓个数太多，螺栓间距变小，可能导致安装时扳手空间不够，引起装拆困难。法兰环上两个螺栓孔中心距 $\widehat{L} = \pi D_b/n$ 应在（$3.5 \sim 4$）d_B 的范围（D_b 为螺栓中心圆直径）。若螺栓间距太大，在螺栓孔之间将引起附加的法兰弯矩，且垫片受力不均导致密封性下降，为此螺栓最大间距不得超过式（4-67）所确定的数值

$$\widehat{L}_{max} = 2d_B + \frac{6\delta_f}{m + 0.5} \qquad (4\text{-}67)$$

式中　d_B——螺栓公称直径，mm；

　　　δ_f——法兰有效厚度，mm。

法兰的最小径向尺寸 L_A、L_e 及螺栓间距 $\widehat{L}$ 的最小值按表 4-13 选取。

（3）法兰力矩计算

同螺栓设计一样，计算法兰受到的力矩也应考虑预紧和操作两个工况。在预紧工况中仅由垫片反力和螺栓力所产生的力矩作用在法兰上。这时，考虑到螺栓装配时预紧力矩的不确定性，标准中规定螺栓力为

$$W = \frac{A_m + A_b}{2}[\sigma]_b \qquad (4\text{-}68)$$

所产生的力矩为

$$M_a = W L_G \qquad (4\text{-}69)$$

式中　A_m——所需要的螺栓截面积，mm²；

　　　A_b——实际的螺栓截面积，mm²；

　　　L_G——螺栓中心至垫片力作用点的距离，mm。

表4-13 L_A、L_e及螺栓间距$\hat{L}$的最小值   mm

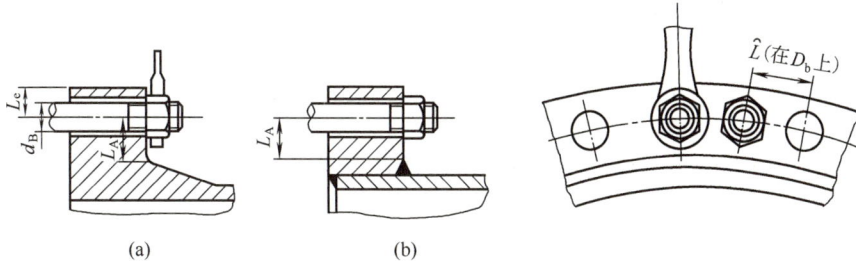

(a)   (b)

| 螺栓公称 | L_A | | L_e | 螺栓最小 | 螺栓公称 | L_A | | L_e | 螺栓最小 |
直径 d_B	A 组	B 组		间距 $\hat{L}$	直径 d_B	A 组	B 组		间距 $\hat{L}$
12	20	16	16	32	30	44	35	30	70
16	24	20	18	38	36	48	38	36	80
20	30	24	20	46	42	56		42	90
22	32	26	24	52	48	60		48	102
24	34	27	26	56	56	70		55	116
27	38	30	28	62					

注：A组数据适用于图（a）所示的带颈法兰结构；B组数据适用于图（b）所示的焊制法兰结构。

操作工况下的法兰力矩 M_p 可通过作用在筒体和法兰环上的压力以及作用在密封面上的垫片反力对螺栓中心取矩得到。然后，取法兰设计力矩为

$$M_o = \max\left\{ M_a \frac{[\sigma]_f^t}{[\sigma]_f}, M_p \right\} \tag{4-70}$$

式中 $[\sigma]_f^t$——设计温度下法兰材料的许用应力，MPa；

$[\sigma]_f$——常温下法兰材料的许用应力，MPa。

（4）应力计算和校核

壳体、锥颈、法兰环之间作用的边缘力和边缘力矩可以通过三者的变形协调得到，并以法兰设计力矩 M_o 表示，这样便可计算得到锥颈大、小端的应力以及法兰环中的应力。具体应力计算表达式可见参考文献［2］。

在压力容器设计中，对于法兰连接结构，不但要避免其强度失效，更要避免其密封失效。因此，压力容器标准中法兰设计规定的强度条件实际上是采用限制法兰环中的应力来同时限制法兰变形。考虑到法兰环中的最大应力与法兰变形成线性关系，虽然，当法兰环中的某一点应力达到屈服强度时，法兰环中其他部位的应力水平还处在一个很低的水平，即法兰环仍存在很充裕的承载强度，但为了控制法兰环的扭转变形以满足一定的密封要求，在压力容器标准中规定法兰环中的最大径向应力 σ_R 和最大环向应力 σ_T 需满足

$$\sigma_R \leqslant [\sigma]_f^t \qquad 和 \qquad \sigma_T \leqslant [\sigma]_f^t \tag{4-71}$$

式中 $[\sigma]_f^t$——法兰材料在设计温度下的许用应力，MPa。

法兰锥颈处的轴向应力被认为对法兰环的变形影响不大，又是局部的线性分布的弯曲应力，因此采用极限载荷设计法，可限制其为

$$\sigma_H \leqslant \min\left\{ 1.5[\sigma]_f^t, 2.5[\sigma]_n^t \right\} \tag{4-72}$$

式中 $[\sigma]_n^t$——与法兰连接的筒体材料在设计温度下的许用应力，MPa。

但当锥颈部分发生屈服以后，法兰结构已不满足 Waters 法关于弹性假定的条件，同时，法兰结构各部分承受的载荷将重新分配，使得计算得到的各部分应力与实际应力水平存在差异，即未屈

服部分的实际应力水平可能高于计算得到的应力水平。因此，当法兰锥颈处开始发生屈服后，需要降低法兰环中最大应力的许用应力值，以避免法兰环产生较大的变形，因此，压力容器标准还要求满足以下两个强度条件

$$\frac{\sigma_H + \sigma_R}{2} \leqslant [\sigma]_f^t \quad \text{和} \quad \frac{\sigma_H + \sigma_T}{2} \leqslant [\sigma]_f^t \qquad (4\text{-}73)$$

另外，对于焊接法兰的角焊缝以及松式法兰支承凸缘处的切应力 τ，在预紧工况时不得大于 0.8 $[\sigma]_n$，在操作工况下不得大于 $0.8[\sigma]_n^t$。

法兰连接接头除了受到压力载荷外，还可能受到轴向拉力和弯矩的作用，如管道的连接法兰接头和连接小直径塔的筒节的法兰等。这时可将轴向拉力和弯矩折算成当量压力，与设计压力叠加形成计算压力后，再按以上的方法进行计算和校核。轴向拉力 F 和弯矩 M 可按以下公式折算成当量压力

$$P_e = \frac{4F}{\pi D_G^2} + \frac{16M}{\pi D_G^3} \qquad (4\text{-}74)$$

Waters 方法自 1940 年被 ASME 引入其锅炉和压力容器设计规范以来，相继为中国 GB/T 150.3、英国 PD5500、法国 CODAP2000、日本 JIS B8265、欧盟 EN 13445.3 等压力容器规范或标准所引用。大半个世纪以来，虽然该方法没有实质性的变化，但迄今为止仍是国际上最广为接受的法兰设计方法。实践表明，按照该方法设计的绝大多数法兰没有因设计问题而发生明显的泄漏事故。但是在实际使用中发现该方法存在如下几个问题，以致造成少数按规范设计的螺栓法兰接头发生泄漏。

ⅰ. Waters 方法采用垫片系数 m 和垫片比压力 y 来简化法兰设计计算，但未能真实反映垫片的密封行为。m 和 y 是基于经验和某些试验的，没有理论依据，不能基于这些系数确定的垫片应力来预测法兰接头的泄漏率，且自进入 ASME 设计规范以来，这些数据几无变化，更别说对替代石棉材料和新型垫片给出相应的数据了。

ⅱ. Waters 方法无法得到实际密封所需要的螺栓载荷，由其计算得到的螺栓载荷仅用于确定螺栓和法兰的尺寸，与安装时所需的实际螺栓载荷不一致，后者往往远大于前者。可能会因螺栓载荷不足而不能保证在所有变动工况下都能满足密封要求，或可能会因螺栓载荷过大而导致法兰、螺栓发生屈服，垫片过分压缩使其回弹不足或者压溃而造成泄漏。

ⅲ. Waters 方法没有考虑流体静压力作用下垫片 - 螺栓 - 法兰间的机械相互作用，温度瞬变时螺栓与法兰不同热膨胀可能引起的螺栓载荷变化，也没有考虑各个部件材料在高温下蠕变 / 松弛的影响。这些因素在温度瞬变、压力波动时会导致螺栓法兰连接接头的泄漏。

针对上述问题，近年来 ASME 对 Waters 法兰设计方法进行了某些改进。这主要体现在：增加法兰刚度校核的要求，规定整体法兰和松式法兰的转角应分别小于等于 0.3° 和 0.2°，以通过限制法兰转角控制其泄漏；考虑到大多数螺栓法兰连接接头泄漏是由于安装问题，增加安装法兰时应遵循 ASME PCC-1《压力边界螺栓法兰连接安装指南》的条款，包括安装螺栓载荷选取方法、减少法兰接头泄漏的非设计因素等。对设计未考虑的安装、高温、法兰转动等实际问题，ASME Ⅷ-1 早就在非规定性附录 S 中给予了诠释和建议。

4.3.4.3.3.2 基于泄漏率的设计方法

正常设计的法兰失效案例中，因强度不足的失效很少，而泄漏失效则并非罕见。因此，法兰设计除了应满足强度失效设计准则外，更核心的是应满足泄漏失效设计准则。设计人员需要确定一个允许的泄漏率，要求拟设计法兰接头的泄漏率不超过允许值。

自 20 世纪 70 年代以来，国际上先后出现了基于泄漏率的法兰设计方法，有的已纳入压力容器或压力管道设计规范或标准。这些方法中，最具代表性的有两个，即美国压力容器研究委员会（PVRC）提出的法兰设计方法（以下简称为"PVRC 方法"）和欧洲标准委员会（CEN）提出的法兰设计方法（以下简称为"EN 方法"）。

（1）PVRC 方法

PVRC 长期致力于螺栓法兰连接接头密封设计方法研究，认为所有法兰接头都会发生泄漏，法兰设计的宗旨是使所设计的螺栓法兰连接接头在所有载荷工况下，不超过密封流体所允许的泄

漏率。

PVRC 方法最显著的特征是引入了紧密度概念，建立了流体压力和泄漏率之间的关联关系。该方法将螺栓法兰连接接头的泄漏失效判据定义为五个紧密度等级，每个紧密度等级对应一定水平的质量泄漏率，相邻紧密度等级的质量泄漏率相差两个数量级。例如，T2 级为标准级，相应的单位垫片直径的质量泄漏率为 $2 \times 10^{-3}\mathrm{mg/(mm \cdot s)}$；T3 级为紧密级，其质量泄漏率为 $2 \times 10^{-5}\mathrm{mg/(mm \cdot s)}$。法兰设计时首先要选择紧密度等级，使设计的接头泄漏率不超过该紧密度等级下的允许泄漏率。这就意味着更高的紧密度等级需要更大的螺栓和更厚的法兰，而选取哪一紧密度等级作为设计法兰的密封判据，则取决于所设计设备的工艺条件、操作工况和生态环保等要求。例如，T2 级适用于一般性密封要求，而 T5 级则用于核电、宇航等重要场合。

PVRC 方法的另一个特征是以试验数据为基础建立了新的垫片设计参数，即用通过关联紧密度与垫片应力的双对数关系获得的垫片设计参数（a、G_b、G_s）替代 m 和 y。这些新的垫片设计参数源自 PVRC 对过去和新型垫片进行的大量试验数据，并与紧密度等级对应的允许泄漏率相关。

PVRC 方法先要选定紧密度等级，根据垫片设计参数，计算预紧工况和操作工况下达到设计紧密度要求的最小垫片应力和螺栓载荷，再按 Waters 方法同样的步骤和方法进行法兰强度、刚度校核。

在工程应用中，PVRC 方法仍面临诸多问题。例如，如何确定合适的紧密度；设计的紧密度不等同于实际泄漏水平。故该方法仍未进入 ASME 规范，还需要做进一步的验证、完善和改进。

（2）EN 方法

从 20 世纪 90 年代以来，欧洲标准化委员会（CEN）在对法兰设计方法开展系列研究的同时，吸收了部分 PVRC 研究成果。2001 年，颁布了 EN 1591-1《法兰及其接头——带垫片圆形法兰连接设计规则 第 1 部分：计算方法》（最新版本 2013 年）和 EN 1591-2《法兰及其接头——带垫片圆形法兰连接设计规则 第 2 部分：垫片参数》（最新版本 2008 年），即 EN 方法。2002 年，EN 方法进入 EN 13445《非直接接触火焰压力容器》标准的第 3 部分，作为其非规定性附录 G。

EN 方法同样改革了垫片设计基础。与 PVRC 方法类似，EN 方法将允许泄漏率划分成三个紧密度等级，发展了基于泄漏率的新的垫片参数，包括最小安装垫片应力、最大安装垫片应力、最小工作垫片应力、最大工作垫片应力、卸载回弹模量、蠕变系数和轴向热膨胀系数。相比 PVRC 方法提出的垫片参数，这些垫片参数更直接和周全地表征了垫片的力学和密封行为。与此同时，CEN 颁布了 EN 13555《法兰及其接头——带垫片圆形法兰连接设计规则用垫片系数和试验方法》（最新版本 2013 年），作为测试这些垫片参数的标准方法。

EN 方法的另一个明显特点是将螺栓法兰连接作为一个系统进行分析，考虑其从安装与服役全过程的强度和密封要求。较为完整地考虑了垫片 - 螺栓 - 法兰间的机械相互作用，及其对密封性能的影响，在满足各载荷工况密封要求的前提下，同时考虑了实际安装中的螺栓交互作用，较为周密地确定了法兰接头装配时所需要的螺栓预紧力。

除了压力载荷外，EN 方法还考虑了温度瞬变引起的轴向热膨胀差对螺栓载荷和垫片应力的影响，也考虑了外加弯矩和轴向力的影响。此外，EN 方法采用极限载荷法对法兰强度进行校核。

与 Waters 法和 PVRC 方法相比，EN 方法在设计准则、参数选择、计算方法和失效评定等方面考虑更加周全、计算更趋精确、结果更为合理，更加符合螺栓法兰连接接头的实际情况，故越来越为欧盟国家所接受。由于 EN 方法考虑了更多的因素，计算过程需要多次迭代运算，一般需要通过计算机程序才能完成。因此，EN 方法特别适用于以下场合：法兰承受热循环载荷，且其影响是主要的；需要采用规定的拧紧方法控制螺栓载荷；存在较大的附加载荷或者密封特别重要。

综上所述，法兰设计方法可分为两类。一类是以结构完整性为基本设计准则，它是控制螺栓和法兰应力在其许用范围内，即满足强度失效设计准则，而密封则通过提高螺栓承载能力或（和）控制法兰环变形给予间接的保证，如 Waters 法；另一类是兼容结构完整性和密封性，同时考虑强度失效和泄漏失效这两个设计准则，与实际情况比较接近，如 EN 方法、PVRC 方法。

有关 PVRC 方法和 EN 方法的具体计算过程，读者可参见文献 [33]。

4.3.4.4 高压密封设计

由于压力高，高压密封装置的重量约占容器总重的10%～30%，而成本则占总成本的15%～40%，其设计是高压容器设计的重要组成部分。

（1）高压密封的基本特点

高压密封装置的结构形式多种多样，但都具有下列特点。

① 一般采用金属密封元件　高压密封接触面上所需的密封比压很高，非金属密封元件无法达到如此大的密封比压。金属密封元件的常用材料是退火铝、退火紫铜和软钢。

② 采用窄面或线接触密封　因压力较高，为使密封元件达到足够的密封比压往往需要较大的预紧力，减小密封元件和密封面的接触面积，可大大降低预紧力，减小螺栓的直径，从而减小整个法兰与封头的结构尺寸。有时甚至采用线接触密封。

③ 尽可能采用自紧或半自紧式密封　尽量利用介质压力压紧密封元件实现自紧密封。预紧螺栓仅提供初始密封所需的力，压力越高，密封越可靠，因而比强制式密封更为可靠和紧凑。

（2）高压密封的结构形式

高压密封有多种结构形式，采用什么形式的密封结构是高压密封结构设计的中心问题。以下介绍几种常用的结构形式。

视频4-3
常见高压密封
结构

① 平垫密封　结构形式如图4-28所示。属于强制式密封，圆筒端部与平盖之间的密封依靠主螺栓的预紧作用，使金属平垫片产生一定的塑性变形，填满压紧面的高低不平处，从而达到密封目的。该结构与中低压容器中常用的螺栓法兰连接结构相似，只是将宽面非金属垫片改为窄面金属平垫片。平垫片材料常用退火铝、退火紫铜或10号钢。

这种密封结构一般只适用于温度不超过200℃、内径不超过1000mm的中小型高压容器上。它的结构简单，在压力不高、直径较小时密封可靠。但其主螺栓直径过大，不适用于温度与压力波动较大的场合。

② 卡扎里密封　有外螺纹、内螺纹和改良卡扎里密封三种结构形式，图4-29为外螺纹卡扎里密封结构示意图。卡扎里密封属强制式密封，其特点是利用压环和预紧螺栓将三角形垫片压紧来保证密封，因而装卸方便，安装时预紧力较小。介质产生的轴向力由螺纹套筒承担，不需要大直径主螺栓。这种密封结构适用于大直径和较高的压力范围，但锯齿形螺纹加工精度要求高，造价较高。

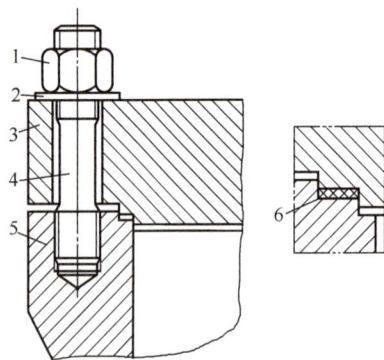

图 4-28　平垫密封结构
1—主螺母；2—垫圈；3—平盖；4—主螺栓；
5—圆筒端部；6—平垫片

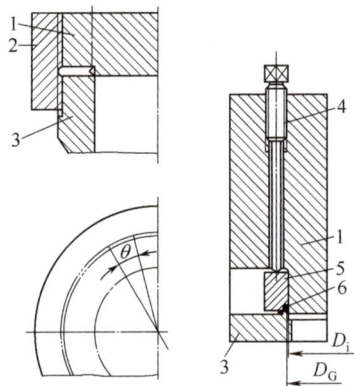

图 4-29　外螺纹卡扎里密封结构
1—平盖；2—螺纹套筒；3—圆筒端部；4—预紧螺栓；
5—压环；6—密封垫片

③ 双锥密封　这是一种保留了主螺栓但属于有径向自紧作用的半自紧式密封结构，见图4-30。在预紧状态，拧紧主螺栓使衬于双锥环两锥面上的软金属垫片和平盖、筒体端部上的锥面相接触并压紧，导致两锥面上的软金属垫片达到足够的预紧密封比压；同时，双锥环本身产生径向收缩，使其内圆柱面和平盖凸出部分外圆柱面间的间隙g值消失而紧靠在封头凸出部分上。为保证预紧密

封，两锥面上的比压应达到软金属垫片所需的预紧密封比压。内压升高时，平盖有向上抬起的趋势，从而使施加在两锥面上的、在预紧时所达到的比压趋于减小；双锥环由于在预紧时的径向收缩产生回弹，使两锥面上继续保留一部分比压；在介质压力的作用下，双锥环内圆柱表面向外扩张，导致两锥面上的比压进一步增大。为保持良好的密封性，两锥面上的比压必须大于软金属垫片所需要的操作密封比压。

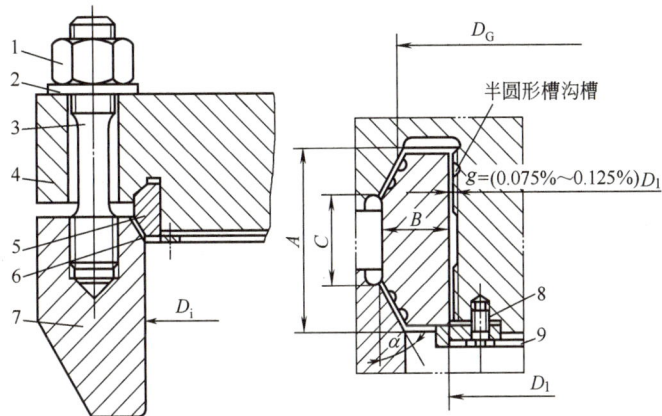

图 4-30 双锥密封结构

1—主螺母；2—垫圈；3—主螺栓；4—平盖；5—双锥环；6—软金属垫片；7—圆筒端部；8—螺栓；9—托环

该结构中双锥环可选用 35、16Mn、20MnMo、15CrMo、S30408 及 S32168 等材料制成，在其两个密封面上均开有半圆形沟槽，并衬有软金属垫，如退火铝或退火紫铜等。合理地设计双锥环的尺寸，使其有适当的刚性，保持有适当的回弹自紧力是很重要的。当截面尺寸过大时，双锥环的刚性也过大，不仅预紧时使双锥环压缩弹性变形的螺栓力要求过大，而且工作时介质压力使其径向扩张的力显得不够，自紧作用力小。反之，则刚性不足，工作时弹性回弹力也不足，从而影响自紧力。研究表明，采用以下尺寸数据设计的双锥环其密封效果较好。

双锥环高度

$$A = 2.7\sqrt{D_i}$$

$$C = (0.5 \sim 0.6)\,A$$

双锥环厚度

$$B = \frac{A+C}{2}\sqrt{\frac{0.75 p_c}{\sigma_m}}$$

式中　A——双锥环高度，mm；

　　　B——双锥环厚度，mm；

　　　C——双锥环外侧面高度，mm；

　　σ_m——双锥环中点处的弯曲应力，一般可按 50～100MPa 选取。

双锥密封结构简单，密封可靠，加工精度要求不高，制造容易，可用于直径大、压力和温度高的容器。在压力和温度波动的情况下，密封性能也良好。

④ 伍德密封　这是一种最早使用的自紧式密封结构，如图 4-31 所示。牵制螺栓通过牵制环拧入顶盖。在预紧状态，拧紧牵制螺栓，使压垫和顶盖及筒体端部间产生预紧密封力。当内压作用后，它们之间相互作用的密封力随压力升高、顶盖向上顶起而迅速增大，同时卸去牵制螺栓与牵制环的部分甚至全部载荷。因此伍德密封属于轴向自紧式密封。

该结构中压垫和顶盖之间按线接触密封设计。压垫与圆筒端部接触的密封面略有夹角（$\beta=5°$），另一个与端盖球形部分接触的密封面做成倾角较大的斜面（$\alpha=30° \sim 35°$）。

伍德密封无主螺栓连接，密封可靠，开启速度快，压垫可多次使用；对顶盖安装误差要求不高；在温度和压力波动的情况下，密封性能仍良好。但其结构复杂，装配要求高，高压空间占用较多。

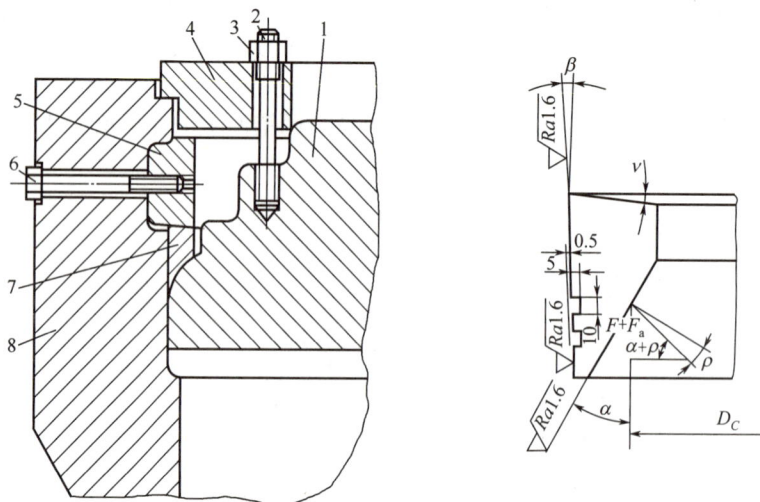

图 4-31　伍德密封结构

1—顶盖；2—牵制螺栓；3—螺母；4—牵制环；5—四合环；6—拉紧螺栓；7—压垫；8—筒体端部

　　此外还有 C 形环密封、金属 O 形环密封、三角垫密封、八角垫密封、B 形环密封及楔形垫自紧密封（N.E.C）等高压密封结构。

　　⑤ 高压管道密封　与容器密封一样，要求具有密封性能良好、制造容易、结构简单合理、安装维修方便等特点。除此之外，管道密封还有它的特殊之处：ⅰ管道所承受的载荷，除内压外，往往还承受其他附加外载荷或弯矩，如管道现场安装时，常出现强制连接情况，这将产生很大的附加弯矩或剪力；ⅱ因管线延续较长，热膨胀值大，故温度波动的影响也较大；ⅲ管道接头拆装次数较容器要多，要求管道的密封结构更便于拆装。

　　高压管道密封的形式很多，也有强制式和自紧式两种。强制式密封主要为平垫密封，而自紧式多采用径向自紧式密封。下面介绍一种使用较多的透镜自紧式高压管道密封结构。

　　透镜式密封结构如图 4-32 所示，将管端加工成 $\beta=20°$ 的锥面作为密封面，透镜垫有 2 个球面，预紧时拧紧螺栓，使透镜球面与管端锥面形成线接触密封，因而单位面积上的压紧力就很大，使透镜垫与管端锥面之间有足够的弹性变形和局部塑性变形。升压后透镜垫径向膨胀，产生自紧作用，使密封面贴合得更为紧密。高温透镜垫常加工成如图 4-32（b）所示的结构，这种透镜垫有一个内环形空腔，当受内压作用后，内部介质压力作用在透镜垫的环形空腔内，使透镜垫向外膨胀，更紧密地与密封面贴合，使密封效果更好，同时还有一定的弹性，能补偿温度波动所造成的密封不实的影响。

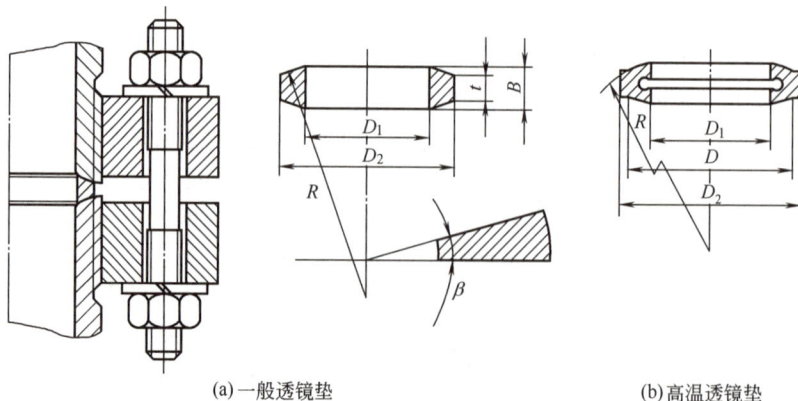

(a) 一般透镜垫　　　　　　　　　　　　　(b) 高温透镜垫

图 4-32　高压管道的透镜式密封

采用这种密封结构，管道与法兰不用焊接，而用螺纹连接，因而特别适合不宜焊接的高强度合金钢管的连接。

（3）提高高压密封性能的措施

为提高高压密封性能，常采取以下三种技术措施。

① 改善密封接触表面　即在保持密封元件原有的力学性能和回弹性能等特性的前提下，通过改善密封表面接触状况来提高密封元件的密封性能。常用的方法有：ⅰ密封面电镀或喷镀软金属、塑料等，以提高密封面的耐磨性能，保护密封面不受擦伤，同时降低实现密封所需的密封比压，减小预紧力，如在空心金属O形环表面镀银；ⅱ密封接触面之间衬软金属或非金属薄垫片，如在双锥密封面衬退火铝或退火紫铜等；ⅲ密封面上镶软金属丝或非金属材料。

② 改进垫片结构　采用由弹性件和塑性软垫组合而成的密封元件，依靠弹性件获得良好的回弹能力和必要的密封比压，同时依靠塑性软垫获得良好的密封接触面。图4-33为超高压聚乙烯反应釜用的组合式B形环，其特点是在B形环中镶入软材料以改善B形环的低压密封性能。工作时，利用软材料与过盈配合，建立初始密封来实现低压密封（60MPa以下），当压力继续升高，B形环和密封面的接触比压也上升，构成了高压下的密封。该结构还可减小B形环的过盈量，易于安装。

③ 采用焊接密封元件　当容器或管道内盛装易燃、易爆、毒性危害程度为极度或高度危害的介质，或处于高温、高压、温度压力波动频繁等场合，要求封口完全密封时，可采用焊接密封元件结构，如图4-34所示。它是在两法兰面上先行焊接不同形式的密封焊元件，然后在装配时再将密封焊元件的外缘予以焊接。当容器或管道内清洁、无需更换内件时也可采用该方法。

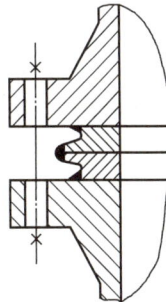

图4-33　组合式"B"形环　　　图4-34　焊接密封元件结构

（4）螺栓载荷计算

螺栓载荷是主螺栓、简体端部和顶盖设计的基础。下面对最基本的平垫密封和双锥密封结构进行分析。伍德密封、卡扎里密封等高压密封的主螺栓载荷计算方法参阅文献[2]。

① 平垫密封　与中低压容器的平垫密封原理一样，密封力全部由主螺栓提供。既要保证预紧时能使垫片发生塑性变形（达到预紧比压y），又要保证工作时仍有足够的密封比压（即mp_c）。但高压平垫采用窄面的金属垫片。垫片的y、m值按表4-9选用，密封载荷和主螺栓的设计计算见螺栓法兰连接。

② 双锥密封　根据双锥环的密封原理计算出预紧状态下主螺栓载荷W_a和操作状态下主螺栓载荷W_p，并根据W_a、W_p进行主螺栓设计。

ⅰ.预紧状态下主螺栓载荷W_a。预紧时应保证密封面上的软金属垫片达到初始密封条件，同时又应使双锥环产生径向弹性压缩以消除双锥环与平盖之间的径向间隙。

为达到初始预紧密封，双锥密封面上必须施加的法向压紧力$W_0=\pi D_G by$。预紧时，双锥环收缩，与顶盖有相对滑动趋势，使双锥环受到摩擦力F_m的作用，摩擦力的方向如图4-35所示，其大小为$F_m=W_0\tan\rho=\pi D_G by\tan\rho$。$F_m$和$W_0$作矢量合成后再分解到垂直方向就是预紧时主螺栓必须提供的载荷W_1，即

$$W_1 = \pi D_G by \frac{\sin(\alpha+\rho)}{\cos\rho} \tag{4-75}$$

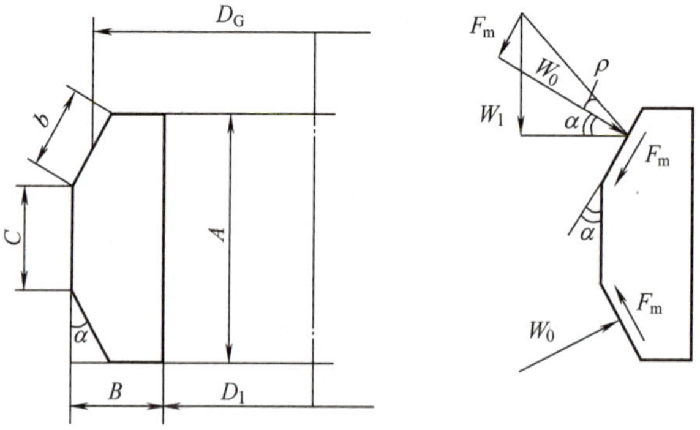

图4-35　双锥环几何与预紧时的力分析

由图4-35（a）可知 $b = \dfrac{A-C}{2\cos\alpha}$，代入上式得

$$W_1 = \frac{\pi}{2}D_G(A-C)\ y\frac{\sin(\alpha+\rho)}{\cos\alpha\cos\rho} \tag{4-76}$$

式中　　　D_G ——双锥环的密封面平均直径，$D_G = D_1 + 2B - \dfrac{A-C}{2}\tan\alpha$，mm；

D_1 ——双锥环内圆柱面直径，mm；

ρ ——摩擦角，钢与钢接触时 $\rho=8°\ 30'$，钢与铜接触时 $\rho=10°\ 31'$，钢与铝接触时 $\rho=15°$；

A，B，C，α ——双锥环的几何尺寸，见图 4-35（a）。

预紧时还同时应使双锥环产生径向弹性压缩，一般压缩至径向间隙 g 值完全消除，即双锥环的内侧面与平盖的支承面相贴合。此时的主螺栓载荷 W_1' 为

$$W_1' = \pi Ef\frac{2g}{D_1}\tan(\alpha+\rho) \tag{4-77}$$

式中　E ——双锥环材料的弹性模量，MPa；

f ——双锥环的截面积，$f = AB - \left(\dfrac{A-C}{2}\right)^2\tan\alpha$，mm²；

g ——径向间隙，$g=（0.075\%\sim0.125\%）D_1$，mm。

一般情况下，W_1 要比 W_1' 大得多，这样主螺栓的预紧载荷只要按式（4-76）计算就可满足要求。

ⅱ. 双锥环操作状态时的主螺栓载荷 W_p。操作状态下主螺栓将承受三部分力：内压引起的总轴向力 F、双锥环自紧作用的轴向分力 F_p 和双锥环回弹力的轴向分力 F_c，即

$$W_p=F+F_p+F_c \tag{4-78}$$

内压对平盖的轴向力　　　　　　$$F = \frac{\pi}{4}D_G^2 p_c \tag{4-79}$$

双锥环自紧作用的轴向分力 F_p，由内压作用在密封环内圆柱表面的径向扩张力 V_p 引起。V_p 可由下式求出

$$V_p=\pi D_G b p_c$$

式中　b ——双锥环的有效高度，$b = 0.5(A+C)$，mm。

因双锥面有两个锥面，每一锥面受到的推力为 $V_p/2$，锥面上相应有一法向力 G。向外扩张时受到摩擦力 f_m 的作用，方向与预紧时相反，如图 4-36（a）所示。G 与 f_m 的合力再分解，其垂直分力即为 F_p

$$F_p = \frac{V_p}{2}\tan(\alpha - \rho) = \frac{\pi}{2}D_G b p_c \tan(\alpha - \rho) \quad (4\text{-}80)$$

双锥环回弹力的轴向分力 F_c，由环内的变形回弹力引起。存在回弹力的条件是双锥环始终处于压缩状态。压缩越大，环的回弹力越大。最大回弹力 V_R 为

$$V_R = 4\pi E f \frac{g}{D_G}$$

操作状态压紧面上的摩擦力方向如图 4-36（b）所示，压紧面上的法向力和摩擦力的合力在垂直方向的分力 F_c 为

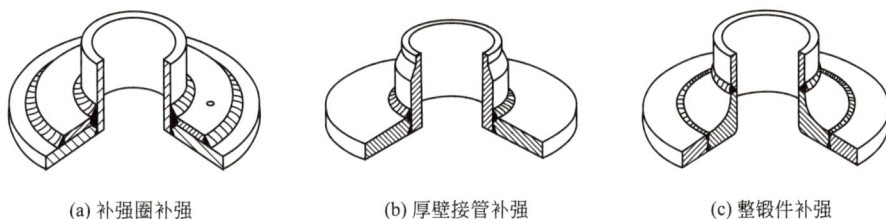

(a) 压力自紧力分析　　(b) 回弹自紧力分析

图 4-36　双锥环工作时的力分析

$$F_c = \frac{V_R}{2}\tan(\alpha - \rho) = 2\pi E f \frac{g}{D_1}\tan(\alpha - \rho) \quad (4\text{-}81)$$

将式（4-79）～式（4-81）代入式（4-78）即得操作状态下主螺栓载荷 W_p

$$W_p = \frac{\pi}{4}D_G^2 p_c + \frac{\pi}{2}D_G b p_c \tan(\alpha - \rho) + 2\pi E f \frac{g}{D_1}\tan(\alpha - \rho) \quad (4\text{-}82)$$

4.3.5　开孔和开孔补强设计

由于各种工艺和结构上的要求，不可避免地要在容器上开孔并安装接管。开孔以后，除削弱器壁的强度外，在壳体和接管的连接处，因结构的连续性被破坏，会产生很高的局部应力，给容器的安全操作带来隐患，因此压力容器设计必须充分考虑开孔的补强问题。

（1）补强结构

压力容器接管补强结构通常采用局部补强结构，主要有补强圈补强、厚壁接管补强和整锻件补强三种形式，如图 4-37 所示。

视频4-4
补强结构

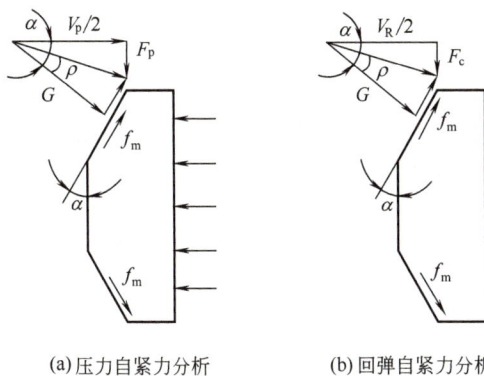

(a) 补强圈补强　　(b) 厚壁接管补强　　(c) 整锻件补强

图 4-37　补强元件的基本类型

① 补强圈补强　这是中低压容器应用最多的补强结构，补强圈贴焊在壳体与接管连接处，如图 4-37(a) 所示。它结构简单，制造方便，使用经验丰富，但补强圈与壳体金属之间不能完全贴合，传热效果差，在中温以上使用时，二者存在较大的热膨胀差，因而使补强局部区域产生较大的热应力；另外，补强圈与壳体采用搭接连接，难以与壳体形成整体，所以抗疲劳性能差。这种补强结构一般使用在静载、常温、中低压、材料的标准抗拉强度下限值低于 540MPa、补强圈厚度小于或等于 $1.5\delta_n$、壳体名义厚度 δ_n 不大于 38mm 的场合。

② 厚壁接管补强　即在开孔处焊上一段厚壁接管，如图 4-37（b）所示。由于接管的加厚部分正处于最大应力区域内，故比补强圈更能有效地降低应力集中系数。接管补强结构简单，焊缝少，焊接质量容易检验，因此补强效果较好。高强度低合金钢制压力容器由于材料缺口敏感性较高，一般都采用该结构，但必须保证焊缝全熔透。

③ 整锻件补强　该补强结构是将接管和部分壳体连同补强部分做成整体锻件，再与壳体和接管焊接，如图4-37（c）所示。其优点是：补强金属集中于开孔应力最大部位，能最有效地降低应力集中系数；可采用对接焊缝，并使焊缝及其热影响区离开最大应力点，抗疲劳性能好，疲劳寿命降低10%～15%。缺点是锻件供应困难，制造成本较高，所以只在重要压力容器中应用，如核容器，材料屈服强度在500MPa以上的容器开孔及受低温、高温、疲劳载荷容器的大直径开孔等。

（2）开孔补强设计准则

开孔补强设计就是指采取适当增加壳体或接管厚度的方法将应力集中系数减小到某一允许数值。目前通用的、也是最早的开孔补强设计准则是基于弹性失效设计准则的等面积补强法。但随着各国对开孔补强研究的深入，出现了许多新的设计思想，形成了新的设计准则，如建立了以塑性失效准则为基础的极限载荷补强法、基于弹性薄壳理论解的圆柱壳接管开孔补强法等。设计时，对于不同的使用场合和载荷性质可采用不同的设计方法。

① 等面积补强法　认为壳体因开孔被削弱的承载面积，须有补强材料在离孔边一定距离范围内予以等面积补偿。该方法是以双向受拉伸的无限大平板上开有小孔时孔边的应力集中作为理论基础的，即仅考虑壳体中存在的拉伸薄膜应力，且以补强壳体的一次应力强度作为设计准则，故对小直径的开孔来说安全可靠。由于该补强法未计及开孔处的应力集中的影响，也没有计入容器直径变化的影响，补强后对不同接管会得到不同的应力集中系数，即安全裕量不同，因此有时显得富裕，有时显得不足。

等面积补强准则的优点是有长期的实践经验，简单易行，当开孔较大时，只要对其开孔尺寸和形状等予以一定的配套限制，在一般压力容器使用条件下能够保证安全，因此不少国家的容器设计规范主要采用该方法，如ASME Ⅷ-1和GB/T 150.3等。

② 压力面积补强法　要求壳体的承压投影面积对压力的乘积和壳壁的承载截面积对许用应力的乘积相平衡。该法仅考虑开孔边缘一次总体及局部薄膜应力的静力要求，在本质上与等面积补强法相同，没有考虑弯曲应力的影响。

③ 极限载荷补强法　要求带补强接管的壳体极限压力与无接管的壳体极限压力基本相同。

（3）允许不另行补强的最大开孔直径

压力容器常常存在各种强度裕量，例如接管和壳体实际厚度往往大于强度需要的厚度；接管根部有填角焊缝；焊接接头系数小于1但开孔位置不在焊缝上。这些因素相当于对壳体进行了局部加强，降低了薄膜应力从而也降低了开孔处的最大应力。因此，对于满足一定条件的开孔接管，可以不予另行补强。

GB/T 150.3规定，当在设计压力小于或等于2.5MPa的壳体上径向开孔接管（开孔不得位于A、B类焊接接头上），两相邻开孔中心的间距（对曲面间距以弧长计算）应不小于两孔直径之和，或者对于3个或以上相邻开孔，任意两孔中心的间距应不小于该两孔直径之和的2.5倍，且接管外径小于或等于89mm时，只要接管最小厚度满足表4-14要求，就可不另行补强。

表4-14　不另行补强的接管最小厚度　　　　　　　　　　　　　　　　　　　　mm

接管公称外径	25	32	38	45	48	57	65	76	89
最小厚度		3.5			4.0		5.0		6.0

注：1. 钢材的标准抗拉强度下限值R_m>540MPa时，接管与壳体的连接宜采用全熔透的结构形式；

　　2. 表中接管的腐蚀裕量为1mm，当腐蚀裕量加大时，须相应增加接管壁厚。

（4）等面积补强计算

等面积补强设计方法主要用于补强圈结构的补强计算。基本原则如前所述，就是使有效补强的金属面积等于或大于开孔所削弱的金属面积。

① 允许开孔的范围　等面积补强法是以无限大平板上开小圆孔的孔边应力分析作为其理论依据。但实际的开孔接管是位于壳体而不是平板上，壳体总有一定的曲率，为减少实际应力集中系数与理论分析结果之间的差异，必须对开孔的尺寸和形状给予一定的限制。GB/T 150.3对开孔最大直

径作了如下限制。

ⅰ.圆筒上开孔的限制：当其内径 $D_i \leqslant 1500mm$ 时，开孔最大直径 $d \leqslant \frac{1}{2}D_i$，且 $d \leqslant 520mm$；当其内径 $D_i > 1500mm$ 时，开孔最大直径 $d \leqslant \frac{1}{3}D_i$，且 $d \leqslant 1000mm$。

ⅱ.凸形封头或球壳上开孔最大直径 $d \leqslant \frac{1}{2}D_i$。

ⅲ.锥壳上开孔最大直径 $d \leqslant \frac{1}{3}D_i$，且 $d \leqslant 1000mm$，D_i 为开孔中心处的锥壳内直径。

② 所需最小补强面积 A　对受内压的圆筒或球壳，所需要的补强面积 A 为

$$A = d\delta + 2\delta\delta_{et}(1-f_r) \tag{4-83}$$

式中　A——开孔削弱所需要的补强面积，mm^2；
　　　d——开孔直径，圆形孔等于接管内直径加 2 倍厚度附加量，椭圆形或长圆形孔取所考虑截面上的尺寸（弦长）加 2 倍厚度附加量，mm；
　　　δ——壳体开孔处的计算厚度，mm；
　　　δ_{et}——接管有效厚度，$\delta_{et}=\delta_{nt}-C$，mm；
　　　f_r——强度削弱系数，等于设计温度下接管材料与壳体材料许用应力之比，当该值大于 1.0 时，取 $f_r=1.0$。

对于受外压的壳体或平盖上的开孔，开孔造成的削弱是抗弯截面模量而不是指承载截面积。按照等面积补强的基本出发点，因开孔引起的抗弯截面模量的削弱必须在有效补强范围内得到补强，且所需补强的截面积仅为因开孔而引起削弱截面积的一半。

对受外压的圆筒或球壳，所需最小补强面积 A 为

$$A = 0.5[d\delta + 2\delta\delta_{et}(1-f_r)] \tag{4-84}$$

对平盖开孔直径 $d \leqslant 0.5D_i$ 时，所需最小补强面积 A 为

$$A = 0.5d\delta_p + \delta\delta_{et}(1-f_r) \tag{4-85}$$

式中　δ_p——平盖计算厚度，mm。

③ 有效补强范围　开孔后壳体上的最大应力在孔边，并随离孔边距离的增加而减少。如果在离孔边一定距离的补强范围内，加上补强材料，可有效降低应力水平。壳体进行开孔补强时，其补强区的有效范围按图 4-38 中的矩形 $WXYZ$ 范围确定，超此范围的补强是没有作用的。

有效宽度 B 按式（4-86）计算，取二者中较大值

$$\begin{cases} B = 2d \\ B = d + 2\delta_n + 2\delta_{nt} \end{cases} \tag{4-86}$$

式中　B——补强有效宽度，mm；
　　　δ_n——壳体开孔处的名义厚度，mm；
　　　δ_{nt}——接管名义厚度，mm。

内外侧有效高度按式（4-87）和式（4-88）计算，分别取式中较小值：

外侧高度

$$\begin{cases} h_1 = \sqrt{d\delta_{nt}} \\ h_1 = 接管实际外伸高度 \end{cases} \tag{4-87}$$

内侧高度

$$\begin{cases} h_2 = \sqrt{d\delta_{nt}} \\ h_2 = 接管实际内伸高度 \end{cases} \tag{4-88}$$

④ 补强范围内补强金属面积 A_e　在有效补强区 $WXYZ$ 范围内，可作为有效补强的金属面积有以下几部分。

A_1：壳体有效厚度减去计算厚度之外的多余面积

$$A_1=(B-d)(\delta_e-\delta)-2\delta_{et}(\delta_e-\delta)(1-f_r) \tag{4-89}$$

A_2：接管有效厚度减去计算厚度之外的多余面积

$$A_2=2h_1(\delta_{et}-\delta_t)f_r+2h_2(\delta_{et}-C_2)f_r \tag{4-90}$$

A_3：有效补强区内焊缝金属的截面积。

A_4：有效补强区内另外再增加的补强元件的金属截面积。

式中　δ_e——壳体开孔处的有效厚度，mm；

　　　δ_t——接管计算厚度，mm。

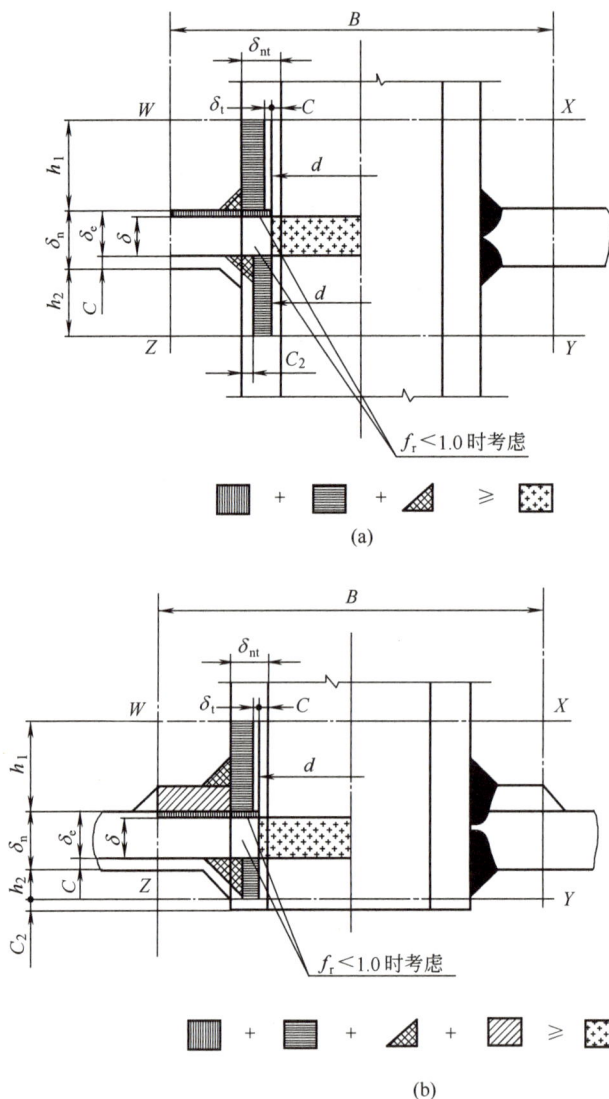

(a)

(b)

图4-38　有效补强范围示意图

$\boxtimes$—A；　$\blacksquare$—A_1；　$\blacksquare$—A_2；　$\blacktriangle$—A_3；　$\diagup$—A_4

若

$$A_e=A_1+A_2+A_3\geqslant A$$

则开孔后不需要另行补强。

若

$$A_e=A_1+A_2+A_3<A$$

则开孔需要另外补强，所增加的补强金属截面积 A_4 应满足

$$A_4\geqslant A-A_e \tag{4-91}$$

式中　A_e——有效补强范围内另加的补强面积，mm^2。

补强材料一般需与壳体材料相同，若补强材料许用应力小于壳体材料许用应力，则补强面积按壳体材料与补强材料许用应力之比而增加。若补强材料许用应力大于壳体材料许用应力，则所需补强面积不得减少。

以上介绍的是壳体上单个开孔的等面积补强计算方法。当存在多个开孔，且各相邻孔之间的中心距小于两孔平均直径的两倍时，这些相邻孔就不能再以单孔计算，而应作为并联开孔来进行联合补强计算。多个开孔补强设计方法可参阅文献［2］。

承受内压的壳体，有时不可避免地要出现大开孔。当开孔直径超过标准中允许的开孔范围时，孔周边会出现较大的局部应力，因而不能采用等面积补强法进行补强计算。目前，对大开孔的补强，常采用基于弹性薄壳理论解的圆柱壳接管补强法、压力面积法和有限单元法等方法进行设计。

（5）接管方位

根据等面积补强设计准则，开孔所需最小补强面积主要由 $d\delta$ 确定，这里的 δ 为按壳体开孔处的最大应力计算而得的计算厚度。对于内压圆筒上的开孔，δ 为按周向应力计算而得的计算厚度。当在内压椭圆形封头或内压碟形封头上开孔时，则应区分不同的开孔位置取不同的计算厚度。这是由于规则设计中，内压椭圆形封头和内压碟形封头的计算厚度都是由转角过渡区的最大应力确定的，而中心部位的应力则比转角过渡区的应力要小，因而所需的计算厚度也较小。

为此，对于椭圆形封头，若开孔及其补强金属均位于以椭圆形封头中心 80% 封头内直径范围内时，由于中心部位可视为当量半径 $R_i = K_1 D_i$ 的球壳，计算厚度 δ 可按式（4-92）计算

$$\delta = \frac{p_c K_1 D_i}{2[\sigma]^t \phi - 0.5 p_c} \tag{4-92}$$

其中，K_1 为椭圆形长短轴比值决定的系数，由表 4-5 查得。而在此范围以外开孔时，其 δ 按椭圆形封头的厚度计算式（4-45）计算。

对于碟形封头，当开孔及其补强金属均位于碟形封头球面部分内时，则取式（4-49）中的碟形封头形状系数 $M=1$，即计算厚度按式（4-93）计算

$$\delta = \frac{p_c R_i}{2[\sigma]^t \phi - 0.5 p_c} \tag{4-93}$$

在此范围之外的开孔，其 δ 按碟形封头的厚度计算式（4-49）计算。

对于非径向接管，圆筒或封头上需开椭圆形孔。与径向接管相比，接管和壳体连接处的应力集中系数增大，抗疲劳失效的能力降低。因此，设计时应尽量避免选用非径向接管。

非径向接管的开孔补强计算时，若椭圆孔的长轴和短轴之比不超过 2.5，且开孔直径符合等面积法的规定时，一般仍采用等面积补强法。

💬 例 4-2

内径 $D_i = 1800mm$ 的圆柱形容器，采用标准椭圆形封头，在封头中心位置沿中心轴方向设置 $\phi 159mm \times 4.5mm$ 的内平齐接管，封头名义厚度 $\delta_n = 18mm$，设计压力 $p = 2.5MPa$，设计温度 $t = 150℃$，接管外伸高度 $h_1 = 200mm$，封头和补强圈材料为 Q345R，其许用应力 $[\sigma]^t = 183MPa$，接管材料为 10 钢，其许用应力 $[\sigma]_n^t = 115MPa$，封头和接管的厚度附加量 C 均取 $2mm$。液柱静压力可以忽略，焊接接头系数 $\phi = 1.0$。试作补强圈设计。

解（1）补强及补强方法判别

① 补强判别　根据表 4-14，允许不另行补强的最大接管外径为 $\phi 89mm$。本开孔外径等于 $159mm$，故需另行考虑其补强。

② 补强计算方法判别

开孔直径　$d = d_i + 2C = 150 + 2 \times 2 = 154$（mm）

本凸形封头开孔直径 d=154mm＜$D_i/2$=900mm，满足等面积法开孔补强计算的适用条件，故可用等面积法进行开孔补强计算。

（2）开孔所需补强面积

① 封头计算厚度 由于在椭圆形封头中心区域开孔，所以封头计算厚度按式（4-92）确定

$$\delta = \frac{K_1 p_c D_i}{2[\sigma]^t \phi - 0.5 p_c} = \frac{0.9 \times 2.5 \times 1800}{2 \times 183 \times 1 - 0.5 \times 2.5} = 11.1 \text{（mm）}$$

式中，K_1=0.9（查表4-5）。

② 开孔所需补强面积 先计算强度削弱系数 f_r，$f_r = \dfrac{[\sigma]^t_n}{[\sigma]^r} = \dfrac{115}{183} = 0.6284$，接管有效厚度为

$$\delta_{et} = \delta_{nt} - C = 4.5 - 2 = 2.5 \text{（mm）}$$

开孔所需补强面积按式（4-83）计算

$$A = d\delta + 2\delta\delta_{et}(1-f_r) = 154 \times 11.1 + 2 \times 11.1 \times 2.5 \times (1-0.6284) = 1730 \text{（mm}^2\text{）}$$

（3）有效补强范围

① 有效宽度 B 按式（4-86）确定

$$\begin{cases} B = 2d = 2 \times 154 = 308 \text{（mm）} \\ B = d + 2\delta_n + 2\delta_{nt} = 154 + 2 \times 18 + 2 \times 4.5 = 199 \text{（mm）} \end{cases} \text{取大值}$$

故 B=308mm。

② 有效高度 外侧有效高度 h_1 按式（4-87）确定

$$\begin{cases} h_1 = \sqrt{d\delta_{nt}} = \sqrt{154 \times 4.5} = 26.3 \text{（mm）} \\ h_1 = 200\text{mm（实际外伸高度）} \end{cases} \text{取小值}$$

故 h_1=26.3mm。

内侧有效高度 h_2 按式（4-88）确定

$$\begin{cases} h_2 = \sqrt{d\delta_{nt}} = \sqrt{154 \times 4.5} = 26.3 \text{（mm）} \\ h_2 = 0 \text{（实际内伸高度）} \end{cases} \text{取小值}$$

故 h_2=0。

（4）有效补强面积

① 封头多余金属面积

封头有效厚度 $\delta_e = \delta_n - C = 18 - 2 = 16 \text{（mm）}$

封头多余金属面积 A_1 按式（4-89）计算

$$\begin{aligned} A_1 &= (B-d)(\delta_e - \delta) - 2\delta_{et}(\delta_e - \delta)(1-f_r) \\ &= (308-154) \times (16-11.1) - 2 \times 2.5 \times (16-11.1)(1-0.6284) = 745.5 \text{（mm}^2\text{）} \end{aligned}$$

② 接管多余金属面积

接管计算厚度

$$\delta_t = \frac{p_c d_i}{2[\sigma]^t_n \phi - p_c} = \frac{2.5 \times 150}{2 \times 115 \times 1 - 2.5} = 1.65 \text{（mm）}$$

接管多余金属面积 A_2 按式（4-90）计算

$$\begin{aligned} A_2 &= 2h_1(\delta_{et} - \delta_t)f_r + 2h_2(\delta_{et} - C_2)f_r \\ &= 2 \times 26.3 \times (2.5-1.65) \times 0.6284 + 0 = 28.1 \text{（mm}^2\text{）} \end{aligned}$$

③ 接管区焊缝面积（焊脚取6.0mm）

$$A_3 = 2 \times \frac{1}{2} \times 6.0 \times 6.0 = 36.0 \ (\text{mm}^2)$$

④ 有效补强面积

$$A_e = A_1 + A_2 + A_3 = 745.5 + 28.1 + 36.0 = 809.6 \ (\text{mm}^2)$$

（5）所需另行补强面积

$$A_4 = A - (A_1 + A_2 + A_3) = 1730 - 809.6 = 920.4 \ (\text{mm}^2)$$

拟采用补强圈补强。

（6）补强圈设计

根据接管公称直径 DN150 选补强圈，参照补强圈标准 NB/T 11025 取补强圈外径 D'=300mm，内径 d'=163mm。因 B=308mm>D'，补强圈在有效补强范围内。

补强圈厚度为

$$\delta' = \frac{A_4}{D' - d'} = \frac{920.4}{300 - 163} = 6.72 \ (\text{mm})$$

考虑钢板下偏差并经圆整，取补强圈名义厚度为 8mm。但为便于制造时准备材料，补强圈名义厚度也可取为封头的厚度，即 δ'=18mm。

4.3.6 支座和检查孔

4.3.6.1 支座

支座是用来支承容器及设备重量，并使其固定在某一位置的压力容器附件。在某些场合还受到风载荷、地震载荷等动载荷的作用。

压力容器支座的结构形式很多，根据容器自身的安装形式，支座可以分为两大类：立式容器支座和卧式容器支座。

（1）立式容器支座

立式容器有耳式支座、支承式支座、腿式支座、裙式支座和刚性环支座等五种。中、小型直立容器常采用前三种支座，高大的塔设备则广泛采用裙式支座。

① 耳式支座　又称悬挂式支座，它由筋板和底板组成，广泛用于反应釜及立式换热器等直立设备。优点是简单、轻便，但对器壁会产生较大的局部应力。因而，耳式支座均应带垫板，垫板的材料最好与筒体相同，厚度尽量与筒体厚度相同，但也可根据实际需要增加垫板厚度。例如：不锈钢容器用非合金钢作支座时，为防止器壁与支座在焊接过程中合金元素的流失，应在支座与器壁间加一不锈钢垫板。图 4-39 是一带有垫板的耳式支座。

耳式支座推荐用的标准为 NB/T 47065.3《容器支座　第 3 部分：耳式支座》，它将耳式支座分为 A 型（短臂）、B 型（长臂）和 C 型（加长臂）三类。其中 A 型和 B 型耳座有带盖板与不带盖板两种结构，C 型耳座都带有盖板。

② 支承式支座　对于高度不大、安装位置距基础面较近且具有凸形封头的立式容器，可采用支承式支座，它是在容器封头底部焊上数根支柱，直接支承在基础地面上，如图 4-40 所示。支承式支座的主要优点是简单方便，但它对容器封头会产生较大的局部应力，因此当容器较大或壳体较薄时，必须在支座和封头间加垫板，以改善壳体局部受力情况。

支承式支座推荐用的标准为 NB/T 47065.4《容器支座　第 4 部分：支承式支座》。它将支承式支座分为 A 型和 B 型，A 型支座由钢板焊制而成，B 型支座采用钢管作支柱。支承式支座适用于 DN800～4000mm，圆筒长径比 L/DN≤5，且容器总高度小于 10m 的钢制立式圆筒形容器。

③ 腿式支座　简称支腿，多用于高度较小的中小型立式容器中，它

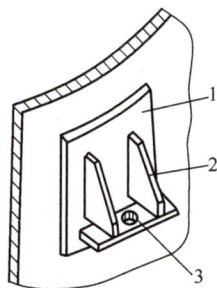

图 4-39 耳式支座

1—垫板；2—筋板；3—支脚板

与支承式支座的最大区别在于：腿式支座是支承在容器的圆柱体部分，而支承式支座是支承在容器的底封头上，如图 4-41 所示。腿式支座具有结构简单、轻巧、安装方便等优点，并在容器下面有较大的操作维修空间。但当容器上的管线直接与产生脉动载荷的机器设备刚性连接时，不宜选用腿式支座。

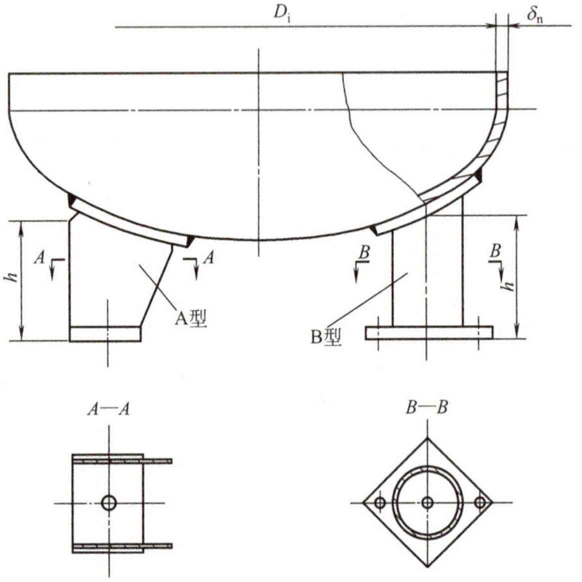

图 4-40   支承式支座

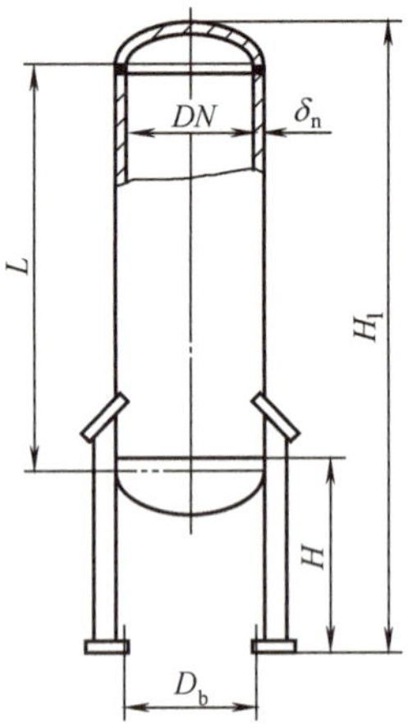

图 4-41   腿式支座

腿式支座推荐用的标准为 NB/T 47065.2《容器支座　第 2 部分：腿式支座》。它将腿式支座分为 A 型、B 型和 C 型三大类，其中 A 型支腿选用角钢作为支柱，与容器圆筒吻合较好，焊接安装较为容易；B 型支腿采用钢管作为支柱，在所有方向上都具有相同截面系数，具有较高的抗受压失稳能力；C 型支腿则采用焊接 H 型钢作为支柱，比 A 型和 B 型具有更大的抗弯截面模量。腿式支座适用于 $DN300 \sim 2000\text{mm}$，容器总高度 H_1 小于 5m（对 B 类支腿，$H_1 \leqslant 5.6\text{m}$；对 C 类支腿，$H_1 \leqslant 7\text{m}$）的钢制立式圆筒形容器。

选用立式容器支座时，先根据容器公称直径 DN 和总质量选取相应的支座号和支座数量，然后计算支座承受的实际载荷，使其不大于支座允许载荷。除容器总质量外，实际载荷还应综合考虑风载荷、地震载荷和偏心载荷。详见相应的支座标准。

④ 裙式支座　对于比较高大的立式容器，特别是塔器，应采用裙式支座。裙式支座有两种形式：圆筒形裙座和圆锥形裙座。裙式支座将在本书第 7 章中作详细介绍。

（2）卧式容器支座

主要有鞍座、圈座及支腿三种形式。常见的大型卧式储罐、换热器等多采用鞍座。鞍座是应用最为广泛的一种卧式容器支座。但对于大直径的薄壁容器和真空容器，为增加筒体支座处的局部刚度常采用圈座。重量较轻的小型容器采用结构简单的支腿。各种卧式容器支座的结构与选用将在本书第 5 章作详细介绍。

4.3.6.2　检查孔

为了检查压力容器在使用过程中是否有裂纹、变形、腐蚀等缺陷产生，壳体上必须开设检查孔。检查孔包括人孔、手孔等，其开设位置、数量和尺寸等应当满足容器内部可检验的需要。

对不开设检查孔的压力容器，设计者应当提出具体技术措施，如对所有 A、B 类对接接头进行全部射线或超声检测；在图样上注明设计厚度，且在压力容器在用期间或检验时重点进行测厚检查；相应缩短检验周期等。

4.3.7 超压泄放装置

超压泄放装置是防止压力容器超压的安全保护装置，是压力容器的主要安全附件。设置及选用时，应通过分析超压产生的原因（工艺超压还是火灾等因素引起的超压），计算容器的安全泄放量，合理确定超压泄放装置的类型、动作压力和泄放面积，以确保容器安全。

（1）超压泄放原理

压力容器在运行过程中，因工艺超压、操作失误、反应失控、外部受热等意外原因，可能出现压力超过容器最高许用压力的工况。例如，盛装液化气体的储罐，因充装过量或因罐体意外受热而温度骤升，致使罐内液体膨胀，压力骤然增高。超压运行是不允许的，也是十分危险的。为此，除了采取预防措施消除或减少可能引起压力容器超压的各种因素外，一个很重要的安全措施是在压力容器上配置超压泄放装置。

超压泄放装置的作用是当容器在正常操作时，保持严密不漏；一旦容器内部压力超过限定值，超压泄放装置动作，打开泄放口，及时排放引起容器超压的多余物质量，从而使容器内的压力始终保持在设计压力内，避免容器发生超压破坏。设计时，超压泄放装置的额定泄放量应不小于压力容器的安全泄放量。只有这样，才能保证超压泄放装置动作后，容器内的压力不会继续升高。超压泄放装置的额定泄放量，是指它在全开状态时，在排放压力下单位时间内所能排出的气量。

容器的安全泄放量是指超压时，为了保证其压力不再升高，单位时间内必须泄放的气量。换言之，单位时间内容器的泄放量若与介质的聚集量相当，则容器内的压力不再升高，此时的泄放量就是容器的安全泄放量。安全泄放量的计算涉及多个因素，包括容器类型、使用场合，以及是否受到外部热源影响等。例如，容器外部意外受热时，单位时间容器内所能蒸发、分解出的最大气量即为介质的聚集量；又如，容器内化学反应失控时，单位时间所能产生的最大气量就是引起容器超压的多余物质量。容器安全泄放量的计算需考虑非火灾原因超压、火灾或未知原因超压等各种可能超压工况，且考虑可能的一种或多种组合工况中的最大值。

（2）设置与选用

超压泄放装置主要包括安全阀、爆破片装置以及安全阀与爆破片装置的组合装置等。

安全阀是通过阀瓣的自动开启而泄放出流体介质，以降低容器内压力的一种特殊阀门。优点是仅仅排放容器内高于规定值的部分压力，当压力降至稍低于正常操作压力时，会自动关闭，可避免一旦容器超压就把全部介质排出而造成浪费和中断生产；可重复使用，安装调整也比较容易。但密封性能较差，阀的开启有滞后现象，泄压反应较慢。安全阀主要由阀座、阀瓣和加载机构组成。按加载机构可分为重锤杠杆式和弹簧式，图 4-42 所示为弹簧式安全阀的结构示意图。

爆破片装置是一种断裂型超压泄放装置，通过爆破元件的破裂来泄放介质以达到泄压的目的。优点是密封性能好，动作迅速，泄放量大；动作不受介质集聚状态的影响，能满足因化学反应而产生的爆炸性气体超压泄放。但泄压后爆破元件不能继续使用，容器就得被迫停止运行；爆破元件动作压力不易准确预测与严格控制，且寿命较短。爆破片装置一般由爆破片元件和夹持器等组成，图 4-43 所示为正拱开缝型爆破片及夹持器结构示意图。

安全阀和爆破片装置是两种不同的超压泄放装置，各自具有独特的功能和适用场景，因此不能相互取代。然而，它们可以以特定的方式组合使用，以提供更全面的安全保护，即形成组合式超压泄放装置。

压力容器的超压泄放装置由一个或多个超压泄放装置组成。当多个超压泄放装置并联设置时，按功能可分为基本超压泄放装置、附加超压泄放装置和辅助超压泄放装置，其动作压力可以分级设定。第一个动作的超压泄放装置的动作压力要小于等于容器的设计压力，附加超压泄放装置的动作压力可超过设计压力，最大可达 1.05 倍容器设计压力，辅助超压泄放装置（设计用于火灾原因超压时辅助泄放的超压泄放装置）的动作压力最大可为容器设计压力的 1.1 倍。另外，当容器需要安装超压泄放装置且没有特殊要求时，应优先选用安全阀。

(a) 有提升把手及上下调节圈　　(b) 无提升把手，有反冲盘及下调节圈

图 4-42 弹簧式安全阀

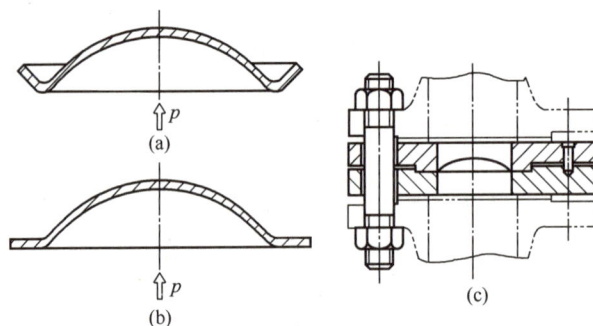

图 4-43 正拱开缝型爆破片及夹持器

　　但并非每台容器都必须直接设置超压泄放装置。以下两种情况，可看成是一个独立的压力系统，允许在该系统的容器或管道上设置超压泄放装置：一种是与压力源相连接、本身不产生压力的容器，且该容器的设计压力大于等于压力源的压力；另一种是有多个设计压力相同或稍有差异的容器，相互间采用口径满足或超过安全泄放量要求的管道连接，且中间无阀门隔断或虽采用截断阀，但有足够措施确保在容器正常工作期间截断阀处于全开的位置。

　　超压泄放装置的具体设置要求和安全泄放面积计算规定可参见文献［2］。

4.3.8　焊接结构设计

　　压力容器受压元件的连接大多采用焊接方式，焊接接头形式和坡口形式的设计直接影响到焊接的质量及容器的安全，因而必须对容器焊接接头的结构进行合理设计。

　　（1）焊接接头形式

　　焊缝系指焊件经焊接所形成的结合部分，而焊接接头是焊缝、熔合线和热影响区的总称。焊接接头形式一般由被焊接两金属件的相互结构位置来决定，通常分为对接接头、角接接头及 T 形接头、搭接接头。如图 4-44 所示。

(a) 对接接头   (b) 角接接头   (c) 搭接接头

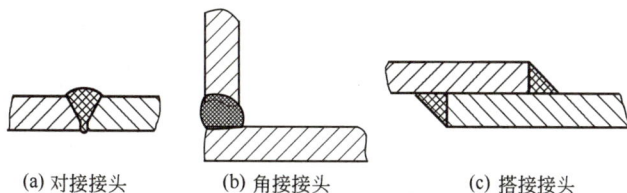

图4-44 焊接接头的三种形式

对接接头受力均匀，便于内部体积型缺陷的无损检测，焊接质量容易得到保证，是压力容器最常用的焊接结构形式。筒体、封头等主要受压元件的焊接均采用对接接头。角接接头及T形接头焊接后，呈现明显的结构不连续性，接头部位受力较差，应力集中比较严重，且焊接质量也不易得到保证。但在容器的某些特殊部位，如接管、法兰、夹套、管板、凸缘与壳体的焊接，受结构的限制，较多采用这种焊接方式。搭接接头是角接接头的一种特殊形式，不易焊透，接头部位受力情况更差。在压力容器制造过程中，搭接接头主要用于加强圈与壳体、支座垫板与器壁以及吊耳与容器的焊接。

（2）坡口形式

为了保证焊缝根部全熔透，减少焊接变形，提高焊接质量，施焊前，通常会在焊件连接处加工坡口，即焊接坡口。不同的焊接坡口，适用于不同的焊接方法和焊件厚度。

焊接坡口有5种基本形式，即I形、V形、单边V形、U形和J形，如图4-45所示。基本坡口可以单独应用，也可两种或两种以上组合使用，如X形坡口是由两个V形坡口和一个I形组合而成，见图4-46。

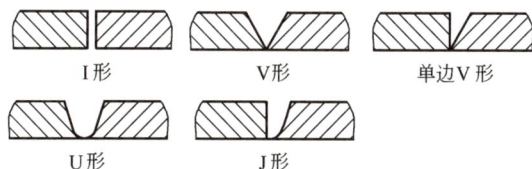

I形   V形   单边V形

U形   J形

图4-45 坡口的基本形式

图4-46 X形坡口

压力容器用对接接头、角接接头和T形接头，一般应开设焊接坡口，而搭接接头无需开设坡口即可焊接。

（3）压力容器焊接接头分类

为对不同类别的焊接接头在对口错边量、热处理、无损检测、焊缝尺寸等方面有针对性地提出不同的要求，GB/T 150.1根据焊接接头在容器上的位置，即根据该焊接接头所连接两元件的结构类型以及由此而确定的应力水平，把压力容器中受压元件之间的焊接接头分成A、B、C、D、E五类，如图4-47所示。

ⅰ.圆筒部分（包括接管）和锥壳部分的纵向接头（多层包扎容器层板层纵向接头除外）、球形封头与圆筒连接的环向接头、各类凸形封头和平封头中的所有拼焊接头，以及嵌入式的接管或凸缘与壳体对接连接的接头，均属A类焊接接头。

ⅱ.壳体部分的环向接头、锥形封头小端与接管连接的接头、长颈法兰与壳体或接管连接的接头、平盖或管板与圆筒对接连接的接头以及接管间的对接环向接头，均属B类焊接接头，但已规定为A类的焊接接头除外。

ⅲ.球冠形封头、平盖、管板与圆筒非对接连接的接头，法兰与壳体或接管连接的接头，内封头与圆筒的搭接接头以及多层包扎容器层板层纵向接头，均属C类焊接接头，但已规定为A、B类的焊接接头除外。

ⅳ.接管（包括人孔圆筒）、凸缘、补强圈等与壳体连接的接头，均属D类焊接接头，但已规定为A、B、C类的焊接接头除外。

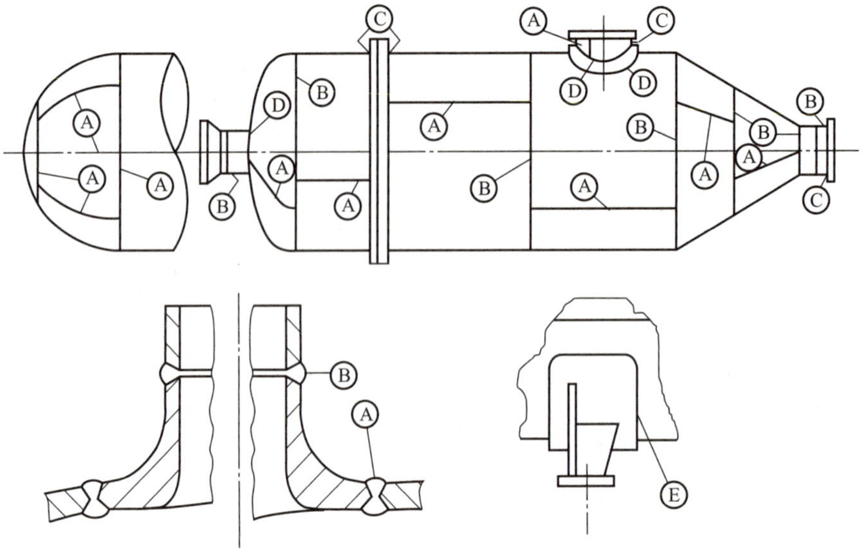

图 4-47   压力容器焊接接头分类

ⅴ. 非受压元件与受压元件的连接接头为 E 类焊接接头。

值得注意的是，上述焊接接头的分类仅根据焊接接头在容器所处的位置而不是按焊接接头的结构形式进行的，因而在设计焊接接头形式时，应由容器的重要性、设计参数以及施焊工艺等确定焊接结构。这样，同一类别的焊接接头在不同的压力容器使用条件下，就可能有不同的焊接接头形式。

（4）压力容器焊接结构设计的基本原则

压力容器焊接结构的设计应遵循以下基本原则。

① 尽量采用对接接头   对接接头易于保证焊接质量，因而除容器壳体上所有的纵向及环向焊接接头、凸形封头上的拼接焊接接头，必须采用对接接头外，其他位置的焊接结构也应尽量采用对接接头。例如，接管和壳体的连接焊缝，大多使用角接连接［图 4-48（a）］，但如改用整锻件补强接管，就可将其改为对接接头［图 4-48（b）和（c）］。这样不但减小了结构应力集中程度，而且也方便了无损检测，可确保焊接质量。

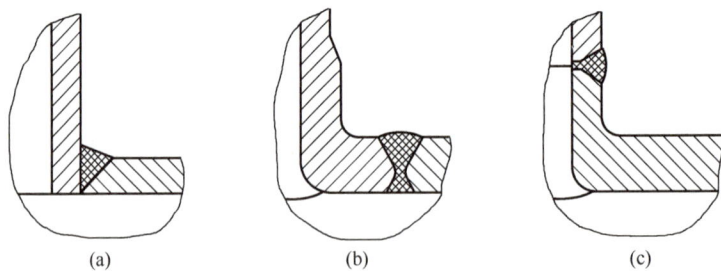

(a)   (b)   (c)

图 4-48   容器接管的角接和对接

② 尽量采用全熔透的结构   压力容器主要受压元件之间的连接焊缝均要求全焊透，不允许产生未熔透缺陷。这是由于未熔透往往是导致脆性破坏的起裂点，同时在交变载荷作用下，它也可能诱发疲劳。为此，设计时应选择合适的坡口形式和焊接方式，双面焊是壳体组焊时常用的焊接工艺，可避免产生未熔透缺陷。当容器直径较小，且无法从容器内部清根时，应选用单面焊双面成型的对接接头，如用氩弧焊打底，或采用带垫板的坡口形式等。

③ 尽量减少焊接接头处的应力集中   焊接接头常常是脆性断裂和疲劳的起源处，应尽量减少该部位的应力集中。如对接接头应尽可能采用等厚度焊接，对于不等厚钢板的对接，应将较厚板按一定斜度削薄过渡，然后再进行焊接，以避免形状突变，减缓应力集中程度。一般当薄板厚度 δ_2

不大于 10mm，两板厚度差超过 3mm；或当薄板厚度 δ_2 大于 10mm，两板厚度差超过薄板的 30%，或超过 5mm 时，均需按图 4-49 的要求削薄厚板边缘。另外，焊缝外形连续、圆滑，也可大幅降低应力集中。

此外，焊接结构设计时，还应尽可能减少焊缝填充金属，降低焊接工作量；操作方便，且有利于焊接防护；同时应合理选择焊材，至少应保证对接焊接接头的抗拉强度不低于母材标准规定的下限值。

压力容器常用的焊接结构可参见 GB/T 150.3《压力容器　第 3 部分：设计》和 HG/T 20583《钢制化工容器结构设计规范》有关内容。

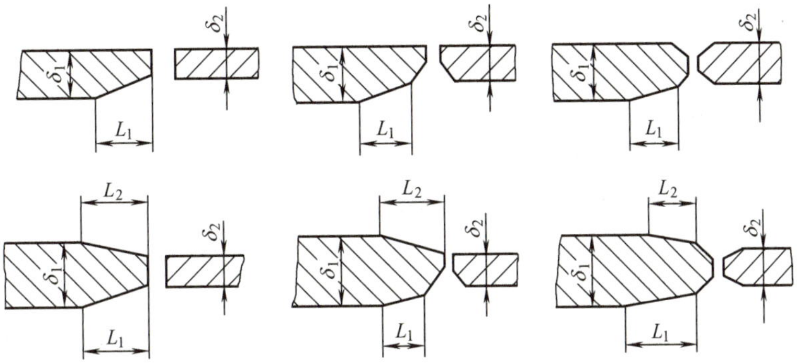

单面削薄结构：$L_1, L_2 \geqslant 3(\delta_1 - \delta_2)$

图 4-49　板厚不等时的对接接头

4.3.9　耐压试验

4.3.9.1　试验目的

除材料本身的缺陷外，容器在制造（特别是焊接过程）和使用中会产生各种缺陷。为考核缺陷对压力容器安全性的影响，压力容器制成后或定期检验（必要时）中，需要进行耐压试验。耐压试验是在超设计压力下进行的，可分为液压试验、气压试验及气 - 液组合试验。

对于内压容器，耐压试验的目的是：在超设计压力下，考察容器的整体强度、刚度和稳定性，检查焊接接头的致密性，验证密封结构的密封性能，消除或降低焊接残余应力、局部不连续区的峰值应力，同时对微裂纹产生闭合效应，钝化微裂纹尖端。对于外压容器，在外压作用下，容器中的缺陷受压应力的作用，不可能发生开裂，且外压临界失稳压力主要与容器的几何尺寸、制造精度有关，跟缺陷无关，一般不用外压试验来考核其稳定性，而以内压试验进行"试漏"，检查焊接接头的致密性并验证密封结构的密封性能。

微课4-2
耐压试验

4.3.9.2　试验介质与试验压力

（1）试验介质

耐压试验是容器在使用之前的第一次承压，且试验压力要比容器最高工作压力高，容器发生爆破的可能性比使用时大。由于在相同压力和容积下，试验介质的压缩系数越大，容器所储存的能量也越大，爆炸也就越危险，故应选用压缩系数小的流体作为试验介质。常温时，水的压缩系数比气体要小得多，且来源丰富，因而是常用的试验介质。只有因结构或支承等原因，不能向容器内充灌水或其他液体，以及运行条件不允许残留液体时，才用气压试验。

气 - 液组合试验是近年来为适应容器大型化需要新增的试验种类。需进行气 - 液组合试验的容器，多为压力低、容积大、主要盛装气态介质的容器。这类容器需在使用现场制造或组装并进行耐压试验。由于承重等原因，这类容器可能无法进行液压试验。若进行气压试验，则因气体的可压缩性大使试验耗时过长，甚至难以实现。气 - 液组合试验则是解决这一问题的有效途径。它可根据容器及其基础的承重能力，先向容器内部注入一定量的液体，然后再注入气体直至达到指定的试验压力。考虑到气 - 液组合试验存在一定气相空间，为安全起见，其压力系数、容器设计、制造、无损检测要求以及安全防护要求等均应与气压试验的要求相同。

以水为介质进行液压试验时，其所用的水应当是洁净的。氯离子能破坏奥氏体不锈钢表面钝化膜，使其在拉应力作用下发生应力腐蚀破坏。因此，水压试验合格后应立即将水排净吹干；无法完全排净吹干时，对奥氏体不锈钢制压力容器，应控制水的氯离子含量不超过 25mg/L。

气压试验时，试验所用气体应当为干燥洁净的空气、氮气或者其他惰性气体。

（2）耐压试验温度

一般情况下，为防止材料发生低应力脆性破坏，耐压试验时容器器壁金属温度应当比容器器壁金属的韧脆转变温度高 30℃。器壁金属温度可按有关产品标准取值。如果因板厚等因素造成材料韧脆转变温度升高，则需相应提高试验温度。考虑到气体快速充放有可能引起温度升降，必要时还应在气压试验或者气密性试验过程中监测器壁金属温度，并考虑温度变化对容器强度的影响。小容积容器尤应注意这种温度的变化。

（3）耐压试验压力

① 内压容器   试验压力应当符合设计图样要求，并且不小于式（4-94）的计算值

$$p_T = \eta p \frac{[\sigma]}{[\sigma]^t} \tag{4-94}$$

式中 p——压力容器的设计压力或者压力容器铭牌上规定的最大允许工作压力（对在用压力容器为工作压力），MPa；

p_T——耐压试验压力；当设计考虑液柱静压力时，应当加上液柱静压力，MPa；

η——耐压试验压力系数；对于钢和有色金属，液压试验时 $\eta=1.25$，气压和气 - 液组合试验时 $\eta=1.10$；对于超高压容器液压试验，$\eta=1.12$；

$[\sigma]$——试验时器壁金属温度下材料的许用应力，MPa；

$[\sigma]^t$——设计温度下材料的许用应力，MPa。

当压力容器各元件［圆筒、封头、接管、设备法兰（或人孔、手孔法兰）及其紧固件等］所用材料不同时，应取各元件材料 $[\sigma]/[\sigma]^t$ 比值中最小者。$[\sigma]^t$ 不应低于材料受抗拉强度和屈服强度控制的许用应力最小值。

② 外压容器和真空容器   由于是以内压代替外压进行试验，已将工作时趋于闭合状态的器壁和焊缝中缺陷改以"张开"状态接受检验，因而无须考虑温度修正。其试验压力按式（4-95）确定

$$p_T = \eta p \tag{4-95}$$

③ 夹套容器   夹套容器是由内筒和夹套组成的多腔压力容器，各腔的设计压力通常是不同的，应在图样上分别注明内筒和夹套的试验压力值。当内筒为外压容器时，按式（4-95）确定试验压力；否则按式（4-94）确定试验压力。夹套按内压容器确定试验压力。在确定了夹套试验压力后，还必须校核内筒在该试验压力下的稳定性。如不能满足外压稳定性要求，则在做夹套的耐压试验时，必须同时在内筒保持一定的压力，以确保夹套试压时内筒的稳定性。

④ 耐压试验时容器强度校核   为保证耐压试验时容器材料处于弹性状态，在耐压试验前必须按式（4-96）校核试验时筒体的薄膜应力 σ_T

$$\sigma_T = \frac{p_T(D_i + \delta_e)}{2\delta_e} \tag{4-96}$$

式中 σ_T——试验压力下圆筒的应力，MPa；

δ_e——圆筒的有效厚度，mm。

液压试验时，σ_T 应满足式（4-97）的要求

$$\sigma_T \leqslant 0.9\phi R_{eL}(R_{p0.2}) \tag{4-97}$$

气压试验或气 - 液组合压力试验时，σ_T 应满足式（4-98）的要求

$$\sigma_T \leqslant 0.8\phi R_{eL}(R_{p0.2}) \tag{4-98}$$

4.3.10　泄漏试验

（1）试验目的

泄漏试验的目的是考察焊接接头的致密性和密封结构的密封性，检查的重点是可拆的密封装置和焊接接头等部位。泄漏试验应在耐压试验合格后进行。它并不是每台压力容器制造过程中必做的试验项目，这是因为多数容器没有严格的致密性要求，且耐压试验也同时具备一定的检漏功能。

当介质毒性程度为极度、高度危害或设计上不允许有微量泄漏（如真空度要求较高时）的压力容器，必须进行泄漏试验。

（2）试验方法

根据试验介质的不同，泄漏试验可分为气密性试验、氨检漏试验、卤素检漏试验和氦检漏试验等。NB/T 47013.8《承压设备无损检测　第 8 部分：泄漏检测》详细介绍了气密性试验、氨检漏试验、卤素检漏试验和氦检漏试验等 11 种泄漏试验方法，提供了确定泄漏部位或测量泄漏率的具体检验方法。

① 气密性试验　气密性试验一般采用干燥洁净的空气、氮气或者其他惰性气体作为试验介质，试验压力为压力容器的设计压力。

应视具体情况，确定气密性试验时是否应当装配齐全安全阀、爆破片等安全附件。如果安全附件由制造单位选购，气密性试验时应装配齐全安全附件。通常情况下安全附件的动作压力低于设计压力，气密性试验难以进行。这种情况下，应采用设计给出的容器最高允许工作压力作为安全附件动作压力的最高值，以保证试验能够进行。如果安全附件由用户选购并现场安装，则在制造单位进行气密性试验时无法安装安全附件，安全附件接口应用强度足够的盲板封闭，但制造单位应在安装使用说明书或者产品质量文件中注明，并要求在现场进行的气密性试验或者运行试验时，安装安全附件，对其连接处的密封性能进行检测。

有时，在制造单位进行的气密性试验中安装了安全阀，但出厂时，为便于运输，也可能拆下安全附件。在现场安装后，运行试验时仍需检查安全附件连接处的密封性能。

② 氨检漏试验　由于氨具有较强的渗透性且极易在水中扩散被水吸收，因此对有较高致密性要求的容器，如液氨蒸发器、衬里容器等，常进行以氨为试验介质的泄漏试验。具体可根据设计要求选用氨 - 空气法、氨 - 氮气法和 100% 氨气法等方法中的一种。试验前在待检部位贴上 5% 硝酸亚汞或酚酞水溶液浸渍过的试纸，试验后若试纸变为黑色或红色，即表示该部位有泄漏。

③ 卤素检漏试验　这是一种高灵敏度的检漏方法，常用于不锈钢及钛设备的泄漏试验。试验时需将容器抽成真空，利用氟利昂和其他卤素压缩气体作为示踪气体，在容器待检部位用铂离子吸气探针进行探测，以发现泄漏。

④ 氦检漏试验　这是一种特高灵敏度的检漏方法，试验费用也较高，一般仅用于对泄漏有特殊要求的场合。试验时需将容器抽成真空，利用氦压缩气体作为示踪气体，在待检部位用氦质谱分析仪的吸气探针进行探测，以发现泄漏。该方法对试验容器和试验环境的清洁度有很高要求。

气压试验合格的容器在某些情况下还必须开展泄漏试验，主要是考虑到空气、氨、卤素及氦的渗透性强弱差异较大，用空气进行气压试验时不漏，并不能保证用氨、卤素或氦进行泄漏试验时也不漏。这类容器是否还需进行泄漏试验，需要设计者根据气压试验与泄漏试验所选择的介质进行判断，如二者选择的试验介质相同，则气压试验合格的容器无需再进行泄漏试验。

4.4　分析设计

4.4.1　概述

规则设计经过了长期的实践考验，简便可靠，目前仍为各国压力容器设计规范所采用。然而，常规设计也有其局限性，主要表现在以下几方面。

ⅰ. 将容器承受的"最大载荷"按一次施加的静载荷处理，不考虑交变载荷和热应力。然而，压力容器在实际运行中所承受的载荷不仅有机械载荷，往往还有热载荷，同时，这些载荷还可能有较大的波动。提高安全系数（又称设计系数）或加大厚度的办法不能有效改善热载荷引起的热应力对容器失效的影响，有时厚度的增加会起相反的作用。例如，厚壁容器的热应力随厚度的增加而增大；而交变载荷引起的交变应力对容器的破坏作用通常是不能通过静载分析来进行合理评定和预防的。

ⅱ. 以材料力学或弹性板壳理论中的简化模型为基础，确定容器中的薄膜应力和弯曲应力，只要将应力限制在以弹性失效设计准则所确定的许用应力范围之内，就认为容器是安全的。显然，这种做法的不足之处在于没有对容器重要区域的应力进行严格且详细的计算，无法对不同部位、由不同载荷引起、对容器失效有不同影响的应力加以不同的限制。同时，由于不能确定实际的应力、应变水平，也就难以进行疲劳分析。例如，在一些结构不连续的局部区域，由于影响的局部性，这里的应力即使超过材料的屈服强度也不会造成容器整体强度失效，可以给予较高的许用应力限值。不过，由于应力集中，该区域往往又是容器疲劳失效的"源区"，因此，一旦承受循环载荷作用，则有可能需要进行疲劳失效校核。

ⅲ. 常规设计标准中规定了具体的容器结构形式，它无法应用于标准中未包含的其他容器结构和载荷形式，因此，不利于新结构压力容器的开发和使用。

20世纪50年代以来，压力容器出现了极端化（包括尺度极端和环境极端）、轻量化、智能化的发展趋势。随着数值分析方法和计算机技术的发展，压力容器设计思想也由传统的防止容器发生弹性失效发展为针对不同失效模式的多种设计准则，形成了分析设计体系（GB/T 4732《压力容器分析设计》）。

与常规设计相比，分析设计标准中的材料抗拉强度设计系数相对降低。对于屈强比较大的材料，许用应力由抗拉强度控制，分析设计中的许用应力大于常规设计中的许用应力，这意味着采用分析设计可以适当减薄厚度、减轻重量。但分析设计对容器的材料、设计、制造、试验和检验都提出了较高要求和较多限制条件。常规设计标准和分析设计标准各为整体，可独立使用。

一般认为满足下列情况之一时，可考虑采用分析设计标准。

ⅰ. 压力高、直径大的高参数压力容器或批量生产的压力容器。这类容器采用分析设计，可节约材料、降低成本。

ⅱ. 超出常规设计标准适用范围的压力容器，如受变动载荷作用的压力容器、结构或者载荷特殊的压力容器等。

压力容器分析设计可分为公式法、应力分类方法和弹塑性分析方法。本节主要介绍应力分类方法，对公式法和弹塑性分析方法只作简单介绍。

4.4.2　公式法

GB/T 4732.3《压力容器分析设计　第3部分：公式法》规定了在压力载荷（内压或外压）作用下，典型受压元件及结构的设计方法。对于一些在压力载荷作用下的典型受压元件及结构，公式法的设计思路和常规设计基本一致，但适用范围更广。由于公式法内容繁多，下面仅以受内压作用的圆筒、球壳、椭圆形封头为例，简单介绍防止塑性垮塌失效的公式法强度设计。

4.4.2.1 圆筒

受内压圆筒防止塑性垮塌失效所需的计算厚度按式（4-99）确定。该公式是基于 Tresca 屈服准则，依据受内压作用圆筒全屈服压力（即极限载荷）推导得到的，适用于薄壁圆筒和厚壁圆筒

$$\delta = \frac{D_i}{2}\left(e^{\frac{p_c}{S_m^t}} - 1 \right) \qquad (4\text{-}99)$$

式中　D_i—— 圆筒内直径，mm；

　　　p_c—— 计算压力，以内压为正，MPa；

　　　S_m^t—— 壳体材料在设计温度下的许用应力，MPa。

当 $p_c \leqslant 0.4 S_m^t$ 时，也可按式（4-13）确定。

事实上，若厚度相对于直径不是很大，按式（4-99）和式（4-13）得到的计算结果几乎是一样的。不过，式（4-99）适用范围更广，包括了厚壁圆筒，而式（4-13）一般适用于薄壁圆筒。但式（4-13）更简单，物理意义更清晰，厚度估算更容易。

需要说明的是，式（4-99）是基于 Tresca 屈服准则的，而在应力分类方法和弹塑性分析方法中，设计准则是基于 von Mises 屈服准则的，其结果有约 15% 的差异。

4.4.2.2 球壳和半球形封头

球壳或半球形封头防止塑性垮塌失效所需的计算厚度按式（4-100）确定。这个公式也是基于 Tresca 屈服准则，依据受内压作用的球壳全屈服压力（即极限载荷）推导得到的。

$$\delta = \frac{D_i}{2}\left(e^{\frac{0.5 p_c}{S_m^t}} - 1 \right) \qquad (4\text{-}100)$$

当 $p_c \leqslant 0.6 S_m^t$ 时，也可按式（4-40）计算。

4.4.2.3 椭圆形封头

对于内压椭圆形封头，GB/T 4732 采用了浙江大学郑津洋团队提出的基于失效模式的设计新方法。该方法适用于同时满足以下两个条件的内压椭圆形封头。若不满足，应按应力分类方法或弹塑性分析方法设计。

$$20 \leqslant \frac{D_i}{\delta} \leqslant 2000, \ 1.7 \leqslant \frac{D_i}{2h_i} \leqslant 2.2 \qquad (4\text{-}101)$$

防止椭圆形封头发生塑性垮塌所需的计算厚度按式（4-102）确定

$$\delta_s = \frac{\alpha_h p_c D_i}{S_m^t} \qquad (4\text{-}102)$$

椭圆形封头上有开孔时，取 $\alpha_h = 0.45$；其他情况，可取 $\alpha_h = 0.42$。

然而，正如 4.3.3.1 节所述，对于大直径薄壁椭圆形封头，即使承受内压作用，在长轴端点区域也会产生周向压应力，存在局部屈曲失效的可能。因此，需根据 $D_i/2h_i$ 和 D_i/δ_c 来判断椭圆形封头是否可能发生屈曲，若发生屈曲，应计算防止屈曲所需厚度并与式（4-102）计算的厚度进行比较，取大者为椭圆形封头的计算厚度。

4.4.3 应力分类方法

GB/T 4732.4《压力容器分析设计　第 4 部分：应力分类方法》是应力分类方法的设计标准。以

弹性分析为基础的应力分类方法是分析设计中常用的强度设计方法。本小节着重介绍应力分类法的基本思想、应力分类、当量应力、应力评定判据和失效评定。

4.4.3.1　应力分类设计基本思想

压力容器所承受的载荷有多种类型，如机械载荷（包括压力、重力、支座反力、风载荷及地震载荷等）、热载荷等。它们可能施加在整个容器上（如压力），也可能施加在容器的局部部位（如支座反力）。因此，载荷在容器中所产生的应力与分布以及对容器失效的影响也就各不相同。就分布范围来看，有些应力遍布于整个容器壳体，可能会造成容器整体范围内的弹性或塑性失效；而有些应力只存在于容器的局部部位，只会造成容器局部弹塑性失效或疲劳失效。从应力产生的原因来看，有些应力必须满足与外载荷的静力平衡关系，随着外载荷的增加而增加，可直接导致容器失效；而有些应力则是在载荷作用下由于变形不协调引起的，具有自限性，不会直接导致容器失效。因此，按等强度设计原则，针对应力对容器强度失效所起作用的大小，可给予不同的限制，这就是以应力分类为基础的分析设计基本思想。

采用应力分类方法进行压力容器分析设计时，先进行详细的弹性应力分析，即通过解析法或数值方法，将各种外载荷或变形约束产生的弹性应力分别计算出来，然后按危险性大小进行应力分类，再按塑性失效准则确定各类应力的许用极限，保证容器在使用期内不发生各种形式的失效。分析设计可应用于承受各种载荷、任意结构形式的压力容器设计，克服了常规设计及公式法的不足。

4.4.3.2　载荷和载荷组合

应力分析时应考虑设计条件、工作条件和耐压试验条件下的所有载荷。例如，在设计条件下的载荷包括内压、外压或最大压差（P）、液体引起的静压头（P_s）、重力载荷（D）、活载荷（L）、地震载荷（E）、风载荷（W）、雪载荷（S_s）及热载荷（T）等。当有多个载荷同时作用时，应按设计条件、工作条件和耐压试验条件考虑多个载荷的组合。

4.4.3.3　应力分类

压力容器应力分类的依据是应力对容器强度失效所起作用的大小。这种作用取决于两个因素：ⅰ应力的产生原因，即应力是平衡机械载荷所必需的还是满足变形协调所必需的，不同原因产生的应力具有不同的性质，其危险性、失效模式也不同；ⅱ应力分布规律和影响范围，应力的分布区域是总体范围还是局部范围的，总体范围时影响就很大，局部范围时影响就相对要小；应力沿壁厚分布是线性的（含均布）还是非线性的，不同的应力分布形式具有不同的应力重分布能力，并与承载能力有关。

目前，比较通用的应力分类方法是将压力容器中的应力分为三大类：一次应力、二次应力和峰值应力。下面分别予以介绍。

（1）一次应力 P

一次应力是指平衡外加机械载荷所必需的应力。一次应力必须满足外载荷与内力及内力矩的静力平衡关系，它随外载荷的增加而增大，不会因达到材料的屈服强度而自行停止，所以，一次应力的基本特征是"非自限性"。另外，当一次应力超过屈服强度时，将引起容器总体范围内的显著变形或破坏，对容器的失效影响最大。一次应力还可分为以下三种。

① 一次总体薄膜应力 P_m　在容器总体范围内存在的薄膜应力即为一次总体薄膜应力。这里的薄膜应力是指沿厚度方向均匀分布的应力，等于沿厚度方向的应力平均值。一次总体薄膜应力达到材料的屈服强度就意味着筒体或封头在整体范围内发生屈服，应力不重新分布，而是直接导致结构破坏。一次总体薄膜应力的实例有：薄壁圆筒或球壳中远离结构不连续部位、由内压力引起的环向和轴向薄膜应力，厚壁圆筒中由内压产生的轴向应力以及周向应力沿厚度的平均值。

② 一次弯曲应力 P_b　一次弯曲应力是指沿厚度方向线性分布的应力。它在内、外表面上大小

相等、方向相反。由于沿厚度呈线性分布，随外载荷的增大，首先是内、外表面进入屈服，但此时内部材料仍处于弹性状态。若载荷继续增大，应力沿厚度的分布将重新调整。因此这种应力对容器强度失效的危害性没有一次总体薄膜应力那么大。一次弯曲应力的典型实例是平封头中心部位在压力作用下产生的弯曲应力。

③ 一次局部薄膜应力 P_L　在结构不连续区由内压或其他机械载荷产生的薄膜应力和结构不连续效应产生的薄膜应力统称为一次局部薄膜应力。一次局部薄膜应力的作用范围是局部区域。由于包含了结构不连续效应产生的薄膜应力，它还具有一些自限性，表现出二次应力的一些特征，不过从保守角度考虑，仍将它划为一次应力。一次局部薄膜应力的实例有：壳体和封头连接处的薄膜应力、在容器的支座或接管处由外部的力或力矩引起的薄膜应力。

（2）二次应力 Q

二次应力是指由相邻部件的约束或结构的自身约束所引起的正应力或切应力。二次应力不是由外载荷直接产生的，其作用不是为平衡外载荷，而是使结构在受载时变形协调。例如，对于受内压作用的圆筒形壳体，在远离结构不连续处，沿壁厚的平均应力是满足与压力平衡所需要的，为一次总体薄膜应力；而沿壁厚的应力梯度是满足不同直径处筒体的变形协调所需要的，为二次应力。二次应力的基本特征是具有自限性，也就是当局部范围内的材料发生屈服或小量的塑性流动时，相邻部分之间的变形约束得到缓解而不再继续发展，应力就自动地限制在一定范围内。

二次应力的实例有：①总体结构不连续处的弯曲应力。总体结构不连续对结构总体应力分布和变形有显著的影响，如筒体与封头、筒体与法兰、筒体与接管以及不同厚度筒体连接处。⑪总体热应力。它指的是解除约束后，会引起结构显著变形的热应力。例如圆筒壳中轴向温度梯度所引起的热应力；壳体与接管间的温差所引起的热应力；厚壁圆筒中径向温度梯度引起的当量线性热应力。

（3）峰值应力 F

峰值应力是由局部结构不连续和局部热应力的影响而叠加到一次加二次应力之上的应力增量，介质温度急剧变化在器壁或管壁中引起的热应力也归入峰值应力。峰值应力最主要的特点是自限性和局部性。因为自限性，结构的变形不会无限增大；又因为局部性，峰值应力的影响区被周围的弹性材料包围。因此，峰值应力不引起任何明显的变形，比二次应力的危险性还低，其危害性仅是可能引起疲劳破坏或脆性断裂。

应当指出的是，只有材料具有较高的韧性，允许出现局部塑性变形，上述应力分类才有意义。若是脆性材料，一次应力和二次应力的影响没有明显不同，对应力进行分类也就没有意义了。压缩应力主要与容器的屈曲有关，也不需要加以分类。

（4）容器典型部位的应力分类

为便于对压力容器进行应力分类，GB/T 4732 给出了压力容器典型结构的应力分类，部分实例见表4-15。

表4-15　部分典型结构的应力分类实例

容器部件	位置	应力来源	应力类型	应力分类
任意壳体（圆筒、锥壳、球壳和成形封头等）	远离不连续处的壳体	内压	总体薄膜应力 沿壁厚的应力梯度	P_m Q
		轴向温度梯度	薄膜应力 弯曲应力	Q Q
	接管或其他开孔附近	内压，作用在接管截面上的轴向力、弯矩	局部薄膜应力 弯曲应力 峰值应力（填角或直角）	P_L[①] Q[①] F
	任意位置	壳体和封头间的温差	薄膜应力 弯曲应力	Q Q
	壳体形状偏差，如不圆度和凹陷等	内压	薄膜应力 弯曲应力	P_m Q

容器部件	位置	应力来源	应力类型	应力分类
圆筒或锥壳	整个容器中的任意横截面	内压，作用在壳体截面上的轴向力和/或弯矩	远离结构不连续处的、沿壁厚平均分布的薄膜应力（垂直于壁厚横截面的应力分量）	P_{m}
			沿壁厚分布的弯曲应力（垂直于壁厚横截面的应力分量）	P_{b}
	与封头或法兰连接处	内压	薄膜应力 弯曲应力	P_{L} Q①
凸形封头或锥形封头	球冠	内压	薄膜应力 弯曲应力	P_{m} P_{b}
	过渡区或和筒体连接处	内压	薄膜应力 弯曲应力	P_{L}② Q
平盖	中心区	内压	薄膜应力 弯曲应力	P_{m} P_{b}
	和筒体连接处	内压	薄膜应力 弯曲应力	P_{L} Q③

① 此处的弯曲应力是自限的；
② 当直径与厚度的比值较大时，应考虑此处发生屈曲或过度变形的可能性；
③ 若周边弯矩是使平盖中心处弯曲应力保持在允许限度内所必需的，则在连接处的弯曲应力应划为 P_{b} 类，否则为 Q 类。

4.4.3.4　弹性应力线性化

（1）弹性应力线性化原理

为了进行应力分类，需沿壳体厚度方向对应力进行线性化处理，分离出薄膜应力、弯曲应力和峰值应力。这里介绍基于应力积分方法进行线性化处理的原理。如图 4-50 所示，对于沿壁厚不均匀分布的应力分量 σ_{ij}，按式（4-103）和式（4-104）计算可得到沿壁厚的平均应力分量（即薄膜应力分量） σ_{ij}^{m} 和位于内、外表面的最大弯曲应力分量 σ_{ij}^{b}；按式（4-105）和式（4-106）计算可以得到位于内、外表面的峰值应力分量 σ_{ij}^{F}。

$$\sigma_{ij}^{\mathrm{m}} = \frac{1}{t}\int_0^t \sigma_{ij}\,\mathrm{d}x \tag{4-103}$$

$$\sigma_{ij}^{\mathrm{b}} = \frac{6}{t^2}\int_0^t \sigma_{ij}\left(\frac{t}{2}-x\right)\mathrm{d}x \tag{4-104}$$

$$\sigma_{ij}^{\mathrm{F}}(x)\big|_{x=0} = \sigma_{ij}(x)\big|_{x=0} - (\sigma_{ij}^{\mathrm{m}} + \sigma_{ij}^{\mathrm{b}}) \tag{4-105}$$

$$\sigma_{ij}^{\mathrm{F}}(x)\big|_{x=t} = \sigma_{ij}(x)\big|_{x=t} - (\sigma_{ij}^{\mathrm{m}} - \sigma_{ij}^{\mathrm{b}}) \tag{4-106}$$

（2）应力分类线

若采用壳单元进行有限元分析，则可直接得到薄膜应力和弯曲应力，不需要进行应力的线性化处理，但采用壳单元无法得到峰值应力。若用轴对称单元或三维实体单元进行有限元分析，则需要对应力分析结果进行线性化处理。

应力的线性化处理是在部件厚度截面内进行的，该截面称为应力分类面。在应力分类面内贯穿部件厚度的直线称为应力分类线（SCL）。应力分类面和应力分类线的示例见图 4-51。在压力容器的几何形状、材料或载荷发生突变的部位往往存在着高应力，应设置应力分类线。在进行塑性垮塌评判时，若可以忽略覆层的影响，则仅需在基层上布置应力分类线。

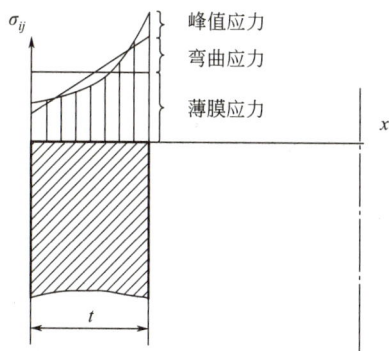

图 4-50　应力线性化处理

图 4-51　应力分类线和应力分类面

4.4.3.5　当量应力

详细的弹性应力分析是应力分类方法的基础。应力分类中使用的弹性名义应力是假定材料始终为线弹性时计算所得的应力。在分析设计中，应考虑各种载荷及载荷组合，可按以下步骤对当量应力进行计算。

① 应力分量计算　对所有适用的载荷，计算各载荷下的应力张量（含 6 个应力分量），并根据 4.4.3.3 节中的定义将这些应力分量归入 5 个类别：P_m、P_L、P_b、Q、F。

② 应力分量叠加　将各类应力的应力分量按同种类别分别叠加，即可得到所考虑载荷组合工况下的 5 组应力分量：P_m 组、P_L 组、P_L+P_b 组、P_L+P_b+Q 组和 P_L+P_b+Q+F 组。

③ 计算当量应力　由各类应力叠加后的 5 组应力分量分别计算各自的主应力 σ_1、σ_2、σ_3，并按式（4-107）计算各组的 Mises 当量应力 S_e

$$S_e = \frac{1}{\sqrt{2}}\Big[\left(\sigma_1-\sigma_2\right)^2 + \left(\sigma_2-\sigma_3\right)^2 + \left(\sigma_3-\sigma_1\right)^2\Big]^{\frac{1}{2}} \tag{4-107}$$

得到的当量应力分别归入 5 组：ⅰ一次总体薄膜当量应力 $S_Ⅰ$（由 P_m 组算得）；ⅱ一次局部薄膜当量应力 $S_Ⅱ$（由 P_L 组算得）；ⅲ一次薄膜（总体或局部）加一次弯曲当量应力 $S_Ⅲ$（由 P_L+P_b 组算得）；ⅳ一次加二次应力范围的当量应力 $S_Ⅳ$（由 P_L+P_b+Q 组算得）；ⅴ总应力（一次加二次加峰值）范围的当量应力 $S_Ⅴ$（由 P_L+P_b+Q+F 组算得）。

以上包含弯曲应力的 $S_Ⅲ$、$S_Ⅳ$ 和 $S_Ⅴ$ 应同时计算内、外表面的当量应力，并取其中较大者。

💬 例 4-3

某一钢制容器，内径 D_i=800mm，厚度 t=36mm，工作压力 p_w=10MPa，设计压力 p=11MPa。圆筒体与一平封头连接，根据设计压力计算得到圆筒体与平封头连接处的边缘力 Q_0=-1.102×10⁶N/m，边缘弯矩 M_0=5.725×10⁴N·m/m，如图 4-52 所示。设容器材料的弹性模量 E=2×10⁵MPa、泊松比 μ=0.3。若不考虑角焊缝引起的应力集中，试计算圆筒体边缘处的应力并进行分类，求取 von Mises 当量应力。

图 4-52　圆筒体与平封头连接

解　筒体内半径 R_i=400mm，厚度 t=36mm，则外半径 R_o=436mm，径比 $K=R_o/R_i$=436/400=1.09。现以筒体环向应力 σ_θ 为例说明在筒体边缘处环向薄膜力的计算及分类过程。

不计边缘效应时，设计压力在圆筒体中产生的应力，可按式（2-34）计算，因此，环向应力分

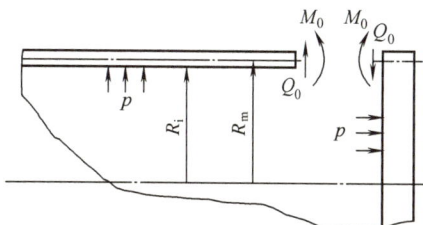

量沿筒体厚度的平均值，也就是环向薄膜应力$\sigma_{\theta,1}^{\mathrm{p}}$为

$$\sigma_{\theta,1}^{\mathrm{p}} = \frac{1}{R_{\mathrm{o}} - R_{\mathrm{i}}} \int_{R_{\mathrm{i}}}^{R_{\mathrm{o}}} \sigma_{\theta} \mathrm{d}r = \frac{1}{R_{\mathrm{o}} - R_{\mathrm{i}}} \int_{R_{\mathrm{i}}}^{R_{\mathrm{o}}} \left[\frac{pR_{\mathrm{i}}^2}{R_{\mathrm{o}}^2 - R_{\mathrm{i}}^2} + \frac{pR_{\mathrm{o}}^2 R_{\mathrm{i}}^2}{(R_{\mathrm{o}}^2 - R_{\mathrm{i}}^2)r^2} \right] \mathrm{d}r$$

$$= \frac{p}{K-1} = \frac{11}{1.09-1} = 122.22 \,(\mathrm{MPa})$$

沿厚度方向，环向应力呈非线性分布，内壁面最大，外壁面最小。内壁面处的环向应力$\sigma_{\theta}^{\mathrm{p}}$为

$$\sigma_{\theta}^{\mathrm{p}} = \frac{p(K^2+1)}{K^2-1} = \frac{11 \times (1.09^2+1)}{1.09^2-1} = 127.96 \,(\mathrm{MPa})$$

因此，环向应力$\sigma_{\theta}^{\mathrm{p}}$与其沿厚度平均值$\sigma_{\theta,1}^{\mathrm{p}}$的差在筒体内壁面的数值为

$$\sigma_{\theta,2}^{\mathrm{p}} = \sigma_{\theta}^{\mathrm{p}} - \sigma_{\theta,1}^{\mathrm{p}} = 127.96 - 122.22 = 5.74 \,(\mathrm{MPa})$$

由于环向应力和压力成正比，所以，若是按工作压力计算，$\sigma_{\theta,1}^{\mathrm{p}}$和$\sigma_{\theta,2}^{\mathrm{p}}$为

$$\sigma_{\theta,1}^{\mathrm{p}} = 122.22 \times \frac{10}{11} = 111.11 \,(\mathrm{MPa}), \quad \sigma_{\theta,2}^{\mathrm{p}} = 5.74 \times \frac{10}{11} = 5.22 \,(\mathrm{MPa})$$

令$x=0$，由式（2-24）得，在筒体与平封头连接处，边缘载荷Q_0和M_0引起的轴向薄膜内力N_x、环向薄膜内力N_{θ}、轴向弯曲内力M_x和环向弯曲内力M_{θ}分别为

$$N_x=0, \quad N_{\theta}=2\beta R \,(Q_0+\beta M_0), \quad M_x=M_0, \quad M_{\theta}=\mu M_0$$

式中，$\beta = \sqrt[4]{3(1-\mu^2)} \big/ \sqrt{Rt} = \sqrt[4]{3 \times (1-0.3^2)} \big/ \sqrt{418 \times 10^{-3} \times 36 \times 10^{-3}} = 10.4785 \,(\mathrm{m}^{-1})$。

上述边缘内力在圆筒体内壁面中产生的环向薄膜应力$\sigma_{\theta,1}^{\mathrm{e}}$和环向弯曲应力$\sigma_{\theta,2}^{\mathrm{e}}$分别为

$$\sigma_{\theta,1}^{\mathrm{e}} = \frac{N_{\theta}}{t} = \frac{2\beta R}{t}(Q_0+\beta M_0) = \frac{2 \times 10.4785 \times 418 \times 10^{-3}}{36 \times 10^{-3}} \times (-1.102 \times 10^6 + 10.4785 \times 5.725 \times 10^4) = -122.15 \,(\mathrm{MPa})$$

$$\sigma_{\theta,2}^{\mathrm{e}} = \frac{6M_{\theta}}{t^2} = \frac{6\mu M_0}{t^2} = \frac{6 \times 0.3 \times 5.725 \times 10^4}{(36 \times 10^{-3})^2} = 79.51 \,(\mathrm{MPa})$$

同理，若按工作压力计算，$\sigma_{\theta,1}^{\mathrm{e}}$和$\sigma_{\theta,2}^{\mathrm{e}}$为

$$\sigma_{\theta,1}^{\mathrm{e}} = -122.15 \times \frac{10}{11} = -111.05 \,(\mathrm{MPa}), \quad \sigma_{\theta,2}^{\mathrm{e}} = 79.51 \times \frac{10}{11} = 72.28 \,(\mathrm{MPa})$$

由表4-15知，由内压产生的沿筒体厚度的应力平均值$\sigma_{\theta,1}^{\mathrm{p}}$在边缘处属于一次局部薄膜应力$P_{\mathrm{L}}$，沿筒体厚度的应力梯度$\sigma_{\theta,2}^{\mathrm{p}}$属于二次应力$Q$；由边缘载荷产生的薄膜应力$\sigma_{\theta,1}^{\mathrm{e}}$属于一次局部薄膜应力$P_{\mathrm{L}}$，弯曲应力$\sigma_{\theta,2}^{\mathrm{e}}$属于二次应力$Q$；于是在边缘处筒体内壁面有

$$P_{\mathrm{L}} = 122.22 - 122.15 = 0.07 \,(\mathrm{MPa})$$

$$P_{\mathrm{L}} + Q = (111.11 - 111.05) + (5.22 + 72.28) = 77.56 \,(\mathrm{MPa})$$

类似地，可以计算边缘处筒体中的经向应力σ_x和径向应力σ_z并对内壁面应力进行分类，得到应力分量P_{L}和$P_{\mathrm{L}} + P_{\mathrm{b}}$。

由分类并叠加后的内壁面各向（环向、径向、经向）应力分量计算主应力σ_1、σ_2、σ_3，然后按式（4-107）计算当量应力S_{e}，并按P_{L}和$P_{\mathrm{L}} + P_{\mathrm{b}}$分别归入$S_{\mathrm{II}}$和$S_{\mathrm{IV}}$。在本例中，$\tau_{x\theta}=\tau_{z\theta}=0$，$\tau_{xz}$与$\sigma_x$、$\sigma_{\theta}$

相比是一个小量，一般可略去，所以，σ_x、σ_θ、σ_z即为三个主应力。

对于外壁面，计算过程类似。所有计算结果按 von Mises 当量应力的计算步骤列于表4-16。表中括号内的数据是按工作压力计算得到。

表4-16　圆筒体中边缘处应力计算、分类及当量应力计算结果　　　　　MPa

内容	应力类别		内壁		外壁	
			P_L	Q	P_L	Q
求应力并进行分类	内压	σ_θ	122.22（111.11）	（5.22）	122.22（111.11）	（−4.78）
		σ_x	58.48（53.16）	0	58.48（53.16）	0
		σ_z	−5.26（−4.78）	（−5.22）	−5.26（−4.78）	（4.78）
	边缘载荷	σ_θ	−122.15（−111.05）	（72.28）	−122.15（−111.05）	（−72.28）
		σ_x	0	（240.94）	0	（−240.94）
		σ_z	0	0	0	0
同类应力叠加	应力分组		P_L	P_L+Q	P_L	P_L+Q
	σ_θ		0.07	77.56	0.07	−77
	σ_x		58.48	294.1	58.48	−187.78
	σ_z		−5.26	−10	−5.26	0
求各主应力	主应力		σ_1　σ_2　σ_3		σ_1　σ_2　σ_3	
	P_L		58.48　0.07　−5.26		58.48　0.07　−5.26	
	P_L+Q		294.1　77.56　−10		0　−77　−187.78	
求 Mises 当量应力	当量应力		$S_e=\dfrac{1}{\sqrt{2}}\left[(\sigma_1-\sigma_2)^2+(\sigma_2-\sigma_3)^2+(\sigma_3-\sigma_1)^2\right]^{\frac{1}{2}}$		$S_e=\dfrac{1}{\sqrt{2}}\left[(\sigma_1-\sigma_2)^2+(\sigma_2-\sigma_3)^2+(\sigma_3-\sigma_1)^2\right]^{\frac{1}{2}}$	
	P_L		61.26		61.26	
	P_L+Q		271.18		163.52	
当量应力计算结果	S_{II}		61.26		61.26	
	S_{IV}		271.18		163.52	

4.4.3.6　应力评定判据

（1）许用应力

许用应力是按材料的短时拉伸性能除以相应的设计系数而得，为$\dfrac{R_m}{n_b}$、$\dfrac{R_{eL}}{n_s}$、$\dfrac{R_{eL}^t}{n_s}$、$\dfrac{R_D^t}{n_d}$和$\dfrac{R_n^t}{n_n}$中的最小值，以符号S_m^t表示。R_m是材料标准抗拉强度下限值；R_{eL}、R_{eL}^t分是材料标准室温屈服强度和材料在设计温度下的屈服强度，材料无屈服平台时，按标准取 0.2% 或 1.0% 非比例延伸强度；R_D^t是材料在设计温度下经 10 万、15 万或 20 万小时断裂的持久强度的平均值；R_n^t是材料在设计温度下经 10 万小时蠕变率为 1% 的蠕变极限平均值，n_b、n_s、n_d、n_n 为相应的设计系数。

由于分析设计中对容器重要区域的应力进行了严格而详细的计算，且在选材、制造和检验等方面也有更严格的要求，因而采取了比常规设计低的抗拉强度设计系数。中国 TSG 21《固定式压力容器安全技术监察规程》规定的设计系数为$n_b \geqslant 2.4$、$n_s \geqslant 1.5$、$n_d \geqslant 1.5$、$n_n \geqslant 1.0$。

（2）极限分析

极限分析假定结构所用材料为理想弹塑性材料。在某一载荷作用下结构进入整体或局部区域的全域屈服后，变形将无限制地增大，结构达到了它的极限承载能力，这种状态即为塑性失效的极限状态，这一载荷即为塑性失效时的极限载荷。下面以纯弯曲梁为例进行说明。

设有一矩形截面梁，宽度为 b，高为 h，受弯矩 M 作用，如图 4-53 所示。由材料力学可知，矩形截面梁在弹性情况下，应力沿截面呈线形分布，即上、下表面处应力最大，一边受拉，一边受压。最大应力为 $\sigma_{\max}=\dfrac{6M}{bh^2}$。当 $\sigma_{\max}=R_{eL}$，上、下表面屈服时梁达到了弹性失效状态，对应的弯矩为弹性失效弯矩，即 $M_e=R_{eL}\dfrac{bh^2}{6}$。但从塑性失效观点看，此梁除上、下表面材料屈服外，其余材料仍处于弹性状态，还可继续承载。随着载荷增大，梁内弹性区减少，塑性区扩大，当达到全塑性状态时，由平衡关系可得极限弯矩为 $M_p=R_{eL}\dfrac{bh^2}{4}$。显然 $M_p=1.5M_e$，即塑性失效时的极限弯矩为弹性失效时的弯矩的 1.5 倍。若按弹性应力分布，则极限弯矩下的虚拟应力（图 4-53 中虚线）为

$$\sigma'_{\max}=\frac{6M_p}{bh^2}=1.5R_{eL} \tag{4-108}$$

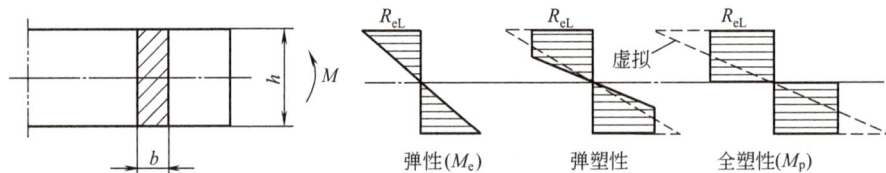

图 4-53　纯弯曲矩形截面梁的极限分析

当截面达到塑性极限状态时，中性轴上、下各点应力全都达到受压和受拉的屈服强度，截面可朝加载时的转动方向转动，从变形上看，如同出现一个铰，称为塑性铰。

（3）安定性分析

如果一个结构在初始阶段经几次反复加载后，其变形趋于稳定，或者说不再出现渐增非弹性变形，则认为此结构是安定的。丧失安定后的结构会在反复加载卸载中引起新的塑性变形，并可能因塑性疲劳或大变形而发生破坏。

定义名义应力为不考虑材料屈服时应变所对应的弹性应力，以此表征所施加的载荷大小。若名义应力超过材料屈服强度，局部高应力区由塑性区和弹性区两部分组成。塑性区被弹性区包围，弹性区力图使塑性区恢复原状，从而在塑性区中出现残余压缩应力。残余压缩应力的大小与名义应力有关。设结构由理想弹塑性材料制造，现根据名义应力 σ_1 的大小简单分析结构处于安定状态的条件。

① $R_{eL}<\sigma_1<2R_{eL}$　当结构第一次加载时，塑性区中应力 - 应变关系按 OAB 线变化，名义应力 - 应变线为 OAB'。卸载时，在周围弹性区的作用下，塑性区中的应力沿 BC 线下降，且平行于 OA，如图 4-54（a）所示。塑性区便存在了残余压缩应力 $E(\varepsilon_1-\varepsilon_s)$，即纵坐标上的 OC 值。若载荷大小不变，则以后的加载、卸载循环中，应力将分别沿 CB、BC 线变化，不会出现新的塑性变形，在新的状态下保持弹性行为，这时结构是安定的。

② $\sigma_1>2R_{eL}$　第一次加载时，塑性区中的应力 - 应变关系按 OAB 线变化，卸载时沿 BC 线下降，在 C 点发生反向压缩屈服而到达 D 点，如图 4-54（b）所示。于是在以后的加载、卸载循环中，应力将沿 $DEBCD$ 回线变化。如此多次循环，即反复出现拉伸屈服和压缩屈服，将引起塑性疲劳或塑性变

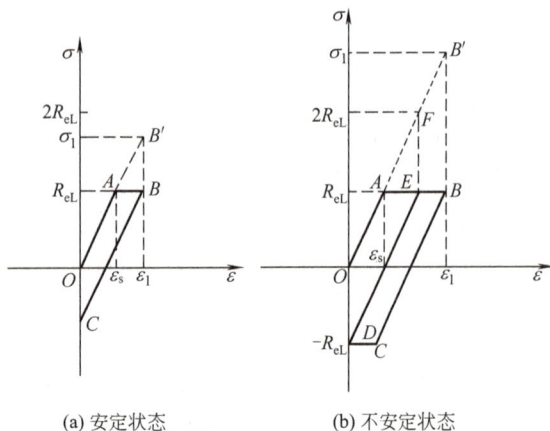

（a）安定状态　　（b）不安定状态

图 4-54　安定性分析图

形逐次递增而导致破坏（即棘轮失效）。

可见，保证结构安定的条件是 $\sigma_1 \leqslant 2R_{eL}$。由于 $R_{eL} \geqslant 1.5S_m^t$，分析设计标准中，将一次加二次应力强度限制在 $3S_m^t$ 以内。

由于实际材料并非理想弹塑性材料，屈服后还有应变强化能力。因此，上面由极限分析和安定性分析导出的应力限制条件是偏于保守的，使结构增加了一定的安全裕度。

（4）当量应力评定原则

由于各类应力对容器强度失效危害程度不同，所以对它们的限制条件也各不相同，不采用统一的许用极限。在分析设计中，一次应力的许用值是由极限分析确定，主要目的是防止过度弹性或塑性变形；二次应力的许用值是由安定性分析确定，目的在于防止塑性疲劳或棘轮；而峰值应力的许用值是由疲劳分析确定的，目的在于防止由大小和（或）方向改变的载荷引起的疲劳破坏。下面具体给出五类当量应力的限制原则。

① 一次总体薄膜当量应力 S_I　　总体薄膜应力是容器承受外载荷的应力成分，在容器的整体范围内存在，没有自限性，对容器失效的影响最大。一次总体薄膜当量应力 S_I 的许用值是以极限分析原理来确定的。一次总体薄膜当量应力 S_I 的限制条件为 $S_I \leqslant KS_m^t$，K 为载荷组合系数。

② 一次局部薄膜当量应力 S_{II}　　局部薄膜应力是相对于总体薄膜应力而言，它的影响仅限于结构局部区域，同时，由于包含了边缘效应所引起的薄膜应力，它还具有二次应力的性质。因此，在设计中，允许它有比一次总体薄膜应力高、但比二次应力低的许用值。一次局部薄膜当量应力 S_{II} 的限制条件为 $S_{II} \leqslant KS_{PL}$。

③ 一次薄膜（总体或局部）加一次弯曲当量应力 S_{III}　　弯曲应力沿厚度呈线性变化，其危害性比薄膜应力小。矩形截面梁的极限分析表明，在极限状态时，拉弯组合应力的上限是材料屈服强度的 1.5 倍。因此，在 S_I 和 S_{II} 满足各自强度条件的前提下，一次薄膜（总体或局部）加一次弯曲当量应力 S_{III} 的限制条件为 $S_{III} \leqslant KS_{PL}$。

④ 一次加二次应力范围的当量应力 S_{IV}　　根据安定性分析，确定一次加二次应力范围的当量应力 S_{IV} 的限制条件为 $S_{IV} \leqslant S_{PS}$。

⑤ 总应力（一次加二次加峰值）范围的当量应力 S_V　　由于峰值应力同时具有自限性与局部性，它不会引起明显的变形，其危害性在于可能导致疲劳失效或脆性断裂。按疲劳失效设计准则，总应力（一次加二次加峰值）范围的当量应力应由疲劳设计曲线得到的应力幅 S_a 进行评定，即 $\frac{1}{2}S_V \leqslant S_a$。

表 4-17 总结了各当量应力的许用极限，GB/T 4732 还给出了耐压试验下的当量应力校核。

表 4-17 中一些参数及取值说明如下：

ⅰ. S_{alt} 为等幅循环中基于总应力范围的当量应力 S_V 计算得到的交变当量应力幅。

ⅱ. 许用极限 S_{PL} 取以下计算值：①当材料的屈服强度 R_{eL} 与标准抗拉强度下限 R_m 的比值大于 0.7，或奥氏体高合金钢提高了许用应力，或材料的许用应力 S_m^t 与时间相关时，取设计温度下材料许用应力 S_m^t 的 1.5 倍；②其他情况下取设计温度下材料的屈服强度 R_{eL}^t。

ⅲ. 许用极限 S_{PS} 取以下计算值：①当材料的屈服强度 R_{eL} 与标准抗拉强度下限 R_m 的比值大于 0.7，或奥氏体高合金钢提高了许用应力，或材料的许用应力 S_m^t 与时间相关时，取循环中最高和最低温度下材料许用应力 S_m^t 平均值的 3 倍；②其他情况下取循环中最高和最低温度下材料屈服强度 R_{eL} 平均值的 2 倍。

ⅳ. S_a 为循环次数为 N 时，由所采用的设计疲劳曲线得到的应力幅。

ⅴ. 在应力分类及应力分量的计算中，对于二次应力，无需区分薄膜成分及弯曲成分，因为二者许用值相同。如果设计载荷与工作载荷不相同，计算 S_{IV} 和 S_V 时应采用工作载荷，若按设计载荷则偏于保守。

表4-17　应力分类及S_I、S_{II}、S_{III}、S_{IV}、S_V的许用极限

应力种类	一次应力			二次应力	峰值应力
	总体薄膜	局部薄膜	弯曲		
典型结构的应力分类	沿实心截面的平均一次应力。不包括不连续和应力集中。仅由内压和其他机械载荷引起	沿任意实心截面的平均应力。包括不连续但不包括应力集中。仅由内压和其他机械载荷引起	和离实心截面形心的距离成正比的一次应力分量。不包括不连续和应力集中。仅由内压和其他机械载荷引起	满足结构连续所需要的自平衡应力。可由内压和其他机械载荷或热膨胀差引起，包括不连续，但不包括局部应力集中	①因应力集中（缺口）而加到一次或二次应力上的增量 ②能引起疲劳但不引起容器形状变化的某些热应力
符号	P_m	P_L	P_b	Q	F
许用极限	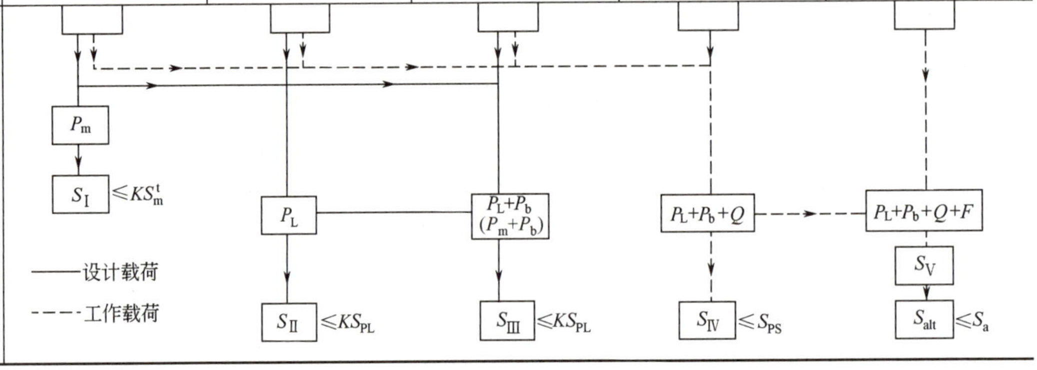				

4.4.3.7　失效评定

在应力分类方法中，强度设计是依据失效模式进行的，下面介绍塑性垮塌、局部过度应变失效、疲劳和棘轮失效的评定方法。

4.4.3.7.1　塑性垮塌

为防止塑性垮塌失效，根据设计载荷组合分别计算各类当量应力，并以S_I、S_{II}和S_{III}同时满足表4-17的许用极限为评定合格。当载荷组合中包含风载荷和地震载荷时，载荷组合系数K取1.2，否则K取1.0。

当难以区分一次应力和二次应力时，可保守地将二次应力归入一次应力处理，更好的处理方法是采用较为精确的弹塑性分析方法。

4.4.3.7.2　局部过度应变

如受压元件的载荷条件和结构细节等均符合公式法设计，则无需进行局部过度应变评定。

除防止塑性垮塌外，为防止局部过度应变失效，元件中可能发生局部失效的点，一次应力的三个主应力的代数和应不超过设计温度下材料许用应力的4倍，即

$$\sigma_1 + \sigma_2 + \sigma_3 \leqslant 4S_m^t \tag{4-109}$$

4.4.3.7.3　疲劳

在石油化工和其他工业领域，许多压力容器要承受交变载荷，例如频繁的开、停车以及压力波动、温度变化等，使容器中应力随时间呈周期性变化（即所谓交变应力）。生产规模的大型化和服

役条件的高参数化（高压、高温、低温）也使得高强度材料广泛应用于压力容器。这些因素的组合造成了压力容器疲劳失效事故的增加。此外，因产生渐增性塑性变形而发生的棘轮失效也与交变应力相关。

对于图 4-55 所示的交变应力，可以用最大应力 σ_{max}、最小应力 σ_{min}、平均应力 σ_m、交变应力幅 σ_a 及应力比 R 等特征参量表示，它们之间的相互关系为 $\sigma_m = 0.5(\sigma_{max} + \sigma_{min})$、$\sigma_a = 0.5(\sigma_{max} - \sigma_{min})$、$\sigma_{max} = \sigma_m + \sigma_a$、$R = \sigma_{min}/\sigma_{max}$。当 R=-1（即 $\sigma_m = 0$）时，为对称循环；当 R=0（即 $\sigma_{min} = 0$）时，为脉动循环；而 R=+1 即（$\sigma_{min} = \sigma_{max}$）时，为静载。疲劳可分为高周疲劳和低周疲劳两类。一般在使用期内，应力循环次数超过 10^5 次的称为高周疲劳，循环次数在 $10^2 \sim 10^5$ 次范围内的称为低周疲劳。绝大多数压力容器的应力循环次数少于 10^5 次，属于低周疲劳的范围。

描述疲劳破坏前交变应力循环次数 N 与交变应力幅 σ_a 大小关系的曲线称为材料的疲劳曲线。对于高周疲劳，材料的疲劳曲线是采用标准光滑圆截面试样在对称循环下试验测得的，如图 4-56 所示。由图可见，当 σ_a 低到一定数值时，曲线趋向于一水平渐近线，表示在该应力幅下材料经无限次循环（10^7 以上）也不发生疲劳破坏。通常，将与此渐近线对应的应力幅称为材料的疲劳极限 σ_{-1}。σ_{-1} 是金属力学性能之一，常用于构件的高周疲劳设计，其值一般为抗拉强度 R_m 的一半左右。

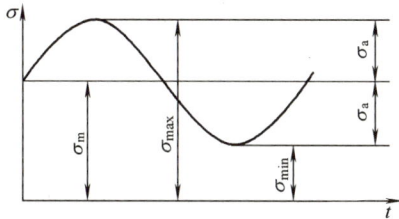

图 4-55　应力循环曲线

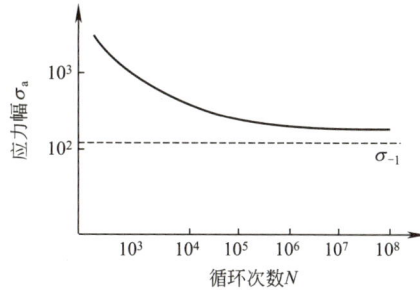

图 4-56　疲劳应力循环次数曲线

（1）压力容器疲劳设计曲线

① 疲劳计算曲线　在疲劳试验中，当应力超过材料的屈服强度时，如果仍采用应力作为控制变量，发现试验所得数据非常分散，这是因材料屈服后呈现的塑性不稳定状态导致的。而改用应变作为控制变量，所得的数据有明显的规律性，且可靠。因此，在低周疲劳试验中是以应变作为控制变量的，但为了和高周疲劳曲线中纵坐标表示的应力幅相一致，在整理数据时，将应变按弹性规律转化为应力幅，由此提出了虚拟应力幅 S 的概念，即

$$S = \frac{1}{2}E\varepsilon_t \tag{4-110}$$

式中　ε_t——真实总应变幅。

由于疲劳试验费时耗资，低周疲劳试验数据相对较少。不过其疲劳曲线可通过材料的持久极限及其他力学性能计算得到。Coffin 指出，当温度低于蠕变温度时，许多材料在低循环区域中的塑性应变 ε_p 与循环次数 N 之间的关系为

$$\sqrt{N}\varepsilon_p = C \tag{4-111}$$

式中，常数 C 为材料拉伸试验中断裂时的真实应变的一半，即 $C = \frac{1}{2}\varepsilon_f$。利用塑性变形时体积不变的规律，可以推导出 ε_f 与断裂时的断面收缩率 ψ 的关系为 $\varepsilon_f = \ln\dfrac{100}{100-\psi}$，于是

$$C = \frac{1}{2} \ln \frac{100}{100 - \psi} \tag{4-112}$$

另外，疲劳试验中的总应变ε_t应为塑性应变ε_p与弹性应变ε_e之和

$$\varepsilon_t = \varepsilon_p + \varepsilon_e$$

将总应变ε_t代入式（4-110）得

$$S = \frac{1}{2} E \varepsilon_t = \frac{1}{2} E \varepsilon_p + \frac{1}{2} E \varepsilon_e$$

对应于弹性应变ε_e的交变应力幅为

$$\sigma_a = \frac{1}{2} E \varepsilon_e$$

所以

$$S = \frac{1}{2} E \varepsilon_p + \sigma_a \tag{4-113}$$

将式（4-111）与式（4-112）一起代入式（4-113），得

$$S = \frac{E}{4\sqrt{N}} \ln \frac{100}{100 - \psi} + \sigma_a$$

上式表达了疲劳中虚拟应力幅S与疲劳寿命N之间的关系。$N \to \infty$时为高循环疲劳问题，此时$\sigma_a = \sigma_{-1}$。于是上式变为

$$S = \frac{E}{4\sqrt{N}} \ln \frac{100}{100 - \psi} + \sigma_{-1} \tag{4-114}$$

按此方程所绘制的S-N曲线即为低周疲劳的计算曲线，如图4-57所示，它与试验曲线很接近。应注意的是按式（4-114）计算的应力幅S是虚拟疲劳应力变化范围的一半，即交变应力幅。

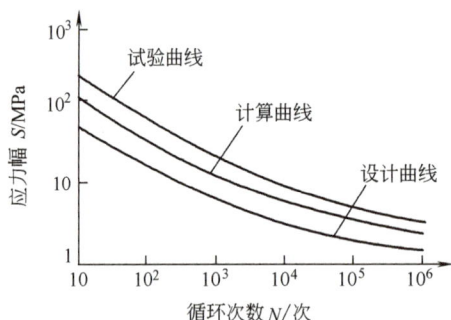

图4-57 低周疲劳曲线

② 平均应力对疲劳寿命的影响　疲劳试验曲线或计算曲线是在平均应力为零的对称应力循环下绘制的，但压力容器往往是在非对称应力循环下工作的，例如内压容器的开、停工操作，实际上是$\sigma_{min}=0$、$\sigma_m=\sigma_{max}/2$的脉动循环。因此，要将疲劳试验曲线或计算曲线转化为可用于工程应用的设计疲劳曲线，除了要取一定的设计系数外，还必须考虑平均应力的影响。

试验表明，平均应力增加时，在同一循环次数下结构发生破坏的交变应力幅下降，也就是说，在非对称循环的交变应力作用下，平均应力增加将会使疲劳寿命下降。关于同一疲劳寿命下平均应力与交变应力幅之间关系的描述，有多种形式，最简单的是Goodman提出的方程

$$\frac{\sigma_a}{\sigma_{-1}} + \frac{\sigma_m}{R_m} = 1 \tag{4-115}$$

上式在横坐标为σ_m、纵坐标为σ_a的图上为一直线，如图 4-58 中 AB 所示。当$\sigma_m = 0$或$\sigma_a = \sigma_{-1}$时，为对称的高周疲劳失效；当$\sigma_m = R_m$或$\sigma_a = 0$时，为静载失效。而 Goodman 线代表了不同平均应力时的失效情况，显然，σ_m越大，σ_a越小。当（σ_m，σ_a）点落到直线以上时发生疲劳破坏，而在直线以下则不发生疲劳破坏。为了比较，图中还画了 CD 线，它的两端均为屈服强度R_{eL}，当最大应力等于屈服强度（即$\sigma_{max} = \sigma_m + \sigma_a = R_{eL}$）时，就位于 CD 线上，所以它是材料不发生屈服的上限线。可以看到，在△ BED 内，交变应力幅较小，此时，虽然最大应力超过屈服强度，也不发生疲劳破坏；而在△ AEC 内，交变应力幅较大，此时即使最大应力低于屈服强度，也会发生疲劳破坏。

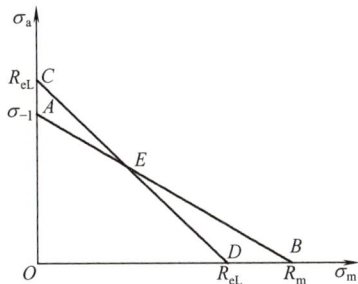

图 4-58　平均应力的影响——Goodman 直线

③ 平均应力调整以及当量交变应力幅的求法　在低周疲劳中，最大应力（$\sigma_{max} = \sigma_m + \sigma_a$）往往大于材料的屈服强度，此时平均应力在循环过程中可能会发生调整。另外，为了计及平均应力对疲劳寿命的影响，需要将相应的交变应力幅根据等寿命原则，按式（4-115）折算成相当于平均应力为零的一个当量交变应力幅。

当量交变应力幅总是大于或等于实际交变应力幅。因此，在有平均应力的情况下，若仍利用平均应力为零的 S-N 疲劳曲线来进行工程设计，就应该将许用交变应力幅 S 减小到某一程度。然而，对应于任何一个当量交变应力幅都可以有无数个平均应力和交变应力幅的组合，要找出每一个组合中的交变应力幅是不现实的。工程上既方便又安全的做法是找出最大平均应力所对应的交变应力幅，或者说找出一个最小的许用交变应力幅S_a，并以此对平均应力为零的 S-N 疲劳曲线进行修正。而当$\sigma_{max} \geqslant 2R_{eL}$时，平均应力自行调整为零，无需对交变应力幅进行修正。

图 4-59 给出了经平均应力修正前后的疲劳曲线。在曲线左半部，由于$\sigma_{max} \geqslant 2R_{eL}$，因而无需修正。

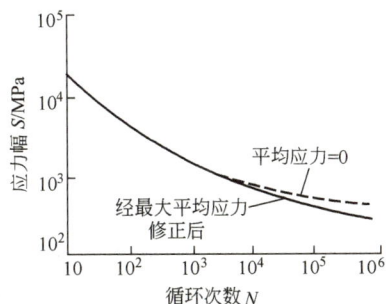

图 4-59　经平均应力修正后的疲劳曲线

④ 设计疲劳曲线　基于光滑试件的疲劳试验数据，GB/T 4732 分别用图和公式的方式给出了非合金钢、低合金钢、奥氏体不锈钢和高强度钢螺柱的设计疲劳曲线，例如图 4-60。这些曲线均根据应变控制的低周疲劳试验曲线，经最大平均应力影响的修正，取设计系数而得。由于疲劳数据的分散性大，因此取较大的设计系数。在 ASME 及我国的标准中，应力幅的设计系数为 2，疲劳寿命的设计系数为 20（20= 数据分散度 2× 尺寸因素 2.5× 表面粗糙及环境因素 4）。

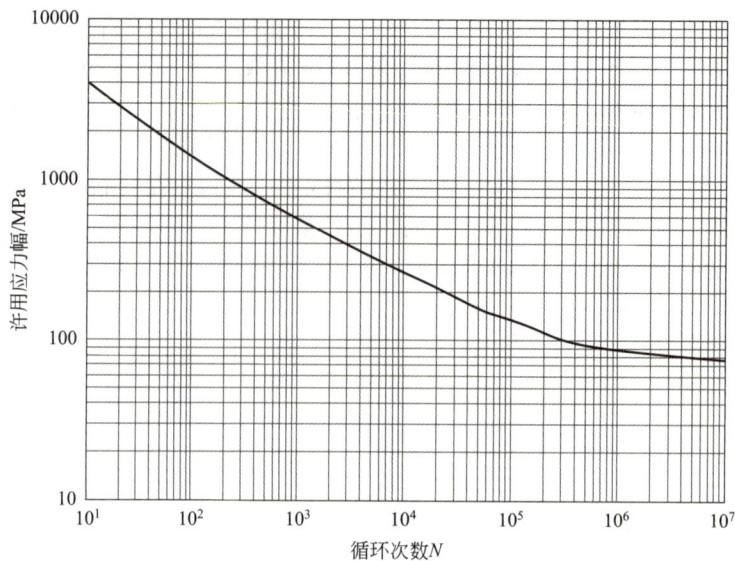

图 4-60 温度不超过 370℃的非合金钢、低合金钢设计疲劳曲线
（ $10<N<10^7$， $R_m \le 540MPa$、 $E_c=195\times10^3MPa$ ）

（2）疲劳失效评定

压力容器的疲劳失效评定基础是应力分析，首先应满足一次应力和二次应力的限制条件。然后对包括峰值应力在内的总当量应力幅 S_V 进行评定，其目的是防止结构在循环载荷作用下出现疲劳失效。

① 疲劳分析免除准则 压力容器的疲劳分析在设计过程中颇为费时费力，且不是所有承受疲劳载荷作用的容器都要进行疲劳分析，标准规定当满足一定的疲劳分析豁免条件时，可不作疲劳分析。

判断容器是否需作疲劳分析，有三种免除准则：ⅰ基于使用经验的疲劳分析免除准则，如果所设计的容器与已有成功使用经验的容器具有可类比的形状与载荷条件，可根据其运行经验免除疲劳分析；ⅱ以各种载荷波动的总有效次数为判据（GB/T 4732 中疲劳分析免除准则一）；ⅲ以各种载荷的应力波动范围是否超过疲劳设计曲线的许用范围作为判据（GB/T 4732 中疲劳分析免除准则二）。ⅱ和ⅲ以光滑试件试验得出的疲劳曲线作为基础，在工程设计中针对整体结构和非整体结构，按成形封头过渡区的连接件和接管、其他部件给出不同的免除准则或免除准则系数。

② 变幅载荷与疲劳累积损伤 疲劳损伤就是指交变载荷作用下材料损坏的程度，而累积损伤就是指每一个加载循环下损伤增量的累积情况。压力容器在实际运行中所受的交变载荷幅有时是随时间变化的，其大小载荷幅的作用顺序甚至是随机的，若总按其中的最大幅值来计算交变应力幅就太保守。对于变幅疲劳或随机疲劳问题，工程上普遍采用线性疲劳累积损伤准则来解决。

假设压力容器所受的各种交变当量应力幅为 S_{a1}， S_{a2}， S_{a3}，…，它们单独作用时的疲劳寿命分别为 N_1， N_2， N_3，…。若 S_{a1}， S_{a2}， S_{a3}，…作用次数分别为 n_1， n_2， n_3，…，则各交变应力幅对结构造成的损伤程度分别为 n_1/N_1， n_2/N_2， n_3/N_3，…。线性疲劳累积损伤准则认为各交变应力幅造成的损伤程度累计叠加不应超过 1，即

$$\sum \frac{n_i}{N_i} = \frac{n_1}{N_1} + \frac{n_2}{N_2} + \frac{n_3}{N_3} + \cdots \le 1 \qquad (4-116)$$

显然，线性疲劳累积损伤准则认为累积损伤的结果与不同交变应力幅作用顺序无关，而实际上作用顺序是有影响的，例如高应力幅作用在前，造成应力集中区屈服，卸载后便会产生一定的残余压缩应力，这将使以后的低应力幅造成的损伤程度下降，因此在这种情况下，累积损伤可以超过 1。不过压力容器在设计时，很难预测使用中不同交变载荷的作用顺序，鉴于线性累积损伤准则计算方

便，工程上仍大量使用。如果考虑作用顺序及其他因素的影响，问题则复杂得多，目前尚无成熟的理论和方法。

③ 疲劳分析步骤

ⅰ. 根据容器设计条件（UDS）给出的加载历史制定载荷直方图。载荷直方图中应包括所有显著的操作载荷和作用在元件上的重要事件。如果无法确定准确的加载顺序，应选用能产生最短疲劳寿命的最苛刻的加载顺序。

ⅱ. 按循环计数法确定疲劳寿命校核点处的应力循环和不同种类的循环次数，并将循环次数记为 M。

ⅲ. 确定第 k 种循环中的交变当量应力幅 $S_{alt,k}$，详细见 GB/T 4732.4 中 6.6.2 节。

ⅳ. 在所用设计疲劳曲线图的纵坐标上取 $S_{alt,k}$ 值，过此点作水平线与所用设计疲劳曲线相交，交点的横坐标值即为所对应载荷循环的允许循环次数 N_k。

ⅴ. 允许循环次数 N_k 应不小于预计操作载荷循环次数 n_k，否则须采用降低峰值应力、改变操作条件等措施，从步骤 ⅰ. 开始重新计算，直到满足本条要求为止。记本种循环的使用系数为

$$U_k = \frac{n_k}{N_k} \tag{4-117}$$

ⅵ. 对所有 M 个应力循环，重复计算得到所有的 U_k。

ⅶ. 按下式计算累计使用系数

$$U = \sum_{k=1}^{M} U_k \tag{4-118}$$

若 $U \leqslant 1.0$，则该校核点不会发生疲劳失效，否则应采用降低峰值应力、改变操作条件等措施，并从步骤 ⅰ 开始重新计算，直到满足本条要求为止。

ⅷ. 对所有的疲劳寿命校核点，重复步骤 ⅰ～ⅶ。

（3）影响疲劳寿命的其他因素

影响疲劳寿命的因素很多，除了材料本身的抗疲劳性能以及交变载荷作用下的应力幅（包括考虑平均应力影响）外，主要还有容器结构、容器表面质量和环境。

① 容器结构　工程上，由于材料韧性较好，压力容器疲劳破坏多数是伴随裂纹产生和扩展的亚临界过程，容器发生疲劳失效时一般没有明显的塑性变形。裂纹总是起源于局部高应力区，因为当局部高应力区中的应力超过材料的屈服强度时，在载荷反复作用下，微裂纹于滑移带或晶界处形成，这种微裂纹不断扩展，形成宏观疲劳裂纹并扩展而导致容器发生疲劳失效。所以，对受疲劳载荷作用的容器结构，减少应力集中对容器的疲劳寿命起决定性的作用。工程中常用的措施包括减少连接件刚度差、在结构不连续处采用圆弧过渡、打磨焊缝余高等。

② 容器表面质量　疲劳裂纹一般在容器表面上形核，容器表面质量对疲劳寿命有显著的影响。粗糙表面上的沟痕会引起应力集中，改变材料对疲劳裂纹形核的能力。残余应力会改变平均应力和容器的疲劳寿命。压缩残余应力可提高疲劳寿命，拉伸残余应力则起降低作用。提高容器的表面质量、在表面引入压缩残余应力都是提高压力容器疲劳寿命的有效途径。

③ 环境　许多压力容器并非在室温下承受交变载荷，因此，应考虑温度对容器疲劳寿命的影响。在低于材料蠕变温度的范围内，温度升高，容器的疲劳寿命下降，但不严重，可以通过温度对材料弹性模量的影响来反映。如果温度超过蠕变温度，容器受蠕变和交变载荷联合作用，情况会变得非常复杂，目前尚缺乏足够的实验数据。因此，分析设计标准要求设计温度低于钢材蠕变温度。如果温度降低，在低温环境下，许多材料（如非合金钢）脆性增加，抗疲劳裂纹扩展能力降低，容器的疲劳寿命下降。

腐蚀性介质对容器的腐蚀表现在使容器表面的粗糙度增加、降低材料抗疲劳性能以及减小容器有效承载截面、提高实际工作应力，从而使得容器的疲劳寿命大大降低。另外，压力容器材料在特

定环境（介质）与循环应力的共同作用下，会产生应力腐蚀疲劳断裂。

4.4.3.7.4 棘轮

当构件受一次应力和循环热应力（或循环一次应力）共同作用时，产生逐次渐增非弹性变形的现象，称为棘轮。对于棘轮的评定，如果载荷在结构中只产生一次应力而没有任何循环的二次应力，那么对棘轮的评定可以豁免。如果不能豁免，对所有操作载荷都应考虑防止棘轮失效，即使是满足疲劳分析免除准则无须作疲劳分析的容器也不例外。

当由机械载荷引起的恒定的一次当量应力（薄膜和弯曲）和热载荷引起的交变的二次薄膜加弯曲当量应力共同作用时，为防止棘轮失效，应进行热应力棘轮的评定，详见 GB/T 4732.4 中 6.4.4 节。

4.4.4 弹塑性分析方法

经验表明，弹性应力分析简便易实施，应力分类方法是保守且安全的。但随着科学技术的发展，许多工程问题（如复杂结构失效防控等）仅靠线性理论无法解决，必须借助非线性分析来考虑，如结构的大位移、大应变和塑性问题。压力容器的分析设计也正在经历从求解线性问题向求解非线性问题的重大转变。同时，计算机技术的日趋成熟，为进行复杂的非线性计算，准确地模拟材料屈服以后的力学行为提供了良好的软硬件基础。使用弹塑性分析方法可以对压力容器进行更精细的设计，各国规范标准都相继提出了新的设计理论和设计方法。例如，2002 版 EN 13445《非火焰接触压力容器》给出了压力容器分析设计的直接法；2007 年修订的 ASME Ⅷ-2 全面引入弹塑性分析和数值计算技术。我国 GB/T 4732.5 针对塑性垮塌、局部过度应变、屈曲、疲劳和棘轮等失效模式，给出了基于弹塑性分析方法。

分析设计的核心思想是允许在压力容器部件中出现少量的、能保持结构完整性的局部塑性变形，但不允许出现过量的整体塑性流动或循环塑性变形。弹塑性分析能更精确地反映结构在载荷作用下的塑性变形行为和实际承载能力。弹塑性分析不需要将应力进行分类，可以有效地避免复杂结构应力分类线难确定、对构件截面厚度有限制等问题，同时也有利于充分发挥材料的承载能力。

下面简单介绍载荷组合工况，以及针对塑性垮塌、局部过度应变、屈曲失效、疲劳和棘轮失效模式的弹塑性分析方法。

4.4.4.1 载荷组合工况

弹塑性分析方法应考虑的载荷组合工况见表 4-18，同时应考虑其中一个或多个载荷不起作用时可能引起的更危险的组合工况。表中 α 为载荷系数。

表4-18 载荷组合工况

条件和组合序号		载荷组合工况
塑性垮塌	1	$\alpha(P+P_s+D)$
	2	$\alpha\left[0.88(P+P_s+D+T)+1.13L+0.36S_s\right]$
	3	$\alpha\left[0.88(P+P_s+D)+1.13S_s+(0.71L\ 或\ 0.36W)\right]$
	4	$\alpha\left[0.88(P+P_s+D)+0.71W+0.71L+0.36S_s\right]$
	5	$\alpha\left[0.88(P+P_s+D)+0.71E+0.71L+0.14S_s\right]$
耐压试验	液压试验	6	$\alpha\left[0.71(P_T+P_s+D+0.3W)\right]$
	气压试验	7	$\alpha\left[0.84(P_T+P_s+D+0.3W)\right]$

注：P_T 为耐压试验压力。

4.4.4.2 塑性垮塌

为防止容器或元件塑性垮塌，可采用极限分极或弹塑性分析方法，对标准中规定的组合工况条件下的容器或元件进行合格评定。

（1）极限分析

极限分析是塑性分析中基本的强度设计方法。它假定材料是理想弹塑性，其应力应变关系无硬化阶段，如图 2-23 所示。在结构整体屈服或局部区域屈服形成塑性铰以后，变形将是随意的，从而发生塑性流动，以致丧失承受更高载荷的能力，这种状态称为塑性失效的极限状态。达到这种极限状态所施加的外载荷（力或力矩）称为极限载荷。按极限载荷可以确定应力强度的塑性控制条件。

极限分析是基于极限分析理论评定容器或元件是否发生塑性垮塌的一种方法，为工程技术人员对结构的一次应力评定提供另外一种可选择的方法。这种方法通过确定容器或元件的极限载荷的下限值来防止塑性垮塌，适用于单一或多种静载荷。当采用数值计算进行极限分析时，材料应力 - 应变关系是理想弹塑性，屈服强度取 $1.5S_m^t$，采用小变形的应变 - 位移线性关系，以变形前几何形状下的力平衡关系为基础，满足 von Mises 屈服条件和关联流动准则。

极限分析又包括载荷系数法和垮塌载荷法。载荷系数法取表 4-18 中载荷系数 $\alpha=1.5$，若数值计算能够得到收敛解，则容器或元件在此载荷工况下处于稳定，评定通过，所以载荷系数法一般用于强度校核。而垮塌载荷法假定载荷系数，若数值计算得到的收敛解载荷系数 $\alpha \geqslant 1.5$，则评定合格，所以垮塌载荷法能给出结构的承载裕度。

（2）弹塑性分析

采用弹塑性应力 - 应变关系进行弹塑性分析，确定元件垮塌载荷。分析时采用的应力 - 应变关系应具有与温度有关的硬化或软化行为，同时考虑结构非线性的影响，即采用大变形的应变 - 位移非线性关系。以变形前几何形状下的力平衡关系为基础，满足 von Mises 屈服条件和关联流动准则，以此确定元件的塑性垮塌载荷。弹塑性分析和上述极限分析法相比，由于采用真实的应力 - 应变曲线，能更为精确地评定元件塑性垮塌载荷。同时，在分析中可直接考虑由于元件非弹性变形（塑性）和变形特性结果而产生的应力重分布。有关弹塑性分析的载荷组合及其载荷系数见表 4-18。与极限分析一样，采用弹塑性分析时，元件合格判据也是总体准则和使用准则。

同样，弹塑性分析也包括载荷系数法和垮塌载荷法。载荷系数法取表 4-18 中载荷系数 $\alpha=2.4$，若数值计算能够得到收敛解，则元件在此载荷工况下处于稳定，评定通过。而垮塌载荷法假定载荷系数，若数值计算得到的收敛解载荷系数 $\alpha \geqslant 2.4$，则评定合格，所以垮塌载荷法能确定结构的设计裕度。

4.4.4.3 局部过度应变

除了满足塑性垮塌的评定外，元件还应满足局部过度应变准则。取载荷为 $1.7(P+P_s+D)$ 对容器或元件进行弹塑性分析，在计算中材料应采用真实弹塑性应力 - 应变关系、von Mises 屈服理论和相关联的流动法则，同时应考虑几何非线性。当量塑性应变和成形应变之和不大于三轴应变极限时，评定通过。如果元件的细节结构是按照公式法设计的，则可不进行局部过度应变评定。

4.4.4.4 屈曲

结构在一定载荷作用下处于稳定的平衡状态，当载荷达到某一值时，若增加一微小增量，则平衡结构的位移发生很大变化，结构从稳定平衡状态经过不稳定平衡状态，从而达到一个新的稳定平衡状态，这一过程就是屈曲，发生屈曲时的载荷称为屈曲载荷或临界载荷。

结构的屈曲一般可分为两种形式：分叉屈曲和极值屈曲。对于无缺陷结构，分叉屈曲和极值屈曲都是可能的屈曲形式；对于含缺陷结构，无屈曲后几何强化时，只能发生极值屈曲。

实际工程结构中往往存在几何或材料初始缺陷，或者制造偏差等外部扰动，利用有限元进行屈曲分析时，通常需要引入初始缺陷。常用的方法是采用弹性屈曲模态的线性组合作为假想的初始缺陷。实际上在数值模拟中，引入初始缺陷的意义在于在模型中引入初始扰动。对于在对称载荷作用下的对称结构，若没有引入初始缺陷，便会缺乏足够的扰动，导致计算机在分叉屈曲点处无法对两条或者几条平衡路径做出取舍和判断，表现为计算不能收敛。

进行结构屈曲评定时应创建结构模型，确定载荷工况，选择弹性应力分析或弹塑性应力分析方法，确定失稳临界载荷，并根据屈曲设计系数确定许用载荷。

4.4.4.5 疲劳

弹性疲劳分析方法因采用的弹性应力分析，简单易实施，可操作性强，在工程设计中广为应用，但应变才是导致疲劳的本质原因。由于历史的原因，设计疲劳曲线描述的是循环次数和应力范围之间的函数关系。弹塑性疲劳分析方法通过计算有效应变范围来评定疲劳强度。有效应变范围由两部分组成：一部分是弹性应变范围，即线弹性分析得到的当量总应力范围除以弹性模量；另一部分是当量塑性应变范围。将有效应变范围与弹性模量的乘积除以 2 即得到有效交变当量应力幅，按该应力幅即可从光滑试件的疲劳曲线查得许用循环次数。

进行基于弹塑性分析的疲劳评定时，应根据容器设计条件确定循环载荷工况以及循环种数和每种循环的预计循环次数，采用逐个循环分析法或二倍屈服法进行疲劳分析，确定疲劳累积损伤，若疲劳累积损伤值不大于 1，则通过疲劳失效评定。

4.4.4.6 棘轮

棘轮评定的弹塑性应力分析方法，用来防止结构发生渐增塑性变形失效。在这个方法中，使用理想弹塑性材料模型，对元件进行循环载荷下的非弹性分析，直接对棘轮进行评定，即直接得出每个循环载荷下的位移增量或渐增性应变增量。

进行弹塑性棘轮评定时，至少应施加三个完整循环并证实收敛后，按照以下准则对棘轮进行评定。如果满足其中任一条件，则棘轮失效评定通过；如果不满足，则应修改元件结构或厚度，或者降低外加载荷，重新进行分析。

　　i.无塑性应变；
　　ii.在承受压力和其他机械载荷的截面上存在弹性核；
　　iii.总体结构尺寸无永久性变形。

弹性核是指元件中在循环加载过程中始终保持弹性状态的区域。弹性核的存在会对塑性变形区域的扩张形成约束，从而影响塑性变形的累积。若弹性核完全消失，即整个截面进入塑性，元件可能迅速发生失稳或失效。

4.5 数字化设计

随着信息技术的快速发展，数字化已成为推动制造业转型升级的重要力量。压力容器作为制造业的重要组成部分，其设计、制造、运行、维护等阶段的数字化水平直接关系到企业的生产效率和核心竞争力。压力容器数字化设计是数字技术与设计的紧密结合，是以先进设计理论和方法为基础、以数字化技术为工具，实现产品设计全过程中所有对象和活动的数字化表达、处理、存储、传递和控制。与传统的压力容器设计方法相比，数字化设计强调计算机、数字化信息、网络技术、智能算法等在产品开发中的作用。

本节将从压力容器设计计算数字化、工程制图数字化、工程交付数字化、全生命周期数字孪生等方面简要介绍压力容器数字化设计的现状和趋势。

4.5.1 设计计算数字化

（1）规则设计

当采用规则设计方法时，压力容器设计人员通常根据压力容器设计标准进行手工计算，或者利用 Excel 等工具软件辅助计算。为了提高设计计算效率，压力容器设计制造单位已经广泛采用基于国家标准和行业标准计算公式的计算机软件进行设计计算。这些软件可以协助设计人员快速完成压力容器规则设计计算过程，并自动生成和输出设计计算书。

例如，我国自主开发的过程设备强度计算软件（SW6），主要依据 GB/T 150《压力容器》、GB/T 151《热交换器》、GB/T 12337《钢制球形储罐》、NB/T 47041《塔式容器》、NB/T 47042《卧式容器》等标准所提供的计算公式编制，在国内拥有 1500 多家用户。国外的 PV Elite、NextGen 等软件，支持用户按照美国 ASME Ⅷ-1 和 ASME Ⅷ-2、欧盟 EN 13445 等规范标准进行压力容器规则设计计算。

（2）分析设计

分析设计方法是一种基于压力容器详细应力分析结果的设计方法。由于载荷组合作用下压力容器的应力难以完全通过公式表达，目前压力容器应力分析主要通过计算机辅助工程（CAE）软件计算。大致过程为：设计人员首先基于规则设计计算结果或者工程经验，设定一组待分析确认的压力容器结构尺寸，在 CAE 软件中建立压力容器的几何模型；再根据压力容器零部件的材料属性，选择确定合适的计算用材料本构模型及参数，并与几何模型关联；然后通过划分单元网格的方式，将无限自由度的连续几何模型转化为有限自由度的离散网格模型，并按照不同的载荷组合工况，设定网格模型的边界约束和载荷条件；最后，通过联立求解线性方程组的方式，求得所有网格节点的位移、应变、应力等力学响应，从而获得不同载荷组合工况下的压力容器详细应力分析结果。设计人员按照应力分类方法、弹塑性分析方法对上述分析计算结果进行评定，校核之前设定的压力容器结构尺寸是否满足设计标准要求。

如果之前设定的压力容器结构尺寸不满足设计标准要求，设计人员需要修改结构尺寸重新进行分析计算，如增大壳体壁厚，直到满足设计标准要求为止；如果之前设定的压力容器结构尺寸满足设计标准要求，但是校核结果表明结构强度余量过大，设计人员也应当修改结构尺寸重新进行分析计算，如减薄壳体壁厚，以提高压力容器设计的经济性。上述分析过程可以进一步采用优化设计方法实现，将压力容器承载能力或者关键部位的应变、应力等参数设定为优化目标，将元件壁厚、过渡圆弧半径、锥度等结构尺寸设定为优化变量，由软件计算确定最合适的结构尺寸，从而提高分析设计的自动化水平、减轻设计人员的工作量。

目前，压力容器分析设计计算使用较多的 CAE 软件主要有 Ansys、Abaqus 等国际通用有限元分析软件。近年来，我国自主研发的 CAE 软件不断涌现。有的也可用于压力容器分析设计计算，正在逐渐获得认可和应用。

4.5.2 工程制图数字化

压力容器制图是压力容器设计过程中的重要环节，设计计算最终确定的压力容器结构通常需要以工程图样的形式呈现，并交付制造厂生产。目前，我国压力容器设计制造单位普遍采用计算机辅助设计（CAD）软件进行工程制图，已经完成了从手工绘图到计算机辅助绘图的数字化转变。依据 TSG 07-2019《特种设备生产和充装单位许可规则》，具备计算机辅助设计和出图的能力是压力容器设计单位必须满足的基本条件。

设计人员可以利用 CAD 软件直接绘制压力容器的二维图。CAD 软件提供了丰富的绘图工具和编辑功能，能够方便地绘制各种图形和符号，自动标注尺寸、修改关联参数，便捷添加公差、几何约束、技术要求等信息，支持图层的管理和视图的切换，使制图过程更加灵活和高效。数字化制图便于压力容器产品图样的修改和更新，当设计发生变更时，设计人员只需在 CAD 软件中进行相应的修改操作，即可快速生成新的图，无须重新绘制。

随着计算机图形技术的发展，CAD 软件的功能已经从早期的二维绘图，扩展到同时具备二维绘图和三维建模功能，并且可以基于建立的三维实体模型直接生成二维工程图。三维模型比二维工程图更接近人类的自然认知，更便于工程信息的传递和交流，同时三维模型也是开展产品结构仿真分析和优化设计的工作基础。因此，近年来压力容器设计开始出现先建立三维实体模型，再转化生成二维工程图的发展趋势。

目前，压力容器行业使用较多的 CAD 软件主要有 AutoCAD、浩辰 CAD、中望 CAD、CAXA CAD 等，三维建模软件主要有 Solidworks、SolidEdge、Inventor 等。

4.5.3　工程交付数字化

智能制造是我国制造强国建设的主攻方向，智能工厂是智能制造的重要内容。为了给未来压力容器智能工厂的建设奠定良好的基础，近年来提出了工程交付数字化的需求。

工程交付数字化是指以设备、管道、仪表、电气和建筑物等工程实体构成的工厂对象为核心，对项目建设阶段产生的信息进行数字化创建直至移交的工作过程。数字化交付的信息内容包括与工厂对象相关联的数据、文档和三维模型，信息来源包括设计单位、施工单位、监理单位、检测单位、采购和供应单位等。工程交付数字化可以把工厂建设过程中产生的设计、采购、施工、试车等工程数据，通过三维模型、工艺流程图、电子资料文档等方式关联整合后交付，所有数据可以通过数字大屏集中直观展示，大大提升数据查询和利用效率，为智能工厂的运行维护提供基础支撑。

2018 年，我国颁布 GB/T 51296《石油化工工程数字化交付标准》。为了对接石化工厂工程交付数字化需求，压力容器设计制造单位也在积极推进压力容器数字化交付。压力容器设计单位在提交传统设计资料的同时，增加提供压力容器的三维数字模型；压力容器制造单位在提交产品实物和产品制造技术档案的同时，增加提供产品制造过程的数字化信息。这些压力容器设计和制造过程的数字化模型、信息汇总提交给工程建设单位进行整合，可以大大提高工程交付数字化的工作效率。目前，全国锅炉压力容器标准化技术委员会正在组织起草压力容器数字化交付规范的国家标准。

4.5.4　全生命周期数字孪生

数字孪生技术是最近十几年来广受关注的一种新技术。数字孪生系统由物理世界的真实目标实体、虚拟空间的数字孪生体以及两者之间的信息交换三部分组成。数字孪生体是目标实体的数字模型，数字孪生体通过同步机制接收和处理来自目标实体的几何特征、物理属性和测试数据，感知、分析、判断和可视化呈现目标实体的状态，在虚拟空间实现和目标实体的状态一致。数字孪生体可以进一步通过基于机理的仿真方法或者基于大数据的分析方法，预测目标实体的未来状态变化，对目标实体的全生命周期性能进行改进和完善。

数字孪生技术可以贯通压力容器设计、制造、施工、运行维护的全过程数字化，在高风险、高价值压力容器全生命周期质量和风险管控中的应用前景十分广阔。例如，压力容器设计阶段的性能虚拟测试和优化，制造阶段的可制造性分析和生产工艺优化，运行维护阶段的监测诊断、状态修正、预测维护、事故主动预防等。通过数字孪生技术，压力容器设计、制造和运行维护阶段的信息可以实现更有效的循环反馈，有助于协同控制压力容器全生命周期的风险水平，更好地满足压力容器安全、可靠、长周期运行需求。

目前，数字孪生技术仍处于快速发展阶段，数字孪生技术在高风险、高价值压力容器全生命周期的应用还有待于进一步探索和开发。

思考题

1. 为保证安全，压力容器设计时应综合考虑哪些因素？具体有哪些要求？

2. 压力容器的设计文件应包括哪些内容？

3. 压力容器设计有哪些设计准则？它们和压力容器失效形式有什么关系？

4. 什么叫设计压力？液化气体储存压力容器的设计压力如何确定？

5. 一容器壳体的内壁温度为 T_i，外壁温度为 T_o，通过传热计算得出的元件金属截面的温度平均值为 T，请问设计温度取哪个？选材以哪个温度为依据？

6. 根据定义，用图标出计算厚度、设计厚度、名义厚度和最小厚度之间的关系；在上述厚度中，满足强度（刚度、稳定性）及使用寿命要求的最小厚度是哪一个？为什么？

7. 影响材料设计系数的主要因素有哪些？

8. 压力容器的常规设计法和分析设计法有何主要区别？

9. 薄壁圆筒和厚壁圆筒如何划分？其强度设计的理论基础是什么？有何区别？

10. 高压容器的圆筒有哪些结构形式？它们各有什么特点和适用范围？

11. 高压容器圆筒的对接深环焊缝有什么不足？如何避免？

12. 对于内压厚壁圆筒，中径公式也可按第三强度理论导出，试作推导。

13. 为什么 GB/T 150 中规定内压圆筒厚度计算公式仅适用于设计压力 $p \leqslant 0.4 \, [\sigma]^t \phi$？

14. 椭圆形封头、碟形封头为何均设置短圆筒？

15. 从受力和制造两方面比较半球形、椭圆形、碟形、锥壳和平盖封头的特点，并说明其主要应用场合。

16. 螺栓法兰连接密封中，垫片的性能参数有哪些？它们各自的物理意义是什么？

17. 法兰标准化有何意义？选择标准法兰时，应按哪些因素确定法兰的公称压力？

18. 在法兰强度校核时，为什么要对锥颈和法兰环的应力平均值加以限制？

19. 简述强制式密封、径向或轴向自紧式密封的原理，并以双锥环密封为例说明保证自紧密封正常工作的条件。

20. 按 GB/T 150 规定，在什么情况下壳体上开孔可不另行补强？为什么这些孔可不另行补强？

21. 采用补强圈补强时，GB/T 150 对其使用范围作了何种限制，其原因是什么？

22. 在什么情况下，压力容器可以允许不设置检查孔？

23. 试比较安全阀和爆破片各自的优缺点。在什么情况下必须采用爆破片装置？

24. 压力试验的目的是什么？为什么要尽可能采用液压试验？

25. 简述带夹套压力容器的压力试验步骤，以及内筒与夹套的组装顺序。

26. 为什么要对压力容器中的应力进行分类？应力分类的依据和原则是什么？

27. 一次应力、二次应力和峰值应力的区别是什么？

28. 分析设计标准划分了哪五组应力强度？许用值分别是多少？是如何确定的？

29. 在疲劳分析中，为什么要考虑平均应力的影响？如何考虑？

习　题

1. 一内压容器，设计（计算）压力为 0.85MPa，设计温度为 50℃；圆筒内径 D_i=1200mm，对接焊缝采用双面全熔透焊接接头，并进行局部无损检测；工作介质无毒性，非易燃，但对碳素钢、低合金钢有轻微腐蚀，腐蚀速率 $K \leqslant 0.1$mm/a，设计寿命 $B=20$ 年。试在 Q235C、Q245R、Q345R 三种材料中选用两种作为圆筒材料，并分别计算圆筒厚度。

2. 一顶部装有安全阀的卧式圆筒形储存容器，两端采用标准椭圆形封头，没有保冷措施；内装混合液化石油气，经测试其在 50℃时的最大饱和蒸气压小于 1.62MPa（即 50℃时丙烷的饱和蒸气压）；圆筒内径 $D_i=2600$mm，筒长 $L=8000$mm；材料为 Q345R，腐蚀裕量 $C_2=2$mm，焊接接头系数 $\phi=1.0$，装量系数为 0.9。试确定：①各设计参数；②该容器属第几类压力容器；③圆筒和封头的厚度（不考虑支座的影响）；④水压试验时的压力，并进行应力校核。

3. 今欲设计一台乙烯精馏塔。已知该塔内径 $D_i=600$mm，厚度 $\delta_n=7$mm，材料选用 Q345R，计算压力 $p_c=2.2$MPa，工作温度 $t=-20\sim-3$℃。试分别采用半球形、椭圆形、碟形和平盖作为封头计算其厚度，并将各种形式封头的计算结果进行分析比较，最后确定该塔的封头形式与尺寸。

4. 一多层筒节包扎式氨合成塔，内径 $D_i=800$mm，设计压力为 31.4MPa，工作温度小于 200℃，内筒材料为 Q345R，层板材料为 Q345R，取 $C_2=1.0$mm，试确定圆筒的厚度。

5. 今需制造一台分馏塔，塔的内径 $D_i=2000$mm，塔身长（指圆筒长＋两端椭圆形封头直边高度）$L_1=6000$mm，封头曲面深度 $h_i=500$mm，塔在 370℃及真空条件下操作，现库存有 8mm、12mm、14mm 厚的 Q235B 钢板，问能否用这三种钢板来制造这台设备？

6. 图 4-61 所示为一立式夹套反应容器，两端均采用椭圆形封头。反应器圆筒内反应液的最高工作压力 $p_w=3.0$MPa，工作温度 $T_w=50$℃，反应液密度 $\rho=1000$kg/m^3，顶部设有爆破片，圆筒内径 $D_i=1000$mm，圆筒长度 $L=4000$mm，材料为 Q345R，腐蚀裕量 $C_2=2$mm，对接焊缝采用双面全熔透焊接接头，且进行 100% 无损检测；夹套内为冷却水，温度 10℃，最高压力 0.4MPa，夹套圆筒内径 $D_i=1100$mm，腐蚀裕量 $C_2=1$mm，焊接接头系数 $\phi=0.85$。试进行如下设计：①确定各设计参数；②计算并确定为保证足够的强度和稳定性，内筒和夹套的厚度；③确定水压试验压力，并校核在水压试验时，各壳体的强度和稳定性是否满足要求。

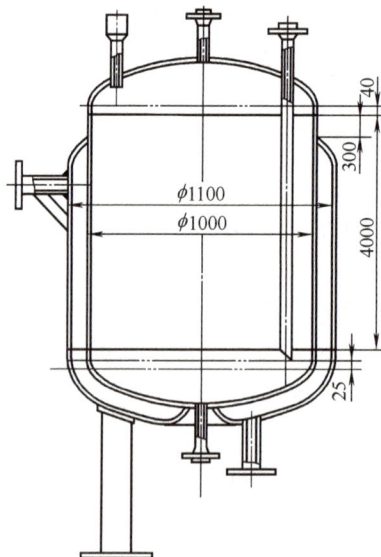

图 4-61 习题 6 附图

7. 有一受内压圆筒形容器，两端为椭圆形封头，内径 $D_i=1000$mm，设计（计算）压力为 2.5MPa，设计温度 300℃，材料为 Q345R，厚度 $\delta_n=14$mm，腐蚀裕量 $C_2=2$mm，焊接接头系数 $\phi=0.85$；在圆筒和封头上焊有三个接管（方位见图 4-62），材料均为 20 号无缝钢管，接管 a 规格为 $\phi89$mm×6.0mm，接管 b 规格为 $\phi219\times8$，接管 c 规格为 $\phi159\times6$，试问上述开孔结构是否需要补强？

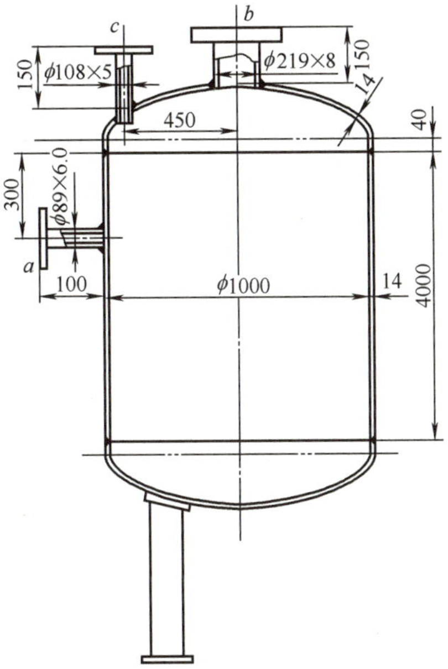

图 4-62 习题 7 附图

8. 具有椭圆形封头的卧式氯甲烷（可燃液化气体）储罐，内径 D_i=2600mm，厚度 δ_n=20mm，储罐总长 10000mm，已知排放状态下氯甲烷的汽化热为 335kJ/kg，储罐无隔热保温层和水喷淋装置，试确定该容器安全泄放量。

9. 求出例 4-3 中远离边缘处筒体内外壁的应力和应力强度。

5　储运设备

○○ ──── ○○ ○ ○○ ────

> ### 🌿 学习意义
>
> 　　储运设备主要是指用于储存与运输气体、液体、液化气体等介质的设备，在石油、化工、能源、环保、轻工、制药及食品等行业应用广泛。流体的加工、运输、储存，特别是国家战略物资石油、天然气的储备均离不开各种容量和类型的储运设备。由于内部介质大多有毒有害、易燃易爆，因而其安全风险等级较高。根据介质特性、使用环境、储存容量确定储运设备结构，正确选择相应的规范标准开展设计，才能确保设备安全运行。

> ### 👁 学习目标
>
> ○ 熟悉储运设备的分类、介质特性、装量系数等基本知识；
> ○ 了解卧式圆柱形储罐、立式平底筒形储罐、球形储罐及低温储罐的基本结构和特点；
> ○ 掌握双鞍座卧式储罐的结构布置、应力分析与计算、强度与稳定性设计；
> ○ 了解移动式压力容器的基本结构、受力特点及其设计要点。

5.1　概述

5.1.1　介质特性

　　储运设备的介质特性主要指介质的物理性质和化学性质，包括闪点、沸点、饱和蒸气压、密度、腐蚀性、介质危害性（毒性危害程度和爆炸危险程度）、化学反应活性（如聚合趋势）等。闪点、沸点、饱和蒸气压与介质的可燃性密切相关，是选择储运设备结构形式的主要依据。

　　饱和蒸气压是指在一定温度下，储存在密闭容器中的液化气体达到气 - 液两相平衡时，气 - 液分界面上的蒸气压力。饱和蒸气压与储运设备的容积大小无关，仅依赖于温度的变化，随温度的升高而增大。对于混合储存介质，饱和蒸气压还与各组分的混合比例有关，可根据道尔顿定律和拉乌尔定律进行计算。如家用液化石油气就是一种以丙烷和异丁烷为主的混合液化气体，其饱和蒸气压由丙烷和异丁烷的摩尔百分比决定。

介质重量是储运设备的主要载荷之一，因而介质密度直接影响容器的载荷分布及其应力大小。介质的腐蚀性是选择储运设备主材的首要依据，决定容器的制造工艺和成本。而介质的毒性危害程度、爆炸危险程度不仅直接影响压力容器的分类，还影响容器的安全附件配置。

5.1.2　最大充装量

当压力容器用于盛装液化气体时，还应考虑液化气体的膨胀性和压缩性。液化气体的体积会随温度的上升而膨胀，随温度的降低而收缩。当容器装满液态液化气体时，如果温度升高，内部压力也随之升高。压力的变化程度与液化气体的膨胀系数和温度变化量成正比，而与压缩系数成反比。以液化石油气储罐为例，在满液情况下，温度每升高 1℃，储罐压力就会上升 1～3MPa。不难计算，充满液化石油气的储罐，只要环境温度超过设计温度一定数值，就可能因超压而爆破。为此，液化气体储运设备充装时，必须严格控制罐体内部的最大充装量。液化气体罐体的最大充装量应符合式（5-1）的规定

$$W = \phi V \rho_t \tag{5-1}$$

式中　V——罐体的实际容积，m^3；

　　　W——最大充装量，t；

　　　ϕ——装量系数，无论是固定式储罐，还是移动式压力容器，液化气体装量系数不得大于 0.95；

　　　ρ_t——设计温度下的饱和液体密度，t/m^3。

5.1.3　环境对设计参数的影响

对于常温储存压力容器，当正常工作条件下大气环境温度对压力容器壳体金属温度有影响时，其最低设计金属温度不得高于该地区历年来月平均最低气温的最低值。月平均最低气温是指当月各天的最低气温值相加后除以当月的天数。

对于液化气体储存压力容器，随着温度升高，液化气体的饱和蒸气压呈增大趋势，其压力主要由可能达到的最高工作温度下液化气体的饱和蒸气压决定。一般无保温或无保冷设施时，设计温度不得低于 50℃；若固定式储罐安装在天气炎热的地区，则在夏季中午时分必须对储罐进行喷淋冷却降温，以防止罐体金属壁温超过 50℃。当所在地区的最低设计温度较低时，还应对罐体进行稳定性校核，以防止因低温致使罐体内部压力低于大气压而发生真空失稳。

设计储存设备时，应首先满足给定的工艺设计条件，并综合考虑介质特性、容量大小、设置场所、设备重量以及施工条件等，确定储运设备的结构形式；同时还应考虑使用地区的环境条件，包括环境温度、风载荷、地震载荷、雪载荷、地基承载力等，再根据使用性质选择固定式压力容器或移动式压力容器规范标准开展设计，以确保储运设备的安全。

5.2　固定式储罐的结构

固定式储罐有多种分类方法，按几何形状分为卧式圆柱形储罐、立式平底筒形储罐、球形储罐和（双层）低温储罐；按温度划分为低温储罐（或称为低温贮槽）、常温储罐（<90℃）和高温储罐（90～250℃）；按材料可划分为非金属储罐、金属储罐和复合材料储罐；按所处的位置又可分为地面储罐、地下储罐、半地下储罐和海上储罐等。单罐容积大于 10000m^3 的储罐通常称为大型

储罐。金属制焊接式储罐是应用最多的一种储存设备，目前国际上最大的地面储罐是液化天然气（liquefied nature gas，LNG）低温储罐，容量已达到 $27 \times 10^4 m^3$。

下面结合几何形状分类方法，分别介绍卧式圆柱形储罐、立式平底筒形储罐、球形储罐和（双壳）低温储罐的基本结构及其使用特点。

微课5-1
卧式圆柱形储
罐

5.2.1　卧式圆柱形储罐

卧式圆柱形储罐简称卧式储罐或卧罐，可分为地面卧式储罐与地下卧式储罐。

（1）地面卧式储罐

属于典型的卧式压力容器，主要由筒体、封头、支座、接管、安全附件等组成，其中支座通常采用鞍式支座。因受运输条件等限制，这类储罐的容积一般在 $150 m^3$ 以下，最大不宜超过 $500 m^3$；若是现场组焊，其容积可更大一些。图 5-1 所示为 $100 m^3$ 液化石油气储罐结构示意图。

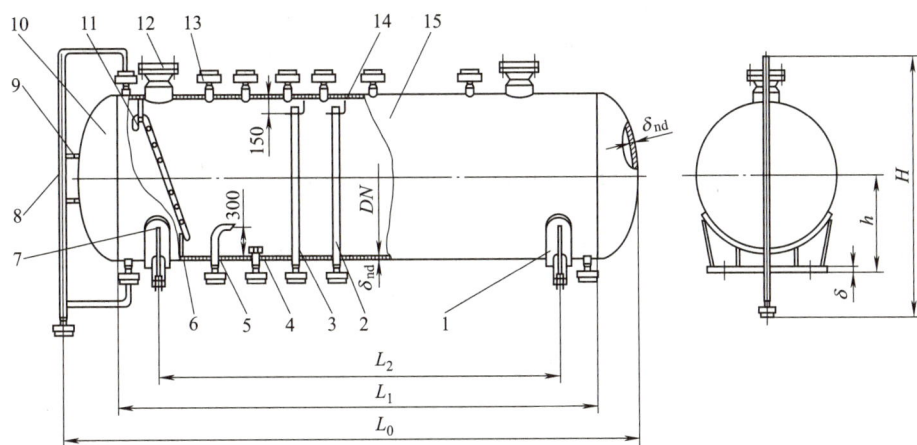

图 5-1　$100 m^3$ 液化石油气储罐结构示意图

1—滑动支座；2—气相平衡引入管；3—气相引入管；4—出液口防涡器；5—进液口引入管；
6—支承板；7—固定支座；8—液位计连通管；9—支撑；10—椭圆形封头；11—内梯；
12—人孔；13—法兰接管；14—管托架；15—筒体

（2）地下卧式储罐

结构如图 5-2 所示，主要用于储存汽油、液化石油气等液化气体。将储罐埋于地下，既可以减少占地面积，缩短安全防火间距，也可以避开环境温度对储罐的影响，维持地下储罐内介质压力的基本稳定。

卧式储罐的埋地措施分两种：一种是将卧式储罐安装在地下预先构筑好的空间里，实际上就是把地面罐搬到地下室里；另一种是先对卧式储罐的外表面进行防腐处理，如涂刷沥青防锈漆，设置牺牲阳极保护设施等，然后放置在地下基础上，最后采用土料覆盖埋没并达到规定的埋土深度。

地下卧式储罐与地面卧式储罐的形状极为相似，所不同的是管口的开设位置。为了适应埋地状况下的安装、检修和维护，一般将地下卧式储罐的各种接管集中安放，即设置在一个或几个人孔盖板上。图 5-2 中，件 2 在不同方位有 4 根接管，其中液相进口管、液相出口管和回流管插入液体中，气相平衡管不插入液体，其末端在人孔接管内。

5.2.2　立式平底筒形储罐

这类固定式储罐属于大型仓储式常压或低压储存设备，主要用于储存压力不大于 0.1MPa 的消防水、石油、汽油等常温条件下饱和蒸气压较低的物料。

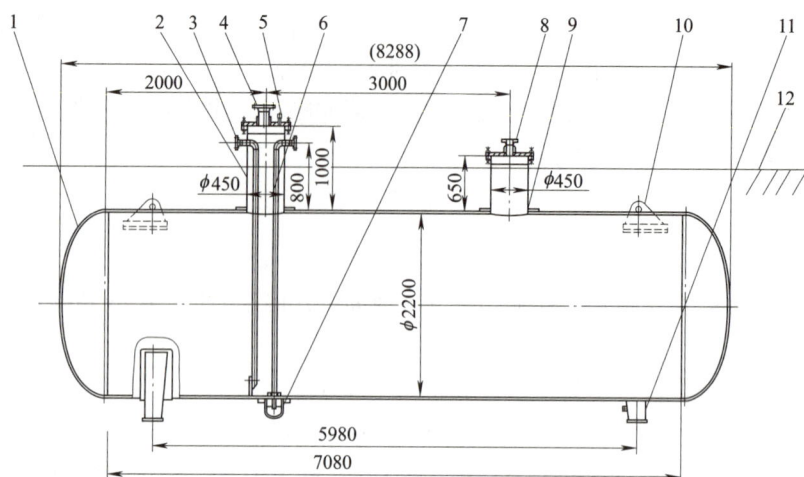

图 5-2 30m³ 地下丙烷储罐结构示意图

1—罐体；2—人孔Ⅰ；3—液相进口、液相出口、回流口和气相平衡口（共4根管子）；4—液位计接口；
5—压力表与温度计接口；6—排污及倒空管；7—聚污器；8—安全阀；
9—人孔Ⅱ；10—吊耳；11—支座；12—地平面

立式平底筒形储罐按其罐顶结构可分为固定顶储罐和浮顶储罐两大类。

（1）固定顶储罐

固定顶储罐按罐顶的形式可分为锥顶储罐、拱顶储罐、伞形顶储罐和网壳顶储罐。

① 锥顶储罐 锥顶储罐又可分为自支撑锥顶和支撑式锥顶两种。锥顶坡度最小为 1/16，最大为 3/4。锥形罐顶是一种形状接近于正圆锥体表面的罐顶。

自支撑锥顶其锥顶载荷靠锥顶板周边支撑在罐壁上，如图 5-3 所示。自支撑锥顶分无加强肋锥顶和有加强肋锥顶两种结构。储罐容量一般小于 1000m³。

支撑式锥顶其锥顶载荷主要靠梁或檩条（型钢、钢管、焊接组合件或桁架）及柱来承担，如图 5-4 所示。其储罐容量可大于 1000m³。

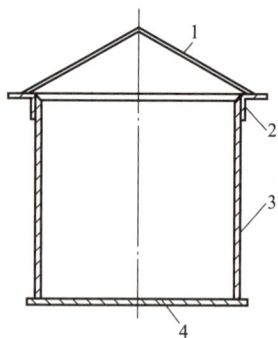

图 5-3 自支撑锥顶罐简图

1—锥顶；2—包边角钢；
3—罐壁；4—罐底

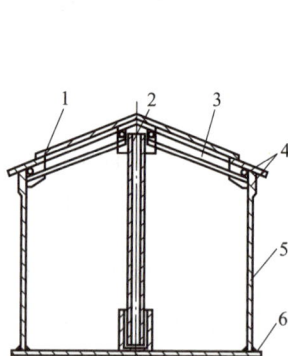

图 5-4 支撑式锥顶罐简图

1—锥顶板；2—中间支柱；3—梁；
4—承压圈；5—罐壁；6—罐底

图 5-5 自支撑拱顶罐简图

1—拱顶；2—包边角钢；3—罐壁；
4—罐底

锥顶罐制造简单，但耗钢量较多，顶部气体空间较小，可减少"小呼吸"损耗。自支撑锥顶罐不受地基条件限制。但支撑式锥顶不适用于有不均匀沉陷的地基或地震载荷较大的地区。除容量很小的罐（200m³ 以下）外，锥顶罐在国内很少应用，在国外特别是地震很少发生的地区，如新加坡、英国、意大利等地用得较多。

② 拱顶储罐 拱顶储罐的罐顶类似于球冠形封头，如图 5-5 所示，其结构一般只有自支撑拱顶一种。这类罐可承受较高的饱和蒸气压，蒸发损耗较少，它与锥顶罐相比耗钢量少但罐顶气体空间

较大，制作时需用模具，是国内外广泛采用的一种储罐结构。国内最大的拱顶罐容积为 $3 \times 10^4 m^3$，国外拱顶罐的容积已达 $5 \times 10^4 m^3$。

③ 伞形顶储罐　自支撑伞形顶是自支撑拱顶的变种，其任何水平截面都具有规则的多边形。罐顶荷载靠伞顶支撑于罐壁上，其强度接近于拱形顶，但安装较容易，因为伞形板仅在一个方向弯曲。这类罐在美国、日本应用较多，在我国很少采用。

④ 网壳顶储罐（球面网壳）　如图 5-6 所示，应用在储罐上的球面网壳顶的主体结构是一个与罐壁相连并置于罐顶钢板内的单层或双层球面网壳（即网格），类似于大型体育馆屋顶的网架结构。网壳主材有钢制和铝制两种，其中铝材密度低，可制作大容量储罐。目前，国内已建成 $6 \times 10^4 m^3$ 的铝网壳顶储罐，国外容积已达 $12 \times 10^4 \sim 15 \times 10^4 m^3$。

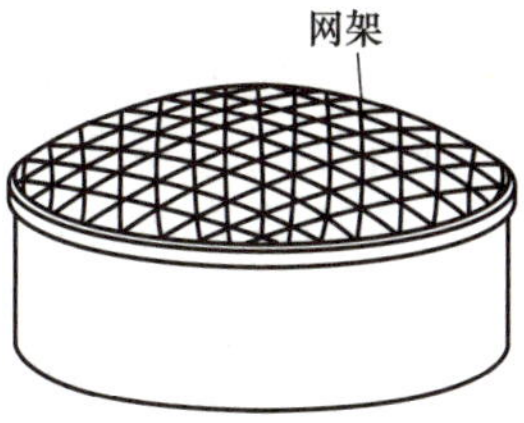

图 5-6　短程线型网壳结构罐顶示意图

（2）浮顶储罐

浮顶罐可分为外浮顶储罐和内浮顶储罐（带盖浮顶罐）。

① 外浮顶储罐　这种罐的浮动顶（简称浮顶）漂浮在储液面上。浮顶与罐壁之间有一个环形空间，环形空间内装有密封元件，浮顶与密封元件一起构成了储液面上的覆盖层，随着储液上下浮动，使得罐内的储液与大气完全隔开，减少介质储存过程中的蒸发损耗，保证安全，并减少大气污染。浮顶的形式有单盘式（见图 5-7）、双盘式、浮子式等结构。一般情况下，原油、汽油、溶剂油等需要控制蒸发损耗及大气污染，有着火灾危险的液体化学品都可采用外浮顶罐。我国已建成的绝大多数国家战略石油储备基地均采用该罐型作为主力存储单元，单罐容积以 $10 \times 10^4 m^3$ 为主，直径约 80m。

② 内浮顶储罐　内浮顶储罐是在固定罐的内部再加上一个浮动顶盖。主要由罐体、内浮盘、密封装置、静电导线、通气孔、高低位液体报警器等组成，如图 5-8 所示。

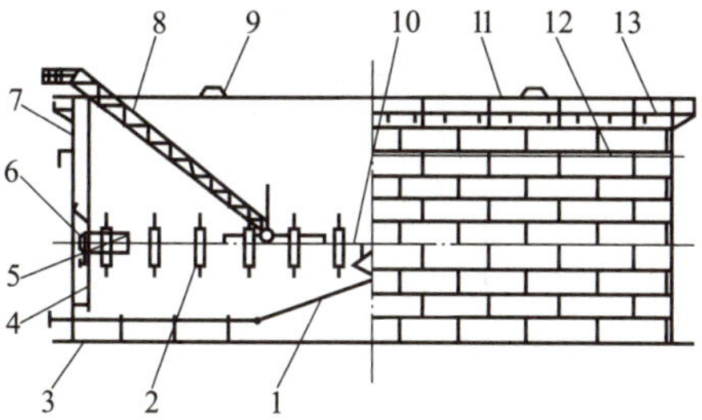

图 5-7　单盘式浮顶罐

1—中央排水管；2—浮顶立柱；3—罐底板；
4—量液管；5—浮船；6—密封装置；7—罐壁；
8—转动浮梯；9—泡沫消防挡板；10—单盘板；
11—包边角钢；12—加强圈；13—抗风圈

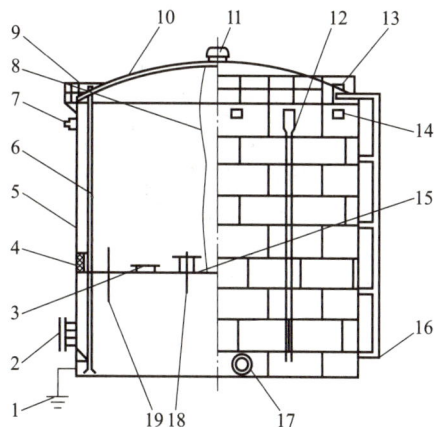

图 5-8　内浮顶储罐

1—接地线；2—带芯人孔；3—浮盘人孔；4—密封
装置；5—罐壁；6—量油管；7—高液位报警器；
8—静电导线；9—手工量油口；10—固定罐顶；
11—罐顶通气孔；12—消防口；13—罐顶人孔；
14—罐壁通气孔；15—内浮盘；16—液位计；
17—罐壁人孔；18—自动通气阀；19—浮盘立柱

与外浮顶储罐相比，内浮顶储罐可大量减少储液的蒸发损耗，降低内浮盘上雨雪荷载，省去浮盘上的中央排水管、转动浮梯等附件，并可在各种气候条件下保证储液的质量，因而有"全天候储罐"之称，特别适用于储存高级汽油和喷气燃料以及有毒易污染的液体化学品。

5.2.3　球形储罐

球形储罐通常可按照外观形状、壳体构造方式和支承方式的不同进行分类。从形状看有圆球型和椭球型之分；从壳体层数看有单层球壳和双层球壳之分；从球壳的组合方案看有桔瓣式、足球瓣式和二者组合的混合式之分；从支座结构看有支柱式支座、筒形或锥形裙式支座之分。

图 5-9 为圆球型单层壳纯桔瓣式赤道正切的球罐。这种球罐由如下几个部分组成：罐体（包括上下极板、上下温带板和赤道板）、支柱、拉杆、操作平台、盘梯以及各种附件（包括人孔、接管、液位计、压力计、温度计、超压泄放装置等）。在某些特殊场合，球罐内还设有内部转梯、外部隔热或保温层、隔热或防火水幕喷淋管等附属设施。

下面将分别对罐体、支座、人孔和接管以及附件等进行讨论。

（1）罐体

罐体是球形储罐的主体，它是储存物料、承受物料工作压力和液柱静压力的重要构件。罐体按其组合方式常分为以下三种。

① 纯桔瓣式罐体　纯桔瓣式罐体是指球壳全部按桔瓣瓣片的形状进行分割成形后再组合的结构，如图 5-9 所示。纯桔瓣式罐体的特点是球壳拼装焊缝较规则，施焊组装容易，加快组装进度并可对其实施自动焊。由于分块分带对称，便于布置支柱，因此罐体焊接接头受力均匀，质量较可靠。这种罐体适用于各种容量的球罐，为世界各国普遍采用。我国自行设计、制造和组焊的球罐多为纯桔瓣式结构。这种罐体的缺点是球瓣在各带位置尺寸大小不一，只能在本带内或上、下对称的带之间进行互换；下料及成形较复杂，板材的利用率低；球极板往往尺寸较小，当需要布置人孔和众多接管时可能出现接管拥挤，有时焊缝不易错开。

② 足球瓣式罐体　足球瓣式罐体的球壳划分和足球壳一样，所有的球壳板片大小相同，它可以由尺寸相同或相似的四边形或六边形球瓣组焊而成。图 5-10 表示的就是足球瓣式罐体及其附件。这种罐体的优点是每块球壳板尺寸相同，下料成形规格化，材料利用率高，互换性好，组装焊缝较短，焊接及检验工作量小。缺点是焊缝布置复杂，施工组装困难，对球壳板的制造精度要求高，由于受钢板规格及自身结构的影响，一般只适用于制造容积小于 $120m^3$ 的球罐，中国目前很少采用足球瓣式球罐。

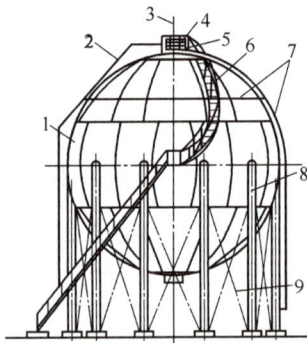

图 5-9　圆球型单层壳纯桔瓣式赤道正切球罐

1—球壳；2—液位计导管；3—避雷针；4—安全泄放阀；
5—操作平台；6—盘梯；7—喷淋水管；8—支柱；9—拉杆

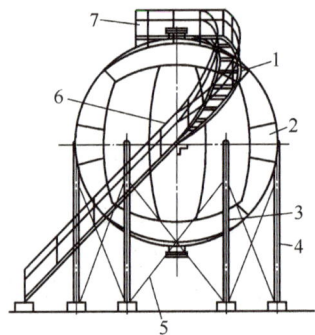

图 5-10　足球瓣式罐体

1—顶部极板；2—赤道板；3—底部极板；4—支柱；
5—拉杆；6—扶梯；7—顶部操作平台

③ 混合式罐体　混合式罐体的组成是赤道带和温带采用桔瓣式，而极板采用足球瓣式结构。图 5-11 表示三带混合式罐体。由于这种结构取桔瓣式和足球瓣式两种结构之优点，材料利用率较高，焊缝长度缩短，球壳板数量减少，且特别适合于大型球罐。极板尺寸比纯桔瓣式大，容易布置人孔及接管，与足球瓣式罐体相比，可避开支柱搭在球壳板焊接接头上，使球壳应力分布比较均匀。近年来随着我国石油、化工、城市煤气等工业的迅速发展，已全面掌握了该种球罐的设计、制造、组装和焊接技术。

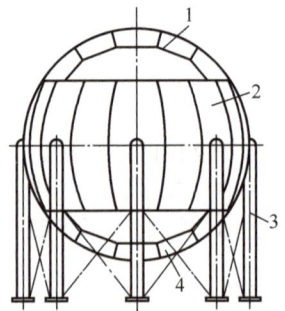

图 5-11　混合式球罐

1—上极；2—赤道带；3—支柱；4—下极

桔瓣式和混合式罐体基本参数见 GB/T 17261《钢制球形储罐型式与基本参数》。

（2）支座

球罐支座是球罐中用以支承本体重量和物料重量的重要结构部件。由于球罐设置在室外，受到各种环境的影响，如风载荷、地震载荷和环境温度变化的作用，为此支座的结构形式比较多。

球罐的支座分为柱式支座和裙式支座两大类。柱式支座中又以赤道正切柱式支座用得最多，为国内外普遍采用。

赤道正切柱式支座结构如图 5-12 所示，多根圆柱状支柱在球壳赤道带等距离布置，支柱中心线与球壳相切或近乎相切（相割）。当支柱中心线与球壳相割时，支柱的中心线与球壳交点同球心连线与赤道平面的夹角应控制在合理范围内。为了使支柱在支承球罐重量的同时，还能承受风载荷和地震载荷，保证球罐的稳定性，必须在支柱之间设置连接拉杆。这种支座的优点是受力均匀、弹性好，能承受热膨胀的变形，安装方便，施工简单，容易调整，且现场操作和检修也方便。它的缺点是球罐重心高，稳定性较差。

支柱与球壳连接处受力状态复杂，还与球罐基础的沉降量相关。故该区域局部应力大，存在明显的应力集中现象。支柱与球壳连接处可采用直接连接、加托板结构、长圆形柱结构（或 U 形柱结构）和支柱翻边结构等形式，如图 5-13 所示。直接连接结构适用于大型球罐；加托板结构可解决由于连接部下端夹角小，间隙狭窄难以施焊的问题；U 形柱结构则特别适合低温球罐对材料的要求；翻边结构既解决了连接部位下端施焊的困难，确保了焊接质量，又改善了该部位的应力状态。

拉杆的作用是承受风载荷与地震载荷作用，增加球罐稳定性。拉杆结构可分可调式和固定式两种。可调式拉杆有多种结构形式：图 5-14 为单层交叉可调式拉杆，每根拉杆的两段之间采用拉紧套管或调节螺母连接，以调节拉杆的松紧度；图 5-15 为相隔一柱单层交叉可调式拉杆。此外，还有双层交叉可调式拉杆等。目前，国内自行建造的球罐和引进球罐大部分都采用可调式拉杆结构。

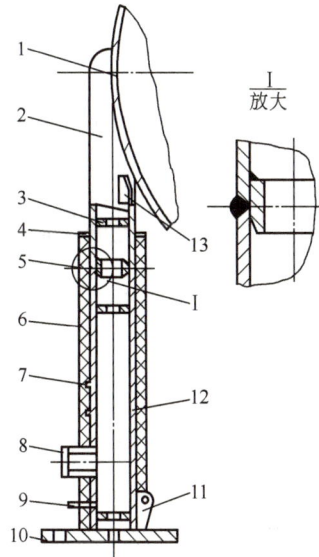

图 5-12　支柱结构图

1—球壳；2—上部支柱；3—内部筋板；4—外部端板；5—内部导环；6—防火隔热层；7—防火层夹子；8—可熔塞；9—接地凸缘；10—底板；11—下部支耳；12—下部支柱；13—上部支耳

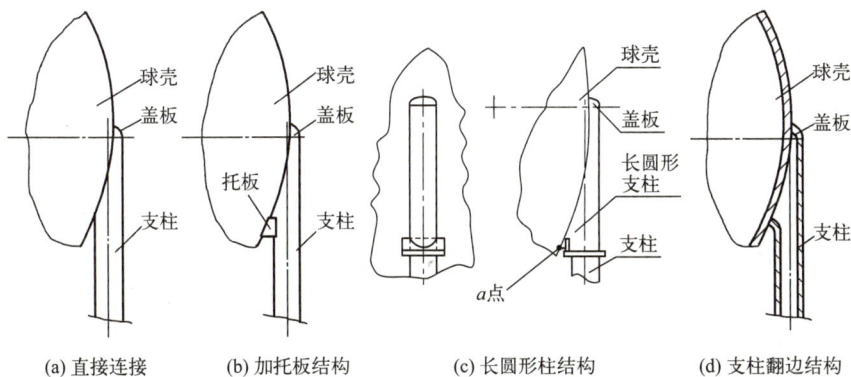

(a) 直接连接　　(b) 加托板结构　　(c) 长圆形柱结构　　(d) 支柱翻边结构

图 5-13　支柱与球壳的连接

图 5-14　单层交叉可调式拉杆

1—支柱；2—支耳；3—长拉杆；4—调节螺母；5—短接杆

固定式拉杆结构如图 5-16 所示，拉杆的一端焊在支柱的加强板上，另一端则焊在交叉节点的中心固定板上。也可以取消中心板而将拉杆直接十字焊接。这种拉杆的优点是制作简单、施工方便，但不可调节。由于拉杆可承受拉伸和压缩载荷，从而大大提高了支柱的承载能力，近年来已在大型球罐上得到应用。

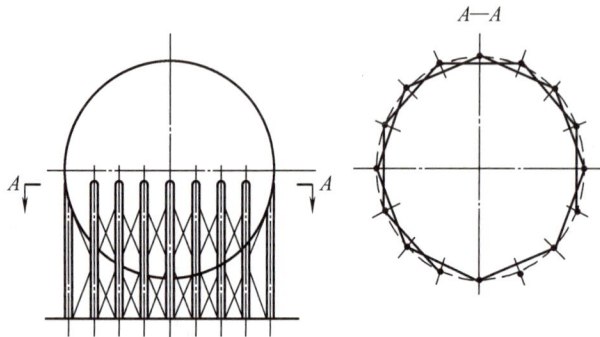

图 5-15　相隔一柱单层交叉可调式拉杆	**图 5-16**　固定式拉杆
	1—补强板；2—支柱；3—拉杆； 4—中心板

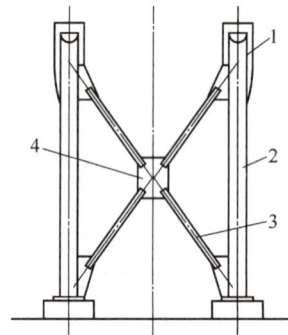

（3）人孔和接管

① 人孔　球罐设置人孔是作工作人员进出球罐以进行检验和维修之用。球罐在施工过程中，罐内的通风、烟尘的排除、脚手架的搬运甚至内件的组装等亦需通过人孔。若球罐需进行消除应力的整体热处理时，球罐的上人孔被用于调节空气和排烟，球罐的下人孔被用于通进柴油和放置喷火嘴。因此，人孔的位置应适当，其直径必须保证工作人员携带工具进出球罐方便。球罐应开设两个人孔，分别设置在上下极板上；若球罐必须进行焊后整体热处理，则人孔应设置在上下极板的中心。球罐人孔直径以 $DN500$ 或 $DN600$ 为宜，小于 $DN500$，人员进出不便；大于 $DN600$，开孔削弱较大，往往导致补强元件结构过大。人孔的材质应根据球罐的不同工艺操作条件选取。

在球罐上，人孔的结构最好采用带整体锻件凸缘补强的回转盖或水平吊盖，在有压力情况下人孔法兰一般采用带颈对焊法兰，密封面大都采用凹凸面形式。

② 接管　球罐由于工艺操作需要安装各种规格的接管。接管与球壳连接处是强度的薄弱环节，一般采用厚壁管或整体锻件凸缘等补强措施以提高其强度。球罐接管设计还要采取以下措施：与球壳相焊的接管最好选用与球壳相同或相近的材质；低温球罐应选用低温配管用钢管，并保证在低温下具有足够的冲击韧性；球罐接管除工艺特殊要求外，应尽量布置在上下极板上，以便集中控制，并使接管焊接能在制造厂完成制作和无损检测后统一进行焊后消除应力热处理；球罐上直径小于 $DN80$ 的接管均需设置加强筋，对于小接管群可采用联合加强，单独接管需配置 3 块以上加强筋，以增加接管部分的刚性。

（4）附件

进行球形储罐结构设计时，还必须考虑便于工作人员操作、安装和检查而设置的梯子和平台，控制球罐内部物料温度和压力的水喷淋装置以及隔热或保冷设施。

作为球罐附件的还有液位计、压力表、安全阀和温度计等，这些安全附件由于种类很多，性能不同，构造各异，在选用时要注意其先进、安全、可靠，并满足有关工艺要求和安全规定。

球壳的设计参见有关标准，如 GB/T 12337。

5.2.4　低温储罐

低温储罐一般是指具有双层壳体的低温绝热储存容器。其内容器由与介质相容的耐低温材料制成，多为低温容器用钢（如奥氏体不锈钢、低温碳锰钢、镍系低温钢、奥氏体 - 铁素体型双相不锈钢等）、有色金属及其合金，设计温度可低至 -269℃，主要用于储存冷冻液化气体；外壳体在常温下工作，一般由非合金钢、低合金钢或钢筋混凝土制作而成；在内、外壳体之间通常填充有多孔性或细粒型绝热材料（如弹性毡＋膨胀珍珠岩），或填充具有高绝热性能的多层间隔防辐射材料，必要时可将夹层空间再抽至一定的真空，以最大限度地减少冷量损失。当容积较小（一般不超过 200m³）时，这类设备又被称为低温储槽。

根据绝热类型，低温储槽可分为非真空绝热型低温储槽和真空绝热型低温储槽。前者主要用于储存液氧、液氮和液化天然气，工作压力较低，大多采用正压堆积绝热技术，常制成平底圆柱形结构，可大规模储存低温液体，容积可达数千至数万立方米；后者亦可称为杜瓦容器，主要用于中小型液氧、液氮、液氩、液氢和液氦的储存与运输。而真空型低温绝热容器又可分为高真空绝热容器、真空粉末（或纤维）绝热容器、高真空多层绝热容器。

图 5-17 所示为典型的低温绝热液体（液氮、液氩、液氢）储槽结构示意图。图中件 2、件 5 和件 7 是设置在内外容器之间的支撑构件，主要用于固定内容器，这些构件和内容器的进出管件应采用导热系数较低的材料制作，或在结构上尽可能设计成较为柔性的连接方式。

低温储槽的总体结构一般包括：①容器本体，包括储液内容器、绝热层、外容器和连接内外壳体的支撑构件等；ⅱ低温液体和气体的注入、排出管路系统；ⅲ压力、温度、液面等检测仪表，一般统一接入仪表盒中；ⅳ安全设施，如内、外容器的防爆膜、安全阀、紧急排液阀等；ⅴ其他附件，如底盘、把手、抽气口等。

在低温环境下长期运行的容器，最容易产生的是低温脆性断裂。由于低温脆断是在没有明显征兆的情况下发生的，危害很大。为此，在容器的选材、结构设计和制造检验等方面应采取严格的措施，并选择良好的低温绝热结构和密封结构。

大型 LNG 储罐是 LNG 接收站或储配站的关键核心设备，立式双层结构，工作压力为常压，设计温度 -161.5℃左右，容积在 $1 \times 10^4 m^3$ 以上。一台 $16 \times 10^4 m^3$ 的 LNG 储罐，其直径约 80m，高度在 35m 左右。与低温储槽结构类似，大型 LNG 储罐的内容器材料也要求耐低温，一般选用 9Ni 钢（如国产的 06Ni9DR）或铝合金等材料。为降低建造成本，容积大于 $5 \times 10^4 m^3$ 的超大型 LNG 储罐的外壳体大多采用预应力钢筋混凝土结构。我国已建成的 LNG 储罐最大容积为 $27 \times 10^4 m^3$，设计制造能力已达到全球领先水平。

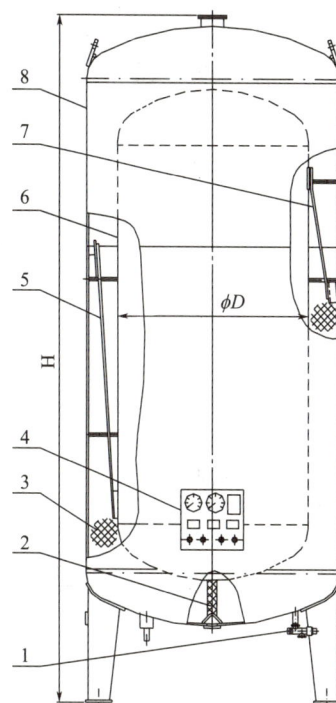

图 5-17　低温绝热液体储槽

1—管路系统；2—绝热材料支撑件；
3—绝热层；4—仪表盒；5—下吊带；
6—内容器；7—上拉带；8—外容器

5.2.5　旋压无缝压力容器

旋压无缝压力容器是近年来开发的一种新型无缝承压设备，其结构如图 5-18 所示，由筒体、肩部、颈部三部分组成，材料多采用铬钼钢，如 30CrMo、30CrMoE、4130X 等，可盛装天然气、H_2、N_2、Ar、He 或空气等压缩气体，较多应用于天然气加气站、加氢站的高压气体储存。

这类容器一般具有以下特点：①压力高，如 35 MPa 加氢站用容器，设计压力达到 40～55 MPa；ⅱ容积大，单台容器的容积大多在 500～2000L 范围内，压缩能量大，失效危害严重；ⅲ采用大直径无缝钢管经旋压制造而成，结构简单，可批量生产；ⅳ设计温度一般不低于 -40℃且不高于 85℃。当用于加氢站储存氢气介质时，旋压无缝压力容器的压力波动频繁且范围大，具有低周疲劳破坏危险，同时潜在高压氢环境氢脆失效风险。

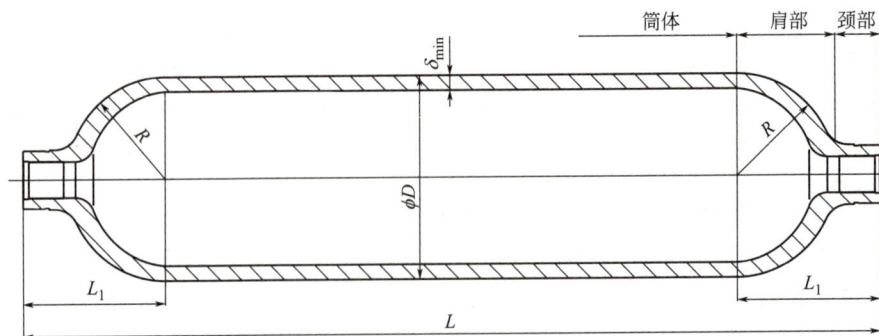

图 5-18　旋压无缝压力容器结构简图

从外形上看，旋压无缝压力容器类似于大容积气瓶，但其设计方法、出厂监检及使用管理等完全不同于气瓶，而是受 TSG 21《固定式压力容器安全监察规程》管辖，是压力容器的一种。设计时，应按 GB/T 4732《压力容器分析设计》进行应力分析与评定，并进行疲劳设计。

5.3　卧式储罐设计

5.3.1　支座结构及布置

卧式储罐常用支座形式有鞍式支座和圈座，如图 5-19 所示。实际工程中很少使用圈座，只有当大直径的薄壁容器或真空容器因自身重量而可能造成严重挠曲变形时才采用圈座，以增加筒体支座处的局部刚度。

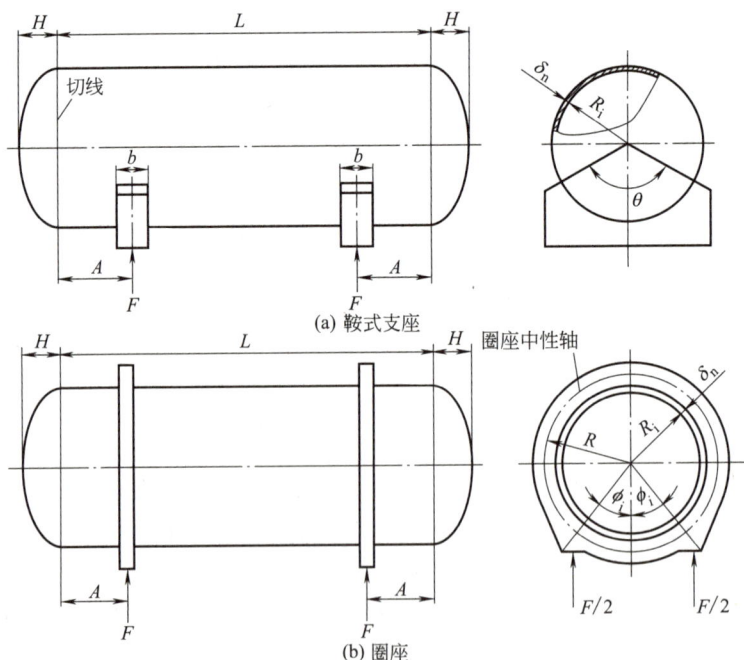

(a) 鞍式支座

(b) 圈座

图 5-19　卧式储罐的典型支座

置于鞍式支座上的卧式储罐，其情况类似于弯曲梁。由材料力学分析可知，梁弯曲产生的应力与支点的数量和位置有关。当尺寸和载荷一定时，多支点在梁内产生的应力较小，因此支座数量似平应该越多越好。但在实际工程中，由于地基的不均匀沉降和制造上的外形偏差，很难保证各支座严格保持在同一水平面上，因而多支座罐在支座处的约束反力并不能均匀分配，体现不出多支座的优点，所以一般卧式储罐最好采用双鞍座结构。

采用双鞍座时，支座位置的选取一方面要考虑封头对圆筒体的加强效应，另一方面还要合理安排载荷分布，避免因荷重引起的弯曲应力过大。为此，要遵循以下原则。

ⅰ 双鞍座卧式储罐的受力状态可简化为受均布载荷的外伸简支梁。由材料力学可知，当外伸长度 $A=0.207L$ 时，跨度中央的弯矩与支座截面处的弯矩绝对值相等，所以一般近似取 $A \leq 0.2L$，其中 L 为两封头切线间距离，A 为鞍座中心线至封头切线间距离。

ⅱ 当鞍座邻近封头时，封头对支座处的筒体有局部加强作用。为充分利用这一加强效应，在满足 $A \leq 0.2L$ 下应尽量使 $A \leq 0.5R_a$（R_a 为筒体的平均半径）。

卧罐随操作温度的变化会发生热胀冷缩现象，同时罐体及物料重量的变化也可影响筒体的弯曲变形并在支座处产生附加载荷，从而使卧罐产生轴向的伸缩。为避免由此产生的附加应力，设计双鞍座储罐时，通常只允许将其中一个支座固定，而另一个设计为可沿轴向移动或滑动，具体做法是将滑动支座的基础螺栓孔沿罐体轴向开成长圆形的，如图 5-20 所示。为使滑动支座在热变形时能灵活移动，有时也采用滚动支承。必须注意的是，固定支座通常设置在卧式储罐配管较多的一端，滑动支座则应设置在没有配管或配管较少的另一端。

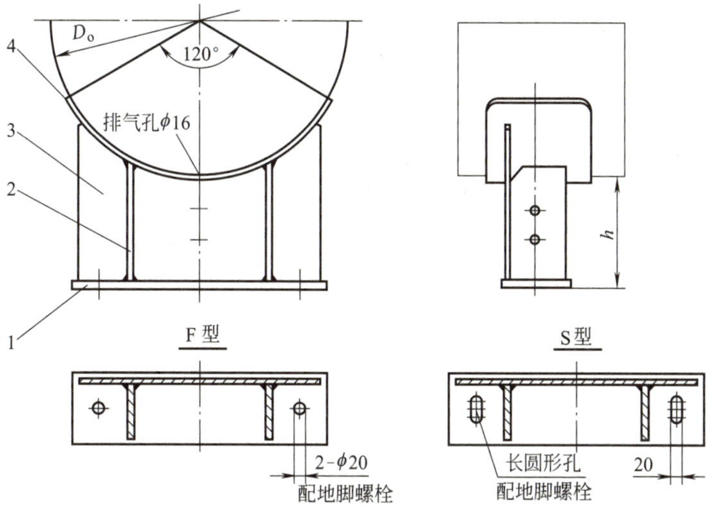

图 5-20　重型带垫板包角 120° 的鞍座结构简图

1—底板；2—筋板；3—腹板；4—垫板

鞍座包角 θ 也是鞍式支座设计时需要考虑的一个重要参数，其大小不仅影响鞍座处圆筒截面上的应力分布，而且也影响卧式储罐的稳定性及储罐 - 支座系统的重心高低。鞍座包角小，则鞍座重量轻，但是储罐 - 支座系统的重心较高，且鞍座处筒体上的应力较大。常用的鞍座包角有 120°、135° 和 150° 三种，但中国 NB/T 47065.1 中推荐的鞍座包角为 120° 和 150° 两种形式。

鞍座结构如图 5-20 所示，由腹板、筋板和底板焊接而成，在与设备筒体相连处，有带加强垫板和不带加强垫板两种结构，加强垫板的材料应与容器壳体材料相一致。图 5-20 为带加强垫板结构。

鞍式支座的结构和尺寸，除特殊情况需要另外设计外，一般可根据储罐的公称直径选用标准形式（鞍座标准为 NB/T 47065.1）。NB/T 47042《卧式容器》规定：鞍式支座宜按 NB/T 47065.1 选取，在满足 NB/T 47065.1 所规定的条件下，可免除对鞍式支座的强度校核；否则应对鞍座进行强度校核。

标准鞍座分 A 型（轻型）和 B 型（重型）两种，其中 B 型又分为 BⅠ～BⅤ五种型号。A 型与 B 型的区别在于筋板、底板和垫板的尺寸不同或数量不同。根据鞍座底板上的螺栓孔形状不同，又分为 F 型（固定支座）和 S 型（滑动支座），如图 5-20 所示。除螺栓孔外，F 型与 S 型各部分的尺寸相同。在一台储罐上，F型和S型总是配对使用，其中滑动支座的地脚螺栓采用两个螺母，第一个螺母拧紧后倒退一圈，然后用第二个螺母锁紧，以保证储罐在温度变化时，鞍座能在基础面上自由滑动。当储罐操作温度与安装环境有较大差异时，应根据储罐圆筒金属温度、两鞍座间距核算滑动鞍座上长圆螺栓孔的长度。

选用标准鞍座时，首先应根据鞍座实际承载的大小，确定选用A型（轻型）或B型（重型）鞍座，找出对应的公称直径，再结合罐体载荷大小选择120°或150°包角的鞍座。

标准鞍座标记方法：

NB/T 47065.1，鞍式支座

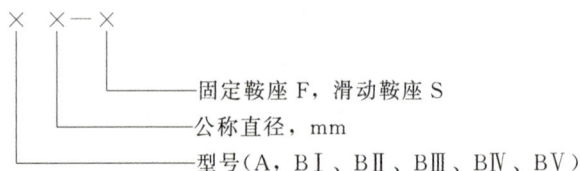

×　×—×

固定鞍座F，滑动鞍座S
公称直径，mm
型号（A、BⅠ、BⅡ、BⅢ、BⅣ、BⅤ）

标记示例：

DN1600，150°包角，重型滑动鞍座，鞍座材料Q235B，垫板材料Q345R。

标记：NB/T 47065.1，鞍式支座 BⅡ1600—S；材料：Q235B/Q345R。

5.3.2　设计计算

5.3.2.1　设计载荷

卧式储罐的设计载荷包括长期载荷、短期载荷和附加载荷。

① 长期载荷　设计压力，内压或外压（真空或最大压差）；储罐的质量载荷，除自身质量外，还包括储罐所容纳的物料质量，保温层、梯子平台、接管等附加质量载荷。

② 短期载荷　雪载荷、风载荷、地震载荷，水压试验充水重量等。

③ 附加载荷　指卧罐上高度不大于10m的附属设备（如精馏塔、除氧头、液下泵和搅拌器等）受重力及地震影响所产生的载荷。

5.3.2.2　载荷分析

对称分布的双鞍座卧式储罐所受的外力包括载荷和支座反力，可以近似地看成支承在两个铰支点上受均布载荷的外伸简支梁，梁上受到如图5-21（b）所示的外力作用。

（1）均布载荷q和支座反力F

假设卧式储罐的总重为2F，此总重包括储罐重量及物料重量，必要时还包括雪载荷。对于盛装气体或轻于水的液体储罐，因水压试验时重量最大，此时物料重量均按水重量计算。对于半球形、椭圆形或碟形等凸形封头，折算为同直径的长度为2H/3的圆筒（H为封头的曲面深度），故储罐两端为凸形封头时，重量载荷作用的总长度为

$$L' = L + \frac{4}{3}H \tag{5-2}$$

设储罐总重沿长度方向均匀分布，则作用在总长度上的单位长度均布载荷为

$$q = \frac{2F}{L'} = \frac{2F}{L + \dfrac{4}{3}H} \tag{5-3}$$

由静力平衡条件，对称配置的双鞍座中每个支座的反力就是F，或写成

$$F = \frac{q\left(L + \dfrac{4}{3}H\right)}{2} \tag{5-4}$$

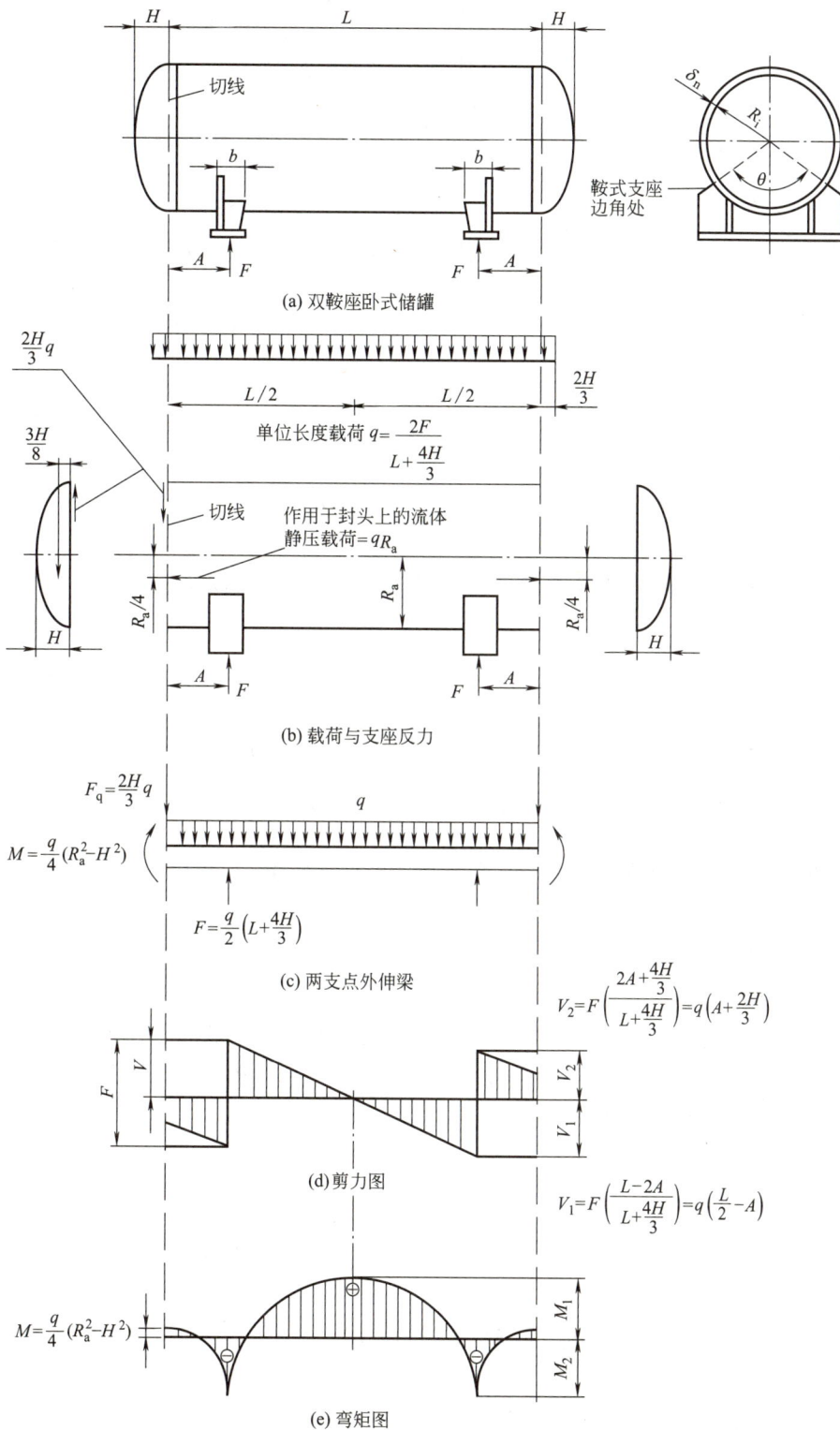

图 5-21 双鞍座卧式储罐受力分析得弯矩图与剪力图

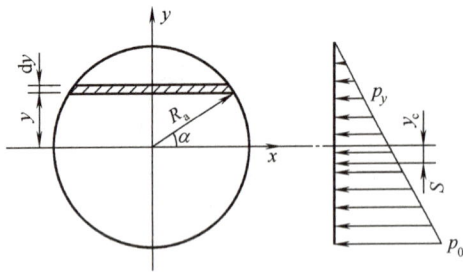

图 5-22　液体静压力及其合力

（2）竖向剪力 F_q 和力偶 M

封头本身和封头中物料的重量为 $2Hq/3$，此重力作用在封头（含物料）的重心上。对于半球形封头，重心的位置 $e=3R_a/8$，e 为重心到封头切线的距离。对于其他凸形封头，也近似取 $e=3H/8$。按照力平移法则，此重力可用一个作用在梁端点的剪力 $F_q=2Hq/3$ 和力偶 $m_1=H^2q/4$ 代替。

此外，当封头中充满液体时，液体静压力对封头有一向外的水平推力。因为液体压力 p_y 沿筒体高度按线性规律分布，顶部静压为零，底部静压为 $p_0=2\rho gR_a$，所以水平推力向下偏离容器轴线，如图 5-22 所示。水平推力和偏心距离为

$$S \approx qR_a, \quad y_c = -\frac{R_a}{4}$$

则液体静压力作用在平封头上的力矩为

$$m_2 = Sy_c = qR_a\frac{R_a}{4} = \frac{qR_a^2}{4}$$

当为球形封头时，由于液体静压力的方向通过球心而不存在力偶 m_2；当为椭圆或碟形封头时，可求得 m_2 为

$$m_2 = \frac{qR_a^2}{4}\left(1-\frac{H^2}{R_a^2}\right)$$

为简化计算，常略去这些差异，对于各种封头，均取 m_2 为 $qR_a^2/4$，故梁端点的力偶 M 为

$$M = m_2 - m_1 = \frac{q}{4}\left(R_a^2 - H^2\right)$$

至此，双鞍座卧式储罐被简化为一受均布载荷的外伸简支梁，梁的两个端点还分别受到横剪力 F_q 和力偶 M 的作用，如图 5-21（c）所示。

5.3.2.3　弯矩和剪力

根据材料力学梁弯曲基本知识，该外伸梁在重量载荷作用下，梁截面上有剪力和弯矩存在，其剪力图和弯矩图分别如图 5-21（d）和（e）所示。由图可知，最大弯矩发生在梁支座跨中截面和支座截面上，而最大剪力出现在支座截面处。

（1）弯矩

① 支座跨中截面处的弯矩

$$M_1 = \frac{q}{4}\left(R_a^2 - H^2\right) - \frac{2}{3}Hq\left(\frac{L}{2}\right) + F\left(\frac{L}{2}-A\right) - q\left(\frac{L}{2}\right)\left(\frac{L}{4}\right)$$

整理得

$$M_1 = F\left(C_1L - A\right) \tag{5-5}$$

式中

$$C_1 = \frac{1 + 2\left[\left(\dfrac{R_a}{L}\right)^2 - \left(\dfrac{H}{L}\right)^2\right]}{4\left(1 + \dfrac{4}{3}\dfrac{H}{L}\right)}$$

M_1 通常为正值，表示上半部圆筒受压缩，下半部圆筒受拉伸。

② 支座截面处的弯矩

$$M_2 = \frac{q}{4}\left(R_a^2 - H^2\right) - \frac{2}{3}HqA - qA\left(\frac{A}{2}\right)$$

整理得

$$M_2 = \frac{FA}{C_2}\left(1 - \frac{A}{L} + C_3\frac{R_a}{A} - C_2\right) \tag{5-6}$$

式中

$$C_2 = 1 + \frac{4}{3}\frac{H}{L}, \quad C_3 = \frac{R_a^2 - H^2}{2R_aL}$$

M_2 一般为负值，表示筒体上半部受拉伸，下半部受压缩。

（2）剪力

这里只讨论支座截面上的剪力，因为对于承受均匀载荷的外伸简支梁，其跨距中点处截面的剪力等于零，所以不予讨论。

ⅰ. 当支座离封头切线距离 $A > 0.5R_a$ 时，应计及外伸圆筒和封头两部分重量的影响，在支座处截面上的剪力为

$$V = F - q\left(A + \frac{2}{3}H\right) = F\frac{L - 2A}{L + \frac{4}{3}H} \tag{5-7a}$$

ⅱ. 当支座离封头切线距离 $A \leqslant 0.5R_a$ 时，在支座处截面上的剪力为

$$V = F \tag{5-7b}$$

5.3.2.4　圆筒应力计算及校核

5.3.2.4.1　圆筒轴向应力及校核

根据 Zick（齐克）试验的结论，除支座附近截面外，其他各处圆筒在承受轴向弯矩时，仍可看成抗弯截面模量为 $\pi R_a^2\delta_e$ 的空心圆截面梁，并不承受周向弯矩的作用。

如果圆筒上不设置加强圈，且支座的设置位置 $A > 0.5R_a$ 时，由于支座截面受剪力作用而产生周向弯矩，在周向弯矩的作用下，导致支座处圆筒的上半部发生变形，产生所谓"扁塌"现象，如图 5-23 所示。"扁塌"现象一旦发生，支座处圆筒截面的上部就成为难以抵抗轴向弯矩的"无效截面"，而剩余的圆筒下部截面才是能够承担轴向弯矩的"有效截面"。Zick 据实验测定结果认为，与"有效截面"弧长对应的半圆心角 Δ 等于鞍座包角 θ 之半加上 $\frac{\beta}{6}$，即

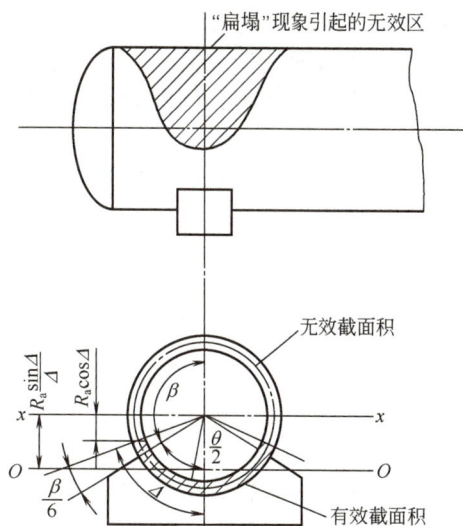

图 5-23　"扁塌"现象

$$\Delta = \frac{\theta}{2} + \frac{\beta}{6} = \frac{1}{12}(360° + 5\theta)$$

知道有效截面后，就可对两支座跨中截面处和支座截面处的圆筒进行轴向应力计算，各轴向应力的位置如图 5-24 所示。

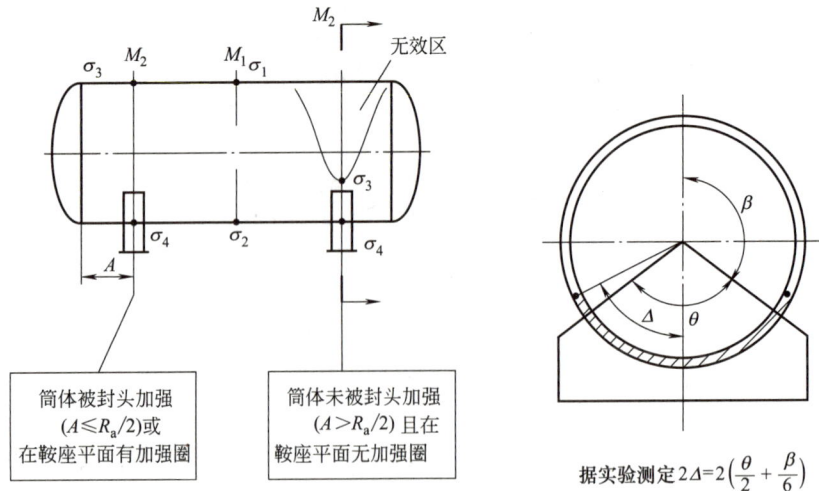

据实验测定 $2\Delta = 2\left(\dfrac{\theta}{2} + \dfrac{\beta}{6}\right)$

图 5-24　圆筒的轴向应力

（1）两支座跨中截面处圆筒的轴向应力

跨中截面最高点（M_1 为正数，上部截面产生压应力）

$$\sigma_1 = \frac{p_c R_a}{2\delta_e} - \frac{M_1}{\pi R_a^2 \delta_e} \tag{5-8}$$

跨中截面最低点（M_1 为正数，下部截面产生拉应力）

$$\sigma_2 = \frac{p_c R_a}{2\delta_e} + \frac{M_1}{\pi R_a^2 \delta_e} \tag{5-9}$$

式中　δ_e——圆筒有效厚度。

（2）支座截面处圆筒的轴向应力

当支座截面处的圆筒上不设置加强圈，且支座的位置 $A > 0.5R_a$ 时，说明圆筒既不受加强圈加强，又不受封头加强，则圆筒承受弯矩时存在"扁塌"现象，也即仅在 Δ 角范围内的圆筒能承受弯矩。

支座截面最高点（M_2 为负数，上部截面产生拉应力）

$$\sigma_3 = \frac{p_c R_a}{2\delta_e} - \frac{M_2}{K_1 \pi R_a^2 \delta_e} \tag{5-10}$$

式中

$$K_1 = \frac{\Delta + \sin\Delta\cos\Delta - 2\dfrac{\sin^2\Delta}{\Delta}}{\pi\left(\dfrac{\sin\Delta}{\Delta} - \cos\Delta\right)}$$

支座截面最低点（M_2 为负数，下部截面产生压应力）

$$\sigma_4 = \frac{p_c R_a}{2\delta_e} + \frac{M_2}{K_2 \pi R_a^2 \delta_e} \tag{5-11}$$

式中

$$K_2 = \frac{\Delta + \sin\Delta\cos\Delta - 2\dfrac{\sin^2\Delta}{\Delta}}{\pi\left(1 - \dfrac{\sin\Delta}{\Delta}\right)}$$

不存在"扁塌"现象时，$\Delta = \pi$；存在"扁塌"现象时，$\Delta = (360° + 5\theta)/12$，$K_1$ 和 K_2 为"扁塌"现象引起的抗弯截面模量减少系数，将 Δ 值代入相应的计算式，得到的结果列于表 5-1。可见，对于圆筒有加强的情况，$K_1=K_2=1.0$。

表5-1　系数K_1、K_2

条件	鞍座包角 $\theta/(°)$	K_1	K_2
被封头加强的圆筒，即$A \leqslant 0.5R_a$，或在鞍座平面上有加强圈的圆筒	120	1.0	1.0
	135	1.0	1.0
	150	1.0	1.0
未被封头加强的圆筒，即$A > 0.5R_a$，且在鞍座平面上无加强圈的圆筒	120	0.107	0.192
	135	0.132	0.234
	150	0.161	0.279

（3）圆筒轴向应力的校核

计算轴向应力$\sigma_1 \sim \sigma_4$时，应根据操作和水压试验时的各种危险工况，分别求出可能产生的最大应力。

在操作工况条件下，轴向拉应力不得超过材料在设计温度下的许用应力$\phi[\sigma]^t$，压应力不应超过许用轴向临界应力$[\sigma]_{cr}$和材料的$[\sigma]^t$。

在水压试验条件下，轴向拉应力不得超过$0.9\phi R_{p0.2}$；压应力不应超过$\min\{0.9R_{eL}, R_{p0.2}, B\}$，$R_{eL}$为材料常温屈服强度，$B$为许用轴向压缩应力。

应该注意到：对于正压操作的储罐，在盛满物料而未升压时，其压应力有最大值，故取这种工况对稳定性进行校核；又如对有加强的圆筒（图5-24中左侧M_2截面），当$|M_1| > |M_2|$时，只需校核跨中截面的应力，反之两个截面都要校核。

5.3.2.4.2　圆筒和封头切应力及校核

由剪力图5-21（d）可知，剪力总是在支座截面处最大，该剪力在圆筒中壁引起切应力，计算支座截面切应力与该截面是否得到加强有关，所以分以下三种情况。

① 支座处设置有加强圈，但未被封头加强（$A > 0.5R_a$）的圆筒　由于圆筒在鞍座处有加强圈加强，圆筒的整个截面都能有效地承担剪力的作用，此时支座截面上的切应力分布呈正弦函数形式，如图5-25（a）所示，在水平中心线处有最大值

$$\tau = \frac{K_3 F}{R_a \delta_e}\left(\frac{L-2A}{L+\frac{4}{3}H}\right) = \frac{K_3 V}{R_a \delta_e} \tag{5-12}$$

式中系数K_3，根据圆筒被加强情况和支座包角查表5-2可得。

② 支座截面处无加强圈且$A > 0.5R_a$的未被封头加强的圆筒　由于存在无效区，圆筒抗剪有效截面减少。应力分布情况如图5-25（b）所示，最大切应力在$2\Delta = 2\left(\frac{\theta}{2} + \frac{\beta}{20}\right)$处。切应力的计算式与式（5-12）相同，但系数$K_3$取值不同。

③ 支座截面处无加强圈但$A \leqslant 0.5R_a$被封头加强的圆筒　这种情况下大部分剪力先由支座（此处指左支座）的右侧跨过支座传至封头，然后又将载荷传回到支座靠封头的左侧圆筒，此时圆筒中切应力的分布呈图5-25（c）所示的状态，最大切应力位于$2\Delta = 2\left(\frac{\theta}{2} + \frac{\beta}{20}\right)$的支座角点处。

最大切应力按式（5-13）计算

$$\tau = K_3 \frac{F}{R_a \delta_e} \tag{5-13}$$

式中系数K_3查表5-2。

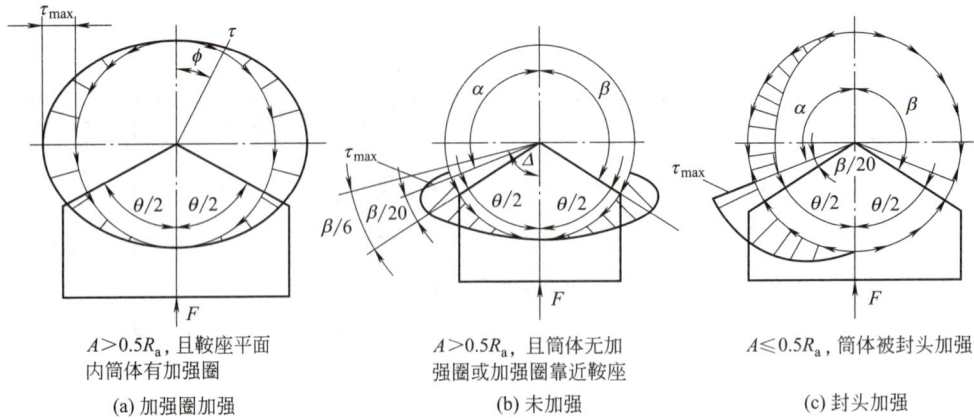

图 5-25 圆筒体切应力

④ **封头切应力** 当筒体被封头加强（即 $A \leqslant 0.5R_a$）时，封头中的内力系会在水平方向对封头产生附加拉伸应力作用，作用范围为沿着封头的整个高度，其大小按式（5-14）计算

$$\tau_h = K_4 \frac{F}{R_a \delta_{he}} \qquad (5-14)$$

式中　K_4——系数，根据支座包角查表 5-2；

　　　δ_{he}——凸形封头的有效壁厚。

表 5-2 系数 K_3、K_4

条件	鞍座包角 $\theta/(\degree)$	筒体 K_3	封头 K_4
圆筒在鞍座平面上无加强圈，且 $A>0.5R_a$，或靠近鞍座处有加强圈	120	1.171	—
	135	0.958	
	150	0.799	
圆筒在鞍座平面上有加强圈	120	0.319	—
	135	0.319	
	150	0.319	
圆筒被封头加强（$A \leqslant 0.5R_a$）	120	0.880	0.401
	135	0.654	0.344
	150	0.485	0.297

⑤ **圆筒和封头切应力的校核** 圆筒的切应力不应超过设计温度下材料许用应力的 0.8 倍，即满足 $\tau \leqslant 0.8[\sigma]^t$。

一般情况下，封头与筒体的材料均相同，其有效厚度往往不小于筒体的有效厚度，故封头中的切应力不会超过筒体，不必单独对封头中的切应力另行校核。

作用在封头上的附加拉伸应力和由内压所引起的拉应力（σ_h）相叠加后，应不超过 $1.25[\sigma]^t$，即

$$\tau_h + \sigma_h \leqslant 1.25[\sigma]^t \qquad (5-15)$$

当封头承受外压时，式（5-15）中不必计算 σ_h。

5.3.2.4.3　支座截面处圆筒体的周向应力

圆筒鞍座平面上的周向弯矩如图 5-26（b）所示。当无加强圈或加强圈在鞍座平面内时［见图 5-26（b）左侧图］，其最大弯矩点在鞍座边角处。当加强圈靠近鞍座平面［见图 5-26（b）右侧图］时，其最大弯矩点在靠近横截面水平中心线处。计算时应按不同的加强圈情况求出最大弯矩点的周向应力。

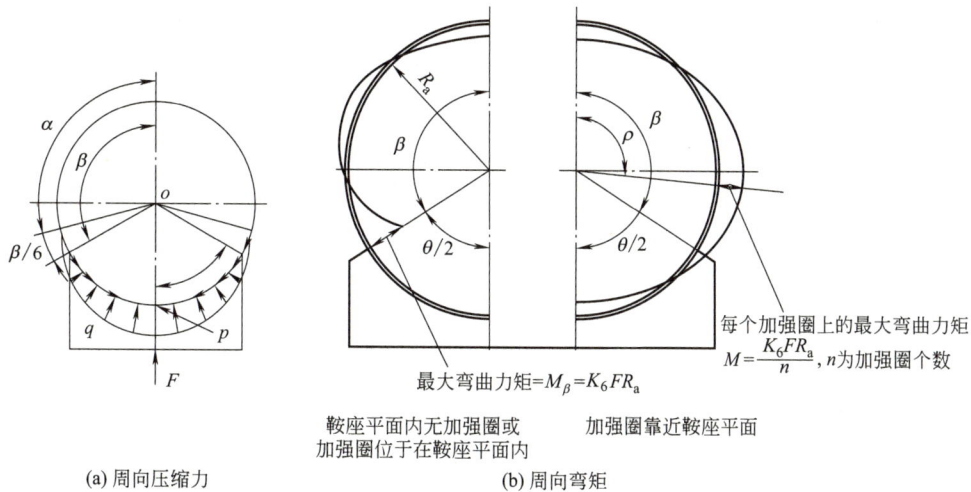

每个加强圈上的最大弯曲力矩
$$M = \frac{K_6 F R_a}{n}, n\text{为加强圈个数}$$

最大弯曲力矩$=M_\beta = K_6 F R_a$

鞍座平面内无加强圈或　　　　加强圈靠近鞍座平面
加强圈位于在鞍座平面内

(a) 周向压缩力　　　　　　　(b) 周向弯矩

图 5-26 支座处圆筒周向压缩力和周向弯矩

（1）支座截面处无加强的圆筒

支座反力在鞍座接触的圆筒上还产生周向压缩力 P，当圆筒未被加强圈或封头加强时，在鞍座边角处的周向压缩力假设为 $P_\beta = F/4$，在支座截面圆筒最低处，周向压缩力达到最大，$P_{max} = K_5 F$，这些周向压缩力均由壳体有效宽度 $b_2 = b + 1.56\sqrt{R_a \delta_n}$ 来承受。

支座反力在支座处圆筒截面引起切应力，这些切应力导致在圆筒径向截面产生周向弯矩 M_t，周向弯矩在鞍座边角处有最大值。理论上最大周向弯矩为 $M_{tmax} = M_\beta = K_6 F R_a$，且作用在一有效计算宽度为 l 的圆筒抗弯截面上，l 的取值与圆筒的长径比有关：

当 $L \geqslant 8R_a$ 时，$l = 4R_a$；当 $L < 8R_a$ 时，$l = 0.5L$。

系数 K_5、K_6 可根据鞍座包角查表 5-3 得到，其中 K_6 值还和鞍座与封头切线的相对距离 A/R_a 有关。

表5-3 系数 K_5、K_6

鞍座包角 $\theta/(°)$	K_5	K_6	
		$A \leqslant 0.5R_a$	$A \geqslant R_a$
120	0.760	0.013	0.053
132	0.720	0.011	0.043
135	0.711	0.010	0.041
147	0.680	0.008	0.034
150	0.673	0.008	0.032
162	0.650	0.006	0.025

注：当 $0.5R_a < A < R_a$ 时，K_6 值按表内数值线性内插求值。

（2）圆筒截面最低点处的周向压应力 σ_5

$$\sigma_5 = -\frac{K_5 F k}{b_2 \delta} \tag{5-16}$$

式中　k——系数，$k=1$，支座与圆筒体不相焊；$k=0.1$，支座与圆筒体相焊；

　　　δ——厚度，当无垫板或垫板不起加强作用，则 $\delta = \delta_e$；当垫板起加强作用时，则 $\delta = \delta_e + \delta_{re}$；

　　　δ_{re}——鞍座垫板有效厚度。

垫板起加强作用的条件是：要求垫板厚度不小于 0.6 倍圆筒厚度；垫板宽大于或等于 b_2，垫板包角不小于（$\theta+12°$）。一般情况下，加强圈（垫板）宜取等于壳体圆筒厚度。

（3）无加强圈圆筒鞍座处最大周向应力

ⅰ. 鞍座边角处的最大周向应力 σ_6：

当 $L \geqslant 8R_a$ 时

$$\sigma_6 = -\frac{F}{4\delta b_2} - \frac{3K_6 F}{2\delta^2} \tag{5-17}$$

当 $L < 8R_a$ 时

$$\sigma_6 = -\frac{F}{4\delta b_2} - \frac{12K_6 FR_a}{L\delta^2} \tag{5-18}$$

式中 δ——厚度，当无垫板或垫板不起加强作用时，$\delta = \delta_e$；当垫板起加强作用时，$\delta = \delta_e + \delta_{re}$，$\delta^2$ 以 $\delta^2 + \delta_{re}^2$ 代替。

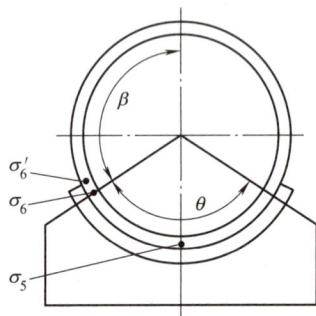

图 5-27 σ_5，σ_6，σ_6' 位置图

ⅱ. 鞍座垫板边缘处圆筒中的周向应力 σ_6'：

当 $L \geqslant 8R_a$ 时

$$\sigma_6' = -\frac{F}{4\delta_e b_2} - \frac{3K_6 F}{2\delta_e^2} \tag{5-19}$$

当 $L < 8R_a$ 时

$$\sigma_6' = -\frac{F}{4\delta_e b_2} - \frac{12K_6 FR_a}{L\delta_e^2} \tag{5-20}$$

式（5-17）～式（5-20）中，第二项为周向弯矩引起的壁厚上的弯曲应力；且式（5-19）、式（5-20）中 K_6 值为鞍座板包角（$\theta + 12°$）的相应值。

σ_5，σ_6，σ_6' 位置如图 5-27 所示。

（4）有加强圈的圆筒

① 加强圈位于鞍座平面上（图 5-26、图 5-28） 这种情况是指加强圈中心平面与鞍座中心平面之间在容器轴线方向的距离 $X \leqslant 0.5b + 0.78\sqrt{R_a \delta_n}$。

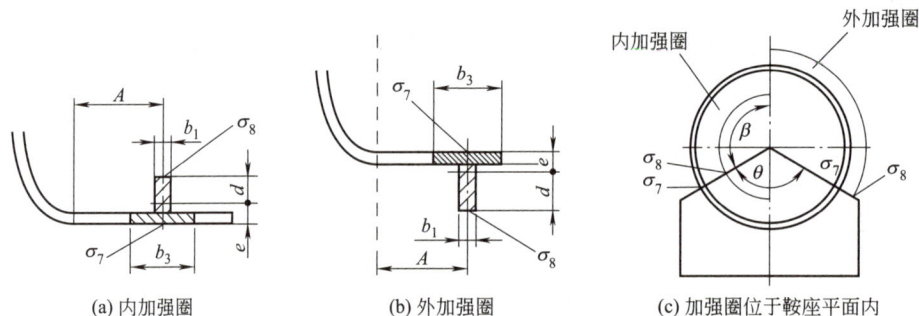

(a) 内加强圈   (b) 外加强圈   (c) 加强圈位于鞍座平面内

图 5-28   加强圈在鞍座平面上时 σ_7、σ_8 位置

最大弯矩发生在鞍座边角处，此时圆筒的内外表面处最大弯曲应力 σ_7 为

$$\sigma_7 = \frac{-K_8 F}{A_0} + \frac{C_4 K_7 FR_a e}{I_0} \tag{5-21}$$

式中 A_0——一个支座的所有加强圈与圆筒起加强作用有效段的组合截面积之和，mm^2；

　　　　e——对内加强圈，为加强圈与圆筒组合截面形心距圆筒外表面之距离（见图 5-28）；对外加强圈，为加强圈与圆筒组合截面形心距圆筒内表面之距离（见图 5-28），mm；

　　　　I_0——一个支座的所有加强圈与圆筒起加强作用有效段的组合截面对该截面形心轴的惯性矩之和，mm^4。

鞍座边角处加强圈内、外缘处的周向应力 σ_8 为

$$\sigma_8 = \frac{-K_8 F}{A_0} + \frac{C_5 K_7 FR_a d}{I_0} \tag{5-22}$$

式中 d——对内加强圈，为加强圈与圆筒组合截面形心距加强圈内缘表面之距离（见图 5-28）；对

外加强圈，为加强圈与圆筒组合截面形心距加强圈外缘表面之距离（见图 5-28），mm。系数 C_4、C_5、K_7、K_8 值由表 5-4 查取。

表5-4 系数 C_4、C_5、K_7、K_8

加强圈位置		位于鞍座平面						靠近鞍座		
$\theta/(°)$		120	132	135	147	150	162	120	135	150
C_4	内加强圈	−1	−1	−1	−1	−1	−1	+1	+1	+1
	外加强圈	+1	+1	+1	+1	+1	+1	−1	−1	−1
C_5	内加强圈	+1	+1	+1	+1	+1	+1	−1	−1	−1
	外加强圈	−1	−1	−1	−1	−1	−1	+1	+1	+1
K_7		0.053	0.043	0.041	0.034	0.032	0.025	0.058	0.047	0.036
K_8		0.341	0.327	0.323	0.307	0.302	0.283	0.271	0.248	0.219

② 加强圈靠近鞍座平面　这种情况是指加强圈中心平面与鞍座中心平面之间在容器轴线方向的距离 $X>0.5b+0.78\sqrt{R_a\delta_n}$，且 $X\leqslant 0.5R_a$。

此时，周向压应力 σ_5 的计算式按式（5-16）；鞍座边角处周向应力 σ_6 的计算式按式（5-17）和式（5-18）。

K_6 按 $A\leqslant 0.5R_a$ 选取。最大周向应力 σ_7、σ_8 发生在靠近水平中心线处（ρ 在 90° 左右）的圆筒内外表面及加强圈的内外缘，如图 5-29 所示。K_7、K_8 值与加强圈在鞍座平面内的情况相同。

（5）周向应力的校核

周向压应力 σ_5 不得超过材料的许用应力，即 $|\sigma_5|\leqslant[\sigma]^t$。

而 σ_6、σ_6'、σ_7 与 σ_8 是因周向压缩力与周向弯矩产生的合成压应力，属于局部应力，应不大于材料许用应力的 1.25 倍，即 $|\sigma_6|\leqslant 1.25[\sigma]^t$，$|\sigma_6'|\leqslant 1.25[\sigma]^t$，$|\sigma_7|\leqslant 1.25[\sigma]^t$，$|\sigma_8|\leqslant 1.25[\sigma]^t_r$。

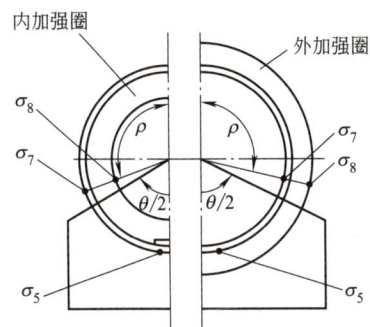

图 5-29　加强圈靠近鞍座平面时 σ_7、σ_8 位置

5.3.2.5　鞍座设计

鞍座宽度 b 一般取大于或等于 $8\sqrt{R_a}$，当采用 NB/T 47065.1 中标准鞍式支座时，b 应取筋板大端宽度与腹板厚 b_0 之和，筋板对称布置时，b 应包括腹板厚 b_0。

当所采用的鞍座超出标准规定的适用范围（鞍座包角 120°、150°，地震烈度 8 度，钢 - 钢摩擦系数 0.3）而重新设计鞍座，或卧式储罐上有附加载荷，或其上有配管及地震载荷，或对需抽芯的换热器时，需对鞍座腹板 - 筋板组合截面进行强度校核。具体计算参见 NB/T 47042《卧式容器》。

5.3.2.6　有附加载荷作用时对称双鞍座卧式储罐的强度校核

当卧式储罐上设有立式设备（如换热器、精馏塔、除氧器等）、液下泵、搅拌器等附属设备（高度小于 10m）时，其强度校核应将附属设备视为集中载荷作用在受均布载荷的双支承外伸梁上。其计算、校核内容包括：

ⅰ. 附属设备的重力载荷对容器产生的支座反力、剪力和弯矩；

ⅱ. 在考虑地震载荷（或者配管外力载荷）时，其轴向载荷分量引起的支座反力，以及计算截面处的剪力、弯矩；

ⅲ. 上述附加载荷在储罐圆筒中引起的局部应力；

ⅳ. 根据不同性质的载荷（长期、短期、温度等）计算得到的应力，按标准规定以不同的强度校核条件分别进行校核。

具体计算可参见 NB/T 47042《卧式容器》附录 B。

5.3.2.7　对称设置三鞍座卧式储罐的强度校核简介

与双鞍座储罐类似，多鞍座卧式储罐只能有一个固定支座，其余为滑动或滚动支座。为保证储罐的对称性，三鞍座储罐应将中间鞍座设置为固定，两端鞍座为滑动或滚动，如图 5-30 所示。其强度校核如下。

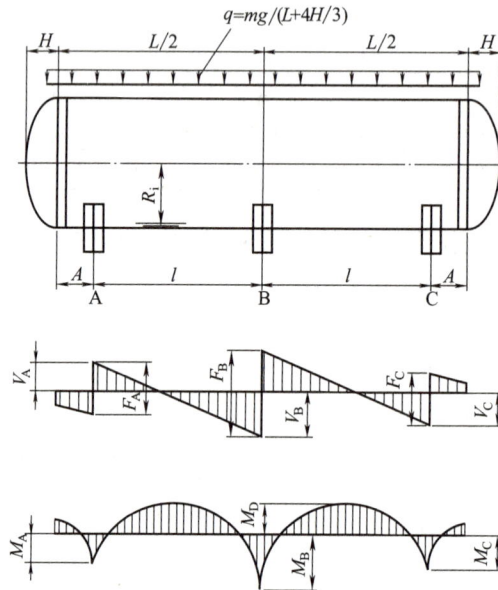

图 5-30　三鞍座卧式储罐剪力与弯矩图

（1）截面弯矩

端支座弯矩

$$M_A = M_C = -\frac{q}{2}\left(A^2 + \frac{4}{3}HA - \frac{R_a^2 - H^2}{2}\right) = M_k \tag{5-23}$$

中间支座弯矩

$$M_B = -\frac{q}{8}\left(\frac{L}{2} - A\right)^2 - \frac{1}{2}M_A \tag{5-24}$$

支座跨间最大弯矩

$$M_D = M_A + \left[\frac{q}{2}\left(\frac{L}{2} - A\right) + \frac{M_B - M_A}{\left(\frac{L}{2} - A\right)}\right]^2 \Big/ 2q \tag{5-25}$$

（2）支座反力

端支座

$$F_A = F_C = K_0\left[q\left(\frac{2}{3}H + \frac{L}{4} + \frac{A}{2}\right) + \frac{M_B - M_A}{\left(\frac{L}{2} - A\right)}\right] \tag{5-26}$$

中间支座

$$F_B = K_0\left[q\left(\frac{L}{2} - A\right) + \frac{2(M_B - M_A)}{\left(\frac{L}{2} - A\right)}\right] \tag{5-27}$$

式中，$K_0 = 1.2$ 是考虑支座高度偏差对支反力分布的影响系数。

（3）圆筒的应力校核

轴向弯曲应力将分别依据两支座间最大弯矩处、边支座及中间支座等处是否被加强情况参照双鞍座 $\sigma_1 \sim \sigma_4$ 公式进行校核。

切应力是分别对边支座及中间支座以 F_A、F_B 及是否被加强等情况进行 τ、τ_h 校核。

周向应力根据是否有加强圈、垫板是否起加强作用及 L/R_a 值是否大于或等于 8 等情况分别对 σ_5、σ_6、σ_6'、σ_7、σ_8 进行校核。

具体计算可参见 NB/T 47042《卧式容器》附录 D 或 HG/T 20582《钢制化工容器强度计算规范》。

5.4　移动式压力容器

移动式压力容器是指由罐体或者大容积无缝气瓶与走行装置或者框架采用永久性连接组成的运输设备，包括汽车罐车、铁路罐车、罐式集装箱、长管拖车、管束式集装箱等。铁路罐车、汽车罐车、罐式集装箱中用于充装介质的压力容器称为罐体；长管拖车、管束式集装箱中用于充装介质的压力容器称为大容积气瓶。

移动式压力容器使用时不仅承受内压或者外压，运输时还会受到惯性力、内部液体晃动引起的作用力、振动载荷等的作用。其储运介质通常为压缩气体、液化气体，大多具有易燃、易爆、窒息或者有毒等危害性。因而，移动式压力容器在结构、使用和安全方面均有其特殊的要求，世界各国均制定了严格的规范标准，对其材料、设计、制造、使用管理、充装与卸载、定期检验等提出基本安全要求。

本节以常温型汽车罐车和长管拖车为例简单介绍移动式压力容器的基本结构。

5.4.1　汽车罐车

5.4.1.1　基本结构

汽车罐车由汽车底盘、罐体、安全附件等三大部分组成。

汽车底盘是罐车的主要组成部分之一，起着承担载荷和行驶的功能。底盘的技术性能（如发动机功率、牵动与载重能力、制动性能）与转弯性能、轴距以及重心位置等都有直接关系，会影响到罐车的动力性、机动性、安全性和经济性。

罐体主要用于储存所需搬运的各类物料，是罐车的最重要部件，也是一个承受内压或外压载荷的压力容器。罐体截面有圆形、椭圆形和方形三种，用于承压时以圆形为主。罐体容积一般为 $2 \sim 50 m^3$，近年来，罐体容积越来越大，有的容积已经达到 $60 m^3$。

安全附件包括紧急切断装置、安全阀、液位计、温度计、压力表、消除静电装置、灭火装置等，有时还包括一些装卸装置，如装卸球阀、快装接头、装卸软管、防护装置等。但为了防止直接用罐车充装气瓶，罐车上一般不得安装用于充装的设施，液化气体罐车上严禁装设充装泵。

根据罐体与汽车的连接情况，汽车罐车可分为固定式汽车罐车和半挂式汽车罐车。

（1）固定式汽车罐车

固定式汽车罐车采用螺栓连接将罐体永久性地固定在载重汽车的底盘上，使罐体与汽车底盘成为一个整体，因而具有坚固、美观、稳定、安全等特性。图 5-31 所示为固定式液化石油气汽车罐车结构示意图。

为防止运动着的易爆储存介质因摩擦产生高达数千伏乃至上万伏的静电引发火花导致事故，罐车上必须装有可靠的防静电接地装置。同时在汽车罐车后部车架上，还须架有与罐体不相连接的缓冲装置（后保险杠），以防止来自后部的碰撞。

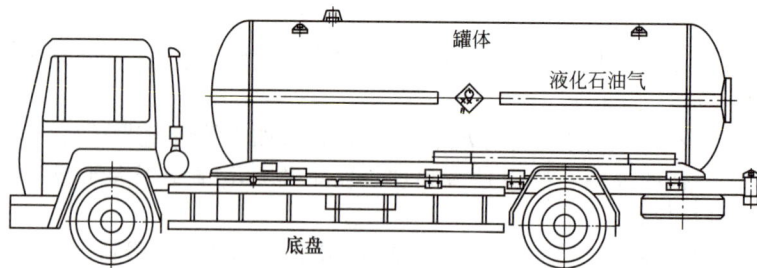

图 5-31 固定式汽车罐车

固定式汽车罐车，由于是专车专用，因而在设计与制造时，可以根据汽车底盘的技术特点（如载重重量、车梁长度、轴距、重心位置和外形尺寸等）进行整体设计，附件及相关装置能够得到比较合理的安排，外形也比较协调美观。更主要的是由于罐车与汽车纵梁采用永久性螺栓连接固定，能够经受运输过程中的剧烈振动，罐体的重心较低，使整车的运输比较稳定，具有较高的安全行车速度、较好的通过性和较高的经济性。

（2）半挂式汽车罐车

半挂式汽车罐车是将罐体固定在拖挂式汽车底盘上，如图 5-32 所示。它能比较充分地利用汽车承载和拖挂能力，可不受底盘尺寸的限制，因而其装载能力较强，罐体容积相对较大，稳定性好。与固定式汽车罐车结构相比，除汽车底盘结构不同外，其他要求基本相同。但这种罐车车身较长，整体性和灵活性较差。

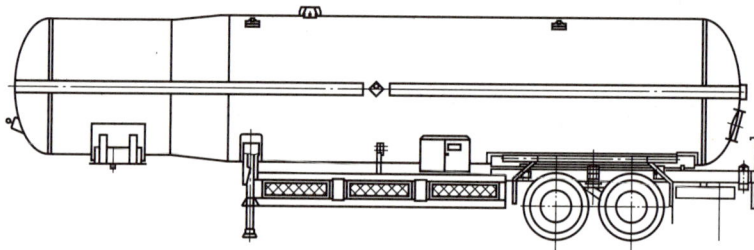

图 5-32 半挂式汽车罐车

5.4.1.2 罐体设计要点

罐体设计包括强度设计、防介质晃动结构设计以及行车稳定性计算等。

（1）设计载荷

汽车罐车的罐体在设计时，除了要考虑固定式压力容器通常要遇到的问题之外，还要考虑装卸或运输过程中受到的各种附加载荷。这些载荷都会使罐壁产生整体或局部的变形，并相应地产生各种应力。比较常见的载荷有以下几种。

① 压力载荷 若储运液化气体，则与固定式储罐一样，罐内液化气体在外界环境温度的作用下所产生的饱和蒸气压力是罐体所承受的主要载荷。

② 重量载荷 重量载荷主要包括罐体本体自重、储存物料重量、安全附件重量以及罐体外其他附件装置，如保温装置、装卸阀门、平台扶梯等的重量。此外还应考虑水压试验时水的重量。

③ 装卸载荷 液化气体罐车的装卸过程，通常是利用泵或压缩机来完成的。不论是泵将液化气体输入罐内，或是用压缩机加压卸掉罐车内的液化气体，泵和压缩机都会对罐体产生装卸压力。这种装卸压力可使罐壁产生一次总体薄膜应力。

④ 惯性力载荷 罐车在行驶过程中加速、紧急制动或转弯时，罐内液体晃动对罐壁将产生附加惯性力载荷。设计时，可将惯性力载荷按照以下方法转换成等效静态力：

ⅰ. 运动方向：最大质量的 2 倍乘以重力加速度；

ⅱ. 与运动方向垂直的水平方向：最大质量乘以重力加速度（当运动方向不明确时，为最大质量的 2 倍乘以重力加速度）；

　　ⅲ.垂直向上：最大质量乘以重力加速度；

　　ⅳ.垂直向下：最大质量的 2 倍乘以重力加速度。

　　⑤ 振动载荷　罐车在行驶过程中，道路不平整会引起车辆底盘振动。这种振动载荷的频率高，有可能导致罐体与支座等连接部位的高周疲劳。

　　⑥ 外压载荷　由于罐车在充装前或检修后都要进行抽真空处理，抽真空时既要考虑罐体的刚度，同时也要考虑罐体外压稳定性。

　　⑦ 水压试验压力载荷　按照有关规程，汽车罐车与铁路罐车的水压试验压力均为设计压力的 1.3 倍，比一般固定式压力容器要高。

　　（2）强度设计

　　罐体通常由圆柱形筒体、标准凸形封头、各种接口凸缘、防波板及条形支座等零部件组成。罐体应遵照国家相关的法规标准进行设计。设计压力取值时应考虑充装、卸料工况及罐内顶部不凝性气体的分压力。针对常见无保温或者保冷结构的充装液化气体介质的罐车，TSG R0005《移动式压力容器安全技术监察规程》给出了设计压力、腐蚀裕量等设计参数的取值下限，且规定该类罐车的设计压力不得低于 0.7MPa。

　　（3）防介质晃动结构设计

　　为了减少汽车罐车运行和紧急制动时液体介质晃动对罐体的冲击载荷，保证罐车行驶的稳定性，通常会在汽车罐体内设置横向和纵向的防波板。目前，罐车内部的防波板大多是横向安装的，即防波板面垂直于罐体轴线，较少有设置纵向防波板的。然而纵向防波板可降低罐车转弯或者紧急躲闪时介质对容器侧壁的冲击引起侧翻的可能性。

　　典型的横向防波板结构如图 5-33 所示。防波板与罐体的连接应采用牢固可靠的结构，以防止产生裂纹和脱落。螺栓连接和焊接连接是最常用的连接方法。

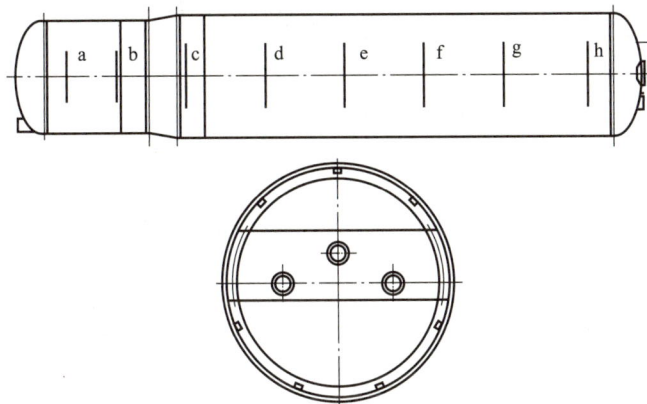

图 5-33　典型的横向防波板结构

　　（4）行车稳定性计算

　　汽车罐车不是简单地将罐车安放到汽车底盘上，而是应根据罐体容积大小选择合适的载重卡车底盘，并对汽车底盘进行适当改装，然后进行行车稳定性计算。

　　汽车底盘改装一般包括以下内容：

　　ⅰ.降低罐体重心，主要通过移去或转移某些妨碍罐车重心下降的零部件，确保罐体尽量靠近纵梁顶面；

　　ⅱ.加长或缩短底盘纵梁，以取得合适的载重量；

　　ⅲ.增加必要的安全装备，如在罐车尾部增设钢制后保险杠，以及增设阀门操作箱等安全附件设施等。

　　若汽车底盘的改动较大，还应按 GB/T 1332《载货汽车定型试验规程》的要求，对有关改装部分的性能进行鉴定试验。

行车稳定性计算主要包括确定合理的重心位置、轴荷分配及空载时的最大侧向稳定角，检验汽车罐车的限速平直路面、限速转弯、最小转弯直径等安全技术指标是否符合 GB 7258《机动车运行安全技术条件》的规定。

5.4.2　高压气体运输车

高压气体运输车是储存、运输高压压缩气体的专用车辆，主要用于运输天然气、氢气等能源气体，以及氧气、氮气、氦气等工业气体，具有机动、灵活、便捷等特点，能将气体运输到任何通公路的地方，在气体运输中发挥着重要的作用。

高压气体运输车主要由走行机构、气瓶、连接装置，以及必要的管路系统和安全附件等组成。走行机构既是运输部件又是承载部件，气瓶通过连接装置与走行机构连接。根据气瓶与走行机构的连接方式和气瓶容积，高压气体运输车可分为长管拖车、管束式集装箱和瓶式集装箱。连接装置采用捆绑带等与走行机构永久性连接的，称为长管拖车，如图 5-34 所示，通常单只气瓶容积为 1000～4200L。连接装置采用框架等结构与走行机构非永久连接的，如单只气瓶容积为 1000～4200L，称为管束式集装箱；如单只气瓶容积为 150～450L，则称为瓶式集装箱。

气瓶是高压气体运输车的关键部件，数量视气瓶容积而定。钢质旋压无缝气瓶（又称Ⅰ型气瓶）是最常用的结构类型。近年来，为提高运输效率，气瓶呈现出高压化、大型化和轻量化的发展趋势，已开发出金属内胆环缠绕气瓶、金属内胆纤维全缠绕气瓶和塑料内胆纤维全缠绕气瓶（分别简称为Ⅱ型瓶、Ⅲ型瓶和Ⅳ型瓶）。

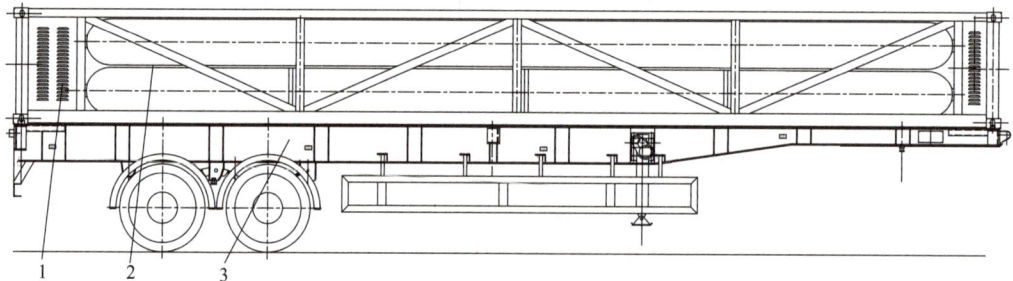

图 5-34　长管拖车

1—连接装置；2—大容积气瓶；3—走行机构

思考题

1. 设计双鞍座卧式容器时，支座位置应按哪些原则确定？试说明理由。

2. 双鞍座卧式容器受力分析与外伸梁承受均布载荷有何相同和不同之处？试用剪力图和弯矩图进行对比。

3. 卧式容器支座截面上部有时出现"扁塌"现象是什么原因？如何防止这一现象出现？

4. 双鞍座卧式容器设计中应计算哪些应力？试分析这些应力是如何产生的？

5. 鞍座包角对卧式容器筒体应力和鞍座自身强度有何影响？

6. 在什么情况下应对双鞍座卧式容器进行加强圈加强？

7. 球形储罐有哪些特点？设计球罐时应考虑哪些载荷？各种罐体形式有何特点？

8. 球形储罐采用赤道正切柱式支座时，应遵循哪些准则？

9. 液化气体储存设备设计时如何考虑环境对它的影响？

10. 与固定式压力容器相比，移动式压力容器在载荷分析、结构设计等方面有何不同点？

11. 试简述汽车罐车罐体的设计要点。

✎ 习　题

试设计一双鞍座支承的卧式内压容器，其设计条件如下：

容器内径 D_i=2000mm　　　　圆筒长度（焊缝到焊缝）L_0=6000mm

设计压力 p=0.35MPa　　　　　设计温度 t=100℃

焊接接头系数 ϕ=0.85　　　　 腐蚀裕量 C_2=1.5mm

物料密度 ρ=1500kg/m³　　　　许用应力 $[\sigma]^t$=113MPa

NB/T 47065.1，鞍式支座 A 型，120°包角，材料 Q235B；

设备材料 Q245R，设备不保温；

鞍座中心距封头切线 A=500mm。

6 换热设备

学习意义

　　热能是流程工业中最主要的能量形式，热量的产生、散失、回收、转移等过程极为常见。换热设备主要用于冷热流体的热量传递与交换，其性能直接关系到过程系统的能耗、效率、产物分布，进而影响系统的经济性、可靠性、耐久性。面向不同流程工业生产的需求，涌现了结构原理各不相同的换热设备，这在提供生产便利的同时，也增加了合理选型和设计的难度。因此，系统了解换热设备的种类、结构、原理、特点、设计方法等很有必要。

学习目标

- 熟悉常用换热设备的种类、结构、原理和特点，能根据换热设备使用要求正确选型；
- 掌握管壳式换热器的类型、结构、设计方法，能正确进行关键零部件的选型与设计；
- 掌握换热设备强化传热技术；
- 了解换热设备的技术发展动向。

6.1　概述

6.1.1　换热设备的应用

　　用于在两种或两种以上流体间、一种流体一种固体间、固体粒子间或者热接触且具有不同温度的同一种流体间的热量（或焓）传递的装置称为换热设备。它是化工、炼油、食品、轻工、能源、制药、机械及其他许多工业部门广泛使用的一种通用设备。在化工厂中，换热设备的投资约占总投资的 10%～20%；在炼油厂中，约占总投资的 35%～40%。近 20 年来，换热设备在能量储存、转化、回收，以及新能源利用和污染治理中得到了广泛的应用。

在工业生产中，换热设备的主要作用是使热量由温度较高的流体传递给温度较低的流体，使流体温度达到工艺过程规定的指标，以满足工艺过程上的需要。此外，换热设备也是回收余热、废热特别是低品位热能的有效装置。例如，烟道气（200～300℃）、高炉炉气（约1500℃）、需要冷却的化学反应工艺气（300～1000℃）等的余热，通过余热锅炉可生产压力蒸汽，作为供热、供汽、发电和动力的辅助能源，从而提高热能的总利用率，降低燃料消耗和电耗，提高工业生产的经济效益。

6.1.2   换热设备分类及其特点

在工业生产中，由于用途、工作条件和物料特性的不同，出现了各种不同形式和结构的换热设备。

6.1.2.1   按作用原理或传热方式分类

按热传递原理或传热方式进行分类，换热设备可分为以下几种主要形式。

（1）直接接触式换热器

这类换热器又称混合式换热器，如图6-1所示。它是利用冷、热流体直接接触，彼此混合进行换热的换热器，如冷却塔、冷却冷凝器等。为增加两流体的接触面积，以达到充分换热，在设备中常放置填料和栅板，通常采用塔状结构。直接接触式换热器具有传热效率高、单位容积提供的传热面积大、设备结构简单、价格便宜等优点，但仅适用于工艺上允许两种流体混合的场合。

（2）蓄热式换热器

这类换热器又称回热式换热器，如图6-2所示。它是借助由固体（如固体填料或多孔性格子砖等）构成的蓄热体与热流体和冷流体交替接触，把热量从热流体传递给冷流体的换热器。在换热器内，首先由热流体通过，把热量积蓄在蓄热体中，然后由冷流体通过，由蓄热体把热量释放给冷流体。由于两种流体交替与蓄热体接触，因此不可避免地会使两种流体少量混合。若两种流体不允许有混合，则不能采用蓄热式换热器。

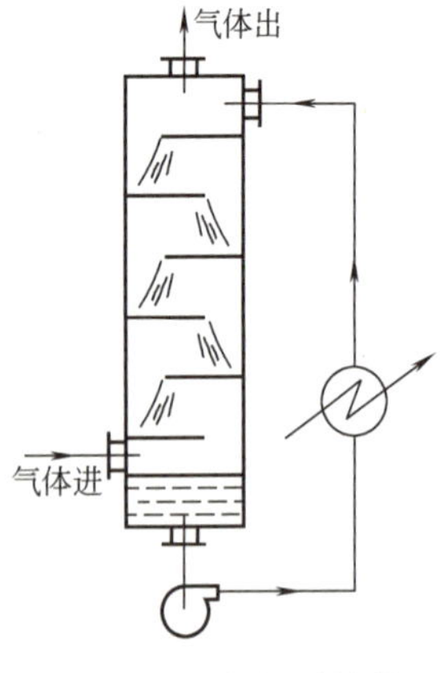

图 6-1   直接接触式换热器

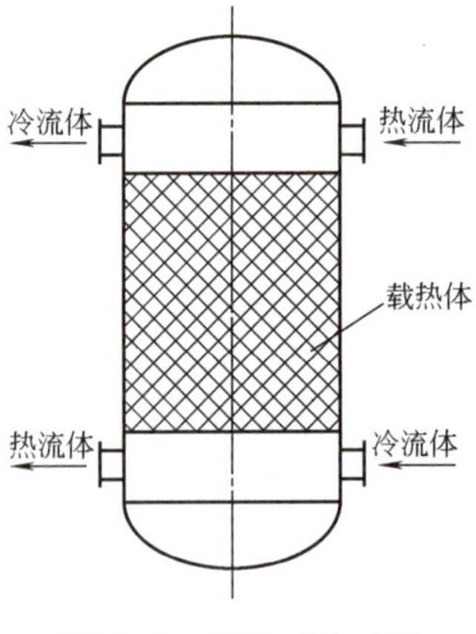

图 6-2   蓄热式换热器

蓄热式换热器结构紧凑、价格便宜、单位体积传热面大，故较适合用于气-气热交换的场合。如回转式空气预热器就是一种蓄热式换热器。

（3）间壁式换热器

这类换热器又称表面式换热器。它是利用间壁（固体壁面）将进行热交换的冷热两种流体隔开，互不接触，热量由热流体通过间壁传递给冷流体的换热器。间壁式换热器是工业生产中应用最为广泛的换热器，其形式多种多样，如常见的管壳式换热器和板式换热器都属于间壁式换热器。

（4）中间载热体式换热器

这类换热器是把两个间壁式换热器用在其中循环的载热体连接起来的换热器。载热体在高温流体换热器和低温流体换热器之间循环，在高温流体换热器中吸收热量，在低温流体换热器中释放热量，如热管式换热器。

6.1.2.2　间壁式换热器分类

6.1.2.2.1　管式换热器

这类换热器都是通过管子壁面进行传热的换热器。按传热管的结构形式不同大致可分为蛇管式换热器、套管式换热器、缠绕管式换热器和管壳式换热器。

（1）蛇管式换热器

蛇管式换热器一般由金属或非金属管子，按需要弯曲成所需的形状，如圆盘形、螺旋形和长的蛇形等。它是最早出现的一种换热设备，具有结构简单和操作方便等优点。按使用状态不同，蛇管式换热器又可分为沉浸式蛇管和喷淋式蛇管两种。

① 沉浸式蛇管　如图 6-3 所示，蛇管多以金属管子弯绕而成，或由弯头、管件和直管连接组成，也可制成适合不同设备形状要求的蛇管。使用时沉浸在盛有被加热或被冷却介质的容器中，两种流体分别在管内、外进行换热。它的特点是：结构简单，造价低廉，操作敏感性较小，管子可承受较大的流体介质压力。但是，由于管外流体的流速很小，因而传热系数小，传热效率低，需要的传热面积大，设备显得笨重。沉浸式蛇管换热器常用于高压流体的冷却，以及反应器的传热元件。

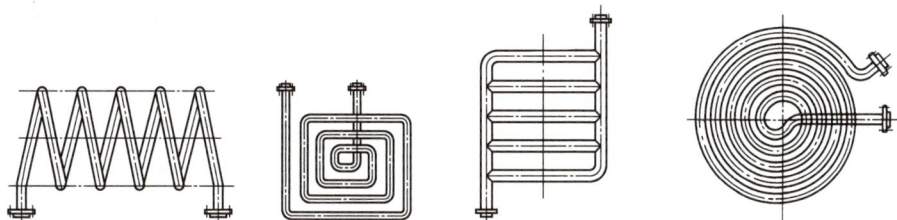

图 6-3　沉浸式蛇管

② 喷淋式蛇管　如图 6-4 所示，将蛇管成排地固定在钢架上，被冷却的流体在管内流动，冷却水由管排上方的喷淋装置均匀淋下。与沉浸式相比较，喷淋式蛇管换热器主要优点是管外流体的传热系数大，且便于检修和清洗。其缺点是体积庞大，冷却水用量较大，有时喷淋效果不够理想。

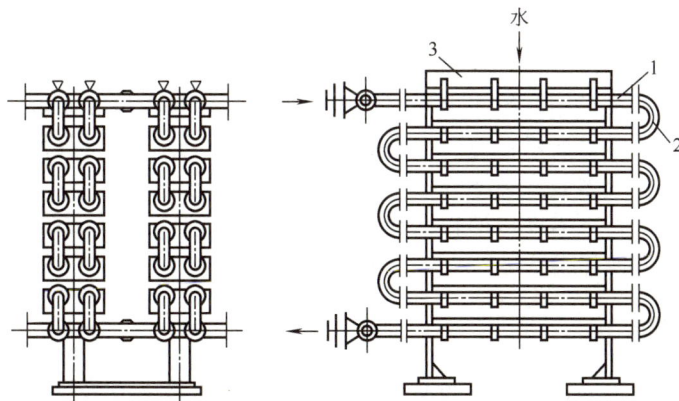

图 6-4　喷淋式蛇管

1—直管；2—U 形管；3—水槽

（2）套管式换热器

它由两种不同大小直径的管子组装成同心管，两端用 U 形弯管将它们连接成排，并根据实际需要，排列组合形成传热单元，如图 6-5 所示。换热时，一种流体走内管，另一种流体走内外管之间的环隙，内管的壁面为传热面，一般按逆流方式进行换热。两种流体都可以在较高的温度、压力、流速下进行换热。

套管式换热器的优点是：结构简单，工作适应范围大，传热面积增减方便，两侧流体均可提高流速，使传热面的两侧都具有较高的传热系数。缺点是：单位传热面的金属消耗量大，检修、清洗和拆卸都较麻烦，在可拆连接处容易造成泄漏。

套管式换热器一般适用于高温、高压、小流量流体和所需要的传热面积不大的场合。

（3）管壳式换热器

这类换热器是目前应用最为广泛的换热设备。它的基本结构如图 6-6 所示，在圆筒形壳体中放置了由许多管子组成的管束，管子的两端（或一端）固定在管板上，管子的轴线与壳体的轴线平行。为了增加流体在管外空间的流速并支承管子，改善传热性能，在筒体内间隔安装多块折流板（或其他新型折流元件），用拉杆和定距管将其与管子组装在一起。换热器的壳体上和两侧的端盖上（对偶数管程而言，则在一侧）装有流体的进出口，有时还在其上装设检查孔，为安置测量仪表用的接口管、排液孔和排气孔等。管壳式换热器类型与结构将在下一节中作详细介绍。

微课6-1
固定管板式管
壳式换热器

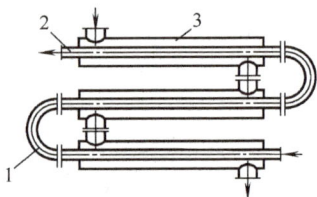

图 6-5   套管式换热器

1—U 形管；2—内管；3—外管

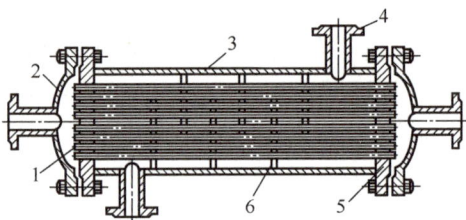

图 6-6   管壳式换热器

1—管子；2—封头；3—壳体；4—接管；
5—管板；6—折流板

管壳式换热器虽然在传热效率、结构紧凑性（换热器在单位体积中的传热面积 m^2/m^3）和单位传热面积的金属消耗量（kg/m^2）等方面不如一些新型高效紧凑式换热器，但它具有明显的优点，即结构坚固、可靠性高、适应性广、易于制造、处理能力大、生产成本低、选用的材料范围广、换热表面的清洗比较方便、能承受较高的操作压力和温度。在高温、高压和大型换热器中，管壳式换热仍具有绝对优势，是目前使用最广泛的一类换热器。

（4）缠绕管式换热器

这类换热器是在芯筒与外筒之间的空间内将传热管按螺旋线形状交替缠绕而成的，相邻两层螺旋状传热管的螺旋方向相反，并采用一定形状的定距件使之保持一定的间距，如图 6-7 所示。缠绕管可以采用单根绕制，也可采用两根或多根组焊后一起绕制。管内可以通过一种介质，称单股流缠绕管式换热器，如图 6-7（a）所示；也可分别通过几种不同的介质，而每种介质所通过的传热管均汇集在各自的管板上，构成多股流缠绕管式换热器，如图 6-7（b）所示。缠绕管式换热器适用于同时处理多种介质、在小温差下需要传递较大热量且管内介质操作压力较高的场合，如制氧、煤化工净化等低温过程中使用的换热设备等。

6.1.2.2.2　板面式换热器

这类换热器都是通过板面进行传热的换热器。板面式换热器按传热板面的结构形式可分为以下七种：螺旋板式换热器、板式换热器、板翅式换热器、印刷电路板式换热器、板壳式换热器、热板式换热器和伞板式换热器。

板面式换热器的传热性能要比管式换热器优越，由于其结构上的特点，使流体能在较低的速度下就达到湍流状态，从而强化了传热。板面式换热器采用板材制作，在大规模组织生产时，可降低设备成本，但其耐压性能比管式换热器差。

(a) 单股流　　　　　　　　　　　(b) 多股流

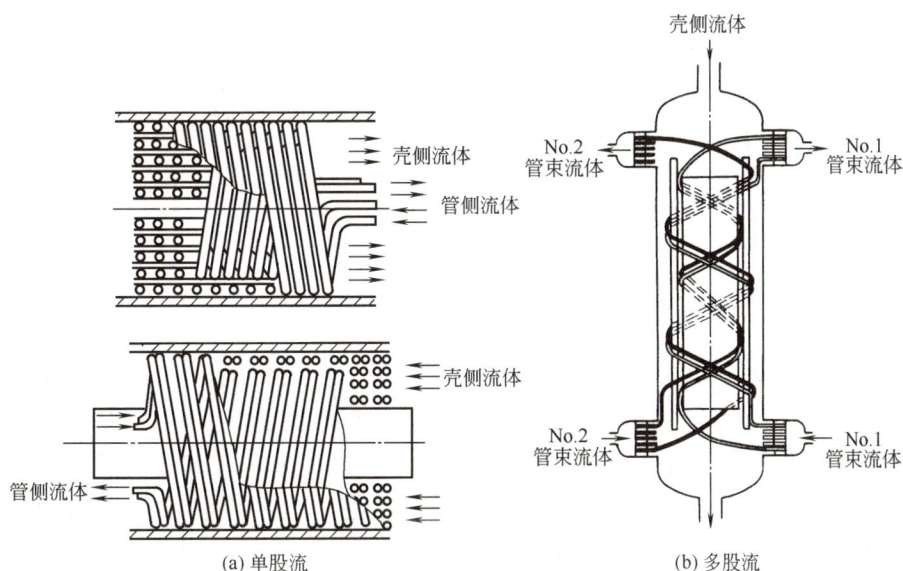

图 6-7　缠绕管式换热器

（1）螺旋板式换热器

如图 6-8 所示，螺旋板式换热器是由两张平行钢板卷制成的具有两个螺旋通道的螺旋体构成，并在其上安有端盖（或封板）和接管。螺旋通道的间距靠焊在钢板上的定距柱来保证。按照流动方式，螺旋板式换热器可以分为：逆流流动结构（Ⅰ型）、错流流动结构（Ⅱ型）和错逆流一体化结构（Ⅲ型）。逆流流动可以最大限度地回收热量；错流流动可以实现流体的低压降流动，尤其适用于真空冷凝场合；错逆流一体化螺旋板式换热器是上述两者的组合，主要用于蒸汽加热器，特别是被蒸汽加热的液体容易结垢且又需要清洗的场合。

(a) 逆流流动结构　　　　(b) 错流流动结构　　　　(c) 错逆流一体化结构

图 6-8　螺旋板式换热器

螺旋板式换热器的结构紧凑，单位体积内的传热面积约为管壳式换热器的 2～3 倍，传热效率比管壳式高 50%～100%；制造简单；材料利用率高；流体单通道螺旋流动，有自冲刷作用，不易结垢；可呈全逆流流动，传热温差小。适用于液 - 液、气 - 液流体换热，对于高黏度流体的加热或冷却、含有固体颗粒的悬浮液的换热，尤为适合。

（2）板式换热器

板式换热器是由一组长方形的薄金属传热板片和密封垫片以及压紧装置所组成，其结构类似板框压滤机。板片表面通常压制成为波纹形或槽形，以增加板的刚度、增大流体的湍流程度、提高传热效率。两相邻板片的边缘用垫片夹紧，以防止流体泄漏，起到密封作用，同时也使板与板之间形成一定间隙，构成板片间流体的通道。冷热流体交替地在板片两侧流过，通过板片进行传热，其流动方式如图 6-9 所示。常见的板片表面形式如图 6-10 所示。

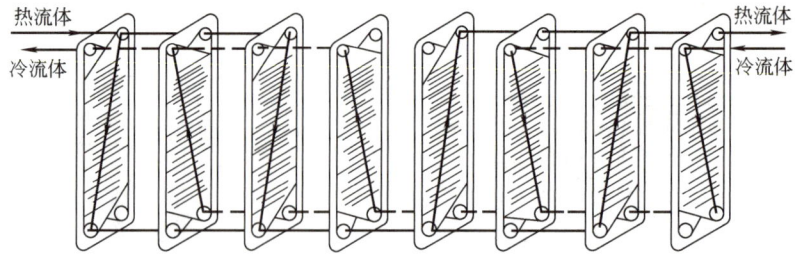

图 6-9 板式换热器流动示意图

(a) 洗衣板形　　(b) 之字形　　(c) 人字形或鱼骨形　　(d) 凹凸形　　(e) 具有二次构造的洗衣板形　　(f) 斜向洗衣板形

图 6-10 常见的板片表面形式

　　板式换热器由于板片间流通的当量直径小，板形波纹使截面变化复杂，流体的扰动作用激化，在较低流速下即可达到湍流，具有较高的传热效率。同时板式换热器还具有结构紧凑、使用灵活、清洗和维修方便、能精确控制换热温度等优点，应用范围广。其缺点是密封周边太长，不易密封，渗漏的可能性大；承压能力低；受密封垫片材料耐温性能的限制，使用温度不宜过高；流道狭窄，易堵塞，处理量小；流动阻力大。

　　板式换热器可用于处理从水到高黏度的液体的加热、冷却、冷凝、蒸发等过程，适用于经常需要清洗、工作环境要求十分紧凑等场合。

　　由于传统板式换热器中装有垫片，限制了其在可压缩流体和腐蚀性流体中的应用，同时可承受的操作温度与压力不能太高。为了克服以上缺点，出现了其他类型的板式换热器，如焊接板式换热器。

　　焊接板式换热器是先将奥氏体型不锈钢（如 S31603）或者更高等级的材料轧制成波纹传热板片，再通过激光焊、等离子焊、氩弧焊等焊接技术将板片焊在一起，形成紧凑的板片芯体，然后通过框架板、压紧板和夹紧螺柱将芯体连成一体，以提高其承压能力。这种换热器保留了板式换热器的诸多优点，通过合理的布置，也可以用于多种流体间的换热。为了降低焊接费用，其尺寸通常要比装有垫片的板式换热器小。

　　焊接板式换热器可分为半焊板式换热器、全焊板式换热器和钎焊板式换热器。一侧由换热板面焊接组合形成板片对，板片对之间由垫片连接在一起的板式换热器，称为半焊式换热器，如图 6-11（a）所示。如将四周原来装垫片的部位均改成焊接，整台换热器没有垫片，就变成全焊板式换热器，如图 6-11（b）所示。这样既可增大其承受高温（如 350℃）与高压（如 4.0MPa）的能力，又可用于与板材相适应的腐蚀性介质间的换热。但由于焊接，使得换热器丧失了在焊接侧的拆装性能。钎焊板式换热器是将厚度 0.3～0.4mm 的不锈钢板片和纯铜钎箔（如果用在含有氨介质的场合采用镍箔）依次叠放，并和装有钎料的接管组成一体，在钎焊炉中焊接成的高效紧凑式换热器，如图 6-11（c）所示。钎焊板式换热器在空调制冷、供热采暖行业应用广泛，主要用于冷凝器、蒸发器、节能器、预热器及过冷器，特别适用于家用中央空调的中小型冷（热）水机组，供热采暖行业主要用于水及蒸汽的加热、冷却、冷凝及家用燃气炉的二次换热等场合。钎焊板式换热器的设计温度范围为 -196～225℃，JB/T 8701 规定制冷用板式换热器的最高设计压力为 14.0MPa。

(a) 半焊板式换热器　　　　　(b) 全焊板式换热器　　　　　(c) 钎焊板式换热器

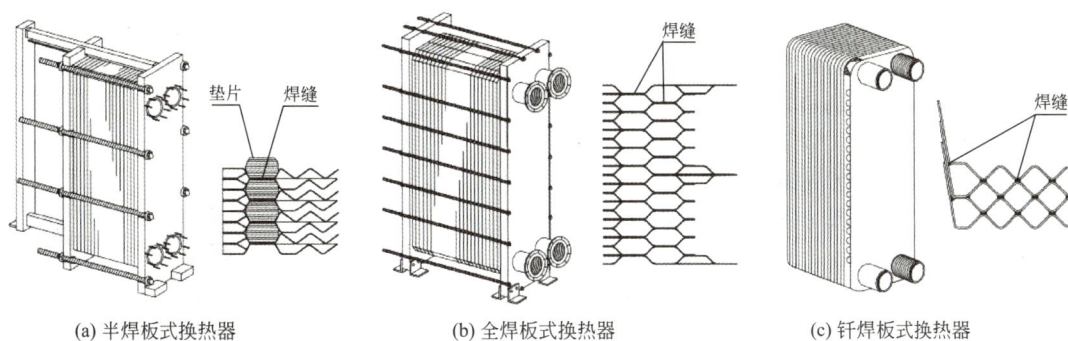

图 6-11 焊接板式换热器

（3）板翅式换热器

这种换热器的基本结构是在两块平行金属板（隔板）之间放置一种波纹状的金属导热翅片。翅片称"二次表面"，在其两侧边缘以封条密封而组成单元体，对各个单元体进行不同的组合和适当的排列，并用钎焊焊牢，组成板束，把若干板束按需要组装在一起，便构成逆流、错流、错逆流板翅式换热器，如图 6-12 所示。

(a) 板束结构　　　(b) 逆流式　　　(c) 错流式　　　(d) 错逆流式

图 6-12 板翅式换热器

冷、热流体分别流过间隔排列的冷流层和热流层而实现热量交换。一般翅片传热面占总传热面的 75%～85%，翅片与隔板间通过钎焊连接，大部分热量由翅片经隔板传出，小部分热量直接通过隔板传出。不同几何形状的翅片使流体在流道中形成强烈的湍流，使热阻边界层不断破坏，从而有效地降低热阻，提高传热效率。常见的翅片形式如图 6-13 所示。另外，由于翅片焊于隔板之间，起到骨架和支承作用，使薄板单元件结构有较高的强度和承压能力。

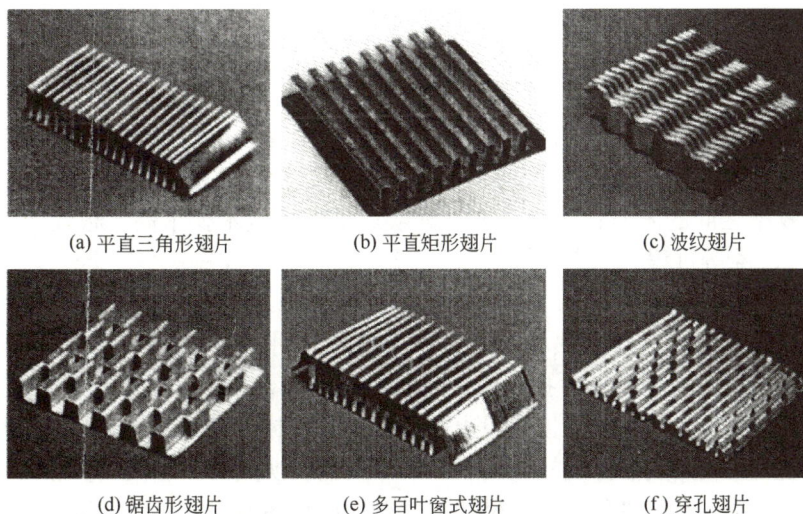

(a) 平直三角形翅片　　　(b) 平直矩形翅片　　　(c) 波纹翅片

(d) 锯齿形翅片　　　(e) 多百叶窗式翅片　　　(f) 穿孔翅片

图 6-13 板翅换热器翅片形式

板翅式换热器是一种传热效率较高的换热设备，其传热系数比管壳式换热器大 3～10 倍。板翅式换热器结构紧凑、轻巧，单位体积内的传热面积一般都能达到 2500～4370m²/m³，几乎是管壳式换热器的十几倍到几十倍，而相同条件下换热器的重量只有管壳式换热器的10%～65%；适应性广，可用于气 - 气、气 - 液和液 - 液的热交换，亦可用于冷凝和蒸发，同时适用于多种不同的流体在同一设备中操作，特别适用于低温或超低温的场合。其主要缺点是结构复杂，造价高，流道小，易堵塞，不易清洗，难以检修等。

（4）印刷电路板式换热器

印刷电路板式换热器（printed-circuit heat exchanger）只有主换热面，由应用制作印刷电路板技术制成的换热板面组装而成，如图6-14所示。换热板面一般是在相应的金属板上用腐蚀的方法加工出所需流道，流道横截面的形状多为近似半圆形，其深度一般为0.1～2.0mm。把加工好的板面按一定的工艺要求组合起来，用扩散焊连接等方法组装在一起，即成为印刷电路板式换热器。印刷电路板式换热器传热效率与紧凑度非常高，传热面积密度为650～1300m^2/m^3，可以承受工作压力10～50MPa，温度可达150～800℃，可用于非常清洁的气体、液体等单相流或发生相变的换热过程。

图6-14 印刷电路板式换热器

（5）板壳式换热器

板壳式换热器主要由板束和壳体两部分组成，是介于管壳式和板式换热器之间的一种换热器，如图6-15所示。板束相当于管壳式换热器的管束，每一板束由许多宽度不等的板管元件组成，每一根板管相当于一根管子，由板束元件构成的流道称为板壳式换热器的板程，相当于管壳式换热器的管程；板束与壳体之间的流通空间则构成板壳式换热器的壳程。板束元件的形状可以是多种多样的。

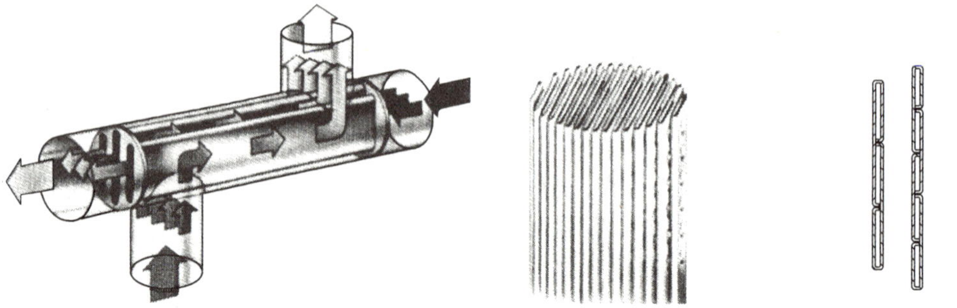

(a) 板壳式换热器   (b) 板束   (c) 板管

图6-15 板壳式换热器

板壳式换热器具有管壳式和板式换热器的优点：结构紧凑，单位体积包含的换热面积较管壳式换热器增加70%；传热效率高，压力降小；与板式换热器相比，由于没有密封垫片，较好解决了耐温、抗压与高效率之间的矛盾；容易清洗。其缺点是焊接技术要求高。板壳式换热器常用于加热、冷却、蒸发、冷凝等过程。

（6）热板式换热器

热板（temp-plate）是将两块换热板片按照一定间距分别压制（或者液压鼓胀）成许多均匀分布的圆锥形凸台，将这两块金属板对扣，两板之间的圆锥凸台相抵，经点焊（电阻焊或者激光焊）后圆锥凸台连在一起，再将两块金属板片周边通过激光焊密封后形成介质通道。这些热板通过合理的布置，组合形成热板式换热器。热板式换热器又称鼓泡式换热器。热板式换热器不受材料、组合形式及成形方法的限制，已有多种形式、尺寸和材料的产品在涂料、化工、纺织、酿造、制药、造纸、食品及水处理行业应用。热板换热器是粉体流换热的首选换热器。

（7）伞板式换热器

伞板式换热器是中国独创的新型高效换热器，由板式换热器演变而来。伞板式换热器由伞形传热板片、异形垫片、端盖和进出口接管等组成。它以伞形板片代替平板片，从而使制造工艺大为简化，成本降低。伞形板式结构稳定，板片间容易密封。蜂螺型伞板式换热器工作原理如图6-16所示。该设备的螺旋流道内具有湍流花纹，增加了流体的扰动程度，因而提高了传热效率。伞板式换热器具有结构紧凑、传热效率高、便于拆洗等优点。但由于设备的流道较小，容易堵塞，不宜处理较脏的介质，目前一般只适用于液-液、液-蒸汽换热，处理量小，工作压力及工作温度较低的场合。

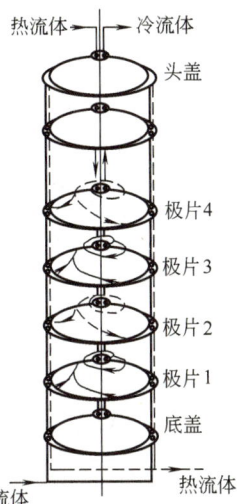

图 6-16　蜂螺型伞板式换热器工作原理

6.1.2.2.3　空冷式换热器

空冷式换热器简称空冷器（图6-17），是以环境空气为冷却介质并横掠翅片管外，使管内高温工艺流体得到冷却或冷凝的设备。在过程工业流程中，空冷器一般位于后端，其主要作用是将无法利用的多余热量散发到环境当中，同时对流程工艺具有一定的调节作用。在缺水地区，空冷式换热器发挥着越来越重要的作用。随着环保要求的提高，为防止和减少工业冷却水对江河湖海造成的污染，空冷式换热器也越来越多。按照冷却介质来分，空冷式换热器分为普通干式空冷式换热器、湿式空冷式换热器和表面蒸发型空冷式换热器。空冷式换热器一般由管束、构架、风机及百叶窗等基本零部件组成。湿式空冷式换热器还包括喷水雾化系统或者喷淋循环水系统。

图 6-17　空冷式换热器

1—构架；2—风机；3—风筒；4—平台；5—风箱；6—百叶窗；7—管束；8—管箱；9—梯子

6.1.2.2.4　其他形式换热器

这类换热器是指一些具有特殊结构的换热器，一般是为满足工艺特殊要求而设计的，如石墨换热器、聚四氟乙烯换热器等特殊材料换热器，热管换热器以及流化床换热器。

（1）石墨换热器

它是一种用不渗透性石墨制造的换热器。由于石墨具有优良的物理性能和化学稳定性，除了强氧化性酸以外，几乎可以处理一切酸、碱、无机盐溶液和有机物。石墨的线膨胀系数小、导热系数高，不易结垢，因而石墨换热器具有良好的耐腐蚀性和传热性能，将它用于腐蚀性强的液体和气体场合，最能发挥它的优越性。但由于石墨的抗拉和抗弯强度较低，易脆裂，在结构设计中应尽量采用实体块，以避免石墨件受拉伸和弯曲。同时，应在受压缩的条件下装配石墨件，以充分发挥它抗压强度高的特点。此外，换热器的通道走向必须符合石墨的各向异性所带来的最佳导热方向。根据这些情况，石墨换热器有管壳式、块孔式和板式等多种形式，其中尤以管壳式和块孔式更为目前所广泛采用。

（2）聚四氟乙烯换热器

它是最近十余年所发展起来的一种新型耐腐蚀的换热器。主要的结构形式有管壳式和沉浸式两种。由于聚四氟乙烯耐腐蚀、能制成小口径薄壁软管，因而可使换热器具有结构紧凑、耐腐蚀等优点。其主要缺点是机械强度和导热性能较差，故使用温度一般不超过150℃，使用压力不超过

1.5MPa。

（3）热管换热器

热管换热器由壳体、热管和隔板组成。热管作为主要传热元件，是一种具有高导热性能的新型传热元件。如图6-18所示，热管是一根密闭的金属管子，管子内部有用特定材料制的多孔毛细结构和载热介质。当管子在加热区加热时，介质从毛细结构中蒸发出来，带着所吸取的潜热，通过输送区沿温度降低的方向流动，在冷凝区遇到冷表面后冷凝，并放出潜热，冷凝后的载热介质通过它在毛细结构中的表面张力作用，重新返回加热区，如此往复循环，连续不断地把热端的热量传送到冷端。

(a) 热管换热器　　　　(b) 热管换热示意图

图 6-18　热管换热器

热管换热器的主要特点是结构简单、重量轻、经济耐用；在极小的温差下，具有极高的传热能力；通过材料的适当选择和组合，可用于大幅度的温度范围，如从-200~2000℃的温度范围内均可应用；且一般没有运动部件，操作无声，不需要维护，寿命长；输热效率高，其效率可达到90%。

热管换热器结构形式复杂多变，用途广泛，如用作传送热量、保持恒温、当作热流阀和热流转换器等，特别适用于工业尾气余热回收的换热设备。

图 6-19　流化床换热器

（4）流化床换热器

流化床换热器是基于流化床热交换理论所研究的一种新型换热器，此种换热器特别适用于烟气中粉尘较多且为气-液换热的余热回收，主要由布风板（多孔板）、砂床、换热管和壳体组成，如图6-19所示。换热器内部的热交换过程一般由以下几个过程组成：固体粒子与流化介质之间的传热，包括乳化相内气体与固体粒子之间的传热和气泡与固体粒子之间的传热；流化床与壁面和埋入换热器中的换热管道之间的传热；固体粒子内部的传热以及换热管与液体介质之间的传热等。

在流化床换热器中，流动着的粒子可以破坏气体边界层，直接将热量传给传热面，且"流动"着的粒子可以"清洗"换热面，因此它的综合传热系数较高，所需的传热面积比通常的换热器要小许多。其内部温度十分均匀，不会造成局部过热现象，而且其传热系数非常高，壁面温度较低。这种换热器适应工况能力强，不易产生低温腐蚀和烟灰堵塞，但由于气流的方向受限制，烟气只能自下而上垂直通过床层，换热器阻力较大。

气固两相流化床换热器是流化床换热器中应用最广泛的一种。图6-20是内热式流化床干燥机，空气通过特殊设计的布风板进入干燥机内，将湿物料流态化，干燥机内部设有管式换热器，湿物料通过管式换热器和热空气进行换热实现干燥，管式换热器里的热介质一般是蒸汽或者导热油。干物料在出料之前保持流态化，在另一段用于冷却的管式换热器里降温后流出干燥机。内热式流化床干

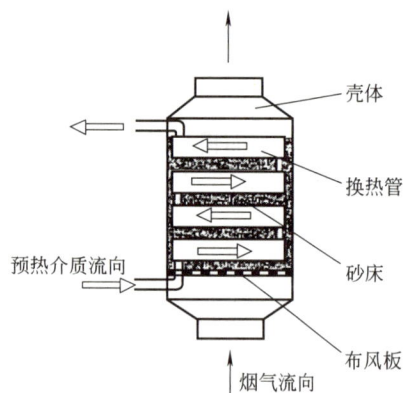

燥机采用了两段换热技术，由于大部分热量由内置热交换装置提供，热交换效率高，因此热空气主要是作为保证正常流化的动力介质，所需热风量比普通流化床干燥机大大减少，广泛用于精制盐、碳酸钠、碳酸氢钠、硫酸钠等的干燥或冷却。

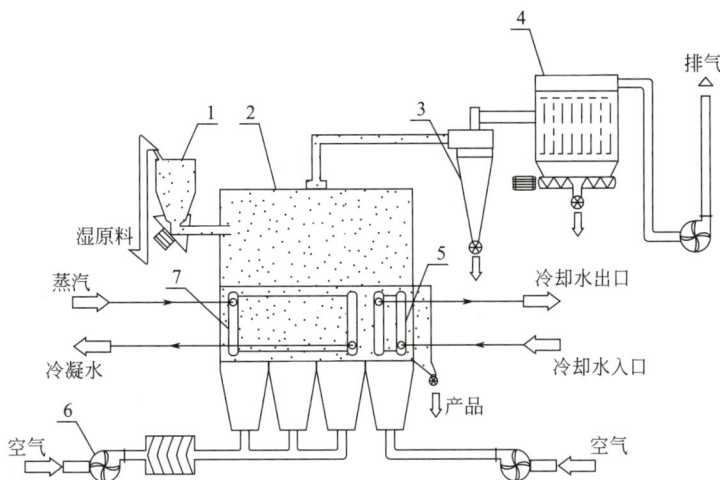

图6-20　内热式流化床干燥机

1—筒仓；2—流化干燥床；3—旋风分离器；4—布袋灰尘收集器；5，7—换热器；6—鼓风机

6.1.3　换热设备选型

　　换热设备有多种多样的形式，每种结构形式的换热设备都有其本身的结构特点和工作特性。有些结构形式，在某种情况下使用是好的，但是，在另外的情况下，却不太合适，或根本不能使用。只有熟悉和掌握这些特点，并根据生产工艺的具体情况，才能进行合理的选型和正确的设计。

　　换热设备选型时需要考虑的因素很多，主要包括流体的性质、压力、温度、压降及其可允许范围；对清洗、维修的要求；材料价格及制造成本；动力消耗费；现场安装和检修的方便程度；壁面工作温度；使用寿命和可靠性等。

　　要使一台换热设备完全满足上述全部条件几乎是不可能的。一般情况下，在满足生产工艺条件的前提下，仅考虑一个或几个相对重要的影响因素就可以进行选型了。其基本的选择标准为：

　　i. 所选换热设备必须满足工艺过程要求，流体经过换热设备换热以后必须能够以要求的参数进入下个工艺流程；

　　ii. 换热设备本身必须能够在所要求的工程实际环境下正常工作，能够抗工程环境和介质的腐蚀，并且具有合理的抗结垢性能；

　　iii. 换热设备应容易维护，这就要求换热设备容易清理，对于容易发生腐蚀、振动等破坏的元件应易于更换，并满足工程实际场地的要求；

　　iv. 换热设备在选用时应综合考虑安装费用、维护费用等，使其尽可能经济；

　　v. 选用换热设备时要根据场地的限制考虑换热设备的直径、长度、重量和换热管结构等。

　　流体的种类、热导率、黏度等物理性质，以及腐蚀性、热敏性等化学性质，对换热设备选型有很大的影响。例如冷却湿氯气时，湿氯气的强腐蚀性决定了设备必须选用聚四氟乙烯等耐腐蚀材料，限制了可能采用的结构范围。对于处理热敏性流体的换热设备，要求能有效地控制加热过程中的温度和停留时间。对于易结垢的流体，应选用易清洗的换热设备。

　　换热介质的压力、温度等参数对选型也有影响。如在高温和高压条件下操作的大型换热设备，需要承受高温、高压，可选用管壳式换热器；若操作温度和压力都不高，处理的量又不大，处理的物料具有腐蚀性，可选用板面式换热器。

在换热设备选型时，还应考虑材料的价格、制造成本、动力消耗费用和使用寿命等因素，力求使换热设备在整个使用寿命内最经济地运行。

6.1.4　换热设备发展方向

随着研究方法持续革新、制造工艺迭代升级以及新能源开发进程加速，换热设备正朝着极端化、轻量化和紧凑化方向发展。石化等领域通过大型化与轻量化实现能效突破。微电子等精密领域则依托紧凑化布局和微型化器件满足高效传热需求。

①大型化　换热设备在石油、化工、冶金、核电、建材等行业的热量回收和综合利用中发挥着越来越大的作用。为进一步提高装置的规模效益、适应原料供应和产品需求、稳定工艺过程、节约集约土地，在大型炼油、大型煤化工、大乙烯等成套装置建设中，出现了许多大型换热设备。例如，20万吨/年环氧乙烷装置中环氧乙烷反应器的换热面积达28732m²；年产4×21万吨顺酐装置中，单体顺酐反应器的最大外径11.4m、重量780t，内置4万根换热管。

大型化不仅导致换热设备直径增大、管板等受压元件增厚、换热管增长，甚至超出标准适用范围和建造能力，即超标、超限和超重，而且可能产生新的失效模式和机制，对换热设备标准、设计、制造、运行和维护均提出了新的要求。

②轻量化　轻量化技术是指在满足换热设备传热性能和安全性能需求的前提下，通过多场协同设计、创新结构、采用轻质材料等途径，减轻换热设备质量的技术。例如，在22.5万吨/年丁辛醇装置中，丁醛转化器集换热、反应功能于一体，强放热，超大型（直径4900mm）。按传统方法设计，不但管板厚度达260mm，而且流体诱导振动易导致管束疲劳失效和磨损失效。为此，合肥通用机械研究院有限公司科研人员创新提出多物理场协同、以柔克刚的技术思想。考虑浓度场、温度场和应力场耦合作用，建立分布式多参数模型，探明浓度、温度和应力的时空变化规律，实现了传热、流动与强度、刚度的协同设计；开发出$\phi88.9\times3.2$mm大直径薄壁换热管，有效降低了导热热阻，提高了传热效率；变厚管板为柔性薄管板（如图6-21所示），采用带转角的柔性薄管板来补偿温差引起的变形，利用锻环分别与柔性薄管板、管程筒体和壳程筒体对接连接，热应力降低40%以上，管板厚度从260mm降至80mm，解决了传统厚管板热应力大、耗材多、制造成本高、制造周期长等问题；开发出网格栅式支撑折流装置（见图6-22），通过控制介质流动方向，有效解决了轴向失稳、流体诱导振动疲劳的难题。基于以上技术，研制出轻量化超大型丁辛醇装置换热器（见图6-23），减重20.3%。

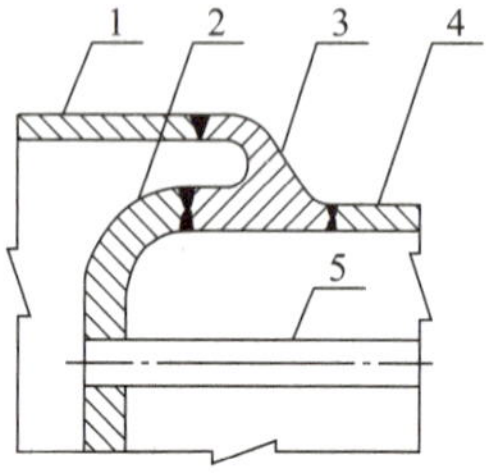

图6-21　柔性薄管板对接连接结构

1—管箱筒体；2—薄管板；3—锻环；
4—壳程筒体；5—换热管

图6-22　格栅支撑结构

图6-23　轻量化超大型换热器

③紧凑化　换热设备的紧凑度一般指单位体积内包含的换热表面面积，又称比表面积或表面积密度。通常，气体流股换热表面积密度大于700m²/m³，液体流股或相变流股换热表面积密度大于

$400m^2/m^3$ 的换热器称为紧凑型换热器。人们通过创新换热器结构形式、改善换热器材料性能、强化传热元件表面特性、优化特征参数和流体分布特性等方法提高换热设备的紧凑度，从而实现换热设备的紧凑化。

从板式换热器（包括钎焊板式换热器）、螺旋板式换热器、板翅式换热器、缠绕管式换热器到印刷电路板式换热器，换热器的紧凑度不断提高。随着换热设备的介质复杂性、工况多变性、条件苛刻性不断加大，板翅式换热器、钎焊板式换热器等紧凑式换热器难以适应苛刻环境的挑战，以印刷电路板式换热器为代表的新型紧凑式换热设备取得快速发展。在超临界二氧化碳循环发电装置中，高低温回热器和气体冷却器都采用了印刷电路板式换热器，其中回热器的最高设计压力和温度分别达到 22.5MPa、560℃。在 70MPa 气氢加氢站中，氢气预冷器的最高设计压力达 99MPa、全寿命循环次数达 219000 次（压力波动范围 5～90MPa）。

紧凑化的另一个指标是集成度。随着增材制造技术的发展，流体分布、结构支撑、换热等功能往往集成在一个部件上，这是传统制造方式无法实现的。例如，通过增材制造生产的发动机换热器，将 163 个部件打印在一起，重量下降了 40%。

④ 微型化　微电子、航空航天、医疗、化学生物工程、材料科学等场合的特殊要求，推动换热设备向微型化方向发展。半导体技术的快速发展，使电子芯片，尤其是高性能芯片的功率密度越来越高，这也对其热管理技术提出了更高的要求。据预测，芯片的平均热流密度将达到 $500W/cm^2$，局部热点的热流密度将突破 $1000W/cm^2$。常规的风冷散热已经无法满足其散热需求。现代微制造技术快速发展，使得加工由多个水力直径在 $10～103\mu m$ 之间的微型通道组成的换热器成为可能。拓扑设计和歧管结构相结合的微通道热沉技术，可能成为最具潜力的电子设备冷却技术之一。

传统手机电子元件工作过程产生的热量是通过手机底部铺设铜管液冷结构实现散热的。我国采用精密蚀刻微结构一体化毛细芯工艺，开发了真空腔均热板散热技术，研制出 0.23mm 的超薄均热板，厚度降低约 $120\mu m$，不仅为高端手机散热量的提升奠定基础，也让均热板走进中低端手机成为可能。

6.2　管壳式换热器

管壳式换热器具有可靠性高、适应性广等优点，在各工业领域中得到最为广泛的应用。近年来，尽管受到了其他新型换热器的挑战，但反过来也促进了其自身的发展。在换热器向高参数、大型化发展的今天，管壳式换热器仍占主导地位。

6.2.1　基本类型

根据管壳式换热器的结构特点，可分为固定管板式、浮头式、U 形管式、填料函式换热器和釜式重沸器五类，如图 6-24 所示。

（1）固定管板式换热器

固定管板式换热器的典型结构如图 6-24（a）所示，管束连接在管板上，管板与壳体焊接。其优点是结构简单、紧凑，能承受较高的压力，造价低，管程清洗方便，管子损坏时易于堵管或更换；缺点是当管束与壳体的壁温或材料的线膨胀系数相差较大时，壳体和管束中将产生较大的热应力。这种换热器适用于壳侧介质清洁且不易结垢并能进行清洗，管、壳程两侧温差不大或温差较大但壳侧压力不高的场合。

为减少热应力，通常在固定管板式换热器中设置柔性元件（如膨胀节、挠性管板等），来吸收热膨胀差。

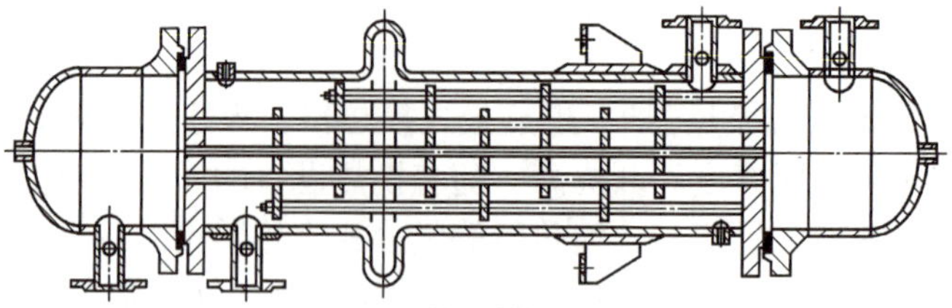

(a) 固定管板式换热器

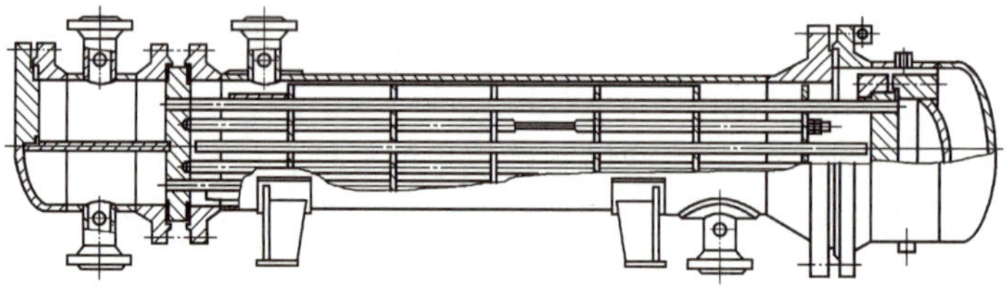

(b) 浮头式换热器

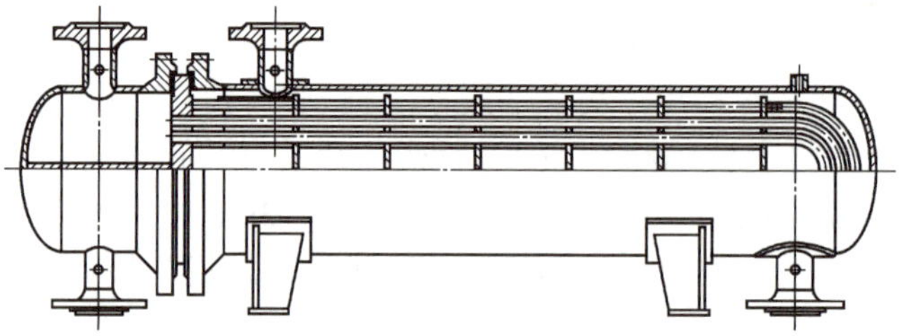

(c) U形管式换热器

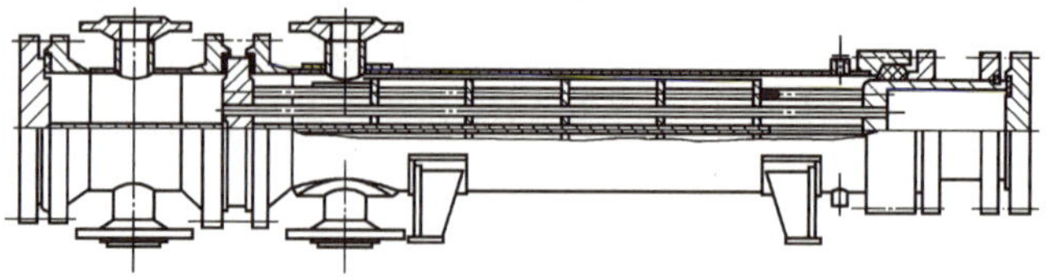

(d) 填料函双壳程换热器

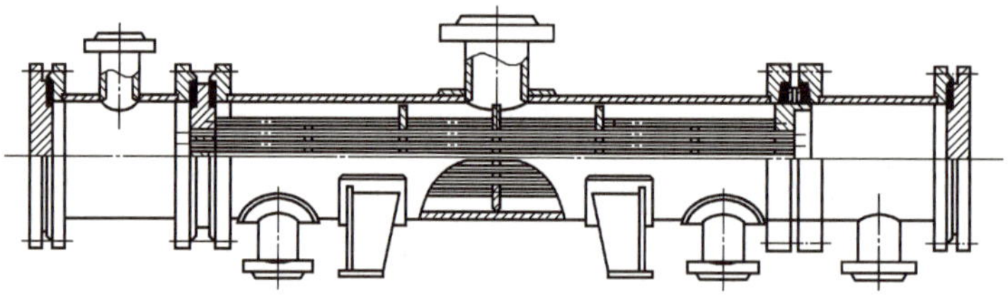

(e) 填料函分流式换热器

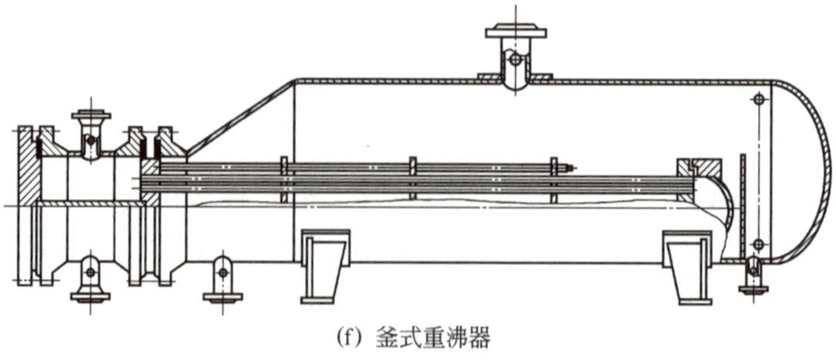

(f) 釜式重沸器

图 6-24   管壳式换热器主要形式

（2）浮头式换热器

浮头式换热器的典型结构见图 6-24（b），两端管板中只有一端与壳体固定，另一端可相对壳体自由移动，称为浮头。浮头由浮动管板、钩圈和浮头端盖组成，是可拆连接，管束可从壳体内抽出。管束与壳体的热变形互不约束，因而不会产生热应力。

浮头式换热器的优点是管间和管内清洗方便，不会产生热应力；但其结构复杂，造价比固定管板式换热器高，设备笨重，材料消耗量大，且浮头端小盖在操作中无法检查，制造时对密封要求较高。适用于壳体和管束之间壁温差较大或壳程介质易结垢的场合。

（3）U 形管式换热器

U 形管式换热器的典型结构如图 6-24（c）所示。这种换热器的结构特点是：只有一块管板，管束由多根 U 形管组成，管的两端固定在同一块管板上，管子可以自由伸缩。当壳体与 U 形换热管有温差时，不会产生热应力。

由于受弯管曲率半径的限制，其换热管排布较少，管束最内层管间距较大，管板的利用率较低；壳程流体易形成短路，对传热不利。当管子泄漏损坏时，只有管束外围处的 U 形管才便于更换，内层换热管坏了不能更换，只能堵死，而坏一根 U 形管相当于坏两根管，报废率较高。

U 形管式换热器结构比较简单、价格便宜，承压能力强，适用于管、壳壁温差较大或壳程介质易结垢需要清洗，又不适宜采用浮头式和固定管板式的场合。特别适用于管内走清洁而不易结垢的高温、高压、腐蚀性强的物料。

（4）填料函式换热器

填料函式换热器结构如图 6-24（d）、（e）所示。这种换热器的结构特点与浮头式换热器相类似，浮头部分露在壳体以外，在浮头与壳体的滑动接触面处采用填料函式密封结构。由于采用填料函式密封结构，使得管束在壳体轴向可以自由伸缩，不会产生壳壁与管壁热变形差而引起的热应力。其结构较浮头式换热器简单，加工制造方便，节省材料，造价比较低廉，且管束可以从壳体内抽出，管内、管间都能进行清洗，维修方便。

因填料处易产生泄漏，填料函式换热器一般适用于 4MPa 以下的工作条件，且不适用于易挥发、易燃、易爆、有毒及贵重介质，使用温度也受填料的物性限制。填料函式换热器现在已很少采用。

（5）釜式重沸器

釜式重沸器的结构如图 6-24（f）所示。这种换热器的管束可以为浮头式、U 形管式和固定管板式结构，所以它具有浮头式、U 形管式换热器的特性。在结构上与其他换热器不同之处在于壳体上部设置一个蒸发空间，蒸发空间的大小由产气量和所要求的蒸气品质所决定。产气量大、蒸气品质要求高者蒸发空间大，否则可以小些。

此种换热器与浮头式、U 形管式换热器一样，清洗维修方便，可处理不清洁、易结垢的介质，并能承受高温、高压。

6.2.2　管壳式换热器结构

流体流经换热管内的通道及与其相贯通部分称为管程；流体流经换热管外的通道及与其相贯通部分称为壳程。

管壳式换热器的主要组合部件有前端管箱、壳体和后端结构（包括管束）三部分，GB/T 151《热交换器》中，分别用字母来表示，详细分类及代号如表 6-1 所示。换热器的名称是三个字母的组合，如 AES，表示一端是平盖，一端是浮头，中间是单程壳体的换热器。GB/T 151 给出了 7 种主要的壳体类型、5 种前端管箱类型和 8 种后端结构类型。

表6-1 主要部件的分类及代号

前端管箱结构		壳体类型		后端结构类型	
A	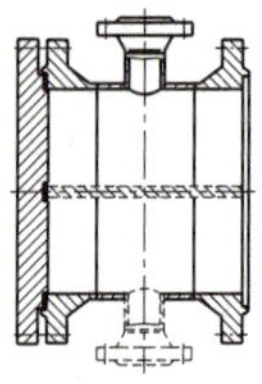 平盖管箱	E	单程壳体	L	固定管板与A相似的结构
B	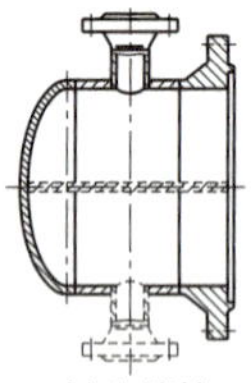 封头管箱	F	带纵向隔板的双程壳体	M	固定管板与B相似的结构
C	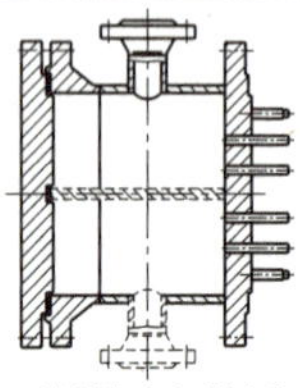 可拆管束与管板制成一体的管箱	G	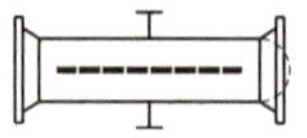 分流壳体	N	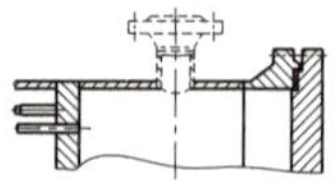 固定管板与N相似的结构
N	与固定管板制一体的管箱	H	双分流壳体	P	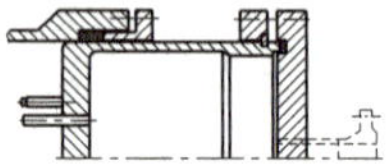 外填料函式浮头
D	特殊高压管箱	J	无隔板分流壳体	S	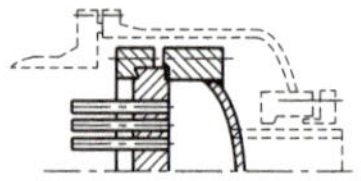 钩圈式浮头
		K	釜式重沸器壳体	T	 可抽式浮头
		X	穿流壳体	U	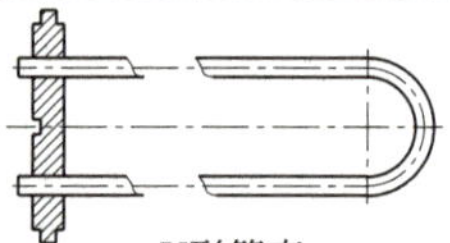 U形管束
				W	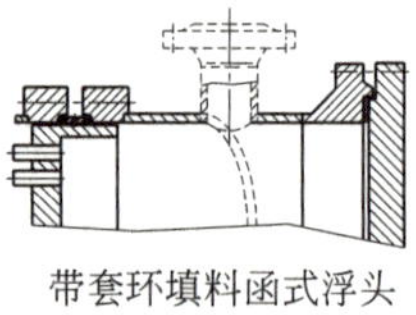 带套环填料函式浮头

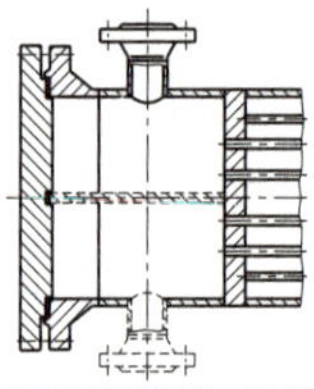

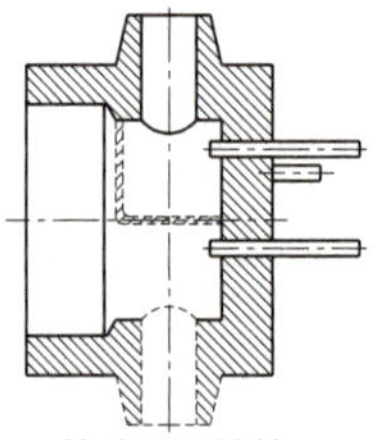

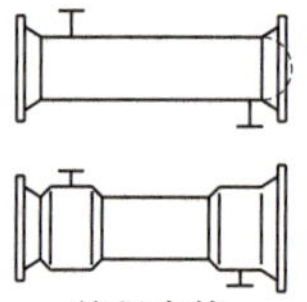

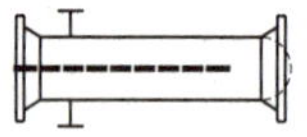

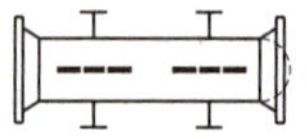

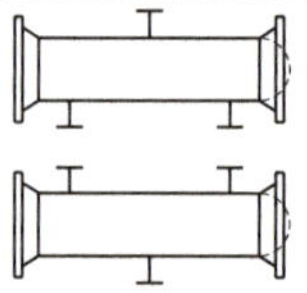

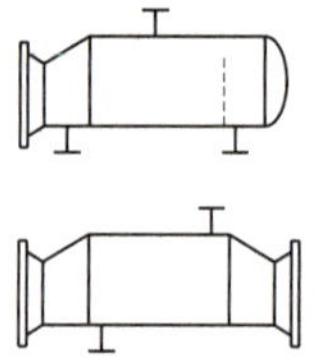

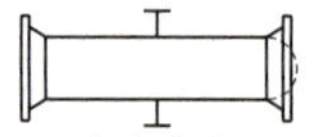

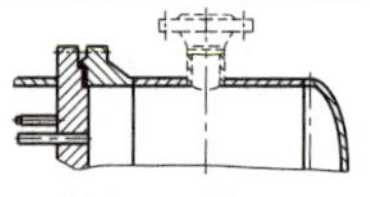

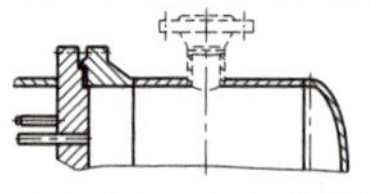

6.2.2.1　管程结构

（1）换热管

① 换热管形式　除光管外，换热管还可采用各种各样的强化传热管，如翅片管、螺旋槽管、螺纹管等。当管内外两侧传热系数相差较大时，翅片管的翅片应布置在传热系数低的一侧。

② 换热管尺寸　换热管常用的尺寸（外径 × 壁厚）主要为 $\phi19mm \times 2mm$、$\phi25mm \times 2.5mm$ 和 $\phi38mm \times 2.5mm$ 的无缝钢管以及 $\phi25mm \times 2mm$ 和 $\phi38mm \times 2.5mm$ 的不锈钢管。标准管长有 1.5m、2.0m、3.0m、4.5m、6.0m、9.0m 等。采用小管径，可使单位体积的传热面积增大、结构紧凑、金属耗量减少、传热系数提高。据估算，将同直径换热器的换热管由 $\phi25mm$ 改为 $\phi19mm$，其传热面积可增加 40% 左右，节约金属 20% 以上。但小管径流体阻力大，不便清洗，易结垢堵塞。一般大直径管子用于黏性大或污浊的流体，小直径管子用于较清洁的流体。

③ 换热管材料　常用材料有碳素钢、低合金钢、不锈钢、铜、铜镍合金、铝合金、钛等。此

外还有一些非金属材料，如石墨、陶瓷、聚四氟乙烯等。设计时应根据工作压力、温度和介质腐蚀性等选用合适的材料。

④ 换热管排列形式及中心距　如图6-25所示，换热管在管板上的排列形式主要有正三角形、正方形、转角正三角形和转角正方形。正三角形排列形式可以在同样的管板面积上排列最多的管数，故用得最为普遍，但管外不易清洗。为便于管外清洗，可以采用正方形或转角正方形排列的管束。

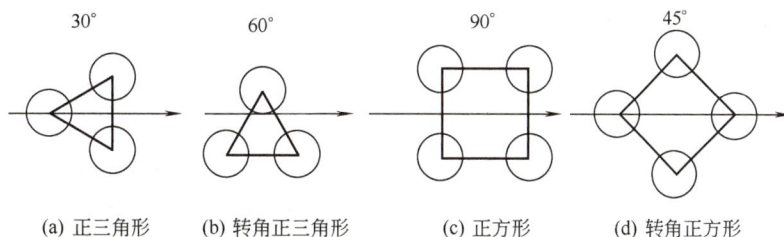

(a) 正三角形　　(b) 转角正三角形　　(c) 正方形　　(d) 转角正方形

图6-25　换热管排列形式

注：流向垂直于折流板缺口

换热管中心距要保证管子与管板连接时，管桥（相邻两管间的净空距离）有足够的强度和宽度。管间需要清洗时还要留有进行清洗的通道。换热管中心距宜不小于1.25倍的换热管外径，常用的换热管中心距见表6-2。

表6-2　常用的换热管中心距　　　　　　　　　　　　　　　　　　　　　　　　　　mm

换热管外径 d_o	12	14	19	25	32	38	45	57
换热管中心距	16	19	25	32	40	48	57	72

（2）管板

管板是管壳式换热器最重要的零部件之一，用来排布换热管，将管程和壳程的流体分隔开来，避免冷、热流体混合，并同时受管程、壳程压力和温度的作用。

① 管板材料　在选择管板材料时，除力学性能外，还应考虑管程和壳程流体的腐蚀性，以及管板和换热管之间的电位差对腐蚀的影响。当流体无腐蚀性或有轻微腐蚀性时，管板一般采用压力容器用碳素钢或低合金钢板或锻件制造。

当流体腐蚀性较强时，管板应采用不锈钢、铜、铝、钛等耐腐蚀材料。但对于较厚的管板，若整体采用价格昂贵的耐腐蚀材料，则造价很高。例如，在高温、高压换热器中，管板厚达300mm以上，有的甚至达到500mm。为节约耐腐蚀材料，工程上常采用不锈钢＋钢、钛＋钢、铜＋钢等复合板，或堆焊衬里。

② 管板结构　当换热器承受高温、高压时，高温和高压对管板的要求是矛盾的。增大管板厚度，可以提高承压能力，但当管板两侧流体温差很大时，管板内部沿厚度方向的热应力增大；减薄管板厚度，可以降低热应力，但承压能力降低。此外，在开车、停车时，由于厚管板的温度变化慢，换热管的温度变化快，在换热管和管板连接处会产生较大的热应力。当迅速停车或进气温度突然变化时，热应力往往会导致管板和换热管在连接处发生破坏。因此，在满足强度的前提下，应尽量减少管板厚度。

薄管板顾名思义是指相对于采用标准、规范（如GB/T 151《热交换器》、美国管式换热器制造商协会标准TEMA）计算所得的管板厚度要薄得多的管板，一般厚度为8~20mm。

目前薄管板主要有平面形、椭圆形、碟形、球形、挠性薄管板等形式，最为常用的是平面形薄管板。

图6-26所示为用于固定管板式换热器中的薄管板的四种结构形式。其中图6-26（a）中的薄管板贴于法兰表面上，当管程通过的是腐蚀性介质时，由于密封槽开在管板上，法兰不与管程介质接

触，不必采用耐腐蚀材料。图 6-26（b）中的薄管板嵌入法兰内，并将表面车平。在这种结构中，不论管程或壳程有腐蚀性介质，法兰都会与腐蚀性介质接触，因此需采用耐腐蚀材料，而且管板受法兰力矩的影响较大。图 6-26（c）中，薄管板在法兰下面且与筒体焊接。当壳程通入腐蚀性介质时，法兰可不与腐蚀性介质接触，不必采用耐腐蚀材料，而且管板离开了法兰，减小了法兰力矩和变形对管板的影响，从而降低了管板因法兰力矩引起的应力，同时管板与刚度较小的筒体连接，也降低了管板的边缘应力，因此这是一种较好的结构。图 6-26（d）为挠性薄管板结构。由于管板与壳体之间有一个圆弧过渡连接，并且很薄，所以管板具有一定弹性，可补偿管束与壳体之间的热膨胀，且过渡圆弧还可以减少管板边缘的应力集中，同时该种管板也没有法兰力矩的影响。当壳程流体通入腐蚀性介质时，法兰不会受到腐蚀，但是挠性薄管板结构加工比较复杂。

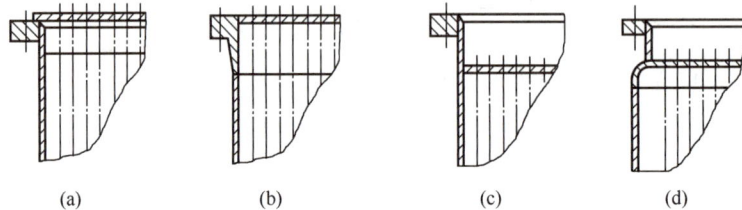

(a)　　　　　(b)　　　　　(c)　　　　　(d)

图 6-26　薄管板结构形式

图 6-27 所示为椭圆形管板。所谓椭圆形管板，是以椭圆形封头作为管板，与换热器壳体焊接在一起。椭圆形管板的受力情况比平管板好得多，所以可以做得很薄，有利于降低热应力，故适用于高压、大直径的换热器。

当要求严格禁止管程与壳程中的介质互相混合时，可采用双管板结构（如图 6-28 所示）。在双管板结构中，管子分别固定在两块管板上，两块管板保持一定距离。如果管子与管板连接处有少量流体漏出，可让其从两管板之间的空隙泄放至外界。也可利用一薄壁圆筒（短节）将此空隙封闭起来，充入惰性介质，使其压力高于管程和壳程的压力，达到避免两种介质混合的目的。

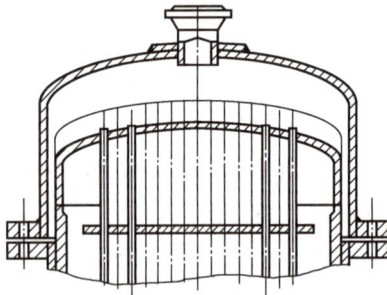

图 6-27　椭圆形管板

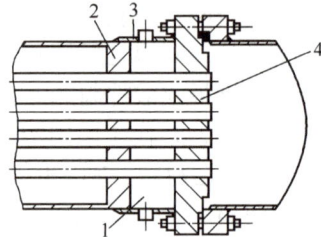

图 6-28　双管板结构

1—空隙；2—壳程管板；3—短节；4—管程管板

（3）管箱

壳体直径较大的换热器大多采用管箱结构。管箱位于管壳式换热器的两端，管箱的作用是把从管道输送来的流体均匀地分布到各换热管和把管内流体汇集在一起送出换热器。在多管程换热器中，管箱还起改变流体流向的作用。

管箱的结构形式主要根据换热器是否需要清洗或管束是否需要分程等因素来决定。图 6-29 为管箱的几种结构形式。图 6-29（a）的管箱结构适用于较清洁的介质情况。因为在检查及清洗管子时，必须将连接管道一起拆下，很不方便。图 6-29（b）为在管箱上装箱盖，将盖拆除后（不需拆除连接管），就可检查及清洗管子，但其缺点是用材较多。图 6-29（c）形式是将管箱与管板焊成一体，从结构上看，可以完全避免在管板密封处的泄漏，但管箱不能单独拆下，检修、清理不方便，所以在实际使用中很少采用。图 6-29（d）为一种多程隔板的安置形式。

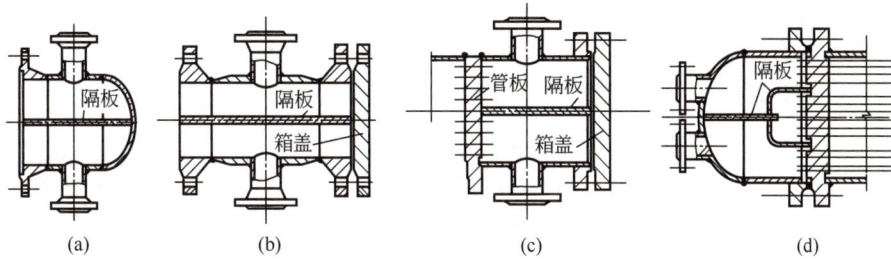

图6-29　管箱结构形式

（4）管束分程

在管内流动的流体从管子的一端流到另一端，称为一个管程。在管壳式换热器中，最简单最常用的是单管程的换热器。如果根据换热器工艺设计要求，需要加大换热面积时，可以采用增加管长或者管数的方法。前者受到加工、运输、安装以及维修等方面的限制，故经常采用后一种方法。增加管数可以增加换热面积，但介质在管束中的流速随着换热管数的增多而下降，结果反而使流体的传热系数降低，故不能仅采用增加换热管数的方法来达到提高传热系数的目的。为解决这个问题，使流体在管束中保持较大流速，可将管束分成若干程数，使流体依次流过各程管子，以增加流体速度，提高传热系数。管束分程可采用多种不同的组合方式，每一程中的管数应大致相等，且程与程之间温度相差不宜过大，温差以不超过20℃左右为宜，否则在管束与管板中将产生很大的热应力。

表6-3列出了1～6程的几种管束分程布置形式。从制造、安装、操作等角度考虑，偶数管程更加方便，最常用的程数为2、4、6。

表6-3　管束分程布置图

管程数	1	2	4			6	
流动方向	○	① ②	② ③ ④	① ② ④ ③	① ② ③ ④	② ③ ④ ⑤ ⑥	② ① ③ ④ ⑥ ⑤
前端管箱隔板（介质进口侧）							
后端管箱隔板（介质返回侧）							

对于4程的分法，有平行和工字形两种。一般为了接管方便，选用平行分法较合适，同时平行分法亦可使管箱内残液放尽。工字形排列法的优点是比平行法密封线短，且可排列更多的管子。

（5）换热管与管板连接

换热管与管板连接是管壳式换热器设计、制造最关键的技术之一，是换热器事故率最多的部位。所以换热管与管板连接质量的好坏，直接影响换热器的使用寿命。

换热管与管板的连接方法主要有强度胀接、强度焊和胀焊并用。

① 强度胀接　是指换热管与管板的胀接连接强度满足换热管轴向（拉或压）机械和温差载荷设计要求并保证密封性能的胀接。常用的胀接有非均匀胀接（机械滚珠胀接）和均匀胀接（液压胀接、液袋胀接、橡胶胀接和爆炸胀接等）两大类。强度胀接的结构形式和尺寸见图6-30。图中l_1为换热管伸出管板的长度，K为槽深，它们随换热管外径的大小而改变；l为最小胀接长度，其值与管板名义厚度有关。

机械滚珠胀接为最早的胀接方法，目前仍在大量使用。它利用滚胀管伸入插在管板孔中的管子的端部，旋转胀管器使管子直径增大并产生塑性变形，而管板只产生弹性变形。取出胀管器后，管板弹性恢复，使管板与管子间产生一定的挤压力而贴合在一起，从而达到紧固与密封的目的。

液压胀接与液袋胀接的基本原理相同，都是利用液体压力使换热管产生塑性变形。橡胶胀接是利用机械压力使特种橡胶长度缩短，直径增大，从而带动换热管扩张达到胀接的目的。爆炸胀接是利用炸药在换热管内有效长度内爆炸，使换热管贴紧管板孔而达到胀接目的。这些胀接方法具有生产率高、劳动强度低、密封性能好等特点。

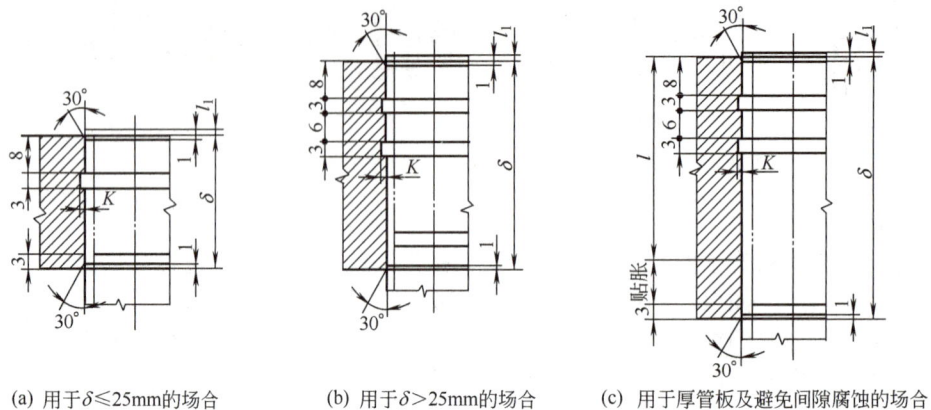

(a) 用于δ≤25mm的场合　　(b) 用于δ>25mm的场合　　(c) 用于厚管板及避免间隙腐蚀的场合

图6-30　强度胀接管孔结构

　　强度胀接主要适用于设计压力小于等于4.0MPa；设计温度小于等于300℃；操作中无剧烈振动、无过大温度波动及无明显应力腐蚀等场合。

　　强度胀接还需换热管材料的硬度低于管板的硬度，且由下式得到的以管壁减薄率计算的胀度 k 应满足根据换热管材料确定的相关要求，或通过胀接工艺试验确定的合适条件

$$k = \frac{d_2 - d_1 - b}{2\delta} \times 100\%$$

式中　d_1——换热管胀前内径；

　　　　d_2——换热管胀后内径；

　　　　b——换热管与管板管孔的径向间隙（管孔直径与换热管的外径之差）；

　　　　δ——换热管壁厚。

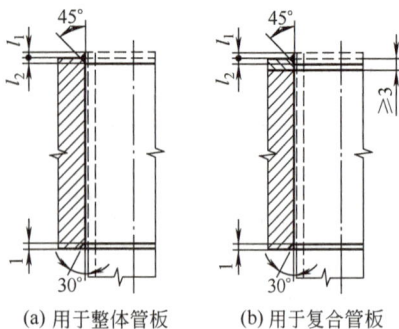

(a) 用于整体管板　　(b) 用于复合管板

图6-31　强度焊接管孔结构

　　② 强度焊　是指换热管与管板的焊接连接强度满足换热管轴向（拉或压）机械和温差载荷设计要求并保证密封性能的焊接。强度焊的结构形式见图6-31。图中 l_1 为换热管最小伸出长度，l_2 为最小坡口深度，其值与换热管规格有关。此法目前应用较为广泛。由于管孔不需要开槽，且对管孔的粗糙度要求不高，管子端部不需要退火和磨光，因此制造加工简单。焊接结构强度高，抗拉脱力强。在高温高压下也能保证连接处的密封性能和抗拉脱能力。管子焊接处如有渗漏，可以补焊或利用专用工具拆卸后予以更换。

　　当换热管与管板连接处焊接之后，管板与管子中存在残余热应力与应力集中，在运行时可能引起应力腐蚀与疲劳。此外，管子与管板孔之间的间隙中存在的不流动的液体与间隙外的液体有着浓度上的差别，还容易产生间隙腐蚀。

　　除有较大振动及有间隙腐蚀的场合，只要材料可焊性好，强度焊可用于其他任何场合。管子与薄管板的连接应采用焊接方法。

　　③ 胀焊并用　胀接与焊接方法都有各自的优点与缺点，在有些情况下，例如高温、高压，换热器管子与管板的连接处，在操作中受到反复热变形、热冲击、腐蚀及介质压力的作用，工作环境极其苛刻，很容易发生破坏，无论单独采用焊接或是胀接都难以解决问题。如果采用胀焊并用的方法，不仅能改善连接处的抗疲劳性能，而且还可消除应力腐蚀和间隙腐蚀，提高使用寿命。因此目前胀焊并用方法已得到比较广泛的应用。

　　胀焊并用的方法，从加工工艺过程来看，主要有强度胀＋密封焊、强度焊＋贴胀、强度焊＋强度胀等几种形式。这里所说的"密封焊"是指保证换热管与管板连接密封性能的焊接，不保证强度；"贴胀"是指为消除换热管与管孔间的间隙，并不承担拉脱力的轻度胀接。如强度胀与密封焊相结合，则胀接承受拉脱力，焊接保证紧密性。如强度焊与贴胀相结合，则焊接承受拉脱力，胀接消除管子与管板间的间隙。至于胀、焊的先后顺序，虽无统一规定，但一般认为以先焊后胀为宜。因为当采用胀管器胀管时需用润滑油，胀后难以洗净，在焊接时存在于缝隙中的油污在高温下生成气体从焊面逸出，导致焊缝产生气孔，严重影响焊缝的质量。

　　胀焊并用主要用于密封性能要求较高；承受振动或循环载荷；有间隙腐蚀倾向；采用复合管板的场合。

6.2.2.2　壳程结构

　　壳程主要由壳体、折流板或折流杆、支持板、纵向隔板、拉杆、防冲挡板、防短路结构等元件组成。

　　（1）壳体

　　壳体一般是一个圆筒，在壳壁上焊有接管，供壳程流体进入和排出之用。为防止进口流体直接冲击管束而造成管子的侵蚀和振动，在壳程进口接管处常装有防冲挡板，或称缓冲板。当壳体法兰采用高颈法兰或壳程进出口接管直径较大或采用活动管板时，壳程进出口接管距管板较远，流体停滞区过大，靠近两端管板的传热面积利用率很低。为克服这一缺点，可采用导流筒结构。导流筒除可减小流体停滞区，改善两端流体的分布，增加换热管的有效换热长度，提高传热效率外，还起防冲挡板的作用，保护管束免受冲击。

　　（2）折流板

　　设置折流板的目的是提高壳程流体的流速，增加湍动程度，并使壳程流体垂直冲刷管束，以改善传热，增大壳程流体的传热系数，同时减少结垢。在卧式换热器中，折流板还起支承管束的作用。当工艺上无折流板要求，而换热管又比较细长，且浮头式换热器的浮头端重量较重或U形管换热器的管束较长时，则应考虑设置支持板，以起到防止换热管变形的目的。

　　常用的折流板形式有弓形和圆盘-圆环形两种。其中弓形折流板有单弓形、双弓形和三弓形三种，各种形式的折流板如图6-32所示。根据需要也可采用其他形式的折流板与支持板，如堰形折流板。

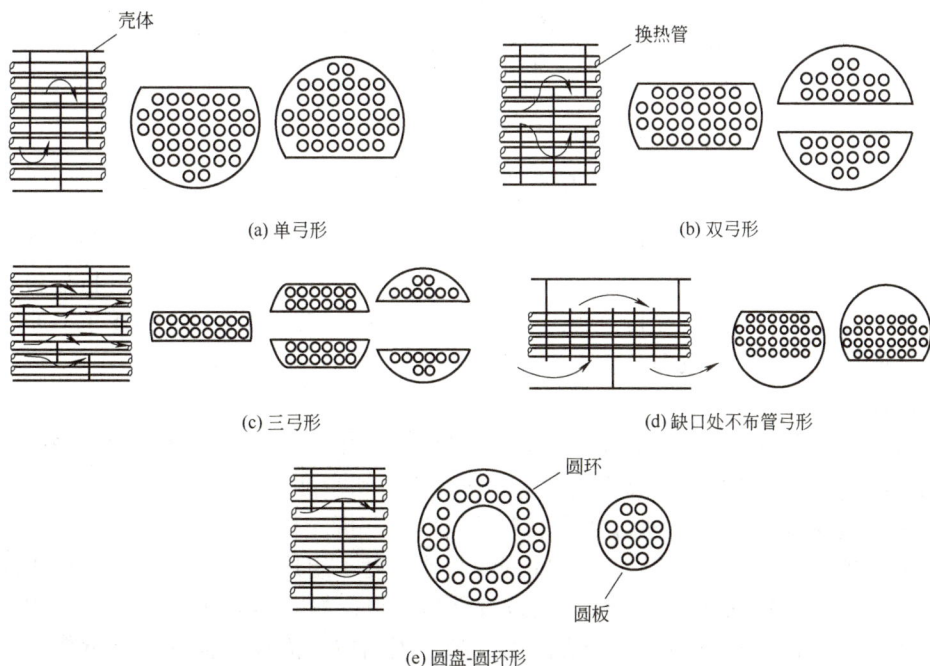

(a) 单弓形　　　　　　　　　　　　　(b) 双弓形

(c) 三弓形　　　　　　　　　　　　　(d) 缺口处不布管弓形

(e) 圆盘-圆环形

图6-32　折流板形式

弓形折流板缺口高度应使流体通过缺口时与横向流过管束时的流速相近。缺口大小用切去的弓形弦高占壳体内直径的百分比来确定。如单弓形折流板，缺口弦高宜取 0.20～0.45 倍的壳体内直径，最常用的是 0.25 倍壳体内直径。

对于卧式换热器，壳程为单相清洁液体时，折流板缺口应水平上下布置。若气体中含有少量液体时，则在缺口朝上的折流板最低处开设通液口，见图 6-33（a）；若液体中含有少量气体时，则应在缺口朝下的折流板最高处开通气口，见图 6-33（b）。卧式换热器的壳程介质为气 - 液相共存或液体中含有固体颗粒时，折流板缺口应垂直左右布置，并在折流板最低处开通液口，见图 6-33（c）。

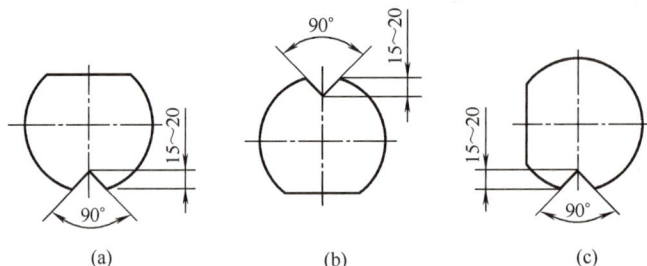

图 6-33 折流板缺口布置

折流板一般应按等间距布置，管束两端的折流板应尽量靠近壳程进、出口接管。折流板的最小间距宜不小于壳体内直径的 1/5，且不小于 50mm；最大间距应不大于壳体内直径。折流板上管孔与换热管之间的间隙以及折流板与壳体内壁之间的间隙应合乎要求，间隙过大，泄漏严重，对传热不利，还易引起振动；间隙过小，安装困难。

从传热角度考虑，有些换热器（如冷凝器）是不需要设置折流板的。但是为了增加换热管的刚度，防止产生过大的挠度或引起管子振动，当换热器无支承跨距超过了标准中的规定值时，必须设置一定数量的支持板，其形状与尺寸均按折流板规定来处理。

折流板与支持板一般用拉杆和定距管连接在一起，如图 6-34（a）所示。当换热管外径小于或等于 14mm 时，采用折流板与拉杆点焊在一起而不用定距管，如图 6-34（b）所示。图中 d_n 为拉杆直径，d 为换热管外径。

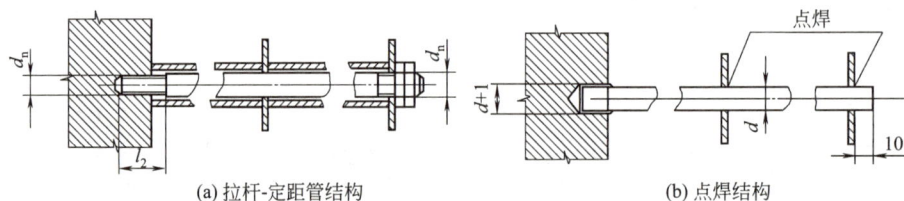

(a) 拉杆-定距管结构　　　　　　　　(b) 点焊结构

图 6-34 拉杆结构

在大直径的换热器中，如折流板的间距较大，流体绕到折流板背后接近壳体处，会有一部分流体停滞起来，形成了对传热不利的"死区"。为了消除这个弊病，宜采用多弓形折流板。如双弓形折流板，因流体分为两股流动，在折流板之间的流速相同时，其间距只有单弓形的一半。不仅减少了传热死区，而且提高了传热效率。

（3）折流杆

传统的装有折流板的管壳式换热器存在着影响传热的死区，流体阻力大，且易发生换热管振动与破坏。为了避免传统折流板换热器中换热管与折流板的切割破坏和流体诱导振动，并且强化传热提高传热效率，近年来开发了一种新型管束支承结构——折流杆支承结构。该支承结构由折流圈和焊在折流圈上的支承杆（杆可以水平、垂直或其他角度）组成。折流圈可由棒材或板材加工而成，支承杆可由圆钢或扁钢制成。一般 4 块折流圈为一组，如图 6-35 所示，也可采用 2 块折流圈为一组。支承杆的直径等于或小于管子之间的间隙。因而能牢固地将换热管支承住，提高管束的刚性。

（4）防短路结构

为了防止壳程流体流动在某些区域发生短路，降低传热效率，需要采用防短路结构。常用的防短路结构主要有旁路挡板、挡管（或称假管）、中间挡板。

① 旁路挡板　为了防止壳程边缘介质短路而降低传热效率，需增设旁路挡板，以迫使壳程流体通过管束与管程流体进行换热。旁路挡板可用钢板或扁钢制成，其厚度一般与折流板相同。旁路挡板嵌入折流板槽内，并与折流板焊接，如图6-36所示。通常两折流板缺口间距小于6个管心距时，管束外围设置一对旁路挡板；超过6个管心距时，每增加5～7个管心距增设一对旁路挡板。

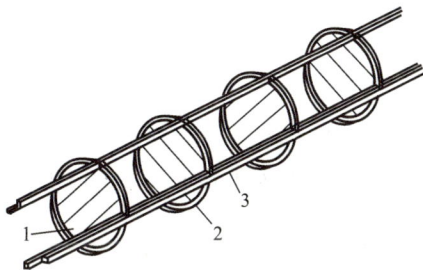

图6-35　折流杆支承结构

1—支承杆；2—折流圈；3—滑轨

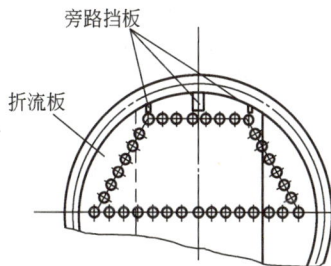

图6-36　旁路挡板结构

② 挡管　当换热器采用多管程时，为了安排管箱分程隔板，在管中心（或在每程隔板中心的管间）不排列换热管，导致管间短路，影响传热效率。为此，在换热器分程隔板槽背面两管板之间设置两端堵死的管子，即挡管。挡管一般与换热管的规格相同，可与折流板点焊固定，也可用拉杆（带定距管或不带定距管）代替。挡管应每隔3～4排换热管设置一根，但不应设置在折流板缺口处。挡管伸出第一块及最后一块折流板或支持板的长度应不大于50mm。如图6-37所示。

③ 中间挡板　在U形管式换热器中，U形管束中心部分存在较大间隙，流体易走短路而影响传热效率。为此在U形管束的中间通道处设置中间挡板。中间挡板一般与折流板点焊固定，如图6-38所示。中间挡板应每隔4～6个管心距设置一个，但不应设置在折流板缺口区。

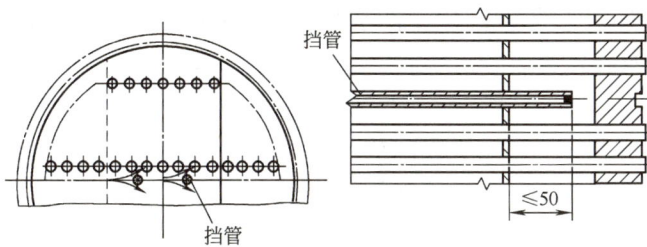

图6-37　挡管结构

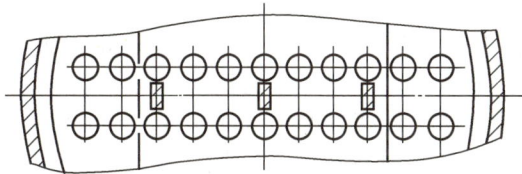

图6-38　中间挡板

（5）壳程分程

根据工艺设计要求，或为增大壳程流体传热系数，也可将换热器壳程分为多程的结构。

6.2.3　管板设计

管板是管壳式换热器的主要部件之一，特别是在高参数、大型化的场合下，管板的材料供应、加工工艺、生产周期往往成为整台设备生产的决定性因素。管板与换热管、壳体、管箱、法兰等连接在一起构成一个复杂的弹性体系，给正确的强度分析带来一定的困难。但是管板的合理设计，对提高换热器的安全性、节约材料、降低制造成本具有重要意义。世界各主要工业国家都十分重视和寻求先进合理的管板设计方法。在许多国家的标准或规范中，如美国的TEMA标准、日本工业标准（JIS）、中国的GB/T 151《热交换器》等都列入了管板的计算公式。各国的管板设计公式尽管形式各异，但其大体上均是分别在以下三种基本假设的前提下得出的。

　　ⅰ.将管板看成为周边简支条件下承受均布载荷的圆平板，应用平板理论得出计算公式。考虑到管孔的削弱，再引入经验性的修正系数。如在力学模型上作了适当简化的美国 TEMA 方法。

　　ⅱ.将管子当作管板的固定支承而管板是受管子支承着的平板。管板的厚度取决于管板上不布管区的范围。实践证明，这种公式适用于各种薄管板的计算。

　　ⅲ.将管板视为在广义弹性基础上承受均布载荷的多孔圆平板，即把实际的管板简化为受到规则排列的管孔削弱、同时又被管子加强的等效弹性基础上的均质等效圆平板。这种简化假定既考虑到管子的加强作用，又考虑了管孔的削弱作用，分析比较全面，现今已为大多数国家的管板规范所采用。

6.2.3.1　管板设计的基本考虑

　　GB/T 151《热交换器》所列入的管板公式基于的基本考虑是：把实际的管板简化为承受均布载荷、放置在弹性基础上且受管孔均匀削弱的当量圆平板。同时在此基础上还考虑了以下几方面对管板应力的影响因素。

　　ⅰ.管束对管板挠度的约束作用，但忽略管束对管板转角的约束作用。

　　ⅱ.管板周边不布管区对管板应力的影响，将管板划分为两个区，即靠近中央部分的布管区和靠近周边处较窄的不布管区。通常管板周边部分较窄的不布管区按其面积简化为圆环形实心板。由于不布管区的存在，管板边缘的应力下降。

　　ⅲ.不同结构形式的换热器，管板边缘有不同形式的连接结构，根据具体情况，考虑壳体、管箱、法兰、封头、垫片等元件对管板边缘转角的约束作用。

　　ⅳ.管板兼作法兰时，法兰力矩的作用对管板应力的影响。

6.2.3.2　管板设计思路

　　（1）管板弹性分析

　　按照上述基本考虑，将换热器分解成封头、壳体、法兰、管板、螺栓、垫片等元件组成的弹性系统，各元件之间的相互作用用内力表示，把管板简化为弹性基础上的等效均质圆平板，综合考虑壳程压力 p_s，管程压力 p_t，因管程和壳程的不同温度所引起的热膨胀差以及预紧条件下的法兰力矩等载荷的作用。对于固定管板式换热器，其力学模型及各元件之间相互作用的内力与位移见图6-39。

　　内力共有 13 个，它们是作用在封头（管箱）与管箱法兰连接处的边缘弯矩 M_h、横向剪力 H_h、轴向力 V_h；作用在壳体与壳体法兰连接处的边缘弯矩 M_s、横向剪力 H_s、轴向力 V_s；作用在环形的不布管区与壳体法兰之间即半径为 R 处的弯矩 M_R、径向力 H_R、轴向剪力 V_R；作用在管板布管区与边缘环板连接处即半径为 R_f 处的边缘弯矩 M_f、边缘剪力 V_f；作用在垫片上的轴向内力 V_G 与作用在螺栓圆上的螺栓力 V_b。

　　设法建立每个单独元件的位移或转角与作用在该元件上的内力的关系式，列出各元件间应满足的变形协调条件，得到以内力为基本未知量表达的变形协调方程组，求出内力后再计算危险截面上的应力，并进行强度校核。

　　（2）危险工况

　　如果不能保证换热器壳程压力 p_s 与管程压力 p_t

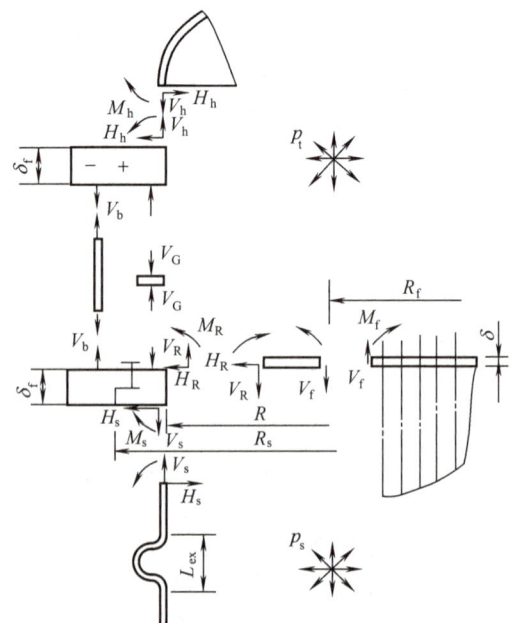

图6-39　管板与其相关元件的内力分析图

在任何情况下都能同时作用，则不允许以壳程压力和管程压力之差进行管板设计。如果 p_s 和 p_t 之一为负压时，则应考虑压力差的危险组合。

例如，如图 6-29（c）上半部分所示的不带法兰管板，由于压力引起的应力强度与压力和热膨胀差共同引起的应力强度限制值不同，管板分析时应考虑下列危险工况。

ⅰ.只有壳程设计压力 p_s，而管程设计压力 p_t=0，不计热膨胀变形差；

ⅱ.只有壳程设计压力 p_s，而管程设计压力 p_t=0，同时考虑热膨胀变形差；

ⅲ.只有管程设计压力 p_t，而壳程设计压力 p_s=0，不计热膨胀变形差；

ⅳ.只有管程设计压力 p_t，而壳程设计压力 p_s=0，同时考虑热膨胀变形差；

ⅴ.管程、壳程压力共同作用，不计热膨胀变形差；

ⅵ.管程、壳程压力共同作用，计入热膨胀变形差。

（3）管板应力校核

在不同的危险工况组合下，计算出相应的管板布管区应力、环板的应力、壳体法兰应力、换热管轴向应力、换热管与管板连接拉脱力 q，再进行危险工况下的应力校核。

压力引起的管板应力属于一次弯曲应力，可用 1.5 倍的许用应力限制。管束与壳体的热膨胀差所引起的管板应力属于二次应力；一次加二次应力强度不得超过 3 倍许用应力。法兰预紧力矩作用下的管板应力属于为满足安装要求的有自限性质的应力，应划为二次应力；法兰操作力矩作用下的管板应力属于为平衡压力引起的法兰力矩的应力，属于一次应力。但许多标准将法兰力矩引起的管板应力都划为一次应力。显然，这种处理方法是偏于安全的。

中国管壳式换热器管板的具体计算参见 GB/T 151《热交换器》。

（4）管板应力的调整

在固定管板式换热器中，当管板应力超过许用应力时，为使其满足强度要求，可采用以下两种方法进行调整。

① 增加管板厚度　可以大大提高管板的抗弯截面模量，有效地降低管板应力。因此一般在压力引起的管板应力超过许用应力时，通常采取增加管板厚度的方法。

② 降低壳体轴向刚度　由于管束和壳体是刚性连接，当管束与壳壁的温差较大时，在换热管和壳体上将产生很大的轴向热应力，从而使管板产生较大的变形量，出现挠曲现象，使管板应力增高。为有效地降低热应力，又避免采用较大的管板厚度，可采取降低壳体轴向刚度的方法，如设置膨胀节。

（5）管板设计计算软件

由以上分析可知，管壳式换热器管板的计算十分繁杂，尽管 GB/T 151《热交换器》中提供了便于工程设计应用的计算式和图表，但手算的工作量仍然很大。为此，中国已根据 GB/T 150、GB/T 151 及其他相关标准，开发了包括管壳式换热器在内的过程设备强度计算软件，如 SW6 等。在实际计算时可采用相应的软件。

6.2.3.3　薄管板设计

薄管板主要载荷由管壁与壳壁的温度差决定，流体压力引起的应力与挠度相对说来是不大的。一般在中、低压力条件下薄管板的厚度可从表 6-4 直接查出，或采用规范通过计算得到，如 NB/T 47036《制冷装置用小型压力容器》等。

表6-4 薄管板的厚度　　　　　　　　　　　　　　　　　　　　　　　　　　mm

公称直径	300～400	500～600	700～800	900～1200	1400～1800
管板厚度	8	10	12	14	16

因为薄管板本身的刚度小，载荷主要由管子承担，故需要验算管子的稳定性，如果管子的稳定性差，可减小折流板或支持板的间距。

6.2.4　膨胀节设计

（1）膨胀节的作用

膨胀节是一种能自由伸缩的弹性补偿元件，能有效地起到补偿轴向变形的作用。在壳体上设置膨胀节可以降低由于管束和壳体间热膨胀差所引起的管板应力、换热管与壳体上的轴向应力以及管板与换热管间的拉脱力。

膨胀节的结构形式较多，一般有波形（U形）膨胀节、Ω形膨胀节、平板膨胀节等。在实际工程应用中，U形膨胀节应用得最为广泛（如图6-40所示），其次是Ω形膨胀节。前者一般用于需要补偿量较大的场合，后者则多用于压力较高的场合。

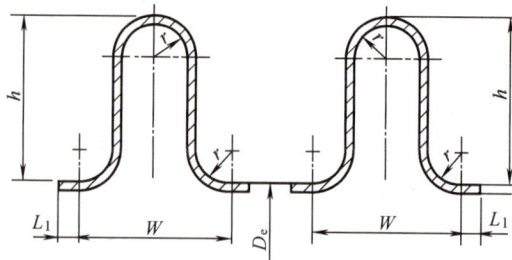

图 6-40　U 形膨胀节

（2）是否设置膨胀节的判断

进行固定管板式换热器设计时，一般应先根据设计条件下（如设计压力、设计温度、壳程圆筒和换热管的金属温度等）换热器各元件的实际应力状况，判断是否需要设置膨胀节。若由于管束与壳体间热膨胀差引起的应力过高，首先应考虑调整材料或某些元件尺寸或改变连接方式（如胀接改为焊接），或采用管束和壳体可以自由膨胀的换热器，如U形管式换热器、浮头式换热器等，使应力满足强度条件。如果不可能，或是虽然可能但不合理或不经济，则考虑设置膨胀节，以便得到安全、经济合理的换热器。

需要指出，根据管束和壳体的温度差是否超过某一值，或假设管板绝对刚性，估算管束和壳体中的轴向应力，根据轴向应力是否超过规定值，来判断是否需要设置膨胀节，均不尽合理。假设管板绝对刚性，与实际情况相差很大，管束与壳体的温度差与热膨胀差是两个概念，前者不一定引起热应力。例如，管束与壳体材料不同时，有可能温度差很大，但热膨胀差很小；也有可能温度差很小，但热膨胀差很大。

有关膨胀节设计计算参见 GB/T 16749《压力容器波形膨胀节》。

6.2.5　管束振动和防止

6.2.5.1　流体诱导振动

换热器流体诱导振动是指换热器管束受壳程流体流动的激发而产生的振动，它可分为两大类：由平行于管子轴线流动的流体诱导振动（简称纵向流诱振）和由垂直于管子轴线流动的流体诱导振动（简称横向流诱振）。在一般情况下，纵向流诱振引起的振幅小，危害性不大，往往可以忽略。只有当流速远远高于正常流速时，才需要考虑纵向流诱振的影响。但横向流诱振则不同，即使在正常的流速下，也会引起很大的振幅，使换热器产生振动而破坏。其主要表现为：相邻管子、管子与折流板或壳体之间发生撞击、摩擦，使管和壳体受到磨损而变薄，甚至使管子破裂；使管子产生交变应力，从而引起管子的疲劳，管子与管板连接处发生泄漏；壳程空间发生强烈的噪声；增加壳程的压力降等。

由于流体诱导振动的复杂性以及现有技术的限制，目前尚无完善的预测换热器振动的方法。一般认为，横向流诱导振动的主要原因如下。

（1）旋涡脱落

在亚声速横向流中，与流体横向流过单个圆柱形物体一样，当其流过管束时，管子背后也有卡门旋涡产生。当旋涡从换热器管子的两侧周期性交替脱落时，便在管子上产生周期性的升力和阻力。这种流线谱的变化将引起压力分布的变化，从而导致作用在换热器管子上的流体压力的大小和方向发生变化，最后引起管子振动。

当卡门旋涡脱落频率等于管子的固有频率时，管子便发生剧烈的振动。

旋涡脱落在液体横流、节径比较大的管束中才会发生，而且在进口处比较严重。在大多数密集的管束中，旋涡脱落并不是导致管子破坏的主要原因，但可激发起声振动。

（2）流体弹性扰动

流体弹性扰动又称为流体弹性不稳定性。这是一种复杂的管子结构在流动流体中的自激振动现象。一根管子在某一排中偏离了原先的或静止的位置产生了位移，就会改变流场并破坏邻近管子上力的平衡，使这些管子受到波动压力的作用发生位移而处于振动状态。当流体流动速度达到某一数值时，由流体弹性力对管子系统所做的功就大于管子系统阻尼作用所消耗的功，管子的振幅将迅速增大，即使流速有一很小的增量，也会导致管子振幅的突然增大，使管子与其相邻的管子发生碰撞而破坏。

（3）湍流颤振

由湍流引起的振动是最常见的振动形式，因为在管束中总存在着偶然的流动干扰。经过管束的流体在某一速度下湍流能谱有一主频，当此湍流脉动的主频与管子的固有频率合拍时，则会发生共振，导致大振幅的管子振动。

（4）声振动

当低密度气体稳定地横向流过管束时，在与流动方向及管子轴线都垂直的方向上形成声学驻波。这种声学驻波在壳体内壁（即空腔）之间穿过管束来回反射，能量不能往外界传播，而流动场的旋涡脱落或冲击的能量却不断地输入。当声学驻波的频率与空腔的固有频率或旋涡脱落频率一致时，便激发起声学驻波的振动，从而产生强烈的噪声，同时，气体在壳侧的压力降也会有很大的增加。

如果流入壳程的是液体，因液体中的声速很高，故不会发生振动。因此，一般声学驻波激发的振动在壳程流体为液体的换热器中并不严重。

（5）射流转换

当流体横向流过紧密排列（节径比≤1.5）的管束时，在同排管上的两根管子之间的窄道处形成如同一个射流的流动方式。在尾流中可观察到射流对的出现。如果单排管有充分的时间交替地向上游或下游移动时，射流方向也随之改变。当形成扩散射流时，管子受力（等于流体阻力）较小，当形成收缩射流时受力较大。如果射流对的方向变化与管子运动的方向同步，管子从流体吸收的能量比管子因阻尼而消耗的能量大得多，管子的振动便会加剧。

总之，在横流速度较低时，容易产生周期性的卡门旋涡，这时在换热器中既可能产生管子的振动，也可能产生声振动。当横流速度较高时，管子的振动一般情况下是由流体弹性不稳定性激发的，但不会产生声振动。只有当横流速度很高，才会出现射流转换而引起管子的振动。

6.2.5.2　管子固有频率

从上面的流体诱导振动分析中可以看到，为了避免出现共振，都必须使激振频率远离固有频率。因此，必须正确计算管束或管子的固有频率。

通常，换热器管子的两端用焊接、胀接等方法紧固在刚性较大的管板上，中间由许多折流板、支持板支承。但是，管子的固有频率和端部固定的多支点连续梁并不相同，除了跨长、管子几何尺寸和材料性能外，还必须考虑下述因素的影响：管束中间的管子和折流板切口区中的管子的跨数和跨长也都不同；折流板有一定的厚度，板孔都稍大于管子外径；当管程和壳程流体之间的温差所产生的热应力得不到有效补偿时，管子还将受轴向载荷；管程和壳程的流体均影响着管子的实际质量等。

由于存在众多的影响因素，使得从理论上来精确分析计算管子固有频率很困难。计算管子固有频率时，工程上一般作如下简化假设：①管子是线弹性体，且管子材料是均匀的、连续的和各向同性的；②管子的变形和位移是微小的，且满足连续性条件；③管子与管板连接处作为固定支承，在折流板处作为简支。根据上述假设，可以计算单跨管和多跨管的固有频率。

流体诱导振动是管壳式换热器在应用与发展时遇到的关键问题之一。近年来由于各国学者的重视与努力，无论在理论方面还是在实验方面都取得了较多成果。但也应指出，迄今为止工程上所用的一些预测振动的计算方法，都是利用理想条件下获得的实验数据整理出来的，并且有些参数的取值尚存在着不确定的因素。例如对于大多数换热器来说，壳程流体并非是单纯的横向流动，特别是在折流板的绕转处，有时局部流速的变化非常明显；换热器有时安装成百上千根管子，要求每根管子与折流板孔之间的间隙都相同，那是很难保证的等。有关这方面的研究进展参见美国焊接研究委员会（Weld Research Council）研究报告 WRC Bulletin 372 和 389。

6.2.5.3 防振措施

对于可能发生振动的换热器，在设计时应采取适当的防振措施，以防止发生危害性的振动。下面介绍一些已被实践证明是有效的防振措施。

① 改变流速　通过减少壳程流量或降低横流速度来改变卡门旋涡频率以消除振动，但会降低传热效率。如果壳程流体的流量不能改变，可用增大管间距的办法来降低流速，特别是当设计是以压力降为限制条件时，更是如此，但此法最终将导致增大壳体直径。在特定条件下，也可考虑拆除部分管子以降低横流速度。改变管束的排列角，也可降低流速和激振频率。

② 改变管子固有频率　由于管子的固有频率与管子跨距的平方成反比，因此，增大管子固有频率最有效的方法是减小跨距。其次，可在管子之间插入杆状物或板条来限制管子的运动，也可增大管子的固有频率，这个方法多用于换热器 U 形弯管区的防振。采用在折流板缺口区不布管的弓形或圆盘 - 圆环形折流板，或采用管束支承杆代替折流板，或提供附加的管子支承，也可改变管子固有频率。

③ 增设消声板　在壳程插入平行于管子轴线的纵向隔板或多孔板，可有效地降低噪声，消除振动。隔板的位置，应离开驻波的节点靠近波腹。

④ 抑制周期性旋涡　在管子的外表面沿周向缠绕金属丝或沿轴向安装金属条，可以抑制周期性旋涡的形成，减少作用在管子上的交变力。

⑤ 设置防冲板或导流筒　当壳程进口或出口速度是振动主要原因时，可增大进出口接管尺寸，以降低进出口流速；或者设置防冲板，以避免流体过大的激振力冲蚀进口处管子；严重时可设置导流筒，防止流体冲刷管束以降低流体进入壳程时的流速。

6.2.6　设计方法

上述各节已介绍了管壳式换热器的总体和主要零部件的结构及选用和设计计算方法，本节中，以管壳式换热器工艺设计计算为主线，概述管壳式换热器的基本设计方法。

在满足工艺过程要求的前提下，换热器应达到安全与经济的目标。换热器设计的主要任务是参数选择、结构设计、传热计算及压降计算等。设计主要包括壳体形式、管程数、换热管类型、管长、管子排列、管子支承结构（如折流板结构等）、冷热流体的流动通道等工艺设计和封头、壳体、管板等零部件的结构、强度设计计算。

换热器的工艺设计计算，依据设计任务的不同可分为设计计算和校核计算两种，包括计算换热面积和选型两个方面。一般已知冷、热流体的处理量和它们的物性。进出口温度、压力由工艺要求确定。设计中需选择或确定的数据有三大类，即物性数据、结构数据和工艺数据。设计计算是由已知数据计算换热面积，进而决定换热器的结构，可选定标准形式的换热器；校核计算是对已有换热器核定一些运行参数，校核它是否满足预定的换热要求。

通常的设计步骤如图 6-41 所示。

相关条件与说明
由给出的工艺条件,计算热负荷或由热量平衡核算流体的温度与流量

↓

确定冷热流体物性参数

↓

假定总传热系数 $K_{\text{估}}$

↓

确定壳程和管程数,由对数平均温差和修正系数确定有效平均温差 Δt_{m}

↓

确定所需换热面积:
$A_{\text{估}} = Q/(K_{\text{估}}\Delta t_{\text{m}})$

↓

决定类型、换热管尺寸、材料和冷热流体通道(管程或壳程)

↓

计算管数

↓

计算壳体直径

↓

估算壳程传热系数

—

确定挡板间距(或其他支承方法的结构参数)和估算壳程传热系数)

↓

计算总传热系数(含污垢系数)$K_{\text{计}}$

↓

$0 < \dfrac{K_{\text{计}} - K_{\text{估}}}{K_{\text{估}}} < 30\%$ $K_{\text{计}}$ 的余量酌定

否 → 置 $K_{\text{估}} = K_{\text{计}}$

是 ↓

估算管程与壳程压降

↓

压降是否在规定范围内

否 →

是 ↓

估算换热器费用

↓

为减少费用,可否进一步优化设计

是 →

否 ↓

认可设计

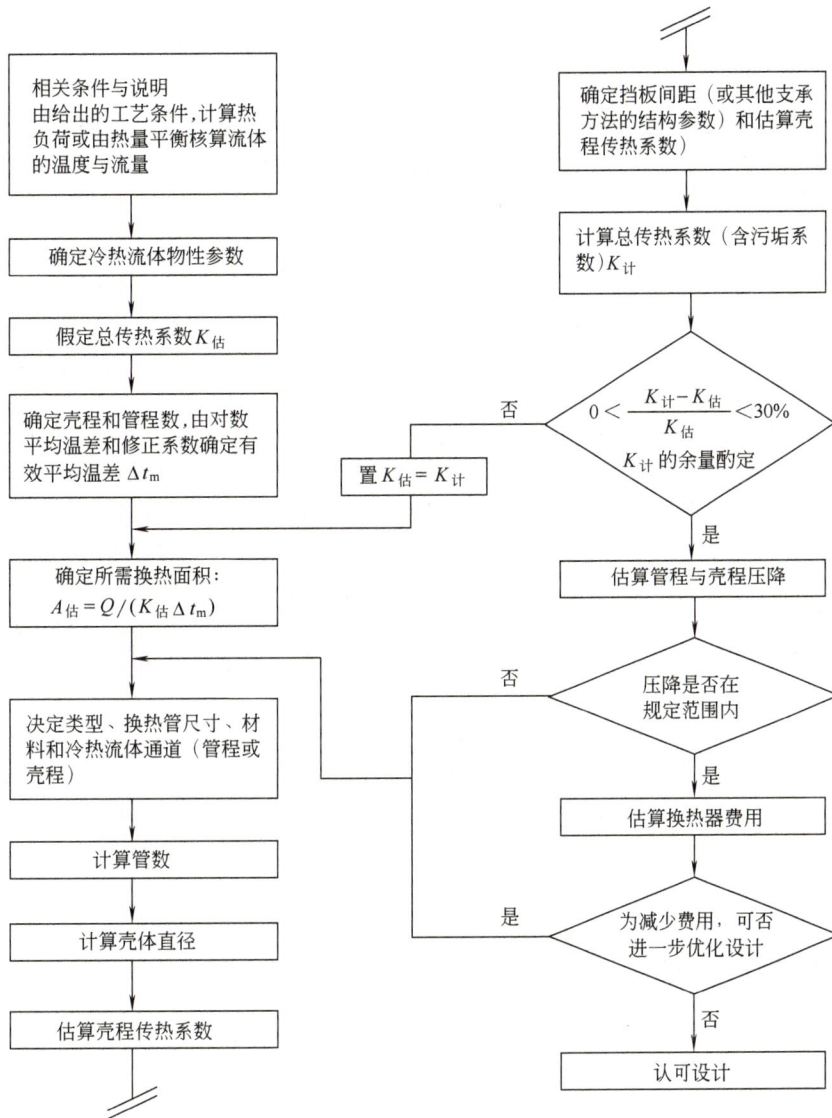

图 6-41　管壳式换热器设计步骤

6.3　传热强化技术

为应对全球能源紧缺与安全挑战,各国在加速新能源开发的同时,同步推进能源高效利用和绿色低碳技术革新。近年来,随着材料科学、数值模拟技术等的突破,传热强化研究在理论与工程层面均取得显著进展。本节主要介绍传热强化技术。

6.3.1　概述

传热强化是一种改善传热性能的技术,通过改善和提高热传递的速率,达到用最经济的设备来传递一定热量的目的。狭义的强化传热是指提高流体和传热面之间的传热系数。

对于换热设备,强化传热就是力求使换热设备在单位时间、单位传热面积传递热量的能力得到增强。以应用广泛的间壁式换热设备为例,换热量除与换热面积和平均温差成正比外,还与表征传

热过程强弱程度的传热系数成正比。当换热设备中换热面积与平均温差一定时，传热系数愈大，则换热量愈大。因此，要使换热设备中的传热过程强化，可以通过提高传热系数、增大换热面积和增大平均传热温差来实现。

为提高制造和运行经济性，尽可能降低能量品位损失，除大型换热设备外，一般不采用增大换热面积和增大平均传热温差的办法来实现传热强化。关注的重点是如何提高传热系数。

提高传热系数的方法大致可分为主动强化（有源强化）和被动强化（无源强化）。主动强化是指需要采用外加的动力（如机械力、电磁力等）来增强传热的技术，如对换热介质做机械搅拌、使换热表面振动或流体振动、将电磁场作用于流体以促使换热表面附近流体的混合等。被动强化是指除了输送传热介质的功率消耗外，不再需要附加动力来增强传热的技术，主要通过采用涂层、粗糙、烧结、扩展、异形等措施实现表面改性，从而强化传热。由于主动强化传热技术需要外加能量，工程中采用更多的是被动强化传热技术。

被动强化的方法和装置多种多样，按强化的物理机制可分为：主流区或近壁处流动的混合（如采用粗糙表面等）、减薄或破坏边界层（如采用射流冲击、扩展表面等）、流动旋转或形成二次流（如采用涡流发生器等）、增加流体湍动（如采用粗糙表面等）。

换热设备设计时，应优先选择对换热性能弱的一侧进行强化。传热壁面两侧流体的对流传热膜系数往往差别较大，如当管外是气体的强制对流、管内是水的强制对流或饱和水蒸气凝结时，管外的传热膜系数就比管内的小得多，换热设备的传热薄弱环节在管外气体侧。这种情况下，管外气体传热的增强通常采用扩展表面，如加装不同形式翅片，来增加外侧传热面积，同时增加扰动来减少该侧的传热热阻。

为了开发出更多的高效低阻换热设备，人们创新了许多换热器的壳程结构，如螺旋折流板结构、自支撑螺旋扁管结构。这些结构均有助于在相同的壳程阻力下，提高壳程的换热性能。

随着流程研究的深入和工艺创新，在强化单体设备传热的同时，人们逐渐认识到热力高效性和机械完整性协同、设备与流程工艺协同的重要性，通过扩展表面、热机协同和流程优化等技术手段强化传热。

6.3.2   扩展表面强化传热

扩展表面强化是指通过机械加工、烧结、复合等手段，改变换热管或者板片原有表面特性，形成带有扩展传热面的强化传热元件，从而提高传热表面的换热面积。

扩展传热面的种类很多，除空冷式换热器采用的翅片管、板翅式换热器采用的翅片外，管壳式换热器常用的强化传热管有低翅片螺纹管、烧结型表面多孔管、T型管和螺旋扁管等，如图6-42所示。

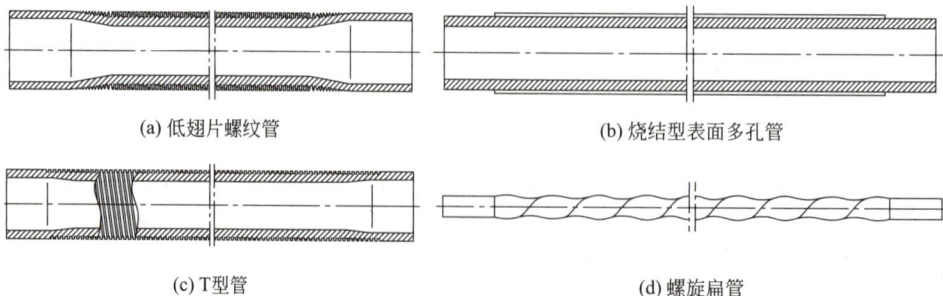

(a) 低翅片螺纹管   (b) 烧结型表面多孔管

(c) T型管   (d) 螺旋扁管

图6-42   扩展表面强化传热管

① 低翅片螺纹管   采用机械加工的方法在换热管内表面、外表面或者内外表面加工出一定高度、一定螺距、一定厚度的翅片，见图6-42（a）。这种翅片可以刺破冷凝液的液膜，从而显著减小液膜的热阻，特别适用于烃类介质的冷凝。

② 烧结型表面多孔管   将导热系数高的金属粉末烧结在换热管的内表面、外表面或者内外表

面，从而在换热管表面形成一定孔隙率的金属粉末层，见图 6-42（b）。这些粉末层可以在换热管表面营造无数个人造汽化核心，加速气泡成核速度；连通的多孔层在气泡长大和逸出的同时，因虹吸作用加速局部液体搅动，产生了整体对流传热。

③ T 型管　是在基管外壁冷加工成密集的螺旋状 T 型凹槽的换热管。凹槽的作用类似于烧结型表面多孔管的孔隙，见图 6-42（c）。因此，烧结型表面多孔管和 T 型管广泛应用于流动沸腾传热场合。

④ 螺旋扁管　是采用碾轧加工而成的螺旋椭圆截面的换热管，见图 6-42（d）。这种换热管以椭圆长轴两端为支撑点，在管壳式换热器的壳程形成自支撑，流体介质的流动方式近似纵向流动，一般应用于单相流体之间的换热。

丙烷预冷混合制冷剂液化流程是目前最常用的天然气液化工艺。在这个流程里，丙烷预冷循环将天然气冷却到 -35℃（见图 6-43），然后再通过液化循环将天然气从 -35℃冷却到 -160℃。丙烷预冷循环中，热交换器有两种：第一种是丙烷蒸发器，通过丙烷蒸发吸收天然气和液化循环中压缩机后混合冷剂冷凝液的热量；第二种是丙烷冷凝器，将高压下丙烷冷凝放出的热量由冷却介质带走。对于建设在温带地区的五百万吨级的液化工厂，这两种换热器的热负荷高达 250MW。为此，Wieland 和 Technip 联合开发了 GEWA-KS 型高效管和 GEWA-PB 型高效管，如图 6-44 所示。

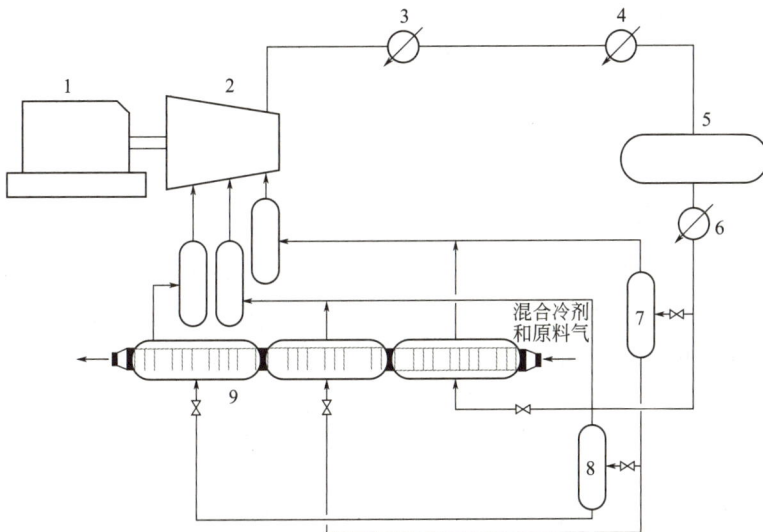

图 6-43　丙烷预冷混合制冷剂液化流程

1—透平；2—丙烷压缩机；3—丙烷调温器；4—丙烷冷凝器（双面强化冷凝管）；5—高压闪蒸罐；6—丙烷过冷器；
7—中压闪蒸器；8—低压闪蒸器；9—三级蒸发器（双面强化沸腾管）

图 6-44　双面强化的沸腾和冷凝换热管

GEWA-KS 型高效管的外表面类似于图 6-42（a）的低翅片螺纹管，GEWA-PB 型高效管的外表面类似于图 6-42（c）的 T 型管。两种换热管的内表面均增加了一定深度的螺旋沟槽，增强了流体的扰动，为轻烃纯物质管外沸腾和管外冷凝提供了良好的解决方案。在丙烷预冷流程里，当丙烷在壳侧沸腾时，使用 GEWA-PB 型高效管的沸腾换热系数可达普通光管的 2～3 倍。

与标准光管和低翅片螺纹管相比，GEWA-KS 型高效管和 GEWA-PB 型高效管的使用大大减小了设备的尺寸和重量。对于大型设备来说，综合考虑制造、运输、安装、运行和维护等因素，带来的效益则更加明显。表 6-5 对比了 3 种换热管分别应用于丙烷蒸发器和丙烷冷凝器后带来的设备尺寸和重量的变化情况。

表6-5 丙烷蒸发器、冷凝器三种换热管对比

换热管类型	热负荷/MW	丙烷蒸发/冷凝温度/℃	混合制冷剂进出口温度/℃	设备直径/mm	换热管根数	换热管长度/m	设备干重/t
丙烷蒸发器三种换热管对比							
光管	45	-21.8（蒸发）	-1.9/-18.5	/	/	27.5	172
低翅片螺纹管				/	30fpi	19	124
GEWA-PB 蒸发管				1500	3/4″×3745	10.9	79
丙烷冷凝器三种换热管对比							
光管	61	36（冷凝）	22.0/31.2	/	/	17	157
低翅片螺纹管				/	30fpi	9	96
GEWA-KS 冷凝管				2280	3/4″×6467	6.5	76

注：fpi 为每英寸管长包含的翅片数。

6.3.3 热机协同强化传热

和普通储存压力容器不同，换热设备不仅要保证设备的本质安全，还需要实现其换热功能。对于换热设备而言，尤其是管壳式热交换器，要最大限度地发挥换热效能，除了研究开发高效传热元件外，还需要在整体结构的机械设计上采取相应的措施，减小对传热的负面影响，实现热机协同。

在管壳式换热器的设计中，最大程度发挥主流流股的换热效能是热机协同强化传热最重要的体现。图 6-45 表示了管壳式换热器壳程可能存在的流股。A 股流为折流板管孔与换热管径向间隙的漏流；B 股流为穿过换热管的横流流路，是换热的主流体；C 股流为管束布管区周边，尤其是接管流通区形成的外层流体通道里的漏流；E 股流为折流板外圆与壳体圆筒的间隙通道的漏流；F 股流为多管程分程隔板区或 U 形管程间宽通道里的漏流。从传热的角度出发，壳程结构设计应尽量扩大 B 股流的流量，抑制其余四股流的流量。因为 A、C、E、F 四股流，虽然不是完全不起传热作用，但是相同流量下比横流通过管束的 B 股流的传热性能要差得多。具体的措施如下。

① 减少 A 股流　采用高精度换热管并选择与其相配的折流板管孔直径和允差，在保证能穿管的前提下，尽量减小折流板管孔与换热管的径向间隙。

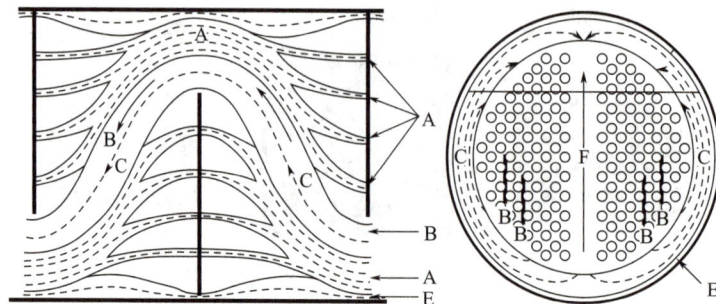

图6-45 管壳式换热器壳程流路示意图

② 减少 E 股流　控制壳程圆筒与折流板外圆的间隙，通过三个方面：控制壳程圆筒直径和椭圆度；在保证能顺利穿装管束的前提下，尽量加大折流板外圆的尺寸；壳程筒体内 A、B 类焊缝及接管内焊缝打磨至筒体内表面。

③ 减少 C 股流　设置旁路挡板，最大限度减少流体通过布管区外缘和筒体内壁之间的间隙横向流动的可能性。

④ 减少 F 股流　设置挡管或挡板，增大壳程中未布置换热管区域内的流动阻力，引导流体向有效换热区域内横向流动。

能效和安全的统一是热机协同强化传热的最终目的。在多组分、多相态、多股流等复杂换热设备设计中，要充分协同温度场、速度场和应力场，统筹换热设备热力性能和力学性能。例如，增加壳程流速是提高管壳式换热器壳程传热膜系数的有效举措，但是壳程流速的增加会带来流体阻力的急剧增大，从而降低换热器的能效。同时，增加壳程流速会增大流体诱导振动的风险。换热设备采用强化传热元件时，要充分评估材料和强化方式的相容性，避免因片面追求换热性能而危及设备安全。

挪威 Hammerfest 液化工厂海水冷却（凝）器采用了钛低翅片螺纹管和螺旋折流板组合的管壳式换热器，如图 6-46 所示。在运行过程中，由于流体诱导振动，换热管磨损严重（见图 6-47），泄漏频发。为此，技术人员对低翅片螺纹管和弓形折流板组合的管壳式换热器、低翅片螺纹管和螺旋折流板组合的管壳式换热器、螺旋扁管换热器进行了模拟分析，计算结果见表 6-6。可以看出，尽管螺旋扁管换热器的传热系数和单位壳程压降下的总传热系数远高于其他两种形式，但是由于其他两种换热器采用的都是具有扩展传热面的低翅片螺纹管，三种换热器的总换热系数处于同一个数量级。此外，由于低翅片螺纹管和弓形折流板组合的管壳式换热器、螺旋扁管换热器均采用 $\phi22.225 \times 1.734$ 换热管，因此它们的重量都超过了低翅片螺纹管和螺旋折流板组合的管壳式换热器。综合考虑抗振性能、抗垢性能以及热力性能，将海水冷却器更换为如图 6-48 所示的螺旋扁管换热器，成功解决了上述问题。

图 6-46　低翅片螺纹管螺旋折流板换热器

图 6-47　钛低翅片螺纹管磨损失效外观

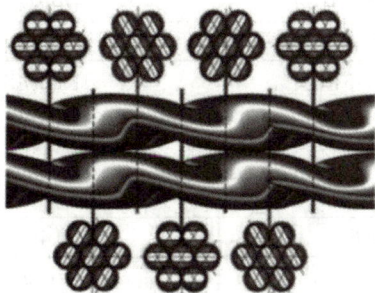

图 6-48　螺旋扁管换热器自支撑结构和管束

表6-6   三种结构管壳式换热器模拟结果对比

参数	低翅片螺纹管和弓形折流板组合	低翅片螺纹管和螺旋折流板组合	螺旋扁管
换热器内直径 /mm	1400	1400	1390
换热管长度 /m	9.930	9.994	9.926
换热管外直径 /mm	22.225	19.05	22.225
换热管壁厚 /mm	1.734	1.250	1.734
换热管根数	1435	1078	1591
管间距 /mm	26.78	32	27.78
布管方式	30°	45°	60°
有效换热面积 /m²	2109.03	1618.85	1070.87
设备干重 /kg	25648	23797	26878
污垢状态总传热系数 U/ [W/ (m²·K)]	410	593	744
壳程压降 /MPa	0.061	0.184	0.068
设备容积 /m³	15.29	15.38	15.06
表面积密度 / (m²/m³)	137.97	105.23	71.10
换热强度[①] UA/ (W/K)	865380	959980	796730
UA/ 容积 / [kW/ (m³·K)]	56.61	62.40	52.90
UA/ 壳程 ΔP/ [kW/ (MPa·K)]	14186.6	5217.3	11716.6
U/ 壳程 ΔP/ [W/ (m²·K·MPa)]	6721.3	3222.8	10941.2

① 换热强度为总传热系数与换热面积的乘积。

6.3.4   流程优化强化传热

在流程工业中，换热设备不是孤立的，而是和其他不同性质、不同功能的装备构成一个系统。换热设备的能效最终是通过整个系统体现的。系统能效不仅和换热设备传热强化有关，而且受到系统流程的影响。下面以煤化工原料气冷却工艺为例，说明流程优化是如何强化传热的。

低温甲醇洗是煤炭深加工中重要的净化工艺。装置大型化后，单一的多股流缠绕管式换热器虽然可以简化流程，但设备巨大，综合经济效益差。对于变换气和尾气处理量大的低温甲醇洗装置，原料气冷却器可以采用组合型流程替代原来的单一多股流缠绕管式换热器流程，如图6-49所示。原料气冷却器 I 的管程为高压合成气和低压二氧化碳产品气，原料气冷却器 II 的管程为低压尾气。原料气冷却器 I 和 II 的壳程均为高压变换气，具体工艺参数见表6-7。

表6-7   原料气冷却器工艺参数表

	序号	项目		原料气冷却器 I	原料气冷却器 II
1	壳程	介质		变换气 / 喷淋甲醇	变换气 / 喷淋甲醇
		设计温度 /℃		−70/80	−70/80
		设计压力 /MPa		6.7	6.7
		操作温度 /℃		−13.8/37.8	−13.8/37.8
		操作压力 /MPa		5.5	5.5
2	管程 1	介质		CO_2 产品气	尾气
		设计温度 /℃		−70/80	−70/80
		设计压力 /MPa		0.6	0.4
		操作温度 /℃		−51.4/30.8	−30.6/32.4
		操作压力 /MPa		0.18	0.1

续表

序号	项目		原料气冷却器 I	原料气冷却器 II
3	管程 2	介质	合成气	—
		设计温度 /℃	−70/80	
		设计压力 /MPa	6.7	
		操作温度 /℃	−28.3/30.8	
		操作压力 /MPa	5.4	

在图 6-49 流程单股流缠绕管式换热器（原料气冷却器 II）中，由于高压介质变换气走壳程，大流量低压尾气的换热管数量很大，造成壳体直径变大、厚度变厚，同时壳程的换热能力也受到削弱。在图 6-50 所示的新流程中，将壳程变换气和管程尾气的流路进行对调，并且注意流量的分配，既可以实现传热的强化，又可以节约大量的金属消耗。流程优化后，原料气冷却器 II 的总传热系数由 106.06W/（$m^2 \cdot K$）提高到 130.30W/（$m^2 \cdot K$），增加了 22.64%，传热性能得到提高，换热面积由 3224m^2 减小至 2624m^2；换热器壳体的壁厚变薄，设备质量减轻 50%，在保证壳程安全的前提下，金属材料节省显著，设备投资大大减少。

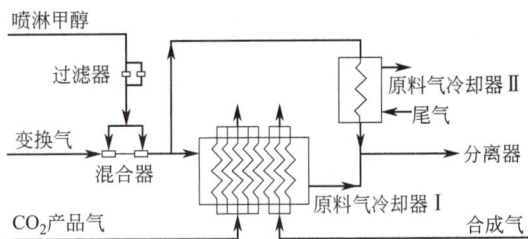

图 6-49　原料气冷却工艺流程　　　　图 6-50　管程、壳程介质对调后的优化流程

高效换热设备的采用以及流程的优化，实现了设备与流程的一体化创新，从而使整个系统的热量得到充分的利用。基于对工艺介质适应性和操作工况特点的选材、设计和制造，保证了换热设备的安全性；基于旋流强化和多层掺混的热力设计，保证了换热设备的能效性；基于对流程的优化，既缓解了空冷器的负荷，又增加了系统的可调节性。这三者的结合，有望实现机械完整性、热力高效性、流程便捷性的完美统一。

思考题

1. 换热设备有哪几种主要形式？
2. 间壁式换热器有哪几种主要形式？各有什么特点？
3. 管壳式换热器主要有哪几种形式？换热管与管板有哪几种连接方式？各有什么特点？
4. 换热器流体诱导振动的主要原因有哪些？相应采取哪些防振措施？
5. 换热设备传热强化可采取哪些途径来实现？

7 塔设备

学习意义

　　塔设备通过气（汽）- 液或液 - 液两相间的充分接触，完成过程工业中的质量传递和热量传递过程，能实现精馏、吸收、解吸及萃取等单元操作，广泛应用于石油化工、煤化工、医药化工、能源等领域。塔设备的选型、结构设计及选材、强度设计等知识的学习，对于提高塔设备性能、保证装置安全运行等方面具有重要意义。

学习目标

○ 掌握塔设备的总体结构，熟悉选型原则；

○ 熟悉填料塔和板式塔内件及附件的结构、选型和工作原理；

○ 掌握塔设备强度及稳定性设计计算方法，能对塔设备进行载荷分析、强度和屈曲校核；

○ 熟悉风的诱导振动原理和常用的防振措施，培养分析和解决工程问题的能力。

7.1 概述

7.1.1 塔设备的应用

　　在化工、炼油、医药、食品及环境保护等工业部门，塔设备是一种重要的单元操作设备。它的应用面广、量大。据统计，塔设备无论是投资费用还是所消耗的钢材重量，在整个过程设备中所占的比例都相当高，表 7-1 所示为几个典型的实例。

表7-1　塔设备的投资及重量在过程设备中所占的比例

装置名称	最大单套产能/（万吨/年）	塔设备投资占比/%	塔设备重量占比/%
乙烯装置	210	25～45	30～50
丁二烯装置	45	35～55	40～60
加氢裂化装置	400	25～35	18～28

塔设备的作用是实现气（汽）-液相或液-液相之间的充分接触，从而达到相际间传质及传热的目的。塔设备广泛用于蒸馏、吸收、解吸（汽提）、萃取、气体的洗涤、增湿及冷却等单元操作中，它的操作性能好坏，对整个装置的生产，产品产量、质量、成本以及环境保护、"三废"处理等都有较大的影响。因此对塔设备的研究一直是工程界所关注的热点。随着石油、化工的迅速发展，塔设备呈现出大型化的发展趋势。如90万吨/年丙烷脱氢装置的丙烷丙烯分离塔塔高138.6m、最大直径10.8m、吊装总重2558t；全球最大环氢乙烷/乙二醇洗涤塔，上段直径9m，下段直径10.2m，长度达109m，吊装总重3250t。为此塔设备的合理选型及设计将越来越受到关注和重视。

为了使塔设备能更有效、更经济地运行，除了要求它满足特定的工艺条件外，还应满足以下基本要求。

ⅰ.气-液两相充分接触，相际间传热面积大。只有在气-液两相充分接触的情况下，相际的传质才能有效进行。作为塔设备，应具有尽可能大的两相接触面积，并使这些接触面积被充分利用，才可能得到较高的传质效率。

ⅱ.生产能力大，即气-液处理量大。如一定塔径的塔设备在较大的气-液负荷时，仍能保证该塔正常、有效地操作，则可减少传质设备的体积，使之更加紧凑。

ⅲ.操作稳定，操作弹性大。当塔设备的气相或液相负荷发生一定范围的变化或波动时，设备仍能正常有效地运行。

ⅳ.阻力小。如流体通过设备时阻力小，即流体的压降小，则可降低能耗，从而减少设备的操作费用。

ⅴ.结构简单，制造、安装、维修方便，设备的投资及操作费用低。

ⅵ.耐腐蚀，不易堵塞。

7.1.2　塔设备的选型

7.1.2.1　塔设备的总体结构

目前，塔设备的种类很多，为了便于比较和选型，必须对塔设备进行分类，常见的分类方法有：

ⅰ.按操作压力分，有加压塔、常压塔及减压塔；

ⅱ.按单元操作分，有精馏塔、吸收塔、解吸塔、萃取塔、反应塔、干燥塔等；

ⅲ.按内件结构分，有填料塔、板式塔。

因为目前工业上应用最广泛的还是填料塔及板式塔，所以本章将主要讨论这两类塔设备。

填料塔属于微分接触型的气-液传质设备。塔内以填料作为气-液接触和传质的基本构件。液体在填料表面呈膜状自上而下流动，气体呈连续相自下而上与液体作逆流流动，并进行气-液两相间的传质和传热。两相的组分浓度或温度沿塔高呈连续变化。图7-1为填料塔的总体结构。

板式塔是一种逐级（板）接触的气-液传质设备。塔内以塔板作为基本构件，气体自塔底向上以鼓泡或喷射的形式穿过塔板上的液层，使气-液相密切接触而进行传质与传热，两相的组分浓度呈阶梯式变化。图7-2为板式塔的总体结构。

由图7-1及图7-2可见，无论是填料塔还是板式塔，除了各种内件之外，均由塔体、支座、人孔或手孔、除沫器、接管、吊柱及扶梯、操作平台等组成。

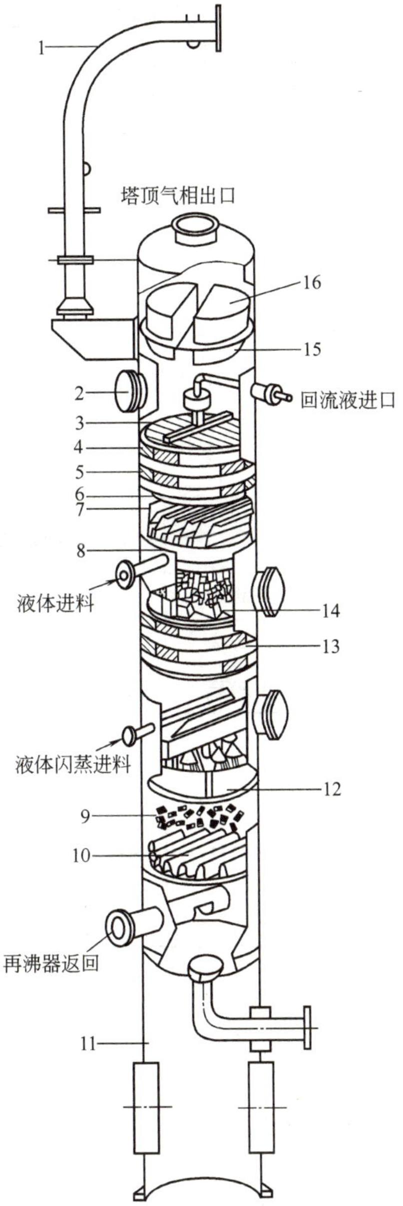

图7-1　填料塔的总体结构

1—吊柱；2—人孔；3—排管式液体分布器；4—床层定位器；5,13—规整填料；6—填料支承栅板；7—液体收集器；8—集液管；9—散装填料；10—填料支承装置；11—支座；12—槽式液体再分布器；14—盘式液体分布器；15—防涡流器；16—除沫器

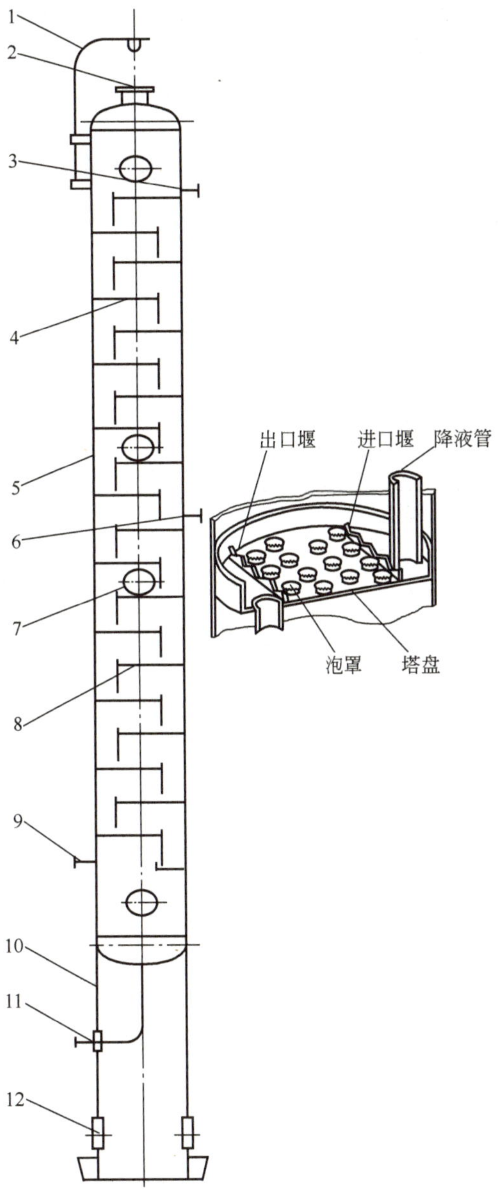

图7-2　板式塔的总体结构

1—吊柱；2—气体出口；3—回流液入口；4—精馏段塔盘；5—壳体；6—料液进口；7—人孔；8—提馏段塔盘；9—气体入口；10—支座；11—釜液出口；12—出入口

微课7-1
填料塔总体结构

① 塔体　塔体即塔设备的外壳，常见的塔体由等直径、等厚度的圆筒及上下封头组成。对于大型塔设备，为了节省材料也有采用不等直径、不等厚度的塔体。塔设备通常安装在室外，因而塔体除了承受一定的操作压力（内压或外压）、温度载荷外，还要考虑风载、地震载荷、偏心载荷。此外还要满足在试压、运输及吊装时的强度、刚度及稳定性要求。

② 支座　塔体支座是塔体与基础的连接结构。因为塔设备较高、重量较大，为保证其足够的强度及刚度，通常采用裙式支座。

③ 人孔及手孔　为安装、检修、检查等需要，往往在塔体上设置人孔或手孔。不同的塔设备，人孔或手孔的结构及位置等要求不同。

　　④ 接管　用于连接工艺管线，使塔设备与其他相关设备相连接。按其用途可分为进液管、出液管、回流管、进气及出气管、侧线抽出管、取样管、仪表接管、液位计接管等。

　　⑤ 除沫器　用于捕集夹带在气流中的液滴。除沫器工作性能的好坏对除沫效率、分离效果都具有较大的影响。

　　⑥ 吊柱　安装于塔顶，主要用于安装、检修时吊运塔内件。

7.1.2.2　塔设备的选型

　　填料塔和板式塔均可用于蒸馏、吸收等气-液传质过程，但在两者之间进行比较及合理选择时，必须考虑多方面因素，如与被处理物料性质、操作条件和塔的加工、维修等方面有关的因素等。选型时很难提出绝对的选择标准，而只能提出一般的参考意见，表7-2给出了填料塔和板式塔的一些主要区别。

表7-2　填料塔与板式塔的主要区别

塔型 项目	填料塔	板式塔
压降	小尺寸填料，压降较大，而大尺寸填料及规整填料，则压降较小	较大
空塔气速	小尺寸填料气速较小，而大尺寸填料及规整填料则气速可较大	较大
塔效率	传统的填料，效率较低，而新型乱堆及规整填料则塔效率较高	较稳定、效率较高
液-气比	对液体量有一定要求	适用范围较大
持液量	较小	较大
安装、检修	较难	较容易
材质	金属及非金属材料均可	一般用金属材料
造价	新型填料，投资较大	大直径时造价较低

　　在进行填料塔和板式塔的选型时，下列情况可考虑优先选用填料塔：

　　i. 在分离程度要求高的情况下，因某些新型填料具有很高的传质效率，故可采用新型填料以降低塔的高度；

　　ii. 对于热敏性物料的蒸馏分离，因新型填料的持液量较小，压降小，故可优先选择真空操作下的填料塔；

　　iii. 具有腐蚀性的物料，可选用填料塔，因为填料塔可采用非金属材料，如陶瓷、塑料等；

　　iv. 容易发泡的物料，宜选用填料塔，因为在填料塔内，气相主要不以气泡形式通过液相，可减少发泡的危险，此外，填料还可以使泡沫破碎。

　　下列情况下，可优先选用板式塔：

　　i. 塔内液体滞液量较大，要求塔的操作负荷变化范围较宽，对进料浓度变化要求不敏感，要求操作易于稳定；

　　ii. 液相负荷较小，因为这种情况下，填料塔会由于填料表面湿润不充分而降低其分离效率；

　　iii. 含固体颗粒，容易结垢，有结晶的物料，因为板式塔可选用液流通道较大，堵塞的危险较小；

　　iv. 在操作过程中伴随有放热或需要加热的物料，需要在塔内设置内部换热组件，如加热盘管，需要多个进料口或多个侧线出料口，这是因为一方面板式塔的结构上容易实现，此外，塔板上有较多的滞液量，以便与加热或冷却管进行有效的传热。

　　实践证明，在较高压力下操作的蒸馏塔仍多采用板式塔，因为在压力较高时，塔内气液比小，气相返混剧烈，填料塔的分离效果往往不佳。

7.2　填料塔

填料塔的基本特点是结构简单，压力降小，传质效率高，便于采用耐腐蚀材料制造等。对于热敏性及容易发泡的物料，更显出其优越性。过去，填料塔多推荐用于 0.6～0.7m 以下的塔径。近年来，随着高效新型填料和其他高性能塔内件的开发，以及人们对填料流体力学、放大效应及传质机理的深入研究，填料塔技术得到了迅速发展。目前，国内外已开始利用大型高效填料塔改造板式塔，并在增加产量、提高产品质量、节能等方面取得了巨大的成效。

近年来，工程界对填料塔进行了大量的研究工作，主要集中在以下几个方面：

ⅰ. 开发多种形式、规格和材质的高效、低压降、大流量的填料；

ⅱ. 与不同填料相匹配的塔内件结构；

ⅲ. 填料层中液体的流动及分布规律；

ⅳ. 蒸馏、萃取等过程的模拟；

ⅴ. 塔设备节能技术的研究。

7.2.1　填料

填料是填料塔的核心内件，它为气（汽）- 液两相接触进行传质和换热提供了接触面，与塔的其他内件共同决定了填料塔的性能。因此，设计填料塔时，首先要适当地选择填料。要做到这一点，必须了解不同填料的性能。填料一般可以分为散装填料及规整填料两大类。

7.2.1.1　散装填料

散装填料是指安装以乱堆为主的填料，也可以整砌。这种填料是具有一定外形结构的颗粒体，故又称颗粒填料。根据其形状，这种填料可分为环形、鞍形及环鞍形。每一种填料按其尺寸、材质的不同又有不同的规格。散装填料的发展过程如图 7-3 所示。

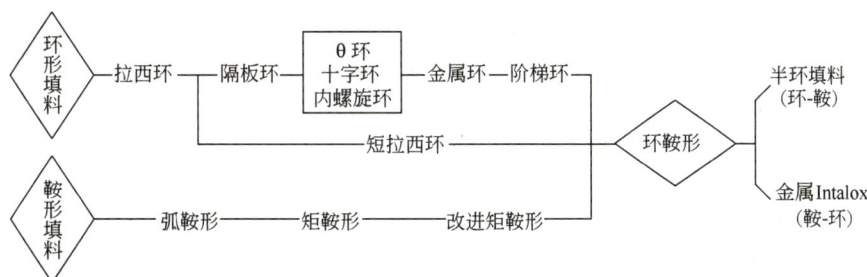

图 7-3　散装填料的发展

散装填料包括拉西环、θ 环、十字环、鲍尔环、阶梯环、弧鞍、环矩鞍等（见图 7-4）。目前常用的散装填料有拉西环、鲍尔环、阶梯环、环矩鞍填料，各散装填料的通过能力，以鲍尔环最大、拉西环最小，矩鞍填料则接近鲍尔环；各填料的效率及操作弹性，鲍尔环都居首位（见图 7-5）。金属环矩鞍填料与金属鲍尔环相比，通量提高 15%～30%，压降降低 40%～70%，效率提高 10% 左右。共轭环填料是 1992 年我国自行开发的填料，阻力比阶梯环低 40%～45%，比鲍尔环低 50%～55%，传质单元高度比阶梯环低 15%，比鲍尔环低 30%。可见，新的组合型填料的优点是明显的。

7.2.1.2　规整填料

在乱堆的散装填料塔内，气 - 液两相的流动路线往往是随机的，加之填料装填时难以做到各处均一，因而容易产生沟流等不良情况，从而降低塔的效率。

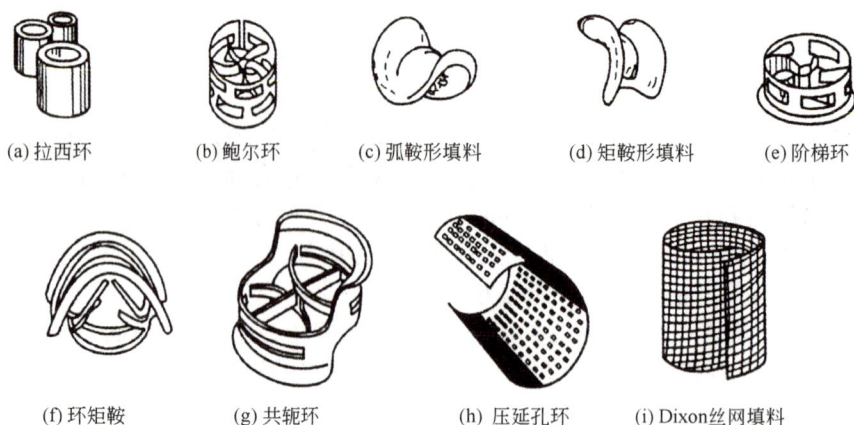

(a) 拉西环   (b) 鲍尔环   (c) 弧鞍形填料   (d) 矩鞍形填料   (e) 阶梯环

(f) 环矩鞍   (g) 共轭环   (h) 压延孔环   (i) Dixon丝网填料

图 7-4   散装填料

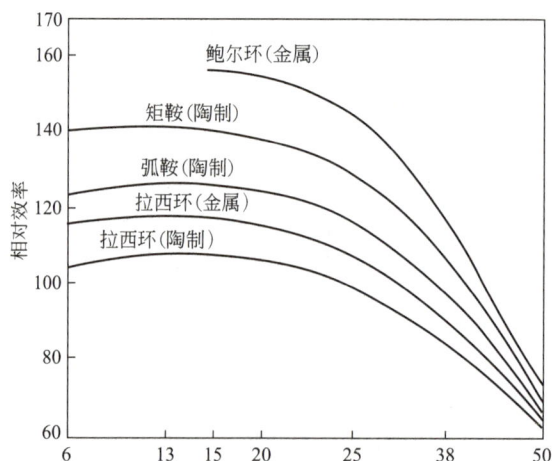

图 7-5   几种填料的相对效率

　　规整填料是一种在塔内按均匀的几何图形规则、整齐地堆砌的填料，这种填料人为地规定了填料层中气、液的流路，减少了沟流和壁流的现象，大大降低了压降，提高了传热、传质的效果。规整填料的种类，根据其结构可分为丝网波纹填料及板波纹填料（见图 7-6、图 7-7）。

图 7-6   丝网波纹填料

图 7-7   金属板波纹填料

　　丝网波纹填料空隙率大，具有极好的润湿能力和自分布能力，几乎无放大效应，有利于在大型塔器中的应用，但造价高，抗污能力差，难以清洗。

　　金属板波纹填料保留了金属丝网波纹填料压降低、通量高、持液量小、气 - 液分布均匀、几乎无放大效应等优点，传质效率也比较高，但其造价比丝网波纹填料要低得多。

7.2.1.3　填料的选用

　　填料的选用主要根据其效率、通量和压降三个重要的性能参数决定。它们决定了塔能力的大小及操作费用。在实际应用中，考虑到塔体的投资，一般选用具有中等比表面积（单位体积填料中填料的表面积，m^2/m^3）的填料比较经济。比表面积较小的填料空隙率大，可用于流体高通量、大液量及物料较脏的场合。对于老塔改造，在塔高和塔径确定的前提下应根据改造的目的，选择性能相宜的填料。在同一塔中，可根据塔中不同高度处两相流量和分离难易而采用多种不同规格的填料。此外，在选择填料时还应考虑系统的腐蚀性、成膜性和是否含有固体颗粒等因素来选择不同材料、不同种类的填料。

7.2.2　填料塔内件的结构设计

填料塔的内件是整个填料塔的重要组成部分。内件的作用是为了保证气-液更好地接触，以便发挥填料塔的最大效率和生产能力。因此内件设计的好坏直接影响到填料性能的发挥和整个填料塔的效率。

7.2.2.1　填料的支承装置

填料的支承装置安装在填料层的底部。其作用是防止填料穿过支承装置而落下；支承操作时填料层的重量；保证足够的开孔率，使气-液两相能自由通过。因此不仅要求支承装置具备足够的强度及刚度，而且要求结构简单，便于安装，所用的材料耐介质的腐蚀。

（1）栅板型支承

填料支承栅板是结构最简单、最常用的填料支承装置，如图 7-8 所示。它由相互垂直的栅条及扁钢圈组成，放置于焊接在塔壁的支承圈上。塔径较小时可采用整块式栅板，大型塔则可采用分块式栅板。

栅板支承的缺点是如将散装填料直接乱堆在栅板上，则会使空隙堵塞从而减少其开孔率，故这种支承装置广泛用于规整填料塔。有时在栅板上先放置一盘板波纹填料，然后再装填散装填料。

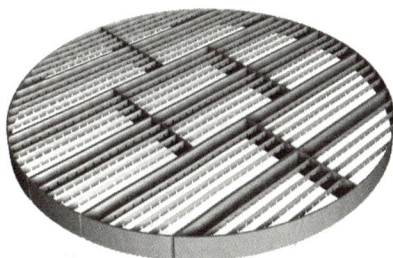

图 7-8　栅板型支承装置

（2）气液分流型支承

气液分流型支承属于高通量低压降的支承装置。其特点是为气体及液体提供了不同的通道，避免了栅板式支承中气液从同一孔槽中逆流通过。这样既避免了液体在板上的积聚，又有利于液体的均匀再分配。

① 波纹式　波纹式支承装置由金属板加工的网板冲压成波形，然后焊接在钢圈上，如图 7-9 所示。网孔呈菱形，且波形沿菱形的长轴冲制。目前使用的网板最大厚度：碳钢为 8mm，不锈钢为 6mm。菱形长轴 150mm，短轴为 60mm，波纹高度为 25～50mm，波距一般大于 50mm。

② 驼峰式　驼峰式支承装置是组合式的结构，其梁式单元体，尺寸为宽 290mm，高 300mm，各梁式单元体之间用定距凸台保持 10mm 的间隙供排液用。驼峰上具有条形侧孔，如图 7-10 所示。图中各梁式单元体由钢板冲压成型。板厚：不锈钢为 4mm，碳钢为 6mm。

图 7-9　波纹式支承装置

图 7-10　驼峰式支承装置

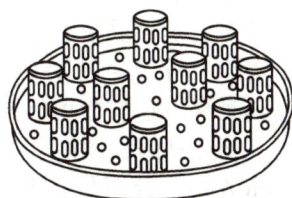

图 7-11　孔管式支承装置

这种支承装置的特点是：气体通量大，液体负荷高，液体不仅可以从盘上的开孔排出，而且可以从单元体之间的间隙穿过，最大液体负荷可达 200m³/（m²·h）。它是目前性能最优的散装填料的支承装置，且适用于大型塔。对于直径大于3m的大塔，中间沿与驼峰轴线的垂直方向应加工字钢梁支承以增加刚度。

③ 孔管式　孔管式支承装置，如图7-11所示。其特点是将位于支承板上的升气管上口封闭，在管壁上开长孔，因而气体分布较好，液体从支承板上的孔中排出，特别适用于塔体用法兰连接的小型塔。

7.2.2.2　填料塔的液体分布器

液体分布器安装于填料上部，它将液相加料及回流液均匀地分布到填料的表面上，形成液体的初始分布。在填料塔的操作中，因为液体的初始分布对填料塔的影响最大，所以液体分布器是填料塔最重要的塔内件之一。

理想的液体分布器，应该是液体分布均匀，自由面积大，操作弹性宽，能处理易堵塞、有腐蚀，易起泡的液体，各部件可通过人孔进行安装和拆卸。

液体分布器根据其结构形式，可分为管式、槽式、喷洒式及盘式。

（1）管式液体分布器

管式液体分布器分重力型和压力型两种。

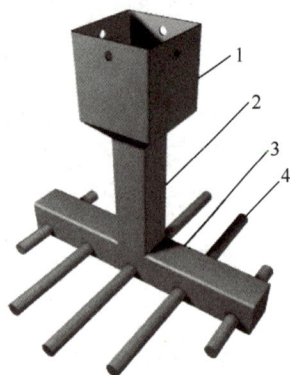

图7-12　重力型排管式液体分布器
1—进液口；2—液位管；3—液体分配管；4—布液管

图7-12为重力型排管式液体分布器。它由进液口、液位管、液体分配管及布液管组成。进液口为漏斗形，内置金属丝网过滤器，以防止固体杂质进入液体分布器内。液位管及液体分配管可用圆管或方管制成。布液管一般由圆管制成，且底部打孔以将液体分布到填料层上部。对于塔体分段由法兰连接的小型塔，其排管式液体分布器做成整体式，而对于整体式大塔，则可做成可拆卸结构，以便从人孔进入塔中，在塔内安装。

这种分布器的最大优点是塔在风载荷作用下产生摆动时，液体不会溅出。此外，液体管中有一定高度的液位，故安装时水平度误差不会对从小孔流出的液体有较大的影响，因而可达到较高的分布质量。因此一般用于中等以下液体负荷及无污物进入的填料塔中，特别是丝网波纹填料塔。

压力型管式液体分布器是靠泵的压头或高液位通过管道与分布器相连，将液体分布到填料上，根据管子安排的方法不同，有排管式和环管式，如图7-13所示。

压力型管式液体分布器结构简单，易于安装，占用空间小，适用于带有压力的液体进料，值得注意的是压力型管式液体分布器只能用于液体单相进料，操作时必须充满液体。

（2）槽式液体分布器

槽式液体分布器为重力型分布器，它是靠液位（液体的重力）分布液体。就结构而言，可分为孔流型与溢流型两种。

图7-14为槽式孔流型液体分布器，它由主槽和分槽组成。主槽为矩形截面敞开式的结构，长度由塔径及分槽的尺寸决定，高度取决于操作弹性，一般取200～300mm。主槽的作用是将液体通过其底部的布液孔均匀稳定地分配到各分槽中。分槽将主槽分配的液体，均匀地分布到填料的表面上。分槽的长度由塔径及排列情况确定，宽度由液体量及要求的停留时间确定，高度通常为250mm左右。分槽是靠槽内的液位由槽底的布液孔来分布液体的，其设计的关键是布液结构。一般情况下，最低液位以50mm为宜，最高液位由操作弹性、塔内允许的高度及造价确定，一般200mm左右。

(a) 排管式 (b) 环管式

图 7-13 压力型管式液体分布器

　　槽式溢流型液体分布器与槽式孔流型液体分布器结构上有相似处，它是将槽式孔流型液体分布器的底孔改成侧向溢流孔。溢流孔一般为倒三角形或矩形，如图 7-15 所示。它适用于高液量或物料内有脏物易被堵塞的场合。液体先进入主槽，靠液位由主槽的矩形或三角形溢流孔分配至各分槽中，然后再依靠分槽中的液位从三角形或矩形溢流孔流到填料表面上。主槽可设置一个或多个，视塔径而定，直径 2m 以下的塔可设置一个主槽，直径 2m 以上或液量很大的塔可设 2 个或多个主槽。

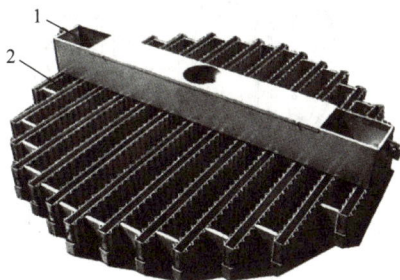

图 7-14 槽式孔流型液体分布器
1—主槽；2—分槽

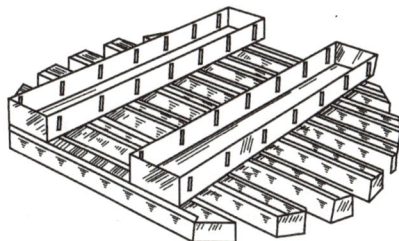

图 7-15 槽式溢流型液体分布器

　　这种分布器常用于散装填料塔中，由于其分布质量不如槽式孔流型液体分布器，故高效规整填料塔中应用不多。分槽宽度一般为 100～120mm，高度为 100～150mm，分槽中心距为 300mm 左右。

　　（3）喷洒式液体分布器

　　喷洒式液体分布器的结构与压力型管式分布器相似，它是在液体压力下，通过喷嘴（而不是管式分布器的喷淋孔）将液体分布在填料上，其结构如图 7-16 所示。最早使用的喷洒式液体分布器是莲蓬头喷淋式分布器，由于其分布性能差，现已很少使用。利用喷嘴代替莲蓬头，可取得较好的分布效果。喷洒式分布器的关键是喷嘴的设计，包括喷嘴的结构、布置、喷射角度、液体的流量及喷嘴的安装高度等。喷嘴喷出的液体呈锥形，为了达到均匀分布，锥底需有部分重叠，重叠率一般为 30%～40%，喷嘴安装于填

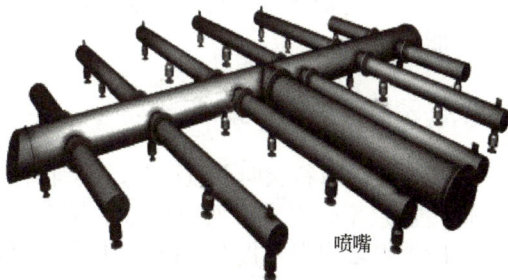

喷嘴

图 7-16 喷洒式液体分布器

料上方约 300～800mm 处，喷射角度约 120°。

喷洒式分布器结构简单、造价低、易于支承，气体处理量大，液体处理量的范围比较宽，但雾沫夹带较严重，需安装除沫器，且压头损失也比较大，使用时要避免液体直接喷到塔壁上，产生过大的壁流。进料中不能含有气相及固相。

（4）盘式液体分布器

盘式液体分布器分为孔流型和溢流型两种。

盘式孔流型液体分布器是在底盘上开有液体喷淋孔并装有升气管。气液的流道分开：气体从升气管上升，液体在底盘上保持一定的液位，并从喷淋孔流下。升气管截面可为圆形，也可为锥形，高度一般在 200mm 以下。当塔径在 1.2m 以下时，可制成具有边圈的结构，如图 7-17 所示。分布器边圈与塔壁间的空间可作为气体通道。

对于大直径塔，可用图 7-18 所示的盘式分布器，它采用支承梁将分布器分为 2～3 个部分，设计时注意支承梁在载荷作用下每米的最大挠度应小于 1.5mm，两个分液槽安装在矩形升气管上，并将液体加入到盘上。

盘式溢流型液体分布器是将上述盘式孔流型液体分布器的布液孔改成溢流管。对于大塔径，分布器可制成分盘结构，如图 7-19 所示。每块分盘上设升气管，且各分盘间，周边与塔壁间也有升气管道，三者总和约为塔截面积的 15%～45%。溢流管多采用 ϕ20mm，上端开 60° 斜口的小管制成，溢流管斜口高出盘底 20mm 以上，溢流管布管密度可为每平方米塔截面 100 个以上，适用于规整填料及散装填料塔，特别是中小流量的操作。

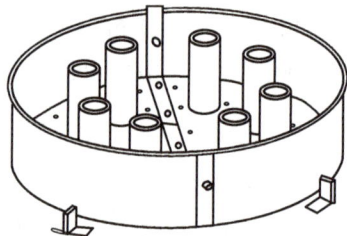

图 7-17　小直径塔用盘式孔流型液体分布器

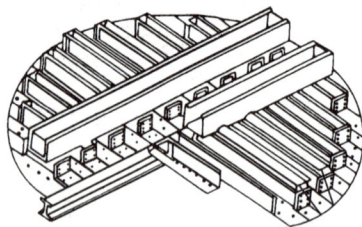

图 7-18　大直径塔用盘式孔流型液体分布器

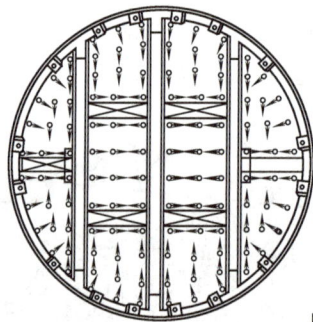

图 7-19　盘式溢流型液体分布器

在选择液体分布器时，对于金属丝网填料及非金属丝网填料，应选用管式分布器；对于比较脏的物料，应优先选用槽式分布器。对于分批精馏的情况，应选用高弹性分布器。表 7-3 为各种分布器性能的比较。

7.2.2.3　液体收集再分布器

当液体沿填料层向下流动时，具有流向塔壁而形成"壁流"的倾向，结果造成液体分布不均匀，降低传质效率，严重时使塔中心的填料不能被液体湿润而形成"干锥"。为此，必须将填料分段，在各段填料之间需要将上一段填料下来的液体收集，再分布。液体收集再分布器的另一作用是当塔内气、液相出现径向浓度差时，液体收集再分布器将上层填料流下的液体完全收集、混合，然后均匀分布到下层填料，并将上升的气体均匀分布到上层填料以消除各自的径向浓度差。

表7-3 液体分布器的性能比较

项目	管式		喷洒式	槽式孔流	槽式溢流	盘式孔流	盘式溢流
	重力	压力	压力	重力	重力	重力	重力
液体分布质量	高	中	低-中	高	低-中	高	低-中
处理能力 /[m³/(m²·h)]	0.25~10	0.25~2.5	范围较宽	范围宽	范围宽	范围宽	范围宽
塔径/m	任意	>0.4	任意	任意,通常>0.6	任意,通常>0.6	<1.2	<1.2
留堵程度	高	高	中-高	中	低	中	低
气体阻力	低	低	低	低	低-高	高	高
对水平度的要求	低	无	无	低载荷时高	高	低载荷时高	高
腐蚀的影响	中	大	大	大	小	大	小
液相夹带重量	低	高	高	低	低	低	低
	低	低	低	中	中	高	高

（1）液体收集器

① 斜板式液体收集器　如图7-20所示。上层填料下来的液体落到斜板上后沿斜板流入下方的导液槽中，然后进入底部的横向或环形集液槽。再由集液槽中心管流入再分布器中进行液体的混合和再分布。斜板在塔截面上的投影必须覆盖整个截面并稍有重叠。安装时将斜板点焊在收集器筒体及底部的横槽及环槽上即可。

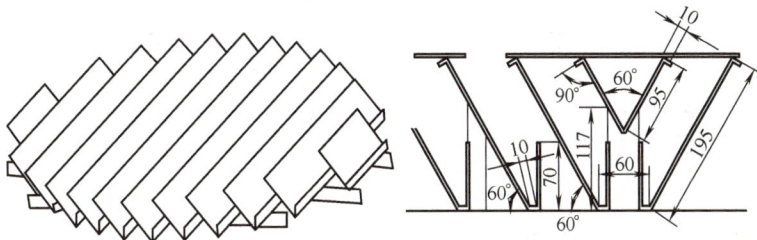

图7-20　斜板式液体收集器

斜板液体收集器的特点是自由面积大，气体阻力小，一般不超过2.5mm水柱（=24.5Pa）。因此特别适用于真空操作。

② 升气管式液体收集器　其结构与盘式液体分布器相同，只是升气管上端设置挡液板，以防止液体从升气管落下，其结构如图7-21所示。这种液体收集器是把填料支承和液体收集器合二为一，占据空间小，气体分布均匀性好，可用于气体分布性能要求高的场合。其缺点是阻力较斜板式收集器大，且填料容易挡住收集器的布液孔。

图7-21　升气管式液体收集器

（2）液体再分布器

① 组合式液体再分布器　将液体收集器与液体分布器组合起来即构成组合式液体再分布器，而且可以组合成多种结构形式的再分布器。图7-22（a）为斜板式收集器与液体分布器的组合，可用于规整填料及散装填料塔。图7-22（b）为气液分流式支承板与盘式液体分布器的组合。两种再分布器相比，后者的混合性能不如前者，且容易漏液，但它所占据的塔内空间小。

② 盘式液体再分布器　其结构与升气管液体收集器相同（见图7-21），只是在盘上打孔以分布液体。开孔的大小、数量及分布由填料种类及尺寸、液体流量及操作弹性等因素确定。

③ 壁流收集再分布器　分配锥是最简单的壁流收集再分布器，如图7-23（a）所示。它将沿塔

壁流下的液体用再分配锥导出至塔的中心。圆锥小端直径 D_1 通常为塔径 D_i 的 0.7～0.8 倍。分配锥一般不宜安装在填料层里，而适宜安装在填料层分段之间，作为壁流的液体收集器使用。这是因为分配锥若安装在填料内会使气体的流动面积减少，扰乱了气体的流动。同时分配锥与塔壁间又形成死角，填料的安装也困难。分配锥上具有通孔的结构，是分配锥的改进结构，如图 7-23（b）所示。通孔使通气面积增加，且使气体通过时的速度变化不大。

图 7-24 为玫瑰式再分布器，与上述分配锥相比，具有较高的自由截面积，较大的液体处理能力，不易被堵塞；分布点多且均匀，不影响填料的操作及填料的装填，它将液体收集并通过突出的尖端分布到填料中。

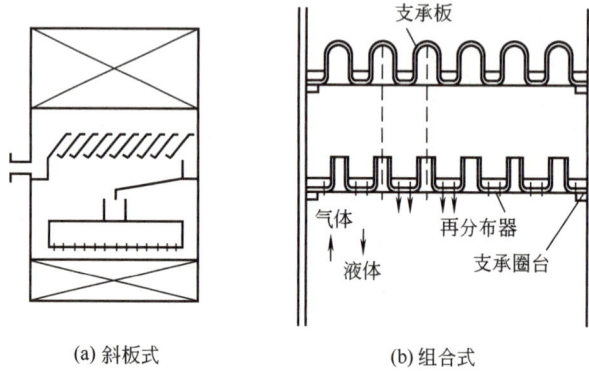

(a) 斜板式　　　　　　　(b) 组合式

图 7-22 组合式液体再分布器

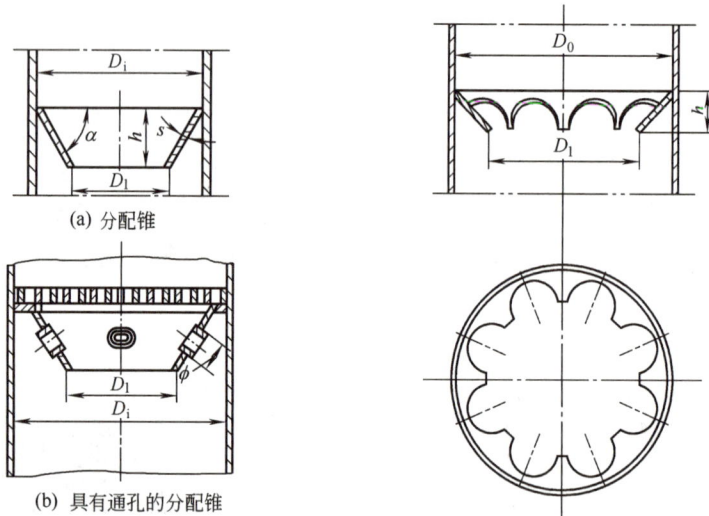

(a) 分配锥

(b) 具有通孔的分配锥

图 7-23 分配锥

图 7-24 玫瑰式壁流收集再分布器

应当注意的是上述壁流收集再分布器，只能消除壁流，而不能消除塔中的径向浓度差。因此，只适用于直径小于 0.6～1m 的小型散装填料塔。

7.2.2.4　填料的压紧和限位装置

当气速较高或压力波动较大时，会导致填料层的松动从而造成填料层内各处的装填密度产生差异，引起气、液相的不良分布，严重时会导致散装填料的流化，造成填料的破碎、损坏、流失。为了保证填料塔的正常、稳定操作，在填料层上部应当根据不同材质的填料安装不同的填料压紧器或填料层限位器。

一般情况下，陶瓷、石墨等脆性散装填料宜用填料压紧器，而金属、塑料制散装填料及各种规整填料则使用填料层限位器。

（1）填料压紧器

填料压紧器又称填料压板。将其自由放置于填料层上部，靠其自身的重量压紧填料。当填料层移动并下沉时，填料压板即随之一起下落，故散装填料的压板必须有一定的重量。常用的填料压紧板有栅条式，其结构与图 7-8 所示的栅板型支承板类似，只是要求其空隙率大于 70%。栅条间距约为填料直径的 0.6～0.8 倍，或是底面垫金属丝网以防止填料通过栅条间隙。其次是如图 7-25 所示的网板式填料压板，它由钢圈、栅条及金属网制成，如果塔径较大，简单的压紧网板不能达到足够的压强，设计时可适当增加其重量。无论是栅板式还是网板式压板，均可制成整体式或分块结构，视塔径大小及塔体结构而定。

（2）填料限位器

填料限位器又称床层定位器，用于金属、塑料制散装填料及所有规整填料。它的作用是防止高气速、高压降或塔的操作出现较大波动时，填料向上移动而造成填料层出现空隙，从而影响塔的传质效率。

对于金属及塑料制散装填料，可采用如图 7-25 所示的网板结构作为填料限位器。因为这种填料具有较好的弹性，且不会破碎，故一般不会出现下沉，所以填料限位器需要固定在塔壁上。对于小塔，可用螺钉将网板限位器的外圈顶于塔壁，而大塔则用支耳固定。

对于规整填料，因具有比较固定的结构，因此限位器也比较简单，使用栅条间距为 100～500mm 的栅板即可。

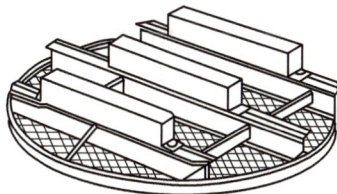

图 7-25　网板式填料压板

7.3 板式塔

7.3.1 板式塔的分类

板式塔的种类繁多，通常可按如下分类。

① 按塔板的结构分　有泡罩塔、筛板塔、浮阀塔、舌形塔等。应用最早的是泡罩塔及筛板塔。20 世纪 50 年代后期开发了浮阀塔。目前应用最广泛的板式塔是筛板塔及浮阀塔，一些新兴的塔板仍在不断地开发和研究中。

② 按气（汽）-液两相流动方式分　有错流板式塔和逆流板式塔，或称有降液管（板）的塔板和无降液管（板）的塔板。它们的工作情况如图 7-26 所示，其中有降液管的塔板应用较广。

③ 按液体流动形式分　有单溢流型和双溢流型等，图 7-27 为其示意图。单溢流型塔板应用最为广泛，它的结构简单，液体行程长，有利于提高塔板效率。但当塔径或液量大时，塔板上液位梯度较大，导致气液分布不均或降液管过载。双溢流塔板宜用于塔径及液量较大时，液体分流为两股，减小了塔板上的液位梯度，也减少了降液管的负荷，缺点是降液管要间相地置于塔板的中间或两边，多占了一部分塔板的传质面积。

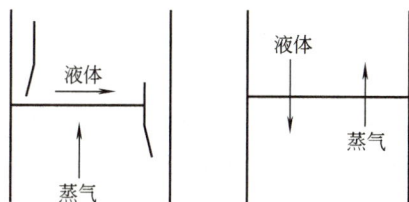

图 7-26　错流式和逆流式塔板

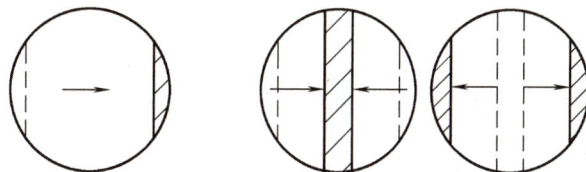

图 7-27　液体的流型

7.3.2　板式塔的结构

7.3.2.1　板式塔的结构

（1）泡罩塔

泡罩塔是工业应用最早的板式塔，而且在相当长的一段时期内是板式塔中较为流行的一种塔型。泡罩塔的优点是操作弹性大，因而在负荷波动范围较大时，仍能保持塔的稳定操作及较高的分离效率；气液比的范围大，不易堵塞等。其缺点是结构复杂、造价高、气相压降大以及安装维修麻烦等。目前，只有在某些特定情况下，例如生产能力变化较大、操作稳定性要求较高，或者需要有相当稳定的分离能力时，才会考虑使用泡罩塔。这种塔设备主要用于处理低液量、高气量的工况。

泡罩塔盘的结构主要由泡罩、升气管、溢流堰、降液管及塔板等部分组成，详见图7-28。液体由上层塔板通过左侧降液管经下部 A 处流入塔盘，然后横向流过塔盘上布置泡罩的区段 B-C，此区域为塔盘上有效的气-液接触区，C-D 段用于初步分离液体中夹带的气泡，然后液体越过出口堰板并流入右侧的降液管。在堰板上方的液层高度称为堰上液层高度，液体流入降液管内后经静止分离。蒸气上升返回塔盘，清液则流入下层塔板。蒸气由下层塔盘上升进入泡罩的升气管内，经过升气管与泡罩间的环形通道，穿过泡罩的齿缝分散到泡罩间的液层中去。蒸气从齿缝中流出时，形成气泡，搅动了塔盘上的液体，并在液面上形成泡沫层。气泡离开液面时破裂而形成带有液滴的气体，小液滴相互碰撞形成大液滴而降落，回到液层中。如上所述，蒸气从下层塔盘进入上层塔盘的液层并继续上升的过程中，与液体充分接触，并进行传热与传质。

泡罩塔的气-液接触元件是泡罩，泡罩有圆形和条形两大类，但应用最广泛的是圆形泡罩，圆形泡罩的直径有 $\phi80mm$、$\phi100mm$ 和 $\phi150mm$ 三种。其中前两种为矩形齿缝，并带有帽缘，$\phi150mm$ 的圆形泡罩为敞开式齿缝（图7-29）。泡罩在塔盘上通常采用等边三角形排列，中心距一般为泡罩直径的 1.25～1.5 倍。两泡罩外缘的距离应保持 25～75mm 左右，以保持良好的鼓泡效果。

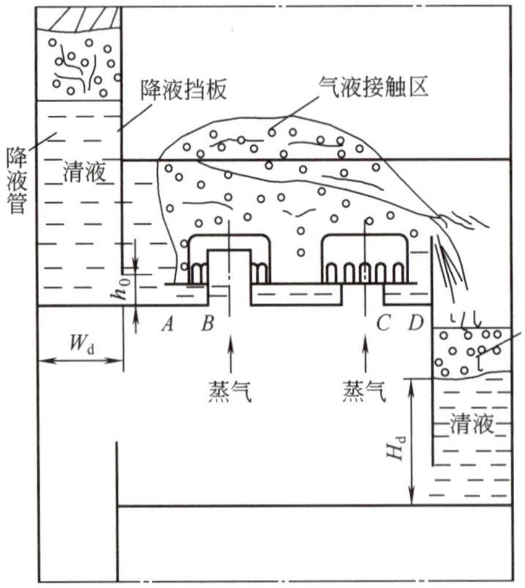

图 7-28　泡罩塔盘上的气-液接触

图 7-29　圆形泡罩

（2）浮阀塔

浮阀塔是20世纪50年代前后开发和应用的，并在石油、化工等工业部门代替了传统使用的泡罩塔，成为当今应用最广泛的塔型之一，并因具有优异的综合性能，在设计和选用塔型时常是首选的板式塔。

浮阀塔塔盘上开有一定形状的阀孔，孔中安装了可在适当范围内上下浮动的阀片，因而可适应较大的气相负荷的变化。阀片的形状有圆形、矩形等。

浮阀塔操作时气、液两相的流程与泡罩塔相似，蒸气从阀孔上升，顶开阀片，穿过环形缝隙，然后以水平方向吹入液层，形成泡沫。浮阀能随气速的增减在相当宽的气速范围内自由升降，以保持稳定的操作。

浮阀是浮阀塔的气-液传质元件。目前国内应用最为普遍的是F1型浮阀。F1型浮阀分为轻阀和重阀两种，轻阀采用1.5mm薄板冲压而成，质量约为25g；重阀采用2mm薄板冲压，质量约为33g。由于轻阀漏液较大，除真空操作时选用外，一般用重阀。浮阀的阀片及三个阀腿是整体冲压的，阀片的周边还冲有三个下弯的小定距片。在浮阀关闭阀孔时，它能使浮阀与塔板间保留一小的间隙，一般为2.5mm，同时，小定距片还能保证阀片停在塔板上与其他点接触，避免阀片粘在塔板上而无法上浮。阀片四周向下倾斜，且有锐边，增加了气体进入液层的湍动作用，有利于气-液传质。浮阀的最大开度由阀腿的高度决定，一般为12.5mm。图7-30为典型的浮阀结构。

图7-30 浮阀

（3）筛板塔

筛板塔也是应用历史较久的塔型之一，与泡罩塔相比，筛板塔结构简单，成本低（比泡罩塔减少40%左右），板效率提高10%～15%，安装维修方便。自20世纪50年代起，对筛板的效率、流体力学及漏液等问题进行了大量的研究，在理论及实践上获得了成熟的经验，使筛板塔成为应用较广的一种塔型，近年来，发展了大筛孔（孔径达20～25mm），导向筛板等多种筛板塔。

筛板塔结构及气-液接触状况如图7-31所示。筛板塔塔盘分为筛孔区、无孔区、溢流堰及降液管等部分。气-液接触情况与泡罩塔类似。液体从上层塔盘的降液管流下，横向流过塔盘，越过溢流堰经降液管（板）流入下一层塔盘，塔盘上依靠溢流堰的高度保持其液层高度。蒸气自下而上穿过筛孔时，被分散成气泡，在穿越塔盘上液层时，进行气-液两相间的传热与传质。

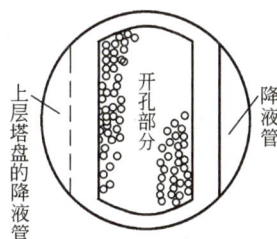

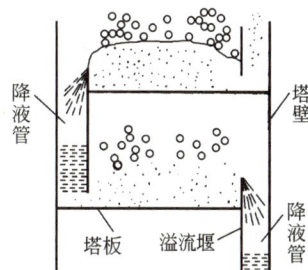

图7-31 筛板塔结构及气-液接触状况

筛板上筛孔直径的大小及间距直接影响塔板的操作性能，一般液相负荷的塔板，筛孔孔径可采用4～6mm。筛孔通常按正三角形排列，孔间距t与孔径d_0的比值通常采用2.5～5，最佳值为3～4。

溢流堰高度决定了塔盘上液层深度，溢流堰高，则气-液接触时间长，板效率高；在液相负荷较小时，也容易保证气-液接触的均匀，对筛板安装水平度的要求也可适当降低。但是，当堰太高时，塔板压降增大；当气量较小时，筛板容易漏液，一般而言，常压操作时，溢流堰高度可为25～100m，减压蒸馏时，可取为10～15mm。

（4）无降液管塔

无降液管塔是一种典型的气-液逆流式塔，这种塔的塔盘上无降液管。但开有栅缝或筛孔作为气相上升和液相下降的通道。在操作时，蒸气由栅缝或筛孔上升，液体在塔盘上被上升的气体阻挠，形成泡沫。两相在泡沫中进行传热与传质。与气相密切接触后的液体又不断从栅缝或筛孔流下，气-液两相同时在栅缝或筛孔中形成上下穿流。因此又称为穿流式栅板或筛板塔。

塔盘上的气-液通道可为冲压而成的长条栅缝或圆形筛孔。栅板也可用扁钢条拼焊而成，栅缝宽度为4～6mm，长度为60～150mm，栅缝中心距为1.5～3倍栅缝宽度，筛孔直径通常采用5～8mm，塔板的开孔率为15%～30%，塔盘间距可用300～600mm。图7-32为栅板塔的简图。

（5）导向筛板塔

导向筛板塔在普通筛板塔的基础上，对筛板作了两项有意义的改进：一是在塔盘上开有一定数量的导向孔，通过导向孔的气流对液流有一定的推动作用，有利于推进液体并减小液面梯度；二是在塔板的液体入口处增设了鼓泡促进结构，也称鼓泡促进器，有利于液体刚进入塔板就迅速鼓泡，达到良好的气-液接触，以提高塔板的利用率，使液层减薄，压降减小。与普通筛板塔相比，使用这种塔盘，压降可下降 15%，板效率可提高 13% 左右，可用于减压蒸馏和大型分离装置。

　　导向筛板的结构如图 7-33 所示。图中可见导向孔和鼓泡促进器的结构，导向孔的形状类似百叶窗，在板面上冲压而凸起，开口为细长的矩形缝。缝长有 12mm、24mm 和 36mm 三种。导向孔的开孔率一般取 10%～20%，可视物料性质而定。导向孔开缝高度，常用 1～3mm。鼓泡促进器是在塔板入口处形成一凸起部分，凸起高度一般取 3～5mm，斜面的正切 $\tan\theta$ 一般在 0.1～0.3，斜面上通常仅开有筛孔，而不开导向孔。筛孔的中心线与斜面垂直。

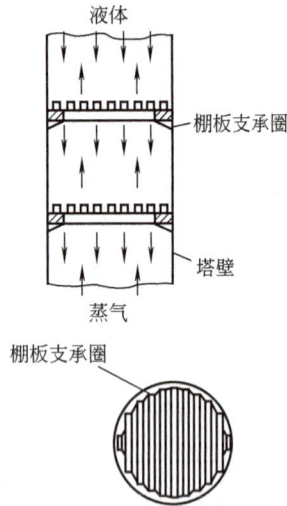

图 7-32　穿流式栅板塔

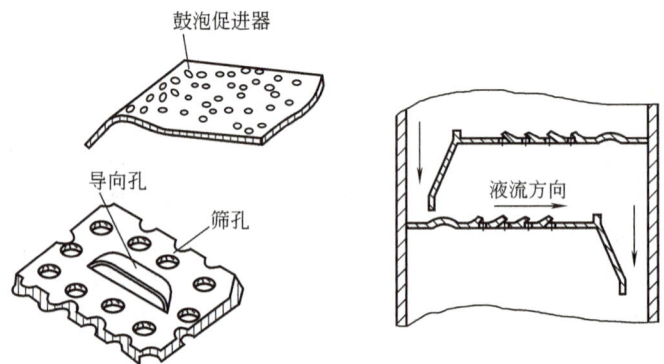

图 7-33　导向筛板的结构

（6）斜喷型塔

　　一般情况下，塔盘上气流垂直向上喷射（如筛板塔），这样往往造成较大的雾沫夹带，如果使气流在盘上沿水平方向或倾斜方向喷射，则可以减轻夹带，同时通过调节倾斜角度还可改变液流方向，减小液面梯度和液体返混。

　　① 舌形塔　是应用较早的一种斜喷型塔。气体通道为在塔盘上冲出的以一定方式排列的舌片。舌片开启一定的角度，舌孔方向与液流方向一致，如图 7-34（a）所示。因此，气相喷出时可推动液体，使液面梯度减小，液层减薄，处理能力增大，并使压降减小。舌形塔结构简单，安装检修方便，但这种塔的负荷弹性较小，塔板效率较低，因而使用受到一定限制。

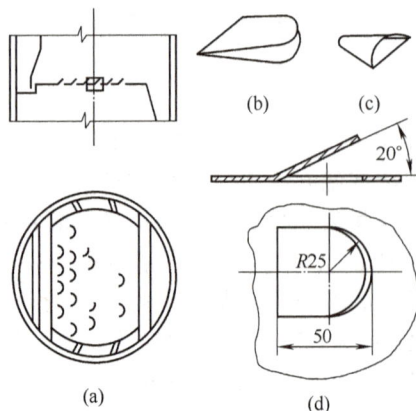

图 7-34　单溢流舌形塔

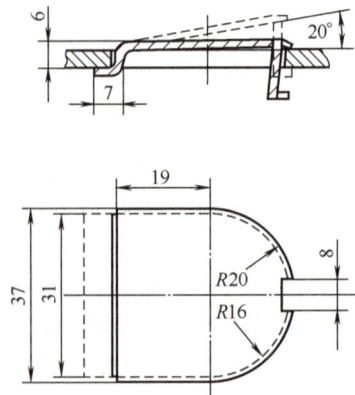

图 7-35　浮动舌片

舌孔有两种，三面切口［图 7-34（b）］及拱形切口［图 7-34（c）］。通常采用三面切口的舌孔。舌片的大小有 25mm 和 50mm 两种，一般采用 50mm［如图 7-34（d）］，舌片的张角常为 20°。

② 浮动舌形塔　是 20 世纪 60 年代研制的一种定向喷射型塔板。它的处理能力大，压降小，舌片可以浮动。因此，塔盘的雾沫夹带及漏液均较小，操作弹性显著增加，板效率也较高，但其舌片容易损坏。

浮动舌片的结构见图 7-35，其一端可以浮动，最大张角约 20°。舌片厚度一般 1.5mm，质量约为 20g。

7.3.2.2　板式塔的比较

塔盘结构在一定程度上决定了它在操作时的流体力学状态及传质性能，如它的生产能力，塔的效率，在保持较高效率下塔的操作弹性，气体通过塔盘时的压降，造价，操作维护是否方便等。虽然满足所有这些要求是困难的，但用这些基本性能进行评价，在相互比较的基础上进行选用是必要的。

图 7-36～图 7-38（图 7-38 中纵坐标值为 10MPa/ 理论值）分别为常用的几种板式塔的操作负荷（生产能力）、效率及压力降的比较。表 7-4 则为常用板式塔的性能比较。由上述图表可以看出，与泡罩塔相比，浮阀塔在蒸气负荷、操作弹性、效率等方面都具有明显的优势，因而目前获得了广泛的应用。筛板塔的压降小，造价低，生产能力大，除操作弹性较小外，其余均接近于浮阀塔，故应用也较广。栅板塔操作范围比较窄，板效率随负荷的变化较大，应用受到一定限制。

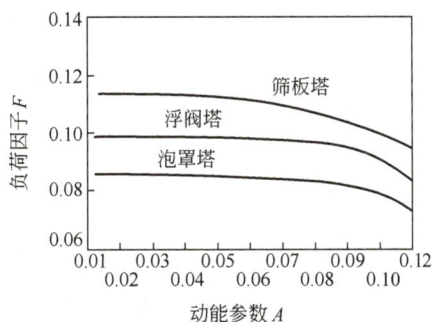

图 7-36　板式塔生产能力的比较

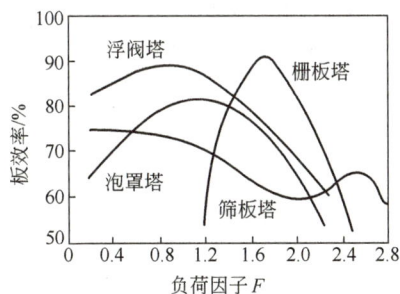

图 7-37　板式塔板效率的比较　　**图 7-38**　板式塔压力降的比较

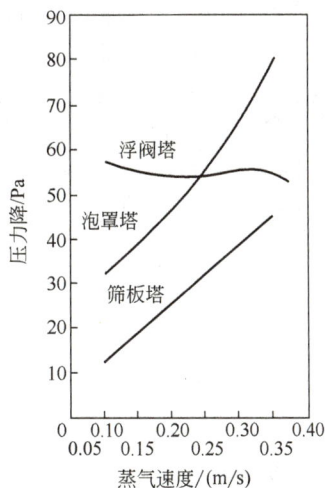

表7-4　板式塔性能的比较

塔型	与泡罩塔相比的相对气相负荷	效率	操作弹性	85% 最大负荷时的单板压降 /mm（水柱）①	与泡罩塔相比的相对价格	可靠性
泡罩塔	1.0	良	优	45～80	1.0	优
浮阀塔	1.3	优	优	45～60	0.7	良
筛板塔	1.3	优	良	30～50	0.7	优
舌形塔	1.35	良	优	40～70	0.7	良
栅板塔	2.0	良	中	25～40	0.5	中

① 1mm（水柱）=9.80665Pa。

7.3.3 板式塔塔盘的结构

如前所述，板式塔的塔盘可分为两类，即溢流型和穿流型。溢流型塔盘具有降液管，塔盘上的液层高度由溢流堰高度调节。因此，操作弹性较大，并且能保持一定的效率。穿流式塔盘，气-液两相同时穿过塔盘上的孔，因而处理能力大，压力降小，但其操作弹性及效率较差。本节仅介绍溢流型塔盘的结构。

溢流型塔盘由塔板、降液管、受液槽、溢流堰和气-液接触元件等部件组成。

7.3.3.1 塔盘

塔盘按其塔径的大小及塔盘的结构特点可分为整块式塔盘及分块式塔盘。当塔径 $DN \leqslant 800\text{mm}$ 时，采用整块式塔盘；塔径 $DN > 800\text{mm}$ 时，宜采用分块式塔盘。

（1）整块式塔盘

整块式塔盘根据组装方式不同可分为定距管式及重叠式两类。采用整块式塔盘时，塔体由若干个塔节组成，每个塔节中装有一定数量的塔盘，塔节之间采用法兰连接。

① 定距管式塔盘　用定距管和拉杆将同一塔节内的几块塔盘支承并固定在塔节内的支座上，定距管起支承塔盘和保持塔盘间距的作用。塔盘与塔体之间的间隙，以软填料密封并用压圈压紧，如图 7-39 所示。

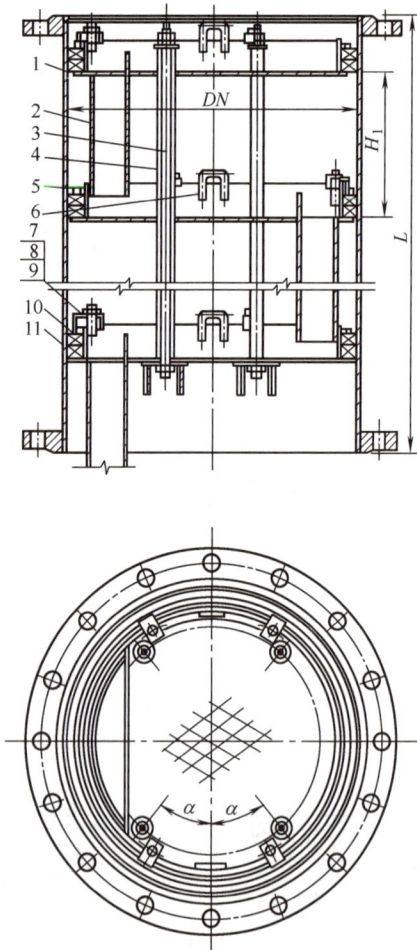

图 7-39　定距管式塔盘结构	图 7-40　重叠式塔盘结构
1—塔盘板；2—降液管；3—拉杆；4—定距管；5—塔盘圈；6—吊耳；7—螺栓；8—螺母；9—压板；10—压圈；11—石棉绳	1—调节螺栓；2—支承圈；3—支柱；4—压圈；5—塔盘圈；6—填料；7—支承圈；8—压板；9—螺母；10—螺柱；11—塔盘板；12—支座

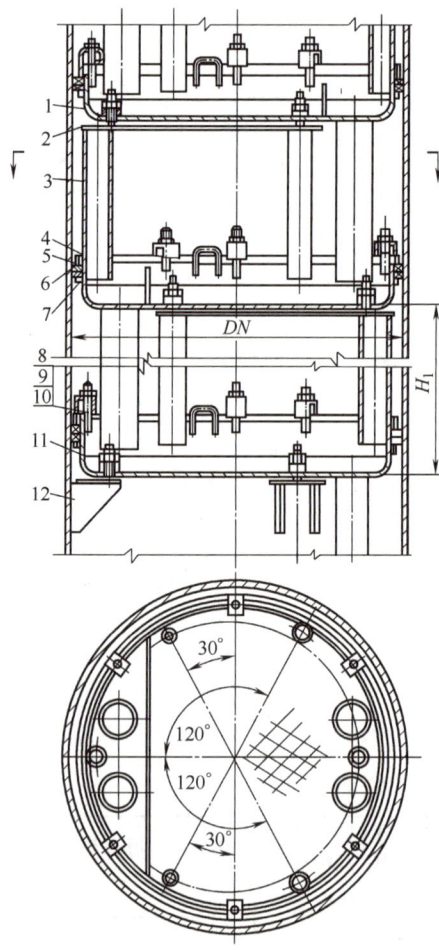

对于定距管式塔盘，其塔节高度随塔径而定，一般情况下，塔节高度随塔径的增大而增加。通常，当塔径 $DN=300\sim500$mm 时，塔节高度 $L=800\sim1000$mm；塔径 $DN=600\sim700$mm 时，塔节高度 $L=1200\sim1500$mm。为了安装的方便起见，每个塔节中的塔盘数以 5～6 块为宜。

② 重叠式塔盘　在每一塔节的下部焊有一组支座，底层塔盘支承在支座上，然后依次装入上一层塔盘，塔盘间距由其下方的支柱保证，并可用三只调节螺栓来调节塔盘的水平度。塔盘与塔壁之间的间隙，同样采用软填料密封，然后用压圈压紧，其结构详见图 7-40。

整块式塔盘有两种结构，即角焊结构及翻边结构。角焊结构如图 7-41 所示。这种结构是将塔盘圈角焊于塔盘板上。角焊缝为单面焊，焊缝可在塔盘圈的外侧，也可在内侧。当塔盘圈较低时，采用图 7-41（a）所示的结构，而塔盘圈较高时，则采用图 7-41（b）所示的结构。角焊结构的结构简单，制造方便，但在制造时，要求采取有效措施，减小因焊接变形而引起的塔板不平整度。

翻边式结构，如图 7-42 所示。这种结构的塔盘圈直接取塔板翻边而形成，因此，可避免焊接变形。如直边较短，则可整体冲压成型 [见图 7-42（a）]，反之可将塔盘圈与塔板对接焊而成 [见图 7-42（b）]。

确定整块式塔盘的结构尺寸时，塔盘圈高度 h_1 一般可取 70mm，但不得低于溢流堰的高度。塔圈上密封用的填料支承圈用 $\phi8\sim10$mm 的圆钢弯制并焊于塔盘圈上。塔盘圈外表面与塔内壁面之间的间隙一般为 $10\sim12$mm。圆钢填料支承圈距塔盘圈顶面的距离 h_2，一般可取 $30\sim40$mm，视需要的填料层数而定。

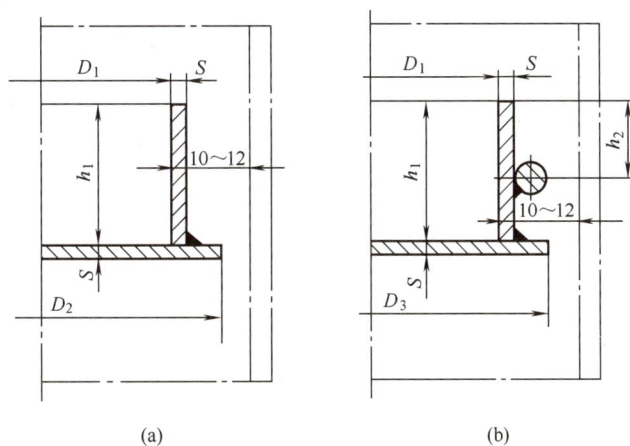

图 7-41　角焊式整块塔盘

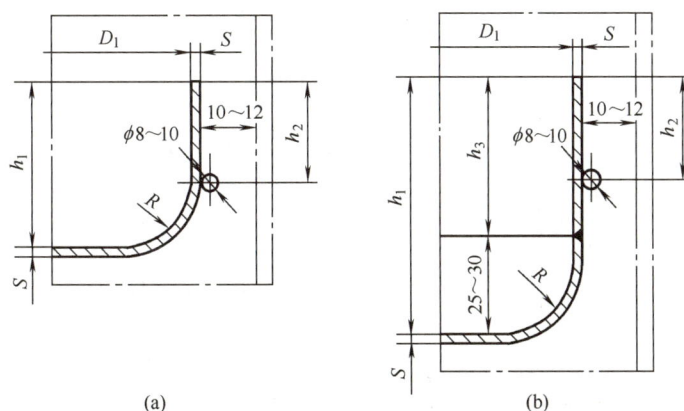

图 7-42　翻边式整块塔盘

整块式塔盘与塔内壁环隙的密封采用软填料密封，软填料可采用聚四氟乙烯纤维编织填料。其密封结构如图 7-43 所示。

（2）分块式塔盘

直径较大的板式塔，为便于制造、安装、检修，可将塔盘板分成数块，通过人孔送入塔内，装在焊于塔体内壁的塔盘支承件上。分块式塔盘的塔体，通常为焊制整体圆筒，不分塔节。分块式塔盘的组装结构，详见图 7-44。

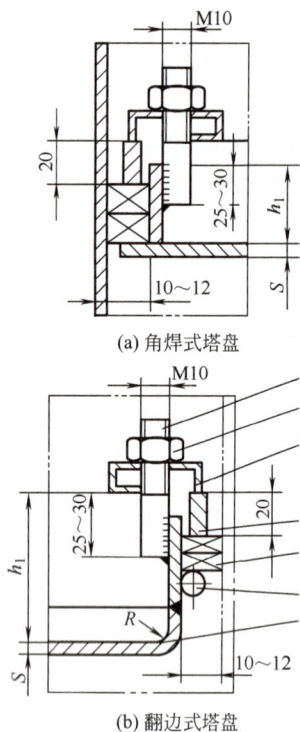

(a) 角焊式塔盘

(b) 翻边式塔盘

图 7-43 整块式塔盘的密封结构

1—螺栓；2—螺母；3—压板；4—压圈；
5—填料；6—圆钢圈；7—塔盘

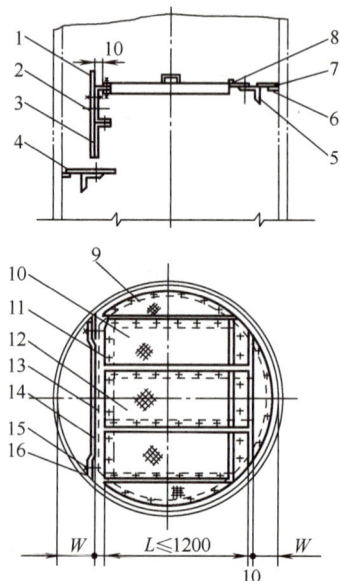

图 7-44 分块式塔盘的组装结构

1,14—出口堰；2—上段降液板；3—下段降液板；4,7—受液盘；
5—支承梁；6—支承圈；8—入口堰；9—塔盘边板；10—塔盘板；
11,15—紧固件；12—通道板；13—降液板；16—连接板

塔盘的分块，应结构简单，装拆方便，具有足够的刚性，且便于制造、安装和维修。分块的塔盘板多采用自身梁式或槽式，常用自身梁式，如图 7-45 所示。通常将分块的塔盘板冲压成带有折边，使其具有足够的刚性，这样既使塔盘结构简单，而且又可以节省钢材。

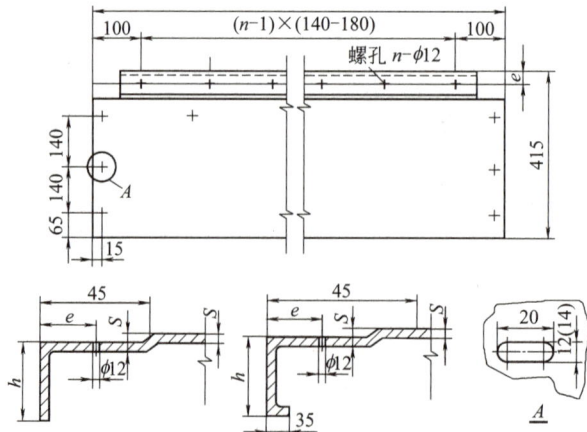

图 7-45 分块式塔盘板

为进行塔内清洗和维修，使人能进入各层塔盘，在塔盘板接近中央处设置一块通道板。各层塔盘板上的通道板最好开在同一垂直位置上，以利于采光和拆卸。有时也可用一块塔盘板代替通道板，详见图7-44。在塔体的不同高度处，通常开设有若干个人孔，人可以从上方或下方进入。因此，通道板应为上、下均可拆的连接结构。

分块式塔盘之间及通道板与塔盘板之间的连接，通常采用上、下均可拆的连接结构，如图7-46所示。检修需拆开时，可从上方或下方松开螺母，将椭圆垫旋转到虚线所示的位置，塔盘板Ⅰ即可移开。

图7-46的连接结构中，主要的紧固件是椭圆垫板及螺柱，详见图7-47。为保证拆装的迅速、方便，紧固件通常采用不锈钢材料。

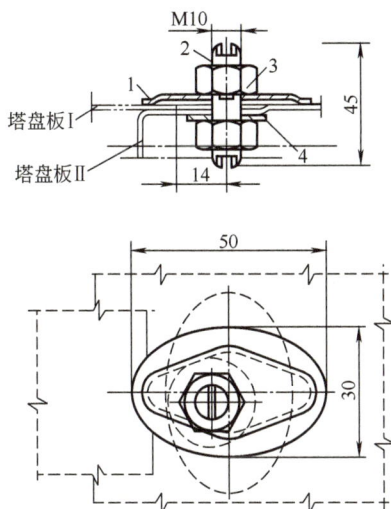

图 7-46 双面可拆的结构

1—椭圆垫板；2—螺柱；3—螺母；4—垫圈

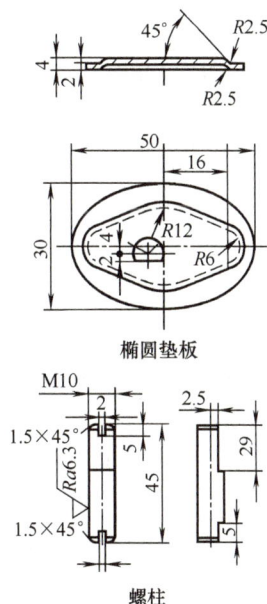

图 7-47 双面可拆连接结构

塔盘板安放在焊接于塔壁的支承圈上。塔盘板与支承圈的连接采用卡子，卡子由卡板、椭圆垫板、圆头螺钉及螺母等零件组成，其结构如图7-48所示。塔盘上所开的卡子孔通常为长圆形，如图7-45所示。这是考虑到塔体椭圆度公差及塔盘板宽度尺寸公差等因素。

7.3.3.2 降液管

（1）降液管的形式

降液管的结构形式可分为圆形降液管和弓形降液管两类。圆形降液管通常用于液体负荷低或塔径较小的场合［图7-49（a）、（b）］。采用圆形还是长圆形降液管［图7-49（c）］，如使用圆形降液管，是采用一根还是几根，应根据流体力学的计算结果而确定。为了增加溢流周边，并且保证足够的分离空间，可在降液管前方设置溢流堰。由于这种结构的溢流堰所包含的弓形区截面中仅有一小部分用于有效的降液截面，因而圆形降液管不适宜用于大液量及容易引起泡沫的物

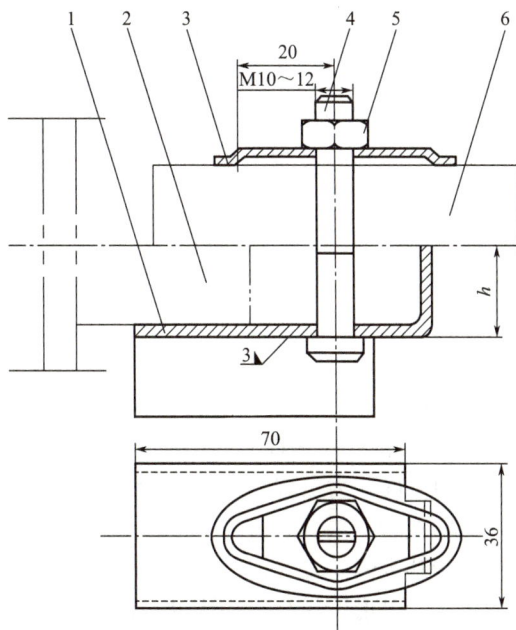

图 7-48 卡子的组装结构

1—卡板；2—支承圈；3—椭圆垫板；4—圆头螺钉；5—螺母；6—塔盘板

料。弓形降液管将堰板与塔体壁面间所组成的弓形区全部截面用作降液面积，详见图7-49（d）。对于采用整块式塔盘的小直径塔，为了尽量增大降液截面积，可采用固定在塔盘上的弓形降液管，如图7-49（e）所示。弓形降液管适用于大液量及大直径的塔，塔盘面积的利用率高，降液能力大，气液分离效果好。

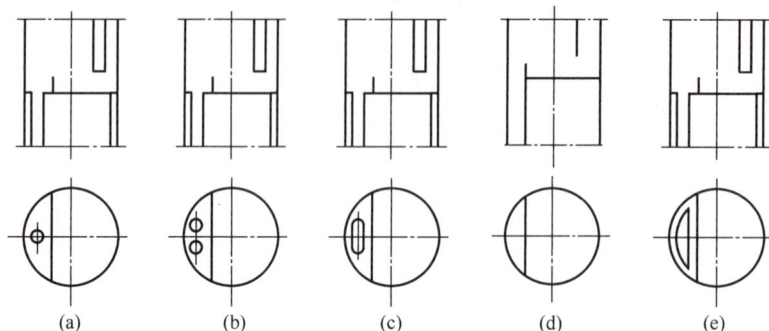

图 7-49　降液管的形式

（2）降液管的尺寸

在确定降液管的结构尺寸时，应该使夹带气泡的液流进入降液管后具有足够的分离空间，能将气泡分离出来，从而仅有清液流往下层塔盘。为此在设计降液管结构尺寸时，应遵守以下几点：

　　ⅰ.液体在降液管内的流速为 0.03～0.12m/s；

　　ⅱ.液流通过降液管的最大压降为 250Pa；

　　ⅲ.液体在降液管内的停留时间为 3～7s，取决于物质发泡程度；

　　ⅳ.降液管内清液层的最大高度不超过塔板间距的一半；

　　ⅴ.越过溢流堰降落时抛出的液体，不应射及塔壁；降液管的截面积占塔盘总面积的比例，通常为 5%～25% 之间。

为了防止气体从降液管底部窜入，降液管必须有一定的液封高度 h_w，详见图7-50。降液管底端到下层塔盘受液盘面的间距 h_0 应低于溢流堰高度 h_w，通常取 $h_w-h_0=6～12mm$。大型塔不小于 38mm。

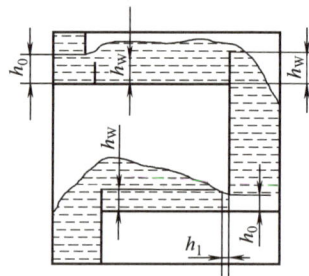

图 7-50　降液管的液封结构

（3）降液管的结构

整块式塔盘的降液管，一般直接焊接于塔盘板上。图7-51为弓形降液管的连接结构。碳钢塔盘，或塔盘板较厚时，采用图7-51（a）结构；不锈钢塔盘或塔盘板较薄时，采用图7-51（b）所示的结构。

图7-52为具有溢流堰的圆形降液管结构，碳素钢和不锈钢塔盘分别采用图7-52（a）及（b）所示的结构。图7-53为具有溢流堰的长圆形降液管结构，不锈钢塔盘的塔盘板应翻边后再与降液管焊接，以保证焊接质量。

分块式塔盘的降液管，有垂直式和倾斜式，详见图7-54。选用时可根据工艺的要求确定。对于小直径或负荷小的塔，一般采用垂直式降液管，因为它的结构比较简单，如果降液面积占塔盘总面积的比例超过12%以上时，应选用倾斜式降液管。一般取倾斜降液板的倾角为10°左右，使降液管下部的截面积为上部截面积的55%～60%，这样可以增加塔盘的有效面积。

降液管与塔体的连接，有可拆式及焊接固定式两种。可拆式弓形降液管的组装结构如图7-55所示。其中图7-55（a）为搭接式，组装时可调节其位置的高低；图7-55（b）所示的结构具有折边辅助梁，可增加降液板的刚度，但组装时不能调节；图7-55（c）为兼有可调节及刚性好的结构。

焊接固定式降液管的降液板，支承圈和支承板连接并焊于塔体上，形成一塔盘固定件，其优点是结构简单，制造方便。但不能对降液板进行校正调节，也不便于检修，适合于介质比较干净，不易聚合，且直径较小的塔设备。

图 7-51　整块式塔盘的弓形降液管结构

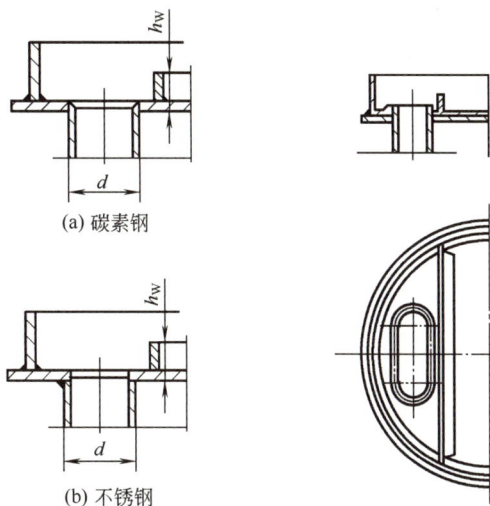

图 7-52　整块式塔盘的圆形降液管结构

图 7-53　整块式塔盘的长圆形降液管结构

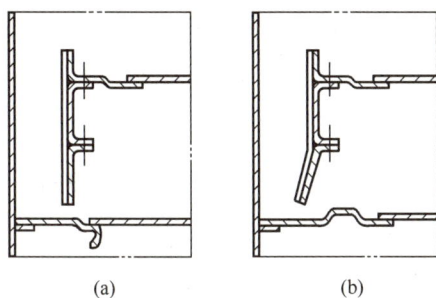

(a) 碳素钢

(b) 不锈钢

图 7-54　分块式塔盘的降液管形式

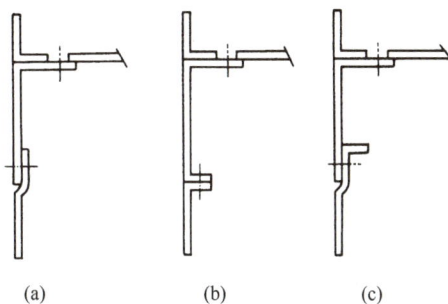

图 7-55　可拆式降液管的组装结构

7.3.3.3　受液盘

为了保证降液管出口处的液封，在塔盘上设置受液盘，受液盘有平型和凹型两种。受液盘的形式和性能直接影响到塔的侧线取出，降液管的液封和流体流入塔盘的均匀性等。

平型受液盘适用于物料容易聚合的场合。因为可以避免在塔盘上形成死角。平型受液盘的结构可分为可拆式和焊接固定式，图 7-56（a）为可拆式平型受液盘的一种。

当液体通过降液管与受液盘的压力降大于 25mm 水柱，或使用倾斜式降液管时，应采用凹型受液盘，详见图 7-56（b），因为凹型受液盘对液体流动有缓冲作用，可降低塔盘入口处的液封高度，使液流平稳，有利于塔盘入口区更好地鼓泡。凹型受液盘的深度一般大于 50mm，但不超过塔板间距的三分之一，否则应加大塔板间距。

在塔或塔段的最底层塔盘降液管末端应设置液封盘，以保证降液管出口

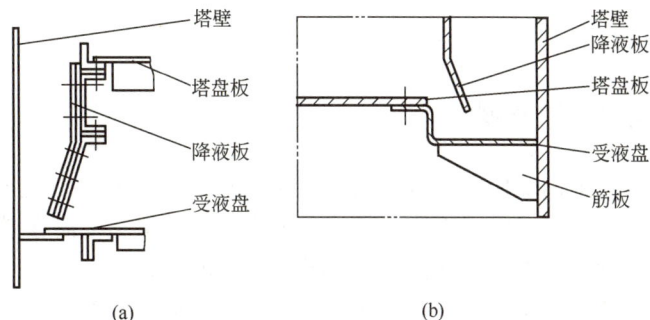

(a)

塔壁
塔盘板
降液板
受液盘

(b)

塔壁
降液板
塔盘板
受液盘
筋板

图 7-56　受液盘结构

处的液封。用于弓形降液管的液封盘如图 7-57 所示，用于圆形降液管的液封盘如图 7-58 所示。液封盘上应开设泪孔以供停工时排液用。

图 7-57 弓形降液管液封盘结构

1—支承圈；2—液封盘；3—泪孔；4—降液板

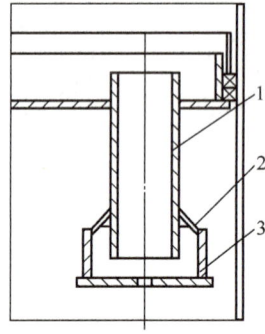

图 7-58 圆形降液管液封盘结构

1—圆形降液管；2—筋板；3—液封盘

7.3.3.4 溢流堰

溢流堰根据它在塔盘上的位置，可分为进口堰及出口堰。当塔盘采用平型受液盘时，为保证降液管的液封，使液体均匀流入下层塔盘，并减少液流在水平方向的冲击，故在液流进入端设置入口堰。而出口堰的作用是保持塔盘上液层的高度，并使流体均匀分布。通常，出口堰上的最大溢流强度不宜超过 $100\sim130\mathrm{m^3/(h\cdot m)}$。根据其溢流强度，可确定出口堰的长度，对于单流型塔盘，出口堰的长度 $L_W=(0.6\sim0.8)D_i$；双流型塔盘，出口堰长度 $L_W=(0.5\sim0.7)$ D_i（其中 D_i 为塔的内径）。出口堰的高度 h_W，由物料的性能、塔型、液体流量及塔板压力降等因素确定。进口堰的高度 h'_W 按以下两种情况确定：当出口堰高度 h_W 大于降液管底边至受液盘板面的间距 h_0 时，可取 $6\sim8$mm，或与 h_0 相等；当 $h_W<h_0$ 时，h'_W 应大于 h_0 以保证液封。进口堰与降液管的水平距离 h_1 应大于 h_0 值，详见图 7-59 所示。

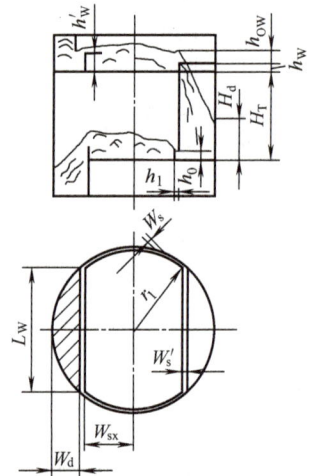

图 7-59 溢流堰的结构尺寸

7.4 塔设备的附件

7.4.1 除沫器

在塔内操作气速较大时，会出现塔顶雾沫夹带，这不但造成物料的流失，也使塔的效率降低，同时还可能造成环境的污染。为了避免这种情况，需在塔顶设置除沫装置，从而减少液体的夹带损失，确保气体的纯度，保证后续设备的正常操作。

常用的除沫装置有丝网除沫器、折流板除沫器以及旋流板除沫器。此外，还有多孔材料除沫器及玻璃纤维除沫器。在分离要求不严格的情况下，也可用干填料层作除沫器。

（1）丝网除沫器

丝网除沫器具有比表面积大、重量轻、空隙率大以及使用方便等优点。特别是它具有除沫效率高，压力降小的特点，因而是应用最广泛的除沫装置。

丝网除沫器适用于清洁的气体，不宜用于液滴中含有或易析出固体物质的场合（如碱液、碳酸氢钠溶液等），以免液体蒸发后留下固体堵塞丝网。当雾沫中含有少量悬浮物时，应注意经常冲洗。

丝网除沫器的网块结构有盘形和条形两种。盘形结构采用波纹形丝网缠绕至所需的直径。网块的厚度等于丝网的宽度。条形网块结构是采用波纹形丝网一层层平铺至所需的厚度，然后上、下各放置一块隔栅板，再使用定距杆使其连成一整体。图7-60为用于小径塔的缩径型丝网除沫器，这种结构其丝网块直径小于设备内直径，需要另加一圆筒短节（升气管）以安放网块。图7-61为可用于大直径塔设备的全径型丝网除沫器。丝网与上、下栅板分块制作，每一块应能通过人孔在塔内安装。

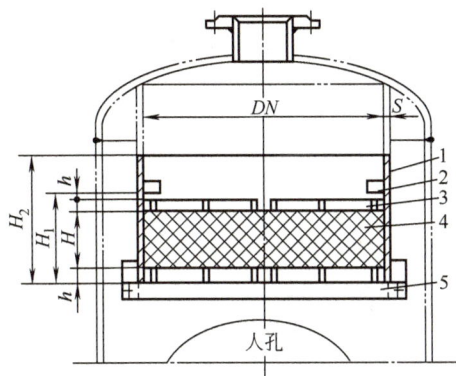

图 7-60 缩径型丝网除沫器

1—升气管；2—挡板；3—格栅；4—丝网；5—梁

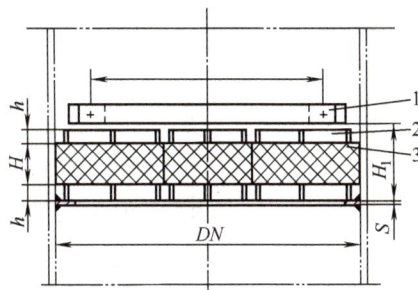

图 7-61 全径型丝网除沫器

1—压条；2—格栅；3—丝网

（2）折流板除沫器

折流板除沫器，如图7-62所示。折流板由50mm×50mm×3mm的角钢制成。夹带液体的气体通过角钢通道时，由于碰撞及惯性作用而达到截留及惯性分离。分离下来的液体由导液管与进料一起进入分布器。这种除沫装置结构简单，不易堵塞，但金属消耗量大，造价较高。一般情况下，它可除去直径为5×10^{-5}m以上的液滴，压力降为50～100Pa。

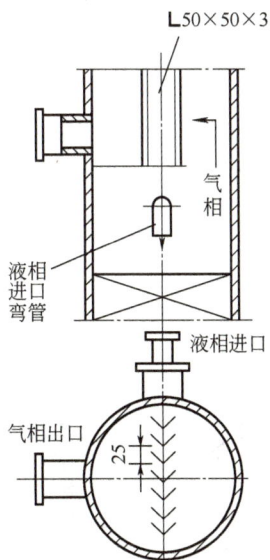

图 7-62 折流板除沫器

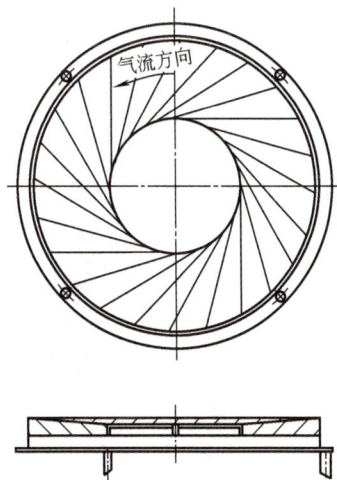

图 7-63 旋流板除沫器

（3）旋流板除沫器

旋流板除沫器，如图 7-63 所示。它由固定的叶片组成如风车状。夹带液滴的气体通过叶片时产生旋转和离心运动。在离心力的作用下将液滴甩至塔壁，从而实现气液分离。除沫效率可达 95%。

7.4.2 裙座

塔体常采用裙座支承。裙座形式根据承受载荷情况不同，可分为圆筒形和圆锥形两类。圆筒形裙座制造方便，经济上合理，故应用广泛。但对于高径比比较大的高耸塔器（如 $DN<1m$，且 $H/DN>25$，或 $DN>1m$，且 $H/DN>30$），为防止风载或地震载荷引起的弯矩造成塔翻倒，则需要配置较多的地脚螺栓及具有足够大承载面积的基础环。此时，圆筒形裙座的结构尺寸往往满足不了这么多地脚螺栓的合理布置，因而只能采用圆锥形裙座。

（1）裙座的结构

裙座的结构如图 7-64 所示。不管是圆筒形还是圆锥形裙座，均由裙座筒体、地脚螺栓座（基础环、盖板、筋板及垫板）、人孔、排气孔、引出管通道、保温支承圈等组成。

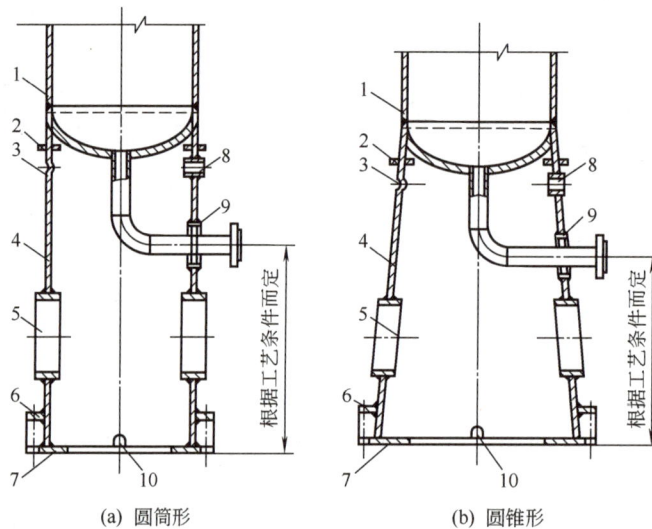

（a）圆筒形   （b）圆锥形

图 7-64　裙座的结构

1—塔体；2—保温支承圈；3—无保温时排气孔；4—裙座筒体；5—人孔；6—地脚螺栓座；
7—基础环；8—有保温时排气管；9—引出管通道；10—排液孔

（2）裙座与塔体的焊缝

裙座与塔底焊接于封头间的焊接接头可分为对接和搭接。采用对接接头时，裙座筒体内径宜与相连塔体下封头内径相等，焊缝必须采用全熔透的连续焊，焊接结构及尺寸如图 7-65（a）和（b）所示。

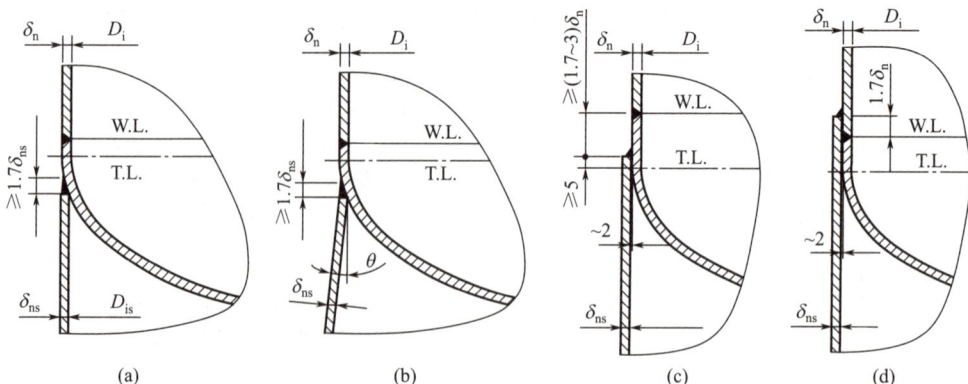

（a）   （b）   （c）   （d）

图 7-65　裙座与塔体焊缝

采用搭接接头时，搭接部位可焊在下封头上，也可焊在筒体上。当裙座与下封头搭接时，搭接部位必须位于下封头的直边段，详见图 7-65（c），搭接焊缝与下封头的环焊缝距离应在（1.7～3）δ_n 范围内（δ_n 为塔体的名义厚度），且不得与下封头的环焊缝连成一体。当筒座与筒体搭接时，如图 7-65（d）所示，此搭接焊缝与下封头的环焊缝距离不得小于 $1.7\delta_n$。搭接焊缝必须填满。

（3）裙座的材料

裙座不直接与塔内介质接触，也不承受塔内介质的压力，可选用较经济、焊接性良好的碳素结构钢。

当塔设备的设计温度高于等于 350℃或低于 -20℃，或裙座与塔体的焊接可能影响相连塔体的材料性能（如塔体材料为低温钢、铬钼钢、不锈钢等）时，裙座筒体宜设置过渡段。过渡段用金属材料应与相焊的塔体金属材料一致，其设计温度和许用应力与相连塔体相同。通常过渡段长度为保温层厚度的四倍，且不小于 500mm，塔底温度为 200～350℃时可考虑采用异种钢的过渡，18-8 型不锈钢可作为不锈钢与非合金钢之间的过渡。过渡段长度一般可取 200～300mm。

地脚螺栓宜选用符合 GB/T 700 规定的 Q235 或 GB/T 1591 规定的 Q355，许用应力分别为 147MPa 和 170MPa。如果采用其他碳素钢，则 $n_s \leqslant 1.6$；如果采用其他低合金钢，则 $n_s \geqslant 2.0$。

基础环、盖板及筋板采用碳素钢和低合金钢时，许用应力分别取 147MPa 和 170MPa。

7.4.3　吊柱

安装在室外，无框架的整体塔设备，为了安装及拆卸内件，更换或补充填料，往往在塔顶设置吊柱。吊柱的方位：应使吊柱中心线与人孔中心线间有合适的夹角，使人能站在平台上操纵手柄，使吊柱的垂直线可以转到人孔附近，以便从人孔装入或取出塔内件。

吊柱的结构及在塔体上的安装如图 7-66 所示。吊柱管材料一般用 20 号无缝钢管；使用环境温度小于或等于 -20℃的场合，吊柱管材料采用正火状态的 10 号无缝钢管。吊柱与塔体连接的衬板应与塔体材料相同。除吊柱管和支座垫板材料外，其他零件材料为 Q235A。

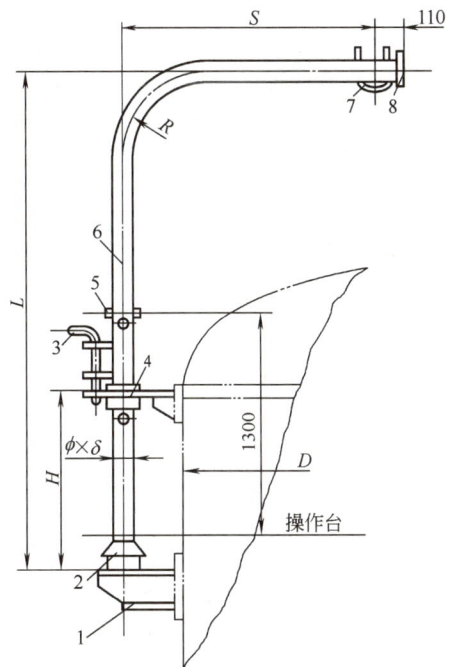

图 7-66　吊柱的结构及安装位置

1—支架；2—防雨罩；3—固定销；4—导向板；
5—手柄；6—吊柱管；7—吊钩；8—挡板

7.5　塔的强度设计

塔设备大多安装在室外，靠裙座底部的地脚螺栓固定在混凝土基础上，通常称为自支承式塔。除承受介质压力外，塔设备还承受各种重量（包括塔体、塔内件、介质、保温层、操作平台、扶梯等附件的重量）、管道推力、偏心载荷、风载荷及地震载荷的联合作用。由于在正常操作、停工检修、压力试验等三种工况下，塔所受的载荷并不相同，为了保证塔设备安全运行，必须对其在这三种工况下进行强度及稳定性校核。

强度及稳定性校核的基本步骤为：

ⅰ.按设计条件，初步确定塔的厚度和其他尺寸；

ⅱ.计算塔设备危险截面的载荷，包括重量、风载荷、地震载荷和偏心载荷等；

ⅲ.危险截面的强度和稳定性校核；

ⅳ.设计计算裙座、地脚螺栓座（基础环、盖板、筋板及垫板）及地脚螺栓等。

7.5.1　塔的固有周期

在动载荷（风载荷、地震载荷）作用下，塔设备各截面的变形及内力与塔的自由振动周期（或频率）及振型有关。因此在进行塔设备的载荷计算及强度校核之前，必须首先计算其固有（或自振）周期。

在不考虑操作平台及外部管线的限制作用时，若将塔设备视为具有多个自由度的体系，则它就具有多个固有频率（或周期），其中最低的频率 ω_1，称为基本固有频率或称基本频率，然后从低到高依次为第二频率，第三频率，……，即频率 ω_2，ω_3，……。对应于任意一个频率，体系中各质点振动后的变形曲线称为振型。与基本频率相对应的周期称为基本固有周期或基本周期。

（1）等直径、等厚度塔的固有周期

对于等直径、等厚度的塔，质量沿高度均匀分布，则计算模型通常简化为顶端自由、底部固定、质量沿高度均匀分布的悬臂梁，如图 7-67 所示。梁在动载荷作用下发生弯曲振动时，其挠度曲线随时间而变化，可表示为 $y=y(x,t)$。设塔为理想弹性体、振幅很小、无阻尼、塔高与塔直径之比较大（大于5），由材料力学中的弯曲理论知，在分布惯性力 q 的作用下的挠曲线微分方程为

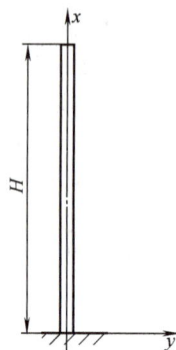

图 7-67　计算模型

$$EI\frac{\partial^4 y}{\partial x^4}=q \tag{7-1}$$

式中　E——塔体材料在设计温度下的弹性模量，Pa；

I——塔截面的形心轴惯性矩，$I=\dfrac{\pi}{64}\left(D_o^4-D_i^4\right)\approx\dfrac{\pi}{8}D_i^3\delta_e$，$m^4$；

D_i——塔的内直径，m；

D_o——塔的外直径，m；

δ_e——塔壁的有效厚度，m。

根据牛顿第二定律，梁上的分布惯性力 q 为

$$q=-m\frac{\partial^2 y}{\partial t^2} \tag{7-2}$$

式中　m——塔单位高度上的质量，kg/m。

将式（7-2）代入式（7-1）得

$$\frac{\partial^4 y}{\partial x^4}+\frac{m}{EI}\frac{\partial^2 y}{\partial t^2}=0 \tag{7-3}$$

根据塔的振动特性，令上式的解为

$$y(x,t)=Y(x)\sin(\omega t+\varphi)$$

式中　ω——塔的固有圆频率，rad/s；

t——时间，s；

$Y(x)$——塔振动时在距地面为 x 处的最大位移，m。

将 $y(x,t)$ 代入振动方程式（7-3）得

$$\frac{d^4 Y(x)}{dx^4}-k^4 Y(x)=0 \tag{7-4}$$

式中　k——系数，$k=\sqrt[4]{\dfrac{m\omega^2}{EI}}$。

式（7-4）的边界条件为：塔底固定端，$Y(x)\big|_{x=0}=0$，$\dfrac{\mathrm{d}Y(x)}{\mathrm{d}x}\big|_{x=0}=0$；塔顶自由端，$\dfrac{\mathrm{d}^2Y(x)}{\mathrm{d}x^2}\big|_{x=H}=0$，$\dfrac{\mathrm{d}^3Y(x)}{\mathrm{d}x^3}\big|_{x=H}=0$，求解此方程得塔设备前三个振型时的 k 值分别为：$k_1=\dfrac{1.875}{H}$；$k_2=\dfrac{4.694}{H}$；$k_3=\dfrac{7.855}{H}$。

由系数 k 值的表达式以及圆频率 ω 和周期 T 间的关系 $T=\dfrac{2\pi}{\omega}$，得塔在前三个振型时的固有周期分别为

$$T_1=1.79\sqrt{\frac{mH^4}{EI}}$$

$$T_2=0.285\sqrt{\frac{mH^4}{EI}} \tag{7-5}$$

$$T_3=0.102\sqrt{\frac{mH^4}{EI}}$$

式中　H——塔高，m。

与塔设备前三个圆频率相对应的振型如图 7-68 所示。

（2）不等直径或不等厚度塔设备的固有周期

对于不等直径或不等厚度的塔，质量沿塔高的分布是不均匀的，因而难以得到类似式（7-3）的振动方程。工程设计时常将这种塔视为由多个塔节组成，将每个塔节简化为质量集中于其重心的质点，并采用质量折算法计算第一振型的固有周期。直径和厚度相等的圆柱壳、变直径圆锥壳可视为塔节。

质量折算法的基本思路是将一个多自由度体系，用一个折算的集中质量来代替，从而将一个多自由度体系简化成一个单自由度体系，如图 7-69 所示。确定集中质量的原则是使两个相互折算体系在振动时产生的最大动能相等。

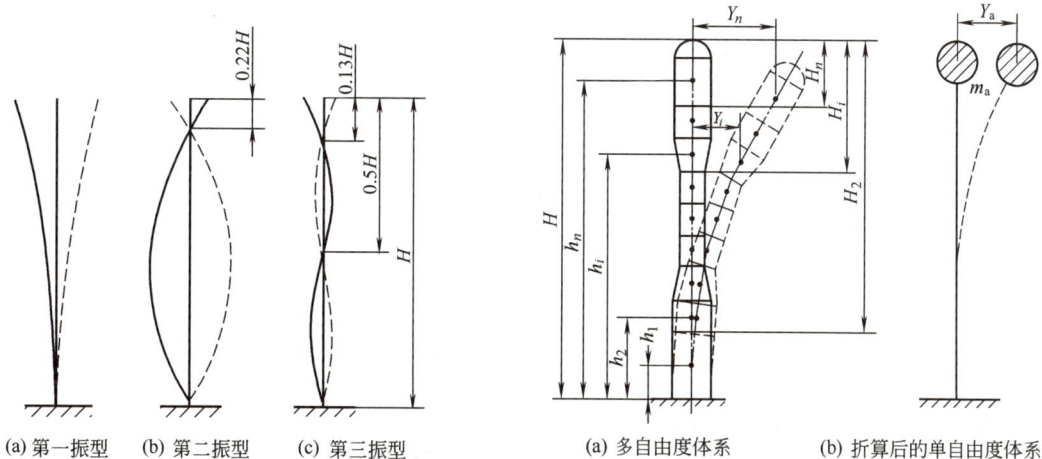

图 7-68　塔设备振型

(a) 第一振型　　(b) 第二振型　　(c) 第三振型

图 7-69　不等直径或不等厚度塔的计算

(a) 多自由度体系　　(b) 折算后的单自由度体系

图 7-69（a）中，设塔节数为 n，塔体振动时最大动能为各质点最大动能之和，即

$$T_{\max}=\frac{1}{2}\sum_{i=1}^{n}m_i v_{i\,\max}^2=\frac{1}{2}\sum_{i=1}^{n}m_i\omega^2Y_i^2 \tag{7-6}$$

式中　T_{max}——多质点体系振动时的最大动能，J；

　　　　m_i——第 i 段塔节的质量，kg；

　　　　$v_{i\,max}$——第 i 段塔节重心的最大速度，m/s；

　　　　Y_i——第 i 段塔节重心的最大位移，即振幅，m。

　　同理，设单自由度体系的折算质量为 m_a，则振动时产生的最大动能为

$$T_{max}^* = \frac{1}{2} m_a Y_a^2 \omega_a^2$$

式中　T_{max}^*——折算后单自由度体系的动能，J；

　　　　m_a——折算成单自由度体系后的质量，kg；

　　　　ω_a——折算成单自由度体系后的振动圆频率，rad/s；

　　　　Y_a——折算成单自由度体系后质点的最大位移（振幅），详见图 7-69（b），m。

令

$$T_{max} = T_{max}^*$$

即

$$\frac{1}{2} \sum_{i=1}^{n} m_i Y_i^2 \omega^2 = \frac{1}{2} m_a Y_a^2 \omega_a^2 \tag{7-7}$$

因将多自由度体系折算成等价的单自由度体系，所以，振动圆频率相同，即 $\omega = \omega_a$；塔顶的最大位移即振幅相等，即 $Y_n = Y_a$。研究表明，多自由度体系的第一振型曲线可近似为抛物线，且最大位移 Y_i 和 Y_a 之间有如下关系

$$Y_i \approx Y_a \left(\frac{h_i}{H} \right)^{\frac{3}{2}} \tag{7-8}$$

将上式代入式（7-7）得

$$m_a = \sum_{i=1}^{n} m_i \left(\frac{h_i}{H} \right)^3 \tag{7-9}$$

对于单自由度体系，其固有周期的计算公式为

$$T = 2\pi \sqrt{m_a \delta} \tag{7-10}$$

式中　δ——顶端作用单位力时所产生的位移，m/N。

　　由材料力学可知，顶端作用单位力时，变截面梁在顶端的位移为

$$\delta = \frac{1}{3} \left(\sum_{i=1}^{n} \frac{H_i^3}{E_i I_i} - \sum_{i=2}^{n} \frac{H_i^3}{E_{i-1} I_{i-1}} \right) \tag{7-11}$$

将式（7-9）和式（7-11）代入式（7-10），得不等直径或不等厚度塔设备第一振型的固有周期为

$$T_1 = 2\pi \sqrt{\frac{1}{3} \sum_{i=1}^{n} m_i \left(\frac{h_i}{H} \right)^3 \left(\sum_{i=1}^{n} \frac{H_i^3}{E_i I_i} - \sum_{i=2}^{n} \frac{H_i^3}{E_{i-1} I_{i-1}} \right)} \tag{7-12}$$

式中　H_i——第 i 段塔节底部截面至塔顶的距离，m；

　　　　E_i——第 i 段塔节材料在设计温度下的弹性模量，Pa；

　　　　I_i——第 i 段塔节形心轴的惯性矩，对于圆柱形塔节，$I_i \approx \frac{\pi}{8}(D_i + \delta_{ei})^3 \delta_{ei}$；对于圆锥形塔

　　　　　　节，$I_i = \dfrac{\pi D_{ie}^2 D_{if}^2 \delta_{ei}}{4(D_{ie} + D_{if})}$，m⁴；

　　　　D_{ie}——圆锥形塔节大端内直径，m；

　　　　D_{if}——圆锥形塔节小端内直径，m；

δ_{ei}——第i段塔节的有效厚度，m。

若第I段塔节形状为圆柱形，则$D_{ie}=D_{if}=D_i$。

7.5.2　塔的载荷分析

7.5.2.1　质量载荷

质量载荷包括：塔体、裙座质量m_{01}；塔内件如塔盘或填料的质量m_{02}；保温材料（包含防火材料）的质量m_{03}；操作平台及扶梯的质量m_{04}；操作时物料的质量m_{05}；塔附件如人孔、接管、法兰等质量m_a；水压试验时充水的质量m_w；偏心载荷m_e。

塔设备在正常操作时的质量

$$m_0=m_{01}+m_{02}+m_{03}+m_{04}+m_{05}+m_a+m_e \tag{7-13}$$

塔设备在水压试验时的最大质量

$$m_{max}=m_{01}+m_{02}+m_{03}+m_{04}+m_w+m_a+m_e \tag{7-14}$$

塔设备在停工检修（安装）时的最小质量

$$m_{min}=m_{01}+0.2m_{02}+m_{03}+m_{04}+m_a+m_e \tag{7-15}$$

7.5.2.2　偏心载荷

塔体上有时悬挂有再沸器、冷凝器等附属设备或其他附件，因此承受偏心载荷，该载荷产生的弯矩为

$$M_e=m_e g e \tag{7-16}$$

式中　g——重力加速度，m/s^2；

e——偏心距，即偏心质量中心至塔设备中心线间的距离，m；

M_e——偏心弯矩，N·m。

7.5.2.3　风载荷

安装在室外的塔设备将受到风力的作用。风力除了使塔体产生应力和变形外，还可能使塔体产生顺风向的振动（纵向振动）及垂直于风向的诱导振动（横向振动）。过大的塔体应力会导致塔体的强度及屈曲失效，而太大的塔体挠度则会造成塔盘上的流体分布不均，从而使分离效率下降。

因风载荷是一种随机载荷，因而对于顺风向风力，可视为由两部分组成：平均风力，又称稳定风力，它对结构的作用相当于静力的作用；脉动风力，又称阵风脉动，它对结构的作用是动力的作用。

平均风力是风载荷的静力部分，其值等于风压和塔设备迎风面积的乘积。而脉动风力是非周期性的随机作用力，它是风载荷的动力部分，会引起塔设备的振动。计算时，通常将其折算成静载荷，即在静力的基础上考虑与动力有关的折算系数，称风振系数。

（1）顺风向风力计算

塔设备中第i计算段所受的水平风力可由下式计算

$$P_i=K_1 K_{2i} f_i q_0 l_i D_{ei} \tag{7-17}$$

式中　P_i——塔设备中第i段的水平风力，N；

D_{ei}——塔设备中第i段迎风面的有效直径，m；

f_i——风压高度变化系数；

q_0——各地区的基本风压，N/m^2，但应不小于300N/m^2；

l_i——塔设备各计算段的计算高度（见图7-70），m；

K_1——体型系数；

K_{2i}——塔设备中第i计算段的风振系数。

① 基本风压q_0　基本风压q_0由相应地区的基本风速v_0通过下式确定

$$q_0=\frac{1}{2}\rho v_0^2 \tag{7-18}$$

式中　ρ——空气密度，随当地的高度和湿度而异，kg/m³；

　　　v_0——基本风速，随地区、季节及离地面的高度而变化，m/s。

中国设计规范中，对空气密度ρ，统一采用一个大气压下、10℃时的干空气密度计算，即$\rho=1.25$kg/m³；基本风速v_0系按当地空旷平坦地面上10m高度处10min时距，平均的年最大风速观测数据，经概率统计得出50年一遇最大值后确定的风速。全国各城市的基本风压值按GB 50009《建筑结构荷载规范》表E.5中重现期为50年的数值选取。

② 高度变化系数　由于风的黏滞作用，当它与地面上的物体接触时，形成一具有速度梯度的边界层气流。因而风速或风压是随离地面的高度而变化的。研究表明：在一定的高度范围内，风速沿高度变化呈指数规律，风压等于基本风压q_0与高度变化系数f_i的乘积。根据地面的粗糙度类别，风压高度变化系数f_i值详见表7-5。

表7-5　风压高度变化系数f_i

距地面高度 h_{it}	地面粗糙度类别			
	A	B	C	D
5	1.17	1.00	0.74	0.62
10	1.38	1.00	0.74	0.62
15	1.52	1.14	0.74	0.62
20	1.63	1.25	0.84	0.62
30	1.80	1.42	1.00	0.62
40	1.92	1.56	1.13	0.73
50	2.03	1.67	1.25	0.84
60	2.12	1.77	1.35	0.93
70	2.20	1.86	1.45	1.02
80	2.27	1.95	1.54	1.11
90	2.34	2.02	1.62	1.19
100	2.40	2.09	1.70	1.27
150	2.64	2.38	2.03	1.61

注：1. A类系指近海海面及海岛、海岸、湖岸及沙漠地区；B类系指田野、乡村、丛林、丘陵以及房屋比较稀疏的乡镇和城市郊区；C类系指有密集建筑群的城市郊区；D类系指有密集建筑群且房屋较高的城市郊区。

2. 中间值可采用线性内插法求取。

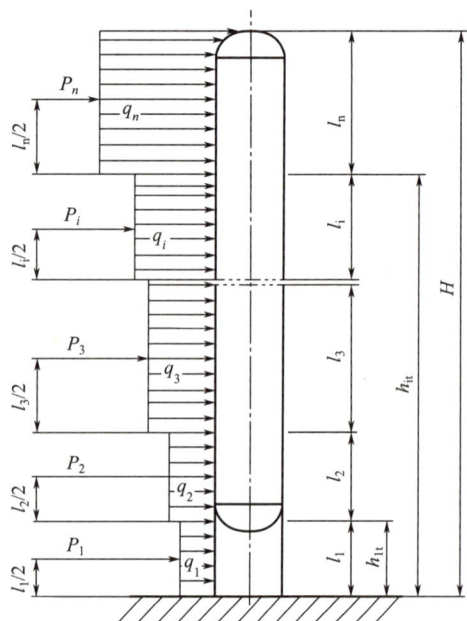

图7-70　风载荷计算简图

③ 风压　风压计算时，对于高度在10m以下的塔设备，按一段计算，以设备顶端的风压作为整个塔设备的均布风压；对于高度超过10m的塔设备，可分段进行计算，每10m分为一计算段，余下的最后一段高度取其实际高度，如图7-70所示。其中任意计算段的风压为

$$q_i=f_iq_0 \qquad (7-19)$$

式中　q_i——第i段的风压，N/m²。

④ 体型系数K_1　上述基本风压中没有考虑结构的体型因素。在同样的风速条件下，风压在不同体型的结构表面分布亦不相同，对细长的圆柱形塔体结构，体型系数$K_1=0.7$。

⑤ 风振系数K_{2i}　如前所述，风振系数K_{2i}是考虑风载荷的脉动性质和塔体的动力特性的折算系数。塔的振动会影响到风力的大小。当塔设备很高时，基本周期越大，塔体摇晃越大，则反弹时在同样的风压下将引起更大的风力。对塔高$H\leqslant 20$m的塔设备，取$K_{2i}=1.70$。而

对于塔高 $H>20\text{m}$ 时，则 K_{2i} 按下式计算

$$K_{2i}=1+\frac{\xi v_i\phi_{zi}}{f_i} \tag{7-20}$$

式中　ξ——脉动增大系数，其值按表7-6确定；

　　　v_i——第 i 段的脉动影响系数，由表7-7确定；

　　　ϕ_{zi}——第 i 段的振型系数，由表7-8查得。

⑥ 塔设备迎风面的有效直径 D_{ei}　塔设备迎风面的有效直径 D_{ei} 是该段所有受风构件迎风面的宽度总和。

当笼式扶梯与塔顶管线布置成 180° 时

$$D_{ei}=D_{oi}+2\delta_{si}+K_3+K_4+d_0+2\delta_{ps} \tag{7-21}$$

当笼式扶梯与塔顶管线布置成 90° 时，D_{ei} 取下列两式中的较大值

$$D_{ei}=D_{oi}+2\delta_{si}+K_3+K_4$$

$$D_{ei}=D_{oi}+2\delta_{si}+K_4+d_0+2\delta_{ps} \tag{7-22}$$

式中　D_{oi}——塔设备各计算段的外径，m；

　　　δ_{si}——塔设备各计算段保温层的厚度，m；

　　　d_0——塔顶管线外径，m；

　　　δ_{ps}——管线保温层的厚度，m；

　　　K_3——笼式扶梯的当量宽度，当无确定数据时，可取 $K_3=0.40\text{m}$；

　　　K_4——操作平台的当量宽度，m；

$$K_4=\frac{2\sum A}{h_0}$$

　　　$\sum A$——第 i 段内操作平台构件的投影面积（不计空挡的投影面积），m^2；

　　　h_0——操作平台所在计算段的塔的高度，m。

表7-6　脉动增大系数 ξ

$q_1T_1^2/(\text{N}\cdot\text{s}^2/\text{m})$	10	20	40	60	80	100
ξ	1.47	1.57	1.69	1.77	1.83	1.88
$q_1T_1^2/(\text{N}\cdot\text{s}^2/\text{m})$	200	400	600	800	1000	2000
ξ	2.04	2.24	2.36	2.46	2.53	2.80
$q_1T_1^2/(\text{N}\cdot\text{s}^2/\text{m})$	4000	6000	8000	10000	20000	30000
ξ	3.09	3.28	3.42	3.54	3.91	4.14

注：1. T_1 为第一自振周期。

2. 计算 $q_1T_1^2$ 时，对于地面粗糙度B类的情况，可直接代入基本风压即 $q_1=q_0$，而对A类以 $q_1=1.38q_0$、C类以 $q_1=0.62q_0$、D类以 $q_1=0.32q_0$ 代入。

3. 中间值可采用线性内插法求取。

表7-7　脉动影响系数 v_i

地面粗糙度类别	高度 h_n/m									
	10	20	30	40	50	60	70	80	100	150
A	0.78	0.83	0.86	0.87	0.88	0.89	0.89	0.89	0.89	0.87
B	0.72	0.79	0.83	0.85	0.87	0.88	0.89	0.89	0.90	0.89
C	0.64	0.73	0.78	0.82	0.85	0.87	0.90	0.90	0.91	0.93
D	0.53	0.65	0.72	0.77	0.81	0.84	0.89	0.89	0.92	0.97

注：中间值可采用线性内插法求取。

表7-8 振型系数ϕ_{zi}

相对高度 h_{it}/H	振型序号		相对高度 h_{it}/H	振型序号	
	1	2		1	2
0.10	0.02	-0.09	0.60	0.46	-0.59
0.20	0.06	-0.30	0.70	0.59	-0.32
0.30	0.14	-0.53	0.80	0.79	0.07
0.40	0.23	-0.68	0.90	0.86	0.52
0.50	0.34	-0.71	1.00	1.00	1.00

注：1. h_{it}为第i计算段顶部截面至地面的高度，m（见图7-70）；H为塔设备总高度，（见图7-70）。

2. 中间值可采用线性内插法求取。

（2）顺风向风弯矩计算

如图 7-70 所示，将塔设备沿高度分为若干段，则水平风力在第i段塔底截面$I—I$处的风弯矩为

$$M_W^{I-I} = p_i\frac{l_i}{2} + p_{i+1}\left(l_i + \frac{l_{i+1}}{2}\right) + p_{i+2}\left(l_i + l_{i+1} + \frac{l_{i+2}}{2}\right) + \cdots + p_n\left(l_i + l_{i+1} + l_{i+2} + \cdots + \frac{l_n}{2}\right) \quad （7-23）$$

7.5.2.4　地震载荷

地震起源于地壳的深处。地震时所产生的地震波，通过地壳的岩石或土壤向地球表面传播。当地震波传到地面时，引起地面的突然运动，从而迫使地面上的建筑物和设备发生振动。

地震发生时，地面运动是一种复杂的空间运动，可以分解为三个平动分量和三个转动分量。鉴于转动分量的实测数据很少，地震载荷计算时一般不予考虑。地面水平方向（横向）的运动会使设备产生水平方向的振动，危害较大。而垂直方向（纵向）的危害较横向振动要小，所以只有当地震设防烈度为8度或9度地区的塔设备才考虑纵向振动的影响。

（1）地震力计算

① 水平地震力　所谓地震力是地震时地面运动对于设备的作用力。对于底部刚性固定在基础上的塔设备，如将其简化成单质点的弹性体系，如图 7-71 所示。则地震力即为该设备质量相对于地面运动时的惯性力，此力为

$$F = \alpha m_P g \quad （7-24）$$

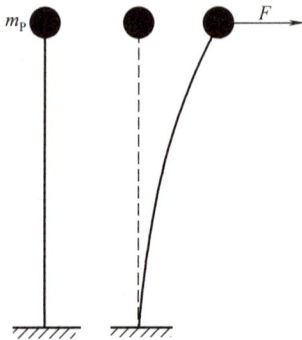

图 7-71 单质点体系的地震力

式中　m_P——集中于单质点的质量，kg；

　　　g——重力加速度，m/s^2；

　　　α——地震影响系数，根据场地土的特征周期及塔的自振周期由图 7-72 确定。

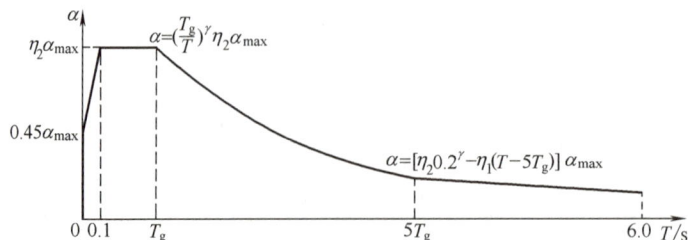

图 7-72　地震影响系数 α 值

对于图 7-72 中的曲线下降段，地震影响系数按式（7-25）计算

$$\alpha = \left(\frac{T_g}{T}\right)^{\gamma} \eta_2 \alpha_{\max} \qquad (7\text{-}25)$$

式中　T_g——特征周期，按场地土的类型及震区类型由表 7-9 确定；

　　　$\alpha_{\max}$——地震影响系数的最大值，见表 7-10；

　　　γ——衰减指数，根据塔的阻尼比按式（7-26）确定；

　　　η_2——阻尼调整系数，按式（7-27）计算。

表7-9　各类场地土的特征周期 T_g

设计地震分组	场地土类型				
	I_0	I_1	II	III	IV
第一组	0.20	0.25	0.35	0.45	0.65
第二组	0.25	0.30	0.40	0.55	0.75
第三组	0.30	0.35	0.45	0.65	0.90

表7-10　地震影响系数最低值 $\alpha_{\max}$

设防烈度	7		8		9
设计基本地震加速度	0.1g	0.15g	0.2g	0.3g	0.4g
对应于多遇地震的 $\alpha_{\max}$	0.08	0.12	0.16	0.24	0.32

$$\gamma = 0.9 + \frac{0.05 - \xi_i}{0.3 + 6\xi_i} \qquad (7\text{-}26)$$

式中，ξ_i 为塔的阻尼比，根据实测值确定。无实测数据时，一阶振型阻尼比可取 $\xi_i = 0.01 \sim 0.03$。高阶振型阻尼比，可参照第一振型阻尼比选取

$$\eta_2 = 1 + \frac{0.05 - \xi_i}{0.08 + 1.6\xi_i} \qquad (7\text{-}27)$$

对于图 7-72 中直线下降段，地震影响系数按式（7-28）计算

$$\alpha = [\eta_2 0.2^{\gamma} - \eta_1(T - 5T_g)]\alpha_{\max} \qquad (7\text{-}28)$$

式中　η_1——直线下降段下降斜率的调整系数，按式（7-29）计算

$$\eta_1 = 0.02 + \frac{0.05 - \xi_i}{4 + 32\xi_i} \qquad (7\text{-}29)$$

式（7-24）中 αg 可以理解为质点的绝对加速度。实际上，塔设备是一多质点的弹性体系，如图 7-73 所示。对于多质点体系，具有多个振型。根据振型迭加原理，可将多质点体系的计算转换成多个单质点体系相叠加。因此，对于实际塔设备水平地震力的计算，可在前述单质点体系计算的基础上，为考虑振型对绝对加速度及地震力的影响，引入振型参与系数 η_k

$$\eta_k = \frac{Y_k \sum\limits_{i=1}^{n} m_i Y_i}{\sum\limits_{i=1}^{n} m_i Y_i^2} \qquad (7\text{-}30)$$

塔设备的第一振型曲线可以近似为式（7-8）所表示的抛物线。将式（7-8）代入 η_k 的表达式，可得相应于第一振型的振型参与系数 η_{k1}

$$\eta_{k1} = \frac{h_k^{1.5} \sum\limits_{i=1}^{n} m_i h_i^{1.5}}{\sum\limits_{i=1}^{n} m_i h_i^3}$$ （7-31）

因而，第 k 段塔节重心处（ k 质点处）产生的相当于第一振型（基本振型）的水平地震力为

$$F_{k1} = \alpha_1 \eta_{k1} m_k g$$ （7-32）

式中　α_1——对应于塔器基本固有周期 T_1 的地震影响系数 α 值；

m_k——第 k 段塔节的集中质量（见图7-73），kg。

② 垂直地震力　在地震设防烈度为8度或9度的地区，塔设备应考虑垂直地震力的作用。一个多质点体系见图7-74，在地面的垂直运动作用下，塔设备底部截面上的总垂直地震力为

$$F_V^{0-0} = \alpha_{v\max} m_{eq} g$$ （7-33）

式中　$\alpha_{v\max}$——垂直地震影响系数的最大值，取 $\alpha_{v\max} = 0.65\alpha_{\max}$；

m_{eq}——塔设备的当量质量，取 $m_{eq}=0.75m_0$，kg；

m_0——塔设备操作时的质量，kg。

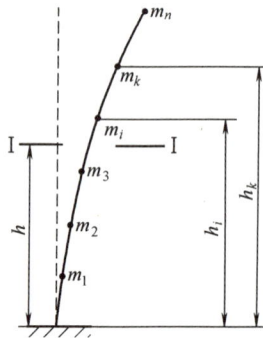

图7-73　多质点体系　　　　图7-74　多质点体系的垂直地震力

塔任意质点 i 处垂直地震力为

$$F_V^{i-i} = \frac{m_i h_i}{\sum\limits_{k=1}^{n} m_k h_k} F_V^{0-0} \qquad (i=1,2,3,\cdots,n)$$ （7-34）

（2）地震弯矩

由于水平地震力的作用下，在塔设备的任意计算截面 I—I 处，基本振型的地震弯矩为

$$M_{E1}^{I-I} = \sum\limits_{k=i}^{n} F_{k1}(h_k - h)$$ （7-35）

式中　M_{E1}^{I-I}——任意截面 I—I 处基本振型的地震弯矩，N·m；

h_k——第 k 段塔节的集中质量 m_k 离地面的距离，m。

对于等直径、等壁厚的塔，质量沿塔高均匀分布，如图7-67所示。在距离地面高度为 x 处，取微元 dx，则质量为 mdx，其振型参与系数为

$$\eta_{k1} = \frac{h_k^{1.5} \int_0^H mh^{1.5}\mathrm{d}h}{\int_0^H mh^3\mathrm{d}h} = 1.6\frac{h_k^{1.5}}{H^{1.5}}$$

则水平地震力 $\mathrm{d}F_{k1}$ 为

$$\mathrm{d}F_{k1} = \mathrm{d}\alpha_1 m_k g\left(1.6\frac{h_k^{1.5}}{H^{1.5}}\right) = 1.6\frac{\alpha_1 mg}{H^{1.5}}x^{1.5}\mathrm{d}x$$

设任意计算截面 I—I 距地面的高度为 h（见图 7-80），基本振型在 I—I 截面处产生的地震弯矩为

$$M_{E1}^{I-I} = \int_h^H (x-h)\mathrm{d}F_{k1} = \int_h^H 1.6\frac{\alpha_1 mg}{H^{1.5}}x^{1.5}(x-h)\mathrm{d}x$$

$$= \frac{8\alpha_1 mg}{175H^{2.5}}\left(10H^{3.5} - 14hH^{2.5} + 4h^{3.5}\right) \tag{7-36}$$

当 $h=0$ 时，即塔设备底部截面 0—0 处，由基本振型产生的地震弯矩为

$$M_{E1}^{0-0} = \frac{16}{35}\alpha_1 mgH \tag{7-37}$$

以上计算是按塔设备基本振型（第一振型）的结果。当 $H/D>15$ 且塔设备高度大于 20m 时，还必须考虑高振型的影响。这时应根据前三振型，即第一、第二、第三振型，分别计算其水平地震力及地震弯矩。然后根据振型组合的方法确定作用于 k 质点处的最大地震力及地震弯矩。这样的计算方法显然很复杂。一种简化的近似算法是按第一振型的计算结果估算考虑高振型影响时的地震弯矩，即

$$M_E^{I-I} = 1.25M_{E1}^{I-I} \tag{7-38}$$

7.5.2.5　最大弯矩

确定最大弯矩时，偏保守地假设风弯矩、地震弯矩和偏心弯矩同时出现，且出现在塔设备的同一方向。但考虑到最大风速和最高地震级别同时出现的可能性很小，在正常或停工检修时，取计算截面处的最大弯矩为

$$M_{max} = \begin{cases} M_W + M_e \\ M_E + 0.25M_W + M_e \end{cases} \quad \text{取其中较大值} \tag{7-39}$$

在水压试验时，由于试验日期可以选择且持续时间较短，取最大弯矩为 $0.3M_W + M_e$。

7.5.3　筒体的强度及稳定性校核

根据操作压力（内压或真空）计算塔体厚度之后，对正常操作、停工检修及压力试验等工况，分别计算各工况下相应压力、重量和垂直地震力、最大弯矩引起的筒体轴向应力，再确定最大组合拉伸应力和最大组合压缩应力，并进行强度和稳定性校核。如不满足要求，则须调整塔体厚度，重新进行应力校核。

7.5.3.1　筒体轴向应力

（1）内压或外压在筒体中引起的轴向应力 σ_1

$$\sigma_1 = \frac{p_c D_i}{4\delta_{ei}} \tag{7-40}$$

式中　p_c——计算压力，取绝对值，Pa。

（2）重力及垂直地震力在筒壁产生的轴向压应力 σ_2

$$\sigma_2 = \frac{9.8m_0^{\text{I}-\text{I}} \pm F_\text{V}^{\text{I}-\text{I}}}{\pi D_\text{i}\delta_{ei}} \qquad (7\text{-}41)$$

式中 $m_0^{\text{I}-\text{I}}$——任意截面 I—I 以上塔设备承受的质量，kg；

$F_\text{V}^{\text{I}-\text{I}}$——垂直地震力，仅在最大弯矩为地震弯矩参与组合时计入此项，N。

（3）最大弯矩在筒体中引起的轴向应力 σ_3

$$\sigma_3^{\text{I}-\text{I}} = \frac{M_{\max}^{\text{I}-\text{I}}}{W_\text{I}} \qquad (7\text{-}42)$$

式中 $M_{\max}^{\text{I}-\text{I}}$——计算截面 I—I 处的最大弯矩，由式（7-39）确定，N·m；

W_I——计算截面 I—I 处的抗弯截面模量，$W_\text{I} = \frac{\pi}{4}D_\text{i}^2\delta_{ei}$，m³。

7.5.3.2　轴向应力校核条件

对于内压塔和真空塔，筒体最大组合拉应力分别为（$\sigma_1 - \sigma_2 + \sigma_3$）和（$-\sigma_2 + \sigma_3$），最大组合压应力分别为（$\sigma_2 + \sigma_3$）和（$\sigma_1 + \sigma_2 + \sigma_3$）。

由于塔设备组合应力计算中考虑了风载荷和地震载荷。风载荷及地震载荷为短期载荷。对于短期载荷，即使应力水平稍高一些，也不会给塔器造成很大的危害。为此，在塔体应力校核时，对许用拉伸应力和压缩应力引入载荷组合系数 K，并取 $K=1.2$。

在正常操作和停工检修工况下，轴向拉伸应力用 $K[\sigma]^t\phi$ 限制。其中，$[\sigma]^t$ 为筒体材料在相应温度下的许用应力；ϕ 为应力校核点处的环向焊缝的焊接接头系数。轴向压缩应力用 $K[\sigma]^t$ 和 KB 中的较小值限制。其中 B 为许用轴向压缩应力。$[\sigma]^t$ 和 B 的确定参见本书第4章。

在压力试验工况下，轴向拉伸应力用 $0.9R_{eL}\phi$（液压试验）或 $0.8R_{eL}\phi$（气压试验）限制。轴向压缩应力用 $0.9R_{eL}$ 和 B 中的较小值限制。

7.5.4　裙座的强度及稳定性校核

7.5.4.1　裙座筒体

裙座筒体受到重量和各种弯矩的作用，但不承受压力。重量和弯矩在裙座底部截面处最大，因而裙座底部截面是危险截面。此外，裙座上的检查孔或人孔、管线引出孔有承载削弱作用，这些孔中心横截面处也是裙座筒体的危险截面。

裙座筒体不受压力作用，轴向组合拉伸应力总是小于轴向组合压缩应力。因此，只需校核危险截面的最大轴向压缩应力。

7.5.4.2　裙座基础环

裙座基础环的结构如图 7-75 及图 7-76 所示，分为无筋板的结构及有筋板的结构两类。基础环的内、外直径可按下式选取

$$D_{ob}=D_{is}+（0.16～0.40）\text{m} \qquad (7\text{-}43)$$
$$D_{ib}=D_{is}-（0.16～0.40）\text{m} \qquad (7\text{-}44)$$

（1）基础环应力分布

塔设备的重量及由风载荷、地震载荷及偏心载荷引起的弯矩通过裙座筒体作用在基础环上，而基础环安放在混凝土基础上。在基础环与混凝土基础接触面上，重量引起均布压缩应力，弯曲引起

弯曲应力，压缩应力始终大于拉伸应力，最大压缩应力为 σ_{max}，应力分布如图 7-77 所示。基础环板应有足够厚度来承受这种应力。

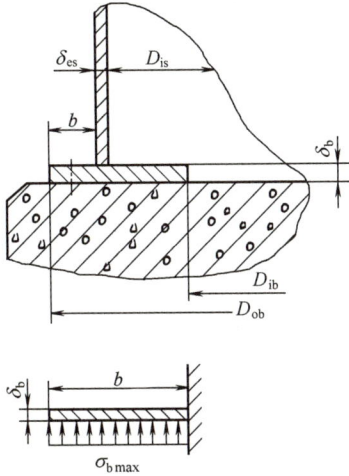

图 7-75 无筋板的基础环

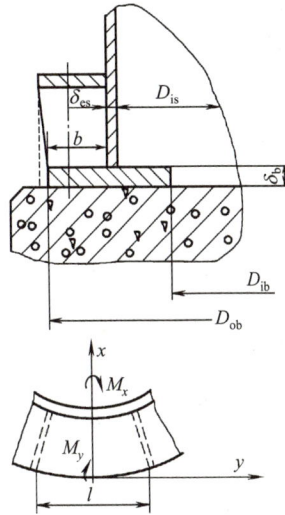

图 7-76 有筋板的基础环

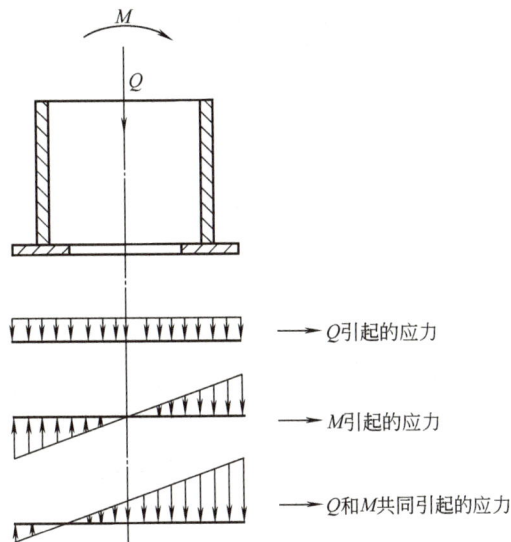

图 7-77 基础环的应力

（2）基础环厚度

① 无筋板基础环 假想把基础环沿圆周方向拉直，当作受到均布载荷 σ_{bmax} 作用的悬臂梁，梁的长度等于 b，如图 7-75 所示。设拉直后梁的宽度为 L，则梁所受的最大弯矩为

$$M = \frac{1}{2} b^2 L \sigma_{bmax}$$

由弯矩引起的最大弯曲应力位于梁根部的上下表面，其值应小于基础环材料的许用应力 $[\sigma]_b$，即

$$\sigma_b = \frac{M}{Z} = \frac{6M}{L\delta_b^2} \leqslant [\sigma]_b$$

因此，基础环所需的厚度 δ_b 为

$$\delta_b = 1.73 b \sqrt{\frac{\sigma_{bmax}}{[\sigma]_b}} \qquad\qquad （7-45）$$

② 有筋板基础环　在两相邻筋板之间的基础环板可近似地视为受均布载荷为 $\sigma_{b\,max}$ 的矩形板（$b \times l$），有筋板的两侧边（边长为 b）视为简支，与裙座筒体连接的边缘（边长视为 l）作为固支，基础环的外边缘（长度视为 l）作为自由边。根据平板理论，分别计算图 7-76 中 x 与 y 方向的单位长度弯矩，取较大值作为计算弯矩 M_s。此时，基础环的厚度为

$$\delta_b = \sqrt{\frac{6M_s}{[\sigma]_b}} \qquad (7\text{-}46)$$

7.5.4.3　地脚螺栓

地脚螺栓的作用是使高的塔设备固定在混凝土基础上，以防风弯矩或地震弯矩等使其发生倾倒。

如图 7-77 所示，在重力和弯矩作用下，如果迎风侧地脚螺栓承受的应力 $\sigma_B \leqslant 0$，则表示塔设备自身稳定而不会倾倒，原则上可不设地脚螺栓，但是为了固定设备的位置，还应设置一定数量的地脚螺栓；如果 $\sigma_B > 0$ 则必须安装地脚螺栓并进行计算。

7.5.4.4　裙座与塔体连接焊缝

裙座直接焊接在塔体的底部封头上，焊缝形式有搭接焊缝和对接焊缝两种。

ⅰ. 搭接焊缝是裙座焊在壳体外侧的结构。焊缝承受由设备重量及弯矩产生的切应力。这种结构受力情况较差，但安装方便，可用于小型塔设备。

ⅱ. 对接焊缝主要校核在弯矩及重力作用下迎风侧焊缝的拉应力。

7.6　塔设备的振动

早在 20 世纪的初期，就出现了一些钢制圆筒形的烟囱在较低的风速作用下，以较高的频率沿着与风力的垂直方向（横向）产生振动，并导致结构破坏的事故。这种现象引起了人们的广泛注意，并开始对这种横向振动进行研究。安装于室外的塔设备，在风力的作用下，将产生两个方向的振动。一种是顺风向的振动，即振动方向沿着风的方向；另一种是横向振动，即振动方向沿着风的垂直方向，又称横向振动或风的诱导振动。因为后者对塔设备的破坏性大，所以本章主要讨论风的诱导振动。

7.6.1　风的诱导振动

（1）诱导振动的流体力学原理

当风以一定的速度绕流圆柱形的塔设备时，塔设备周围的风速是变化的，如图 7-78 所示。在迎风侧的 A 点风速为 0，当风折转方向沿塔表面由 A 到 B 时，风速不断增加，但从 B 点到 D 点，即在塔的背后，流速又不断减小。就塔设备周围的风压而言，正好与风速相反。在 A 点处风压最高，由 A 向 B 点，风压不断降低，而从 B 点向 D 点，其压力又不断升高。

由于塔的表面存在边界层，层内各点的速度从壁面为零沿径向逐渐增大，直到与边界层外的主流体的速度相同。在塔的前半周（从 A 点到 B 点），尽管由于边界层内的黏性摩擦力使层内流速不断下降，但由于边界层外的主流体其流速是逐步增加的，所以边界层内的流体能从主流体获得能量而使速度不下降，然而在塔的后半周（从 B 到 D 点），由于主流体本身不断减速，使边界层内的流体不能从主流体获得补充的能量，从而因黏性摩擦力使其速度逐步减小，结果导致边界层不断增厚，在 C 点处出现边界层流体的增厚并堆积，如图 7-79（a）所示。此时外层主流体将绕过堆积的

边界层，使堆积的边界层背后形成一流体的空白区。在逆向压强梯度的作用下，流体倒流至空白区，并推开堆积层的流体，这样在塔体的背后就产生了旋涡，如图7-79（b）所示，进而旋涡从塔体脱落、分离，并随主流体流向下游，与此同时，在塔体两侧又形成新的流体堆积层，如图7-79（c）所示，这样的旋涡通常称为卡门旋涡（Karman vortex）。

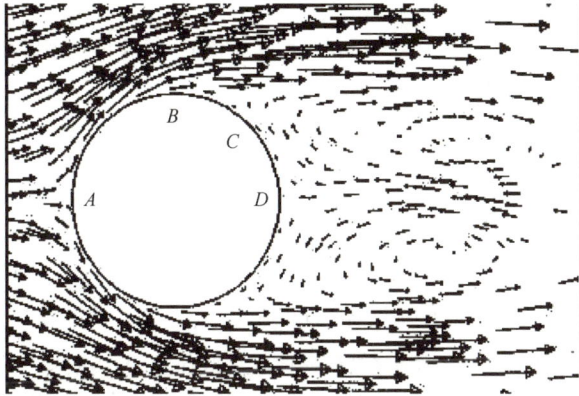

图 7-78　塔周围的风速

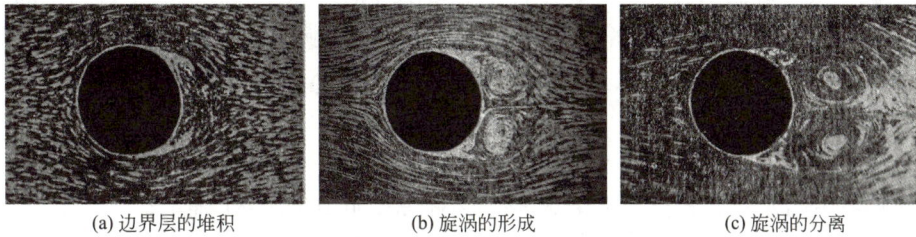

(a) 边界层的堆积　　　　(b) 旋涡的形成　　　　(c) 旋涡的分离

图 7-79　边界层的堆积及旋涡的形成与分离

　　产生的旋涡特性与流动的雷诺数有关。当风吹过塔体时，如雷诺数$Re<5$，则塔体后部流线是封闭形的，且塔体上、下游的流线是对称的，边界层未发现分离现象；当$5\leq Re<40$时，塔体背后出现一对稳定的旋涡；当$40\leq Re<150$时，塔体背后的一侧先形成一个旋涡，在它从塔体表面脱落而向下游移动时，塔体背后另一侧的对称位置处形成一个旋转方向相反的旋涡。在这个旋涡脱落时，在原先的一侧又形成一个新的旋涡，这些旋涡在尾流中有规律地交错排列成两行，如图7-80所示，此现象工程上称为卡门涡街（Karman vortex street）。当$300\leq Re<3\times10^5$范围内，旋涡以一确定的频率周期性地脱落，该范围称为亚临界区。当$3\times10^5\leq Re<3.5\times10^6$范围内，称为过渡期。这时，尾流变窄，无规律且都变成紊流，无涡街出现。当$Re>3.5\times10^6$范围，称超临界区，卡门涡街又重新出现。

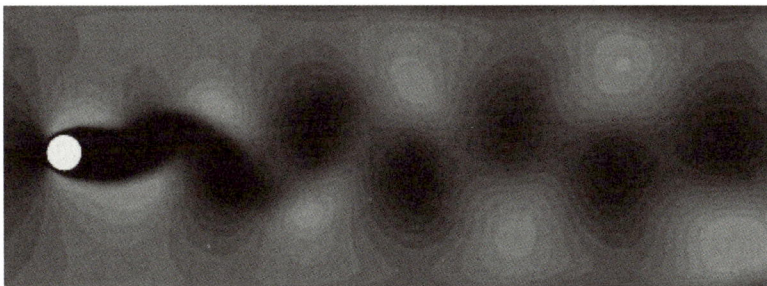

图 7-80　卡门涡街

动画7-1
卡门涡街

　　在出现卡门涡街时，由于塔体两侧旋涡的交替产生和脱落，在塔两侧的流体阻力是不相同的，并呈周期性的变化。在阻力大的一侧，即旋涡形成并长大的一侧绕流较差，流速下降，静压强较高；而阻力小的一侧，即旋涡脱落的一侧，绕流改善，速度较快，静压力较低，因而，阻力大（静压强高）的一侧产生一垂直于风向的推力。当一侧旋涡脱落后，另一侧又产生旋涡。因此在另一侧产生一垂直于风向，与上述方向相反的推力，从而使塔设备在沿风向的垂直方向产生振动，称之为横向振动。显然，其振动的频率就等于旋涡形成或脱落的频率。

（2）升力

上述由于旋涡交替产生及脱落而在沿风向的垂直方向产生的推力称为升力。风在沿风向产生的风力成为拽力，通常升力要比拽力大得多。

升力的大小可由下式确定

$$F_L = C_L \rho v^2 A/2 \tag{7-47}$$

式中　F_L——升力，N；

　　　ρ——空气密度，kg/m³；

　　　v——风速，m/s；

　　　A——沿风向的投影面积，等于塔径乘以塔高，m²；

　　　C_L——升力系数，无因次，与雷诺数 Re 有关，当 $5 \times 10^4 < Re \leqslant 2 \times 10^5$ 范围内，$C_L = 0.5$；当 $Re > 4 \times 10^5$，$C_L = 0.2$；当 $2 \times 10^5 < Re \leqslant 4 \times 10^5$ 范围内按线性插值。

（3）塔设备风诱导振动的激振频率

在塔的一侧，卡门旋涡是以一定的频率产生并从圆柱形塔体表面脱落的，该频率即为塔一侧横向力 F_L 作用的频率或塔体的激振频率。研究表明，对于单个圆柱体，其旋涡脱落的频率与圆柱体的直径及风速有关，并可用下式表示

$$f_v = Sr \frac{v}{D} \tag{7-48}$$

式中　Sr——斯特劳哈尔数，其值与雷诺数 Re 大小有关，可由图 7-81 确定；

　　　D——塔体的外直径，如塔体有保温层，则为保温层外表面处的直径，m。

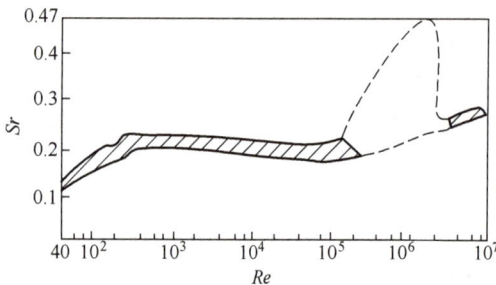

图 7-81　圆柱体的 Sr 值

由图 7-81 可以看出，当雷诺数 Re 在 $300 \sim 2 \times 10^5$ 范围内（亚临界范围），其 Sr 值近似地保持一常数 0.21；当 Re 增加至 3.5×10^5 时，Sr 增大，但难以保持一确定数值；当 $Re > 3.5 \times 10^6$ 时，Sr 值接近 0.27。

（4）临界风速

作用在塔体上的升力是交变的，因为升力的频率与旋涡脱落的频率相同，所以当旋涡脱落的频率与塔的任一振型的固有频率一致时，塔就会产生共振。塔产生共振时的风速称为临界风速，若采用 $Sr = 0.2$，则由式（7-48）可求得临界风速

$$v_{cn} = 5 f_{cn} D = \frac{5D}{T_{cn}} \tag{7-49}$$

式中　v_{cn}——塔在第 n 振型下共振时的临界风速，m/s；

　　　f_{cn}——塔在第 n 振型时的固有频率，1/s；

　　　T_{cn}——塔在第 n 振型时的固有周期，s；

　　　D——塔的外直径，m。

7.6.2　塔设备的防振

如果塔设备产生共振，轻者使塔产生严重弯曲、倾斜，塔板效率下降，影响塔设备的正常操作，重者导致塔设备严重破坏，造成事故。因此，在塔的设计阶段就应采取措施以防止共振的

发生。

为了防止塔的共振，塔在操作时激振力的频率（即升力作用的频率或旋涡脱落的频率）f_v不得在塔体第一振型固有频率的0.85～1.3倍范围内，即f_v不得在如下范围内

$$0.85f_{c1}<f_v<1.3f_{c1} \qquad (7\text{-}50)$$

式中　f_v——激振力的频率，Hz；

　　　f_{c1}——塔第一振型的固有频率，Hz。

如果激振频率f_v处于式（7-50）的范围内，则应采取以下相应的措施。

（1）增大塔的固有频率

降低塔高，增大内径，可降低塔的高径比，从而可增大塔的固有频率或提高临界风速，但这必须在工艺条件许可的情况下进行，增加塔的厚度也可有效地提高固有频率，但这样会增加塔的成本。

（2）采用扰流装置

合理地布置塔体上的管道、平台、扶梯和其他的连接件可以消除或破坏卡门旋涡的形成。在沿塔体周围焊接一些螺旋型板可以消除旋涡的形成或改变旋涡脱落的方式，进而达到消除过大振动的目的。此方法已获广泛应用，图7-82为安装了破风圈的塔设备。螺旋板焊接在塔顶部1/3塔高的范围内，它的螺距可取为塔径的5倍，板高可取塔径的1/10。

（3）增大塔的阻尼

增加塔的阻尼对控制塔的振动起着很大的作用。当阻尼增加时塔的振幅会明显下降。当阻尼增加到一定数值后，振动会完全消失。塔盘上的液体或塔内的填料都是有效的阻尼物。研究表明，塔盘上的液体可以将振幅减小10%左右。

图7-82　安装扰流装置的塔设备

✎ 思考题

1. 塔设备由哪几部分组成？各部分的作用是什么？

2. 填料塔中液体分布器及液体再布器的作用是什么？

3. 试分析塔在正常操作、停工检修和压力试验等三种工况下的载荷？

4. 简述塔设备设计的基本步骤。

5. 塔设备振动的原因有哪些？如何判断塔设备是否会产生共振？如何预防振动？

6. 塔设备设计中，哪些危险截面需要校核轴向强度和稳定性？如何校核？

7. 试分析哪种工况下，内压操作的塔体具有最大的轴向压应力？并画出此时最大的组合轴向压应力图？

8. 风载荷与地震载荷沿塔高如何变化？塔设备强度设计时如何分段？

7

8 反应设备

学习意义

反应过程是流程工业的基本操作过程之一。反应设备作为反应过程的载体，其性能直接关系到反应效率和产物的品质。但反应种类繁多、千差万别，为适应不同反应过程，涌现出了大小、形状、操作方式各不相同的反应设备。系统了解反应设备的种类、特点、结构是合理设计、选用和使用的前提，有利于保障反应需求、提高反应效率、降低运行能耗。

学习目标

○ 了解常见反应设备的种类和特点；

○ 熟悉机械搅拌设备结构，能完成关键组件的选型与设计；

○ 掌握搅拌器的流型、种类和应用场合；

○ 了解微反应器、电解水制氢装置和氢燃料电池。

8.1 概述

8.1.1 反应设备的应用

反应设备是发生化学反应或生物质变化等过程的场所，是流程性材料产品生产中的核心设备。通过化学反应或生物质变化等将原料加工成产品，是化工、冶金、石油、新能源、医药、食品和轻工等领域的重要生产方式。任何一种流程性材料产品的生产流程都可概括为：原料预处理、化学反应或生物质变化、反应产物的分离与提纯等。

反应设备开发应考虑以下因素：①物料性质，如黏度、密度、腐蚀性、相态等；ⅱ反应条件，如温度、压力、浓度等；ⅲ反应过程的特点，如气相的生成、固相的沉积和多相的输送等。反应设备应满足传质、传热和流体流动等要求，其通过影响反应速率、选择性和化学平衡等，对产品的生产成本、能耗和环保等起决定作用。综合运用反应动力学、传递过程原理、机械设计和机电控制等知识，正确选用反应设备的结构形式，以获得最佳的反应操作特性和控制方式，开发高效、节能和绿色的反应设备，是当今过程工业设计中的重点。

8.1.2　反应设备的分类与特征

工业反应设备主要有化学反应设备、生物反应设备、电化学反应设备和微反应设备等。其中，按反应物系的相态来划分，可分为均相反应器和多相反应器；按操作方式来划分，可分为间歇式、半连续式和连续式反应器；按过程流体力学划分，可分为泡状流型、活塞流型和全混流型反应器；按过程传热学划分，可分为绝热、等温和非等温非绝热反应器；按结构原理划分，可分为管式反应器、釜式反应器、塔式反应器、固定床反应器、流化床反应器、移动床反应器、滴流床反应器、电极式反应器和微反应器等。表 8-1 给出的是化学反应设备的主要结构形式与特征，表 8-2 给出的是生物反应设备的主要结构形式与特征，表 8-3 给出的是电化学反应设备的主要结构形式与特征，表 8-4 给出的是微反应设备的主要结构形式与特征。

表8-1　化学反应设备的主要结构形式与特征

物料相态		操作方式	流动状态	传热情况	结构特征
均相	气相 液相	间歇操作 连续操作 半连续操作	泡状流型 活塞流型 全混流型	绝热式 等温式 非等温非绝热式	搅拌釜式 管式 固定床 流化床 移动床 塔式 滴流床
非均相	气-液相 液-液相 气-固相 液-固相 气-液-固相				

表8-2　生物反应设备的主要结构形式与特征

生物催化剂	操作方式	流动状态	输入能量	结构特征
酶催化反应器 细胞催化反应器（发酵罐）	间歇操作 连续操作 半连续操作	活塞流型 全混流型	搅拌桨叶式 气体喷射式（气升式）	搅拌釜式 气升式 固定床 流化床

表8-3　电化学反应设备的主要结构形式与特征

应用领域	操作方式	功能特点	电极连接形式	结构特征
工业电解 化学电源 电镀	间歇操作 连续操作 半连续操作	电解槽 一次电池 二次电池 燃料电池 电镀槽	单极式电连接 复极式电连接	箱式 压滤机式 特殊结构形式

表8-4　微反应设备的主要结构形式与特征

物料相态		操作方式	功能特点	处理规模	结构特征
均相	气相 液相	间歇操作 连续操作 半连续操作	化学分析与生物检测 化学工程的产品加工	分析检测型 制备生产型	微混合器式 微换热器式 微分离器式 微多相反应器式 多功能集成的微芯片式
非均相	气-液相 液-液相 气-固相 液-固相 气-液-固相				

8.1.3　常见反应设备的特点

从以上反应设备的分类与特征可以看出，各类反应器的结构形式和工作原理具有许多共性特点，常见的结构形式为机械搅拌式反应器、管式反应器、塔式反应器、固定床反应器、移动床反应器、流化床反应器、电极式反应器和微反应器等。

（1）机械搅拌式反应器

这种反应器可用于均相反应，也可用于多相（如液 - 液、气 - 液、液 - 固）反应，可以间歇操作，也可以连续操作。连续操作时，几个釜串联起来，通用性很大，停留时间可以得到有效控制。机械搅拌反应器灵活性大，根据生产需要，可以生产不同规格、不同品种的产品，生产的时间可长可短，可在常压、加压、真空下生产操作，可控范围大。反应结束后出料容易，反应器的清洗方便，机械设计相对成熟。机械搅拌式反应器是流程工业中应用最广泛的一种反应器，将在 8.2 节中详细介绍。

（2）管式反应器

管式反应器由多根细管串联或并联构成，结构简单，制造简便。混合好的气相或液相反应物从管道一端进入，连续流动，连续反应，最后从管道另一端排出。根据反应的不同，管长和管径之比可灵活配置。反应物在管内的流动速度快，停留时间短，返混小，生产效率高。管外壁可以进行换热，单位反应器体积内的换热面积较大。实际应用中，管式反应器多数采用连续操作，少数采用半连续操作，在涉及快速气相反应或液相反应的场合中较为常见，特别适于反应压力很高的场合。

图 8-1 为石脑油分解转化管式反应器，其内径 ϕ102mm，外径 ϕ143mm，长 1109mm，管的下部催化剂支承架内装有催化剂，气体由进气总管进入管式转化器，在催化剂存在条件下，石脑油转化为 H_2 和 CO，供合成氨用，反应温度为 750～850℃，压力为 2.1～3.5MPa。

（3）塔式反应器

塔式反应器的主要特点是：其高度一般为直径的数倍乃至数十倍，塔内设有增加两相接触的构件，如填料、筛板等。塔式反应器主要用于两种流体之间的反应过程，如气 - 液反应和液 - 液反应等。例如，鼓泡塔，作为塔式反应器，常用于气 - 液反应，其内部不设构件，气体以气泡的形式通过液层；喷雾塔，作为塔式反应器，可用于气 - 液反应，液体成雾滴状分散于气体中，与鼓泡塔正好相反。无论采用何种形式的塔式反应器，参与反应的两种流体可以是成逆流，也可以是并流，应按实际需要设计。

（4）固定床反应器

气体流经固定不动的催化剂床层进行催化反应的装置称为固定床反应器。它主要用于气 - 固相催化反应，具有结构简单、操作稳定、便于控制、易实现大型化和连续化生产等优点，是现代化工和反应中应用很广泛的反应器。例如，氨合成塔、甲醇合成塔、硫酸及硝酸生产的一氧化碳变换塔、三氧化硫转化器等。

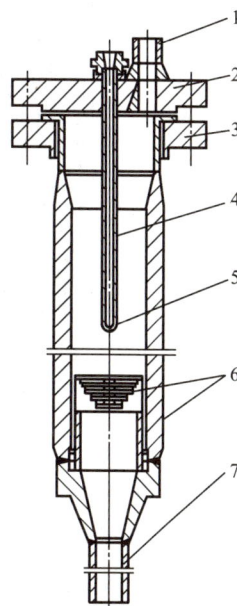

图 8-1　石脑油分解转化反应器

1—进气管；2—上法兰；3—下法兰；4—温度计；5—管子；6—催化剂支承架；7—下猪尾巴管

固定床反应器有三种基本形式：轴向绝热式、径向绝热式和列管式。轴向绝热式固定床反应器见图 8-2（a），催化剂均匀地放置在一多孔筛板上，预热到一定温度的反应物料自上而下沿轴向通过床层进行反应，在反应过程中反应物系与外界无热量交换。径向绝热式固定床反应器见图 8-2（b），催化剂装载于两个同心圆筒的环隙中，流体沿径向通过催化剂床层进行反应。径向反应器的特点是在相同筒体直径下增大流道截面积。列管式固定床反应器见图 8-2（c），这种反应器由很多并联管子构成，管内（或管外）装催化剂，反应物料通过催化剂进行反应，载热体流经管外（或管内），在化学反应的同时进行换热。图 8-3 所示的氨合成塔是典型的固定床反应器，N_2、H_2 合成气

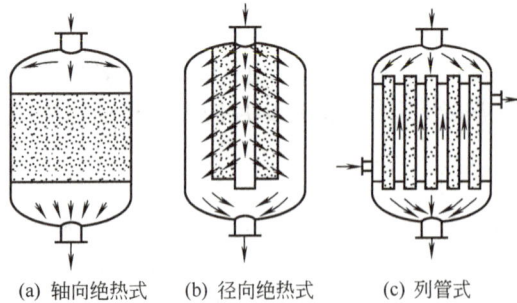

图 8-2　固定床反应器

(a) 轴向绝热式　　(b) 径向绝热式　　(c) 列管式

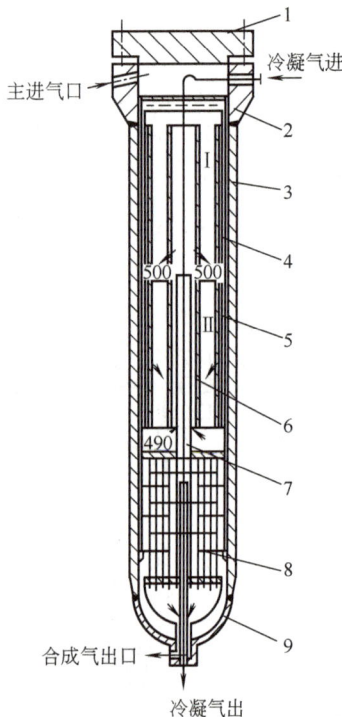

1—平顶盖；2—筒体端部法兰；3—筒体；4—上催化剂框；5—下催化剂框；6—中心网筒；7—升气管；8—换热器；9—半球形封头

图 8-3　氨合成塔

由主进气口进入反应塔，塔内压力约 30MPa，温度 550℃，在催化剂作用下合成为氨。氨的合成反应为放热反应，高温的合成气及未合成的 N_2、H_2 混合气经塔下部换热器降温后从底部排出。

加氢反应器是加氢处理、加氢精制、加氢裂化等加氢工艺中的关键设备，操作条件苛刻、技术难度大、加工要求高、造价昂贵，其设计制造水平一定程度上体现了一个国家总体技术发展的水平。按照工艺流程和结构进行分类，加氢反应器主要有固定床、移动床和流化床三种类型，其中固定床结构的加氢反应器使用最为广泛。固定床加氢反应器中，床层内的固体催化剂处于静止状态，催化剂磨损较小，在催化剂不失活的情况下可长期使用，尤其适于固体杂质少、油溶性金属含量少的加氢工艺。加氢反应器的外壳体既有单层的卷焊或锻焊结构，也有多层的绕带式或热套式结构，内部设置有入口扩散器、积垢篮、分配盘、催化剂支撑盘、冷氢箱、出口收集器等构件。

固定床反应器的缺点是床层的温度分布不均匀，由于固相粒子不动，床层导热性较差，因此对放热量大的反应，应增大换热面积，及时移走反应热，但这会减少有效空间。

（5）移动床反应器

如果固体催化剂连续加入，反应物通过固体颗粒连续反应后连续排出，这种反应器称为移动床反应器。在反应器中，固体颗粒之间基本上没有相对运动，而是整个颗粒层移动，因此可看成是移动的固定床反应器。和固定床反应器相比，移动床反应器有如下特点：固体和流体的停留时间可以在较大范围内改变，固体和流体的运动接近活塞流，返混较少。控制固体粒子运动的机械装置较复杂，床层的传热性能与固定床接近。

与固定床反应器不同，移动床反应器中固体颗粒自反应器一边连续加入，从进口边向出口边连续移动直至卸出，如图 8-4 所示。若固体颗粒为催化剂，则用提升装置将其输送至反应器内，反应流体与颗粒一起流动。该类反应器适用于催化剂需要连续进行再生的催化反应过程和固相加工反应。新一代的模拟移动床则是固相实际不动，通过机电程控来切换进、出料液口的位置来模拟移动固相，实现反应流体与固体颗粒成逆流操作，因而具有更好的可操作性和更高的反应效率。

（6）流化床反应器

流体（气体或液体）以较高的流速通过床层，带动床内的固体颗粒运动，使之悬浮在流动的主体流中进行反应，并具有类似流体流动的一些特性的装置称为流化床反应器。流化床反应器是工业上应用较广泛的反应装置，适用于催化或非催化的气-固、液-固和气-液-固反应。在反应器中固体颗粒被流体吹起呈悬浮状态，可做上下左右剧烈运动和翻动，好像是液体沸腾一样，故流化床反应器又称沸腾床反应器。流化床反应器的结构形式很多，一般由壳体、气体分布装置、换热装置、气-固分离装置、内构件以及催化剂加入和卸出装置等组成。典型的流化床反应器如图 8-5 所示，反应气体从进气管进入反应器，经气体分布板进入床层。反应器内设置有换热器，气体离开床层时总要带走部分细小的催化剂颗粒，为此将反应器上部直径增大，使气体速度降低，从而使部分较大的颗粒沉降下来，落回床层中，较细的颗粒经过反应器上部的旋风分离器分离出来后返回床层，反应后的气体由顶部排出。

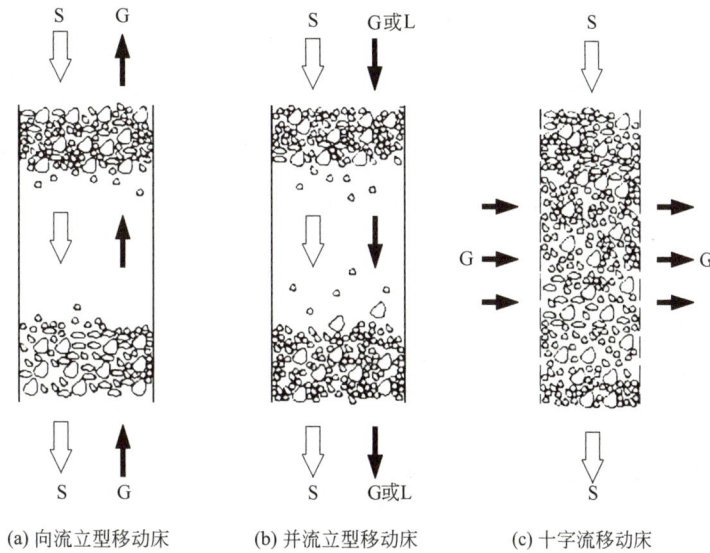

(a) 向流立型移动床　　　(b) 并流立型移动床　　　(c) 十字流移动床

图 8-4　移动床反应器

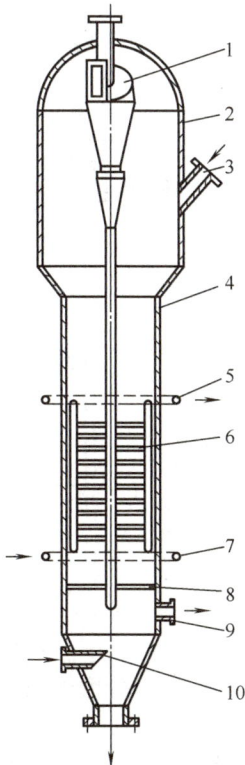

图 8-5　流化床反应器

1—旋风分离器；2—筒体扩大段；3—催化剂
入口；4—筒体；5—冷却介质出口；6—换热器；
7—冷却介质进口；8—气体分布板；9—催化剂
出口；10—反应气入口

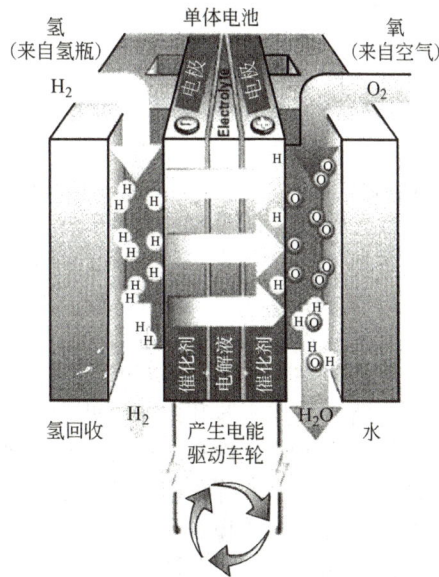

图 8-6　氢氧燃料电池

流化床反应器的最大优点是传热面积大、传热系数高和传热效果好。流态化较好的流化床，床内各点温度相差一般不超过5℃，可以防止局部过热。流化床的进料、出料、废渣排放都可以用气流输送，易于实现自动化生产。流化床反应器的缺点是：反应器内物料返混大，粒子磨损严重；通常要有回收和集尘装置；内构件比较复杂；操作要求高等。

（7）电化学反应器

电化学反应器是利用可控的电极电势差来驱动电荷转移反应，从而实现电能与化学能定向转化的装置。图8-6所示的质子交换膜氢氧燃料电池，是以氢气为燃料，氧气为氧化剂。在向氢电极供应氢气同时，向氧电极供应氧气。在电极上的催化剂作用下，氢电极上会产生多余的电子而带负电，在氧电极上由于缺少电子而带正电，其反应产物为水。最终将氢气储存的化学能转化为电能，向外电路输出。燃料电池的优点是：能量转化效率为40%～60%；运动部件很少，安全可靠，工作时安静，噪声很低；反应产物为水，与环境友好。

（8）微反应器

微反应器是通过纳米、微米加工和细观精密集成技术制造的小型反应系统，微反应器内反应流体的通道尺寸在纳米、亚微米到亚毫米量级，反应单元能实现串、并和交叉流等高度集成，可以制成微混合、微换热、微分离、微反应和集多功能于一体的微芯片。微反应器不仅所需空间小、质量和能量消耗少、响应时间短，而且单位时间和空间获得的信息量大。可大批量生产和自动化安装，成本低，很容易实现一体化集成。微反应器内，微尺度下流体的质量、热量和动量传递等不同于宏观尺度下的规律，以分子效应为主，如气体表现为稀薄效应，液体表现出颗粒效应。

每种反应器都有其优点和缺点，设计时应根据使用场合和设计要求等因素，确定最合适的反应器结构。

反应器设计较为复杂，下面着重介绍机械搅拌反应设备的设计和微反应器。

8.2 机械搅拌反应设备

8.2.1 基本结构

机械搅拌反应器（也称为搅拌釜式反应器）适用于各种物性（如黏度、密度）和各种操作条件（温度、压力）的反应过程，广泛应用于合成塑料、合成纤维、合成橡胶、医药、农药、化肥、染料、涂料、食品、冶金、废水处理等行业。如实验室的搅拌反应器可小至数十毫升，而污水处理、湿法冶金、磷肥等工业大型反应器的容积可达数千立方米。除用作化学反应器和生物反应器外，搅拌反应器还大量用于混合、分散、溶解、结晶、萃取、吸收或解吸、传热等操作。

搅拌反应器由搅拌容器和搅拌机两大部分组成。搅拌容器包括筒体、换热元件及内构件。搅拌器、搅拌轴及其密封装置、传动装置等统称为搅拌机。

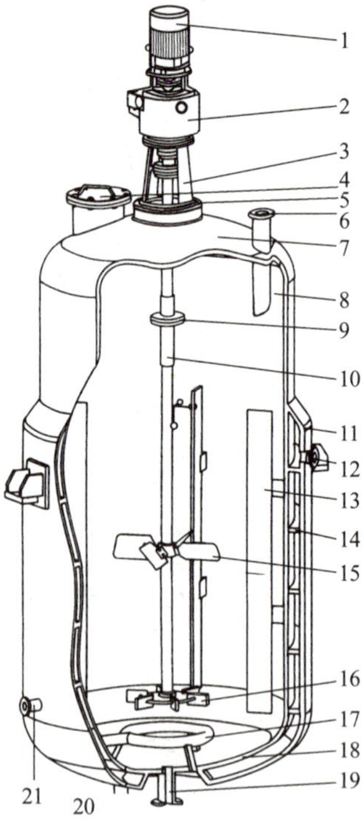

图8-7是一台通气式搅拌反应器，由电动机驱动，经减速器带动搅拌轴及安装在轴上的搅拌器，以一定转速旋转，使流体获得适当的流动场，并在流动场内进行化学反应。为满足工艺的换热要求，容器上装有夹套。夹套内螺旋导流板的作用是改善传热性能。容器内设置有气体分布器、挡板等内构件。在搅拌轴下部安装径向

图8-7 通气式搅拌反应器典型结构

1—电动机；2—减速器；3—机架；4—人孔；5—密封装置；6—进料口；7—上封头；8—筒体；9—联轴器；10—搅拌轴；11—夹套；12,20—载热介质进出口；13—挡板；14—螺旋导流板；15—轴向流搅拌器；16—径向流搅拌器；17—气体分布器；18—下封头；19—出料口；21—气体进口

流搅拌器、上层为轴向流搅拌器。

8.2.2　搅拌容器

8.2.2.1　搅拌容器

搅拌容器的作用是为物料反应提供合适的空间。搅拌容器的筒体基本上是圆筒，封头常采用椭圆形封头、锥形封头和平盖，以椭圆形封头应用最广。根据工艺需要，容器上装有各种接管，以满足进料、出料、排气等要求。为对物料加热或取走反应热，常设置外夹套或内盘管。上封头焊有凸缘法兰，用于搅拌容器与机架的连接。操作过程中，为了对反应进行控制，必须测量反应物的温度、压力、成分及其他参数，容器上还设置有温度、压力等传感器。支座选用时应考虑容器的大小和安装位置，小型的反应器一般用悬挂式支座，大型的用裙式支座或支承式支座。

在确定搅拌容器的容积时，应考虑物料在容器内充装的比例即装料系数，其值通常可取0.6～0.85。如果物料在反应过程中产生泡沫或呈沸腾状态，取0.6～0.7；如果物料在反应中比较平稳，可取0.8～0.85。

工艺设计给定的容积，对直立式搅拌容器通常是指筒体和下封头两部分容积之和；对卧式搅拌容器则指筒体和左右两封头容积之和。根据使用经验，搅拌容器中筒体的高径比可按表8-5选取。设计时，根据搅拌容器的容积、所选用的筒体高径比，就可确定筒体直径和高度。

搅拌容器的强度计算和稳定性分析方法见本书第4章。

表8-5　几种搅拌设备筒体的高径比

种类	罐内物料类型	高径比	种类	罐内物料类型	高径比
一般搅拌罐	液-固相、液-液相	1～1.3	聚合釜	悬浮液、乳化液	2.08～3.85
	气-液相	1～2	发酵罐类	发酵液	1.7～2.5

8.2.2.2　换热元件

有传热要求的搅拌反应器，为维持反应的最佳温度，需要设置换热元件。常用的换热元件有夹套和内盘管。当夹套的换热面积能满足传热要求时，应优先采用夹套，这样可减少容器内构件，便于清洗，不占用有效容积。

所谓夹套就是在容器的外侧，用焊接或法兰连接的方式装设各种形状的钢结构，使其与容器外壁形成密闭的空间。在此空间内通入加热或冷却介质，可加热或冷却容器内的物料。夹套的主要结构形式有：整体夹套、型钢夹套、半圆管夹套和蜂窝夹套等，其适用的温度和压力范围见表8-6。

表8-6　各种碳素钢夹套的适用温度和压力范围

夹套形式		最高温度/℃	最高压力/MPa
整体夹套	U形	350	0.6
	圆筒形	300	1.6
型钢夹套		200	2.5
蜂窝夹套	短管支承式	200	2.5
	折边锥体式	250	4.0
半圆管夹套		350	6.4

① 整体夹套　常用的整体夹套形式有圆筒形和U形两种。图8-8（a）所示的圆筒形夹套仅在圆筒部分有夹套，传热面积较小，适用于换热量要求不大的场合。U形夹套是圆筒部分和下封头都包有夹套，传热面积大，是最常用的结构，如图8-8（b）所示。

　　根据夹套与筒体的连接方式不同，夹套可分为可拆卸式和不可拆卸式。可拆卸式用于夹套内载热介质易结垢、需经常清洗的场合。工程中使用较多的是不可拆卸式夹套。夹套肩与筒体的连接处，做成锥形的称为封口锥，做成环形的称为封口环，如图8-9所示。当下封头底部有接管时，夹套底与容器封头的连接方式也有封口锥和封口环两种，其结构见图8-10。

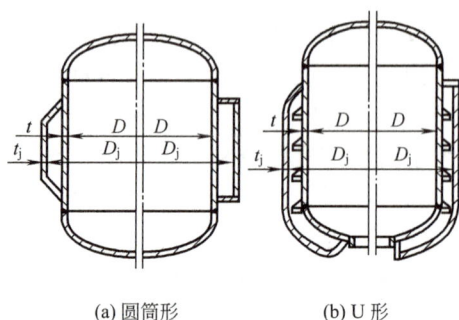

(a) 圆筒形　　　　(b) U 形

图 8-8　整体夹套

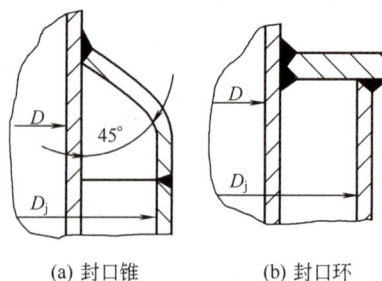

(a) 封口锥　　　　(b) 封口环

图 8-9　夹套肩与筒体的连接

　　载热介质流过夹套时，其流动横截面积为夹套与筒体间的环形面积，流道面积大、流速低、传热性能差。为提高传热效率，常采取以下措施：ⅰ在筒体上焊接螺旋导流板，以减小流道截面积，增加载热介质流速，如图8-7所示；ⅱ进口处安装扰流喷嘴，使载热介质呈湍流状态，提高传热系数；ⅲ夹套的不同高度处安装切向进口，提高载热介质流速，增加传热系数。

　　② 型钢夹套　　一般用角钢与筒体焊接组成，如图8-11所示。角钢主要有两种布置方式：沿筒体外壁轴向布置和沿容器筒体外壁螺旋布置。型钢的刚度大，不易弯曲成螺旋形。

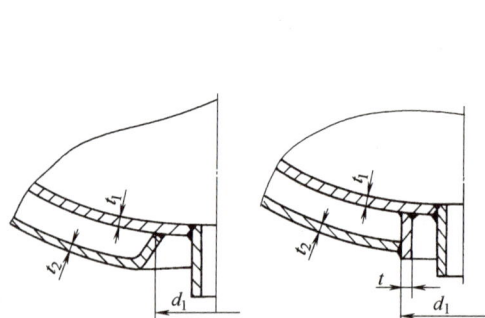

图 8-10　夹套底与封头连接结构

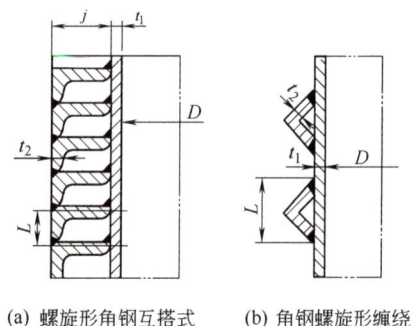

(a) 螺旋形角钢互搭式　　(b) 角钢螺旋形缠绕

图 8-11　型钢夹套结构

　　③ 半圆管夹套　　如图8-12所示。半圆管在筒体外的布置，既可螺旋形缠绕在筒体上，也可沿筒体轴向平行焊在筒体上或沿筒体圆周方向平行焊接在筒体上，见图8-13。半圆管或弓形管由带材压制而成，加工方便。当载热介质流量小时宜采用弓形管。半圆管夹套的缺点是焊缝多，焊接工作量大，筒体较薄时易造成焊接变形。

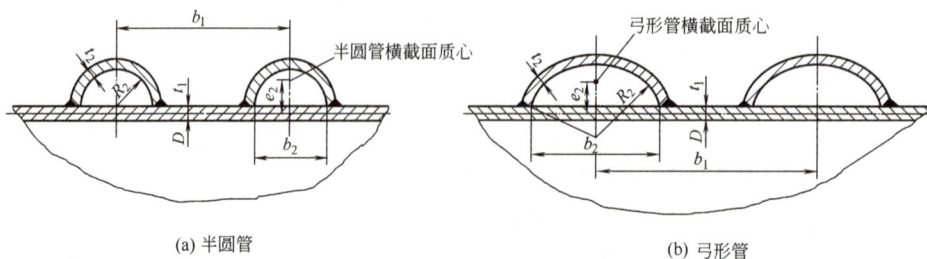

(a) 半圆管　　　　　　　　　　　　　(b) 弓形管

图 8-12　半圆管夹套结构

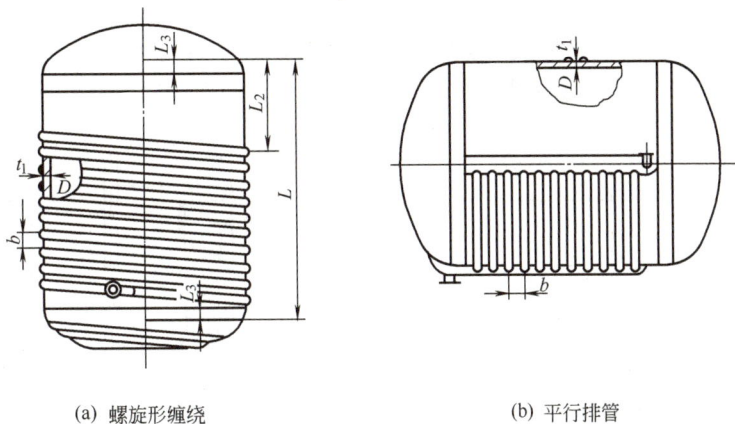

(a) 螺旋形缠绕　　　　　　　　　　(b) 平行排管

图 8-13　半圆管夹套的安装

④ 蜂窝夹套　是以整体夹套为基础，采取折边或短管等加强措施，提高筒体的刚度和夹套的承压能力，减少流道面积，从而减薄筒体厚度，强化传热效果。常用的蜂窝夹套有折边式和拉撑式两种形式。夹套向内折边与筒体贴合好再进行焊接的结构称为折边式蜂窝夹套，如图 8-14 所示。拉撑式蜂窝夹套是用冲压的小锥体或钢管做拉撑体。图 8-15 为短管支承式蜂窝夹套，蜂窝孔在筒体上呈正方形或三角形布置。

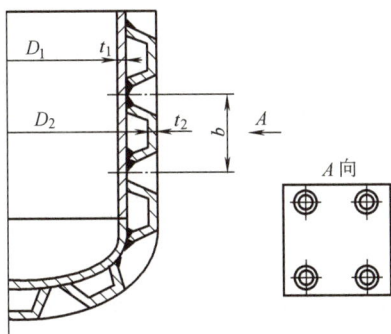

图 8-14　折边式蜂窝夹套

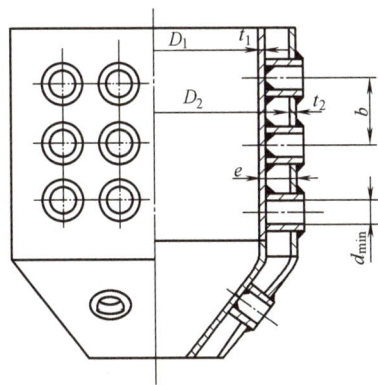

图 8-15　短管支承式蜂窝夹套

近年还出现了激光焊接式蜂窝夹套，如图 8-16 所示。夹套薄平板与筒体紧密贴合，用高能激光束将沿正三角形或正方形布置的蜂窝点深熔焊接，再压力鼓胀成蜂窝状的夹套。和其他蜂窝夹套相比，激光焊接式蜂窝夹套蜂窝点不开孔，应力集中小，相同条件下的夹套厚度较小。且该新型夹套的通道高度较小，载热介质流动快，同时蜂窝点对流体有扰动作用，传热系数大，换热效果好。

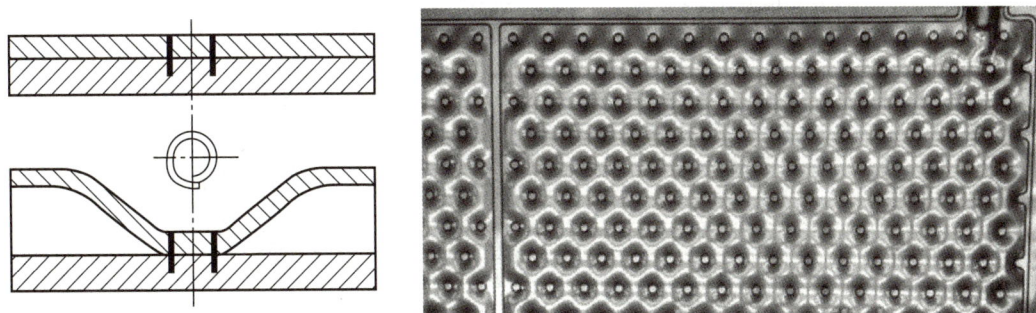

图 8-16　激光焊接式蜂窝夹套

当反应器的热量仅靠外夹套传热，换热面积不够时，常采用内盘管。它浸没在物料中，热量损失小，传热效果好，但检修较困难。内盘管可分为螺旋形盘管和竖式蛇管，其结构分别如图 8-17 和图 8-18 所示。对称布置的几组竖式蛇管除传热外，还起到挡板作用。

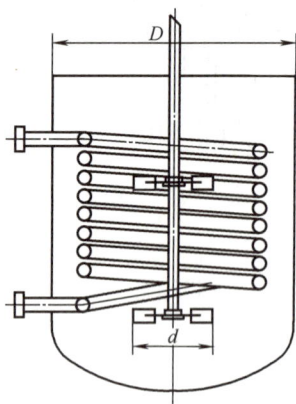

图 8-17　螺旋形盘管

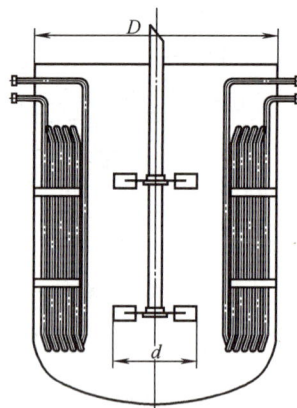

图 8-18　竖式蛇管

微课8-2
搅拌器

8.2.3　搅拌器

8.2.3.1　搅拌器与流动特征

搅拌器又称搅拌桨或搅拌叶轮，是搅拌反应器的关键部件。其功能是提供过程所需的能量和适宜的流动状态。搅拌器旋转时把机械能传递给流体，在搅拌器附近形成高湍动的充分混合区，并产生一股高速射流推动液体在搅拌容器内循环流动。这种循环流动的途径称为流型。

（1）流型

搅拌器的流型与搅拌效果、搅拌功率的关系十分密切。搅拌器的改进和新型搅拌器的开发往往从流型着手。搅拌容器内的流型取决于搅拌器的形式、搅拌容器和内构件几何特征，以及流体性质、搅拌器转速等因素。对于搅拌机顶插式中心安装的立式圆筒，有三种基本流型。

① 径向流　流体的流动方向垂直于搅拌轴，沿径向流动，碰到容器壁面分成两股流体分别向上、向下流动，再回到叶端，不穿过叶片，形成上、下两个循环流动，如图 8-19（a）所示。

② 轴向流　流体的流动方向平行于搅拌轴，流体由桨叶推动，使流体向下流动，遇到容器底面再翻上，形成上下循环流，见图 8-19（b）。

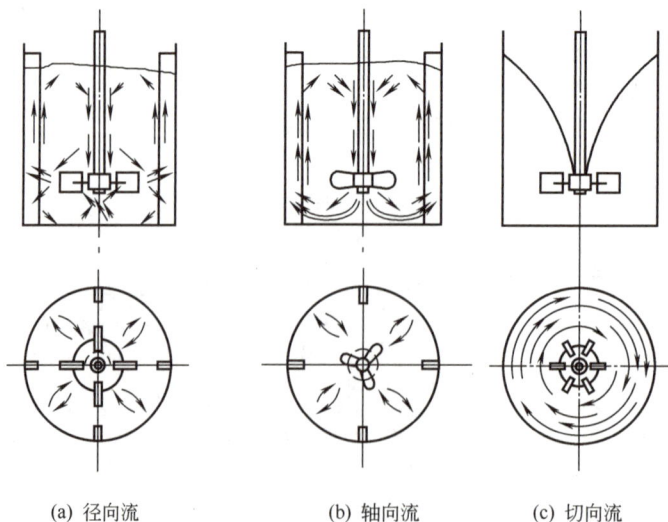

(a) 径向流　　　　　　(b) 轴向流　　　　　　(c) 切向流

图 8-19　搅拌器与流型

③ 切向流　无挡板的容器内，流体绕轴作旋转运动，流速高时液体表面会形成旋涡，这种流型称为切向流，如图 8-19（c）所示。此时流体从桨叶周围周向卷吸至桨叶区的流量很小，混合效果很差。

上述三种流型通常同时存在，其中轴向流与径向流对混合起主要作用，而切向流应加以抑制，采用挡板可削弱切向流，增强轴向流和径向流。

除中心安装的搅拌机外，还有垂直偏心式、底插式、侧插式、斜插式、卧式等安装方式，如图 8-20 所示。显然，不同方式安装的搅拌机产生的流型也各不相同。

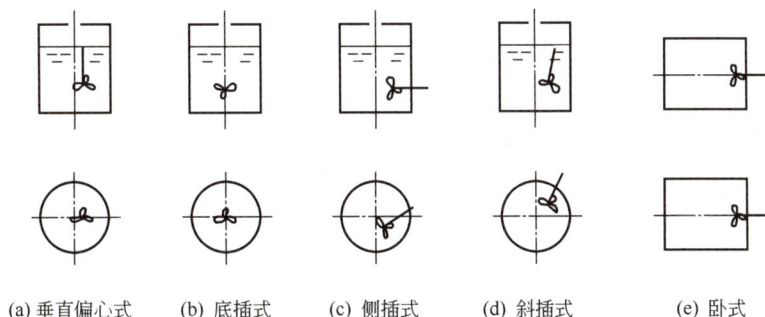

(a) 垂直偏心式　　(b) 底插式　　(c) 侧插式　　(d) 斜插式　　(e) 卧式

图 8-20　搅拌器在容器内的安装方式

（2）挡板与导流筒

① 挡板　搅拌器沿容器中心线安装，搅拌物料的黏度不大，搅拌转速较高时，液体将随着桨叶旋转方向一起运动，容器中间部分的液体在离心力作用下涌向内壁面并上升，中心部分液面下降，形成旋涡，通常称为打旋区 ［图 8-19（c）］。随着转速的增加，旋涡中心下凹到与桨叶接触，此时外面的空气进入桨叶被吸到液体中，液体混入气体后密度减小，从而降低混合效果。为消除这种现象，通常可在容器中加入挡板。一般在容器内壁面均匀安装 4 块挡板，其宽度为容器直径的 1/12～1/10。当再增加挡板数和挡板宽度，功率消耗不再增加时，称为全挡板条件。全挡板条件是消除液面旋涡的最低条件，与挡板数量和宽度有关。挡板的安装见图 8-21。搅拌容器中的传热蛇管可部分或全部代替挡板，装有垂直换热管时一般可不再安装挡板。

② 导流筒　是上下开口圆筒，安装于容器内，在搅拌混合中起导流作用。对于涡轮式或桨式搅拌器，导流筒刚好置于桨叶的上方。对于推进式搅拌器，导流筒套在桨叶外面，或略高于桨叶，如图 8-22 所示。通常导流筒的上端都低于静液面，且筒身上开孔或槽，当液面降落后，流体仍可从孔或槽进入导流筒。导流筒将搅拌容器截面分成面积相等的两部分，即导流筒的直径约为容器直径的 70%。当搅拌器置于导流筒之下，且容器直径又较大时，导流筒的下端直径应缩小，使下部开口小于搅拌器的直径。

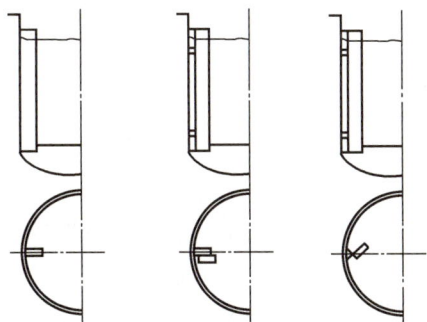

图 8-21　挡板的安装

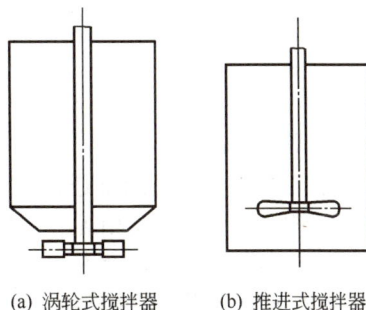

(a) 涡轮式搅拌器　　(b) 推进式搅拌器

图 8-22　导流筒

（3）流动特性

搅拌器从电动机获得的机械能，推动物料（流体）运动。搅拌器对流体产生剪切作用和循环流动。剪切作用与液-液搅拌体系中液滴的细化、固-液搅拌体系中固体粒子的破碎以及气-液搅拌体系中气泡的细微化有关；循环作用则与混合时间、传热、固体的悬浮等相关。当搅拌器输入流体的能量主要用于流体的循环流动时，称为循环型叶轮，如框式、螺带式、锚式、桨式、推进式等为循环型叶轮。当输入液体的能量主要用于对流体的剪切作用时，则称为剪切型叶轮，如径向涡轮式、锯齿圆盘式等为剪切型叶轮。

8.2.3.2　搅拌器分类、图谱及典型搅拌器特性

按流体流动形态，搅拌器可分为轴流式搅拌器、径流式搅拌器和混合式搅拌器。按搅拌器结构可分为平叶、折叶、螺旋面叶。桨式、涡轮式、框式和锚式的桨叶都有平叶和折叶两种结构；推进式、螺杆式和螺带式的桨叶为螺旋面叶。按搅拌的用途可分为：低黏流体用搅拌器和高黏流体用搅拌器。用于低黏流体搅拌器有：推进式、长薄叶螺旋桨、桨式、开启涡轮式、圆盘涡轮式、布鲁马金式、板框桨式、三叶后弯式、MIG和改进MIG等。用于高黏流体的搅拌器有：锚式、框式、锯齿圆盘式、螺旋桨式、螺带式（单螺带、双螺带）等。轴流、径流和混流式搅拌器的图谱见图8-23。

桨式、推进式、涡轮式和锚式搅拌器在搅拌反应设备中应用最为广泛，据统计约占搅拌器总数的75%～80%。下面介绍这几种常用的搅拌器。

（1）桨式搅拌器

桨式搅拌器是搅拌器中结构最简单的一种搅拌器，如图8-24所示，一般叶片用扁钢制成，焊接或用螺栓固定在轮毂上，叶片数是2、3或4片，叶片形式可分为平直叶式和折叶式两种。主要应用在：液-液系中用于防止分离，使罐的温度均一；固-液系中多用于防止固体沉降。但桨式搅拌器不能用于以保持气体和以细微化为目的的气-液分散操作中。

桨式搅拌器主要用于流体的循环，由于在同样排量下，折叶式比平直叶式的功耗少，操作费用低，故轴流桨叶使用较多。桨式搅拌器也可用于高黏流体的搅拌，促进流体的上下交换，代替价格高的螺带式叶轮，能获得良好的效果。桨式搅拌器的转速一般为20～100r/min，最高黏度为20Pa·s。其常用参数见表8-7。

表8-7　桨式搅拌器常用参数

常用尺寸	常用运转条件	常用介质黏度范围	流动状态	备注
d/D=0.35～0.8 b/d=0.1～0.25 B_n=2 折叶式 θ=45°；60°	n=1～100r/min v=1.0～5.0m/s	小于2Pa·s	低转速时水平环向流为主；转速高时为径向流；有挡板时为上下循环流 折叶式有轴向、径向和环向分流作用	当d/D=0.9以上，并设置多层桨叶时，可用于高黏度液体的低速搅拌。在层流区操作，适用的介质黏度可达100Pa·s，v=1.0～3.0m/s

注：n—转速；v—叶端线速度；B_n—叶片数；d—搅拌器直径；D—容器内径；θ—折叶角。

（2）推进式搅拌器

推进式搅拌器（又称船用推进器）常用于低黏流体中，如图8-25所示。标准推进式搅拌器有三瓣叶片，其螺距与桨直径d相等。搅拌时，流体由桨叶上方吸入，下方以圆筒状螺旋形排出，流体至容器底再沿壁面返至桨叶上方，形成轴向流动。推进式搅拌器搅拌时流体的湍流程度不高，但循环量大。容器内装挡板、搅拌轴偏心安装或搅拌器倾斜，可防止旋涡形成。推进式搅拌器的直径较小，d/D=1/4～1/3，叶端速度一般为7～10m/s，最高达15m/s。

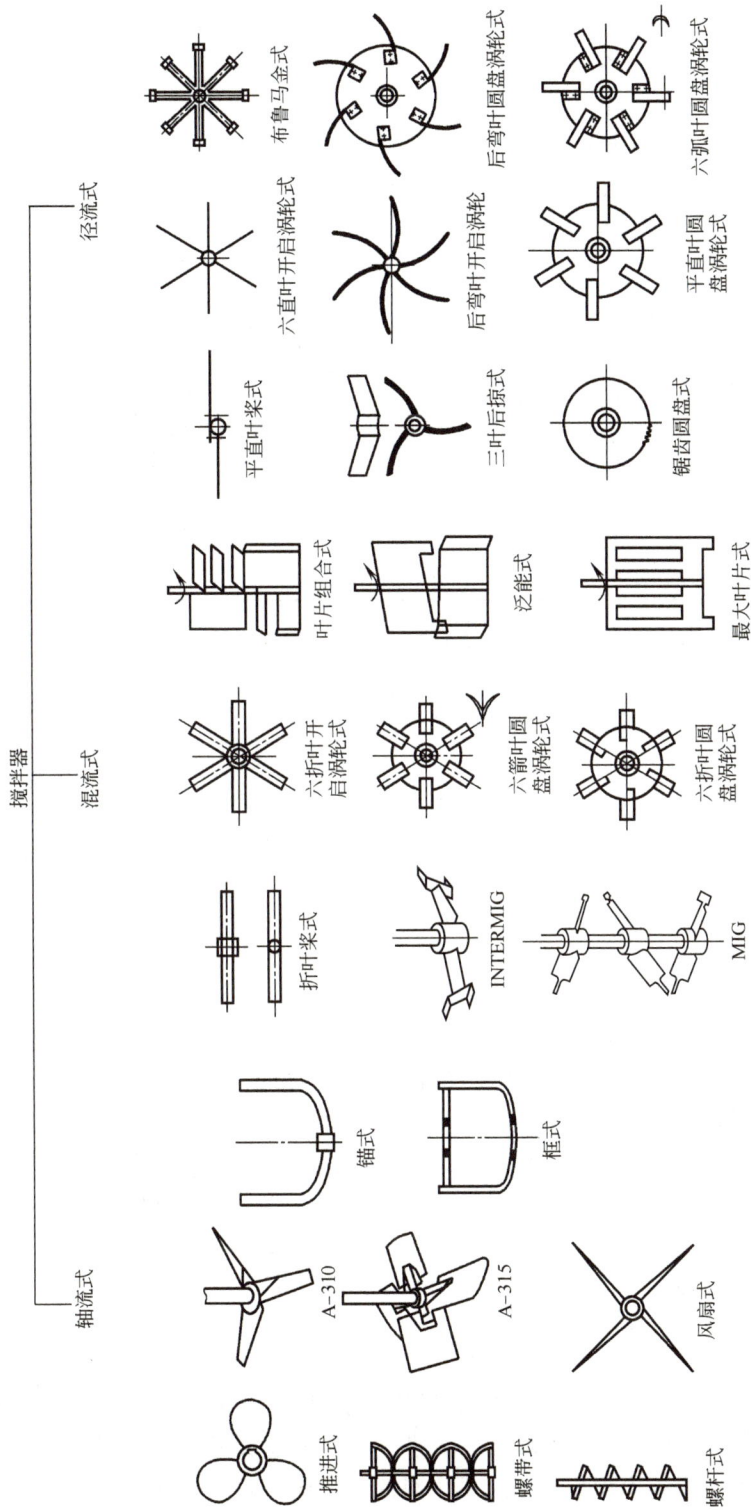

图 8-23 搅拌器流型分类图谱

图 8-24　桨式搅拌器　　　　图 8-25　推进式搅拌器

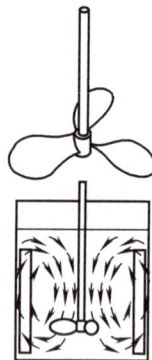

　　推进式搅拌器结构简单，制造方便，适用于黏度低、流量大的场合，利用较小的搅拌功率，通过高速转动的桨叶能获得较好的搅拌效果，主要用于液 - 液相混合使温度均匀，在低浓度固 - 液相中防止淤泥沉降等。推进式搅拌器的循环性能好，剪切作用不大，属于循环型搅拌器。其常用参数见表 8-8。

表 8-8　推进式搅拌器常用参数

常用尺寸	常用运转条件	常用介质黏度范围	流动状态	备注
$d/D=0.2\sim0.5$（以 0.33 居多）$p/d=1,2$ $B_n=2,3,4$（以 3 居多）p — 螺距	$n=100\sim500\text{r/min}$ $v=3\sim15\text{m/s}$	小于 2Pa·s	轴流式，循环速率高，剪切力小。采用挡板或导流筒则轴向循环更强	最高转速可达 1750r/min；最高叶端线速度可达 25m/s。转速在 500r/min 以下，适用介质黏度可达 50Pa·s

　　（3）涡轮式搅拌器
　　涡轮式搅拌器（又称透平式叶轮），是应用较广的一种搅拌器，能有效地完成几乎所有的搅拌操作，并能处理黏度范围很广的流体。图 8-26 给出一种典型的涡轮式搅拌器结构。涡轮式搅拌器可分为开式和盘式两类。开式有平直叶、斜叶、弯叶等；盘式有圆盘平直叶、圆盘斜叶、圆盘弯叶等。开式涡轮常用的叶片数为 2 叶和 4 叶；盘式涡轮以 6 叶最常见。为改善流动状况，有时把桨叶制成凹形或箭形。涡轮式搅拌器有较大的剪切力，可使流体微团分散得很细，适用于低黏度到中等黏度流体的混合、液 - 液分散、液 - 固悬浮，以及促进良好的传热、传质和化学反应。平直叶剪切作用较大，属剪切型搅拌器。弯叶是指叶片朝着流动方向弯曲，可降低功率消耗，适用于含有易碎固体颗粒的流体搅拌。其常用参数见表 8-9。
　　（4）锚式搅拌器
　　锚式搅拌器结构简单，如图 8-27 所示。它适用于黏度在 100Pa·s 以下的流体搅拌，当流体黏度在 10～100Pa·s 时，可在锚式桨中间加一横桨叶，即为框式搅拌器，以增加容器中部的混合。锚式或框式桨叶的混合效果并不理想，只适用于对混合要求不太高的场合。由于锚式搅拌器在容器壁附近流速比其他搅拌器大，能得到大的表面传热系数，故常用于传热、晶析操作，也常用于搅拌高浓度淤浆和沉降性淤浆。当搅拌黏度大于 100Pa·s 的流体时，应采用螺带式或螺杆式。其常用参数见表 8-10。

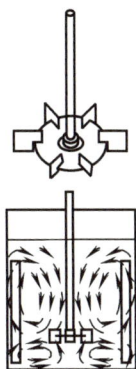

图 8-26　涡轮式搅拌器

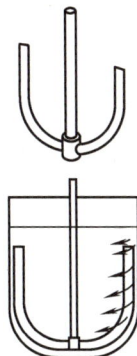

图 8-27　锚式搅拌器

表 8-9　涡轮式搅拌器常用参数

形式	常用尺寸	常用运转条件	常用介质黏度范围	流动状态	备注
开式涡轮	d/D=0.2～0.5（以 0.33 居多） b/d=0.2 B_n=3，4，6，8（以 6 居多） 折叶式 θ=30°，45°，60° 后弯式 β=30°，50°，60° β 后弯角	n=10～300r/min v=4～10m/s 折叶式 v=2～6m/s	小于 50Pa·s 折叶和后弯叶 小于 10Pa·s	平直叶、后弯叶为径流式。在有挡板时以桨叶为界形成上下两个循环流 折叶的还有轴向分流，近于轴流式	最高转速可达 600r/min，圆盘上下液体的混合不如开式涡轮
盘式涡轮	$d:l:b$=20：5：4 d/D=0.2～0.5（以 0.33 居多） B_n=4，6，8 θ=45°，60° β=45°	n=10～300r/min v=4～10m/s 折叶式 v=2～6m/s	小于 50Pa·s，折叶和后弯叶 小于 10Pa·s		

表 8-10　锚式搅拌器常用参数

常用尺寸	常用运转条件	常用介质黏度范围	流动状态	备注
d/D=0.9～0.98 b/D=0.1 h/D=0.48～1.0	n=1～100r/min v=1～5m/s	小于 100Pa·s	不同高度上的水平环向流	为了增大搅拌范围，可根据需要在桨叶上增加立叶和横梁

8.2.3.3　搅拌器的选用

　　搅拌操作涉及流体的流动、传质和传热，所进行的物理和化学过程对搅拌效果的要求也不同，至今对搅拌器的选用仍带有很大的经验性。搅拌器选型一般从三个方面考虑：搅拌目的、物料黏度和搅拌容器容积的大小。选用时除满足工艺要求外，还应考虑功耗、操作费用，以及制造、维护和检修等因素。常用的搅拌器选用方法如下。

（1）按搅拌目的选型

仅考虑搅拌目的时搅拌器的选型见表8-11。

表8-11　搅拌目的与推荐的搅拌器形式

搅拌目的	挡板条件	推荐形式	流动状态
互溶液体的混合及在其中进行化学反应	无挡板	三叶折叶涡轮、六叶折叶开启涡轮、桨式、圆盘涡轮	湍流（低黏流体）
	有导流筒	三叶折叶涡轮、六叶折叶开启涡轮、推进式	
	有或无导流筒	桨式、螺杆式、框式、螺带式、锚式	层流（高黏流体）
固-液相分散及在其中溶解和进行化学反应	有或无挡板	桨式、六叶折叶开启式涡轮	湍流（低黏流体）
	有导流筒	三叶折叶涡轮、六叶折叶开启涡轮、推进式	
	有或无导流筒	螺带式、螺杆式、锚式	层流（高黏流体）
液-液相分散（互溶的液体）及在其中强化传质和进行化学反应	有挡板	三叶折叶涡轮、六叶折叶开启涡轮、桨式、圆盘涡轮式、推进式	湍流（低黏流体）
液-液相分散（不互溶的液体）及在其中强化传质和进行化学反应	有挡板	圆盘涡轮、六叶折叶开启涡轮	湍流（低黏流体）
	有反射物	三叶折叶涡轮	
	有导流筒	三叶折叶涡轮、六叶折叶开启涡轮、推进式	
	有或无导流筒	螺带式、螺杆式、锚式	层流（高黏流体）
气-液相分散及在其中强化传质和进行化学反应	有挡板	圆盘涡轮、闭式涡轮	湍流（低黏流体）
	有反射物	三叶折叶涡轮	
	有导流筒	三叶折叶涡轮、六叶折叶开启涡轮、推进式	
	有导流筒	螺杆式	层流（高黏流体）
	无导流筒	锚式、螺带式	

（2）按搅拌器形式和适用条件选型

表8-12是以操作目的和搅拌器流动状态选用搅拌器的。由表可见，对低黏度流体的混合，推进式搅拌器由于循环能力强，动力消耗小，可应用到很大容积的搅拌容器中。涡轮式搅拌器应用的范围较广，各种搅拌操作都适用，但流体黏度不宜超过50Pa·s。桨式搅拌器结构简单，在小容积的流体混合中应用较广，对大容积的流体混合，则循环能力不足。对于高黏流体的混合则以锚式、螺杆式、螺带式更为合适。

8.2.3.4　生物反应物料特性及搅拌器

生物反应器中常常采用机械搅拌式反应器。例如青霉素生产过程中用到的种子罐和主发酵罐常采用机械搅拌。生物反应与化学反应的不同点在于它们所处理的对象不同，以细胞生物反应器（俗称发酵罐）为例，发酵罐所处理的对象是微生物，它的繁殖、生长，与化学反应过程有很大的区别。

表8-12　搅拌器形式和适用条件

搅拌器形式	流动状态			搅拌目的									搅拌容器容积/m³	转速范围/(r/min)	最高黏度/Pa·s
	对流循环	湍流扩散	剪切流	低黏度混合	高黏度液混合传热反应	分散	溶解	固体悬浮	气体吸收	结晶	传热	液相反应			
涡轮式	◆	◆	◆	◆	◆	◆	◆	◆	◆	◆	◆	◆	1~100	10~300	50
桨式	◆	◆	◆	◆	◆	◆	◆	◆	◆		◆	◆	1~200	10~300	50
推进式	◆	◆		◆		◆	◆	◆		◆	◆	◆	1~1000	10~500	2
折叶开启涡轮式	◆	◆	◆	◆	◆	◆	◆	◆	◆		◆	◆	1~1000	10~300	50
布鲁马金式	◆	◆	◆	◆	◆		◆				◆	◆	1~100	10~300	50
锚式	◆				◆		◆						1~100	1~100	100
螺杆式	◆				◆		◆						1~50	0.5~50	100
螺带式	◆				◆		◆						1~50	0.5~50	100

注：有◆者为可用，空白者不详或不合用。

（1）生物反应都是在多相体系中进行的

绝大多数生物反应体系包括气-液-固三相，即空气或CO_2等气体产物、液态培养基和生物细胞及其载体颗粒，如青霉素、链霉素、头孢菌素等医药产品。发酵液的特点是：①黏度是变化的，发酵开始时，发酵液的黏度一般不大，属牛顿型流体，但随着发酵的进行，菌体不断繁殖，代谢物不断产生，发酵液的黏度不断增加，从牛顿型流体变成非牛顿型流体；ⅱ生物颗粒具有生命活力，它从环境中提取营养、获得能量、自我繁殖，其形态可能随着加工过程的进行而变化，如从丝状变为圆球状，从单细胞到絮凝细胞团等。

（2）大多数生物颗粒对剪切力非常敏感

剪切作用可能影响细胞的生成速率和组成比例，因此对搅拌产生的剪切力要控制在一定的范围内。

（3）大多数微生物发酵需要氧气

氧气对需氧菌的培养至关重要，只要短暂缺氧，就会导致菌体的失活或死亡。而氧在水中溶解度极低，因此氧气的供应就成为十分突出的问题。

鉴于上述生物反应的特点，搅拌过程要求：①打碎空气气泡，使气泡细化以增加气-液接触界面，提高气-液面的传质速率；ⅱ发酵液要有较大的流动循环量，使液体中的固形物保持悬浮状态。因此搅拌器既要有较强剪切力，又要有较大的流体循环特性，往往采用径向流和轴向流相结合的多层搅拌器组合式搅拌系统。

生物技术产品的应用范围不断扩展，已广泛应用于医药工业、食品工业、农业、环境保护等领域。作为生物反应过程的核心设备生物反应器，更是生物反应工程研究的中心内容。近年来提出了生物反应器工程，研究的内容包括生物反应特性、生物反应器结构、操作条件与混合、传质、传热的关系；生物反应器的设计与放大、生物反应器的优化操作与控制等，可以预见生物反应器将得到更快的发展。

8.2.3.5　搅拌功率计算

搅拌功率是指搅拌器以一定转速进行搅拌时，对液体做功并使之发生流动所需的功率。计算搅拌功率的目的，一是用于设计或校核搅拌器和搅拌轴的强度和刚度，二是用于选择电机和减速机等传动装置。

影响搅拌功率的因素很多，主要有以下四个方面。

ⅰ.搅拌器的几何尺寸与转速：搅拌器直径、桨叶宽度、桨叶倾斜角、转速、单个搅拌器叶片数、搅拌器至容器底部的距离等。

ⅱ.搅拌容器的结构：容器内径、液面高度、挡板数、挡板宽度、导流筒的尺寸等。

ⅲ.搅拌介质的特性：液体的密度、黏度。

ⅳ.重力加速度。

上述影响因素可用下式关联

$$N_P = \frac{P}{\rho n^3 d^5} = K \left(Re \right)^r \left(Fr \right)^q f\left(\frac{d}{D}, \frac{B}{D}, \frac{h}{D}, \cdots \right) \tag{8-1}$$

式中　B——桨叶宽度，m；

　　　d——搅拌器直径，m；

　　　D——搅拌容器内直径，m；

　　　Fr——弗劳德数，$Fr = \dfrac{n^2 d}{g}$；

　　　h——液面高度，m；

　　　K——系数；

　　　n——转速，s^{-1}；

　　　N_P——功率准数；

　　　P——搅拌功率，W；

　　r, q——指数；

　　　Re——雷诺数，$Re = \dfrac{d^2 n \rho}{\mu}$；

　　　ρ——密度，$\mathrm{kg/m^3}$；

　　　μ——黏度，Pa·s。

一般情况下弗劳德数 Fr 的影响较小。容器内直径 D、挡板宽度 b 等几何参数可归结到系数 K。由式（8-1）得搅拌功率 P 为

$$P = N_P \rho n^3 d^5 \tag{8-2}$$

上式中 ρ、n、d 为已知数，故计算搅拌功率的关键是求得功率准数 N_P。在特定的搅拌装置上，可以测得功率准数 N_P 与雷诺数 Re 的关系。将此关系绘于双对数坐标图上即得功率曲线。图 8-28 为六种搅拌器的功率曲线。由图 8-28 可知，功率准数 N_P 随雷诺数 Re 变化。在低雷诺数（$Re \leqslant 10$）的层流区内，流体不会打旋，重力影响可忽略，功率曲线为斜率 -1 的直线；当 $10 \leqslant Re \leqslant 10000$ 时为过渡流区，功率曲线为一下凹曲线；当 $Re > 10000$ 时，流动进入充分湍流区，功率曲线呈一水平直线，即 N_P 与 Re 无关，保持不变。用式（8-2）计算搅拌功率时，功率准数 N_P 可直接从图 8-28 查得。

需要指出图 8-28 所示的功率曲线只适用于图示六种搅拌器的几何比例关系。如果比例关系不同，功率准数 N_P 也不同。

上述功率曲线是在单一液体下测得的。对于非均相的液 - 液或液 - 固系统，用上述功率曲线计算时，需用混合物的平均密度 $\bar{\rho}$ 和修正黏度 $\bar{\mu}$ 代替式（8-2）中的 ρ、μ。

计算气 - 液两相系统搅拌功率时，搅拌功率与通气量的大小有关。通气时，气泡的存在降低了搅拌液体的有效密度，与不通气相比，搅拌功率要低得多。

功率曲线

$d:l:B=20:5:4$
$D/d=2\sim7$
$h/d=2\sim4$
$h_1/d=0.7\sim1.6$

曲线1—六直叶圆盘涡轮

$B/d=1/5$
$D/d=3$
$h/d=3$
$h_1/d=1$

曲线2—六直叶开式涡轮

$S/d=2$
$D/d=2.5\sim6$
$h/d=2\sim4$
$h_1/d=1$

曲线3—推进式

$B/d=1/5$
$D/d=3$
$h/d=3$
$h_1/d=1$

曲线4—二叶平桨

$B/d=1/8$
$D/d=3$
$h/d=3$
$h_1/d=1$

曲线5—六弯叶
开式涡轮

$B/d=1/8\ D/d=3$
$h/d=3$
$h_1/d=1$
$\theta=45°$

曲线6—六斜叶
开式涡轮

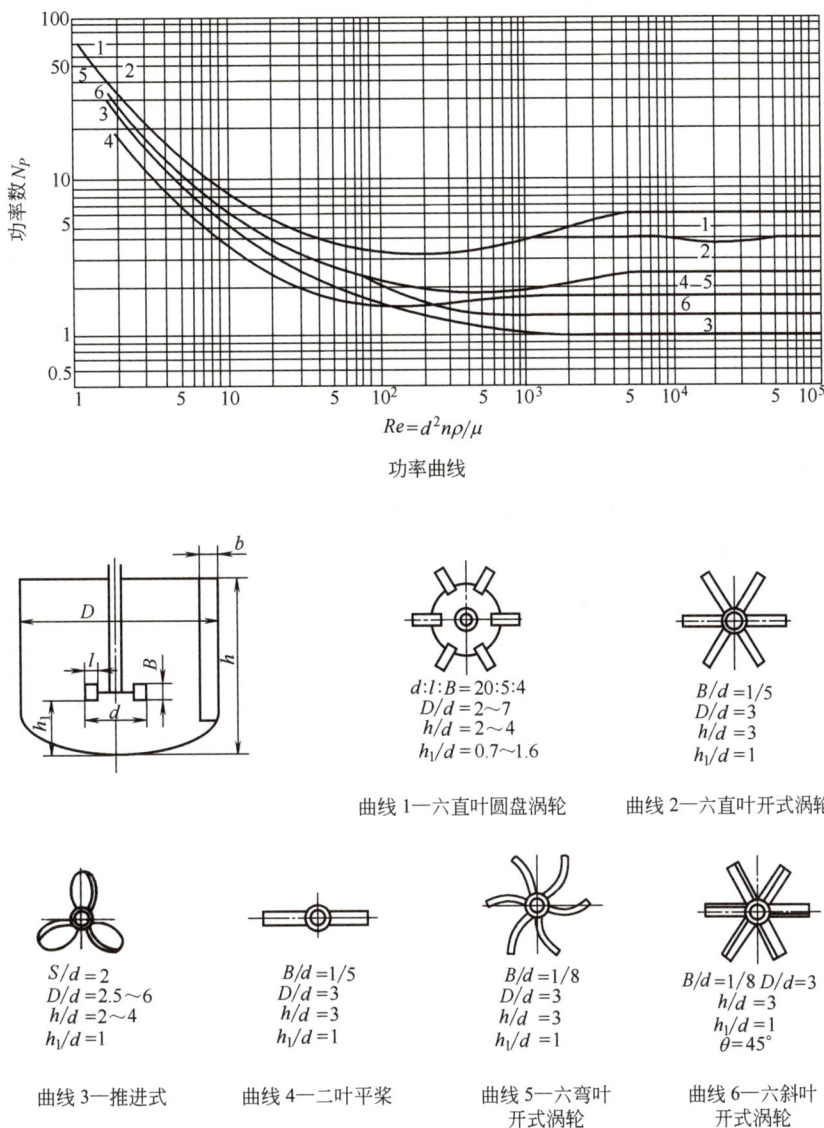

图8-28 六种搅拌器的功率曲线（全挡板条件）

例8-1

搅拌反应器的筒体内直径为1800mm，采用六直叶圆盘涡轮式搅拌器，搅拌器直径600mm，搅拌轴转速160r/min。容器内液体的密度为1300kg/m³，黏度为0.12Pa·s。试求：①搅拌功率；②改用推进式搅拌器后的搅拌功率。

解 已知 $\rho=1300$kg/m³，$\mu=0.12$Pa·s，$d=600$mm，$n=160$r/min$=2.667$s^{-1}。

（1）计算雷诺数 Re

$$Re=\frac{\rho n d^2}{\mu}=\frac{1300\times2.667\times0.6^2}{0.12}=10401.3$$

由图8-28功率曲线1查得，$N_P=6.3$。

按式（8-2）计算搅拌功率

$$P=N_P\rho n^3 d^5=6.3\times1300\times2.667^3\times0.6^5=12.08（kW）$$

（2）改用推进式搅拌器后的搅拌功率

雷诺数不变，由图 8-28 功率曲线 3 查得，$N_P=1.0$。搅拌功率为

$$P=N_P\rho n^3 d^5=1.0\times1300\times2.667^3\times0.6^5=1.92（\text{kW}）$$

8.2.4　搅拌轴设计

机械搅拌反应器的振动、轴封性能等直接与搅拌轴的设计相关。对于大型或高径比大的机械搅拌反应器，尤其要重视搅拌轴的设计。

设计搅拌轴时，应考虑四个因素：ⅰ扭转变形；ⅱ临界转速；ⅲ扭矩和弯矩联合作用下的强度；ⅳ轴封处允许的径向位移。考虑上述因素计算所得的轴径是指危险截面处的直径。确定轴的实际直径时，通常还得考虑腐蚀裕量，最后把直径圆整为标准轴径。

（1）搅拌轴的力学模型

对搅拌轴设定：

ⅰ.刚性联轴器连接的可拆轴视为整体轴；

ⅱ.搅拌器及轴上的其他零件（附件）的重力、惯性力、流体作用力均作用在零件轴套的中部；

ⅲ.轴受扭矩作用外，还考虑搅拌器上流体的径向力以及搅拌轴和搅拌器（包括附件）在组合重心处质量偏心引起的离心力的作用。

因此将悬臂轴和单跨轴的受力简化为如图 8-29（悬臂式）和图 8-30（单跨式）所示的模型。图中 a 指悬臂轴两支点间距离；D_j 指搅拌器直径；F_e 指搅拌轴及各层圆盘组合重心处质量偏心引起的离心力；F_h 指搅拌器上流体径向力；L_e 指搅拌轴及各层圆盘组合重心离轴承（对悬臂轴为搅拌侧轴承，对单跨轴为传动侧轴承）的距离。

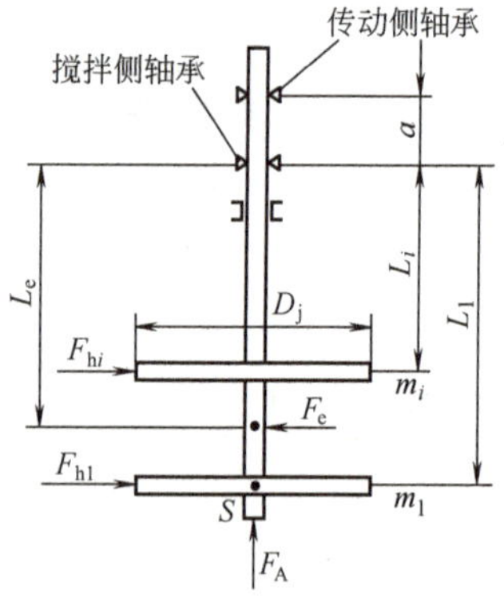

图 8-29　悬臂轴受力模型 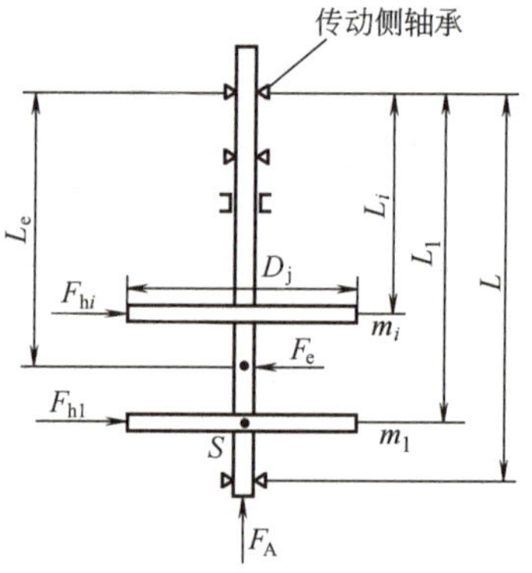　　图 8-30　单跨轴受力模型

（2）按扭转变形计算搅拌轴的轴径

搅拌轴受扭矩和弯矩的联合作用，扭转变形过大会造成轴的振动，使轴封失效，因此应将轴单位长度最大扭转角 γ 限制在允许范围内。轴扭矩的刚度条件为

$$\gamma=\frac{583.6M_{n\,max}}{Gd^4(1-\alpha^4)}\leq[\gamma] \tag{8-3}$$

式中　d——搅拌轴直径，m；

　　　G——轴材料剪切弹性模量，Pa；

　$M_{n\,max}$——轴传递的最大扭矩，$M_{n\,max}=9553\dfrac{P_n}{n}\eta$，N·m；

　　　P_n——电机功率，kW；

　　　α——空心轴内径和外径的比值；

η——传动装置效率；

$[\gamma]$——许用扭转角，对于悬臂轴 $[\gamma]=0.35°/m$，对于单跨轴 $[\gamma]=0.7°/m$。

故搅拌轴的直径为

$$d = 4.92\left[\frac{M_{n\,max}}{[\gamma]G(1-\alpha^4)}\right]^{\frac{1}{4}} \tag{8-4}$$

（3）按临界转速校核搅拌轴的直径

当搅拌轴的转速达到轴自振频率时会发生强烈振动，并出现很大弯曲，这个转速称为临界转速，记作 n_c。在靠近临界转速运转时，轴常因强烈振动而损坏，或破坏轴封而停产。因此工程上要求搅拌轴的工作转速避开临界转速，工作转速低于第一临界转速的轴称为刚性轴，要求 $n \leqslant 0.7n_c$；工作转速大于第一临界转速的轴称为柔性轴，要求 $n \geqslant 1.3n_c$。一般搅拌轴的工作转速较低，大都为低于第一临界转速下工作的刚性轴。

对于小型的搅拌设备，由于轴径细，长度短，轴的质量小，往往把轴理想化为无质量的带有圆盘的转子系统来计算轴的临界转速。随着搅拌设备的大型化，搅拌轴直径变粗，如忽略搅拌轴的质量将引起较大的误差。此时一般采用等效质量的方法，把轴本身的分布质量和轴上各个搅拌器的质量按等效原理，分别转化到一个特定点上（如对悬臂轴为轴末端 S），然后累加组成一个集中的等效质量。这样把原来复杂多自由度转轴系统简化为无质量轴上只有一个集中等效质量的单自由度问题。临界转速与支承方式、支承点距离及轴径有关，不同形式支承轴的临界转速的计算方法不同。

按上述方法，具有 z 个搅拌器的等直径悬臂轴可简化为如图 8-29 所示的模型，其一阶临界转速 n_c 为

$$n_c = \frac{30}{\pi}\sqrt{\frac{3EI(1-\alpha^4)}{L_1^2(L_1+a)m_S}} \tag{8-5}$$

式中　a——悬臂轴两支点间距离，m；

E——轴材料的弹性模量，Pa；

I——轴的惯性矩，m^4；

L_1——第 1 个搅拌器悬臂长度，m；

n_c——临界转速，r/min；

m_S——轴及搅拌器有效质量在 S 点的等效质量之和，kg。

等效质量 m_S 的计算公式

$$m_S = m + \sum_{i=1}^{z} m_i$$

式中　m——悬臂轴 L_1 段自身质量及附带液体质量在轴末端 S 点的等效质量，kg；

m_i——第 i 个搅拌器自身质量及附带液体质量在轴末端 S 点的等效质量，kg；

z——搅拌器的数量。

等直径悬臂轴、单跨轴的临界转速详细计算见 HG/T 20569。不同形式的搅拌器、搅拌介质，刚性轴和柔性轴的工作转速 n 与临界转速 n_c 的比值可参考表 8-13。

（4）按强度计算搅拌轴的直径

搅拌轴的强度条件是

$$\tau_{max} = \frac{M_{te}}{W_P} \leqslant [\tau] \tag{8-6}$$

式中　τ_{max}——截面上最大切应力，Pa；

M_{te}——轴上扭转和弯矩联合作用时的当量扭矩，$M_{te} = \sqrt{M_n^2 + M^2}$，N·m；

M_n——扭矩，$N \cdot m$；

M——弯矩，$M = M_R + M_A$；

M_R——水平推力引起的轴的弯矩，$N \cdot m$；

M_A——由轴向力引起的轴的弯矩，$N \cdot m$；

W_P——抗扭截面模量，对空心圆轴 $W_P = \dfrac{\pi d^3}{16}(1 - \alpha^4)$，$m^3$；

$[\tau]$——轴材料的许用切应力，$[\tau] = \dfrac{R_m}{16}$，Pa；

R_m——轴材料的抗拉强度，Pa。

表8-13　搅拌轴工作转速的选取

搅拌介质	刚性轴		柔性轴
	搅拌器（叶片式搅拌器除外）	叶片式搅拌器	高速搅拌器
气体	$\dfrac{n}{n_c} \leqslant 0.7$	$n/n_c \leqslant 0.7$	不推荐
液体 - 液体 液体 - 固体		$n/n_c \leqslant 0.7$ 和 $n/n_c \neq$（$0.45 \sim 0.55$）	$n/n_c = 1.3 \sim 1.6$
液体 - 气体	$n/n_c \leqslant 0.6$	$n/n_c \leqslant 0.4$	不推荐

注：叶片式搅拌器包括桨式、开启涡轮式、圆盘涡轮式、三叶后掠式、推进式；不包括锚式、框式、螺带式。

则搅拌轴的直径

$$d = 1.72 \left[\frac{M_{te}}{[\tau](1 - \alpha^4)} \right]^{\frac{1}{3}} \tag{8-7}$$

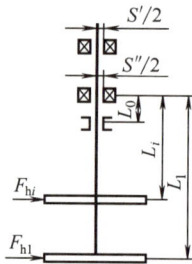

图8-31　径向位移计算模型

（5）按轴封处允许径向位移验算轴径

轴封处径向位移的大小直接影响密封的性能，径向位移大，易造成泄漏或密封的失效。轴封处的径向位移主要由三个因素引起：ⅰ轴承的径向游隙；ⅱ流体形成的水平推力；ⅲ搅拌器及附件组合质量不均匀产生的离心力。其计算模型如图 8-31 所示。因此要分别计算其径向位移，然后叠加，使总径向位移 δ_{L_0} 小于允许的径向位移 $[\delta]_{L_0}$，即

$$\delta_{L_0} \leqslant [\delta]_{L_0} \tag{8-8}$$

式中　$[\delta]_{L_0}$——轴封处的允许径向位移，通常 $[\delta]_{L_0} = 0.1 \times K_3 \sqrt{d}$，$mm$；

K_3——径向位移系数，当设计压力 $p = 0.1 \sim 0.6MPa$、$n > 100 r/min$ 时，一般物料 $K_3 = 0.3$。

有关搅拌轴的详细计算及参数的选取见 HG/T 20569。

（6）减小轴端挠度、提高搅拌轴临界转速的措施

① 缩短悬臂段搅拌轴的长度　受到端部集中力作用的悬臂梁，其端点挠度与悬臂长度的三次方成正比。缩短搅拌轴悬臂长度，可以降低梁端的挠度，这是减小挠度最简单的方法，但这会改变设备的高径比，影响搅拌效果。

② 增加轴径　轴径越大，轴端挠度越小。但轴径增加，与轴连接的零部件均需加大规格，如轴承、轴封、联轴器等，导致造价增加。

③ 设置底轴承或中间轴承　设置底轴承或中间轴承改变了轴的支承方式，可减小搅拌轴的挠度。但底轴承和中间轴承浸没在物料中，润滑不好，如物料中有固体颗粒，更易磨损，需经常维修，影响生产。发展趋势是尽量避免采用底轴承和中间轴承。

④ 设置稳定器 安装在搅拌轴上的稳定器的工作原理是：稳定器受到的介质阻尼作用力的方向与搅拌器对搅拌轴施加的水平作用力的方向相反，从而减少轴的摆动量。稳定器摆动时，其阻尼力与承受阻尼作用的面积有关，迎液面积越大，阻尼作用越明显，稳定效果越好。采用稳定器可改善搅拌设备的运行性能，延长轴承的寿命。

稳定器有圆筒型和叶片型两种结构形式。圆筒型稳定器为空心圆筒，安装在搅拌器下面，如图 8-32 所示。叶片型稳定器有多种安装方式，有的叶片切向布置在搅拌器下面，如图 8-33（a）所示，有的叶片安装在轴上，并与轴垂直，如图 8-33（b）~（d）所示。安装在轴上的叶片，由于距离上部轴承较近，阻尼产生的反力矩较小，稳定效果较差。稳定叶片的尺寸一般取为：$W/d=0.25$，$h/d=0.25$。圆筒型稳定器的应用效果较好，主要是因为稳定筒的迎液面积较大，所产生的阻尼力也较大，且位于轴下端。

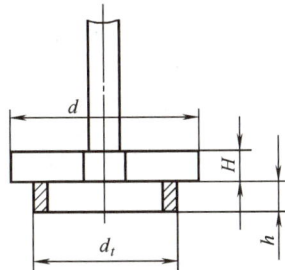

图 8-32 圆筒型稳定器

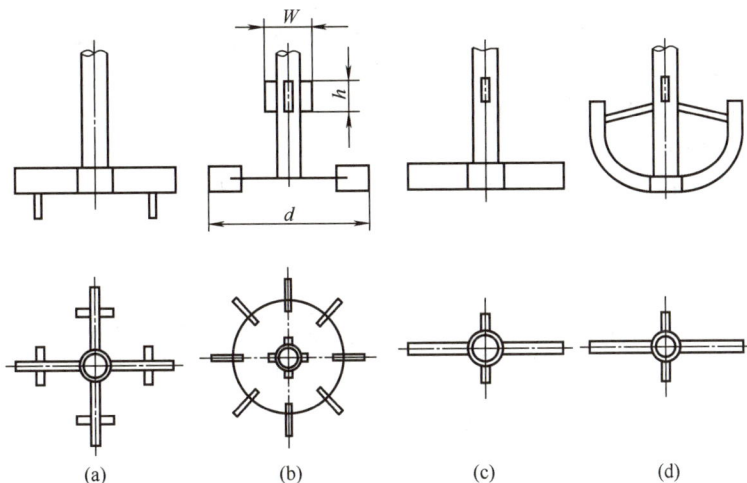

图 8-33 叶片型稳定器

8.2.5 密封装置

用于机械搅拌反应器的轴封主要有两种：填料密封和机械密封。轴封的目的是避免介质通过转轴从搅拌容器内泄漏或外部杂质渗入搅拌容器内。

8.2.5.1 填料密封

填料密封结构简单，制造容易，适用于非腐蚀性和弱腐蚀性介质、密封要求不高、并允许定期维护的搅拌设备。

（1）填料密封的结构及工作原理

填料密封的结构如图 8-34 所示，它是由底环、本体、油环、填料、螺柱、压盖及油杯等组成。在压盖压力作用下，装在搅拌轴与填料箱本体之间的填料，对搅拌轴表面产生径向压紧力。由于填料中含有润滑剂，因此，在对搅拌轴产生径向压紧力的同时，形成一层极薄的液膜，一方面使搅拌轴得到润滑，另一方面阻止设备内流体的逸出或

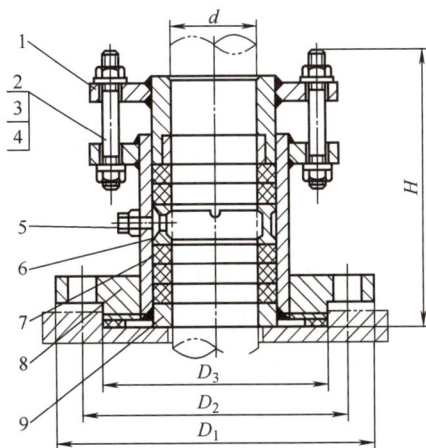

图 8-34 填料密封的结构

1—压盖；2—双头螺柱；3—螺母；4—垫圈；
5—油杯；6—油环；7—填料；8—本体；9—底环

外部流体的渗入，达到密封的目的。虽然填料中含有润滑剂，但在运转中润滑剂不断消耗，故在填料中间设置油环。使用时可从油杯加油，保持轴和填料之间的润滑。填料密封不可能绝对不漏，因为增加压紧力，填料紧压在转动轴上，会加速轴与填料间的磨损，使密封更快失效。在操作过程中应适当调整压盖的压紧力，并需定期更换填料。

（2）填料密封箱的特点

为便于使用，一般将填料密封做成一整体，这种填料箱具有以下的特点。

① 设置衬套　在填料箱的压盖上设置衬套，可提高装配精度，使轴有良好对中，填料压紧时受力均匀，保证填料密封在良好条件下进行工作。

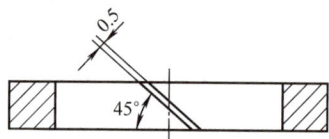

图 8-35　成型环状填料

② 成型环状填料　因盘状填料装配时尺寸公差很难保证，填料压紧后不能完全保证每圈都与轴均匀良好接触，受力状态不好，易造成填料密封失效而泄漏。采用具有一定公差的成型环状填料，密封效果可大为改善。填料一般在裁剪、压制成填料环后使用。成型环状填料的形状见图 8-35。

当旋转轴线速度大于 1m/s 时，摩擦热大，填料寿命会降低，轴也易烧坏。此时应提高轴表面硬度和加工精度，以及填料的自润滑性能，如在轴表面堆焊硬质合金或喷涂陶瓷或采用水夹套等。轴表面的粗糙度应控制在 $0.8\sim0.2\mu m$。

（3）填料密封的选用

① 根据设计压力、设计温度及介质腐蚀性选用　当介质为非易燃、易爆、有毒的一般物料且压力不高时，按表 8-14 选用填料密封。

表8-14　标准填料箱的允许压力、温度

材料	公称压力 /MPa	允许压力范围 /MPa（负值指真空）	允许温度范围 /℃	转轴线速度 /（m/s）
碳钢	常压	<0.1	<200	<1
	0.6	−0.03～0.6	≤200	
	1.6	−0.03～1.6	−20～300	
不锈钢	常压	<0.1	<200	<1
	0.6	−0.03～0.6	≤200	
	1.6	−0.03～1.6	−20～300	

② 根据填料的性能选用　当密封要求不高时，选用一般石棉或油浸石棉填料，当密封要求较高时，选用膨体聚四氟乙烯、柔性石墨等填料。各种填料材料的性能不同，按表 8-15 选用。

表8-15　填料材料的性能

填料名称	介质极限温度 /℃	介质极限压力 /MPa	线速度 /（m/s）	适用条件（接触介质）
油浸石棉填料	450	6		蒸汽、空气、工业用水、重质石油产品、弱酸液等
聚四氟乙烯纤维编结填料	250	30	2	强酸、强碱、有机溶剂
聚四氟乙烯石棉盘根	260	25	1	酸碱、强腐蚀性溶液、化学试剂等
石棉线或石棉线与尼龙线浸渍聚四氟乙烯填料	300	30	2	弱酸、强碱、各种有机溶剂、液氨、海水、纸浆废液等
柔性石墨填料	250～300	20	2	醋酸、硼酸、柠檬酸、盐酸、硫化氢、乳酸、硝酸、硫酸、硬脂酸、水钠、溴、矿物油料、汽油、二甲苯、四氯化碳等
膨体聚四氟乙烯石墨盘根	250	4	2	强酸、强碱、有机溶液

8.2.5.2 机械密封

机械密封是把转轴的密封面从轴向改为径向，通过动环和静环两个端面的相互贴合，并做相对运动达到密封的装置，又称端面密封。机械密封的泄漏率低，密封性能可靠，功耗小，使用寿命长，在搅拌反应器中得到广泛应用。

（1）机械密封的结构及工作原理

机械密封的结构如图 8-36 所示。它由固定在轴上的动环及弹簧压紧装置、固定在设备上的静环以及辅助密封圈组成。当转轴旋转时，动环和固定不动的静环紧密接触，并经轴上弹簧压紧力的作用，阻止容器内介质从接触面上泄漏。图中有四个密封点，A 点是动环与轴之间的密封，属静密封，密封件常用"O"形环，B 点是动环和静环作相对旋转运动时的端面密封，属动密封，是机械密封的关键。两个密封端面的平面度和粗糙度要求较高，依靠介质的压力和弹簧力使两端面保持紧密接触，并形成一层极薄的液膜起密封作用。C 点是静环与静环座之间的密封，属静密封。D 点是静环座与设备之间的密封，属静密封。通常设备凸缘做成凹面，静环座做成凸面，中间用垫片密封。

动环和静环之间的摩擦面称为密封面。密封面上单位面积所受的力称为端面比压，它是动环在介质压力和弹簧力的共同作用下，紧压在静环上引起的，是操作时保持密封所必需的净压力。端面比压过大，将造成摩擦面发热使摩擦加剧，功率消耗增加，使用寿命缩短；端面比压过小，密封面因压不紧而泄漏，密封失效。

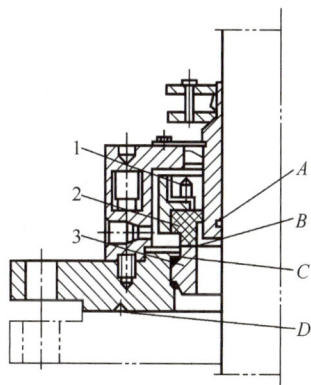

图 8-36　机械密封结构

1—弹簧；2—动环；3—静环

（2）机械密封分类

① 单端面与双端面　根据密封面的对数分为单端面密封（一对密封面）和双端面密封（两对密封面）。图 8-36 所示的单端面密封结构简单、制造容易、维修方便、应用广泛。双端面密封有两个密封面，且可在两密封面之间的空腔中注入中性液体，使其压力略大于介质的操作压力，起到堵封及润滑的双重作用，故密封效果好，但结构复杂，制造、拆装比较困难，需一套封液输送装置，且不便于维修。

② 平衡型与非平衡型　根据密封面负荷平衡情况分为平衡型和非平衡型，如图 8-37 所示。平衡型与非平衡型是以液体压力负荷面积对端面密封面积的比值大小判别的。设液压负荷面积为 A_y，密封面接触面积为 A_j，其比值 K 为

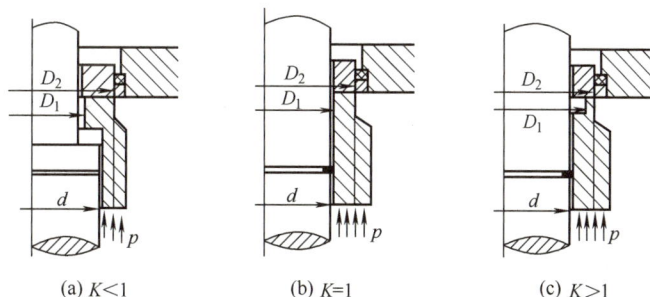

（a）$K<1$　　（b）$K=1$　　（c）$K>1$

图 8-37　机械密封的 K 值

$$K = \frac{A_\mathrm{y}}{A_\mathrm{j}} \tag{8-9}$$

由图 8-37 可知　　　　$A_\mathrm{y} = \dfrac{\pi}{4}\left(D_2^2 - d^2\right);\quad A_\mathrm{j} = \dfrac{\pi}{4}\left(D_2^2 - D_1^2\right)$

故
$$K = \frac{D_2^2 - d^2}{D_2^2 - D_1^2}$$

经过适当的尺寸选择，可使机械密封设计成 $K<1$，$K=1$ 或 $K>1$。当 $K<1$ 时称为平衡型机械密封，如图 8-37（a）所示，平衡型密封由于液压负荷面积减小，使接触面上的净负荷也越小。$K \geqslant 1$ 时为非平衡型，如图 8-37（b）、（c）所示。通常平衡型机械密封的 K 值在 0.6～0.9，非平衡型机械密封的 K 值在 1.1～1.2 之间。

③ 机械密封的选用　当介质为易燃、易爆、有毒物料时，宜选用机械密封。机械密封已标准化，其使用的压力和温度范围见表 8-16。

表8-16 机械密封许用的压力和温度范围

密封面对数	压力等级 /MPa	使用温度 /℃	最大线速度 /（m/s）	介质端材料
单端面	0.6	−20～150	3	碳素钢
双端面	1.6	−20～300	2～3	不锈钢

设计压力小于 0.6MPa 且密封要求一般的场合，可选用单端面非平衡型机械密封。设计压力大于 0.6MPa 时，常选用平衡型机械密封。

密封要求较高，搅拌轴承受较大径向力时，应选用带内置轴承的机械密封，但机械密封的内置轴承不能作为轴的支点。当介质温度高于 80℃，搅拌轴的线速度超过 1.5m/s 时，机械密封应配置循环保护系统。

④ 动环、静环的材料组合　动环（旋转环）和静环是一对摩擦副，在运转时还与被密封的介质接触，在选择动环和静环材料时，要同时考虑它们的耐磨性及耐腐蚀性。另外摩擦副配对材料的硬度应不同，一般是动环高静环低，因为动环的形状比较复杂，在改变操作压力时容易产生变形，故动环选用弹性模量大、硬度高的材料，但不宜用脆性材料。动环、静环及密封圈材料的组合推荐见表 8-17。

表8-17 机械密封常用动环和静环材料组合

介质性质	介质温度 /℃	介质侧			弹簧	结构件	大气侧		
		动环	静环	辅助密封圈			动环	静环	辅助密封圈
一般	<80	石墨浸渍树脂	碳化钨	丁腈橡胶	铬镍钢	铬钢	石墨浸渍树脂	碳化钨	丁腈橡胶
	>80			氟橡胶					
腐蚀性强	<80			橡胶包覆聚四氟乙烯	铬镍钼钢	铬镍钢			氟橡胶
	>80								

8.2.5.3　全封闭密封

介质为剧毒、易燃、易爆、昂贵物料、高纯度物质以及在高真空下操作，密封要求很高采用填料密封和机械密封均无法满足时，用全封闭的磁力搅拌最为合适。

全封闭密封的工作原理：套装在输入机械能转子上的外磁转子，和套装在搅拌轴上的内磁转子，用隔离套使内外转子隔离，靠内外磁场进行传动，隔离套起到全封闭密封作用。套在内外轴上的电磁转子称为磁力联轴器。

磁力联轴器有两种结构：平面式联轴器和套筒式联轴器。平面式联轴器如图 8-38 所示，由装在搅拌轴上的内磁转子和装在电机轴上的外磁转子组成。最常用的套筒式联轴器如图 8-39 所示，它由内磁转子、外磁转子、隔离套、轴、轴承等组成，外磁转子与电机轴相连，安装在隔离套和内磁转子上。隔离套为一薄壁圆筒，将内磁转子和外磁转子隔开，对搅拌容器内介质起全封闭作用。

内外磁转子传递的力矩与内外磁转子的间隙有关，而间隙的大小取决于隔离套厚度。如厚度过薄，由于隔离套强度、刚度的限制，使用压力低。一般隔离套由非磁性金属材料组成。隔离套在高速下切割磁力线将造成较大的涡流和磁滞等损耗，因此必须考虑用电阻率高、抗拉强度大的材料制造。目前，较多采用合金钢或钛合金等。

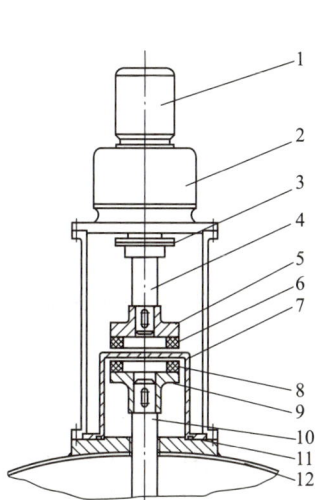

图 8-38　平面式联轴器

1—电动机；2—减速器；3—联轴器；
4—电机轴；5—外磁转子；6—外磁极；
7—隔离套；8—内磁极；9—内磁转子；
10—搅拌轴；11—密封圈；12—上封头

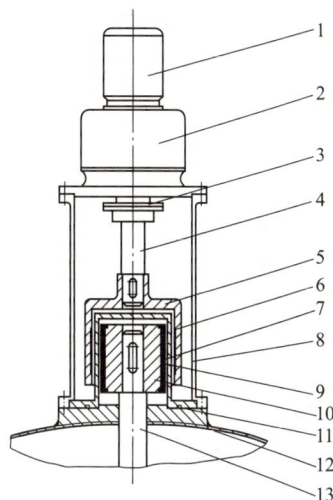

图 8-39　套筒式联轴器

1—电动机；2—减速器；3—联轴器；4—电机轴；
5—外磁转子；6—外磁极；7—隔离套；8—支架；
9—内磁极；10—内磁转子；11—密封圈；
12—上封头；13—搅拌轴

内外磁转子是磁力传动的关键，一般采用永久磁钢。永久磁钢有陶瓷型、金属型和稀土钴。陶瓷型铁氧磁钢长期使用不易退磁，但传递力矩小。金属型铝镍钴磁钢磁性能低，易退磁。稀土钴磁钢稳定性高，磁性能为铝镍钴的 3 倍以上，如将两个同性磁极压在一起也不易退磁，是较理想的磁体材料。

全封闭型密封的磁力传动的优点：

ⅰ.无接触和摩擦，功耗小，效率高；

ⅱ.超载时内外磁转子相对滑脱，可保护电机过载；

ⅲ.可承受较高压力，且维护工作量小。

其缺点：

ⅰ.筒体内轴承与介质直接接触影响了轴承的寿命；

ⅱ.隔离套的厚度影响传递力矩，且转速高时，造成较大的涡流和磁滞等损耗；

ⅲ.温度较高时，会造成磁性材料严重退磁而失效，使用温度受到限制。

新近研制的一种称为气体润滑机械密封，已开始应用在搅拌设备上。气体润滑机械密封的基本原理是：在动环或静环的密封面上开有螺旋形的槽及孔。当旋转时，利用缓冲气，密封面之间引入气体，使动环和静环之间产生气体动压及静压，密封面不接触，分离微米级距离，起到密封作用。这种密封技术由于密封面不接触，使用寿命较长，适合于反应设备内无菌、无油的工艺要求，特别适用于高温、有毒气体等特殊要求的场合。

气体润滑机械密封与常规机械密封相比，使用寿命长，可达 4 年以上，不需要润滑油系统及冷却系统，维护方便，避免了产品的污染。

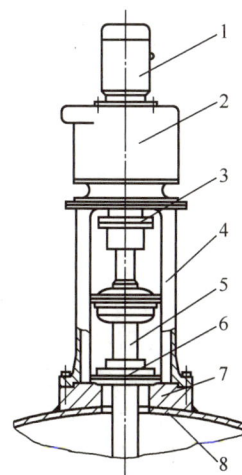

图 8-40　传动装置

1—电动机；2—减速器；3—联轴器；
4—机架；5—搅拌轴；6—轴封装置；
7—凸缘；8—上封头

与全封闭密封相比，运行费用少，传递功率不受限制，投资成本低，维护方便。

8.2.6 传动装置

传动装置包括电动机、减速机、联轴器及机架。常用的传动装置如图8-40所示。

（1）电动机的选型

由搅拌功率计算电动机的功率 P_e

$$P_e = \frac{P + P_s}{\eta} \tag{8-10}$$

式中　P_s——轴封消耗功率，kW；

　　　η——传动系统的机械效率。

电动机的型号应根据功率、工作环境等因素选择。工作环境包括防爆、防护等级、腐蚀环境等。

（2）减速机选型

搅拌反应器往往在载荷变化、有振动的环境下连续工作，选择减速机的形式时应考虑这些特点。常用的减速机有摆线针轮行星减速器、齿轮减速器、V带减速器以及圆柱蜗杆减速器，其传动特点见表8-18。一般根据功率、转速来选择减速器。选用时应优先考虑传动效率高的齿轮减速器和摆线针轮行星减速器。

表8-18　四种常用减速器的基本特性

特性参数	减速器类型			
	摆线针轮行星减速器	齿轮减速器	V带减速器	圆柱蜗杆减速器
传动比 i	87～9	12～6	4.53～2.96	80～15
输出轴转速 /（r/min）	17～160	65～250	200～500	12～100
输入功率 /kW	0.04～55	0.55～315	0.55～200	0.55～55
传动效率	0.9～0.95	0.95～0.96	0.95～0.96	0.80～0.93
传动原理	利用少齿差内啮合行星传动	两级同中距并流式斜齿轮传动	单级V带传动	圆弧齿圆柱蜗杆传动
主要特点	传动效率高，传动比大，结构紧凑，拆装方便，寿命长，重量轻，体积小，承载能力高，工作平稳。对过载和冲击载荷有较强的承受能力，允许正反转，可用于防爆要求	在相同传动比范围内具有体积小，传动效率高，制造成本低，结构简单，装配检修方便，可以正反转，不允许承受外加轴向载荷，可用于防爆要求	结构简单，过载时能打滑，可起安全保护作用，但传动比不能保持精确，不能用于防爆要求	凹凸圆弧齿廓啮合，磨损小，发热低，效率高，承载能力高，体积小，重量轻，结构紧凑，广泛用于搪玻璃反应罐，可用于防爆要求

（3）机架

机架一般有无支点机架、单支点机架（图8-41）和双支点机架（图8-42）。无支点机架一般仅适用于传递小功率和小的轴向载荷的条件。单支点机架适用于电动机或减速器可作为一个支点，或容器内可设置中间轴承和底轴承的情况。双支点机架适用于悬臂轴。

搅拌轴的支承有悬臂式和单跨式。由于筒体内不设置中间轴承或底轴承，维护检修方便，特别对卫生要求高的生物反应器，减少了筒体内的构件，因此应优先采用悬臂轴。对悬臂轴选用机架时应考虑以下几点。

i．当减速器中的轴承能够完全承受液体搅拌所产生的轴向力时，可在轴封下面设置一个滑动轴承来控制轴的横向摆动，此时可选用无支点机架。计算时，这种支座条件可看作是一个支点在减速器出轴上的滚动轴承，另一个支点为滑动轴承的双支点支承悬臂式轴，减速器与搅拌轴的连接用刚性联轴器。

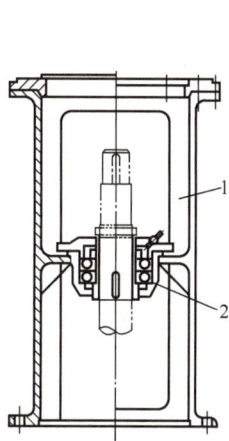

图 8-41 单支点机架

1—机架；2—轴承

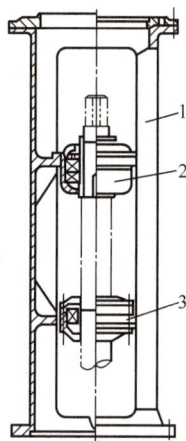

图 8-42 双支点机架

1—机架；2—上轴承；3—下轴承

ⅱ. 当减速器中的轴承能承受部分轴向力，可采用单支点机架，机架上的滚动轴承承担大部分轴向力。搅拌轴与减速器出轴的连接采用刚性联轴器。计算时，这种支承看作一个支点在减速器上的滚动轴承，另一个支点在机架上的滚动轴承组成的双支点支承悬臂式结构。

ⅲ. 当减速器中的轴承不能承受液体搅拌所产生的轴向力时，应选用双支点机架，由机架上两个支点的滚动轴承承受全部轴向力。这时搅拌轴与减速器出轴的连接采用了弹性联轴器，有利于搅拌轴的安装对中要求，确保减速器只承受转矩作用。对于大型设备，对搅拌密封要求较高的场合以及搅拌轴载荷较大的情况，一般都推荐采用双支点机架。

8.2.7 机械搅拌设备技术进展

机械搅拌反应器的操作性能直接关系到产品的质量、能耗和生产成本。工程界和学术界对搅拌混合都非常重视，进行了大量的研究工作，取得了不少的研究成果。

8.2.7.1 搅拌器结构优化与组合

（1）新型搅拌器的开发

每一种搅拌器都不是万能的，只有在某一特定的应用范围内才是高效的。最近开发的几种适用于低、中黏度流体的高效轴流型搅拌器，由于叶片的宽度和倾角随径向位置而变，称为变倾角变叶宽搅拌器。这种搅拌器非常适合于均相混合、固-液悬浮操作，典型的轴向流搅拌器如图 8-43 所示。高效的径向流型有 Scaba 搅拌器（图 8-44），其特点是弧形叶片形状可消除叶片后面的气穴，使通气功率下降较小，常用于发酵罐的底层搅拌，提高气体分散能力。图 8-45 所示的最大叶片式、泛

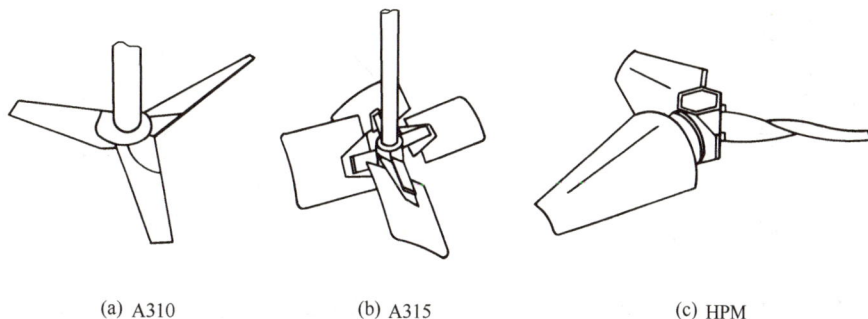

(a) A310   (b) A315   (c) HPM

图 8-43 新型轴向流搅拌器

能式、叶片组合式搅拌器，适用的黏度范围宽，对于混合、传热、固 - 液悬浮以及液 - 液分散等操作都比常用的搅拌器效率高。这些搅拌器具有高效节能、造价低廉而且易于大型化的优点，正在传统的搅拌设备改造中发挥着重要作用。

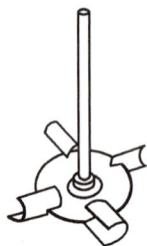

图 8-44　Scaba 搅拌器

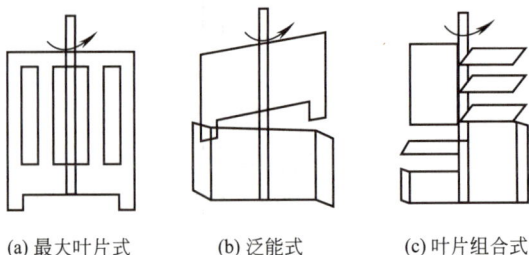

(a) 最大叶片式　　(b) 泛能式　　(c) 叶片组合式

图 8-45　三种宽适应性搅拌器

（2）组合式搅拌器的应用

在一个搅拌容器内设置不同构形、不同转速的搅拌器以达到全罐搅拌与混合的目的。例如，用于化妆品、牙膏等生产的搅拌设备，其介质为高黏物料，含有大量固体粉末，混合要求较高，常在一个容器内设有齿片式、锚式和螺杆式三个不同转速搅拌轴。齿片式搅拌器高速回转、高剪切打碎和分散固体粒子；慢速旋转的锚式搅拌器不断把流体输送到齿片搅拌器产生的高剪切区；螺杆式搅拌器使流体上下循环，三个搅拌器的配合使用，使全罐物料更快达到均匀混合。这种组合式搅拌器可减少混合时间，大量节省能耗，提高产品质量。

传统的好氧发酵生物发酵罐都是采用相同构形、相同几何尺寸的多层搅拌器。如三层六平直叶、六箭叶、六弯叶等圆盘涡轮搅拌器，剪切性能好，但各层之间分区明显，流体的循环性能较差，不利于整个罐流体的混合。采用底层为径流式搅拌器，起剪切和分散气体的作用，上面两层配以轴流式搅拌器，促进整罐流体的循环，增加气 - 液接触面积，延长气泡停留时间，起到高效节能的效果。这种同一个搅拌轴上安装不同形式、不同几何尺寸搅拌器的组合，已在青霉素发酵、柠檬酸发酵等制药工业上试验成功，取得了明显的节能效果，正推广应用。

（3）改变搅拌器传动方式，实现高效节能

回转兼上下往复运动的搅拌反应器已在很多场合应用，其运动机构可用图 8-46 加以说明：上下往复运动由曲轴带动连杆来完成，通过在曲轴上挂一副伞齿轮并辅以万向节产生回转运动，合理地设计伞齿轮副，使转动和上下往复运动之间有一个小的相位差，桨叶每次不走重复路线（图 8-47 所示），提高混合效果。由于使用了曲轴连杆机构，转速太高会产生振动，一般适合于转速低于 100r/min、中黏流体的混合，以及固体粉末在中黏流体中的溶解。

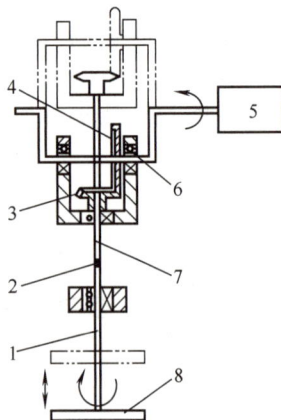

图 8-46　回转兼上下往复运动机构

1—搅拌轴；2—万向节；3—小伞齿轮；4—大伞齿轮；5—电机；6—曲轴；7—连杆；8—搅拌器

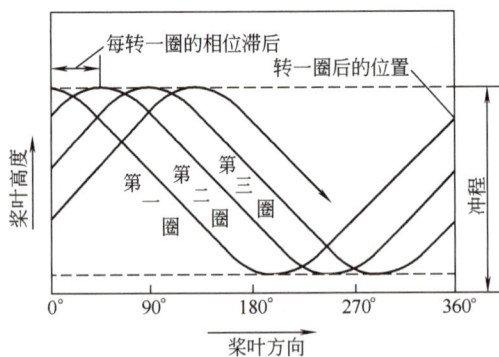

图 8-47　桨叶端部的运动路线

传统搅拌设备中，搅拌器的旋转是固定在一根轴上，只能是一种转速。研究开发的双轴异桨复动式搅拌设备，由低速的大循环量搅拌器和高速高剪切的齿盘式搅拌器组成，双搅拌器绕各自的轴相反方向旋转的同时，由液压活塞带动作上下往复运动，该搅拌设备处理的物料黏度可达 50Pa·s，含固量达 70%，混合效果好，节省能耗 20% 以上，已应用在涂料、壁纸、油墨、橡胶等行业。

8.2.7.2　搅拌设备的多功能化与智能化

搅拌设备操作灵活方便，特别适合于批量小、更新快、工艺流程用计算机控制的间歇操作的精细化工生产。对于干扰因素多的搅拌反应器，应用传感器测控，对反应过程进行预测图控制和模糊控制，使设备运行更加稳定可靠，产品质量更好。

搅拌操作往往与反应、蒸发、真空等过程相联系。对特定的工艺，可以把几个功能集中在一起，在同一个搅拌设备内完成，实现多功能一体化。这种设备具有结构紧凑，无连接管道，损耗少，效率高，易于满足卫生要求等优点。这类集多功能于一体的搅拌装置已在制药行业中获得应用。

图 8-48 所示用于聚合反应上的组合式搅拌设备已实现计算机控制。搅拌设备是由两个搅拌器装在同一中心轴线的内外套筒上，外轴带动框式搅拌器慢速旋转，框式搅拌器的外缘装有刮板，可对容器内壁面进行清污，内轴带动二层斜叶涡轮搅拌器高速旋转。这种搅拌设备特别适合于操作过程黏度变化的场合。当黏度低时，仅开动内轴涡轮搅拌器；黏度高了，则起动框式搅拌器，刮板可清除壁面黏结物，大幅度提高高黏度流体对槽壁的传热膜系数，使整个搅拌操作高效节能。

搅拌反应器是化学工程和生物工程中最常见也是最重要的单元设备之一。目前，反应器的选型和内构件的设计还在很大程度上依赖于实验和经验，对放大规律还缺乏深入的认识，对于能耗和生产成本只能在一定规模的生产装置上对比后才能得出结论。由于对产品的回收率和质量要求越来越高，对搅拌反应器的研究日趋深入，已从早期对搅拌功率和混合时间的研究，20 世纪 80 年代对反应釜内的流体速度场分布的研究，进入到

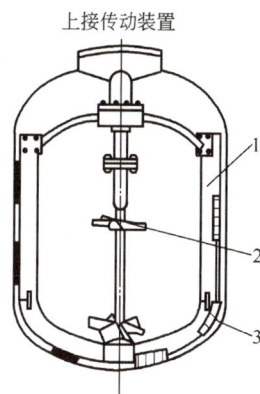

图 8-48　多功能化搅拌设备
1—框式搅拌器；2—涡轮式搅拌器；3—刮板

20 世纪 90 年代以来的搅拌釜内三维流场的数值模拟研究。流场数值模拟必须在深入进行流体力学研究的基础上，综合考虑其流动的三维性、随机性、非线性和边界条件不确定性。通过数值模拟不但可以解决反应器的放大机理，而且可以优化设计开发新型高效搅拌器，使机械搅拌反应器的设计理论更加完善。

8.3　微反应器

8.3.1　概述

微型化是过程设备的一个重要发展趋势。微反应器（microreactor）是一种通过微纳加工技术制造的微型反应器，由微通道、混合单元、流量分配器等组成，其通道尺寸通常在微米或毫米级别。微反应器作为一种小型化、模块化的反应装置，是化学反应工程从宏观向微观转型的前沿技术代表，其核心特点是通过将反应过程限制在微小尺度，提高传质、传热等性能，将精准可控的内在优势应用到化学反应过程，推动精细化工、制药工程、材料科学等领域的革新。

与传统反应器（例如搅拌釜式反应器）相比，微反应器具有诸多优点：

ⅰ.传质效率高，微反应器缩短了传质距离，提高了传质比表面积，其混合速率比釜式反应器

高2～3个数量级；

ⅱ.传热性能好，微反应器持液量小，传热比表面积大，传热效率高，能很好地解决釜式反应器中强放热反应的安全性问题；

ⅲ.反应效率高，微反应器可以实现反应时间、反应温度等参数的精确控制，从而提高产物的选择性，减少副产物；

ⅳ.连续流操作性好，微反应器的连续流反应解决了釜式反应器间歇式反应不连续的问题；

ⅴ.无尺寸放大效应，微反应器通常采用平行放大，不存在釜式反应器尺寸放大面临的尺寸效应。

微反应器的主要缺点是通量相对较小，但目前其通量已经可以达到每年万吨级。

8.3.2　微反应器分类

（1）被动式微反应器和主动式微反应器

按强化传质的能量来源，微反应器可以分为主动式微反应器和被动式微反应器。主动式微反应器需要设置电磁场、超声、机械搅拌等外界能量源来提高混合速率和传质效率。常见的设置机械搅拌的主动式微反应器如图8-49所示。此类微反应器能够实现较好的传质，但是制造比较困难，并且能耗比较高。高黏反应体系和含固反应体系由于进料困难，主要采用主动式微反应器。

被动式微反应器主要通过微通道的结构设计来提高混合速率和传质效率。被动式微反应器的通道结构设计包括设置弯曲流道、回流装置、障碍物、内壁沟槽等。常见的设置障碍物的被动式微反应器如图8-50所示。此类微反应器制造比较容易，能耗比较小，目前应用较为广泛。

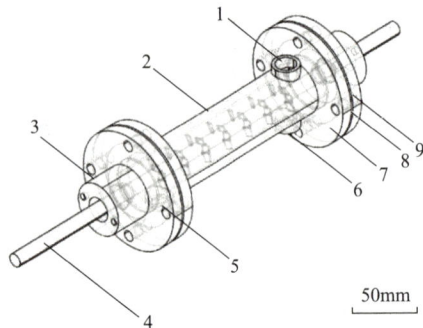

图8-49　主动式微反应器

1，6—反应物入口；2—简体；3—轴承、动密封；4—搅拌轴；
5—反应物出口；7—法兰；8—垫片；9—封头

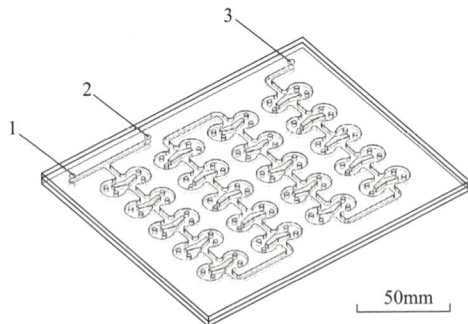

图8-50　被动式微反应器

1，2—反应物入口；3—反应物出口

（2）管式微反应器和板式微反应器

按结构形式，微反应器可以分为管式微反应器和板式微反应器。管式微反应器主要采用长管结构，由长管构成狭长的微通道，供反应物流动和反应。常见的带冷却流道的管式微反应器如图8-51所示。管式微反应器结构简单、流动阻力小、停留时间较长，缺点是设计性差、换热面积较小。

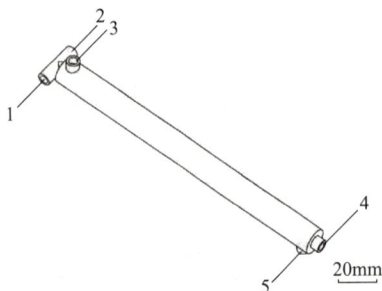

图8-51　带冷却流道的管式微反应器

1，2—反应物入口；3—冷却液入口；
4—反应物出口；5—冷却液出口

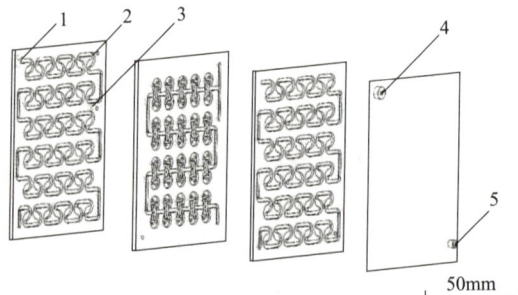

图8-52　带冷却流道的蝶形板式微反应器

1—冷却液入口；2，3—反应物入口；
4—冷却液出口；5—反应物出口

　　板式微反应器主要采用平板结构，通常由多个平板叠加组成，并在平板内部嵌刻精细的通道结构，供反应物流动和反应。常见的带冷却流道的蝶形板式微反应器如图8-52所示。板式微反应器设计性好、换热面积大，缺点是结构较复杂、流动阻力较大、停留时间较短。因此在实际工程应用中，通常前端采用板式微反应器，强化传质和传热，后端采用管式微反应器，提高持液量和停留时间，两者具有较好的互补作用。

8.3.3　微反应器设计

　　（1）材料选择

　　微反应器材料选择需要综合考虑高温高压等反应条件、反应物腐蚀性等物化性质、材料加工难易程度等工程因素。工业微反应器常用的材料包括不锈钢（加工工艺成熟，耐高温高压，导热性好，耐有机溶剂，但不耐酸碱）、哈氏合金（加工工艺成熟，耐高温高压，导热性好，耐有机溶剂，耐酸碱，但价格昂贵）、聚四氟乙烯（PTFE）（耐有机溶剂，耐酸碱，透光性好，但导热性差）、全氟烷氧基树脂（PFA）（耐有机溶剂，耐酸碱，透光性好，但导热性差）、碳化硅（SiC）（耐高温高压，导热性好，耐有机溶剂，耐酸碱，但材料加工较难）等。其中，管式微反应器通常采用不锈钢管、哈氏合金管、聚四氟乙烯管、全氟烷氧基树脂管等材料，板式微反应器通常采用不锈钢板、哈氏合金板、碳化硅板等材料。

　　（2）通道设计

　　微反应器由于其通道尺寸较小，能够显著缩短传质距离，并大幅提高比表面积，有利于混合。但同时由于通道尺寸较小，微反应器中流体的雷诺数较小，流体主要受黏性力而不是惯性力的影响，以层流为主，不利于混合，需要设计通道结构，进一步提高混合速率和传质效率。管式微反应强化混合的主要方式是采用填料结构设计，常用填料有金属丝网填料、微球填料、静态混合器等。板式微反应强化混合的主要方式是采用通道结构设计。下面主要介绍板式微反应强化混合的通道结构设计。

　　① 弯曲流道　设置弯曲流道可以改变流体的速度和方向，催生二次流，是强化混合的常用方法之一。常见的弯曲流道包括蛇形、正弦形、螺旋形、之字形等。典型的蛇形微反应器的通道设计如图8-53（a）所示。蛇形通道主要依靠弯曲流道内外径的差异产生流速差和二次流，结合周期性变化的通道设计，通道中的流体不断被拉伸、压缩，从而促进混合。

　　② 回流装置　设置回流装置可以使部分流体反向流动，与正向流动流体发生碰撞，增加流体湍动程度，从而强化混合。特斯拉（Tesla）结构是一种常见的回流装置，通过流体的分散和汇聚产生旋涡。典型的特斯拉微反应器的通道设计如图8-53（b）所示。在特斯拉结构中，设置的三角形挡板将流体腔室分隔为主流道和副流道，主流道中的流体因末端半圆形流道设计改变流体方向，与副流道中的流体方向相反，两者在交汇处反向碰撞，通过较大的能量损耗，促进了混合。

　　③ 障碍物　设置障碍物也是强化混合的常用方法之一，可以改变流体的流动方向，增加碰撞的频率，从而促进混合。蝶形微混合器是一种常见的设置障碍物的通道结构设计。典型的蝶形微混合器的流道设计如图8-53（c）所示。蝶形通道设置的分程挡板和扰流圆柱可以改变流体的流动方向，反应物流体先被分程挡板阻挡，分为左右两个支流，分别通过扰流圆柱后，在分程挡板末端重新汇聚，增加了流体接触和碰撞的频率，有效强化了流体混合。

　　④ 内壁沟槽　设置内壁沟槽可以使流体在通道内产生横向二次流，从而增强混合。典型的人字槽微反应器的通道设计如图8-53（d）所示。人字槽通道通过内壁增加人字形沟槽强化流体对流，上方靠近沟槽的流体通过沟槽的导流作用，产生沿着沟槽向外的速度分量，下方流体向上流动进行补充，形成良好的二次流循环，可以有效强化流体混合，且流速越快，对流越强烈。

　　在蛇形、特斯拉、蝶形、人字槽这四种通道结构设计中，蛇形通道的压降适中，但流体轴向扩散较大。特斯拉通道的压降较小，但混合效果较差。蝶形通道的结构较复杂，压降较大，混合效果较差，但换热面积较大。人字槽通道的尺寸较大，压降较小，混合效果较好。

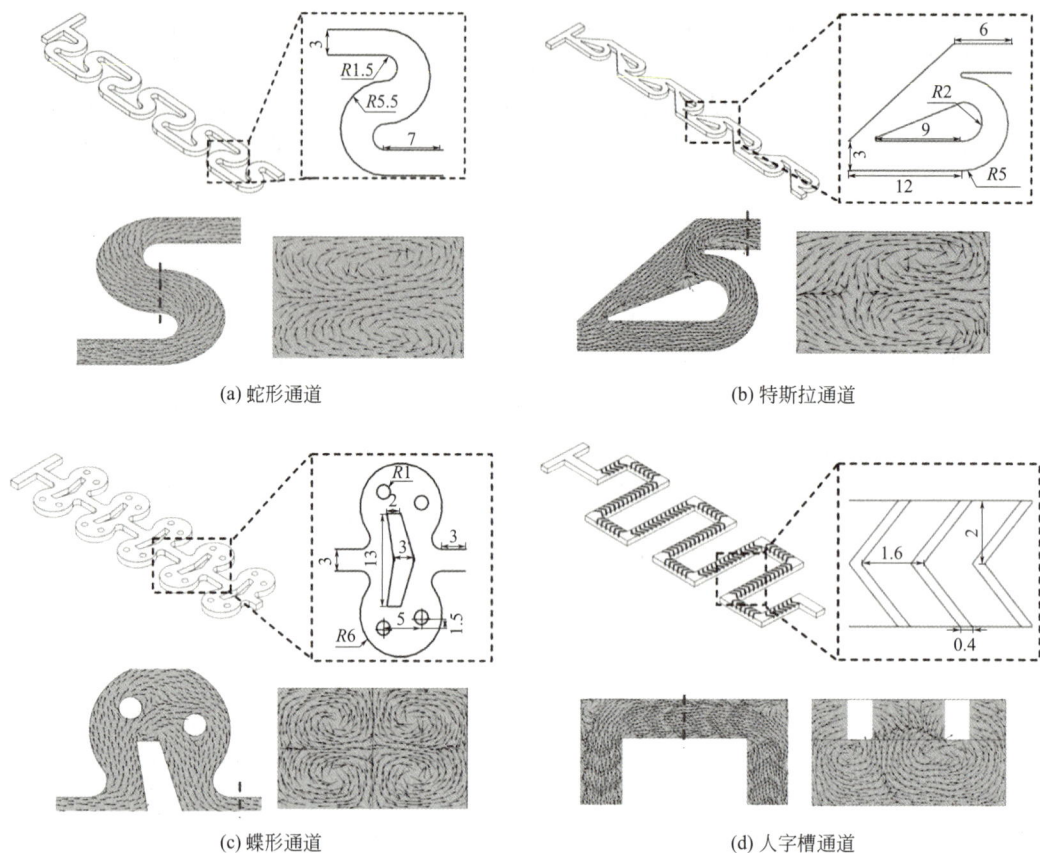

(a) 蛇形通道

(b) 特斯拉通道

(c) 蝶形通道

(d) 人字槽通道

图 8-53 板式微反应器的通道结构设计和流体速度矢量图

（3）传热设计

微反应器通道尺寸较小，持液量少，传热比表面积大，可以快速将化学反应产生的热量传导出去，提高放热反应的安全性。但是对于硝化、磺化等强放热反应，即使微反应器具有较好的传热性能，也会快速产生大量热量，造成大量热量聚集，一方面聚集的热量会影响反应的进行，另一方面会对微反应器造成损害，甚至造成事故。因此，在微反应器中进行强放热反应时，仍需研究反应物与微反应器之间的传热机理，对微反应器的传热性能进行优化，从而降低传热阻力，提高传热效率，解决热量聚集问题。

微反应器的传热设计需要综合考虑微反应器的材料、结构等因素。在材料方面，不锈钢、哈氏合金、碳化硅等材料的传热系数大，有利于实现热量快速交换。在结构方面，管式微反应器通常将不锈钢管、哈氏合金管等管道浸没在冷却水或冷却油中实现热量快速交换。典型的无冷却流道的管

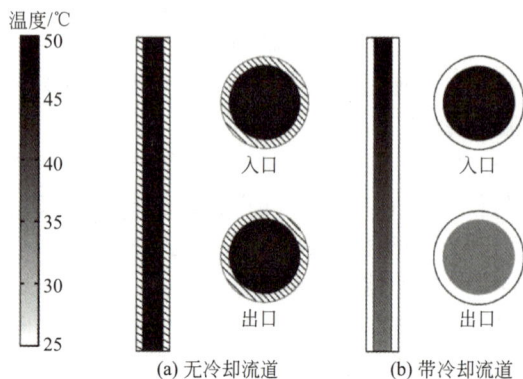

温度/℃

(a) 无冷却流道

(b) 带冷却流道

图 8-54 管式微反应器温度分布

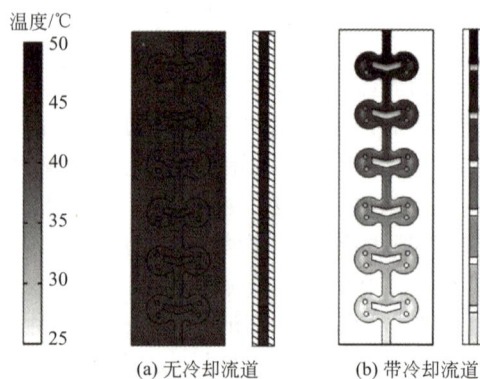

温度/℃

(a) 无冷却流道

(b) 带冷却流道

图 8-55 板式微反应器温度分布

式微反应器和带冷却流道的管式微反应器的温度分布如图 8-54 所示。板式微反应器则通常在不锈钢板、哈氏合金板、碳化硅板两侧添加冷却水或冷却油的流道实现热量快速交换。典型的无冷却流道的板式微反应器和带冷却流道的板式微反应器的温度分布如图 8-55 所示。因为板式微反应器的换热面积比管式微反应器的大，板式微反应器的换热性能更好，但由于板式微反应器成本较高，持液量较少，工业应用通常采用前端板式微反应器和后端管式微反应器相结合的方式。

（4）设计评价方法

微反应器设计的评价指标主要包括混合效率、压降、能量损耗等。反应物的混合效率直接反映微反应器传质性能的好坏，是评价微反应器设计的重要指标。反应物的混合效率 η 通常利用出口截面上反应物示踪剂质量分数的标准差来量化，计算公式为

$$\eta = \left[1 - \frac{1}{\bar{c}^*} \sqrt{\frac{1}{N} \sum_{i=1}^{N} (c_i - \bar{c}^*)^2} \right] \times 100\% \qquad (8\text{-}11)$$

式中　c_i——点 i 处反应物示踪剂的质量分数，%；

$\bar{c}^*$——完全混合时反应物示踪剂的质量分数，%；

N——取样位置的总数，个。

当混合效率 $\eta=1$ 时，完全混合。

微反应器的压降可以反映泵送反应物流体需要的能量和微反应器需要承受的压力。微反应器的总压降包括进口、混合区、主流道和出口的压降。与总压降相比，单位质量反应物流体的能量损耗（比能耗，W/kg）更能反映微反应器的能量损耗情况。当雷诺数较小时，被动式微反应器的比能耗 ε 计算公式为

$$\varepsilon = \frac{Q\Delta P}{\rho V} \qquad (8\text{-}12)$$

式中　ΔP——总压降，Pa；

Q——反应物体积流量，m³/s；

V——反应物流体的体积，m³；

ρ——反应物流体的密度，kg/m³。

比能耗 ε 越小，单位质量反应物流体的能量损耗越小。

虽然微反应器的微小通道尺寸和复杂通道结构可以提高混合效率，但是也伴随着反应物流动阻力的增加和压降的升高，因此需要根据实际情况，综合考虑混合效率和压降。

8.3.4　微反应器制造

微反应器的制造需要在相应材料上加工微通道、混合单元、流量分配器等部件。根据反应条件等要求不同，微反应器选用的材料和相应的制造技术也不相同。常用的微反应器制造技术包括：

① 微切削技术　一种基于传统机械加工的高精度微制造技术，通过精密刀具的切削去除材料，得到微米级的通道结构。

② 真空焊接　在高真空条件下进行焊接，防止焊接过程中材料表面发生氧化、吸附杂质污染，从而实现高质量高强度的金属结合。

③ 扩散焊接　在高温和高压条件下，使两个金属工件在固态下直接接触，通过原子间的扩散运动形成牢固的结合，具有较好的材料完整性和力学性能。

④ LIGA 技术　通过 X 射线光刻制造出具有高深宽比的通道结构，然后通过电铸、模具注塑等工艺将这些通道结构复制出来，用于大规模生产。

⑤ 软光刻技术　通常使用聚二甲基硅氧烷弹性体（PDMS），将光刻得到的微通道结构复制出来，制作微反应器，具有通道结构设计灵活等优点。

⑥ 3D 打印技术　首先利用计算机辅助设计（CAD）软件生成 3D 模型，然后通过切片软

件生成打印路径，按顺序逐层打印，最终形成完整的三维结构，可以快速制造结构复杂的微反应器。

实验常用的微反应器对反应条件、材料性能等要求较低，可以使用光刻、蚀刻、LIGA 等技术在硅片、玻璃等基板上加工微通道结构，然后通过热压印、模塑法、软光刻等技术将基板上的微通道结构复制出来，制作微反应器。

工业常用的管式微反应器和板式微反应器的制造工艺有所不同。管式微反应器主要通过两相接头、三相接头等连接元件或焊接等方式，将不锈钢管、哈氏合金管、聚四氟乙烯管、全氟烷氧基树脂管等管道连接在一起得到。对于板式微反应器，先通过微切削、刻蚀等技术在不锈钢板、哈氏合金板、碳化硅板等板材上加工微通道结构，再通过真空焊接、扩散焊接等技术将多个平板叠加连接在一起得到；对于碳化硅板材，则通过高温烧结将多个平板叠加连接在一起得到。

8.3.5　微反应器的前景

中国是化工大国，也是化工强国。随着化工安全和环境保护重要性的显著提升，中国化工产业将朝着高端化、绿色化、智能化方向发展，微反应器的应用也会越来越广泛。微反应器设计灵活，可以针对每个反应提供最优的解决方案。对于硝化、磺化等强放热反应，微反应器优异的传热性能可以有效地避免热量聚集，在提高反应安全性方面具有不可替代的优势。此外，在染料、医药中间体等高附加值产品的合成方面，微反应器可以有效提高合成效率，减少副产物排放。

在社会经济持续发展的推动下，微反应器的研究和应用也将得到进一步发展。随着高性能材料的应用和先进微纳制造技术的发展，微反应器的材料设计和制造方式将会有更多的选择，将进一步拓展其在各种极端工况条件下的应用场景。结合数值仿真，快速模拟微反应器中反应物流体的传质传热性能，为微反应器的快速设计开发提供重要指导。通过全面融合模块化、在线诊断、自主决策优化等技术，可以简化反应操作流程和优化过程，将进一步加快和增强微反应器发现、优化和制造新材料的能力，提升微反应器的竞争力。

8.4　电化学反应器

8.4.1　电解水制氢装置

氢能来源丰富、应用广泛，正逐步成为全球绿色低碳能源转型的重要载体。目前，工业应用的制氢技术主要有三种：一是以煤炭、天然气为代表的化石能源重整制氢，制氢量占比超 95%；二是以焦炉煤气、氯碱尾气、丙烷脱氢为代表的工业副产气制氢；三是以碱性电解水、质子交换膜电解水为代表的电解水制氢，可获得高纯度氢气。

可再生能源驱动的电解水制氢是氢能制备的重要发展方向。本节主要介绍电解水制氢的工作原理、分类和特征，以及技术成熟度高的碱性电解水制氢系统。

8.4.1.1　工作原理

电解水制氢是一种在直流电作用下将水（H_2O）分解为氢气（H_2）和氧气（O_2）的电化学过程，在阴极产生氢气，在阳极产生氧气。具体反应过程与溶液的酸碱度有关。

总反应　　　　　　　　　　　　　　　　　　　　　　　（8-13）

$$2H_2O = 2H_2 + O_2$$

在碱性水溶液中，H_2O 在阴极得电子（e^-），生成 H_2 和 OH^-，OH^- 在阳极失 e^- 得到 O_2 [如图 8-56（a）所示]，其反应为：

阴极　　　　　　　　　　　　　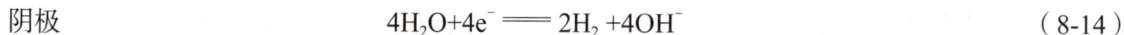　　　　　　　　　　（8-14）

$$4H_2O + 4e^- = 2H_2 + 4OH^-$$

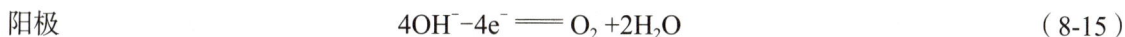

阳极 $\qquad\qquad 4OH^- - 4e^- \Longrightarrow O_2 + 2H_2O \qquad\qquad$ （8-15）

在酸性水溶液中，H^+ 在阴极得 e^- 生成 H_2，H_2O 在阳极失 e^- 生成 O_2 ［图 8-56（b）］，其反应为：

阴极 $\qquad\qquad 4H^+ + 4e^- \Longrightarrow 2H_2 \qquad\qquad$ （8-16）

阳极 $\qquad\qquad 2H_2O - 4e^- \Longrightarrow O_2 + 4H^+ \qquad\qquad$ （8-17）

(a) 碱性水溶液电解　　　　　　　　(b) 酸性水溶液电解

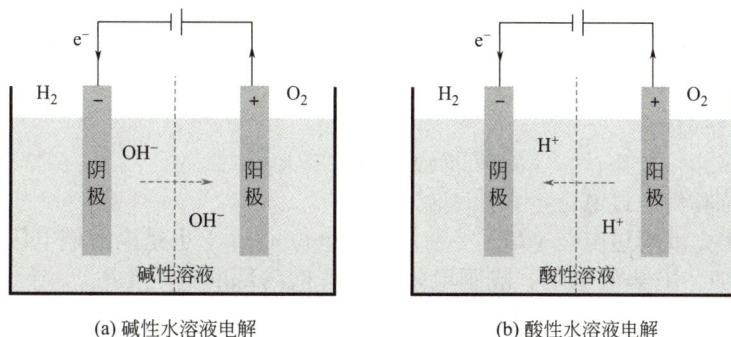

图 8-56　电解水制氢原理图

8.4.1.2　电解水制氢电压

为实现电解水制氢，需要在电极上施加一定的直流电压。该电压需要大于水的理论分解电压，以克服电解过程中的欧姆极化、电极极化和传质极化。电解池的操作电压 U_{cell} 为

$$U_{cell} = E_{RE} + IR_{cell} + \eta_a + \eta_c + \eta_{MT} \qquad\qquad （8-18）$$

式中　　E_{RE}——水的理论分解电压，V；

$\qquad I$——电解电流，A；

$\qquad R_{cell}$——电解池的总电阻（包括电解液、隔膜、接触电阻等），Ω；

η_a，η_c，η_{MT}——阳极、阴极、传质过电位，V。

（1）水的理论分解电压

水的理论分解电压，即可逆电压（E_{RE}），是指不考虑任何损失，水电解时所需的最小电压。此电能相当于水分解时吉布斯（Gibbs）自由能的变化，可以通过化学热力学方程进行计算。可逆电压与 Gibbs 自由能的关系是

$$\Delta G = -nFE_{RE} \qquad\qquad （8-19）$$

式中　F——法拉第常数，96485C/mol；

$\qquad \Delta G$——电解水反应中 Gibbs 自由能的变化量，J/mol；

$\qquad n$——电极反应中电子转移数。

在 1atm，25℃ 的情况下，水的 Gibbs 自由能变化约为 $-237.1kJ/mol$，因此可得

$$E_{RE} = \frac{-\Delta G}{nF} = \frac{2mol \times 237130J/mol}{4mol \times 96485C/mol} = 1.23V \qquad\qquad （8-20）$$

（2）极化过电位

电解水反应包括热力学过程和电极动力学过程，因此实际电解电压要大于理论分解电压（1.23V）。电极动力学过程涉及电子传递和离子迁移步骤。当这些步骤受阻时，反应速率会变慢，外界需供给更多的电能，该过程通常用极化来描述。极化程度的大小通常用电极电位对平衡电位的偏离值来衡量，此偏离值称为极化过电位。当水电池通入直流电时，要使 H_2 在阴极析出，阴极电位 φ_c 比其可逆电极电位 φ_c^0 更负一些；要使 O_2 能在阳极析出，阳极电位 φ_a 比其可逆电极电位 φ_a^0 更正一些。其差值 $\left|\varphi_c - \varphi_c^0\right| = \eta_c$ 称为氢的过电位；$\left|\varphi_a - \varphi_a^0\right| = \eta_a$ 称为氧的过电位。极化现象可分为三类：

① 浓差极化（$\eta_{浓差}$）　电极反应包括电解质的扩散和对流等过程。电极-溶液界面处化学反应速度较快，离子在溶液中的扩散速率较慢，电极表面的反应物浓度不同于溶液中的浓度，此时电极电位受电极表面反应离子浓度的影响，使电极电位偏离其平衡电位。

② 活化极化（$\eta_{活化}$）　是指由于电极电化学反应延迟而引起其电位偏离平衡电位的现象。在低电流密度下容易出现活化极化。阳极活化极化意味着在阳极上进行的电氧化反应难以释放 e^-。为促使其释放 e^-，必须使阳极电位更正于平衡电位。阴极活化极化则是在阴极上进行的电还原反应难以吸收 e^-，为促使其吸收 e^-。就必须使阴极电位更负于平衡电位。

③ 电阻极化（$\eta_{电阻}$）　由于电极表面生成一层氧化物的薄膜或其他物质，对电流的通过产生阻力，从而引起的电极极化叫电阻极化。

当有电流通过时，在电极上观察到的过电位通常不是单独的某一种，而是根据具体反应而定，通常是三种过电位的总和。

$$\eta = \eta_{浓差} + \eta_{活化} + \eta_{电阻} \tag{8-21}$$

（3）欧姆过电位和传质过电位

在电解水过程中，欧姆过电位（IR_{cell}）和传质过电位（η_{MT}）也是电解槽电压（U_{cell}）的一部分。随着电流密度的增加，电解液电阻、隔膜电阻和电解槽内部的电阻（R_{cell}）导致欧姆过电位增加，电解效率降低。此外，产生的大量气泡黏附在电极表面，阻碍了离子的传质，使得电极表面的反应物浓度迅速降低，进而增大了传质过电位（η_{MT}），总电解电压上升，如图 8-57 所示。

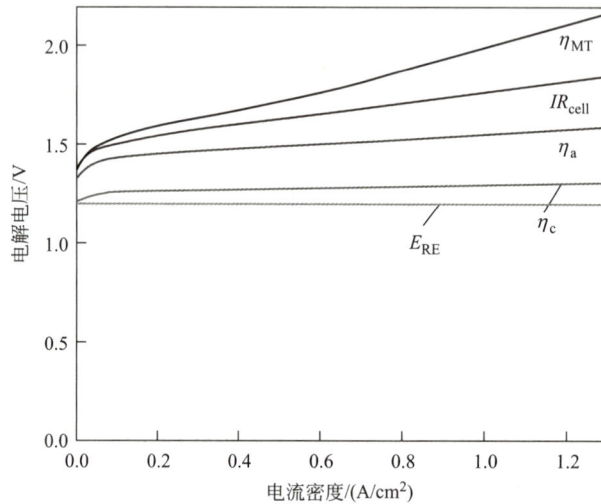

图 8-57　电解槽电压的组成

8.4.1.3　电解水制氢分类和特征

根据电解质和隔膜材料的不同，通常将电解水制氢分为碱性电解水制氢（ALK）、质子交换膜电解制氢（PEM）、阴离子交换膜电解制氢（AEM）和固体氧化物电解制氢（SOEC），如图 8-58 所示。目前 ALK 和 PEM 已逐渐实现商业化，AEM 和 SOEC 仍处于试验开发阶段。四种制氢技术的对比见表 8-19。

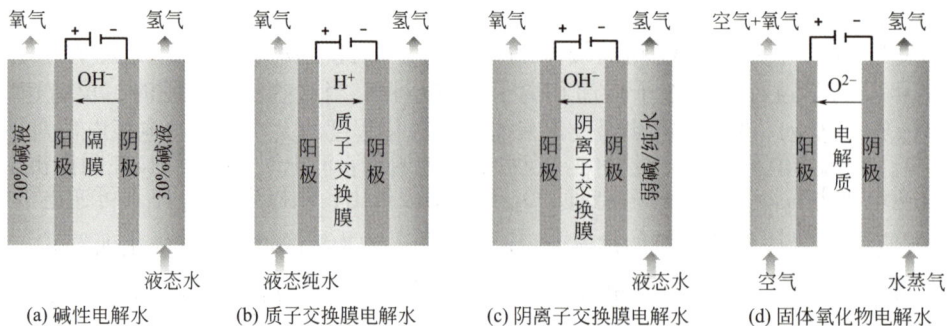

图 8-58　电解水制氢分类

表 8-19 电解水制氢技术对比

类别	碱性电解水（ALK）	质子交换膜电解水（PEM）	阴离子交换膜电解水（AEM）	固体氧化物电解（SOEC）
催化剂	非贵金属催化剂（Ni，Co，Mn）	Ir，Ru 等贵金属 / 氧化物 / 合金	非贵金属催化剂（Ni，Fe，Co）	钙钛矿型 Ni/YSZ
电解质 / 隔膜	20%～30%KOH/ 石棉膜	纯水 / 质子交换膜	纯水或低浓度碱液 / 阴离子交换膜	Y_2O_3/ZrO_2
电流密度 /（A/cm^2）	≤ 0.8	1.0～4.0	1.0～2.0	0.3～2.0
电解槽能耗 /（kWh/Nm^3）	4.5～5.5	3.8～5.0	3.8～5.0	2.6～3.6
工作压力 /MPa	≤ 3.0	1.0～20.0（本田 -70）	1.0～3.2（德林海 -22）	0.1～3.0
运行温度 /℃	≤ 90	≤ 80	≤ 70	600～1000
转换效率 /%	60～75	70～90	N/A	85～100
环保	石棉污染	无污染	无污染	无污染
系统运维	有腐蚀液体，运维成本高	无腐蚀液体，运维成本低	无腐蚀液体，运维成本低	N/A
启停速度	热启停：分钟级 冷启停：>1h	热启停：秒级 冷启停：分钟级	热启停：秒级 冷启停：分钟级	热启停：分钟到小时 冷启停：>10h
动态响应	较强	强	强	N/A
技术优势	技术相对成熟，成本较低	氢气纯度较高，电流密度大，装备结构紧凑	成本较低，氢气纯度较高	有效利用热能，减少电能消耗
面临挑战	电流密度低、体积笨重、与可再生资源的适配性较差	降低材料和设备成本	开发具有高离子电导率和化学稳定性的 AEM 膜材料	电极失效和长期运行能力差

8.4.1.4 碱性电解水制氢系统

碱性电解水技术成熟度高，制氢系统主要由电解槽及其辅助系统（BOP）组成如图 8-59 所示，已实现大规模商业化应用。

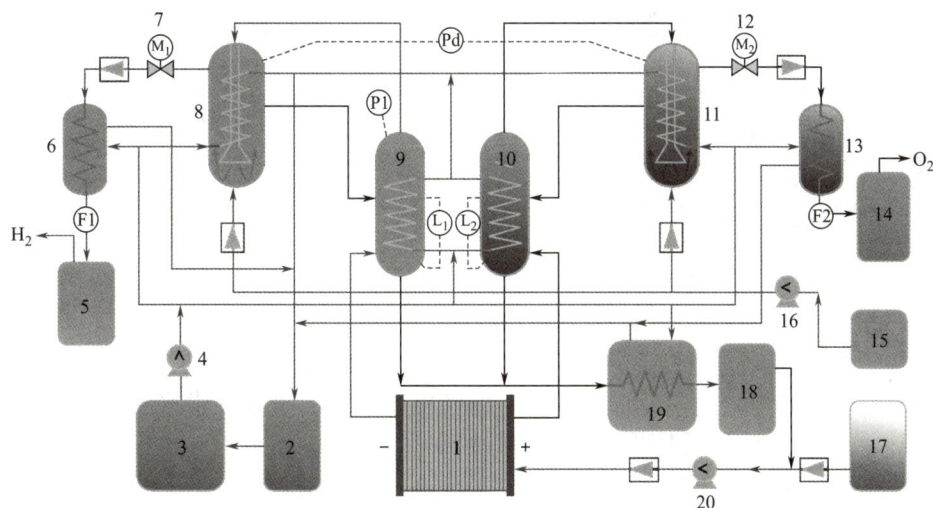

图 8-59 碱性电解水制氢系统

1—电解槽；2—散热器；3—冷却水箱；4—冷却水泵；5—储氢罐；6—氢气冷却器；7—氢气调节阀；8—氢气洗涤器；9—氢气分离器；10—氧气分离器；11—氧气洗涤器；12—氧气调节阀；13—氧气冷却器；14—储氧罐；15—纯净水装置；16—补水泵；17—加碱罐；18—过滤器；19—换热器；20—碱液循环泵

（1）电解槽的基本组成

电解槽是制氢系统中的核心设备，其组成如图 8-60 所示。水电解小室是电解槽的最小单元，在隔膜的两侧产生氢气和氧气，如图 8-61 所示。每个电解槽包含数十甚至上百个水电解小室，这些电解小室通过螺杆和端板压在一起形成圆柱状或正方形结构，如图 8-62 所示。

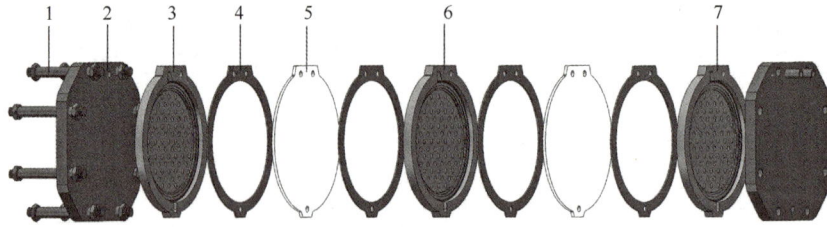

图 8-60　电解槽拆分示意图

1—螺栓；2—端板；3—阳极板；4—密封垫；5—隔膜；6—双极板；7—阴极板

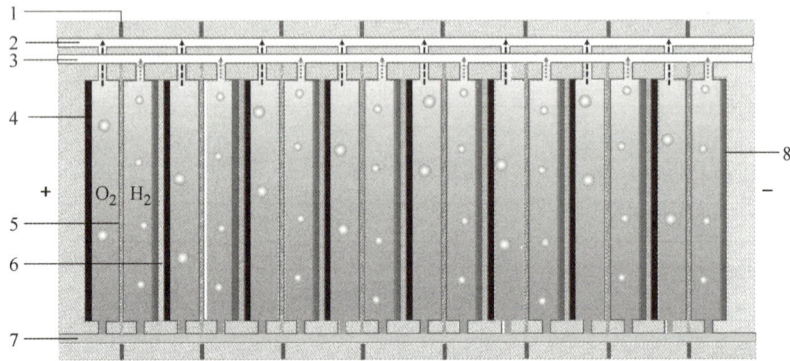

图 8-61　电解槽结构示意图

1—密封垫；2—碱液和氧气流道；3—碱液和氢气流道；4—阳极电极；5—隔膜；
6—双极板；7—碱液流道；8—阴极电极

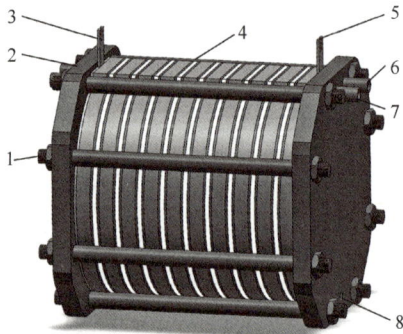

图 8-62　电解槽示意图

1—螺栓；2—端板；3—阳极接线端；4—电解槽缸体；
5—阴极接线端；6—氢气出口；7—氧气出口；8—电解液进口

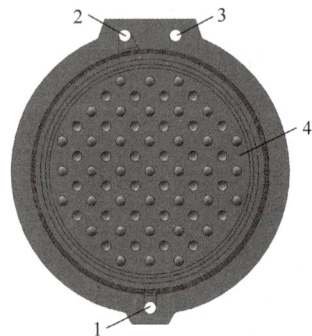

图 8-63　双极板示意图

1—碱液流道；2—氧气气孔道；
3—氢气气孔道；4—主极板

① 电极　电极是发生电化学反应的场所，碱性电解制氢的电极通常采用镍基材料，如镍网、镍毡、泡沫镍，或者在这些基底上喷涂高活性催化剂。

② 隔膜　隔膜的作用是为了防止氢气和氧气混合，同时允许离子通过。隔膜需要耐高浓度碱液腐蚀，具有较好的强度和稳定性。碱性制氢隔膜经历了三代发展，第一代是石棉隔膜；第二代是聚苯硫醚（PPS）隔膜，是目前应用的主流；第三代是复合隔膜，主要通过在 PPS 隔膜表面涂敷二氧化锆和聚合物，提高亲水性和降低内阻。

③ 密封垫　为保证电解槽的密封性，防止电解液泄漏，在极板、隔膜之间使用密封垫圈，垫

圈采用耐腐蚀、绝缘性好、性能稳定的橡胶制作。

④ 双极板　双极板的两面是阴极电极和阳极电极，分别用于产生氢气和氧气，通过双极板上方的 2 个孔道分别流入氢气通道和氧气通道。如图 8-63 所示，主极板表面布有凹凸结构（乳突板），这些凹凸结构一方面可以使电极板多点电接触，降低接触电阻；另一方面可以增强电解液扰动，使电解液分布更均匀。

⑤ 端板　在电解槽的两端有端板，主要起到固定和支撑电解槽的作用，确保电解槽的稳定性和安全性。端板上方有 2 个出气口，端板下方 1 个碱液通道口。

（2）电解槽设计参数计算

以在标准大气压下的 1000Nm³/h 碱性电解水制氢电解槽为例，基于表 8-20 给定的设计边界，对电解槽的各项参数设计与计算。

表 8-20　电解槽参数计算

设计边界参数	数值	设计边界参数	数值
产氢量 /（Nm³/h）	1000	工作温度 /℃	90
产氧量 /（Nm³/h）	500	工作压力 /MPa	1.6
电流密度 /（A/m²）	3000	有效电极半径 /cm	100

① 电解小室数量　基于设计电流密度和有效电极面积，得到电解槽电流 I

$$I = ir^2\pi = 3000 \times 1^2 \times 3.14 = 9420(A)$$

制取 1mol H_2 需要 2mol 电子（2mol × 96485C/mol 电荷量）。标准状况下，1 mol H_2 的体积为 22.4 L（0.0224 m³），制取 1Nm³ 氢气需要的电量 Q 为

$$Q = \frac{2 \times 96485}{0.0224 \times 3600} = 2392[A \cdot h/Nm^3(H_2)]$$

单个电解槽在 9420A 运行 1h（电量 9420A·h），单个小室的产氢量 V 为

$$V = \frac{9420}{2392} = 3.94(Nm^3)$$

基于此可以得到 1000Nm³ 电解槽需要的电解小室数 N 为

$$N = \frac{1000}{3.94} = 254$$

实际的电解槽设计中，一般小室数会有 10% 的余量，小室数为 280 个左右。

② 电解槽整体电压及功率计算　在 3000A/m² 的电流密度下小室电压取 1.90V，且电解槽采用"中间正，两边负"的接线方式，相当于 140 个小室串联，另外 140 个小室串联，这两套 140 个小室之间是并联关系。

电解槽总电压　　　　　　　　$E_总 = 140 \times 1.9 = 266(V)$

电解槽总电流　　　　　　　　$I_总 = 9420 \times 2 = 18840(A)$

电解槽总功率　　　　　　　　$P_总 = 266\,V \times 18840\,A = 5.0(MW)$

（3）BOP 辅助系统

BOP 辅助系统主要包括电源供应系统、控制系统、气液分离系统、纯化系统、碱液系统、补水系统、冷却干燥系统及附属系统。

① 电源供应系统　包括整流器和变压器，可以将交流电转化为稳定的直流电源，为电解反应提供所需的电能，单个小室电压约 2V。

② 控制系统　用于实时监测装置内温度、压力、流量、气体纯度等。控制系统通过调整电解槽的电压、电流和温度等参数，保障反应的稳定运行。

③ 气液分离系统　包括气液分离罐、捕滴器和气体冷却器，用于将氢气和氧气与碱液分离。在运行过程中要求分离器中的液位高于电解槽，以保证电解槽中充满电解液，避免隔膜外露。

④ 纯化系统　分离器送出的氢气、氧气温度较高，仍含有水蒸气和少量电解液，所以必须再经过气体洗涤器进一步冷却、洗涤。在洗涤器中，将气体温度降至常温，减少气体中的含水量，洗去电解液，以满足用氢设备的要求。

⑤ 碱液系统　包括碱液箱、碱液过滤器和碱液循环泵，保证碱液的稳定、连续供给。为保证电解槽的正常运行和延长使用周期，固体碱、补充水和电解液应当符合要求，避免电解液中的杂质（Ca^{2+}、Mg^{2+}、Fe^{3+}、CO_3^{2-}、Cl^- 和 SO_4^{2-} 等）对隔膜和电极造成不良影响。

⑥ 补水系统　由补水泵和水箱组成。电解水过程会消耗水，导致碱液浓度升高，补水系统会及时补充水，保证水源的稳定、连续供给。

⑦ 冷却干燥系统　电解过程中会产生热量，为保证反应的进行，需要通过冷却系统将热量带走，保持电解槽温度的稳定。

⑧ 附属系统　包括氮气吹扫系统、附属框架和管阀件（调节阀、氢气和氧气纯度检测仪、液位计、压力表、流量计），保障电解槽的长期稳定安全运行。

8.4.2　氢燃料电池

8.4.2.1　工作原理

氢燃料电池是一种能量转换装置，它利用电化学原理将氢气和氧气中的化学能直接转换为电能。如图 8-64 所示，氢燃料电池工作时，氢气被输送至氢电极，在催化剂的作用下发生氧化反应产生氢离子和电子，氢离子和电子分别通过电解质和外电路传递至氧电极，并与氧气在催化剂的作用下发生还原反应生成水。在燃料电池中，发生还原反应的氧电极称为阴极，按原电池定义为正极，发生氧化反应的氢电极称为阳极，按原电池定义为负极。电子在外电路由负极定向流动至正极形成电流，对外放电做功。在酸性条件下，氢燃料电池阴极、阳极发生的半反应和总反应方程式如下：

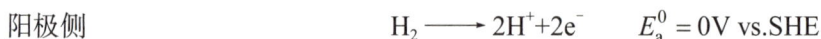

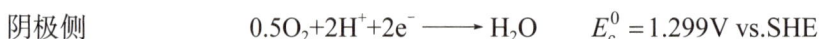

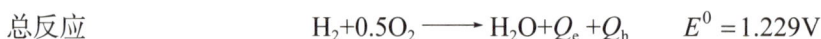

阳极侧 $$H_2 \longrightarrow 2H^+ + 2e^- \qquad E_a^0 = 0V \text{ vs.SHE}$$

阴极侧 $$0.5O_2 + 2H^+ + 2e^- \longrightarrow H_2O \qquad E_c^0 = 1.299V \text{ vs.SHE}$$

总反应 $$H_2 + 0.5O_2 \longrightarrow H_2O + Q_e + Q_h \qquad E^0 = 1.229V$$

其中，SHE 表示标准氢电极，E_a^0 和 E_c^0 分别表示阳极和阴极侧理论电极电位，E^0 表示单电池阴阳极之间的理论电势差，Q_e 表示生成的电能，Q_h 表示生成的热。

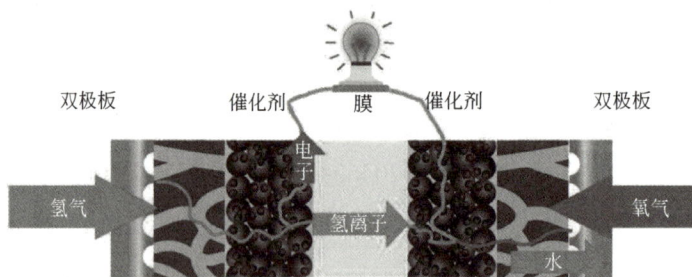

图 8-64　氢燃料电池工作原理

燃料电池与传统电池均依赖电化学原理而工作，但二者存在本质区别，传统电池属于储能装置，它工作时消耗内部存储的能量，而燃料电池属于能量转换装置，工作时自身并不会被消耗，只要源源不断地向其提供燃料和氧化剂，燃料电池就会不断产生电能。因此，从工作方式来看，燃料电池与内燃机相似，但内燃机依据热机原理工作，能量转换过程受卡诺循环限制，能量效率较低。

氢燃料电池具有以下特点：

ⅰ.高效。氢燃料电池依据电化学原理工作，能量转换效率高，理论高达85%～90%，实际可达40%～60%，热电联供时综合能量效率可达80%以上，因此氢燃料电池适用于寒冷地区。

ⅱ.环保。水是氢燃料电池工作时唯一的产物，当氢气来源为绿氢时，可实现真正意义上的零排放。

ⅲ.低噪。氢燃料电池内部运动部件少，工作时安静，噪声低，可实现静默供电。

ⅳ.补能快。氢燃料电池可通过补充氢气实现快速补能。

ⅴ.结构和系统复杂。相较于锂离子电池，氢燃料电池系统结构和组成复杂，技术难度大。

鉴于氢燃料电池的上述特点，它在绿色交通、固定式和便携式电源等领域展现出巨大的应用前景。

8.4.2.2 分类和特征

氢燃料电池按所采用的电解质不同可分为五类，分别是以氢氧化钾溶液为电解质的碱性燃料电池（AFC），以浓磷酸为电解质的磷酸燃料电池（PAFC），以质子交换膜为电解质的质子交换膜燃料电池（PEMFC），以熔融碳酸盐为电解质的熔融碳酸盐燃料电池（MCFC），以及以固体陶瓷为电解质的固体氧化物燃料电池（SOFC）。五类燃料电池的特征及优缺点见表8-21。

表8-21 主要燃料电池种类及特征

类型	电解质（导电离子）	工作温度/℃	燃料	氧化剂	优点	缺点
AFC	氢氧化钾溶液（OH^-）	50～200	纯氢	纯氧	可使用非贵金属催化剂，材料成本低	二氧化碳毒化
PAFC	浓磷酸（H^+）	200	纯氢、重整氢	空气	技术成熟，电解质成本低	依赖贵金属催化剂，电解质腐蚀性大
PEMFC	聚合物膜（H^+）	室温～95	纯氢	空气	技术成熟，最高的功率密度，启停速度快	依赖贵金属催化剂，电解质等材料昂贵
MCFC	碳酸盐（CO_3^{2-}）	650～700	纯氢、重整气、天然气	空气	燃料选择范围广，非贵金属催化剂，余热利用效率高	电解质腐蚀性强，寿命有待提升
SOFC	陶瓷（O^{2-}/H^+）	600～1000	纯氢、重整气、天然气	空气	燃料选择范围广，非贵金属催化剂，余热利用效率高，全固态结构	材料高温耐受性差

8.4.2.3 氢燃料电池系统组成

正如前面所说的，氢燃料电池的工作方式与内燃机相似，必须连续不断地向电池输送燃料和氧化剂，同时连续排出反应产生的水和废热，以维持电池内物料和热平衡。同时，燃料电池直接输出的是直流电，且发电功率随工作条件波动，为了匹配大部分用电设备对稳定交流电的需求，必须对燃料电池的电能输出进行管理。此外，为了保障燃料电池高效稳定运行，需要为燃料电池装上控制系统。因此，氢燃料电池系统包括氢燃料电池电堆和辅助系统，辅助系统是燃料电池系统中除了燃料电池电堆的其他所有组件的总称，其功能是保障燃料电池堆的正常运行，通常包括空气供给系统、燃料供给系统、水热管理系统、电力输出调节系统以及控制系统等，如图8-65所示。

（1）氢燃料电池电堆

氢燃料电池主要包括膜电极和双极板以及其他附件。

膜电极由电解质、阴阳极催化层、阴阳极气体扩散层组成，是燃料电池的核心部件之一。其中，电解质起到传递离子、隔绝电子和气体的作用，它将燃料电池分为了阴阳两极；催化层内部包含了电催化剂、离聚物和孔隙，分别为电子、离子、气体提供传输的通道，三者的交界处称为三相界面，是发生电化学反应的场所；气体扩散层则起着导气、排水和传递电子的作用。

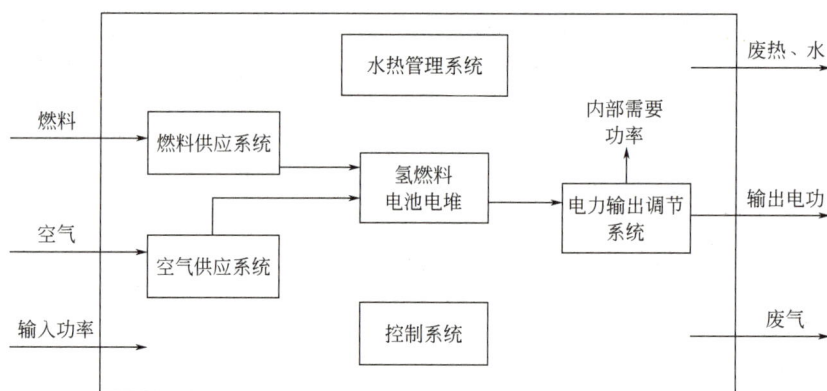

图 8-65　氢燃料电池系统组成图

单节燃料电池的理论电压较低，约为 1.23V，在实际工作时，由于电化学反应、电荷转移和物质传递的迟缓性，电极电位会偏离平衡值，出现极化现象，因此单节燃料电池工作时所能输出的电压将更低，通常约为 0.6～0.85V。因而在实际应用过程中，通常将多节单电池串联成电堆，如图 8-66 所示，以提供更高的输出。双极板用来串联各节电池，同时还起到输送反应物、排出产物和散热的作用。

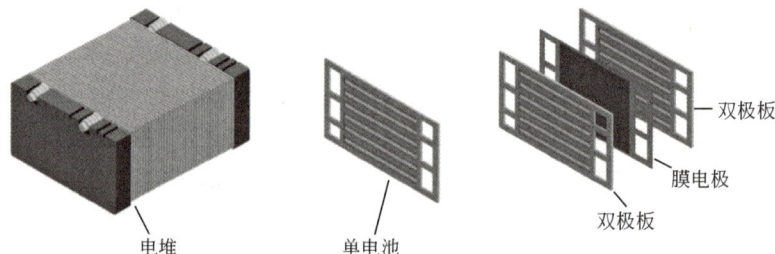

图 8-66　氢燃料电池电堆

在燃料电池工作时，膜电极平面内均会产生电流，需要将电流集中输送，这种位于电堆两端用来传导电堆所产生电流的导电板称为集流板。为固定膜电极和双极板、保持活性区接触良好以及密封气体等，还需要端板、密封圈、紧固件等部件。

（2）辅助系统

① 空气供给系统　用于为电堆提供一定流量、温度、压力和湿度的洁净空气，主要部件包括空气滤清器、空气压缩机、中冷器、增湿器和节气门等。空气滤清器的作用是过滤空气中的粉尘、颗粒物，并吸附去除有害气体如 SO_2、NO_x 等。空气压缩机的作用是提供电堆所需压力和流量的空气。空气经过空压机压缩后温度会急剧升高，中冷器的作用是降低空气压缩机出口空气的温度，确保进入电堆的气体温度在适当的范围内。增湿器的作用是对空气进行加湿，避免空气干燥造成电池内阻升高而降低电堆性能和效率。节气门又称背压阀，它与空压机配合，共同调节空气压力。

② 燃料供给系统　用于为燃料电池提供一定流量、压力、温度、湿度的氢气，通常包括氢源、减压阀、喷射器、氢循环泵和分水器等。其中，最为普遍氢源是高压气氢，通常压力为 35 MPa 或 70 MPa，此外还有液氢、固体储氢、现场制氢等。减压阀的作用是降低高压气瓶出来的氢气压力。喷射器用来控制进入燃料电池堆的氢气压力及流量，并根据工况需求进行相应调整。氢循环泵将燃料电池堆出口未发生反应的氢气循环至燃料电池堆入口，同时也将出口处的水汽循环至入口，起到增加氢气利用率和增湿的作用。分水器是将电堆出口氢气中的液态水分离出来，避免电池内积水过多，造成水淹。

③ 水热管理系统　热管理的目的是使燃料电池处于适宜的温度范围，保障电池性能和寿命。水管理的目的是保持燃料电池内部增湿水、生成水与排出水的平衡，防止电池内部出现膜干与水淹，也包括生成水的回收、净化等。水热管理系统主要包含水泵、节温器、散热器、加热器、增湿

器、分水器以及去离子器等。

④ 电力输出调节系统　电力输出调节系统通常由二次电池、直流/直流（DC/DC）变换器、逆变器等组成。燃料电池系统运行时多采用电电混合的方式，即燃料电池与二次电池混合使用。二次电池通常可采用锂电池或镍氢电池等。电电混合的优势在于可使燃料电池运行在稳定的功率范围内，当需要高输出功率时，由二次电池提供部分输出，在低载或怠速工况下再由燃料电池给二次电池充电，这有利于提升燃料电池电堆的寿命和效率，同时弥补燃料电池本身动态响应相对缓慢的缺点。此外，二次电池还可直接向系统中各用电部件提供电力。DC/DC 变换器将燃料电池直流电压作为输入，并将其转化为稳定的特定直流电压输出。逆变器是将 DC/DC 输出的直流电转换为交流电，以满足大部分用电设备的需求。

⑤ 控制系统　控制系统的核心是燃料电池系统控制器，它负责接收整个系统的控制指令，并协调各部件控制器执行相应操作。同时，系统控制器还具有监测各部件传感器、电压巡检的功能，实时诊断整个系统的运行状态，并在发生故障前及时预警并采取措施。

8.4.2.4　氢燃料电池系统设计

以低温质子交换膜燃料电池系统为例，简要介绍系统设计的基本过程。

（1）设计输入

系统额定功率，P_{system}（kW），燃料电池发电系统的最大连续输出功率；系统总效率，η_{system}，燃料电池系统输出的可用能量流和供给燃料电池系统的总能量流的百分比；电堆工作温度，T_{stack}（℃）；过量系数，ξ，反应气实际供给量与理论消耗量的比值。

（2）电堆设计

依据设计输入的系统总效率，初步选定电堆额定效率（η_{stack}），即选定燃料电池单池的平均额定操作电压（V_{cell}，V）

$$V_{cell} = \frac{\eta_{stack} \times 1.25}{\eta_{H_2}}$$

式中　η_{H_2}——氢气利用率。

基于上式计算得到的平均额定操作电压，利用燃料电池输出性能曲线，如图 8-67 所示，确定额定工作电流密度（I_{cell}，A/cm²）。

基于设计输入的系统额定功率需求，初步选定燃料电池电堆功率（P_{stack}，kW），并根据单池工作点确定电堆所需单池节数 N_{cell}

$$N_{cell} = \frac{P_{stack} \times 1000}{I_{cell} V_{cell} A_{cell}}$$

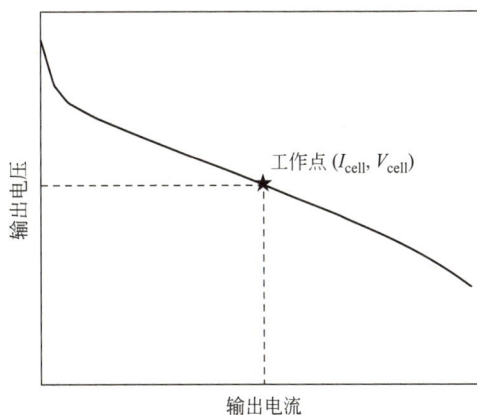

图 8-67　氢燃料电池电堆输出性能曲线

式中　A_{cell}——单节燃料电池的有效发电面积，cm²。

通常，在计算获得理论单池节数后，须开展冗余设计，一般采用 10%～20% 的设计余量。

（3）辅机设计

① 空气压缩机设计选型　在单池工作点和单池节数的基础上，可通过下式计算获得空气质量流量（m_{air}，kg/s）

$$m_{air} = \frac{m_{O_2} \xi}{w_{O_2}} = \frac{I_{cell} A_{cell} N_{cell} M_{O_2} \xi}{100 n F w_{O_2}}$$

式中　F——法拉第常数，96485C/mol；

n——每摩尔氧气参与反应转移的电子数，取值为 4；

m_{O_2}——氧气的质量流量，kg/s；

M_{O_2}——氧气的摩尔质量，g/mol；

w_{O_2}——空气中氧气的质量分数；

ξ——空气的过量系数。

计算获得空气流量后，结合电堆工作空气压力需求，与图 8-68 所示的空压机特性曲线进行对比，进行空压机选型，选型时尽可能使空压机的高效区与电堆工作点相吻合。

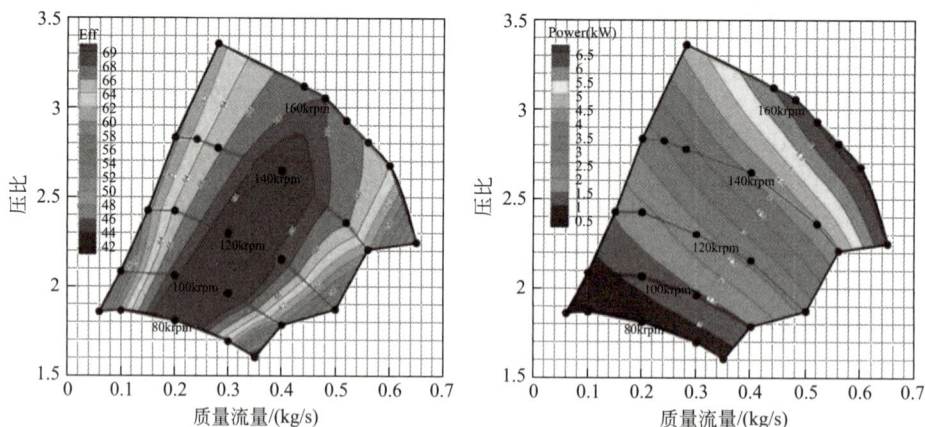

图 8-68 离心式空气压缩机特性曲线

② 散热设计　根据燃料电池电堆输出功率与效率，可计算废热量（P_{heat}，kW）

$$P_{heat} = \frac{P_{stack}(1 - \eta_{stack})}{\eta_{stack}}$$

在此基础上，可确定散热所需循环水流量（m_{H_2O}，kg/s）

$$m_{H_2O} = \frac{P_{heat}}{C\Delta T}$$

式中　C——水的比热容，4.18kJ/（kg·℃）；

　　　ΔT——进出口温差，℃。

循环水泵和散热风扇，可通过上述计算结果进行选型，此外，还可进一步对冷却水管道管径进行计算和选型。

③ 电力输出调节系统设计　DC/DC 设计选型需要在尺寸和重量允许的条件下，考虑 DC/DC 的输入输出电压范围、功率、能量效率、动态响应速率、绝缘电阻要求、纹波要求与电磁兼容性、工作环境温度与海拔要求、过压 / 过流 / 过热保护功能等，同时兼顾系统其他辅机的供电需求，比如是否需要提供空压机和燃料电池控制模块所需电源等。

锂电池设计选型应根据系统指标分解，考虑锂电池的尺寸、重量、容量、功率范围、电压范围、使用环境温度等技术指标要求进行选型，必要时还应考虑电池管理功能，以实现对电池的状态监测、均衡管理、保护功能、状态估算等。

🖊 思考题

1. 反应设备有哪几种分类方法？简述几种常见反应设备的特点。

2. 机械搅拌反应器主要由哪些零部件组成？

3. 搅拌容器的传热元件有哪几种？各有什么特点？

4. 搅拌器在容器内的安装方法有哪几种？对于搅拌机顶插式中心安装的情况，其流型有什么特点？

5. 涡轮式搅拌器在容器中的流型及其应用范围？

6. 生物反应器中选用搅拌器时应考虑的因素？

7. 搅拌轴的设计需要考虑哪些因素?

8. 搅拌轴的密封装置有几种? 各有什么特点?

✎ 习 题

1. 某发酵罐(生物反应器)的内直径为3000mm, 容器的上下封头为标准椭圆形封头, 高径比为2.2, 试确定发酵罐的筒体高度和容积。

2. 某搅拌反应器的筒体内直径为1200mm, 液深为1800mm, 容器内均布四块挡板, 搅拌器采用直径为400mm的推进式以320r/min转速进行搅拌, 反应液的黏度为0.1Pa·s, 密度为1050kg/m³, 试求: ①搅拌功率; ②改用六直叶圆盘涡轮式搅拌器, 其余参数不变时的搅拌功率; ③如反应液的黏度改为25Pa·s, 搅拌器采用六斜叶开式涡轮, 其余参数不变时的搅拌功率。

附录 A   专业术语索引

（英文参照 ASME Ⅷ-1 和 ASME Ⅷ-2 整理，按汉语拼音顺序排列）

附录 B　数字资源索引

参考文献

[1]   陈学东，等.我国高端压力容器设计制造和维护技术进展.机械工程学报，2023，59（20）：18~33.

[2]   GB/T 150—2024.压力容器.

[3]   TSG 21—2016.固定式压力容器安全技术监察规程.

[4]   GB/T 4732—2024.压力容器分析设计.

[5]   GB/T 34019—2017.超高压容器.

[6]   Zheng Jinyang, Li Keming. New Theory and Design of Ellipsoidal Heads for Pressure Vessels. Zhejiang University Press and Springer Nature, 2021.

[7]   郑津洋，桑芝富.过程设备设计.5版.北京：化学工业出版社，2021.

[8]   范钦珊.轴对称应力分析.北京：高等教育出版社，1985.

[9]   王志文，蔡仁良.化工容器设计.3版.北京：化学工业出版社，2005.

[10] 陈旭.过程装备固体力学基础.北京：科学出版社，2022.

[11] 朱国辉，郑津洋.新型绕带式压力容器.北京：机械工业出版社，1995.

[12] 陆明万，等.压力容器分析设计理论和释义.北京：清华大学出版社，2024.

[13] 陈学东，等.我国压力容器设计制造与维护的绿色化与智能化.压力容器，2017，11: 12~27.

[14] John F, Harvey P E. Theory and Design of Pressure Vessels. Second Edition. New York: Van Nostrand Reihold Company, 1991.

[15] John F, Harvey P E. Pressure Component Construction Design and Materials Application. New York: Van Nostrand Reihold Company, 1980（中译本.压力容器部件结构—设计和材料.刘汉槎等译.北京：化学工业出版社，1985）.

[16] James R F, Maan H J. Guidebook for the Design of ASME Section Ⅷ Pressure Vessels. New York: ASME Press, 2001（中译本.ASME 压力容器设计指南.郑津洋等译.北京：化学工业出版社，2003）.

[17] Earland S, Nash D, Garden B. Guide to European Pressure Equipment, the Complete Reference Source. Professional Engineering Publishing, 2003（中译本.欧盟承压设备实用指南.郑津洋等译.北京：化学工业出版社，2005）.

[18] 宋继红.特种设备法规体系现状及总体框架思路.中国锅炉压力容器安全，2005，21（4）：14~20.

[19] 陈志平，等.基于初始缺陷敏感性的轴压薄壁圆柱壳屈曲分析研究进展.机械工程学报，2021，57（22）:114-129.

[20] 衣宝廉，等.氢燃料电池.北京：化学工业出版社，2021.

[21] 郑津洋，陈志平.特殊压力容器.北京：化学工业出版社，1997.

[22] 张立权.中国压力容器发展史.北京：机械工业出版社，2024.

[23] 陈学东，等.压力容器绿色制造技术.北京：机械工业出版社，2022.

[24] 朱明亮，轩福贞.焊接结构的疲劳损伤与断裂.北京：科学出版社，2022.

[25] 吴遵红，黄强华.气瓶.北京：中国标准出版社，2022.

[26] ASME Boiler & Pressure Vessel Code, Section Ⅻ, Rules for Construction and Continued Service of Transport Tanks, 2023.

[27] ASME Boiler & Pressure Vessel Code, Section Ⅷ, Rules for Construction of Pressure Vessels, Division 1, 2023.

[28] ASME Boiler & Pressure Vessel Code, Section Ⅷ, Rules for Construction of Pressure Vessels, Division 2, Alternative Rules, 2023.

[29] ASME Boiler & Pressure Vessel Code, Section Ⅷ, Rules for Construction of Pressure Vessels, Division 3, Alternative Rules for Construction of High Pressure Vessels, 2023.

[30] EN13445 Unfired Pressure Vessels, 2021.

[31] 王俊生.微流控芯片基础及应用.北京：化学工业出版社，2024.

[32] 丁伯民.钢制压力容器——设计、制造与检验.上海：华东化工学院出版社，1992.

[33] 蔡仁良.流体密封技术——原理与工程应用.北京：化学工业出版社，2013.